JN302224

電源回路設計実例集

【原題】 ANALOG Circuit Design
– A Tutorial Guide to Applications and Solutions –
Part1 Power Management

制御ICのパフォーマンスを引き出すテクニック

Bob Dobkin/Jim Williams 編著
リニアテクノロジー 監訳
高橋 徹/細田梨恵/大塚康二/堀米 毅 訳

CQ出版社

Newnes is an imprint of Elsevier
The Boulevard, Langford Lane, Kidlington, Oxford OX5 1GB, UK
225 Wyman Street, Waltham, MA 02451, USA

First edition 2011

Copyright © 2011, Linear Technology Corporation. Published by Elsevier Inc.
All rights reserved

The right of Linear Technology Corporation to be identified as the author of this work
has been asserted in accordance with the Copyright, Designs and Patents Act 1988

No part of this publication may be reproduced, stored in a retrieval system or
transmitted in any form or by any means electronic, mechanical, photocopying,
recording or otherwise without the prior written permission of the publisher

Permissions may be sought directly from Elsevier's Science & Technology Rights
Department in Oxford, UK: phone (+44) (0) 1865 843830; fax (+44) (0) 1865
853333; email: permissions@elsevier.com. Alternatively you can submit your request
online by visiting the Elsevier web site at http://elsevier.com/locate/permissions, and
selecting *Obtaining permission to use Elsevier material*

Notice
No responsibility is assumed by the publisher or authors/contributors for any injury
and/or damage to persons or property as a matter of products liability, negligence or
otherwise, or from any use or operation of any methods, products, instructions or ideas
contained in the material herein. Because of rapid advances in the medical sciences, in
particular, independent verification of diagnoses and drug dosages should be made

British Library Cataloguing in Publication Data
A catalogue record for this book is available from the British Library

Library of Congress Cataloging-in-Publication Data
A catalog record for this book is availabe from the Library of Congress

This edition of Analog Circuit Design:A Tutorial Guide to Application and Solutions,
Part1 (pages1-393) 9780123851857 by Bob Dobkin and Jim Williams is published by
arrangement with ELSEVIER INC., a Delaware corporation having its principal
place of business at 360 Park Avenue South, NY 10010, USA through Japan UNI
Agency, Inc., Tokyo

謝　辞

　本書は30年以上にわたるアナログ技術についてまとめたもので，すべての名前を挙げることができないほど多くの方々の努力の結果を表しています．これらの功績のほとんどは，執筆に携わったリニアテクノロジー社の技術者や著者によるものです．

　Jim WilliamsやBob Dobkinは，多くの時間を惜しげなく使って執筆やサポートを行ってくれました．また，時間を割いてアプリケーション・ノートを出版する準備を担当してくれた，当社の出版部門のSusan CooperとGary Alexanderの貢献も忘れてはなりません．

　最後に，本書の企画から出版までを支えた出版社のJonathan Simpsonと，スムーズな出版に貢献していただいたNaimi RobertsonとPaulin Wilkinsonにも感謝の言葉を捧げます．

Linear Technology Corporation
John Hamburger

日本語版発行に向けて

　この書籍は，2011年9月に出版された"Analog Circuit Design：A Tutorial Guide to Applications and Solutions"のパワー・マネジメント製品を紹介した章の完全和訳版です．

　Analog Circuit Designは，リニアテクノロジー社の創設者の一人で，現在CTOを務め，アメリカを代表するアナログ・グルとして活躍しているロバート・ドブキン氏と，30年以上にわたるリニアテクノロジー社在籍中において多くの寄稿を発表し，伝説のアナログ・グルと呼ばれた故ジム・ウィリアムス氏が執筆した，アナログ・デザインのアプリケーション・ノート集です．

　ハード・カバーで960ページという専門書にもかかわらず，出版後の最初の6ヵ月で5,000部以上を販売し，世界中のアナログ・エンジニアから多大な支持をもって迎えられ，2013年1月には第2弾となる"Analog Circuit Design, Volume 2：Immersion in the Black Art of Analog Design"が出版されました．この第2弾のページ数は1,268ページとなり，前書に比べて30％以上も厚くなりましたが，こちらも順調に部数を伸ばしており，出版社は早くも第3弾を企画しているとのことです．

　日本のアナログ・エンジニアにとって，日本語で最高レベルのアナログ回路関連情報を入手するのはたやすいことではないと思います．一人でも多くの皆さまに本書がお役に立てば幸いです．

　最後に，本書の日本語版出版をご決断くださったCQ出版社にお礼申し上げます．

2013年10月
リニアテクノロジー株式会社
代表取締役　望月靖志

はじめに

なぜアプリケーションを書くのか？

　アプリケーションに関する書籍を出版する際に，このような質問から始めるのは奇妙であまりないことだと思いますが，これは意味のある質問です．同様に，本書を出版する際にどのような決断をしたかを見返してみることも意味があります．

　アナログに関するアプリケーション例を書くには，長くかつ多くの労力が必要になります．価値のある資料を作成するためのコストは非常に高く，技術部門はかなりの時間を割かなければならず，費用もかかります．同じだけの開発資源を製品開発に向けるとすれば，その成果は金額で評価することができます．

　それにもかかわらず，アプリケーションの製作に努力することを決断しなければなりませんでした．特にアナログ回路の設計は多岐にわたっており，使用するデバイスも高度なものが多いので，ユーザからは設計の助けとなるものが欲しい（少なくとも歓迎する）という要求が高まっています．アナログICで発生する問題を解決するには，最終的にはそれを使うユーザの能力が必要になります．ある分野に限られた例であっても一般的な例であっても，どちらの場合も問題解決能力を高めるには有効です．単純ですが，これが強力な論点であり，アプリケーション例に関わる際の基本的な考え方になります．新製品のコンセプトや使用する際の試験方法などもありますが，上に述べたことが基本的な考え方です．

　伝統的に，アプリケーションを作成するには，ある製品を正しく動作させるための注意事項を必ず復習します．加えて，回路についての基本的な提案や考え方を加えることもあります．このようなアプローチは有用で必要なことですが，もっと拡張することも可能です．本書では，システム指向の回路を重点的に選択して詳細な説明をしています．ユーザが実際に設計する回路とこれらが似ていると思って（希望して）いるからです．広い範囲にわたる教材が収められ，本題からさらに広がった説明や，図による説明も多く使われています．回路の動作の説明は簡潔に行う一方で，性能の妥協点についての議論や機能の追加，技術の説明に重点が置かれています．

　アプリケーション・ノートの多くには，補足説明を行うAppendixが追加され，関連事項や新しい情報を詳細に説明しています．読者がこれらを理解し，例として掲載した回路を修正して読者自身の抱える問題を解決することが理想です．回路についての説明は，非常に簡単なものから複雑なもの，高度なものがありますが，適切だと思います．現用の製品やユーザの要求が高いものに重点を置いています．回路の基本機能の説明は触媒のようなもので，読者が思考を始めるようになったらアプリケーション・ノートはその使命を達成したと思っています．

　これらの回路を製作し資料を作成するために相当の努力が必要でしたが，必ずしも最高の結果を追求したわけではありません．すべての回路は試作用の基板に組み立てて，試作品としての性能試験を行いました．文中に記載した仕様や性能は，試作回路で測定し，そこから推定した値です．紙面が限られているため，量産したときの最悪値の解析や誤差による影響

についての検討は行っていません．

　本書に収められているアプリケーションは，実在して入手可能なものから選択しました．選別する作業はつらい部分もありましたが，さまざまな基準を基に選別されています．読者の興味を引くか，出版に適しているか，時間やスペースの制限，教材としての価値が長続きするかなどです．さらに，アプリケーション・ノートとして最低10年は使えることです．そのため，用途が限定されたアプリケーションは排除されています．広い範囲の資料が選択されており，長期にわたって読者の興味を引くような教材や設計上の重要事項が記述されているものが選択されています．回路には現用のデバイスが使われていますが，次世代のデバイスも使用できることが要求されます．この観点で見ると，収録されたアプリケーションには，発行されてから年数が経過しているにもかかわらず読者からの要求が高いものがあることが目立ちます．

　アプリケーションはその中でほぼ完結し，広い視点から問題を解決し，すぐに使えるようなものでなくてはなりません．ある問題を解決することは，読者にとって大いなる動機付けとなります．ツールや手法を選択し，組み合わせて問題解決に役立てることに重点を置きました．この理由により，取り上げる例とその説明はその中で完結して，現実的であることが求められます

　どの出版物にも，品質が高いことが要求されます．高品質のアプリケーション・ノートは研究室レベルの注意深い回路設計と，記述がその中で完結していることが求められます．文章や図は見た目がよく，読みやすく配置されていなくてはなりません．印刷も鮮明で図も見やすくなければなりません．

　アプリケーション・ノートにも効率が必要です．効率的に書かれたアプリケーション・ノートは，必要とする箇所を読者が探しやすく，理解しやすく書かれています．説明も読者の知的な要求を満たすものでなくてはなりませんが，学術レベルまで深く掘り下げる必要はありません．必要な情報を明確に，素早く伝えることを目的としています．

　最後に，スタイルは常に見せるものでなくてはなりません．簡単に言うと，出版物は読むことが楽しくあるべきです．スタイルは心理的な潤滑剤となり，スムースに入り込めるようになります．その出版物にふさわしいスタイルにすることが必要で，乱用しすぎてはいけません．そして，このアプリケーション・ノートの著者たちは，適切なバランスを取るように最善を尽くしています．ですから，本書を執筆した多くの著者たちを賞賛してください．出版物に対する指向，資料の選択，誤記や脱落およびその他の責は，書名に名前を挙げた編集者が負っています．

Linear Technology Corporation
Jim Williams

序　文

アナログとディジタルの基本的な違いは情報にあります．ディジタル信号は0と1を組み合わせて情報を表し，組み合わせが同じであれば常に同じ情報になります．情報を生成するときの電源電圧や回路には影響されません．

アナログ信号では，出力される情報は電圧や電流，電荷などの基本単位で表現され，実世界のパラメータと結びついています．アナログの世界では，解答に達するまでの手法が解答の品質を左右します．温度やノイズ，遅延，時間的な安定度などの誤差のすべてがアナログ出力に影響を与え，そのすべてがアナログ出力を生成する回路の性能に依存しています．アナログ出力を得るにはこのような難しさがあるため，回路設計には経験と能力が必要とされるのです．

集積回路(IC)が広く使われるようになり，さらにほとんどのシステムに特定用途向けIC(ASIC)が使用されるようになっています．このため，アナログ回路の設計方法を教育するための良い例を見つけることが難しくなってきています．

技術専門学校では，端子から見たデバイスの特性や接続方法などについて教えていますが，洗練された回路を設計したり，現代のIC設計技術を応用したりするには適切な方法とは言えません．現代のシステムに使用されているアナログ回路を解読するには，その回路の設計者の助けが必要です．複雑なアナログ・システムを設計する能力は，過去にどのようなことが行われてきたかを学習する能力に依存しています．

アナログ設計を学習する最良の方法の一つは，アナログICを供給しているメーカが発行しているアプリケーション・ノートや技術情報を活用することです．

それらの資料には，回路図や試験結果，その回路がなぜ選択されたかの理由などが含まれています．これを知ることは，新しい回路を設計する際に非常に良い助けになります．

問題解決の手段として応用例が提供されているので，アプリケーション・ノートを読んだり，回路をSPICEで解析したりすることがアナログ回路を学習する最良の手段となります．

ほとんどのアプリケーション・ノートに記されているアナログ情報には永続性があります．現在はもちろんのこと，これから20年後も有効でしょう．

本書に記載されている学術的にも優れたアナログ回路の設計例が，すべての読者のお役に立てることを望みます．

Linear Technology Corporation
Robert Dobkin

目 次

謝辞 ··· 3
日本語版発行に向けて ··· 3
はじめに ·· 4
序文 ··· 6

第1部 パワー・マネジメント・チュートリアル

第1章 セラミック入力コンデンサによって生じる過電圧トランジェント [AN88] 19

自分の責任でACアダプタを差し込む ··· 19
テスト回路の作成 ··· 19
スイッチのターン・オン ·· 20
携帯用アプリケーションのテスト ·· 20
異なった入力素子を使った場合の入力電圧トランジェント ··························· 20
入力コンデンサの最適化 ·· 21
まとめ ··· 22

第2章 リニア・レギュレータの出力に残るスイッチング・レギュレータのノイズを最小化 [AN101]
厄介なスパイクを除去する **23**

スイッチング・レギュレータの出力のAC成分 ·· 23
リプルとスパイクの除去 ·· 24
リプル/スパイクのシミュレータ ··· 24
リニア・レギュレータの高周波除去の評価/最適化 ·· 27
Appendix A　フェライト・ビーズに関して ··· 29
Appendix B　高周波フィルタとしてのインダクタ ·· 30
Appendix C　ミリ・ボルト未満の広帯域信号を損なわないプロービング手法 ··· 30

第3章 ノートPCおよびパームトップPCの電源回路 [AN51] **33**

高効率の5V/3.3V降圧型レギュレータをドライブするLT1432 ···················· 33
　　　●回路の詳細
BiCMOSスイッチング・レギュレータ・ファミリによる最も効率の高い降圧型レギュレータ ····· 36
　　　●スイッチング・レギュレータに使う表面実装タイプのコンデンサについて
高効率のリニア電源 ··· 38
デュアル出力，ハイサイドMOSFETドライバによる電源スイッチ ············· 39
LT1121シャットダウン機能付きマイクロパワー150mAレギュレータ ······· 40
冷陰極蛍光管の駆動回路 ·· 40
バッテリ充電回路 ··· 41
　　　●鉛蓄電池充電回路　●ニカド蓄電池の充電回路　●液晶表示器(LCD)のコントラスト設定

用電源 ●4セルのニカド蓄電池パック用レギュレータ/充電器

パームトップPCの電源回路 ･･･ 46
●電池2本を使ったパームトップPC用の電源回路 ●単3電池2本によるLCDバイアス回路 ●単3電池4本を使うパームトップPC用の電源回路 ●パームトップPC用冷陰極蛍光管駆動回路

第4章 2線式仮想リモート・センシングを応用した電圧レギュレータ AN126
伝送路の抵抗を推定してリモート・センシングと同じ効果を得る　　　　　　　53

仮想リモート・センシング ･･ 53
VRSの応用例 ･･･ 54
●VRS機能を組み込んだリニア・レギュレータ ●VRS機能を組み込んだスイッチング・レギュレータ ●VRS機能を絶縁型スイッチング・レギュレータに組み込む ●VRS機能を市販のスイッチング電源に組み込む ●VRS機能付きハロゲン・ランプ点灯回路
Appendix A　LT4180のVRS動作について ････････････････････････････ 66
Appendix B　LT4180を使ったVRSの設計方法 ････････････････････････ 67
●設計手順 ●C_{HOLD}コンデンサの選択と過渡応答の補償 ●過渡応答の補償 ●出力電圧，低電圧閾値，過電圧閾値の設定 ●R_{SENSE}の選択 ●ソフト補正動作 ●ガード・リングの使用 ●同期 ●スペクトル拡散動作 ●電圧補正範囲の拡大

第2部 スイッチング・レギュレータの設計

第5章 LT1070デザイン・マニュアル AN19　　　　　　　　　　　　75

補足 ･･･ 75
●LT1070の小型バージョン ●インダクタンスの計算 ●式(73)を使用して ●磁気部品の保護 ●新しいスイッチ電流の仕様 ●高い電源電圧 ●不連続「発振」(リンギング)
LT1070の動作 ･･･ 78
ピン機能 ･･･ 79
●入力電源(V_{IN}) ●グラウンド・ピン(GND) ●帰還ピン(FB) ●補償ピン(V_C) ●出力ピン
基本的なスイッチング・レギュレータ・トポロジー ･････････････････････ 83
●降圧コンバータ ●昇圧レギュレータ ●組み合わせ昇降圧レギュレータ ●Ćukコンバータ ●フライバック・レギュレータ ●フォワード・コンバータ ●電流ブースト昇圧コンバータ ●電流ブースト降圧コンバータ
アプリケーション回路 ･･･ 88
■昇圧モード(出力電圧が入力電圧より高い) ･････････････････････････････ 88
●インダクタ ●出力コンデンサ ●周波数補償 ●電流ステアリング・ダイオード ●短絡状態
■負降圧コンバータ ･･･ 92
●出力分割器 ●デューティ・サイクル ●インダクタ ●出力コンデンサ ●出力フィルタ ●入力フィルタ ●周波数補償 ●キャッチ・ダイオード
■負から正の昇降圧コンバータ ･･･････････････････････････････････････ 94
●出力電圧の設定 ●インダクタ ●出力コンデンサ ●電流ステアリング・ダイオード

■正降圧コンバータ	97
●デューティ・サイクルの制限 ●インダクタ ●出力電圧リプル ●出力コンデンサ ●出力フィルタ	
■フライバック・コンバータ	100
●出力分割器 ●周波数補償 ●スナバの設計 ●出力ダイオード(D_1) ●出力コンデンサ(C_1)	
■完全に絶縁されたコンバータ	105
●出力コンデンサ ●ロード・レギュレーションとライン・レギュレーション ●周波数補償	
■正電流ブースト降圧コンバータ	109
■負電流ブースト降圧コンバータ	111
■負入力/負出力フライバック・コンバータ	111
■正から負へのフライバック・コンバータ	111
■電圧ブースト昇圧コンバータ	111
■負昇圧コンバータ	113
■正から負への昇降圧コンバータ	113
■電流ブースト昇圧コンバータ	114
■フォワード・コンバータ	115
周波数補償	117
●マージンのチェック ●起動時のオーバーシュートの除去	
外部電流制限	120
外付けトランジスタのドライブ	122
整流ダイオードの出力	123
入力フィルタ	126
効率計算	127
●LT1070の動作電流 ●LT1070のスイッチ損失 ●出力ダイオード損失 ●インダクタおよびトランス損失 ●スナバ損失 ●全損失	
出力フィルタ	129
入力および出力コンデンサ	130
インダクタおよびトランスの基礎	131
●ギャップ付きコア ●インダクタの選択手順 ●トランスの設計例	
放熱情報	138
トラブル・シューティングのヒント	139
低調波発振	140
データシート	142

第6章 詩人のためのスイッチング・レギュレータ AN25
心配無用のやさしい手引き
149

基本的なフライバック・レギュレータ	150
−48Vから5Vを作る通信装置用フライバック・レギュレータ	152
絶縁型の通信装置用フライバック・レギュレータ	153
100Wオフライン・スイッチング・レギュレータ	155
スイッチングによるモータの回転速度の制御	159
スイッチング・モードで駆動されるペルチェ素子による0℃基準	159
Appendix A　LT1070の生理学	161
Appendix B　周波数補償	162

Appendix C　スイッチング・レギュレータ設計のためのチェック・リスト......164
　　Appendix D　スイッチング・レギュレータ設計における革新......167

第7章 ステップダウン型スイッチング・レギュレータ AN35　171

　　基本的なステップダウン回路......171
　　実用的なステップダウン型スイッチング・レギュレータ......172
　　二つの出力を持つステップダウン・レギュレータ......173
　　負電圧出力レギュレータ......174
　　電流容量を大きくしたステップダウン・レギュレータ......175
　　固定電圧型ポスト・レギュレータ......175
　　電圧可変型ポスト・レギュレータ......176
　　低消費電流レギュレータ......177
　　ワイド・レンジの高出力，高電圧レギュレータ......181
　　出力を安定化した正弦波出力DC-ACコンバータ......184
　　Appendix A　LT1074の生理学......188
　　Appendix B　スイッチング・レギュレータ設計のための全般的な検討......191
　　　　●インダクタの選択　●別のインダクタの選択方法　●コンデンサ　●部品配置　●ダイオード
　　　　●周波数補償
　　Appendix C　電流測定のテクニックと装置......195
　　Appendix D　スイッチング・レギュレータの効率の最適化......197
　　　　●特殊な回路
　　Appendix E　半波正弦波の参照波形発振器......199
　　Appendix F　磁性部品の問題......199

第8章 出力ノイズが100μVのモノリシック・スイッチング・レギュレータ AN70　201
静寂は満足する動作には最善の前ぶれ…

　　スイッチング・レギュレータのノイズ......201
　　ノイズレス・スイッチングによる方法......202
　　実用的な低ノイズ・モノリシック・レギュレータ......202
　　出力ノイズを測定する......204
　　システムにおけるノイズの測定......207
　　変化率がノイズと効率に及ぼす影響......208
　　負電圧出力レギュレータ......209
　　フローティング出力レギュレータ......209
　　フローティング正負電圧出力コンバータ......209
　　バッテリ駆動回路......212
　　性能の向上......213
　　低待機時電流レギュレータ......213
　　高入力電圧レギュレータ......214
　　24V～5Vを出力する低ノイズ・レギュレータ......215
　　5V～12V出力の10W低ノイズ・レギュレータ......216
　　7500V耐圧の絶縁低ノイズ電源......217
　　Appendix A　低ノイズDC-DCコンバータの歴史......218
　　　　●歴史

Appendix B　いわゆるノイズを規定し，測定する･････････････････････････････････････222
　　　　●ノイズを測定する　●低周波数ノイズ　●プリアンプとオシロスコープの選定
　Appendix C　低レベル広帯域信号を正確に測定するためのプロービングと接続のテクニック････226
　　　　●グラウンド・ループ　●ピックアップ　●問題のあるプロービング　●同軸線路の誤った取り扱い－「重罪」のケース　●同軸線路の誤った取り扱い－「いま一歩」のケース　●正しい同軸接続　●直接接続　●テスト・リードによる接続　●絶縁されたトリガ・プローブ　●トリガ・プローブ用のアンプ
　Appendix D　実験基板の作成とレイアウトの考察･････････････････････････････233
　　　　●5Vから12Vを出力するレギュレータの実験用基板　●5Vから±15Vを出力するレギュレータの実験用基板　●デモンストレーション基板
　Appendix E　リニア・レギュレータの選択基準･･････････････････････････････236
　　　　●リプル除去比のテスト
　Appendix F　磁性部品の検討･･･237
　　　　●トランス　●インダクタ
　Appendix G　なぜ，電圧と電流のスルーレートに制限をかけるのか･･････････238
　Appendix H　より良い低雑音性能を目指すためのヒント･･･････････････････239
　　　　●雑音性能の追い込み　●コンデンサ　●ダンピング回路（ダンパ）　●測定テクニック
　Appendix I　ノイズを防ぐための磁性部品の知識と一般常識･････････････････240
　　　　●ノイズのテスト・データ　●ポット・コア　●ERコア　●トロイダル・コア　●Eコア　●まとめ　●結論
　Appendix J　EMIの輻射量を測定する･･････････････････････････････････････243
　　　　●EMIの発生源　●プローブ応答の特性確認　●プローブを使う上での原則
　一般的なdi/dtに起因するEMIの問題･･･246
　　　　●整流器の逆回復電流　●クランプ用ツェナ・ダイオードによるリンギング　●並列接続した整流器　●並列接続されたスナバあるいはダンパ用コンデンサ　●トランスのシールド引き出し線のリンギング　●漏れインダクタンスによる磁界　●開放エア・ギャップからの磁界　●十分にバイパスされていない高速ロジック回路　●LISNと一緒に"Sniffer"プローブを使う　●EMI "Sniffer"プローブをテストする　●結論　●概要　●"Sniffer"プローブ用アンプ
　Appendix K　システム自体によるノイズの"測定"･･････････････････････････256

第9章　高集積DC-DC μModuleレギュレータ・システムを使った，複雑なFPGAベースのシステムへの給電 AN119a
（パート1）回路と電気的性能　　　　**257**

革新的なDC-DC設計･･257
DC-DC μModuleレギュレータ―LGAパッケージの全てを備えたシステム･･････258
48Aを供給する並列接続した4個のDC-DC μModuleレギュレータ････････････258
起動，ソフト・スタートおよび電流分担････････････････････････････････････259
　　　　●まとめ

第10章　高集積DC-DC μModuleレギュレータ・システムを使った，複雑なFPGAベースのシステムへの給電 AN119b
（パート2）熱性能とレイアウト　　　　**261**

4個のDC-DC μModuleレギュレータを並列接続して60Wを供給･･････････････261
熱性能･･261

コピー＆ペーストによる簡単なレイアウト ･････････････････････････････ 262
　　　　●まとめ

第11章 ダイオードのターン・オン時間によって誘起される　スイッチング・レギュレータの動作不良 AN122　265
どれほど多くの人がこんなに少ない端子にこれほど悩まされたことか

ダイオードのターン・オン時間の見方 ･･････････････････････････････ 266
詳細な測定方法 ･･ 266
ダイオードのテストと結果の解釈 ･･････････････････････････････････ 269
Appendix A　帯域幅はどれだけあれば十分か？ ････････････････････ 271
Appendix B　万人のための立ち上がり時間がサブナノ秒のパルス発生器 ･････ 273
　　　　●立ち上がり時間が400psのアバランシェ・パルス発生器 ●回路の最適化
Appendix C　Z_0プローブについて ･･････････････････････････････ 277
　　　　●いつ自作し，いつ購入するか
Appendix D　立ち上がり時間の測定の完全性の検証 ････････････････ 278
Appendix E　接続箇所，ケーブル，アダプタ，減衰器，プローブおよびピコ秒 ･･････ 280
Appendix F　別の実現方法 ･･ 281

第3部　リニア・レギュレータの設計

第12章 低ノイズ／低ドロップアウト・レギュレータの性能検証 AN83　285
低ノイズで数アンペアを供給

ノイズとノイズ試験 ･･ 285
　　　　●ノイズ試験の考察 ●機器使用の出来栄え確認
　　　　COLUMN　20 μV_{RMS}ノイズの低ドロップアウト・レギュレータのファミリ
レギュレータ・ノイズの測定 ･･････････････････････････････････････ 288
　　　　●バイパス・コンデンサの影響 ●比較結果の解釈
Appendix A　低ノイズLDOの構造 ･･････････････････････････････ 293
　　　　●ノイズの最小化 ●パス素子の考察 ●動特性
Appendix B　コンデンサ選択についての考察 ･･････････････････････ 294
　　　　●バイパス容量と低ノイズ化の実践 ●出力容量と過渡応答 ●セラミック・コンデンサ
Appendix C　実効値電圧計の理解と選択 ････････････････････････ 296
　　　　●AC電圧計のタイプ ●整流と平均 ●アナログ計算 ●熱方式 ●ノイズで駆動されるAC電圧計の性能比較 ●熱方式の電圧計回路
Appendix D　低ノイズLDOの選択に対する実際的な考慮 ･･････････ 300
　　　　●電流容量 ●電力損 ●パッケージ・サイズ ●ノイズ帯域幅 ●入力ノイズ除去 ●負荷プロフィール ●個別部品

第4部 高電圧・大電流アプリケーション

第13章 昇圧トランスの設計における寄生容量の影響 [AN39] 303
Appendix A 寄生トランジスタ 305

第14章 大電流アプリケーション用の高効率/高密度なPolyPhaseコンバータ [AN77] 307
PolyPhaseテクニックは回路性能にどのように影響するか？ 307
電流分担 308
●出力リプル電流のキャンセレーションおよび出力リプル電圧の減少 ●負荷過渡応答性の改善 ●入力リプル電流のキャンセレーション
設計の検討 314
●相数の選択 ●LTC1629を使ったPolyPhaseコンバータ ●レイアウトの検討
設計事例──100A PolyPhase電源 317
●設計の詳細 ●テスト結果 ●まとめ
Appendix A 2相回路の出力リプル電流の計算 320

第5部 レーザおよび照明デバイスへの電力の供給

第15章 超小型LCDバックライト・インバータ [AN81]
しなやかな捕獲者が高電圧を適当な値にカットする 323
磁気CCFLトランスの限界と問題 323
圧電トランス 323
PZT制御回路の開発 324
さらなる考察と利点 327
ディスプレイの寄生容量とその効果 328
Appendix A 圧電トランス「良い振動」 330
●ピエゾとは？ ●錬金術と黒魔術 ●楽しい部分 ●共振の特徴
Appendix B 圧電技術の初歩 332
●圧電気 ●圧電効果 ●軸の命名法 ●電気的・機械的な類似 ●カップリング ●負荷による電気的・機械的な特徴の変化 ●弾性 ●圧電素子の方程式 ●基礎的な圧電モード ●ポーリング ●ポスト・ポーリング ●圧電素子の曲げ機（ベンダ） ●損失 ●単純化した圧電素子の等価回路 ●単純なスタックの圧電トランス ●まとめ
Appendix C 本当に興味深いフィードバック・ループ 341

第16章 光ファイバ・レーザ用熱電クーラー温度調節器 [AN89]
気難しいレーザの環境を整える 345
温度調節器の必要条件 345
温度調節器の詳細 346
熱ループの考察 346

温度制御ループの最適化 ・・ 347
温度の安定性の実証 ・・ 349
反射ノイズの性能 ・・ 349
Appendix A　熱電クーラーによる制御ループの実際的な考察 ・・・・・・・・・・・・・・・・・・・・・・ 353
　　　　　　　●温度設定点　●ループ補償　●ループゲイン

第17章　光ファイバ・レーザの電流源 AN90
おもしろい電流事例の概要
355

光ファイバ・レーザ用電流源の設計基準 ・・・ 355
性能問題の詳細な検討 ・・ 355
　　　　　　　●必要な電源　●出力電流容量　●出力電圧適合性（最大電圧）　●効率　●レーザ接続　●出力電流のプログラミング　●安定性　●雑音　●過渡応答
レーザ保護問題の詳細な議論 ・・・ 356
　　　　　　　●オーバシュート　●イネーブル　●出力電流のクランプ　●オープンなレーザの保護
基本的な電流源 ・・ 357
高効率で基本的な電流源 ・・・ 357
カソードを接地した電流源 ・・・ 358
単一電源でカソードを接地した電流源 ・・・ 359
完全に保護された自己イネーブルのカソード接地電流源 ・・・・・・・・・・・・・・・・・・・・・・・・・・ 360
カソードを接地した2.5A電流源 ・・・ 362
0.001％のノイズのカソードを接地した2A電流源 ・・・・・・・・・・・・・・・・・・・・・・・・・・・・・・・・ 364
0.0025％のノイズでアノード接地の250mA電流源 ・・・・・・・・・・・・・・・・・・・・・・・・・・・・・・ 366
低ノイズな完全フローティング出力の電流源 ・・・・・・・・・・・・・・・・・・・・・・・・・・・・・・・・・・・・・ 366
電源にアノードがある電流源 ・・・ 368
Appendix A　レーザ負荷のシミュレーション ・・・・・・・・・・・・・・・・・・・・・・・・・・・・・・・・・・・・・ 369
　　　　　　　●電気的なレーザ負荷シミュレータ
Appendix B　ノイズに関するスイッチング・レギュレータの検証 ・・・・・・・・・・・・・・・・・ 370
　　　　　　　●絶縁されたトリガ・プローブ　●トリガ・プローブのアンプ
Appendix C　電流プローブとノイズ測定の注意点 ・・・・・・・・・・・・・・・・・・・・・・・・・・・・・・・・ 374

第18章　アバランシェ・フォト・ダイオード用バイアス電圧/電流検出回路 AN92
APD用バイアスの供給と測定
377

電流モニタ回路 ・・ 378
　　　　　　　●簡易電流モニタ回路（問題あり）　●変調を利用した電流モニタ回路　●直流結合型電圧モニタ回路
APD用バイアス電源回路 ・・ 381
　　　　　　　●APD用バイアス電源と電流モニタ回路　●トランスを使うAPD用バイアス電源と電流モニタ回路　●インダクタを利用したAPD用バイアス電源回路　●出力ノイズ200μVのAPD用バイアス電源回路　●低ノイズAPD用バイアス電源と電流モニタ回路　●0.02％精度の電流モニタ回路　●ディジタル出力電流モニタ回路　●ディジタル出力の電流モニタとAPD用バイアス電源回路
まとめ ・・ 391

Appendix A　誤差を小さくしたフィードバック信号抽出の技術 · 392
　　　　　　●分圧器電流による誤差の補正---ロー・サイド・シャント抵抗の場合　●分圧器電流による
　　　　　　誤差の補正---ハイ・サイド・シャント抵抗の例
Appendix B　プリアンプとオシロスコープの選択 · 393
Appendix C　低レベル/広帯域信号を正確に計測するためのプロービングと接続の技術 · · · · · · · 394
　　　　　　●グラウンド・ループ　●ピックアップ　●未熟なプロービング技術　●同軸線路の誤った取
　　　　　　り扱い---「重罪」のケース　●同軸線路の誤った取り扱い---「もう一歩」のケース　●正しい同
　　　　　　軸接続　●直接接続　●テスト・リードによる接続　●絶縁されたトリガ・プローブ　●トリ
　　　　　　ガ・プローブ用のアンプ
Appendix D　真の0V出力が可能な単一電源アンプ · 403
Appendix E　APDの保護回路 · 403

第6部　自動車および産業機器用電源の設計

第19章　バッテリ・スタックの開発における電圧の測定 AN112
それほど単純ではない問題の簡単な解決法　　　　　　　　　　　　　　　　**409**

バッテリ・スタックの問題 · 409
トランスによるサンプリング電圧計 · 410
回路動作の詳細 · 410
マルチセル・バージョン · 412
自動制御と校正 · 412
ファームウェアの詳細 · 413
測定の詳細 · 415
さらにチャネルを加える · 416
Appendix A　ゴッホではないが耳をたくさん切ってみる · 418
　　　　　　●動作しないもの
Appendix B　フローティング出力，可変バッテリ・シミュレータ · 421
Appendix C　マイクロコントローラのコード・リスト · 422

第1部

パワー・マネジメント・チュートリアル

第1章 セラミック入力コンデンサによって生じる過電圧トランジェント

電源入力部のフィルタ回路には，セラミック・コンデンサが多く使われています．セラミック・コンデンサは等価直列抵抗（ESR）や等価直列インダクタンス（ESL）が小さく，高いリプル電流に耐えることができます．また，過電圧への耐量も大きいので，耐電圧の規格いっぱいまで使うことができます．しかし，セラミック・コンデンサを入力部に使った回路に変化率の高い電圧を供給すると，過渡的に高い電圧が発生することを理解していなければなりません．ステップ状の電圧を供給すると，入力した電圧の2倍もの電圧が過渡的に発生することがあります．ここでは，入力フィルタにセラミック・コンデンサを使うときの効率的な使い方と，過渡現象によって引き起こされる問題の解決法を述べます．

第2章 リニア・レギュレータの出力に残るスイッチング・レギュレータのノイズを最小化

スイッチング・レギュレータの後にリニア・レギュレータを接続することはよく行われています．これによって電圧安定度と電圧確度が向上し，過渡応答や出力インピーダンスも改善されます．さらに，スイッチング・レギュレータから発生するリプルやスパイクを大きく低減できれば理想的ですが，実際はリニア・レギュレータにはリプルやスパイクを除去する能力は期待できず，特に周波数が高い領域では難しくなります．本章では，リニア・レギュレータの高域における限界について解説し，リプルやスパイクを低減するための実装方法についても説明します．実際の回路を効率的に試験するためのリプル/スパイク・シミュレータの回路も示します．

Appendixでは，フェライト・ビーズについての解説，高周波のフィルタに使用するインダクタについての解説，ミリボルト以下の信号を測定する際の信号の取り出し方(プロービング)について解説します．

第3章 ノートPCおよびパームトップPCの電源回路

ノートPCおよびパームトップPCは，1個のバッテリから複数の電源を出力する必要があります．競争力のある製品とするため，小型，高効率，軽量化が要求されます．本章では，効率の高い5Vおよび3Vを出力するスイッチング・レギュレータ，リニア・レギュレータとバックライト用の電源，充電回路について解説します．すべての回路は，上に述べた要求を満足するように設計されたものです．

第4章 2線式仮想リモート・センシングを応用した電圧レギュレータ

配線やコネクタには電気抵抗があります．この避けられない事実により，負荷における電圧は電源出力端子の電圧より必ず低くなります．従来から行われている4線式のリモート・センシング回路では電源回路に設けられたセンス入力に負荷の電圧を入力し，線路抵抗による電圧降下を補償した電圧を出力します．センス入力端子は入力インピーダンスを高くし，センス用線路の抵抗の影響を受けないようにします．この方式の動作は良好ですが，センス用として2本の線路が余分に必要になることが大きな欠点です．

新方式では，電源出力を変調し，センス用の配線なしで負荷端における電圧を安定化させます．

第1章
セラミック入力コンデンサによって生じる過電圧トランジェント

Goran Perica

携帯機器の設計の最近の傾向として，DC-DCコンバータの入力フィルタにセラミック・コンデンサが使われてきています．セラミック・コンデンサはサイズが小さく，等価直列抵抗(ESR)が低く，実効電流能力が高いのでよく選択されます．また，最近では，設計者はタンタル・コンデンサが不足しているため，セラミック・コンデンサに眼を向けています．

残念なことに，入力フィルタにセラミック・コンデンサを使用すると問題が起きることがあります．セラミック・コンデンサに電圧ステップを印加すると，大きな電流サージが生じ，電力ラインのインダクタンスにエネルギーが蓄積されます．蓄積されたエネルギーがこれらのインダクタンスからセラミック・コンデンサに移されるときに大きな電圧スパイクが生じます．これらの電圧スパイクは簡単に入力電圧ステップの振幅の2倍に達することがあります．

自分の責任でACアダプタを差し込む

入力電圧トランジェントの問題は起動シーケンスと関係しています．ACアダプタがまずACコンセントに差し込まれて給電状態になってから，ACアダプタの出力を携帯機器に差し込むと，入力電圧トランジェントが生じることがあり，機器内部のDC-DCコンバータを損傷することがあります．

テスト回路の作成

問題を具体的に説明するため，ノートブック・コンピュータのアプリケーションに使われる標準的な24VのACアダプタをノートブック・コンピュータの標準的なDC-DCコンバータの入力に接続しました．使用したDC-DCコンバータは24V入力から3.3Vを発生する同期整流式降圧コンバータです．

テストの回路構成のブロック図を図1.1に示します．インダクタL_{OUT}は，リード線のインダクタンスとACアダプタにときどき見られる出力EMIフィルタのインダクタの等価インダクタンスを表します．ACアダプタの出力コンデンサは通常1000μFのレベルです．ここでの目的のため，このコンデンサのESRは低い(10mΩ～30mΩの範囲)と仮定します．ACアダプタとDC-DCコンバータのインターフェースの等価回路は実際には直列共振タンクで，支配的素子はL_{OUT}, C_{IN}および集中ESRです(集中ESRにはC_{IN}のESR，リード線の抵抗およびL_{OUT}の抵抗を含める必要があります)．

入力コンデンサ(C_{IN})は，入力リプル電流を担う能

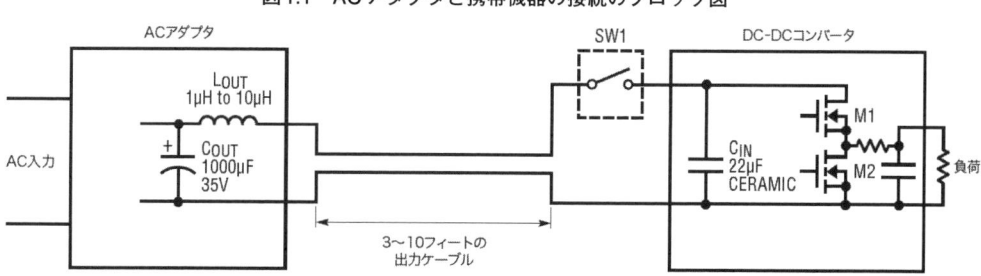

図1.1 ACアダプタと携帯機器の接続のブロック図

図1.2 セラミック・コンデンサ両端の
入力電圧トランジェント

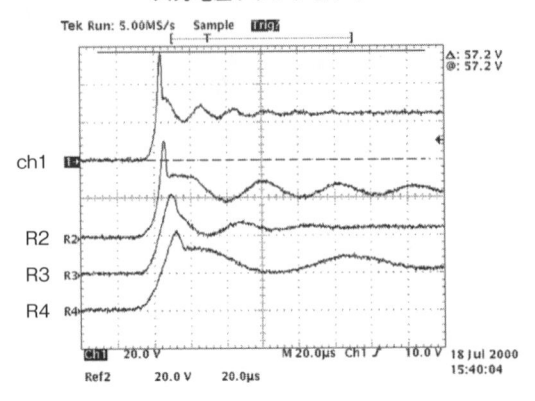

表1.1 図1.2の波形のピーク電圧

トレース	$L_{IN}[\mu H]$	$C_{IN}[\mu F]$	V_{IN} PEAK [V]
ch1	1	10	57.2
R2	10	10	50
R3	1	22	41
R4	10	22	41

力のある低ESRのコンデンサでなければなりません．標準的なノートブック・コンピュータのアプリケーションでは，このコンデンサは10μF～100μFの範囲です．

正確なコンデンサの値は多くの要因に依存しますが，主な要件はDC-DCコンバータによって生じる入力リプル電流を扱う必要があるということです．入力リプル電流は通常1A～2Aの範囲です．したがって，要求されているコンデンサは1個の10μF～22μFのセラミック・コンデンサ，2個か3個の22μFのタンタル・コンデンサまたは1個か2個の22μFのOS-CONコンデンサのいずれかでしょう．

スイッチのターン・オン

図1.1のSW₁をオンすると，大混乱が始まります．ACアダプタはすでに差し込まれていますから，その低インピーダンスの出力コンデンサの両端には24Vが現れています．他方，入力コンデンサC_{IN}の電位は0Vです．$t = 0$secから現象が起きることはまったく基本的なことです．印加された入力電圧により，電流がL_{OUT}を通って流れます．C_{IN}が充電され始め，C_{IN}両端の電圧が24Vの入力電圧に向かってランプアップします．C_{IN}両端の電圧がACアダプタの出力電圧に達すると，L_{OUT}に蓄えられたエネルギーがC_{IN}両端の電圧を24Vを超えてさらに上昇させます．C_{IN}両端の電圧はついにそのピークに達し，その後，再び24Vに下降します．C_{IN}両端の電圧はしばらくの間24Vの値を中心にリンギングを生じることもあります．実際の波形は回路素子

に依存します．

この回路のシミュレーションを行う場合，現実の回路素子がトランジェント状態でリニアに動作することは非常に稀であることを心に留めておいてください．たとえば，コンデンサは容量が変化することがあります（Y5Vセラミック・コンデンサは定格電圧を印加すると初期容量の80%を失います）．また，入力コンデンサのESRは波形の立ち上がり時間に依存します．EMI抑止インダクタのインダクタンスも，トランジェント発生時に，磁性体の飽和のため低下することがあります．

携帯用アプリケーションのテスト

ノートブック・コンピュータのアプリケーションに使われるC_{IN}とL_{OUT}の標準値の入力電圧トランジェントを図1.2に示します．同図には，C_{IN}の値が10μFと22μF，L_{OUT}の値が1μHと10μHの場合の入力電圧トランジェントが示されています．

1番上の波形は10μFのコンデンサと1μHのインダクタを使ったワースト・ケースのトランジェントを示しています．C_{IN}両端の電圧は24VのDC入力で57.2Vのピークに達します．57.2Vに繰り返し曝されると，DC-DCコンバータは生き残れない可能性があります．

10μFと10μHの波形（トレースR2）はいくらかましに見えます．それでも，ピークは約50Vです．波形R2のピークに続く平坦な部分は，図1.1のDC-DCコンバータ内部の同期MOSFET（M₁）がなだれ降伏を起こしてエネルギーの襲来を受けていることを示しています．トレースR3とトレースR4は約41Vのピークを示しており，22μFのコンデンサと，それぞれ1μHおよび10μHのインダクタが使われています．

異なった入力素子を使った場合の入力電圧トランジェント

別の種類の入力コンデンサでは，図1.3に示されて

図1.3　異なった入力部品を使った場合の
入力トランジェント

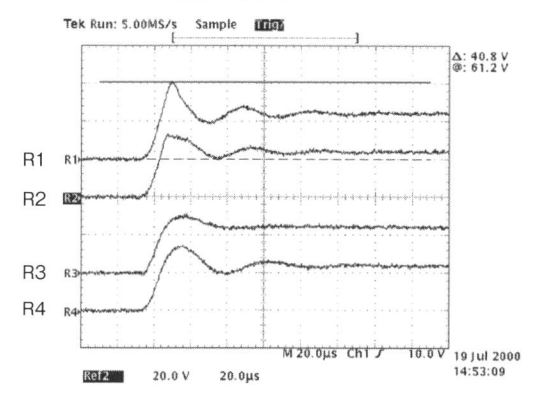

表1.2　図1.3の波形のピーク電圧

トレース	C_{IN} [μF]	コンデンサ	V_{IN} PEAK [V]
R1	22	Ceramic	40.8
R2	22	Ceramic with 30V TVS	32
R3	22	AVX, TPS Tantalum	33
R4	22	Sanyo OS-CON	35

いるように，異なったトランジェント電圧波形になります．22μFのコンデンサと1μHのインダクタの場合の基準波形が1番上のトレース（R1）に示されています．そのピークは40.8Vです．

図1.3の波形R2は，入力両端にトランジェント電圧サプレッサを追加すると何が起きるかを示しています．入力電圧トランジェントはクランプされていますが，除去されてはいません．電圧トランジェントのブレークダウン電圧を，DC-DCコンバータを保護するのに十分なだけ低く設定し，また入力ソースの動作DCレベル（24V）から十分に離して設定するのは非常に困難です．使用されたP6KE30Aトランジェント電圧サプレッサは，24Vで導通するには開始点に近すぎました．

残念ながら，電圧定格がもっと高いトランジェント電圧サプレッサを使用すると，クランプ電圧が十分に低くならないでしょう．

波形R3と波形R4は，それぞれ22μF，35VのAVXのTPSタイプのタンタル・コンデンサと，22μF，30Vの三洋電機のOS-CONコンデンサが使われています．これら二つのコンデンサを使うと，トランジェントは扱いやすいレベルになりました．ただし，これらのコンデンサはセラミック・コンデンサよりサイズが大きく，入力リプル電流の要件を満たすには複数のコンデンサが必要です．

入力コンデンサの最適化

図1.3の波形は，使用される入力コンデンサの種類により，入力トランジェントがどのように変化するか

を示しています．

入力コンデンサを最適化するには，トランジェントの間に何が起きるかを明確に理解する必要があります．図1.1の回路は，普通のRLC共振回路とまったく同じように，低減衰，臨界減衰または過減衰の過渡応答を示す可能性があります．

入力フィルタ回路のサイズを最小に抑える目的のために，結果として得られる回路は通常は低減衰の共振タンクです．ただし，臨界減衰回路が実際には必要とされます．臨界減衰回路は電圧のオーバーシュートやリンギングなしに入力電圧まできれいに上昇します．

入力フィルタのデザインを小さく保つには，セラミック・コンデンサはリプル電圧定格が高く，ESRが低いので，セラミック・コンデンサを使うのが望ましいといえます．設計を始めるには，入力コンデンサの最小値を最初に決める必要があります．この例では，22μF，35Vのセラミック・コンデンサで十分だと判断されました．このコンデンサで発生する入力トランジェントを図1.4の一番上のトレースに示します．明らかに，定格が30Vの部品を使用すると問題が生じます．

最適過渡特性を得るには，入力回路を減衰する必要があります．波形R2は，0.5Ω抵抗を直列に接続したもう一つの22μFセラミック・コンデンサを追加すると何が起きるかを示しています．入力電圧トランジェントは30Vできれいに水平になります．

臨界減衰は，本来ESRの高い（0.5Ωほどの）種類のコンデンサを追加することによって達成することもできます．波形R3は，AVXの22μF，35VのTPSタイプのタンタル・コンデンサを入力両端に追加したときの過渡応答を示しています．

波形R4は，比較のため，30Vトランジェント電圧サプレッサを使った場合の入力電圧トランジェントを示しています．

最後に，図1.4に示されている理想的波形である1番

図1.4 ピーク電圧を下げるため最適化された入力回路の波形

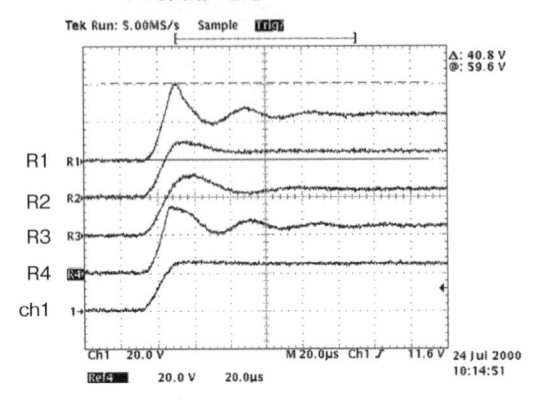

表1.3 22μF入力セラミック・コンデンサと追加スナバを使った図1.4の波形のピーク電圧

トレース	スナバの種類	V_{IN} PEAK [V]
R1	なし	40.8
R2	直列接続した22μF セラミック + 0.5Ω	30
R3	22μF タンタル AVX，TPS シリーズ	33
R4	30V TVS，P6KE30A	35
ch1	47μF，35Vのアルミ電解コンデンサ	25

下のトレース(ch1)が実現されました．また，結局これが最も安価なソリューションであることがわかりました．この回路には，三洋電機の47μF，35Vのアルミ電解コンデンサ(35CV47AXA)が使われています．このコンデンサの容量とESRは，1μHの入力インダクタンスとともに，22μFセラミック・コンデンサに臨界減衰を与えるのにちょうどぴったりの値です．35CV47AXAのESRの値は0.44Ω，実効電流定格は280mAです．明らかに，このコンデンサを，22μFセラミック・コンデンサなしに，単独で1A～2Aのアプリケーションに使用することはできません．別の利点として，このコンデンサは非常に小さく，わずか6.3mm×6mmです．

まとめ

入力電圧トランジェントは無視できない設計上の問題です．入力電圧トランジェントを防ぐデザイン・ソリューションは非常にシンプルで効果的になりえます．ソリューションを正しく適用すれば，入力コンデンサを小さくして，性能を犠牲にすることなく，コストとサイズの両方を最小に抑えることができます．

第2章
リニア・レギュレータの出力に残る スイッチング・レギュレータのノイズを最小化
厄介なスパイクを除去する

Jim Williams

　リニア・レギュレータはスイッチング・レギュレータの出力をさらに安定化するのに広く使われています．利点としては，安定性，精度，過渡応答の向上および出力インピーダンスの低下が挙げられます．これらの性能の改善とともに，さらにスイッチング・レギュレータによって発生するリプルとスパイクが大幅に減少すれば理想的でしょう．実際には，すべてのリニア・レギュレータがいくらかのリプルとスパイクの問題に（特に周波数が上がるにつれ）遭遇します．この影響はレギュレータのV_{IN}からV_{OUT}への電圧差が小さいほど大きくなりますが，効率を保つには小さな電圧差のほうが望ましいので厄介なことになります．リニア・レギュレータのコンセプトとスイッチング・レギュレータの出力からドライブされる関連部品を図2.1に示します．

　入力のフィルタ・コンデンサの役目は，リプルとスパイクがレギュレータに到達する前に平滑化することです．出力コンデンサは高い周波数で出力インピーダンスを低く保ち，負荷過渡応答を改善し，レギュレータによっては周波数補償を与えます．付随的な目的として，ノイズの低減と，レギュレータの出力に現れる，入力に由来する残留ノイズの最小化があります．懸念されるのは，この最後のカテゴリ（入力に由来する残留ノイズ）です．これらの高周波成分は（振幅が小さいとはいえ），ノイズに敏感なビデオ，通信などの回路で問題を生じることがあります．これらの望ましくない信号やその影響を除去しようと多数のコンデンサと頭痛薬が消費されてきました．それらは除去が難しく，どんな処置も効果がないように見えることもありますが，それらの原因と性質を理解することがそれらを制する鍵となります．

スイッチング・レギュレータの出力のAC成分

　スイッチング・レギュレータの出力の動的（AC）成分の詳細を図2.2に示します．これはレギュレータの（一般に100kHz～3MHzの）クロック周波数と同じ比較的低い周波数のリプルと，パワー・スイッチの遷移時間に関連した非常に高い周波数成分をもつ「スパイク」からなります．スイッチング・レギュレータのパルス状のエネルギー供給によってリプルが生じます．フィルタ・コンデンサが出力を平滑化しますが，完全ではありません．

図2.1　理論的にはスイッチング・レギュレータのリプルとスパイクを除去するリニア・レギュレータとフィルタ・コンデンサのコンセプト

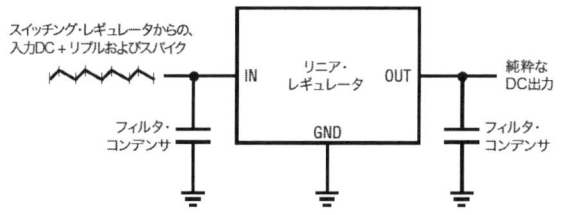

図2.2　スイッチング・レギュレータの出力に含まれる，レギュレータのパルス状のエネルギー供給および高速遷移時間に由来する，比較的低い周波数のリプルと高周波「スパイク」

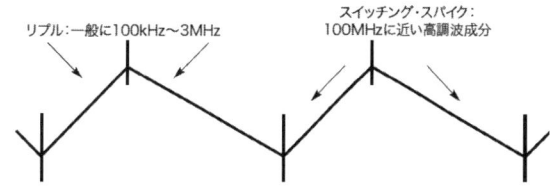

100MHzに近い高調波成分が含まれることがよくあるスパイクは，スイッチング・レギュレータ内部の，高速で高エネルギーをスイッチングするパワー素子に起因します．

フィルタ・コンデンサの役目はこれらのスパイクを減らすことですが，実際にはそれらをすべて除去することはできません．レギュレータの反復速度と遷移時間を遅くすると，リプルとスパイクの振幅を大幅に小さくすることができますが，磁気部品のサイズが増加し，効率が低下します[注1]．小型磁気部品と高効率を可能にする高速クロックと高速スイッチングが，同時に高周波数のリプルとスパイクをリニア・レギュレータにもたらします．

リプルとスパイクの除去

レギュレータは非常に帯域幅の広いスパイクよりもリプルをよく除去します．LT1763低ドロップアウト・リニア・レギュレータの除去性能を図2.3に示します．100kHzでの減衰は40dBで，1MHzでは約25dBに低下します．はるかにもっと広い帯域幅のスパイクはそのままレギュレータを通過します．スパイクを吸収するための出力フィルタ・コンデンサにも高周波性能に限界があります．

高周波寄生素子によるレギュレータとフィルタ・コンデンサの不完全な応答は，図2.1が余りにも単純すぎることを示しています．図2.4は図2.1を描き直したもので，いくつかの新しい部品とともに寄生項が含まれています．図では高周波寄生素子を強調して，安定化経路が考慮されています．これらの寄生項はリプルとスパイクが名目上安定化された出力に伝播するのを可能にするので，それらの寄生項を見つけることが重要です．さらに，寄生素子を理解すると，測定戦略をたてることが可能になり，高周波数の出力成分を減らす手助けになります．

レギュレータには，パス・トランジスタを通り，リファレンスおよび安定化アンプへと続く主に容量性の高周波寄生経路が含まれています．これらの項は有限なレギュレータの利得帯域幅と組み合わされて高周波の除去を制限します．入力と出力のフィルタ・コンデンサには寄生インダクタンスと抵抗が含まれており，周波数が上昇するにつれてそれらの効果が低下します．

浮遊レイアウト容量により，望ましくないフィードスルー経路が追加されます．グラウンド電位の差が，グランド経路の抵抗とインダクタンスによって増加し，追加の誤差を生じ，測定を複雑にします．

通常リニア・レギュレータには関連のないいくつかの新しい部品も見えます．これらの追加部品には，レギュレータの入力ラインと出力ラインに使われるフェライト・ビーズやインダクタが含まれます．これらの部品自体に高周波の寄生経路がありますが，レギュレータ全体の周波数除去を大きく改善することができますので，以下の記述で取り上げます．

リプル／スパイクのシミュレータ

問題を理解するには，多様な条件の下でリプルとスパイクに対するレギュレータの応答を観察する必要があります．周波数，高調波成分，振幅，持続時間およびDCレベルを含むリプルとスパイクのパラメータを独立に変えられることが望ましいと言えます．これは多目的に使える機能で，多様な回路のバリエーションのリアルタイムの最適化や感度解析を可能にします．

実際のスイッチング・レギュレータによってドライブされる状態でのリニア・レギュレータの性能の観察に代わるものはないとはいえ，ハードウェア・シミュレータ

図2.3 100kHzで40dBの減衰を示し，1MHzに向かってロールオフする，LT1763低ドロップアウト・リニア・レギュレータのリプル除去特性．スイッチング・スパイクの高調波成分は100MHzに近づき，入力から出力に直接通過する

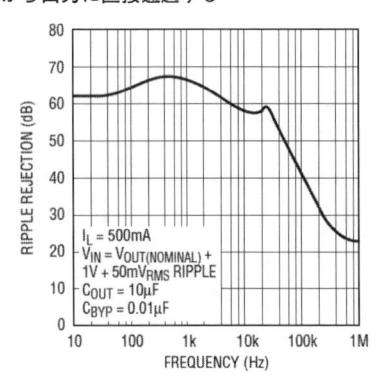

注1：この手法を採用した回路は，磁気部品のサイズと効率をいくらか犠牲にして，高調波成分の大幅な削減を達成しました．参考文献(1)[本書の第8章]を参照してください．

リプル / スパイクのシミュレータ 25

図2.4 高周波除去の寄生素子を示したリニア・レギュレータのコンセプト。周波数に対して有限なGBWおよびPSRRによりレギュレータの高周波除去は制限される。受動部品はリプルとスパイクを減衰させるが、寄生素子は効果を低下させる。レイアウト容量とグラウンドの電位差により誤差が増加し、測定が複雑になる

スイッチング・レギュレータからの、入力DC＋リプルおよびスパイク

寄生C
フェライト・ビーズまたはインダクタ
フィルタ・コンデンサ
寄生Lと寄生R

レイアウトの寄生C
寄生
寄生
寄生
REF
レギュレータ
（有限の利得帯域幅およびPSRRと周波数）

寄生C
フェライト・ビーズまたはインダクタ
フィルタ・コンデンサ
寄生Lと寄生R

出力
負荷
モニタ用オシロスコープ

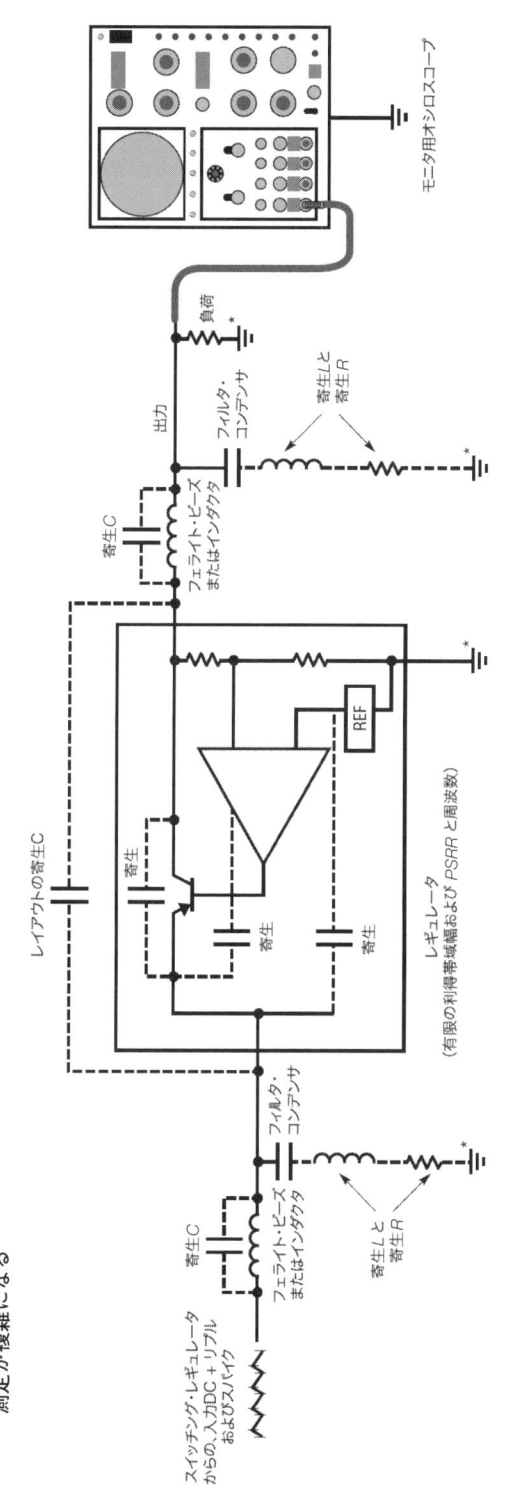

＊＝グラウンドの電位差により出力の高周波成分が増し、測定が損なわれる

図2.5 回路はスイッチング・レギュレータの出力をシミュレートする。DC、リプルの振幅、周波数およびスパイクの持続時間／高さは独立に設定可能。分離経路方式により、広帯域スパイクをDCおよびリプルに重ね合わせ、シミュレートされたスイッチング・レギュレータの出力をリニア・レギュレータに与える。関数発生器が両方の経路に波形を与える

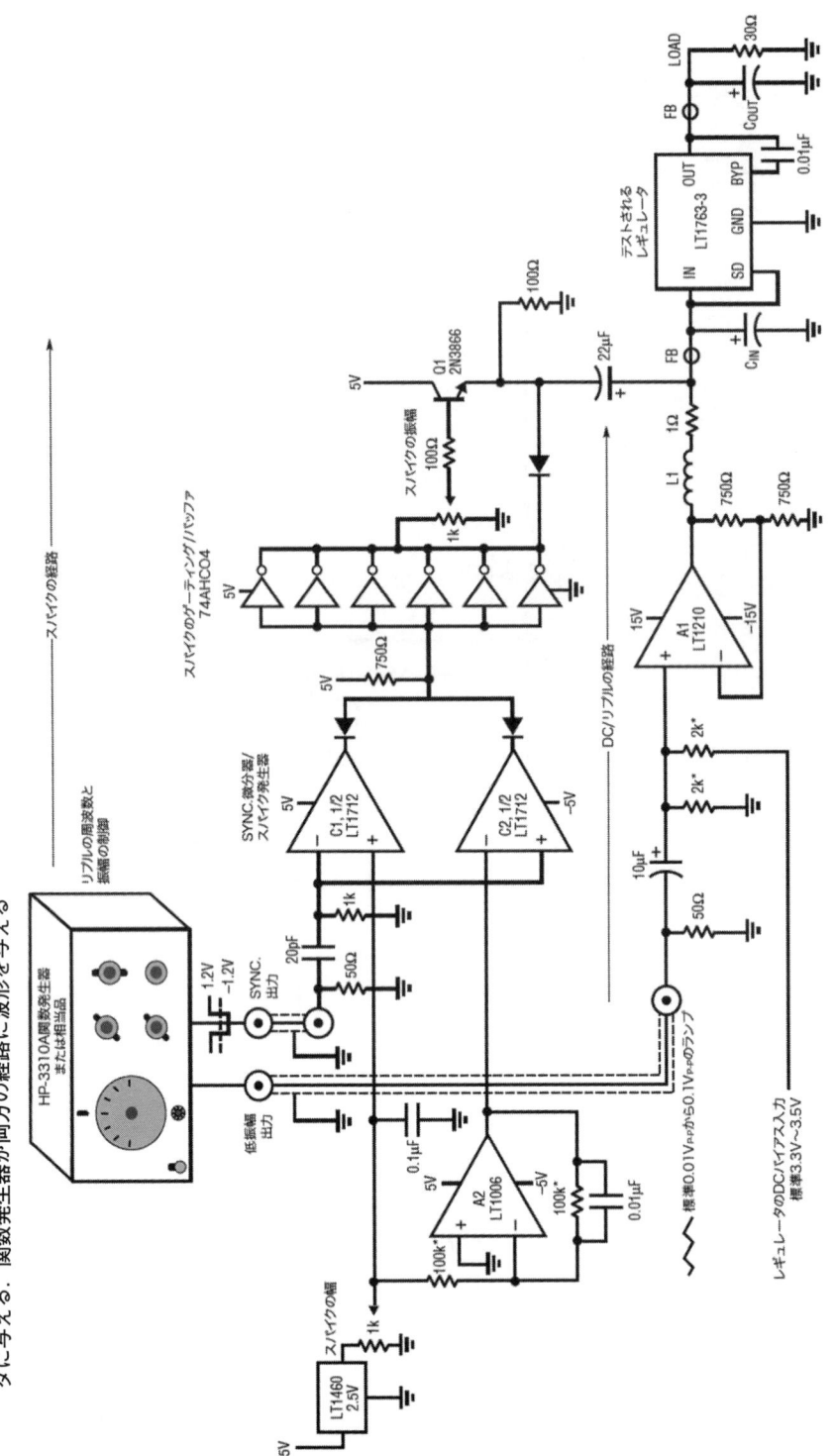

図2.6 スイッチング・レギュレータの出力シミュレータの波形．関数発生器はリプル（トレースA）経路とスパイク（トレースB）経路の情報を与える．微分されたスパイク情報のバイポーラ波形（トレースC）はC_1とC_2によって比較され，トレースDとトレースEの同期スパイクを生じる．ダイオード・ゲーティング／インバータによりトレースFがスパイク振幅制御回路に与えられる．Q_1がスパイクをパワー・アンプA_1からのDC／リプル経路に重ね合わせ，リニア・レギュレータへの入力波形を形成する（トレースG）．スパイクの幅は写真を明瞭にするため異常に広く設定してある

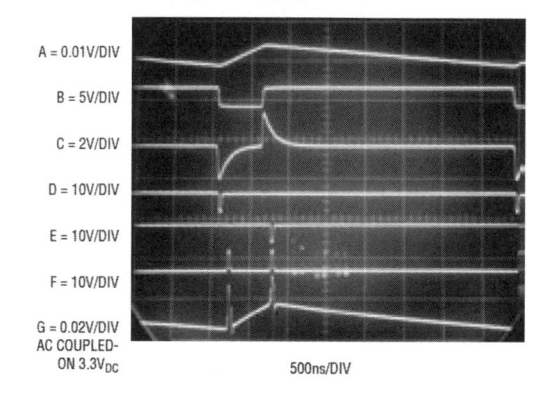

図2.7 リニア・レギュレータの入力（トレースA）と出力（トレースB）のリプルとスイッチング・スパイク成分（$C_{IN} = 1\,\mu F$，$C_{OUT} = 10\,\mu F$）．$10\,\mu F$をドライブしている出力スパイクの振幅は減少しているが，立ち上がり時間は高速に保たれている

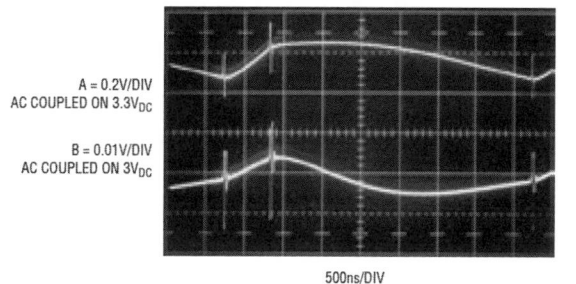

タとA_2によってC_1とC_2に与えられる相補的DCスレッショルド電位によって制御されます．ダイオードによるゲーティングと，並列に接続されたロジック・インバータにより，トレースFがスパイク振幅制御回路に与えられます．フォロアQ_1がスパイクをA_1のDC／リプル経路に重ね合わせて，リニア・レギュレータへの入力波形を形成します（トレースG）．

リニア・レギュレータの高周波除去の評価／最適化

は予期せぬ事態の発生の可能性を減らします．この機能を図2.5に示します．これは，独立に設定可能なDC，リプルおよびスパイクのパラメータを使って，スイッチング・レギュレータの出力をシミュレートします．

市販されている関数発生器を二つの並列信号経路と組み合わせて回路を形成します．DCとリプルは比較的遅い経路で送られますが，広帯域のスパイクの情報は高速経路を使って処理されます．二つの経路はリニア・レギュレータの入力のところで結合されます．関数発生器の設定可能なランプ出力（図2.6のトレースA）は，パワー・アンプA_1とそれに関連した部品で構成されるDC／リプル経路に与えられます．A_1はランプ入力とDCバイアス情報を受け取り，テスト対象のレギュレータをドライブします．L_1と$1\,\Omega$抵抗により，A_1は不安定になることなくリプル周波数でレギュレータをドライブすることができます．

広帯域のスパイク経路には関数発生器のsync出力からパルスが与えられます（トレースB）．この出力のエッジは微分され（トレースC），バイポーラ・コンパレータのC_1とC_2に与えられます．コンパレータの出力（トレースのDとE）はランプの屈曲点に同期したスパイクになります．スパイクの幅は1kポテンショメー

上述の回路はリニア・レギュレータの高周波除去の評価と最適化を助けます．以下の写真は一組の標準的な条件の結果を示していますが，望みのテスト・パラメータに適合するように，DCバイアス，リプルおよびスパイクの特性を変えることができます．

図2.7に示されているのは，トレースAのリプル／スパイク成分をもつ3.3V DC入力に対する，図2.5のLT1763 3Vレギュレータの応答です（$C_{IN} = 1\,\mu F$および$C_{OUT} = 10\,\mu F$）．レギュレータの出力（トレースB）は，約1/20に減少したリプルを示しています．出力のスパイクは減少率がいくらか少なく，高調波成分は高いままです．レギュレータはスパイクの立ち上がり時間では除去能力がありません．コンデンサが仕事をする必要があります．残念なことに，コンデンサは本質的な高周波損失項により広帯域スパイクを完全にフィルタすることが制限されています．トレースBの残留スパイクには立ち上がり時間の減少は見られません．このレベルの立ち上がり時間では，コンデンサの値を

図2.8 トレースの割り当ては図2.7と同じ（C_{OUT}は33μFに増加）．出力リプルは1/5に減少するが，スパイクは維持される．スパイクの立ち上がり時間は変化していないように見える

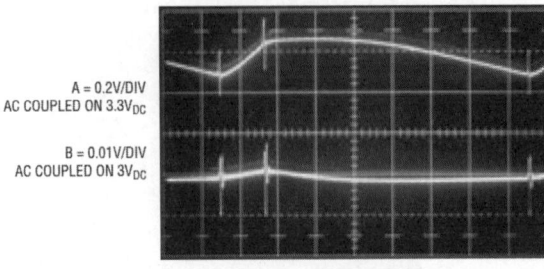

図2.9 図2.8の出力トレースの時間と振幅を拡大すると，スパイク特性を高い分解能で調べることができる．この図および以下の図では，トレースの画面中央部分は写真を明瞭にするため輝度を上げてある

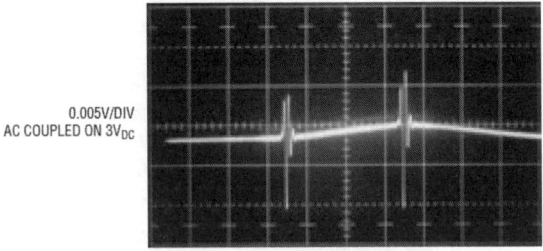

図2.10 フェライト・ビーズをレギュレータの入力に追加すると，高周波損失が増し，スパイクが劇的に減衰する

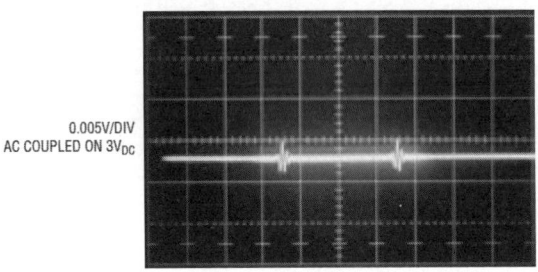

図2.11 レギュレータの出力にフェライト・ビーズを追加すると，スパイクの振幅がさらに減少する

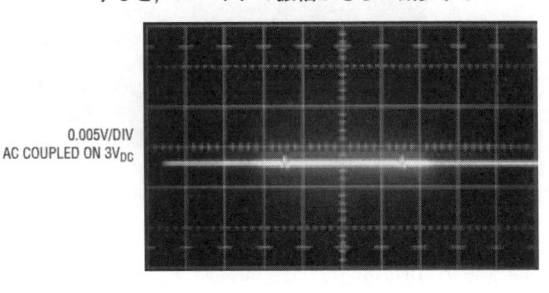

図2.12 前の図の高利得バージョンでは900μVのスパイク振幅が測定されている（フェライト・ビーズ無しの場合の約1/20）．測定装置のノイズ・フロアによりトレースのベースラインが太くなっている

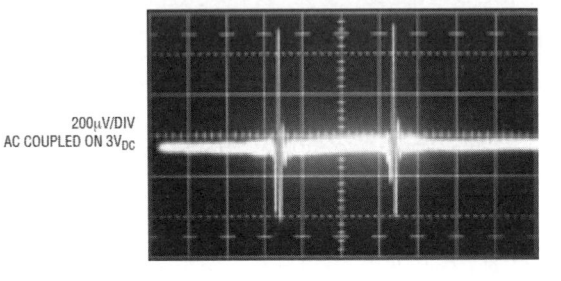

図2.13 オシロスコープの入力を測定ポイントの近くで接地して，図2.12の結果が同相電圧の影響をほとんど受けないことを検証

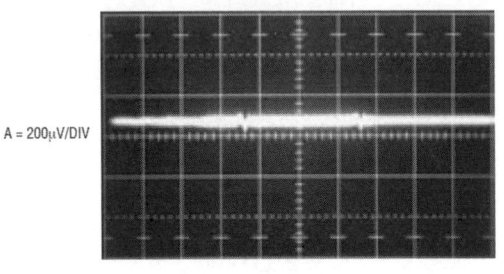

大きくしても効果は得られません．$C_{OUT} = 33\mu F$で得られた図2.8（トレースの割り当ては図2.7と同じ）は，リプルの1/5への減少を示していますが，スパイクの振幅はほとんど減衰していません．

図2.8のトレースBの時間と振幅を拡大した図2.9では，スパイクの特性を高分解能で調べることができますので，以下のような評価と最適化が可能です．

図2.10は，フェライト・ビーズをC_{IN}の直前に置いたときの劇的な結果を示しています[注2]．スパイクの振幅は約1/5に減少しています．ビーズは高周波数で損失をもたらし，スパイクの通過を厳しく制限します[注3]．DCと低周波は減衰せずにレギュレータまで通過します．2番目のフェライト・ビーズをレギュレータの出力にC_{OUT}より前にくるように配置すると，図2.11のトレー

スが得られます．ビーズの高周波数損失特性により，DC抵抗をレギュレータの出力経路に導入することなく，スパイクの振幅が1mVより下にさらに減少します[注4]．

図2.12（前の図の高利得バージョン）では，900μVのスパイク振幅が測定されています．これはフェライト・ビーズなしの場合の約1/20です．示された結果が同相成分やグラウンド・ループによって損なわれていないことを検証して，測定は完了します．これはオシロスコープの入力を測定ポイントの近くで接地することによりなされます．理想的には，信号はまったく現れません．**図2.13**はこれがほぼそのとおりであることを示しており，**図2.12**の表示が現実的であることを示しています[5]．

◆参考文献◆

(1) Williams, Jim, "A Monolithic Switching Regulator with 100μV Output Noise," Linear Technology Corporation, Application Note 70, October 1997 (See Appendices B,C,D,H,I and J)
(2) Williams, Jim, "Low Noise Varactor Biasing with Switching Regulators," Linear Technology Corporation, Application Note 85, August 2000 (See pp 4-6 and Appendix C)
(3) Williams, Jim, "Component and Measurement Advances Ensure 16-Bit Settling Time," Linear Technology Corporation, Application Note 74, July 1998 (See Appendix G)
(4) LT1763 Low Dropout Regulator Datasheet, Linear Technology Corporation
(5) Hurlock, Les, "ABCs of Probes," Tektronix Inc., 1990
(6) McAbel, W.E., "Probe Measurements," Tektronix Inc., Concept Series, 1971
(7) Morrison, Ralph, "Noise and Other Interfering Signals," John Wiley and Sons, 1992
(8) Morrison, Ralph, "Grounding and Shielding Techniques in Instrumentation," Wiley-Interscience, 1986
(9) Fair-Rite Corporation, " Fair-Rite Soft Ferrites," Fair-Rite Corporation, 1998

注2：「劇的」というのは芝居がかった表現かもしれませんが，ある人々はこれらのことにドラマを見るものです．
注3：フェライト・ビーズの情報に関しては，AppendixAを参照．
注4：ビーズの代わりにインダクタを使える場合がありますが，それらの限界を知っておく必要があります．AppendixBを参照．
注5：ミリボルトより下のレベルで忠実な広帯域測定をおこなうには特別の配慮が必要です．AppendixCを参照．

Appendix A フェライト・ビーズに関して

フェライト・ビーズで囲まれた導体は，周波数の上昇にともなってインピーダンスを増加させるという非常に望ましい性質を与えます．この効果はDCや低周波数の信号を伝える導体の高周波ノイズの除去に理想的です．ビーズは実質上リニア・レギュレータのパスバンド内では損失がありません．もっと高い周波数では，ビーズのフェライト材が導体の磁界と相互反応して，損失特性を生じます．

フェライト材と形状が異なると，損失係数と周波数および電力レベルが変化します．**図2.A1**のプロットはこれを示しています．インピーダンスはDCでの0.01Ωから100MHzでの50Ωに増加します．DC電流(従って一定の磁界バイアス)が増加するにつれ，フェライトが与える損失が減少します．ビーズを導体に沿って直列に「積み重ねる」ことができ，それに比例して損失が増加することに注意してください．要求条件に合うように，多様なビーズ材と物理的構造のものが標準品とカスタム品で入手可能です．

図2.A1 表面実装型フェライト・ビーズ(Fair-Rite 2518065007Y6)の異なるDC電流でのインピーダンスと周波数．インピーダンスはDCでは実質的にゼロで，周波数とDC電流に依存して，50Ωを超えるまで上昇する．出典：Fair-Rite 2518065007Y6のデータシート

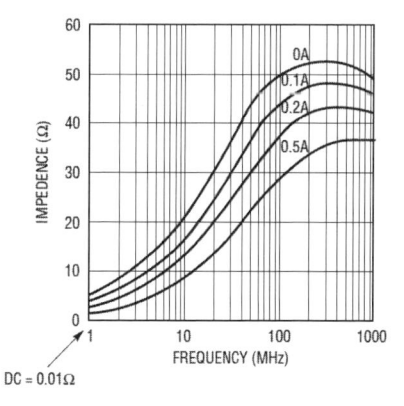

Appendix B　高周波フィルタとしてのインダクタ

　ビーズの代わりにインダクタを高周波フィルタに使えることがあります．一般に，2μH～10μHの値が適切です．利点としては，入手しやすいことと，低い周波数（たとえば100kHz以下）で良い効果が得られることです．

　短所としては，銅損失によるレギュレータ経路のDC抵抗の増加，寄生シャント容量，スイッチング・レギュレータの浮遊放射の影響を受けやすいことが挙げられます．銅損失はDCで現れ，効率を下げます．寄生シャント容量は不要の高周波フィードスルーを引き起こします．インダクタの回路基板上の位置によっては，浮遊磁界がインダクタの巻き線に影響し，実効的にトランスの2次側に変えてしまうことがあります．その結果観測されるスパイクとリプルに関連した残留分が導通成分に見誤られ，性能を低下させます（図2.B1）．

　プリント基板のトレースで形成した，インダクタンスをベースにしたフィルタの形状を図2.B2に示します．このような螺旋形や波線状のパターンに成形された延長トレースは，高周波数では誘導性を示します．これらはフェライト・ビーズに比べると単位面積当たりに得られる損失ははるかに小さいとはいえ，状況によっては驚くほど効果的なことがあります．

図2.B1　インダクタのいくつかの寄生項．寄生抵抗は電圧降下を生じ，効率を下げる．不要の容量により高周波のフィードスルーが生じる．浮遊磁界により誤ったインダクタ電流が生じる

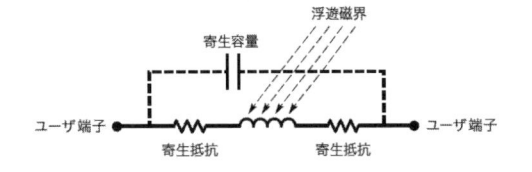

図2.B2　螺旋形および波線形のプリント基板パターンは，フェライト・ビーズに比べると効果が小さいとはいえ，高周波フィルタとして使われることがある

端子はPCのビアによってアクセス可能．

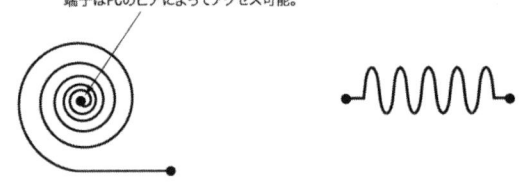

Appendix C　ミリ・ボルト未満の広帯域信号を損なわないプロービング手法

　信頼できる，広帯域の，ミリ・ボルト未満の測定を実現するには，何かを測定する前に重大な問題に注意を向ける必要があります．低ノイズ用に設計された回路ボードのレイアウトは不可欠です．配電ライン，グラウンド・ラインおよびグラウンド・プレーンの電流の流れと相互反応を検討します．部品の選択と配置の影響を調べます．放射の管理と負荷のリターン電流の処理を計画します．回路が正しく，ボードのレイアウトが適切で，目的に合った部品が使用されて初めて意味のある測定を進めることができます．

　細心の注意を払って用意されたブレッドボードも，信号の接続が歪みをもたらすと役目を果たすことができません．回路への接続は精確な情報を引き出すのに決定的に重要です．低レベルで広帯域の測定には，テスト装置への信号の配線に注意が必要です．検討項目には，ブレッドボードに接続された（電源を含む）テスト装置間のグラウンド・ループと，長すぎるテスト用リード線やトレースによるノイズのピックアップが含まれます．回路ボードへの接続数を最少に抑え，リード線を短く保ちます．ブレッドボードへの，またブレッドボードからの広帯域信号は同軸ケーブルで配線する必要があり，グラウンド・システムのどこに同軸のシールドを接続するかに注意を払います．厳しく保守された同軸環境は信頼性の高い測定には特に重要なので，ここで取り上げます[注1]．

　図2.C1に示されているのは，連続同軸信号経路内で測定された標準的スイッチング・レギュレータのスパイクの信用するに足る再現波形です．スパイクの本体は十分明瞭に区別され，それに続く乱れは制限されています．図2.C2では，同じイベントを，同軸シール

Appendix C　ミリ・ボルト未満の広帯域信号を損なわないプロービング手法

図2.C1　連続同軸信号経路内で測定されたスパイクは，イベント本体の後にいくらかの乱れとリンギングを示す

0.01V/DIV
AC COUPLED ON 3V_DC

200ns/DIV

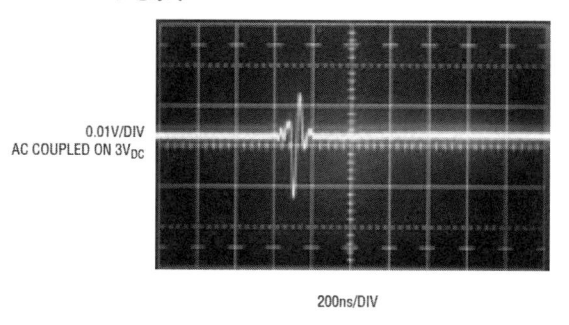

図2.C2　3インチの非同軸グラウンド接続を用いると，顕著な信号の歪みとイベント後のリンギングが生じる

0.01V/DIV
AC COUPLED ON 3V_DC

200ns/DIV

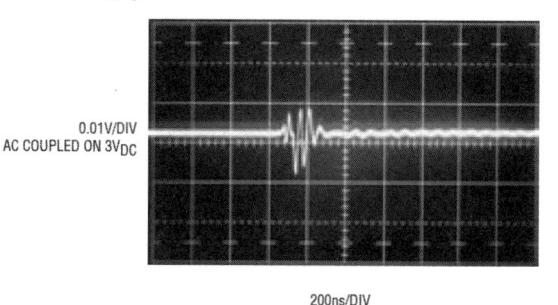

図2.C3　広帯域，低ノイズのプリアンプによりミリ・ボルトより下のレベルのスパイクの観測が可能．測定の完全性を保つため同軸接続を維持する必要がある

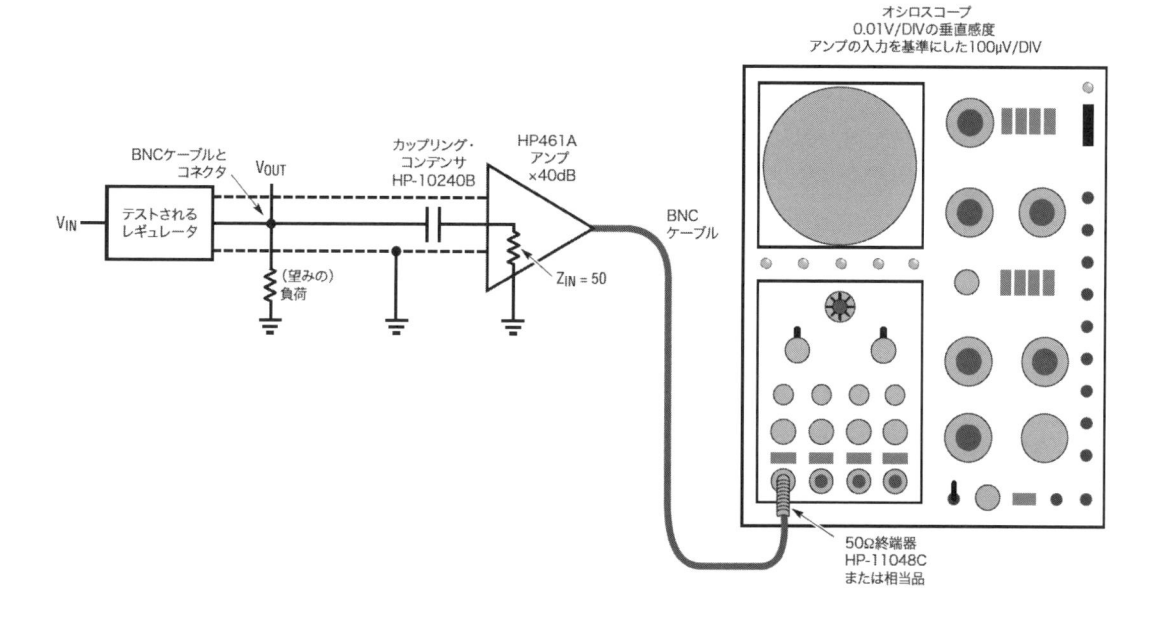

オシロスコープ
0.01V/DIVの垂直感度
アンプの入力を基準にした100μV/DIV

BNCケーブルとコネクタ
V_OUT
カップリング・コンデンサ HP-10240B
HP461A アンプ ×40dB
BNCケーブル

V_IN
テストされるレギュレータ
（望みの）負荷
Z_IN = 50

50Ω終端器 HP-11048C または相当品

ドを回路ボードのグラウンド・プレーンに接続する3インチのグラウンド・リード線を使って描いています．顕著な信号の歪みとリンギングが生じています．これらの写真は0.01V/divの感度で撮りました．もっと感度の高い測定にはそれに比例してもっと注意が必要です．

図2.C3には，本文の図2.12の200μV/divの測定を可能にする，広帯域利得が40dBのプリアンプの使い方の細部が示されています．ACカップリング・コンデンサを含む，レギュレータからプリアンプを通っ

てオシロスコープに達する完全な同軸経路に注意してください．同軸カップリング・コンデンサのシールドはレギュレータ・ボードのグラウンド・プレーンに直接接続され，コンデンサの中心導体はレギュレータの出力に接続されています．非同軸の測定接続はありません．

本文の図2.12を再現した図2.C4は，生成された900μVの出力スパイクの細部をクリーンに示しています．図2.C5では，2インチのグラウンド・リード線が測定箇所に意図的に用いられ，同軸方式に違反しています．

注1：これらの広範な取り扱いと関連事項は参考文献(1)［本書の第8章］および(2)の追加セクションに示されています．低レベル，広帯域信号の保全のためのボードのレイアウトに関する検討事項は参考文献(3)のAppendixGに示されています．

図2.C4 低ノイズのプリアンプと厳密に実施される同軸信号経路により，本文の図2.12の900mV$_{P-P}$の波形が実現される．トレースの太くなったベースラインはプリアンプのノイズ・フロアを示している

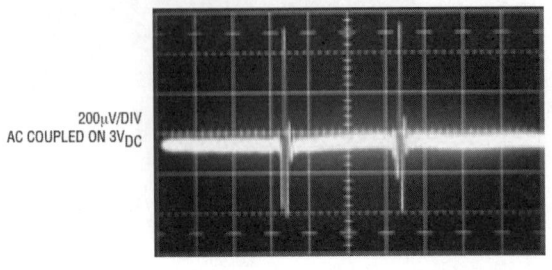

図2.C5 測定箇所の2インチの非同軸グラウンド接続は波形を完全に損なう

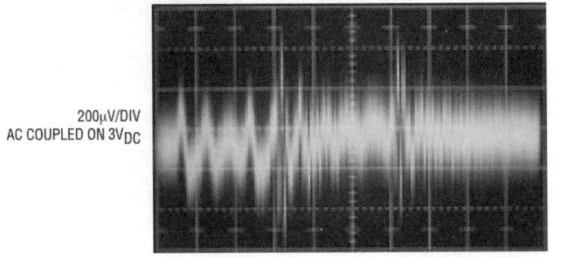

その結果，波形の表現が完全に損なわれています．測定が損なわれていないことを検証する最終テストとして，**図2.C4**の測定を再現し，本文の**図2.13**のように，信号経路の入力（たとえば，同軸カップリング・コンデンサの中心導体）を測定ポイントの近くで接地します．理想的には，信号はまったく現れません．実際には，主に同相効果によるいくらかの小さな残留ノイズは許容されます．

第3章
ノートPCおよびパームトップPCの電源回路

Robert Dobkin, Carl Nelson, Dennis O'Neill, Steve Pietkiewicz, Tim Skovmand, Milt Wilcox, 訳：高橋 徹

　ノートPCやパームトップPCの電源回路は，1個のバッテリ・パックから安定化された複数の電源を出力します．さらに小型，軽量，高効率が要求されます．効率を少し改善すると，重量を増やさずに動作時間を延長できます．また，高効率の電源回路では放熱器を小さくでき，重量と大きさが低減できます．

　ここで述べるバッテリは，ニカド蓄電池，ニッケル水素蓄電池，鉛蓄電池，リチウム・イオン蓄電池や使い捨てのアルカリ電池です．各種の電池が使えると製品の魅力が高まります．充電式の電池は上記の4種類のどれかを使い，非常用として充電できないアルカリ電池も使えるようにします．アルカリ電池はエネルギー密度が高いので長時間の動作が可能です．

　この章では，効率が高く，部品点数が少ない回路を紹介します．効率を犠牲にすることなく回路を簡潔にしているので，組み立てやすく，低コストの回路となっています．入力電圧範囲が広いため，バッテリの選択も容易です．

高効率の5V/3.3V降圧型レギュレータをドライブするLT1432

　LT1432は，LT1170やLT1270ファミリのスイッチング・レギュレータをドライブするために設計された制御用ICで，非常に効率の高い（図3.1参照）5V/3.3Vの降圧型電源（バック・レギュレータ）を構成できます．これらのレギュレータは低損失の飽和型NPNスイッチを内蔵していることが特長で，通常はマイナス端子（エミッタ）はグラウンドに接続して使います．LT1432を使うと，この端子を浮かせた降圧型レギュレータとして動作させ，飽和型スイッチによる高効率のレギュレータが実現できます．

　LT1432にはバッテリ動作に必要とされる，その他多くの特長が盛り込まれています．正確な電流制限回路をもち，60mVの電圧降下があれば過電流を検出できるので，プリント基板のパターンを検出抵抗として使ってフの字型の制限特性をもたせることも可能です．電源OFFのとき，制御回路は15μAの電流しか消費しないため，OFF状態が長くてもバッテリはほとんど消費されません．スイッチングICの動作に必要な電源はレギュレータの出力から供給されるため効率が高く，入力電圧が6.5Vまで低下しても動作します．

　LT1432は低負荷（0〜100mA）のとき，効率の高い

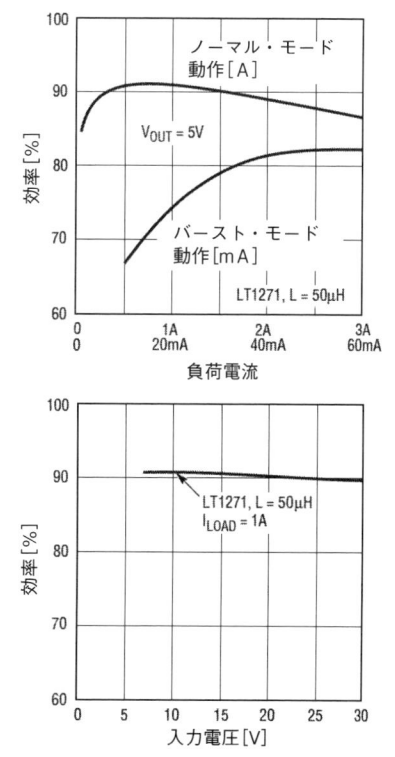

図3.1　LT1432の5V出力の効率

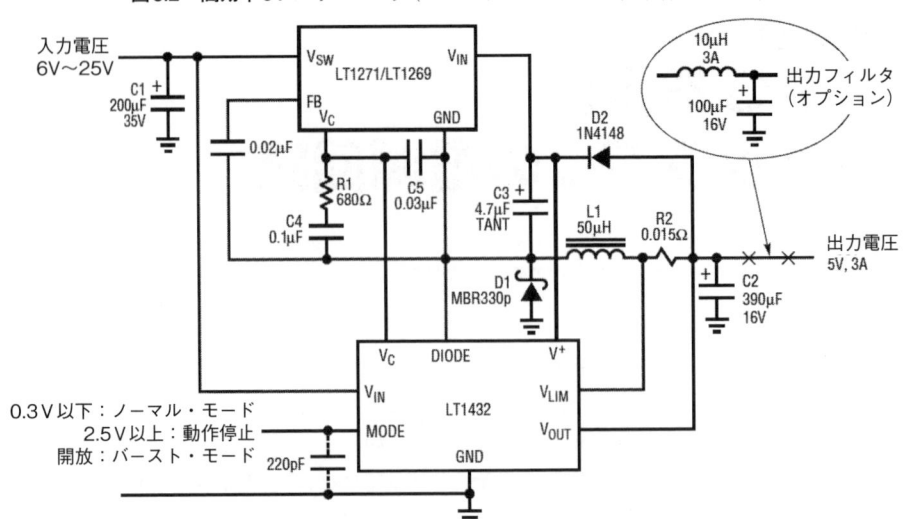

図3.2 高効率5Vレギュレータ(バースト・モードへの切り替えは手動)

図3.3 高効率3.3Vレギュレータ(バースト・モードへの切り替えは手動)

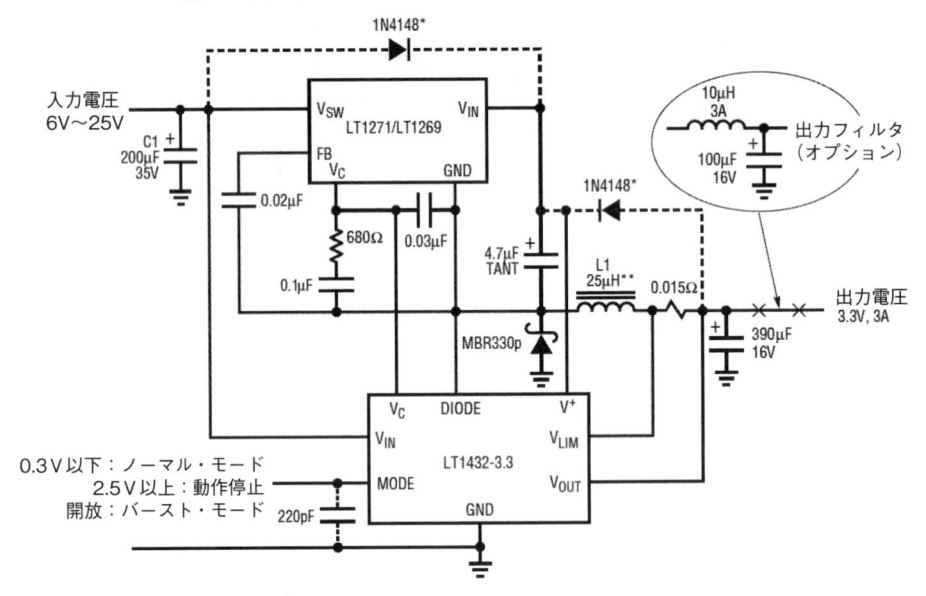

*1：最小入力電圧が9Vを超えるときはD1のアノードを出力に接続する
　　最小入力電圧が9V以下のときはD1のアノードを入力に接続する
　　ダイオードを出力に接続した場合，軽負荷での効率がさらに改善される
*2：コアの材質　MOLYPERMALLOY，KOOLMUまたはフェライト・コア

バースト・モードで動作させることができます．通常の動作モードでは無負荷での消費電力は60mWですが，バースト・モードでは約15mWに低下します．バースト・モードでは出力電圧のリプルが150mV$_{p-p}$に上昇しますが，ディジタル回路の動作には支障ないレベルです．このモードは，おもにコンピュータがスリープ状態で，ICメモリにだけ電源が供給され，その他の回路は動作を停止しているときに使われます．そのときの負荷電流は5mA～100mA程度です．動作モードはロジック回路で切り替えます．

LT1432は8ピンの表面実装パッケージとDIPで提供されます．LT1170およびLT1270ファミリは表面実装タイプの5ピンTO-220パッケージです．

● 回路の詳細

図3.2は5V出力，図3.3は3.3V出力の降圧型レギュレータの基本回路で，入力電圧範囲は6.5V～25Vです．スイッチング・トランジスタはLT1271内部でV_{SW}端子とGND端子間に接続されています．スイッチの電流およびデューティ比はGND端子に対するV_C端子の電圧によって制御されます．この電圧はスイッチ電流が0のときは1Vで，フルスケール出力のときは2Vに上昇します．

出力電圧はLT1432内部の基準電圧と誤差アンプによって正確に制御されます．誤差アンプの出力は内部のオープン・コレクタNPNトランジスタでレベル・シフトされ，スイッチングIC（LT1271）のV_C端子をドライブします．通常のように抵抗分割の帰還回路をスイッチングICのFB端子に接続することはできません．FB端子にはGND端子を基準とした電圧を入力する必要がありますが，GND端子の電圧はスイッチングされて変動しているからです．FB端子はコンデンサでバイパスするだけです．この接続によってスイッチングICのV_C端子から200μAの電流を供給できるようになります．

LT1432のV_C端子は，この電流を引き込んでループの制御に使います．C_4によって制御ループのポールが作られ，R_1によってゼロが付加されます．C_5は周波数の高い領域でのポールを作り，V_C端子のリプルを制御します．

D_2とC_3によってスイッチがOFFのときの出力電圧のピーク値を検出し，出力電圧より5V高い電圧を作り，スイッチングICと制御ICへの電源としています．このような電源供給方法をとると効率が上がります．レギュレータへの入力電圧が上昇してもICの消費電流が増えないからです．

しかし，この回路はセルフ・スタートができないので，何らかの方法でスタートさせる必要があります．スタート時にはLT1432の内部でV_{IN}端子からV^+端子へ電流が流れ，回路がスタートします．

5Vおよび3.3Vのレギュレータでは，D_1，L_1およびC_2は通常の降圧型スイッチング・レギュレータにおけるキャッチ・ダイオードと出力フィルタとして働きます．効率が高く，リプルの小さい電源を実現するには，これらの部品選択には注意を払わなければなりません．

電流制限値を決めるのはR_2です．検出電圧は60mVなので，効率を高めることができます．電圧が低いため小さい値の検出抵抗が使え，プリント基板のパターンで検出抵抗が作れます．検出回路の温度係数は，銅の温度係数を補償するような正の値をもっています．

このレギュレータはMODE端子のドライブ方法によって3通りの動作を行います．MODE端子をグランドに接続すると，通常の動作を行います．この端子をフロート状態にすると，消費電流の小さいバースト・モードの動作を始めます．このモードでは無負荷の消費電流は約1.3mAになりますが，出力電圧のリプルは100mV$_{p-p}$です．MODE端子を2.5V以上に固定すると，レギュレータ回路は停止状態になり25μAしか消費しません．

ここではキャッチ・ダイオードを置き換えるためのアクティブ・スイッチ（同期スイッチ）について検討します．最近，アクティブ・スイッチでキャッチ・ダイオードを置き換えることがよく行われます．しかし，計算結果や試作回路で比較しても，最良でも数パーセントの効率の改善しかありません．以下の計算式で確認してみます．

ダイオードの損失 = $V_f(V_{IN} - V_{OUT})I_{OUT}/V_{IN}$

FETスイッチの損失 =
$$(V_{IN} - V_{OUT})R_{SW} \cdot I_{OUT}^2/V_{IN}$$

となり，効率の変化は

$$\frac{(ダイオードの損失 - FETスイッチの損失)効率^2}{V_{OUT} \cdot I_{OUT}}$$

と書けます．整理すると効率の変化は，次のようになります．

$$\frac{(V_{IN} - V_{OUT})(V_f - R_{FET} \cdot I_{OUT})E^2}{V_{IN} \cdot V_{OUT}}$$

ここで，V_f：ダイオードの順方向電圧 = 0.45V，V_{IN} = 10V，V_{OUT} = 5V

R_{FET} = 0.1Ω，I_{OUT} = 1A，効率 = 90%として計算すると，効率の改善はわずか

$$\frac{(10V - 5V) \times (0.45V - 0.1Ω \times 1A) \times 0.9^2}{10V \times 5V}$$

= 2.8%

にすぎません．

この計算式はFETゲートをドライブするときの損失を考慮に入れていませんので，これを入れると改善率

は2％を下回ります．コストの上昇，部品点数の増加，回路がより複雑になることを考えると，アクティブ・スイッチを使うことはごく限られた場合に有効な手段といえます．

バースト・モードによる効率の改善量は，LT1423とスイッチングICの自己消費電流で制限を受けます．無負荷状態でのバースト・モードは約17mWを消費します．この値は12V，1.2Ahのバッテリで1ヶ月動作できる値です．消費電力が増えると，それに比例して放電時間が短縮されます．シャットダウン状態での電流消費量は約15μAにすぎないので，通常のバッテリの自己放電率よりもずっと小さい値です．

BiCMOSスイッチング・レギュレータ・ファミリによる最も効率の高い降圧型レギュレータ

LTC1148ファミリの降圧型レギュレータ・コントローラは単出力と2出力の製品があり，それぞれ自動でバースト・モード動作を行い，小出力のときの効率を改善しています．シリーズ製品に共通して，一定のオフタイム，電流モードでの動作を行います．この結果，入力変動，負荷変動に対する応答が優れ，コイルを流れるリプル電流が一定に保たれます．また，電源がONされたときやショートされたときの応答も良好です．

LTC1147/LTC1143は外部に接続された1個のPチャネルMOSFETをドライブしますが，LTC1148/LTC1142とLTC1149は複数個のパワーMOSFETで同期整流を行い，スイッチング周波数は最大250kHzです．

表3.1に，標準的なノートPC用DC-DCコンバータの要求に対して，このシリーズのどれが対応できるかをまとめました．LTC1147は8ピンSOICパッケージの製品で，1個のパワーMOSFETをドライブし，実装面積は最小ですが，効率は少し犠牲になっています．LTC1148HVとLTC1142HVは同期整流が可能で，入力電圧範囲は4V〜18V（絶対最大定格は20V），暗電流は200μAです．LTC1149は同期整流が可能で入力電圧範囲を48V（絶対最大定格は60V）まで拡大した製品ですが暗電流はやや多くなっています．

これらの製品の最大電流値は外部に接続されたセンス抵抗で決まり，

$$I_{OUT} = \frac{100\text{mV}}{R_{SENSE}}$$

の式に従います．コイルに流れる最大ピーク電流と，バースト・モードに切り替わる電流値もR_{SENSE}と関連があります．ピーク電流は$150\text{mV}/R_{SENSE}$に制限されます．負荷電流が約$15\text{mV}/R_{SENSE}$以下になると，自動的にバースト・モードに切り替わります．このモードでは，スイッチング損失を減らすため外部のMOSFETはOFFになり，コントローラも休止状態になって消費電流は200μA（LTC1149は600μA）になります．負荷への電流は出力コンデンサから供給され，放電によって端子電圧が50mV低下すると，コントローラが短時間だけONになって（バーストして）出力コンデンサを充電します．完全に遮断状態にすると暗電流は10μA（LTC1149は150μA）に減少します．

図3.4に示した最初の応用例では5Vの入力を3.3V，1.5Aの出力に変換します．LTC1147-3.3を使うと基板の面積は最小になりますが，効率の最大値は少し低下します（この用途にLTC1148-3.3を使い同期整流を行うと出力電流が大きい領域での効率は2.5％ほど上昇します）．図3.5を見るとバースト・モードが働く低電流領域で効率が高くなっていることがわかります．

図3.6の第2の例ではLTC1148HV-5が10W出力の高効率レギュレータのコントローラとして使われています．この回路は入出力間の電圧差が小さくても動作するので，5本のニカド蓄電池やニッケル水素蓄電池で

表3.1　LTC1148ファミリのアプリケーション

	LTC1147	LTC1148	LTC1143	LTC1142	LTC1148HV	LTC1142HV	LTC1149
入力電圧48V未満							○
入力電圧18V未満					○	○	
入力電圧13.5V未満	○	○	○	○			
低ドロップアウト5V	○	○	○		○	○	○
5V / 3.3V 2出力			○	○		○	
出力電圧可変	○	○	○	○	○	○	○

図3.4 表面実装部品を使った5V入力,3.3V出力の高効率コンバータ.実装面積は小さいが出力は1.5A

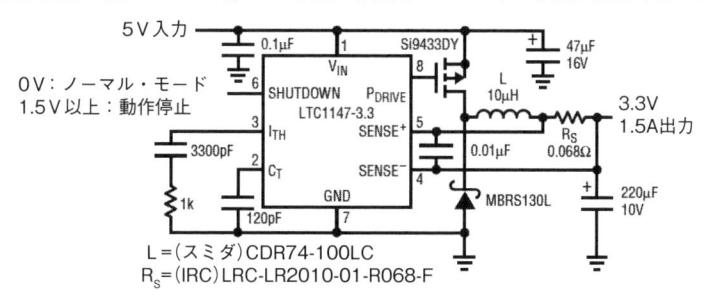

図3.5 コンバータ(図3.4)の効率を負荷電流3桁の範囲で表示した

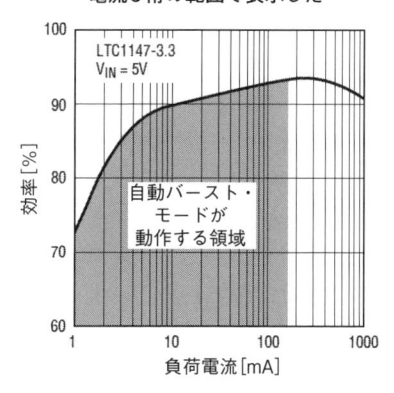

図3.6 高効率,低ドロップアウトの5V出力スイッチング・レギュレータ

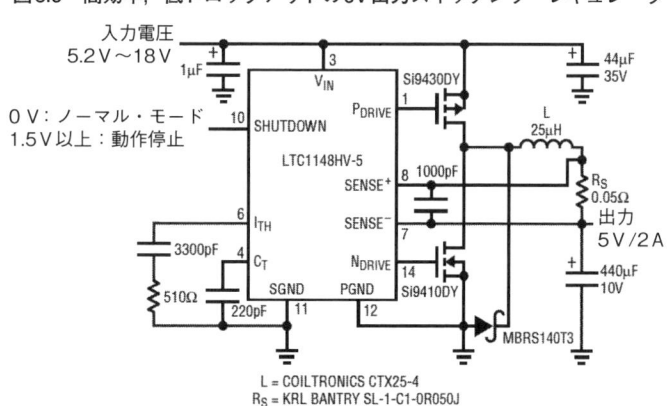

図3.7 ACアダプタ(出力電圧30V)の出力を5V/2.5Aに変換する

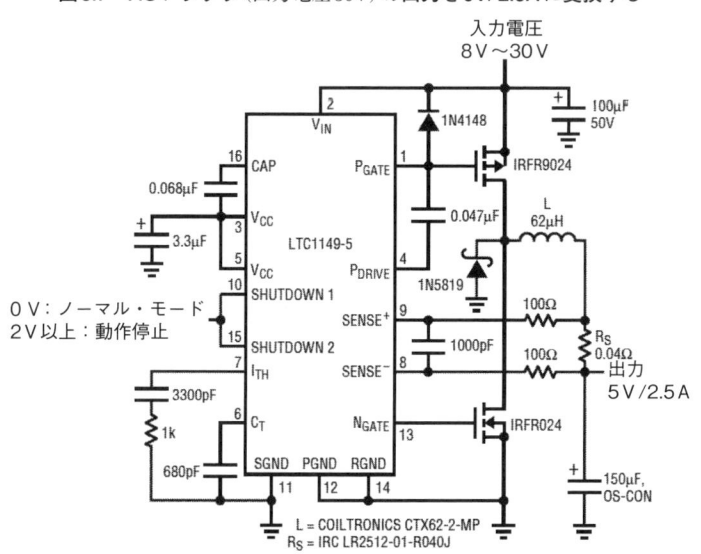

図3.8 高効率コンバータLTC1149-5の効率

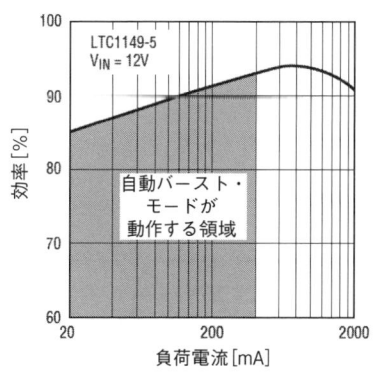

使うことができます．このファミリの他のICも同じですが，入出力の電圧差が小さいときはデューティ・サイクルが100％（PチャネルMOSFETがDC的にON状態）になります．出力電圧を安定化するのに必要な入出力の電圧差は，負荷電流×（MOSFETの抵抗＋コイルの抵抗＋電流センス抵抗）になります．図3.6の回路では抵抗の合計値は0.2Ω以下です．入力電圧が小さい用途で使う場合はロジック・レベルで使えるMOSFETを使います．

ほとんどのバッテリ・パックに対して18Vまで対応するLTC1148HVやLTC1142HVが使えますが，ノートPC用の外付けACアダプタには，もっと出力電圧が高いものがあります．この場合は図3.7のようにLTC1149を使います．このレギュレータは2.5A出力で，入力電圧が8V（この電圧は標準的なMOSFETの閾値電圧による制限です）から30Vで動作し，効率も図3.8のように優れています．入力電圧が高いときはスイッチングを行うMOSFETのデューティ・サイクルが小さくなるので，同期整流回路の効果が顕著に現れます．

図3.4，図3.6および図3.7の回路において，バースト・モードと連続モードの切り替えを確実に行うためには部品配置が重要です．LTC1148ファミリの動作を確認する場合，タイミング・コンデンサ端子（C_T端子）の電圧とコイル電流波形を調べることが重要です．C_T端子の電圧はスリープ状態のときにだけ0Vになる必要があります．スリープ状態へは，負荷電流が最大電流の約20％以下のときしか入りません．部品配置やグラウンド回路の引き回しについてはデータシートを参照してください．

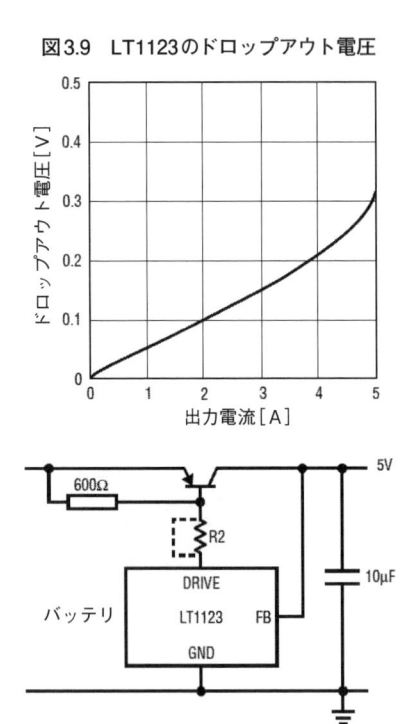

● **スイッチング・レギュレータに使う表面実装タイプのコンデンサについて**

LTC1148ファミリの出力コンデンサには等価直列抵抗（ESR）が小さいコンデンサを使うことが重要で，その値は電流センス抵抗の値以下が要求されます（図3.6では0.05Ω）．表面実装の電源回路では複数個のコンデンサを並列接続し，ESRや実効電流値への要求を満たすことがあります．面実装型のアルミニウム電解コンデンサや乾式タンタル・コンデンサが入手できます．

タンタル・コンデンサを使う場合は，スイッチング・レギュレータに使えるかどうかのサージ試験を行うことが重要です．AVX社のTPSシリーズの表面実装型コンデンサが最良の選択で，高さは2mm～4mmの製品が入手できます．例として，440μF/10Vが必要な場合，2個のAVX 220μF/10V（部品番号：TPSE227K010）が使えます．その他の推奨品についてはメーカに確認してください．

高効率のリニア電源

スイッチング電源は入力電圧範囲が広く効率も高いのが特長です．ノートPCのなかには，それと対照的に入力電圧範囲を狭く設計したものがあります．例を挙げると4本のニカド蓄電池とリニア電源を使って5Vを供給する回路です．フルチャージ状態のニカド蓄電池は6Vで，放電すると4.5Vに下がりますが，その状態ではシステムに直接電力を供給します．

図3.9のような低ドロップアウト，高効率のリニア・レギュレータがこの用途に適しています．低コスト，3ピンTO-92パッケージのICが飽和電圧の小さいPNPトランジスタをドライブしています．多くのPNPパワー・トランジスタが使用可能です．モトローラ社のMJE1123およびZetex社のZBD949がこの用途には最適です．

このレギュレータでは入出力間の電圧差（ドロップアウト電圧）はPNPトランジスタの飽和電圧に依存します．3A出力のときは0.25V程度で，電流が少なくなるともっと小さくなります．この回路は簡単な構成のためノートPCには魅力的な選択となります．また，入力電圧が低いためリニア・レギュレータの損失が少なく，効率も優れています．入力電圧が5.2V以上のとき，出力は5Vに制御されます．バッテリ電圧が5.2V以下になるとトランジスタが飽和し，出力電圧は入力電圧からトランジスタの飽和電圧を差し引いた値になります．

LT1123はドロップアウト電圧が小さいドライバとして働き，制御用トランジスタに125mAのベース電流を供給できます．入力電圧が低くなってもこの電流を制御用トランジスタに供給し続け，トランジスタを飽和状態に保ちます．ドライブ電流を小さくしたい場合は，制御トランジスタのベースとLT1123のDRIVE端子間に抵抗R_2を入れると，ドライブ電流を減少させ，ICの消費電力も低減できます．NチャネルFETをLT1123のドライブ端子に直列に挿入すると，電気的にシャットダウンすることが可能です．

デュアル出力，ハイサイドMOSFETドライバによる電源スイッチ

LT1155は，電源ラインに直列に挿入した低コストのNチャネルFETのゲートをドライブして電源のON/OFF（ハイサイド・スイッチ）を行うためのドライバで，二つの出力をもちます（図3.10）．内部にチャージ・ポンプ型の電圧ブースタをもち，外部の付加素子なしでNチャネルFETのゲートを電源電圧より高いレベルにドライブしてONさせます．消費電流は少なく，スタンバイ状態では8μA，動作状態では85μAですから，ほとんどすべてのバッテリ動作のシステムで，メイン電源のスイッチとして使えます．過電流の検出回路も内蔵し，回路が短絡されたときは自動で電源をOFFします．

電流検出回路の動作を遅らせる遅延素子も挿入でき，コンデンサやランプ負荷のときのラッシュ電流による誤動作を防ぐことが可能です．LTC1155は4.5V～18Vで動作し，ほとんどすべてのFETを安全にドライブします．消費電流が少ないことが要求される，ポータブル機器に最適のICです．このICは8ピンSOパッケージまたはDIPパッケージで提供されます．

LTC1157は3.3V電源用の2出力ドライバです．内部のチャージ・ポンプ回路により電源電圧より5.4V高く（グラウンドより8.7V）ドライブできます．これによりハイサイドに挿入したNチャネルMOSFETを十分にON状態にし，3.3V電源回路のスイッチとして使えます．MOSFETにはロジック・レベルで動作する製品が使えます．チャージ・ポンプ回路はすべてチップに内蔵されているので外付け部品は不要です．この回路の消費電流は小さく，スタンバイ状態で3μA，8.7V出力時に80μAです．

図3.11は，3.3V電源に挿入された2個の表面実装タイプのMOSFETをドライブしている例です．ゲート電圧の立ち上がり時間，立ち下がり時間はそれぞれ数十マイクロ秒程度ですが，G_2端子に接続された回路のように，2個の抵抗器とコンデンサ1個を追加して遅くすることができます．負荷に大容量のコンデンサが接続された場合，スイッチの立ち上がり時間を遅くすることが必要です．

図3.10 LTC1155（2素子入り）マイクロパワー NチャネルMOSFETドライバ

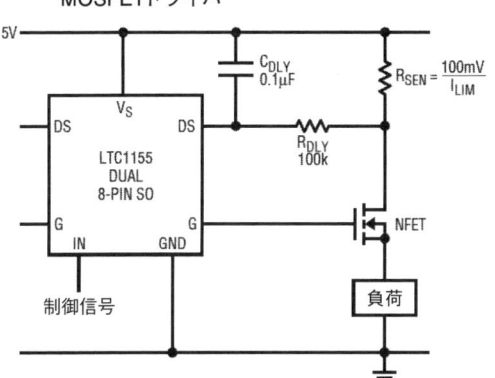

図3.11 LTC1157（2素子入り）3.3V MOSFETドライバ

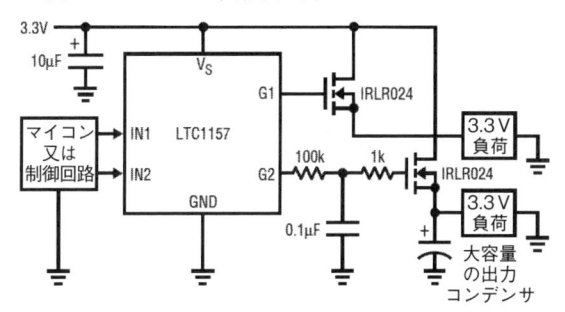

図3.12 マイクロパワー低ドロップアウト・レギュレータ

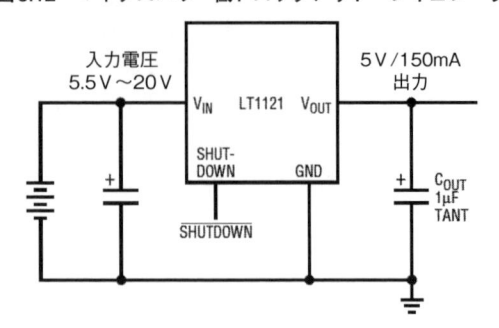

図3.13 LT1121の入力電流

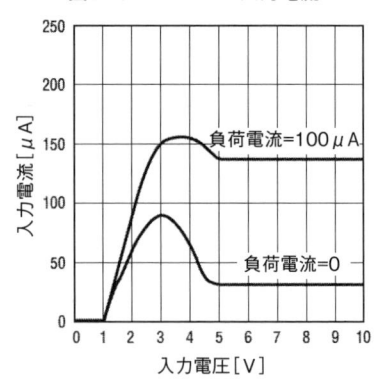

LT1121 シャットダウン機能付き マイクロパワー150mAレギュレータ

　LT1121は低ドロップアウトのレギュレータで，出力電流が小さいときの流入電流が非常に小さくなるように設計されています（図3.12）．無負荷では30μAの電流しか流れません．出力電流が増えるとグラウンド端子から流れ出す電流も増えますが，その値は出力電流の約1/25です．したがって，それによる損失の増加量は，リニア・レギュレータの理論的な損失値を4%上回るだけです（図3.13）．

　さらに重要なことは，入力電圧が低下して，電圧制御に必要な電圧以下になったときでも，グラウンド端子の電流は大きく増えることはありません．このような特性をもつため，入力電圧が制御可能な電圧より下がったとき，制御用トランジスタを飽和させて入力電圧に追従した電圧を出力する用途に使うことができます．従来のレギュレータは，このような場合には入力電流が大きく増加してしまうので消費電力の小さい動作は不可能でした．

　容量の小さい，等価直列抵抗の大きいコンデンサを出力コンデンサに使っても安定に動作するように工夫されています．従来のレギュレータは10μF必要でしたが，1μFのタンタル・コンデンサが推奨されています．それより大きい値のコンデンサを使っても発振の心配はありません．

　LT1121はノートPCのバックアップ電源として使う場合に理想的な特性をもちます．シャットダウン端子を制御すると，電源は完全に遮断され，入力電流は16μAに減少します．出力端子がHIGHに保たれているとき，入力端子をグラウンドやマイナス電源に接続しても出力から入力へ電流が逆流することなく，入力電圧を−20Vにしても問題ありません．

　LT1221には3.3Vまたは5V固定出力，3.75V〜30Vまで可変できる製品が用意されています．固定出力のICは3ピンSOT-223パッケージ，または8ピンSOパッケージで提供されます．可変出力のICは8ピンSOパッケージです．

　LT1129はLT1121の出力を700mAに増加させた製品で，LT1121がもつ保護機能をすべて備えています．暗電流は少し増加して50μAで，出力コンデンサの最小値は3.3μFです．3.3Vまたは5V固定出力，3.75V〜5Vまで可変できる製品が入手可能で，外形は5ピンDDパッケージです．

冷陰極蛍光管の駆動回路

　バックライトとして，冷陰極蛍光管が広く使われ始めています．エレクトロルミネセンス（EL）方式のバックライトは，光出力が小さく寿命も十分ではないため，ごく一部のノートPCにしか使われていません．これに対し，冷陰極蛍光管は効率が高く長寿命で光出力も大きいのが特長です．冷陰極蛍光管は30kHz〜50kHzで1mA〜5mAの駆動電流を必要とします．ドライブ電圧や電流は冷陰極蛍光管の大きさとメーカとで異なります．明るさを制御するためには，流れる電流を安定化することが必要です．

　図3.14のドライブ回路を理解するため，この回路を二つに分割して考えます．一つは制御ループで，もう一つは高圧発振回路とドライブ回路です．制御回路は1個のLT1172スイッチング・レギュレータで構成され，

図3.14 冷陰極蛍光管用インバータ

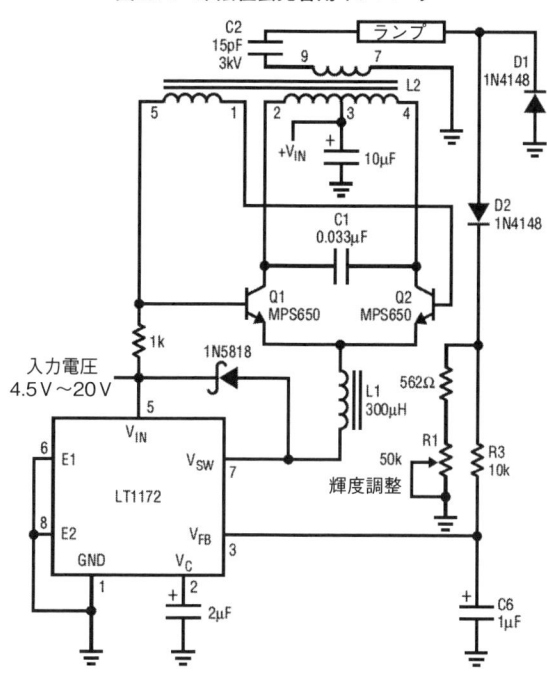

図3.15 カラー表示器のために蛍光管2本を使う場合

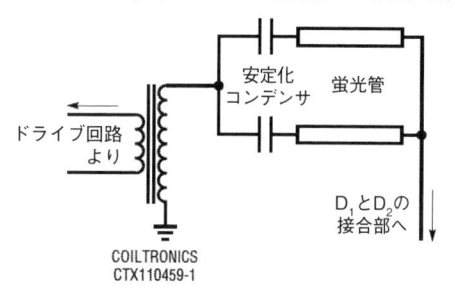

C_1：低損失コンデンサを使うこと
メタライズド・ポリカーボネート・フィルム・コンデンサ
WIMA社（ドイツ）FKP2を推奨する
L_1：スミダの6345-020またはCOILTRONICS社のCTX110092-1
回路図にはCOILTRONICS社のピン番号を表示した
L_2：COILTRONICS社のCTX300-4
Q_1, Q_2：回路図記載のトランジスタまたはBCP 56（フィリップス社SOパッケージ）
記載された以外の部品を使わないこと

降圧モードで動作して高圧トランスに接続された自走発振回路に定電流を供給しています．この構成のドライブ回路は，広い範囲のバッテリ電圧に対応でき，冷陰極蛍光管の電流を一定に保ちます．

LT1172は負出力の降圧型レギュレータとして動作し，V_{SW}端子に接続されたコイルL_1を周期的にグラウンドに接続します．これによってL_1に電流が流れ，その電流は自走発振をしているQ_1またはQ_2に流れます．Q_1とQ_2には高圧トランスL_2が接続され，2次側には交流の高電圧が発生します．15pFのコンデンサ(C_2)は電流を安定化するために入れてありますが，冷陰極蛍光管の電流を十分に安定化するためにD_1，D_2で管電流を整流し，片側の極性を取り出してR_1に供給します．R_1はこの電流を電圧に変換し，R_3とC_6で平滑化します．この電圧をLT1172のV_{FB}端子に帰還すると，V_{FB}が1.25Vになるように制御されます．

冷陰極蛍光管を制御ループに含めることで，放電電流を精密に制御でき，マイクロプロセッサで明るさを制御することが可能になります．抵抗を介してC_6に電圧を供給したり，D-Aコンバータやロジック回路から電圧を供給すると冷陰極蛍光管を流れる電流が制御でき，キーボードで明るさを制御できます．

この例のように降圧型レギュレータで自走発振回路をドライブすると，広い入力電圧に対応できます．また，高圧トランスの巻き線比への要求も厳しくありません．

この回路には一つだけ注意事項があります．帰還ループが壊れたとき，冷陰極蛍光管に供給される電圧が制限されないことです．したがって，冷陰極蛍光管が外されたときには電源が供給されないような配慮が必要です．この問題への対策や回路の詳細はLTC社のアプリケーション・ノートAN55 "Techniques for 92% Efficient LCD Illumination"を参照してください．

バッテリ充電回路

● 鉛蓄電池充電回路

密閉型鉛蓄電池はニカド蓄電池ほど広くは使われていませんが，単位体積あたりのエネルギー密度が高いのが魅力です．扱いが適切なら長寿命が期待できますが，充電が不適切な場合，寿命が短くなることが多いのです．図3.16は鉛蓄電池の充電をほとんど理想的に行う回路です．定電流充電ではなく定電圧充電を行いますが，充電電圧はバッテリの温度特性を曲線で精密に近似しています．また，入力電圧やバッテリの電圧が変わっても高い効率が得られます．充電回路の基本部分はフライバック方式のスイッチング・レギュレータで，入力電圧がバッテリの電圧より低い値から高い

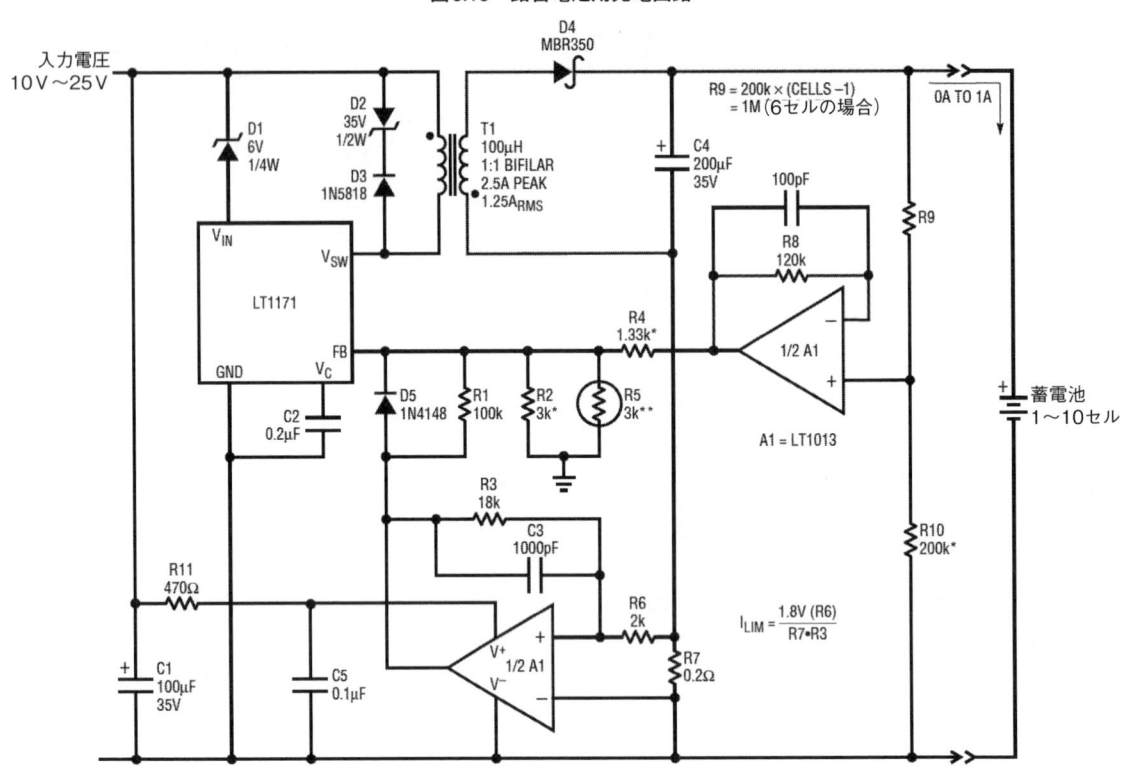

図3.16　鉛蓄電池用充電回路

＊：1％誤差の抵抗器
＊＊：TEMPSISTOR，＋0.7％/℃，MIDWEST COMPONENT SALES社
　　R_5は鉛蓄電池の温度係数をほぼ完全に補償する

値まで動作します．
　LTC1171Cは100kHzで動作し，15Wの電力をバッテリに供給します．デュアル・タイプのOPアンプが使われ，定電圧モードと定電流モードの制御を行います．A_1は電流制限回路として動作し，充電電流がR_3，R_6とR_7で決まる電流値を越えたときに電流を抑えます．放電量の大きいバッテリが接続されたときも，この回路は充電電流を制限します．R_7の電圧降下を数百mVに抑えて，R_7の損失を小さくしています．
　鉛蓄電池の端子電圧は負の非直線的な温度係数をもっています．寿命を長く，十分に充電するには，その係数を正確に補償した電圧で充電する必要があります．R_5は正の温度係数＋0.7％/℃をもったサーミスタ（tempsistor）です．R_5と抵抗器R_2を並列接続して，必要とされる非直線的な係数へと変換します．R_2，R_3とR_4を組み合わせ，バッテリ1個あたりの電圧が25℃において2.35Vのとき，LT1171への帰還電圧が1.244Vになるようにします．A_2はバッファ・アンプで，この

抵抗回路をドライブしています．このアンプがあるため，R_9，R_{10}の分圧回路に大きな値の抵抗が使えます．バッテリのセル数をnとすると$R_9 = (n-1) R_{10}$とします．R_9を流れる電流は$12\mu A$と小さいため，R_9をバッテリに接続したままにしても問題ありません．
　R_1は定電圧モードで動作しているときの充電回路の出力インピーダンスを有限な値（約0.025Ω/セル）にするために追加されています．これにより，低い周波数のハンティング（低周波の振動）が発生することを防ぎます．

● **ニカド蓄電池の充電回路**

　ノートPCではバッテリ充電回路は重要な部分です．ここで説明する充電回路は，ニカド蓄電池またはニッケル水素蓄電池の充電電流を制御しますが，フル充電されたかどうかは検出しません．
　最初の回路（**図3.17**）は定電流充電回路で，フライバック方式のスイッチング・レギュレータを使ってい

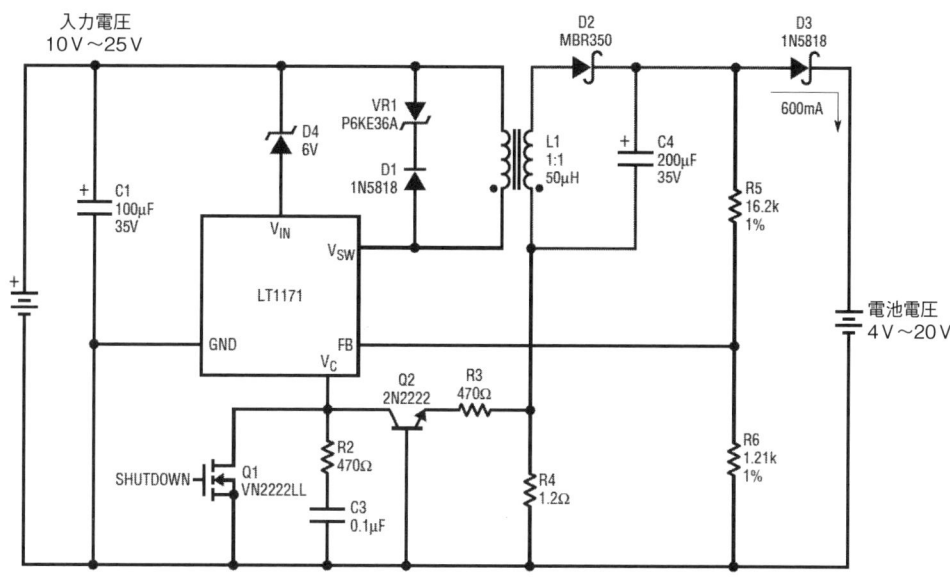

図3.17 定電流充電回路

＊：入力電圧が低い場合はD_4の電圧を低くする

ます．16Vのバッテリ・パックを自動車用蓄電池で充電できます．充電電流は1.2ΩのR_4で検出されて，約600mAに制御されます．R_5，R_6はバッテリが接続されていない場合の出力電圧を制限します．ダイオードD_3はバッテリがR_5，R_6で放電するのを防ぎ，Q_1は充電回路を電気的に遮断するときに使います．

次の二つの回路は高効率の降圧型レギュレータを使っています．入力電圧は充電するバッテリの電圧より高い必要があります．これらの充電回路は最大電流で充電しているときの効率が90％と高く，スイッチング・レギュレータやダイオードには放熱器が不要です．

図3.18は充電電流を2段階に切り替えられる充電回路です．高電流モードでは最大2A，トリクル・モードではフル充電状態を維持するために小電流で充電し，モードの切り替えはロジック信号で行います．OPアンプLT1006は充電電流を検出して増幅し，出力はLT1171スイッチング・レギュレータのフィードバック端子FBに接続されます．制御回路全体がグラウンドから浮いたスイッチング周波数で動作しているので，浮遊容量を最小にするような注意が必要です．R_1に並列に接続されたトランジスタをON/OFFすることでLT1006のゲインを切り替え，充電電流を制御します．この例では充電電流は0.1Aと1Aです．

図3.19はD-Aコンバータの出力で充電電流が制御できる充電回路です．充電電流はプログラム電圧に比例します．バッテリのマイナス側に接続された，低い値の検出抵抗R_1で充電電流を検出しています．R_1の電圧とプログラム電圧が比較され，OPアンプとトランジスタを介してLT1171のV_C端子に帰還されて充電電流を制御します．制御回路の定数を変えると，どのバッテリの充電電流にも対応できます．高電流モードでの効率は90％です

● **液晶表示器（LCD）のコントラスト設定用電源**

LCDには，$-18V \sim -24V$のコントラスト設定用電圧が必要です．この電圧を作るためにスイッチング・レギュレータがよく使われますが，消費電力は大きくはありません．LT1172を使うと最小の部品点数でこの電圧が作れます．

図3.20の回路は昇圧型のスイッチング・レギュレータで+18V〜+24Vを発生させ，チャージ・ポンプ回路で極性を反転させています．これにより，トランスを使わないで，小さなコイルだけで電源が作れます．

● **4セルのニカド蓄電池パック用レギュレータ/充電器**

新製品LTC1155はパワーMOSFETのドライブ回路が2個入ったデュアル・ハイサイド・ドライバです．

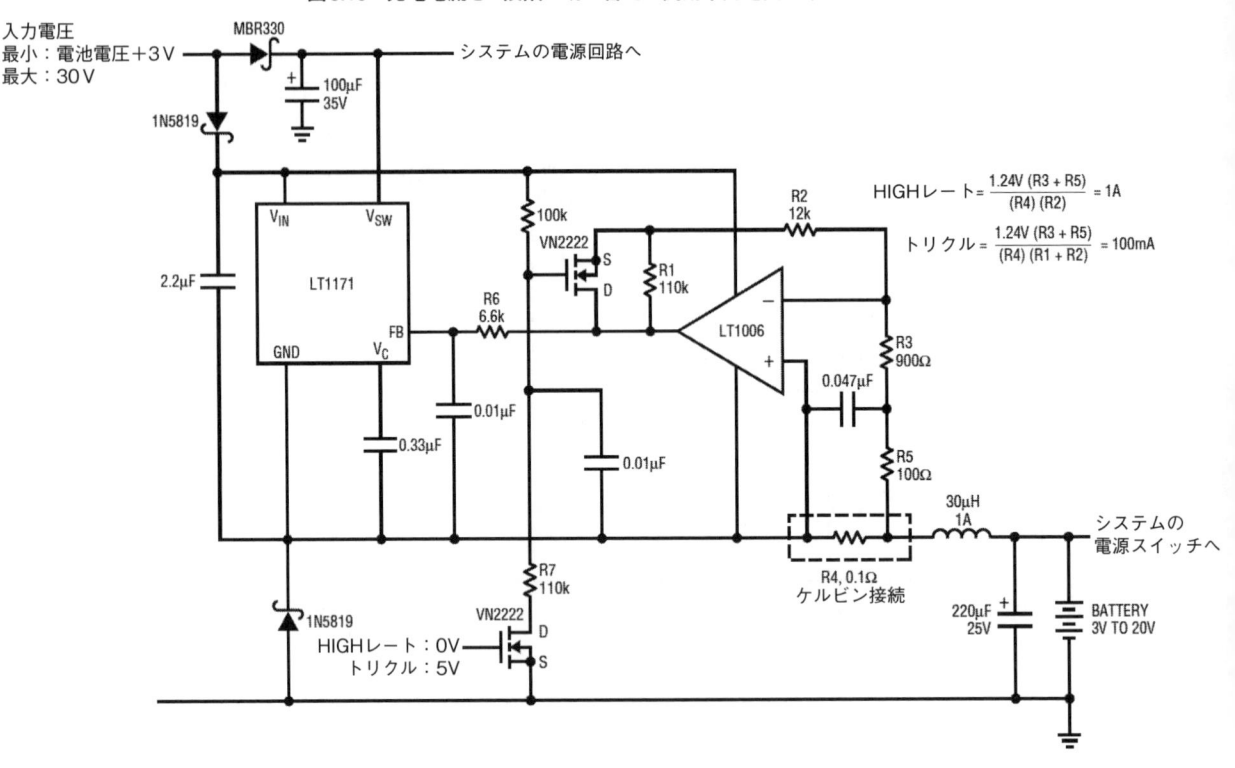

図3.18 充電電流を2段階に切り替える高効率充電回路（最大2A）

入力電圧
最小：電池電圧＋3V
最大：30V

$$HIGHレート = \frac{1.24V (R3 + R5)}{(R4)(R2)} = 1A$$

$$トリクル = \frac{1.24V (R3 + R5)}{(R4)(R1 + R2)} = 100mA$$

HIGHレート：0V
トリクル：5V

R4, 0.1Ω ケルビン接続

BATTERY 3V TO 20V
システムの電源スイッチへ

付加素子なしで5VラインにNチャネル・パワーMOSFETのゲートを12Vまでドライブできます．消費電力も小さく，保護機能も内蔵しているので，従来は高価なPチャネルMOSFETを必要としたハイサイドのスイッチ回路のドライバとして使用できます．

図3.21のノートPC用電源回路はこのハイサイド・スイッチの利点を活かした良い例です．4セルのニカド蓄電池パックをノートPCの5V電源として使えるようにした電源回路です．オン抵抗が非常に小さい低価格のパワーMOSFETをバッテリとロジック回路用の5V電源間に挿入し，電圧降下の小さなスイッチとして使います．デュアル・ドライバLTC1155の片側はバッテリ・パックの充電回路を制御します．

電流制限機能が付いた9V，2Aのアダプタがオン抵抗の非常に小さいMOSFETスイッチQ_2を介してバッテリ・パックに接続されています．ゲート・ドライブ出力（2番ピン）は13Vの出力が出せるのでQ_1とQ_2を十分にON状態にできます．Q_2に2Aが流れるときの電圧降下はわずか0.17Vなので，表面実装タイプを使って基板の面積を小さくできます．

低価格のサーミスタRT_1がバッテリの温度を測定し，40℃以上になると1番ピンをLOWレベルにし，LTC1155をOFFに保持します．このウィンドウ・コンパレータは，バッテリ・パックの温度が非常に低いとき（10℃以下）は急速充電を行わないようにも制御します．急速充電中はQ_1がONし，コンピュータのオペレータに充電が適切に行われていることをLEDランプで知らせます．バッテリの温度が40℃を越えるとLTC1155はOFFに保持され，充電電流はR_9を流れる150mAに減少します．

4セルのニカド蓄電池の電圧はフル充電では6Vで，放電が進むと4.5Vに低下します．残り1/2のLTC1155は，7番ピンの出力でQ_4をドライブし，低ドロップアウト電圧のリニア・レギュレータとして動作します．バッテリの電圧が5V以上のときはLT1431がQ_4のゲート電圧を制御して5V出力のレギュレータとして働き，5V以下になるとQ_4がONして低抵抗のスイッチでバッテリとレギュレータ出力間を接続します．

第2のパワー・トランジスタQ_3は，9V出力とレギュレータ出力間に接続され，9V電源が接続されていると

図3.19 高効率，降圧型レギュレータを使ったプログラマブル充電回路（入力電圧はバッテリ電圧より高いこと）

DC入力電圧
充電開始に必要な電圧：バッテリ電圧＋3V
動作に必要な電圧：バッテリ電圧＋2V
最大電圧：35V

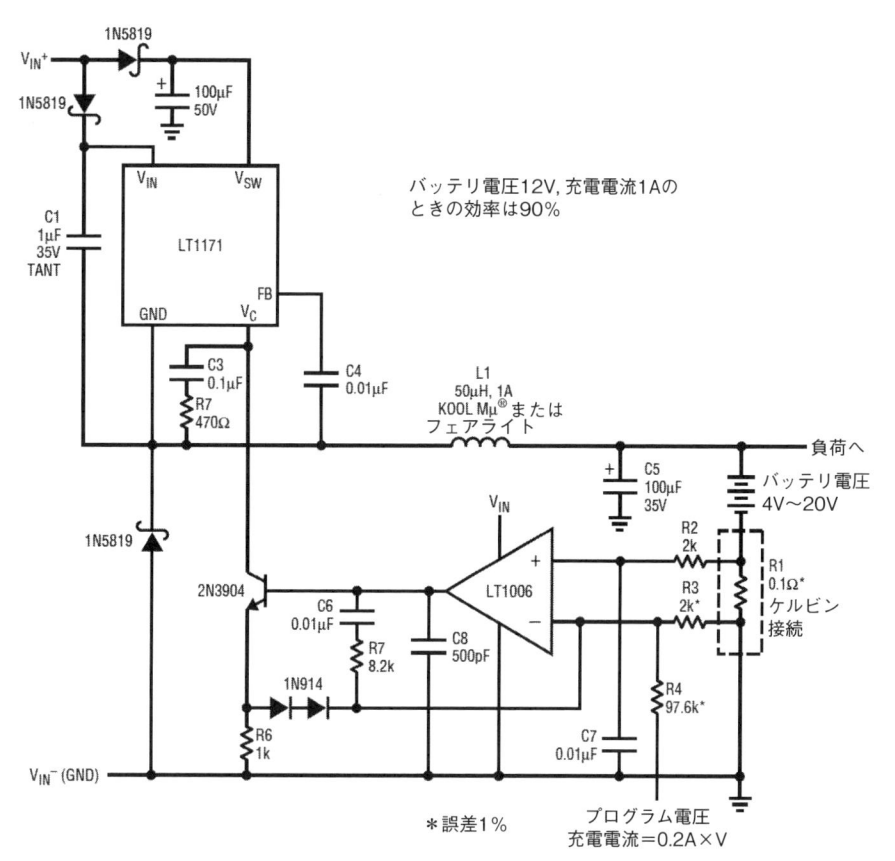

バッテリ電圧12V，充電電流1Aのときの効率は90%

＊誤差1%

プログラム電圧
充電電流＝0.2A×V

図3.20 －24Vを発生するLCD用バイアス供給回路

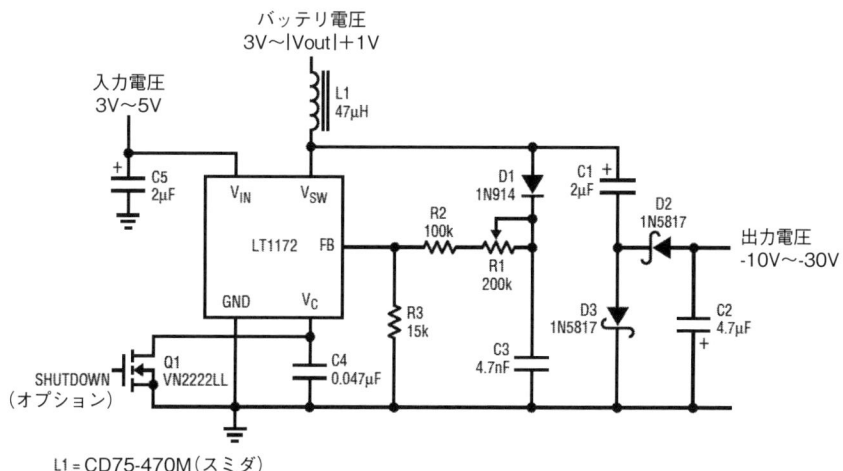

L1 = CD75-470M（スミダ）
C1, C2 = タンタル

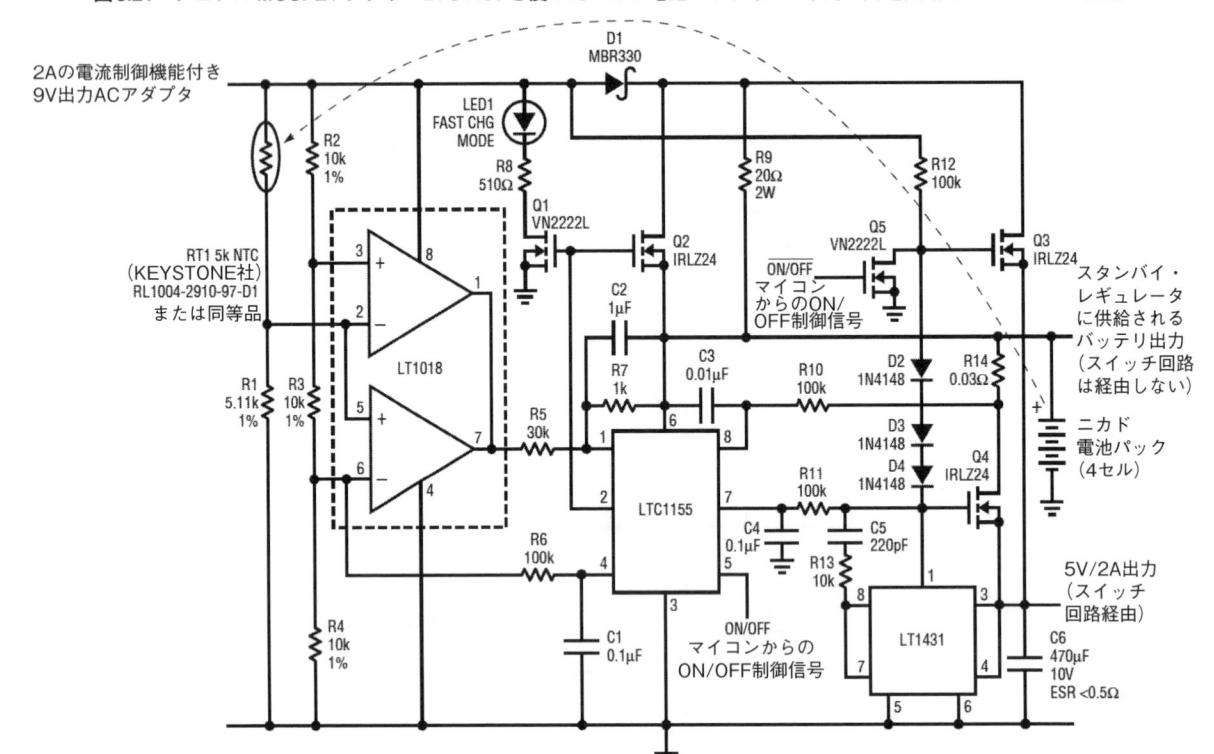

図3.21 デュアルMOSFETドライバLTC1155を使ったニカド電池パック（4セル）用の充電回路とレギュレータ回路

マイクロプロセッサによって入力端子（5番ピン）をOFFにしたあとでONに戻すと，レギュレータをリスタートすることができます．バッテリの電圧が4.6V以下になるとマイクロプロセッサによってレギュレータをOFFさせます．この5V, 2A出力のレギュレータが休止状態のときは10μAしか消費しません．バッテリの電圧が充電によって回復すると，レギュレータはONに切り替えられます．

ノートPC本体の消費電力は非常に小さい値です．電流制限機能付きのACアダプタがバッテリ・パックを急速充電しているときは，ほとんどの電力はACアダプタで消費されます．Q_2の消費電力は0.5W以下で，R_9が0.7Wです．Q_4はバッテリがフル充電状態にあるごく短時間だけ2Wを消費しますが，バッテリ電圧が5Vに下がると0.5Wに低下します．3個のICは消費電流が少ないので消費電力は無視できます．しかし，Q_3はACアダプタが接続され，2Aの電流を出力しているときには7Wの電力を消費します．

図3.21の回路は非常に小さい実装面積で十分です．LTC1155は8ピンSOパッケージを使い，FET Q_1, Q_2, Q_5 もSOパッケージのものが使えます．しかし，Q_3とQ_4は適切な放熱が必要です（MOSFETメーカのデータシートを参照し，表面実装部品の放熱についての推奨例を参考にしてください）．

LTC1155を使うことにより，低価格のNチャネルMOSFETをスイッチとして使い，4セルのニカド蓄電池パックと負荷および充電回路を直接接続できます．これによりコストが低く抑えられ，効率も高められます．バッテリに蓄えられた電力のほとんどが負荷に供給できるためバッテリでの動作時間も長くなります．

パームトップPCの電源回路

パームトップPCの電源回路を設計する際の問題点は，ノートPC用の設計とはまったく異なります．ノートPCの多くは，9V～15Vのニカド蓄電池を使います．パームトップPCは形状が小さいため，単3電池2本～4本を収納するスペースしか確保できません．現状のパームトップPCはディスク・ドライブをもたないので，スリープ・モードにしたときにずっと長く動作で

きることが必要です．標準的なパームトップPCは，CPUが動作しているときの動作時間は数時間で，CPUが休止してディスプレイがONしている状態では数十時間動作します．また，メモリだけが保持されているスリープ・モードでは数ヶ月の動作が可能です．さらに単3電池が放電したときや，交換するときに備えて，リチウム電池がバックアップ用として内蔵されます．

パームトップPCの電源として，使い捨ての単3アルカリ電池が多く使われています．使い捨ての電池を使うことにより，ノートPCとは違う問題が発生します．充電可能なニカド蓄電池やニッケル水素蓄電池から電力を供給される電源とは違い，使い捨ての電池を使う電源回路では効率の高いコンバータを使うことが最良の選択肢とはなりません．

充電可能なバッテリは出力インピーダンスが非常に小さいため，効率の高いコンバータを使うことで最大の動作時間が実現できます．これに対して，使い捨ての電池は内部抵抗が比較的高く，負荷電流を小さくしてほぼ一定で使うときに寿命が最長になります．損失を最小にし，電池の内部抵抗の影響を受けにくいコンバータを使うと動作時間が最長になります．

ここでは電池4本用の電源回路を説明しますが，電池のピーク電流を抑えた設計により寿命を長くしています．効率は高くても，ピーク電流が大きい回路では電池の寿命は短くなります．ここで紹介するコンバータ回路は，単3アルカリ電池を使ってテストし，寿命が長いことを確認してあります．

● 電池2本を使ったパームトップPC用の電源回路

図3.22は単3電池2本を使ったパームトップPC用の電源回路で，安定化された5Vを出力します．U_1にはマイクロパワーDC-DCコンバータLT1108-5を使い，昇圧（ブースト）型コンバータとして動作させています．U_1のSENSE端子に接続された出力電圧5Vは，内部回路で分圧されて基準電圧1.25Vと比較されます．出力電圧が5V以下になるとU_1内部の発振回路が19kHzで発振を始めます．この動作によりL_1に電流が流れ，L_1に蓄えられたエネルギーがD_1を通してC_1に供給されます．この結果，出力電圧は入力電圧より高い電圧になります．出力電圧が5Vになると発振回路は停止します．このように発振を制御する結果，出力電圧は5Vに保たれます．

LT1108は，R_1の値によってスイッチング電流のピー

図3.22 単3電池2本から5V/150mAを出力するレギュレータ

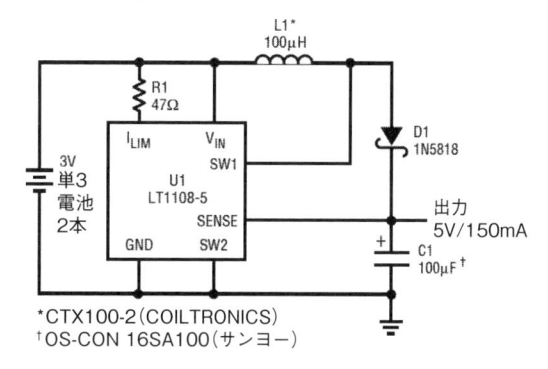

*CTX100-2(COILTRONICS)
†OS-CON 16SA100(サンヨー)

ク値を制限する機能をもちます．スイッチング電流がR_1の値で決まる値に達するとスイッチをOFFすることで，スイッチング電流を制御します．したがって，スイッチがONの時間は入力電圧が高くなると短くなります．スイッチがOFFの時間は影響を受けません．

この制御方式により入力電圧の全範囲でスイッチング電流のピーク値が一定に保たれ，入力電圧が高いときはエネルギーの変換を最小にし，入力電圧が低いときはL_1を流れる電流がL_1の最大電流定格値を越えないようにしています．必要とされる最大電流値に従いR_1の値を注意深く選択し，電池寿命が最も長くなるようにします．最大電流が75mAでよければR_1を100Ωまで上げることができます．このときピーク電流は約750mAに抑えられます．これによって効率が高まり，スイッチング電流のピーク値が抑えられるので電池の寿命を大きく伸ばせます．

この回路は入力電圧が3.5V～2Vのとき5V，150mAの出力が取り出せます．負荷電流が15mA～150mAの場合，入力電圧が3Vのときの効率は80%ですが，2Vでは70%に低下します．

出力電圧のリプルは75mV$_{p-p}$で，無負荷での動作電流は135μAです．

● 単3電池2本によるLCDバイアス回路

図3.23はLCDバイアス用の−24Vを出力する回路です．U_1にはマイクロパワーDC-DCコンバータLT1173が使われています．U_1内部のスイッチとL_1，D_1によって3Vの入力電圧が+24Vに変換されます．SW$_1$端子の出力でチャージ・ポンプ回路がドライブさ

れ，C_2，C_3，D_2，D_3によって−24Vが作られます．

入力電圧が3.3V〜2.0Vに変化したときの出力電圧の変動は0.2%です．負荷電流が1mA〜7mAに変化したとき，出力電圧の変動は2%です．2V入力，負荷電流が7mAのときの効率は73%です．

● **単3電池4本を使うパームトップPC用の電源回路**

より強力な386SXプロセッサを使うパームトップPC用の電源回路は，単3電池2本では十分な動作時間を保証できません．図3.24の回路は4本の単3電池と，バックアップ用のリチウム電池を電源として以下の電源を作ります．メインのロジック回路用の切り替え可能な3.6V/5V出力，LCD用の−24V出力，フラッシュ・メモリのV_{PP}用+12V出力，リチウム電池による自動バックアップ電源です．無負荷状態での消費電流は380μAです．

図3.24で示した回路の主要部は昇圧型コンバータと降圧型コンバータの両方の動作を行います．単3電池4

図3.23 単3電池2本からLCD用−24V/7mAを出力するレギュレータ

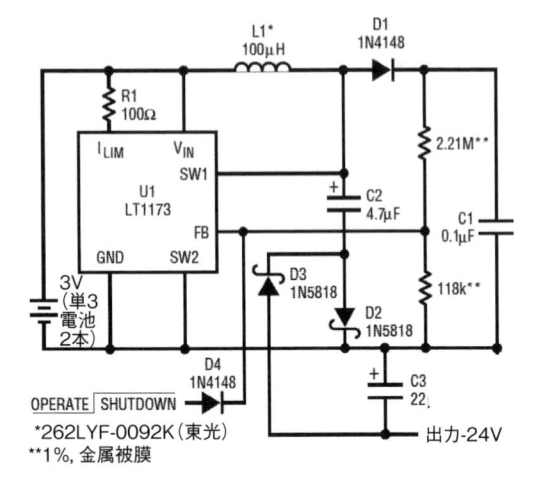

図3.24 メイン・ロジック用電源は3.6V/5V切り替えで200mAを出力する．バックアップ電源はメイン・バッテリが空になったり取り外されたりしたときに3.4Vを出力する

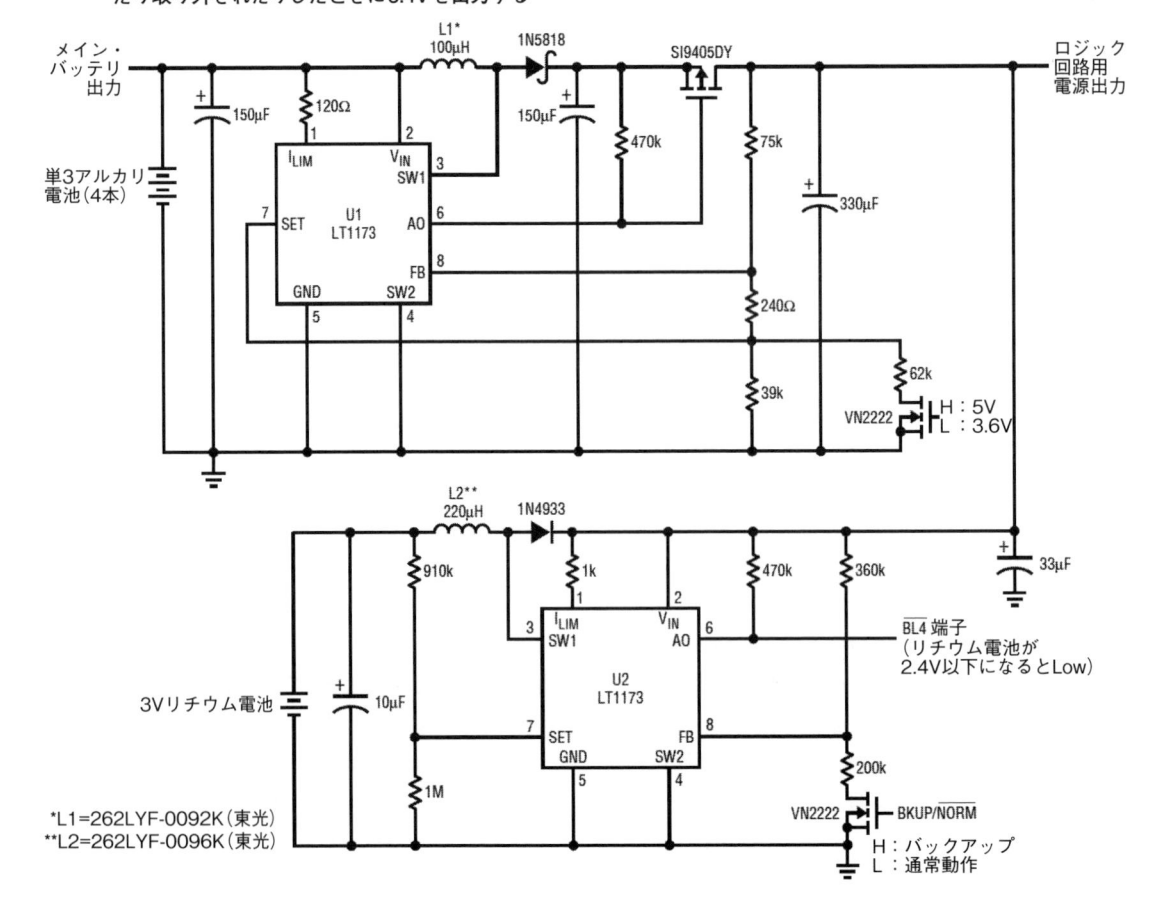

本が新しいとき，この回路はリニア・レギュレータとして動作します．このような使い方は効率が悪いように見えますが，電池の電圧は急激に6Vから5Vへと降下します．電池電圧が5Vのとき3.6V/5V出力時の効率は72%です．さらに電池の電圧が下がり，4.2Vになると効率は90%まで上がります．電池電圧が4V以下になると昇圧型コンバータに切り替わり，電池のエネルギーを可能な限り絞り出します．

このコンバータは入力が2.5V以上のとき3.6V，200mAを出力します．2.5V入力のときの効率は73%〜83%です．リニア・レギュレータにはスパイク状の電流は流れません．単3アルカリ電池は内部抵抗がかなり高く，スイッチング・レギュレータにスパイク状の電流を供給すると寿命が短くなります．電池が新しいとき，単3アルカリ電池4本の内部抵抗は0.5Ω程度ですが，寿命の終了時点では2.5Ωに増加します．この構成の場合は3.6V，200mA出力を取り出したとき9.6時間以上動作できますが，スイッチング方式だけで構成すると動作時間は7時間になります．

図3.24で示すようにバックアップ電源はもう一つのLT1173（U_2）を使って作られます．LT1173の電源はメインのロジック回路用電源から供給されます．リチウム電池の負荷になるのは10μFのコンデンサの漏れ電流と，910kΩ，1MΩの抵抗器で電流の合計値は5μA以下です．LT1173が動作していないときには110μAの電流が流れますが，その電流はメインの電源から供給します．

BKUP/$\overline{\text{NORM}}$入力がHIGHレベルになると帰還信号が接続されますが，メインのロジック回路用電源が3.4V以下になるまではU_2は発振を始めません．このコンバータは3.6V，10mAを供給できます．単3電池が外された場合や，寿命が尽きたときは，図3.27の検出回路からのBKUP/$\overline{\text{NORM}}$信号がHIGHになりコンバータが自動的に動作を始めます．リチウム電池の電圧監視はLT1173内部のゲイン・ブロックを使って実行されます．910kΩ/1MΩの分圧回路により，リチウム電池が2.4VになるとBL_4端子の電圧をLOWにします．

図3.25はLCD用の−24V電源で，LT1173がFZT749をドライブするコントローラとして使われています．FZT749は2AのPNPトランジスタで，外形はSOT-223パッケージです．LT1173は，FB端子の電圧がGND端子の電圧より1.25V高くなるように制御します．3MΩの抵抗器からR_1に電流を供給し，電位差が1.25Vになるよう制御しますが，これによってGND端子の電圧は負になります．220μHのコイルによってスイッチ電流が制限され，その値は電池が新しいときは500mA，3.6Vに低下したときは300mAです．

このコンバータの効率は70%程度です．コイルを流れる電流を増やせば効率はもっと高くなりますが，スパイク電流が増加することによって電池の寿命が縮まります．

フラッシュ・メモリ用のV_{PP}電源回路を図3.26に示します．12Vの電圧を40mAまで供給できます．このコンバータは小型NチャネルMOSFETでON/OFFできます．MOSFETがONのとき124kΩがGNDに接続され，コンバータが動作して12Vの電圧を出力します．MOSFETがOFFの場合はFB端子がHIGHになり，コンバータの動作が停止されます．コンバータがOFFのとき，出力電圧は電池電圧からダイオードの順方向電圧降下を引いた値です．

フラッシュ・メモリをこの電圧で使っても問題ありません．フラッシュ・メモリには電圧レベルの検出回路が内蔵されていて，意図しないプログラミングを防止しています．V_{PP}電圧が11.4V以下のときは，フラッシュ・メモリ自身によってプログラムができないようになっています．この回路にもLT1173のゲイン・ブロックを使ったバッテリ電圧検出回路が作られています．アルカリ電池の電圧を検出し，4.0V以下になると

図3.25 −24V/10mA出力のLCD用バイアス電源

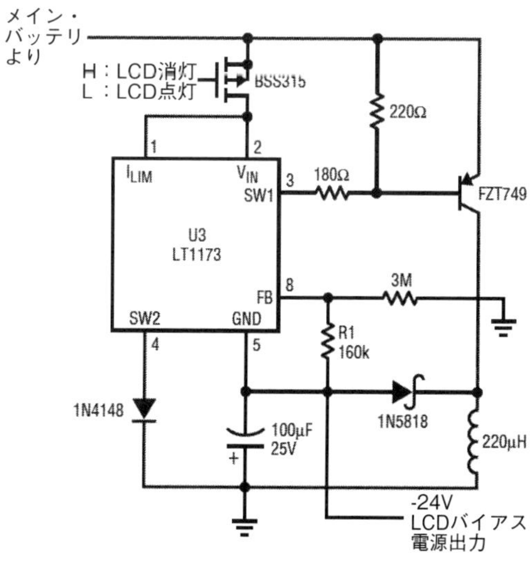

図3.26 フラッシュ・メモリ用V_{PP}電源．単3電池4本から12V/40mAを取り出す

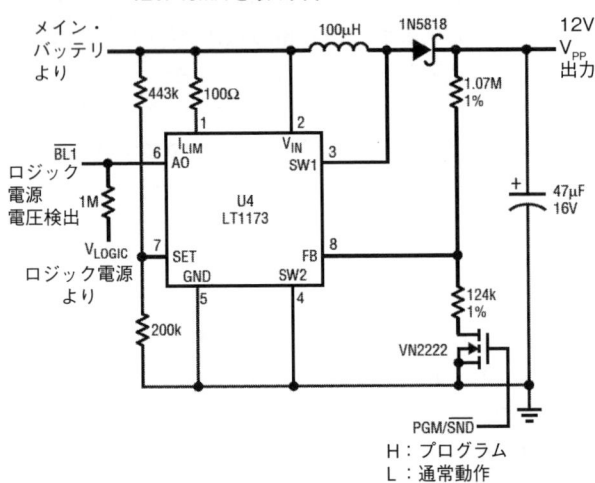

図3.27 バッテリ監視回路．バッテリが外されているか，3.6V以下かを検出する

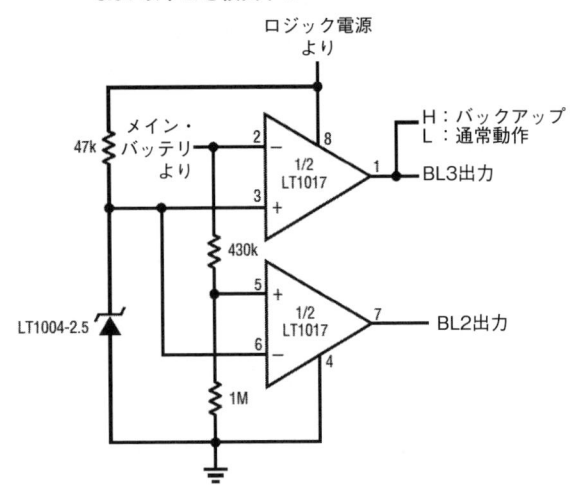

図3.28 マイクロパワー冷陰極蛍光管用インバータ．単3電池2本から蛍光管へ1mAを供給する

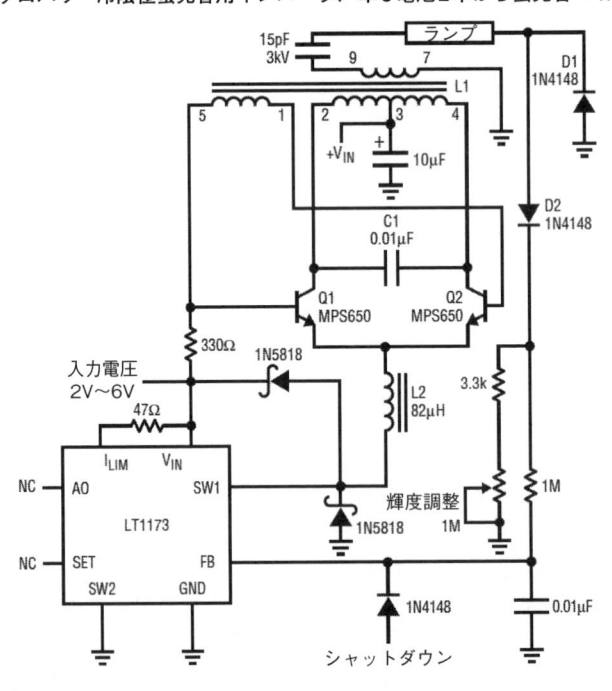

C_1：低損失のコンデンサを使用する．
　　　FKP2シリーズ（WIMA社）の金属化ポリカーボネート・フィルム・コンデンサを推奨する
L_1：6345-020（スミダ）かCTX110092-1（COILTRONICS社）．ピン番号はCOILTRONICS社の場合を表示している
L_2：262LYF-0091K（東光）
代替品の使用は不可

AO端子がLOWになります.

　最後はマイクロパワー型2端子電圧標準と2素子コンパレータを使った電池電圧検出回路です．図3.27の上部の回路がメイン電源の電池電圧を監視しています．電池電圧が2.5V（寿命が尽きた電池です）以下の場合や，電池が外されているときはBL$_3$がHIGHになります．この出力がリチウム電池を使ったバックアップ・コンバータのBKUP/$\overline{\text{NORM}}$端子に接続されていると自動的にメインのロジック回路にバックアップ電源が供給されます．下側のコンパレータは電池電圧が3.6V以下のときLOWになり警告灯を点灯させます．

● パームトップPC用冷陰極蛍光管駆動回路

　パームトップPCにバックライト付き表示器を使うと使いやすさが大きく向上しますが，消費電流が増加するためこれまでは使われませんでした．図3.28はこの問題を解決した省電力の冷陰極蛍光管駆動回路です．通常のノートPCでは点灯電流は5mA程度です．この回路はマイクロパワーDC-DCコンバータIC LT1173を使い入力電圧2.0V〜6Vで動作します．点灯電流の最大値は1mAに制限され，非常に暗い状態の1μAまで下げることができます．この回路は電池の寿命を最長にする必要があるパームトップPC用に設計された回路です．

　L_1，Q_1，Q_2は電流駆動のロイヤー型コンバータを構成します．発振周波数はL_1の特性と，負荷，0.01μFのコンデンサで決まります．このコンバータ回路全体の動作は，バースト・モードで動作するLT1173によってON/OFFされます．

　LT1173のFB端子に接続された1MΩ/0.01μFの回路はローパス・フィルタを構成し，3.3kΩと1MΩ可変抵抗器の回路に発生する蛍光管の電流を半波整流した信号（蛍光管の電流の1/2）を平滑しています．LT1173はFB端子の電圧が1.25Vになるように制御します．蛍光管の電流が小さいとき，LT1173はほとんど休止状態になり，110μAの電流しか消費しません．蛍光管の電流が最大値の1mAのときには，LT1173は100mA以下の電流を出力します．電池からの電流が5mAもあれば十分な明るさの光出力が得られます．

第4章
2線式仮想リモート・センシングを応用した電圧レギュレータ
伝送路の抵抗を推定してリモート・センシングと同じ効果を得る

Jim Williams, Jesus Rosales, Kurk Mathews, Tom Hack, 訳：高橋 徹

配線やコネクタには電気抵抗があります．**図4.1**のように電源出力と負荷との間を電線やコネクタで接続すると，負荷での電圧は電源出力端子の電圧より必ず低くなります．負荷端での電圧を希望する値にするには電源の出力電圧を高くしなければなりません．しかし線路抵抗や負荷の変動があるため，常に希望する値を維持することは難しいことです．**図4.2**はその対策の一例です．負荷の近くに電圧レギュレータを配置し，線路による電圧降下の影響を受けないようにしていますが，レギュレータの損失のため効率が低下します．

図4.3は従来から行われている4線式のリモート・センシング回路です．電源回路に設けられたセンス入力に負荷の電圧を入力し，線路抵抗による電圧降下を補償した電圧を出力します．センス入力端子は入力インピーダンスを高くし，センス用線路の抵抗の影響を受けないようにします．この方式の動作は良好ですが，センス用として2本の線路が余分に必要になることが大きな欠点です．

図4.1 配線による電圧降下は避けることができず，負荷側では電圧が低下する．出力電圧を上げただけでは線路抵抗や負荷の変動には対応できない

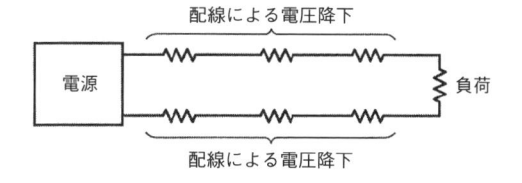

図4.2 負荷の近くにレギュレータを配置すれば負荷の電圧を安定化できるが，効率は低下する

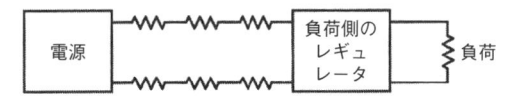

図4.3 従来方式の4線式リモート・センシング回路．負荷側の電圧を測定して補償する．SENSE端子の入力抵抗が高いのでセンス用配線の抵抗は影響を与えない．配線が4本必要となる

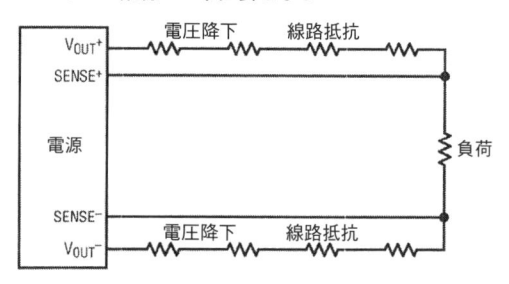

仮想リモート・センシング

図4.4は4線式リモート・センシング回路の利点を維持した，2本の線路しか使わない電源回路です．この

図4.4 LT4180を使い，2線で配線の電圧降下を補正する．小振幅の方形波を出力電圧に重畳させて電圧降下を測定し，線路での電圧降下を計算する．計算結果を基に電源の出力電圧を制御する．負荷側の出力コンデンサによって方形波は吸収され負荷電圧は直流になる

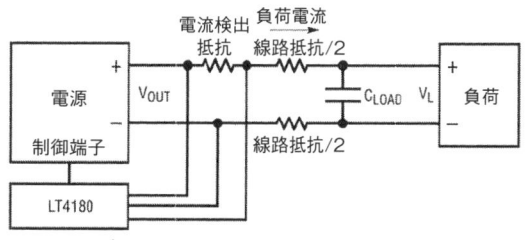

V_{OUT}＝電圧降下を補償した直流電圧＋方形波
出力コンデンサによって方形波は吸収され負荷電圧は直流
負荷電流＝直流＋方形波電流

回路では仮想リモート・センス(Virtual Remote Sensing；VRS)コントローラLT4180が使われ，出力電流を定常値の95％から105％まで高速で変化させるように制御しています．LT4180の出力は電源回路の制御端子に接続され，直流出力電流の10％に相当する振幅の方形波電流を重畳させます．負荷側に接続されている出力コンデンサ(デカップリング・コンデンサ)は方形波状の電流変化を平滑化し，負荷には直流電流が供給されます．出力コンデンサは，VRSを使わない通常の電源回路にも使われ，過渡特性を良好にしています．

出力コンデンサの値は，方形波信号に対してショート状態になるような値が選ばれるため，電源出力端で測定した方形波の電圧振幅V_{OUTAC}は，

$$V_{OUTAC}[V_{P-P}] = 0.1 \times I_{DC} \cdot R_{WIRE}$$

となります．出力端で見た方形波電圧のPP値(ピーク値)は配線によって生じた電圧降下の1/10となり，この値は推測値ではなく実際の値を測定したものです．この値から計算されたDC出力を電源から供給すると，負荷端での直流電圧は希望した値に制御されることになります[注1]．

ここで使用される電源回路は，出力電圧が制御できればリニア電源IC，スイッチング・レギュレータIC，電源ユニット，そのほかの電源のいずれでもかまいません．電源の周波数はVRS動作に同期させることもできます．VRS動作で発生させる方形波の周波数は，3桁以上の広い範囲で設定可能です．固定周波数で動作させると干渉が発生する場合，オプションのスペクトル拡散モードを使うと干渉を低減することができます．入力電圧範囲も3V～50Vと広いので回路設計は容易です．この方式は負荷での電圧を直接測定してはいないので，補正結果は推定に基づいていますが非常に良好な結果が得られます．

図4.5にLT4180を使ったときの補正効果がプロットされています．この例では負荷電流0から始まり，線路での電圧降下が2.5Vになるまで増加させたときの負荷端での電圧を表示しています．負荷側では，わずか73mVの電圧降下しか生じていません．負荷での電圧の50％に相当する電圧降下があるにもかかわらず，1.5％の電圧降下に抑えられています．負荷電流がもっと小さければ電圧降下はさらに小さくなります．

VRSの応用例

これから述べる応用例のすべては，各種のレギュレータにVRSを採用して性能を改善しています．レギュレータ回路は1例を除いて，LTCで設計された一般的な回路形式のものです．ここではレギュレータ部分の解説は簡単にし，LT4180の役割について重点的に解説します．

これらを見ると，VRSの周辺回路は同じような回路になっていること，回路への組み込みも比較的簡単なことがわかります．レギュレータの形式が変わってもVRS回路はほとんど同じであることに驚かれると思います．

●VRS機能を組み込んだリニア・レギュレータ

図4.6はLT4180を基本的なリニア・レギュレータに接続し，VRS機能を実現した回路です．LT4180は0.2Ωのシャント抵抗で電流を測定し，その結果でQ_1，Q_2を制御して帰還ループが完成しています．Q_1とカスコード接続されたQ_2は，Q_1のゲートを高い電圧に設定できるレベル・シフト回路として動作し，Q_2のゲートには他のロジックIC用の電源+5Vが接続されます．補正用端子COMPに接続された素子により制御ループの応答が安定化され，過渡応答を良好にしています[注2]．

図4.5 LT4180によるVRS機能の効果．線路での電圧降下が2.5Vあっても負荷側では1.6％の低下に抑えられている

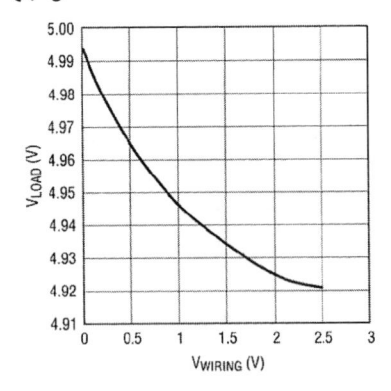

注1：もっと詳細な説明が必要な方はAppendix Aの「LT4180のVRS動作について」を参照してください．
注2：補償素子の値を決める手順はAppendix Bの「LT4180を使ったVRSの設計方法」を参照してください．

図4.6 ディスクリート部品によるリニア・レギュレータに組み込んだVRS回路．Q_1のゲート電圧が高いため，Q_2をカスコード接続してDRAIN出力をレベル・シフトしている．COMP端子には制御ループを安定化する補償素子が接続されている

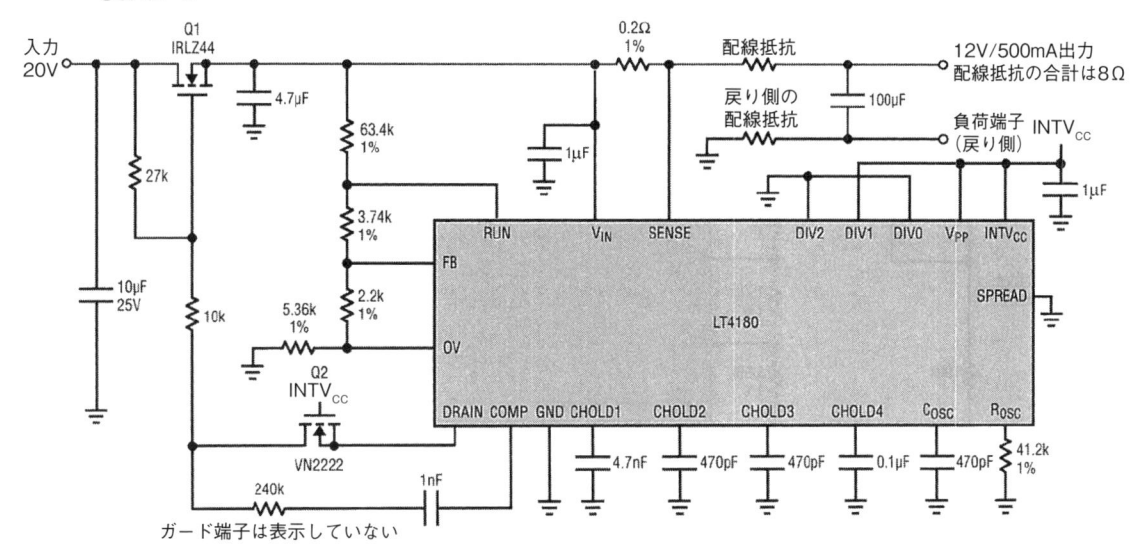

図4.7 図4.6の回路で，負荷電流をステップ状に変化させたときの過渡応答．出力コンデンサは100μF．波形AはSENSE端子の電圧，波形Bは負荷電圧，波形Cは負荷電流．出力コンデンサ，補償素子，VRSのサンプリング周波数で過渡応答が決まる

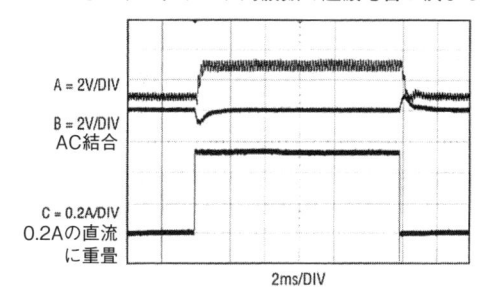

図4.8 図4.7と同じ条件で出力コンデンサだけを1100μFに増やした．過渡応答の時間は長くなり，振幅は減少している

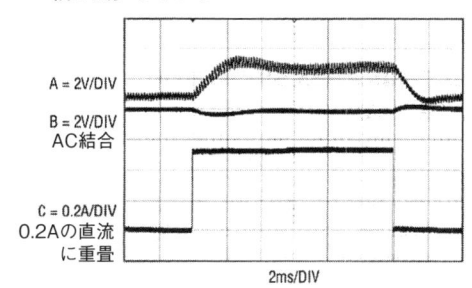

図4.7は，この回路の過渡応答です．負荷電流を切り替えたときのV_{SENSE}電圧（波形A），負荷電圧V_{LOAD}（波形B）と負荷電流I_{LOAD}（波形C）が表示されています．過渡応答はループ補正素子，出力コンデンサおよび電流を検出するためのサンプリング周波数（方形波の周波数）で決まります．図4.8は，出力コンデンサを1100μFに増やしたときの過渡応答です．負荷電圧の変化は小さくなっていますが，過渡応答の持続時間が長くなっています．

図4.9はモノリシックICレギュレータを使用して電流制限機能をもたせ，ループの補正も簡略化した回路です．過渡応答は図4.6の回路とほぼ同じです．LT4180のDRAIN端子からは高い制御電圧が取り出せないので，図4.6と同じようにカスコード接続したトランジスタを介してLT3080のSET端子をドライブします．

● VRS機能を組み込んだスイッチング・レギュレータ

VRS機能をスイッチング・レギュレータに組み込むことは簡単です．図4.10はフライバック型昇圧レギュレータです．リニア・レギュレータの回路と似た構成

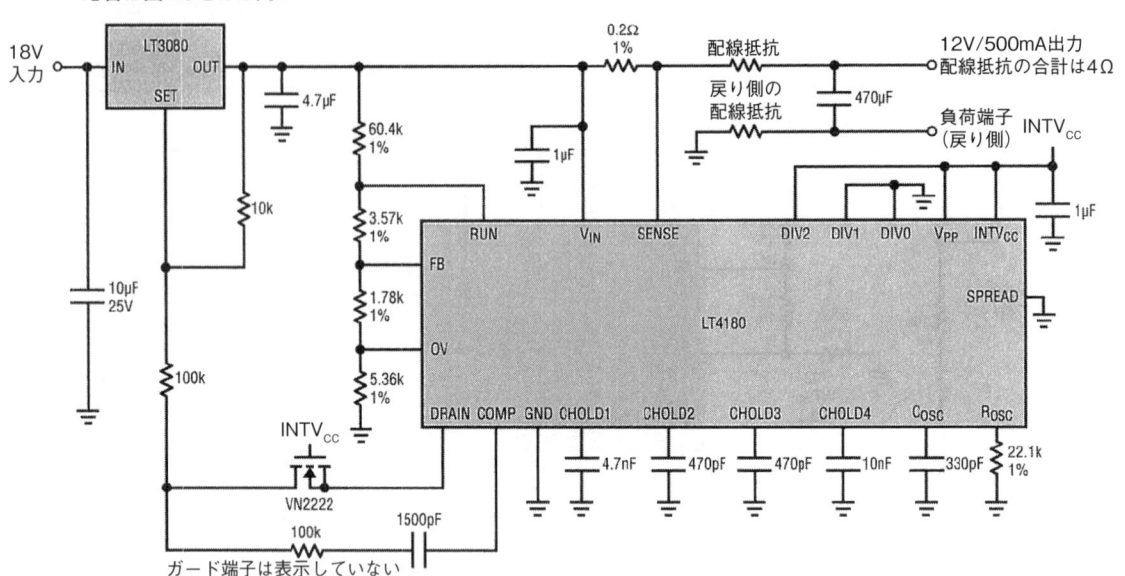

図4.9 図4.6のレギュレータを電流制限機能が付いたICレギュレータに変え，制御ループの補償回路は簡略化した．過渡応答は図4.6とほぼ同じ

ですが，出力電圧が入力電圧より高いことが異なります．この回路では，LT4180のDRAIN出力はLT3581のV_C端子に直接接続されています．V_C端子の電圧が低いため，カスコード接続は不要です．

降圧型レギュレータ（バック・レギュレータ）にVRSを組み込むのも同じように簡単です．**図4.11**(a)の回路は，前述したリニア・レギュレータと似ていますが，降圧型レギュレータLT3685が使われています．このレギュレータもLT4180のDRAIN出力と直接接続できます．単調な減衰特性をもつ補償回路によって回路が安定化され，入力電圧が22V～36Vまで変化し，線路の抵抗が0Ω～2.5Ωまで変化しても12V，1.5Aの出力を供給できます．**図4.11**(b)の回路も似た構成ですが，入力電圧範囲が12V～36V，出力が5V，3Aであることが異なります．

● VRS機能を絶縁型スイッチング・レギュレータに組み込む

VRS機能を絶縁型スイッチング・レギュレータに組み込むことも可能です．**図4.12**の回路は，これまで述べたスイッチング・レギュレータに似た方式ですが，入力と出力が完全に絶縁されています．VRS機能は10Ωの線路抵抗にまで対応できます．LT3825とT_1はトランス結合の絶縁型出力回路を構成し，光アイソレータによって帰還回路も絶縁されています．

図4.13の回路も絶縁型レギュレータです．出力トランスと光アイソレータで入力と出力は完全に絶縁され，48Vの入力に対して3.3V，3Aを出力します．LT3785はトランジスタQ_1を介してT_1をドライブしています．T_1の2次出力は整流，平滑されて電源出力となりますが，LT4180と光アイソレータを介した帰還によって線路電圧による電圧降下が補償されます．光アイソレータの出力コレクタがLT3785のV_C端子と接続されて帰還ループが閉じています．

● VRS機能を市販のスイッチング電源に組み込む

図4.14は市販の48V入力，絶縁型降圧スイッチング電源ユニットにVRS機能を追加した回路です．ユニットにはV_{SENSE}端子がありますが使っていません．LT4180で配線の電圧降下を測定し，ユニットのTRIM端子を制御することでVRS機能を実現しています．この回路には，3.3Vまたは5V出力の定数が示されています．Vicor社製ユニットの内部はブラックボックスとして扱い，TRIM端子に入力された信号に対する出力電圧の応答を測定して制御性能を判断します．

図4.15はTRIM端子にステップ信号（波形A）を入力したときの出力電圧の応答（波形B）です．TRIM端子で制御される出力の応答が良好ですから，VRS機能

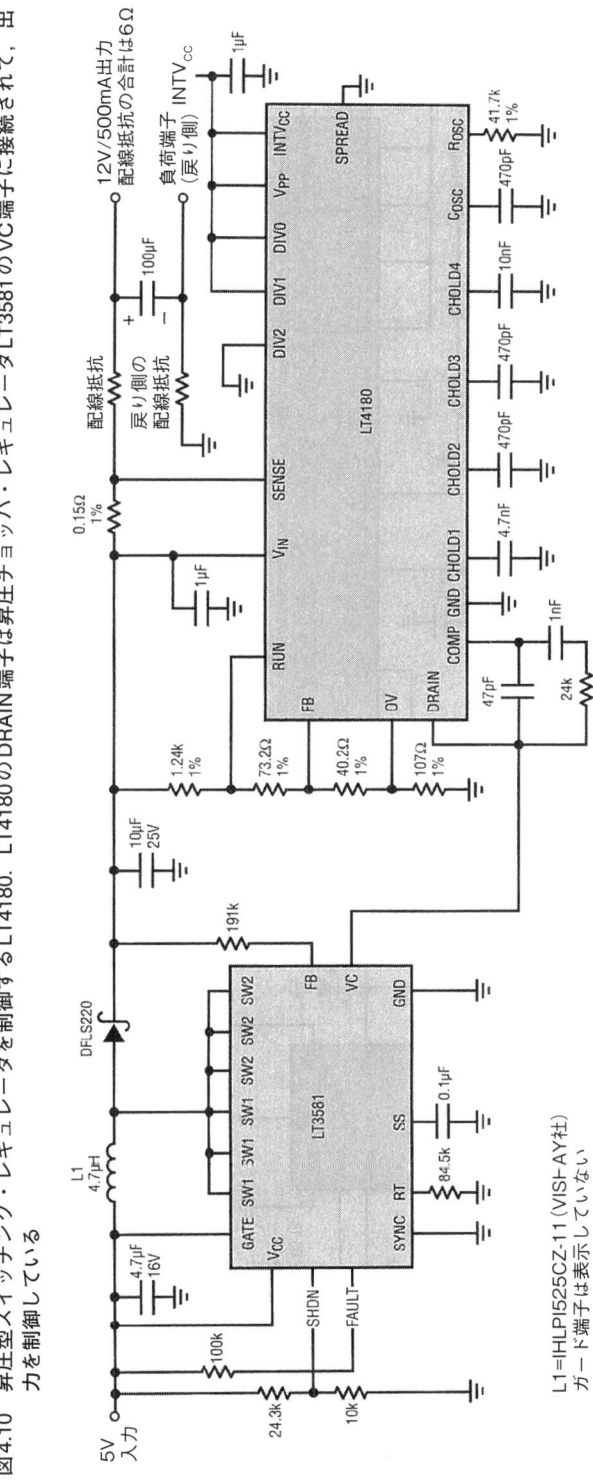

図4.10 昇圧型スイッチング・レギュレータを制御するLT4180．LT4180のDRAIN端子は昇圧チョッパ・レギュレータLT3581のVC端子に接続されて、出力を制御している

L1=IHLP1525CZ-11（VISHAY社）
ガード端子は表示していない

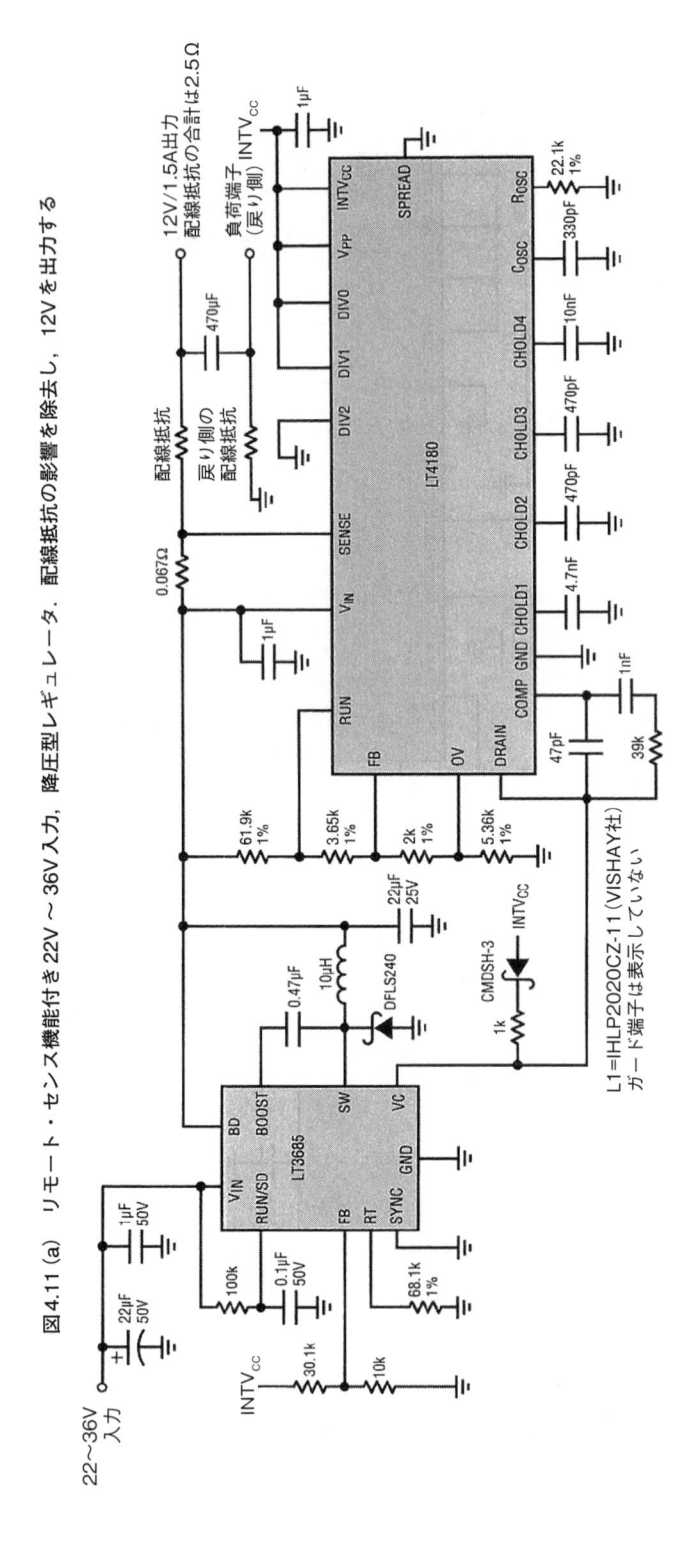

図4.11 (a) リモート・センス機能付き22V～36V入力，降圧型レギュレータ．配線抵抗の影響を除去し，12Vを出力する

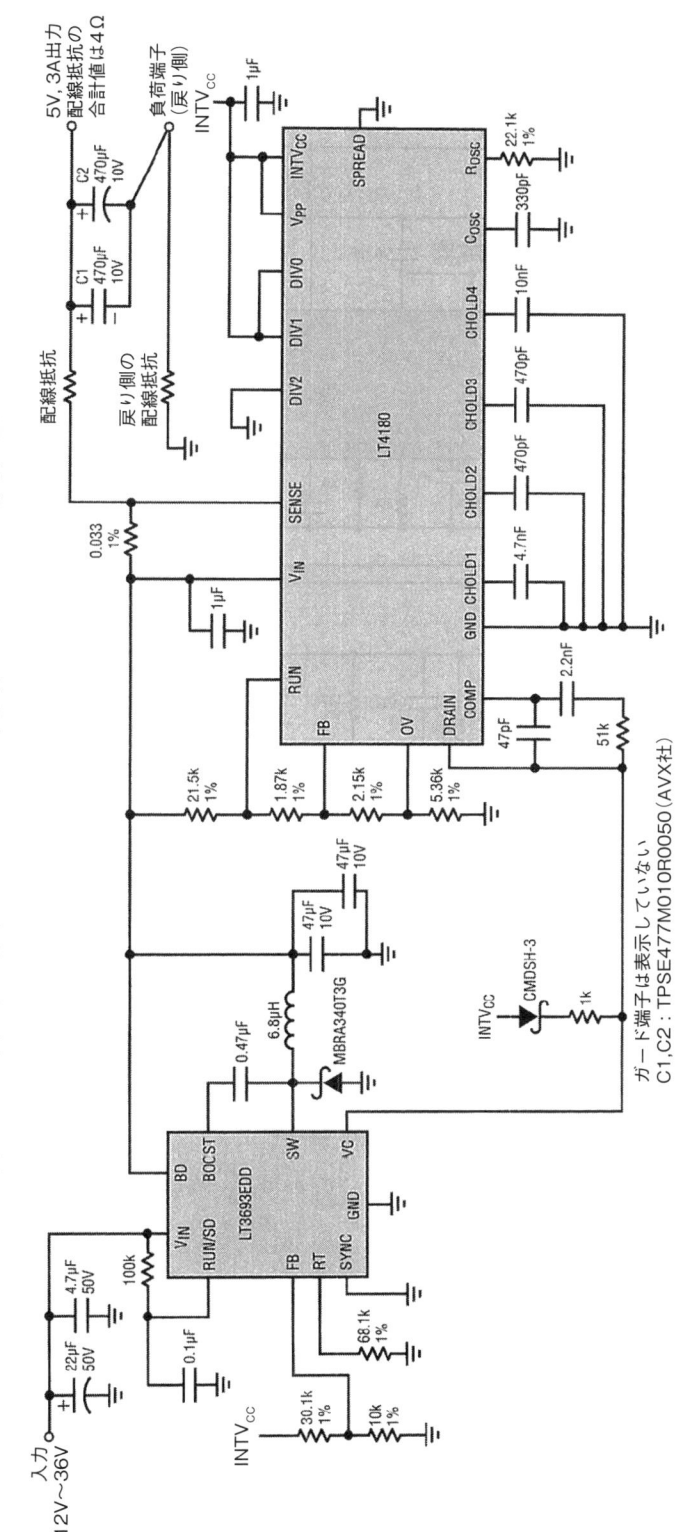

図4.11 (b) 図4.11 (a) と似た構成のリモート・センス機能付き12V～36V入力, 降圧型レギュレータ

第4章 2線式仮想リモート・センシングを応用した電圧レギュレータ

図4.12 絶縁型スイッチング・レギュレータを制御するLT4180．入力電圧36V〜72V，出力24Vで線路抵抗10Ωに対応する．LT3825/T1がトランス結合の電源回路を構成する．光アイソレータを介してフィードバックすることで絶縁型VRSを実現している

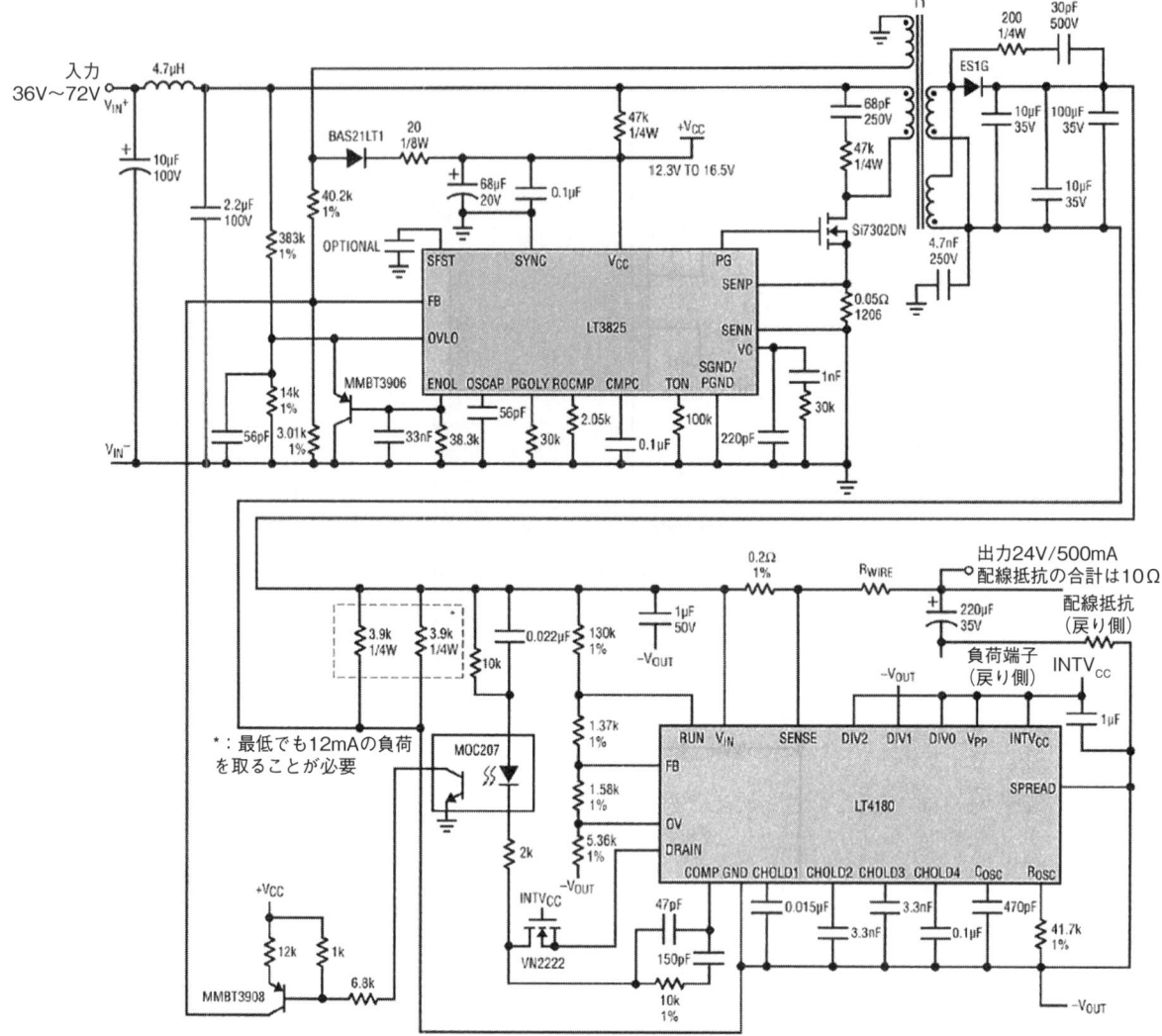

10μF：GMK325BJ106KN 1210型(太陽誘電)
100μF, 36V：PL(M)(ニチコン)
10μF, 100V：100CE10FS(パナソニック)
68μF, 20V：T491D686K020AS(KEMET社)
4.7nF, 250V：GA343DR7GD472KW01L(ムラタ)
4.7μH：SO3814-4R7-R(COOPER BUSSMANN社)
1/4W抵抗：1206型
1/8W抵抗：0805型
T1：PA2925NL(PULSE社)
ガード端子は表示していない

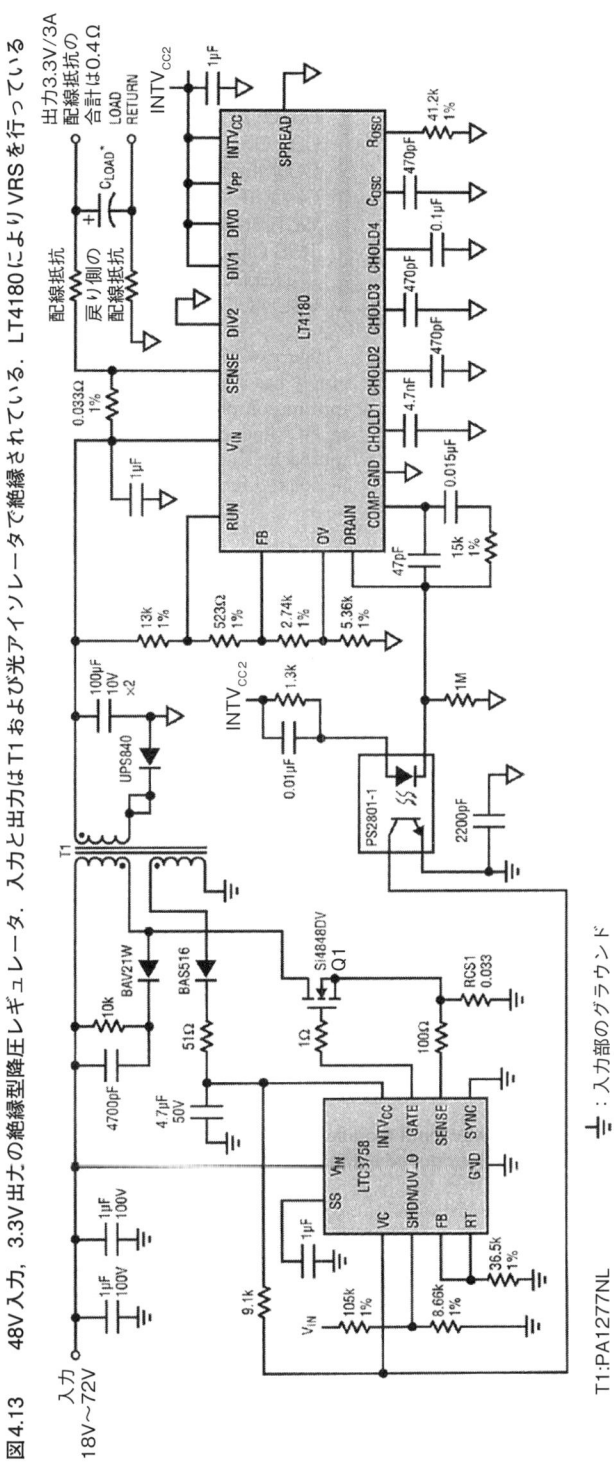

図4.13 48V入力、3.3V出力の絶縁型降圧レギュレータ。入力と出力はT1および光アイソレータで絶縁されている。LT4180によりVRSを行っている

図4.14 市販の48V入力,絶縁型モジュール電源をLT4180で制御してVRS機能をもたせた.電源のSENSE端子は使用していない.電源のTRIM端子を制御して線路抵抗の補償を行う.回路の定数は3.3V/5V出力の場合

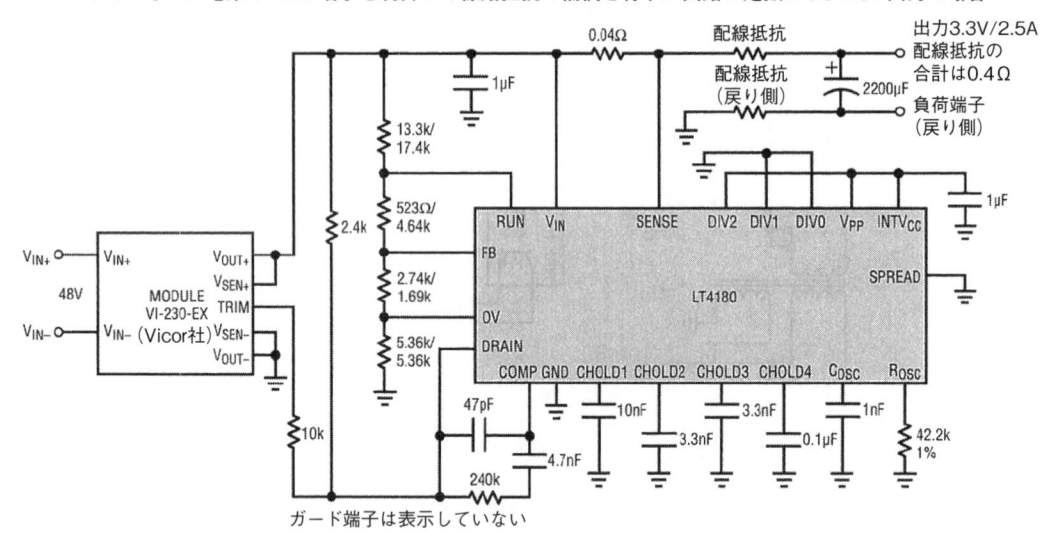

図4.15 Vicor社製モジュール電源の出力をTRIM端子で制御したときのステップ応答から制御可能な速度を求める.波形AはTRIM端子への入力ステップ,波形Bは出力電圧の応答

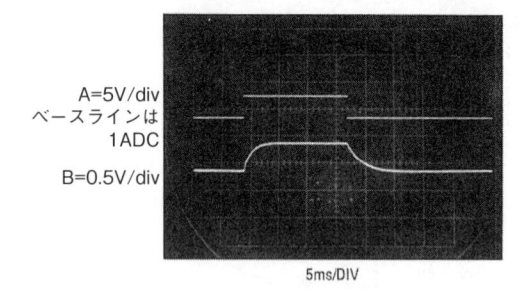

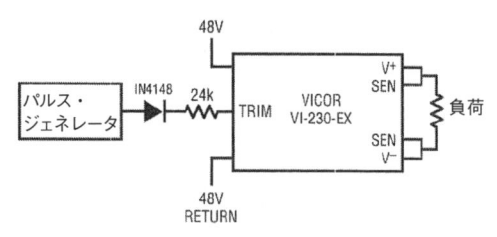

図4.16 図4.14の回路で,負荷電流をステップ状に変化させたときの出力電圧の応答.波形Aは負荷電流の変化,波形Bは出力電圧の応答.応答速度はTRIM端子から制御したときの応答で制限されている.波形は良好

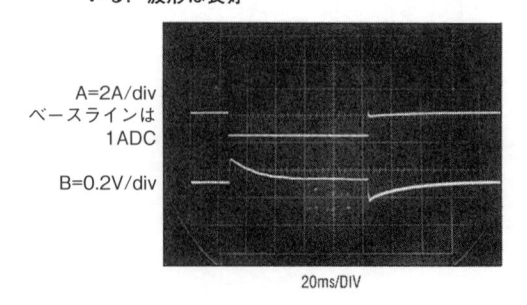

図4.17 図4.14の回路に2.5Aの負荷をつないだ状態で電源をONしたときの応答(立ち上がり特性).約2div上昇するところまでは急速に立ち上がるが,その後はゆっくり最終の安定点に収束する.波形上にサンプリングによる方形波がわずかに認められる

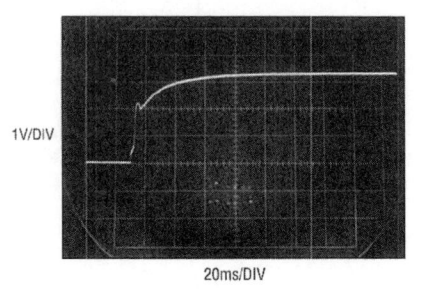

VRSの応用例

図4.18 ACラインから絶縁された5V出力のレギュレータ回路．LT4810により仮想リモート・センスが実行されている．光アイソレータで制御ループが閉じている

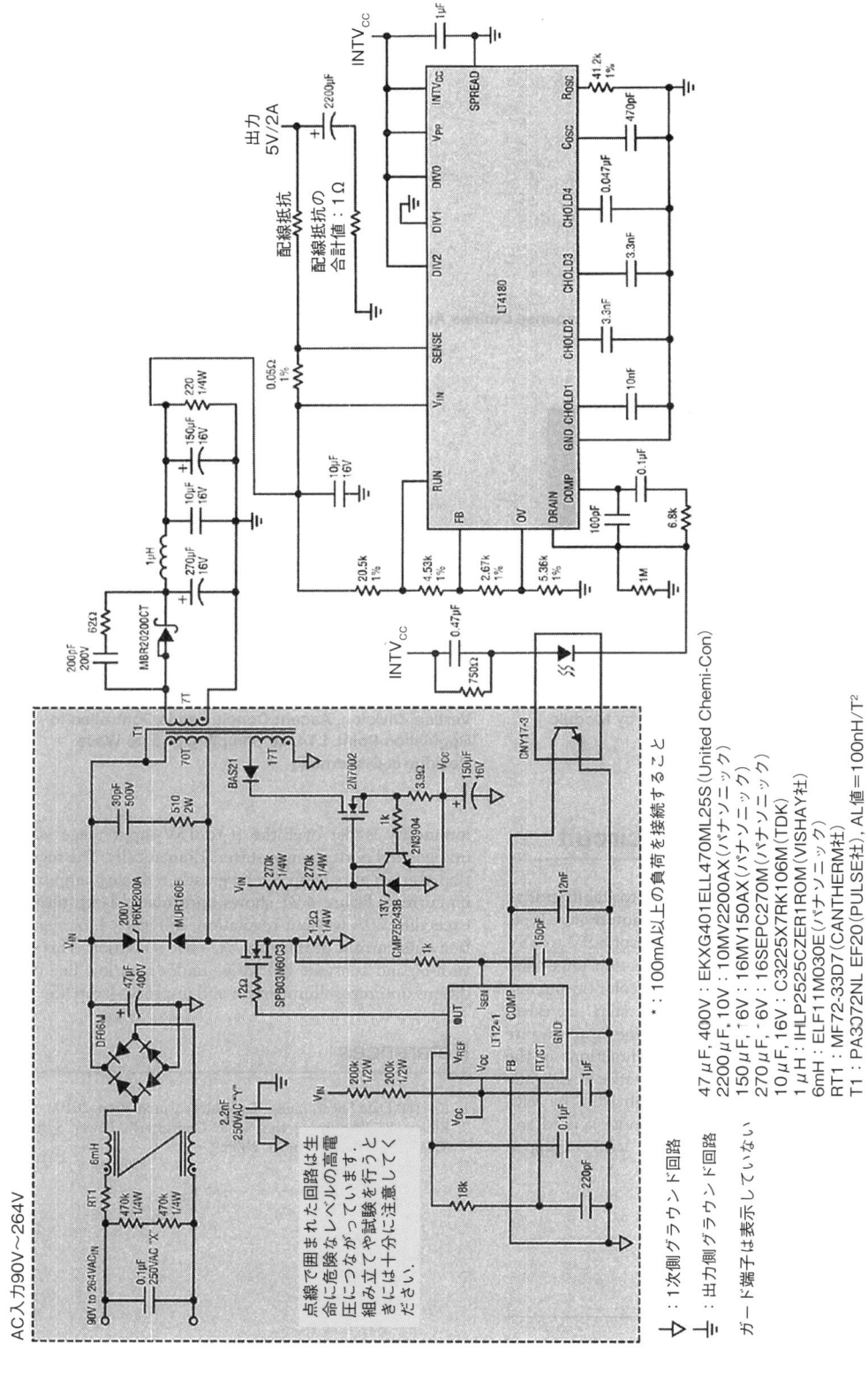

AC入力90V～264V

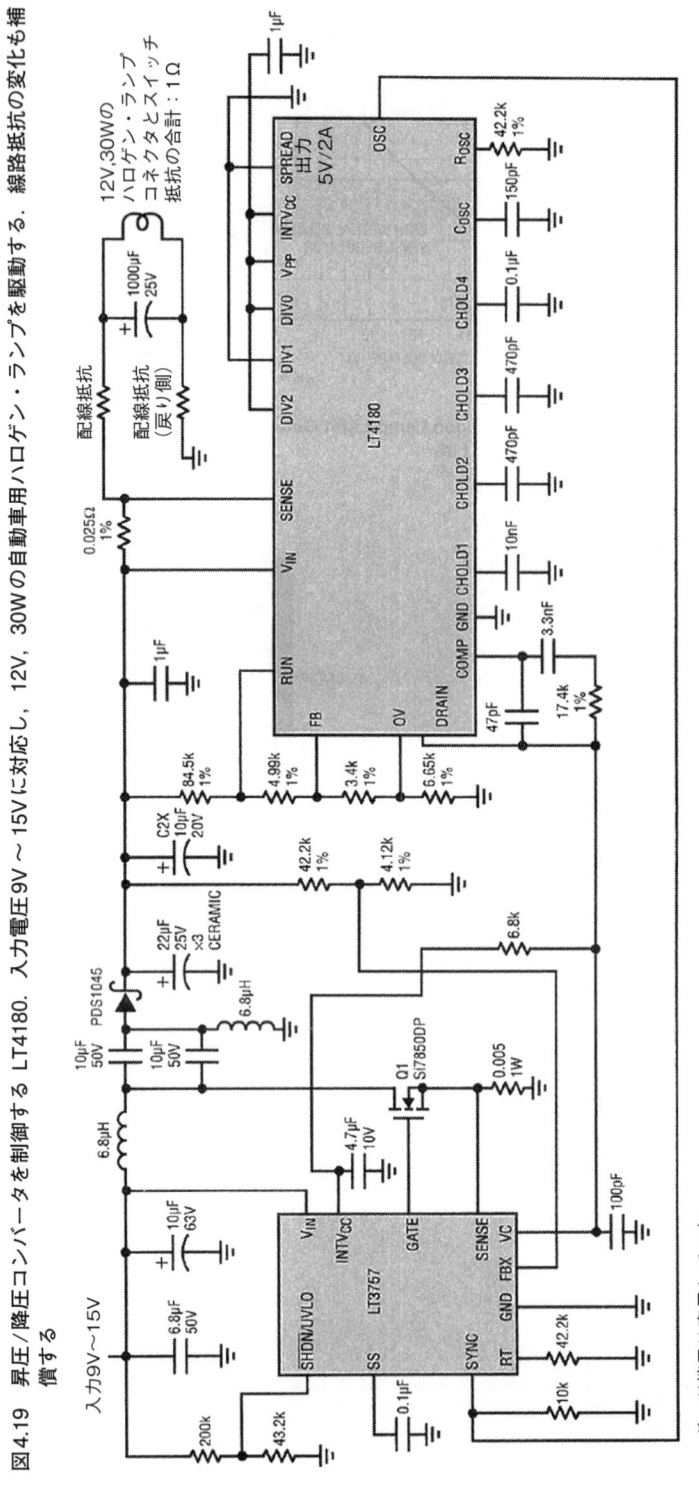

図4.19 昇圧/降圧コンバータを制御する LT4180. 入力電圧 9V～15V に対応し、12V、30W の自動車用ハロゲン・ランプを駆動する. 線路抵抗の変化を補償する

を組み込むことに希望がもてます．図4.16と図4.17を見て失望してはいけません．図4.16は図4.14の回路で負荷電流をステップ状に増加させたときの応答です．波形Aは負荷電流波形，波形Bは出力電圧の過渡応答です．過渡応答はTRIM端子の入力に対する出力電圧の過渡応答で決まりますが，波形はきれいで十分に制御されていることがわかります．図4.17は2.5Aの負荷をつないだ状態で電源をONしたときの過渡応答です．LT4180は急激な立ち上がりを防止し，出力電圧を2V付近で停止させた後，ゆっくりと最終値に達するように制御しています．定常値に落ち着いた後の出力電圧を見ると，サンプリング動作を行う方形波がわずかに認められます．

警告：これ以降の回路では，ACライン電圧や高電圧を扱っています．読者はこれらの回路製作を行うとき，試験を行うときには十分な注意を払って危険のないように作業を進めてください．繰り返します．これらの回路はACラインにつながる危険な電圧が存在します．十分な注意を払ってください．

図4.18はACラインから絶縁された絶縁型コンバータとLT4180を組み合わせた5V，2A出力のVRS機能付き電源の回路です．回路は複雑に見えますが，よく観察すると，図4.13の絶縁型コンバータを修正してACライン入力にした回路になっています．LT4180がリモート・センスを行い，光アイソレータを介してコンバータを制御して制御ループが完成しています．

● **VRS機能付きハロゲン・ランプ点灯回路**

最後の回路は図4.19のハロゲン・ランプ点灯回路です．VRS機能を組み込んで12V，30Wの自動車用ハロゲン・ランプの点灯を安定化しています．入力電圧が9V～15Vに変化し，線路抵抗やコネクタの抵抗が変化しても安定した出力を供給します．出力を安定化したことにより，発光色が一定に保たれ，ランプの寿命も長くなります．

コンバータ回路はセピック・コンバータ(SEPIC；Single Ended Primary Inductor Converter)と呼ばれる回路で，降圧／昇圧の両方の機能をもち，入力電圧が9V～15Vまで変化しても安定化された12Vの出力を供給します．VRS機能はこれまで述べてきた回路と同じです．線路の抵抗，スイッチの抵抗，コネクタの接触抵抗の影響をVRSによって除くことができます．

図4.20は，VRS付きの場合とない場合のハロゲン・ランプの光出力をプロットしたグラフです．VRS機能付きの場合は入力電圧が9V～15Vまで変化しても一定の光出力が得られますが，VRS機能がないと光出力は大きく変化します．ランプへの出力を安定化するこ

図4.20 仮想リモート・センス(VRS)を行った場合と行わない場合のハロゲン・ランプ光出力の変化
VRSにより輝度や光色が安定し，ランプの寿命も長くなる

図4.21 VRSなしではスイッチONのとき20Aを超えるラッシュ電流が流れ，ランプの寿命を縮める

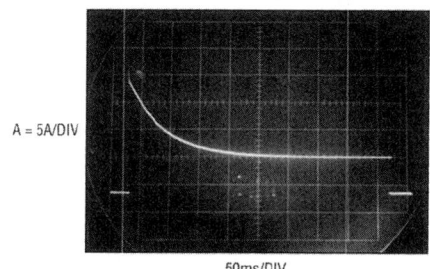

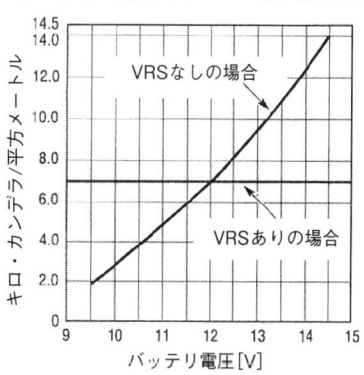

図4.22 VRS機能により線路抵抗に影響されない12Vがランプに供給され，輝度が安定になる．ラッシュ電流も抑えられるのでランプの寿命も長くなる

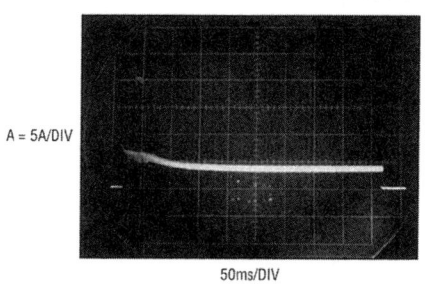

とによって点灯時のラッシュ電流を小さくできるので寿命も大幅に延長されます．図4.21はVRSがない場合，点灯時に流れる電流です．ラッシュ電流は20Aを越えています．図4.21はVRS付きの場合に点灯時に流れる電流です．ラッシュ電流は1/3以下の7Aに抑えられています．入力電圧が高くても低くても安定化された12Vの電圧を供給し，ラッシュ電流も抑えられているので，ランプの輝度が安定化され寿命も長くなります．

Appendix A　LT4180のVRS動作について

電源と負荷を結ぶ配線の電圧降下により，負荷側での電圧が大きく低下する場合があります（図4.A1）．負荷電流I_Lが増加すると配線の電圧降下（$I_L \times R_W$）が大きくなり，システムに供給される電圧（V_L）が低下します．この問題を解決するための従来手法は，リモート・センスの配線を追加して負荷側の電圧を検出し，電圧降下を補償する電源電圧（V_{OUT}）を出力して，負荷端での電圧を安定化します．この方式の動作は良好ですが，センス用に1対の配線を追加する必要があるため実用的でない場合があります．

LT4180は，仮想リモート・センス（VRS）を行い，リモート・センス配線がなくても電圧降下を補償するように制御します．仮想リモート・センスは，配線を流れる電流を増加させ，それに伴って生じる電圧の増分を測定することにより，等価的なリモート・センスを行います（図4.A2）．この測定値から配線全体のDC電圧降下を推定し，それを補償する電圧を発生させるように制御します．電源ユニットのV_{FB}端子にはVRS素子からの出力信号が接続され，負荷電圧V_Lが一定になるように厳密な制御が行われます．

図4.A3は仮想リモート・センス動作を説明するためのタイミング図です．電源ユニットとVRSを結ぶループが閉じられRegulate V_{OUT}がHになると新しい制御サイクルが開始されます．V_{OUT}とI_{OUT}が変化を始め，ある値に落ち着きます．この落ち着いたときの値をTrack $V_{OUTHIGH}$信号およびTrackI_{OUT}信号がLになったタイミングで取り込み，VRS回路で保持します．このあと帰還ループが開かれ，パワー・ユニットに測定した電流値の0.9倍の電流（$0.9 \times I_{OUT}$）を出力する命令が出され，帰還ループが再び閉じられます．V_{OUT}は下降を始め，新しい値に落ち着きます．落ち着いた時点でのV_{OUT}が取り込まれてVRS回路で保持されます．これらの測定結果から電流が10%変化したときの電圧降下（ΔV_{OUT}）が求められ，この値は次のサイクルのなかで配線の電圧降下を補償する値として使われます．

図4.A1　4線式リモート・センスを行う従来回路．動作は良好であるが，センス用の2本の配線が余分に必要

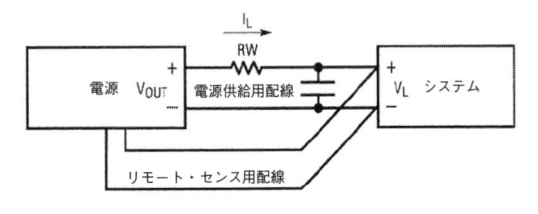

図4.A2　仮想リモート・センスによりセンス用の配線が不要になる

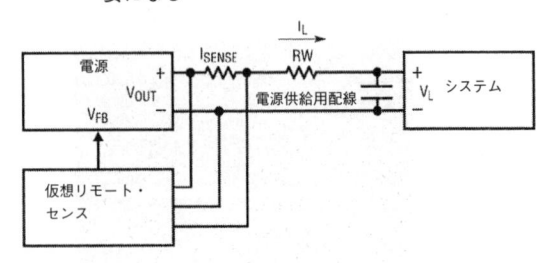

図4.A3　仮想リモート・センスの動作を説明するタイミング図．順序回路の出力に従って電源出力を設定し，測定結果を取り込む．前回の測定結果に従い，配線の電圧降下を補償した電圧を出力する

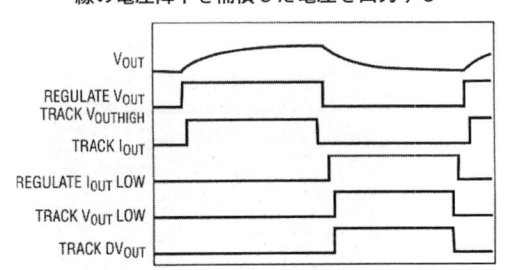

Appendix B　LT4180を使ったVRSの設計方法

　LT4180は，外部帰還端子または外部制御端子のいずれかを備えた電源やレギュレータと接続できるように設計されています．**図4.B1**では，レギュレータのエラー・アンプ（g_mアンプ，相互コンダクタンス・アンプ）の反転入力をグラウンドに接続し，アンプとしての動作を殺しますが，これによってエラー・アンプは定電流源に変わり，その出力はLT4180のDRAIN端子で制御されます．この接続によって制御ループからレギュレータのエラー・アンプが排除され，補償が簡単になり，最良のループ応答が得られます．

　制御機能を正しく動作させるため，制御端子に入力する信号と，それによって変化する出力との極性を確認する必要があります．制御端子への信号が増加したとき，出力が増加しなければなりません．電流モードのスイッチング電源では，I_{TH}端子に加える制御電圧が増加したときに電源からのピーク電流が増加する必要があります．

　絶縁型の電源やレギュレータは光アイソレータを使って制御すれば実現できます（**図4.B2**）．LT4180の$INTV_{CC}$端子から光アイソレータのLEDに電流を供給します．

　V_C端子へ供給する電圧が5Vを越えるときは，**図4.B3**のようにカスコード接続したトランジスタを追加してV_{DRAIN}の電圧より高い電圧へと変換します．この接続ではV_T（閾値電圧）の低いトランジスタを使う必要があります．

● 設計手順

　最初に，LT4180がリニア電源／レギュレータまたはスイッチング電源／レギュレータのどちらを制御するかを決めます．スイッチング電源／レギュレータを使用する場合には，OSC端子を電源のSYNC端子（またはそれに相当する端子）に接続し，電源をLT4180に同期させることを推奨します．

　電源がLT4180に同期していると，電源のスイッチング周波数は次のように求められます．

$$f_{OSC} = \frac{4}{R_{OSC} \cdot C_{OSC}}$$

R_{OSC}の推奨値は$20\text{k}\Omega \sim 100\text{k}\Omega$（$30.1\text{k}\Omega$のとき確度が最大），$C_{OSC}$は100pF以上を推奨します．$C_{OSC}$は50pFまで小さくできますが，発振回路の周波数の誤差が少し増加します．

　次の例はLT4180を250kHzのスイッチング・レギュレータに同期させるときの計算例です．
$R_{OSC} = 30.1\text{k}\Omega$として計算をしてみます．

$$C_{OSC} = \frac{4}{250\text{kHz} \times 30.1\text{k}} = 531\text{pF}$$

になりますが，標準値$C_{OSC} = 470\text{pF}$として250kHzのR_{OSC}を再計算すると，

$$R_{OSC} = \frac{4}{250\text{kHz} \times 470\text{pF}} = 34.04\text{k}\Omega$$

になります．この結果，R_{OSC}は誤差1%の抵抗器の標準値$34\text{k}\Omega$とします．

　次のステップは，実用的に見てディザの周波数（VRSを行うときの方形波の周波数）をどこまで高くできるかを求めます．これは，電源やレギュレータの応答時間，

図4.B1　レギュレータとのインターフェース（非絶縁型）

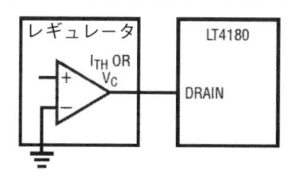

図4.B2　光アイソレータで絶縁したインターフェース

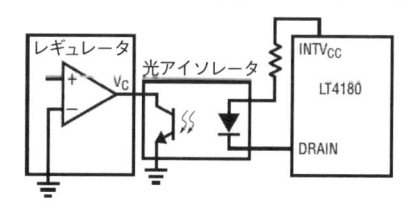

図4.B3　V_C電圧が高い場合はカスコード接続したトランジスタを使う

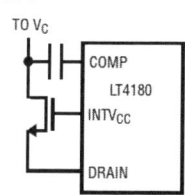

図4.B4 LT4180設計のフローチャート

```
                    スタート
                      │
        ┌─────────────┴─────────────┐
     リニア              制御する電源/        スイッチング
        │           レギュレータの種類は？         │
        │                                        │
        │                              ┌─────────┘
        │                              │ 電源を
        │                         no   │ LT4180に同期
        │          ┌───────────────────┤ させるか？
        │          │                   │
        │          │                   │ yes
        │          │                   │
        ▼          ▼                   ▼
   システムの要求が2MHz以外の      f_OSCをスイッチング
   場合を除き，f_OSC＝2MHzとする    電源の周波数とする
        │                              │
        └──────────────┬───────────────┘
                       ▼
        電源の過渡応答や電源ケーブルの伝播遅延
        時間からディザ周波数(f_DITHER)を決める
                       │
                       ▼
        分周比＝f_OSC/f_DITHERを求め，その比に近い高いほう
        の比率を分周比とする(データシートの表1を参照)
                       │
                       ▼
        選択した分周比を使い実際のディザ周波数
                (f_DITHER)を計算する
                       │
                       ▼
        実際のf_DITHERから出力コンデンサの容量，
        C_HOLD1～C_HOLD3の容量を決める．C_HOLD4は1μFにする
                       │
                       ▼
        FB端子，OV端子，RUN端子に接続する
        抵抗分圧器の定数を計算する
                       │
                       ▼
        回路を試作し，負荷をステップ状に
        変化させながら補償回路の定数を調整する．
        スペクトル拡散機能はOFFにしておく
                       │
                       ▼
        良好な過渡応答が得られるようにC_HOLD4を調整する
                       │
                       ▼
        狭帯域の干渉が予想されるときは，
        スペクトル拡散機能を試みる
                       │
                       ▼
                    設計完了
```

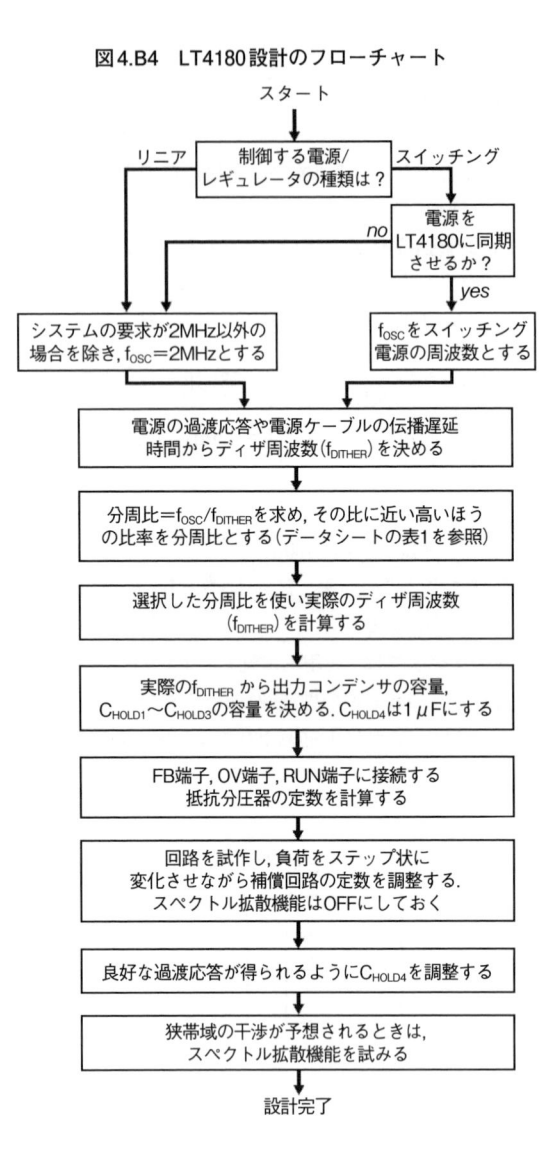

および負荷を電源やレギュレータに接続する配線の伝播時間によって制限されます．

まず，電源の(最終値の1％への)セトリング時間を決めます．セトリング時間はV_{IN}, I_{LOAD}, その他の要因を考慮したワースト・ケースの値にします．

$$F_1[\text{Hz}] = \frac{1}{2 \times t_{SETTLING}}$$

例として，電源のセトリング時間の最悪値が1msの場合は，次のようになります．

$$F_1 = \frac{1}{2 \times 1e-3} = 500\text{Hz}$$

次に，配線の伝播時間を求めます．伝送ラインの影響を無視するため，ディザ周期はこの時間の約20倍以上になるようにします．これにより，ディザ周波数は次のように制限されます．

$$F_2[\text{Hz}] = \frac{V_F}{20 \times 1.017\text{ns/ft} \times L}$$

ここで，V_Fは速度係数(つまり，伝播速度係数，波形短縮率)，Lは配線長(単位：フィート)です．

たとえば，負荷が1000フィートのCAT5ケーブル(カテゴリー5)で電源に接続されていると仮定します．公称伝播速度は真空中の速度の約70％になります．

$$F_2 = \frac{0.7}{20 \times 1.017e-9 \times 1000} = 34.4\text{kHz}$$

最大ディザ周波数は，F_1またはF_2(どちらか低いほう)を超えないようにします．

$f_{DITHER} <$ (F_1とF_2の低いほう)

この例では，ディザ周波数は(電源によって制限される)500Hz以下にします．

ディザ周波数が決まると，分周比D_{RATIO}は次の式で求められます．

$$D_{RATIO} = \frac{f_{OSC}}{f_{DITHER}} = \frac{250{,}000}{500} = 500$$

最も近い分周比は512です($\text{DIV}_0 = $"L"，$\text{DIV}_1 = \text{DIV}_2 = $"H"に設定)．この分周比から，公称ディザ周波数$f_{DITHER}$は次のようになります．

$$f_{DITHER} = \frac{f_{OSC}}{D_{RATIO}} = \frac{250{,}000}{512} = 488\text{Hz}$$

ディザ周波数が決まると，負荷に接続する出力コンデンサ(デカップリング・コンデンサ)の最小値を求めることができます．この出力コンデンサC_{LOAD}は，負荷でのディザ信号を除去するのに十分な大きさにする必要があります．

$$C_{LOAD} = \frac{2.2}{R_{WIRE} \cdot 2 \cdot f_{DITHER}}$$

ここで，C_{LOAD}は出力コンデンサの容量の最小値，R_{WIRE}は配線ペア片側の導体抵抗の最小値，f_{DITHER}はディザ周波数の最小値です．

この例では，CAT5ケーブルには最大9.38Ω/100mの導体抵抗があります．

最大配線抵抗R_{WIRE}は次のようになります．

$R_{WIRE} = 2 \times 1000\text{ft} \times 0.305\text{m/ft} \times 0.0938\Omega/\text{m}$
$\qquad = 57.2\Omega$

発振器の許容誤差が±15％のとき，最小ディザ周波数は414.8Hzになるので，出力コンデンサの最小値は次

のようになります．

$$C_{LOAD} = \frac{2.2}{57.2\,\Omega \times 2 \times 414.8\text{Hz}} = 46.36\,\mu\text{F}$$

これは最小値です．実際は，初期許容誤差，電圧係数および温度係数，経時変化など，すべての要因を考慮した値を選択します．

● C_{HOLD} コンデンサの選択と過渡応答の補償

ディザ周波数が決まると，C_{HOLD} の値は次式で求められます．

$$C_{HOLD1} = \frac{11.9\text{nF}}{f_{DITHER}\,[\text{kHz}]}$$

$$C_{HOLD2} = C_{HOLD3} = \frac{2.5\text{nF}}{f_{DITHER}\,[\text{kHz}]}$$

ディザ周波数を488Hzとすると次のようになります．

$$C_{HOLD1} = \frac{11.9\text{nF}}{0.488\,[\text{kHz}]} = 24.4\text{nF}$$

$$C_{HOLD2} = C_{HOLD3} = \frac{2.5\text{nF}}{0.488\,[\text{kHz}]} = 5.12\text{nF}$$

HOLDコンデンサには，温度係数の小さいNPOセラミック・コンデンサか，漏れ電流が小さく誘電吸収の小さいコンデンサを使用します．

C_{HOLD4} は $1\,\mu\text{F}$ に設定しておきます（この値は後で調整する）．

● 過渡応答の補償

LT4180のCOMP端子とDRAIN端子の間に47pFのコンデンサを接続することから始めます．47pFのコンデンサと並列に，R と C を直列に接続した回路を接続します．10kΩと10nFが出発点として最適な値です．無負荷時に出力電圧が希望のレベルに安定化されることを確認したら，負荷電流をステップ状に100％まで増加させ，V_{OUT} の方形波が丸みをもち，オーバーシュートやリンギングが認められないことを確認します（図4.16と似た波形）．オーバーシュートやリンギングが認められる場合は抵抗値を下げ，それらがなくなるようにします．

オーバーシュートやリンギングが認められない場合は抵抗値を上げ，それらが認められるようにした後，抵抗値を少しだけ下げてオーバーシュートやリンギングをなくします．

次に負荷の全領域において，出力電圧の補正が適切か，レギュレータのスタート動作，レギュレーション動作が適切かを確認します．また，必要なら補償コンデンサの値を小さくしてこの確認作業を繰り返します．C_{HOLD4} の値を小さくし，V_{OUT} が少しだけ不安定になることを確認した後，C_{HOLD4} の値を少しだけ増やしておきます．

● 出力電圧，低電圧閾値，過電圧閾値の設定

RUN端子の電圧を設定することにより，仮想リモート・センス動作を開始するときの上昇時の閾値，下降時の閾値を高精度に設定できます．低電圧閾値はLT4180の最小動作電圧（3.1V）以下には設定しないでください．

過電圧閾値は，電源やレギュレータによって生成される最大電圧よりわずかに高い値に設定します．

$$V_{OUT\,(MAX)} = V_{LOAD\,(MAX)} + V_{WIRE\,(MAX)}$$

$V_{OUT\,(MAX)}$ は $1.5 \times V_{LOAD}$ を越えないようにします．

RUN端子とOV端子はMOSFET入力のコンパレータに接続されていて，入力バイアス電流は無視できるため，共通の分圧器を使って両方の閾値を設定することができます（図4.B5）．

分圧器の抵抗は次式を使って計算することができます．

$$R_T = \frac{V_{OV}}{200\,\mu\text{A}}, \quad R_4 = \frac{1.22\text{V}}{200\,\mu\text{A}}$$

ここで，R_T は分圧器の合計抵抗，V_{OV} は過電圧の設定ポイントです．

R_2 と R_3 の等価直列抵抗（R_{SERIES}）を求めます．この抵抗によってRUN端子の電圧が決まります．

$$R_{SERIES} = \frac{1.22 \times R_T}{V_{UVL}} - R_4$$

$$R_1 = R_T - R_{SERIES} - R_4$$

図4.B5 UVLおよびOVLを決める抵抗分圧回路の計算

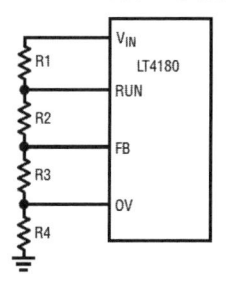

$$R_3 = \frac{1.22\text{V} - V_{OUT(NOM)}\dfrac{R_4}{R_T}}{\dfrac{V_{OUT(NOM)}}{R_T}}$$

$$R_2 = R_{SERIES} - R_3$$

ここで，V_{UVL}はRUN電圧，$V_{OUT(NOM)}$は必要な公称出力電圧です．

たとえば，$V_{UVL} = 4\text{V}$，$V_{OV} = 7.5\text{V}$および$V_{OUT(NOM)} = 5\text{V}$では以下のようになります．

$$R_T = \frac{7.5\text{V}}{200\mu\text{A}} = 37.5\text{k}\Omega$$

$$R_4 = \frac{1.22\text{V}}{200\mu\text{A}} = 6.1\text{k}\Omega$$

$$R_{SERIES} = \frac{1.22 \times 37.5\text{k}}{4\text{V}} - 6.1\text{k} = 5.34\text{k}\Omega$$

$$R_1 = 37.5\text{k} - 5.34\text{k} - 6.1\text{k} = 26.06\text{k}\Omega$$

$$R_3 = \frac{1.22\text{V} - 5\text{V} \times 6.1\text{k}/37.5\text{k}}{5\text{V}/37.5\text{k}} = 3.05\text{k}\Omega$$

$$R_2 = R_{SERIES} - R_3 = 2.29\text{k}\Omega$$

● R_{SENSE}の選択

最大負荷電流で100mVの電圧降下を生じるようにR_{SENSE}の値を選択します．精度を高めるために，V_{IN}とSENSE端子をこの抵抗とケルビン接続します（訳者註：R_{SENSE}抵抗の根元から独立した配線でV_{IN}とSENSE端子へ接続する）．

● ソフト補正動作

LT4180には，穏やかに起動させるソフト補正機能が備えられています（**図4.B6**）．RUN端子が上昇を始め，閾値を最初に越える（つまり，V_{IN}が低電圧ロックアウト閾値を越える）とき，電源の出力電圧は，配線での電圧降下がゼロに相当する値（配線に対する補正なし）に設定されます．この後，C_{HOLD4}によって決まる時間の間は，電源の出力電圧が直線的に上昇しながら配線での電圧降下を補償し，最終値では最高の電圧レギュレーションが達成されます．過電圧状態が生じるときも，ソフト補正サイクルが開始されます．

● ガード・リングの使用

LT4180は，VRS（仮想リモート・センス）経路に合計4個のトラック/ホールド・アンプを備えています．最高の精度を得るためには，C_{HOLD}端子のリーク電流を最小に抑えなければなりません．ディザ周波数が非常に低いときは，回路基板のレイアウトにガード・リングを組み込むことができ，それぞれのガード・リング・ドライバに接続します．

ガード・リングの目的をよく理解するために，ホールド・コンデンサのリーク電流の簡略モデル（ガード・リングあり/なし）を**図4.B7**に示します．ガード・リングがないと，ホールド・コンデンサ（ピン1）端子と隣接する導体（ピン2）の間に大きな電圧差が生じることがあり，その場合はリーク抵抗（R_{LKG}）によって大きなリーク電流が流れます．ホールド・コンデンサの端子電圧とほぼ等しい電圧のガード・リング・ドライバを追加することにより，R_{LKG1}両端の電圧差を減少させ，ホールド・コンデンサのリーク電流を減らします．

図4.B6 電源投入時には緩やかな補正動作を行う（$C_{HOLD4} = 1\mu\text{F}$）

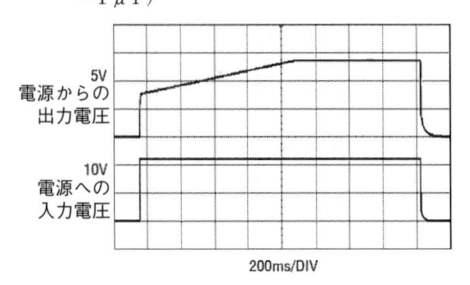

図4.B7 漏れ電流が発生する要因（ガード・リングがない場合とある場合）

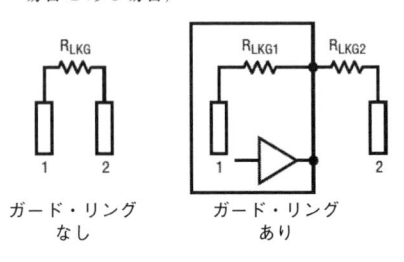

図4.B8 レギュレータと同期をとるためのインターフェース

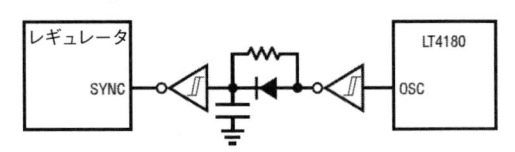

● 同期

LT4180は，リニア方式やスイッチング方式の電源やレギュレータのどれでも制御することができます．ほとんどのアプリケーションではレギュレータとLT4180の干渉を無視できます．

干渉による影響を受けやすいアプリケーションのために，スイッチング電源をLT4180に同期させるための発振器出力が備えられています（図4.B8）．OSC端子は，大部分のレギュレータに直接接続できますし，（絶縁型電源用の）光アイソレータをドライブすることもできるように設計されています．

● スペクトル拡散動作

仮想リモート・センス機能はサンプリング手法に依存しています．スイッチング電源を制御することが多いため，LT4180にはディザ周波数と電源のスイッチング周波数の間で生じるビートによる干渉を最小限にできるよう，さまざまな手法を用意しています．数種の内部フィルタを内蔵すること，電源同期のオプションのほか，LT4180はスペクトル拡散動作も備えています．

スペクトル拡散機能を動作させると，仮想リモート・センスのタイミング調整に低変調指数の擬似ランダム位相制御が使用されます．これにより，除去できなかった狭帯域の干渉成分を広帯域ノイズへと変換し，その影響を低減します．

● 電圧補正範囲の拡大

$INTV_{CC}$を5Vに安定化することにより，補正範囲をわずかに拡大することができます．これはV_{IN}と$INTV_{CC}$端子間にLDO（ロー・ドロップアウト）レギュレータを設置することによって実行できます．

詳細についてはリニアテクノロジー社，または代理店に問い合わせてください．

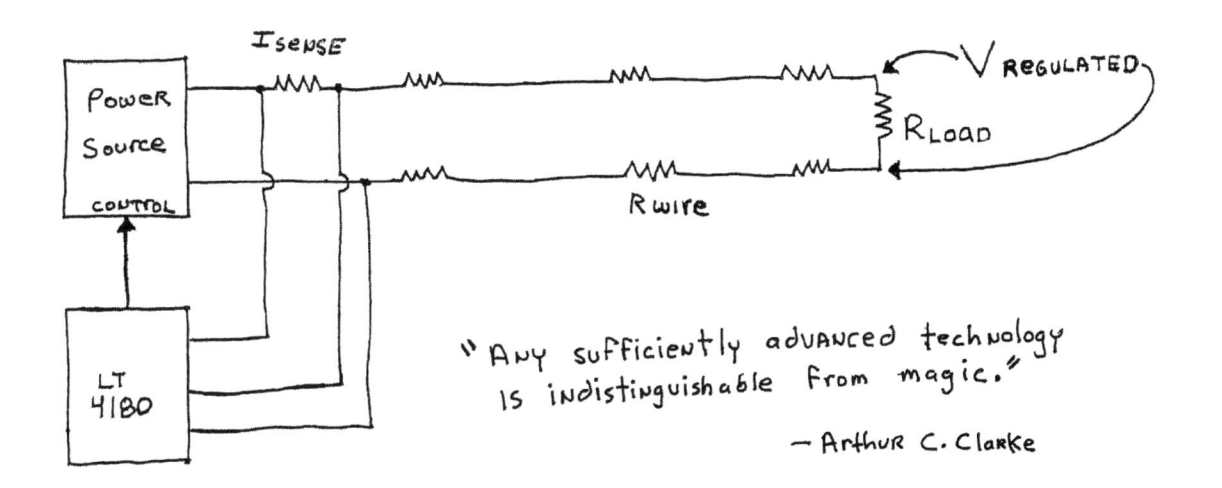

"Any sufficiently advanced technology is indistinguishable from magic."

— Arthur C. Clarke

第2部

スイッチング・レギュレータの設計

第5章　LT1070デザイン・マニュアル

　この設計マニュアルは，LT1070を使ったバック，ブースト，フライバック，フォワード，反転，そして"Ćuk"といったあらゆる標準的なスイッチング状況について詳しく検討したものです．この設計マニュアルは，LT1070と合わせて使用する外部部品や部品の数値を計算するための完全な数式など，LT1070に関する広範囲にわたる情報を含んでいます．

第6章　詩人のためのスイッチング・レギュレータ

　サブタイトルの「心配無用のやさしい手引き」にあるように，本章はスイッチング・レギュレータ設計のチュートリアルです．本文を理解するには，スイッチング・レギュレータを設計した経験は不要であり，数式も含んでおらず，記述されている回路を構築するためにインダクタを組み立てる必要もありません．設計例では，フライバック，絶縁型通信，オフライン，その他について詳しく説明しています．Appendixでは，部品についての考察や動作する回路を開発するための計測技術と工程なども説明しています．

第7章　ステップダウン型スイッチング・レギュレータ

　本章では，簡単に使用できるステップダウン・レギュレータICであるLT1074について検討しています．基本的な考え方と回路例は，より洗練されたアプリケーションに沿って記述しました．6つのAppendixでは，LT1074の内部回路の詳細，インダクタとディスクリート部品の選択，電流測定技術，効率の考察，その他について説明しています．

第8章　出力ノイズが100μVのモノリシック・スイッチング・レギュレータ

　本章では，低ノイズ・スイッチング・レギュレータLT1533について，回路とアプリケーションを詳しく考察しています．11種類のDC-DCコンバータ回路を示し，そのいくつかは100MHzの帯域において100μV以下の出力ノイズになっています．チュートリアル・セクションでは，低ノイズDC-DCコンバータの設計，測定，プロービングとレイアウト・テクニック，磁性体の選択などについて説明しています．

第9章　高集積DC-DC μModuleレギュレータ・システムを使った，複雑なFPGAベースのシステムへの給電（パート1）──回路と電気的性能

　あるシステム設計者との最近の議論の中で，彼の電源は1.5Vに安定させることと4個のFPGAからなる負荷に対し40A以上の電流を供給することが求められたそうです．これは60W以上の電力であり，冷却のために空気が常に流れるようにもっとも低い高さで小さな面積に配置しなければなりません．電源は，表面実装可能でなければならず，熱の浪費を最小化する十分な効率で動作しなければなりません．彼はまた，より複雑な仕事に取り掛かることができる時間を確保できるよう，もっとも簡単なソリューションを求めていました．このソリューションは，周辺の回路やICがオーバヒートしないように，速くDCからDCに変換する間に熱を生成させないようにしなければなりません．そのようなソリューションは，下記の基準に合わせた革新的な設計が要求されます．

(1) 効果的な空気の流れを確保し，周囲にあるICの陰になって熱が妨げられないように高さが非常に低いこと
(2) 熱の浪費を最小にする高い効率であること
(3) ホット・スポットを排除し，必要なヒート・シンクを最少化または不要にする，熱を均等に分散する電流分担能力をもつこと
(4) DC-DCコントローラ，MOSFET，インダクタ，コンデンサ，速く簡単なソリューションのための位相補償回路を内蔵した表面実装パッケージの完全なDC-DC変換回路であること

第10章 高集積DC-DC μModuleレギュレータ・システムを使った，複雑なFPGAベースのシステムへの給電
（パート2）──熱性能とレイアウト

　第9章において，4個のFPGA回路の設計のために，コンパクトで高さの低い48A/1.5V DC-DCレギュレータの回路と電気的性能を検討しました．新しいアプローチは，それぞれのデバイス間で等しく電流を分担するようにして，出力電流を増やすために4個のμModuleレギュレータを並列に使用します．このソリューションは，コンパクトな表面積の上で熱を均等に分散させることによってホット・スポットを防ぐ，μModuleレギュレータの正確な電流分担に依存しています．それぞれのμModuleレギュレータは，オンボードのインダクタ，DC-DCコントローラ，MOSFET，位相補償回路と入出力バイパス・コンデンサを含んだ完全な電源です．このデバイスは，ボード面積がわずか15mm×15mmを占めるだけであり，わずか2.8mmという高さしかありません．この高さにより，空気が回路全体をスムースに流れるようになります．さらに，周囲の部品の陰になって熱を妨げることもありません．

第11章 ダイオードのターン・オン時間によって誘起されるスイッチング・レギュレータの動作不良

　ほとんどの回路設計者は，電荷を蓄積し，電圧がキャパシタンスや逆回復時間に依存するようなダイオードの動特性には慣れています．一般的に，知識があまりなく製造メーカの仕様にもないのは，ダイオードの順方向ターン・オン時間です．このパラメータは，ダイオードが順方向電圧降下でターン・オンし，クランプするために必要な時間を示すものです．歴史的に，ナノセコンドの単位であるこの非常に短い時間は，ユーザやベンダが皆同様に無視してきたほど，あまりに小さい数値です．まれに議論されましたが，ほとんど仕様にされませんでした．最近になって，スイッチング・レギュレータのクロック速度と遷移時間が速くなったため，ダイオードの順方向ターン・オン時間が重要な問題になっています．

第5章
LT1070デザイン・マニュアル

Carl Nelson

3端子モノリシック・リニア電圧レギュレータは，ほぼ20年前に登場し，さまざまな理由から瞬く間に普及しました．特に，当時は優れたリニア電圧レギュレータを設計できるエンジニアがあまりいませんでした．またこの新型デバイスは使いやすく安価でした．現在，一般的に語られている「エキスパート・システム」の名称とおり，設計者の知識がシリコンの形でふんだんに埋め込まれています．このような長所によって，レギュレータはディスクリート部品や初期のモノリシック構成ブロックをすぐに駆逐して市場を支配しました．

さらに最近では，スイッチング方式のレギュレータに対する関心が増加しています．高効率で小型のスイッチング・レギュレータは，全体的なパッケージ・サイズの縮小に伴ってさらに魅力的になっています．あいにく，スイッチング・レギュレータは設計が最も困難なリニア回路のひとつでもあります．不可解なモード，突然の故障，独特なレギュレーション特性，そして破壊などは，スイッチング・レギュレータを設計しているときよくある出来事です．

大部分のスイッチング・レギュレータICは複数の構成ブロックです．多くのディスクリート部品が必要であり，またユーザ側に十分な専門的知識があることが前提となっています．新型デバイスにはダイ上にパワー・スイッチを搭載したものもありますが，応用にはまだかなりの技術力が必要です．そして，メーカからの充実した実用的なアプリケーション文献のサポートが大幅に不足していました．

これらの検討事項は，最初の3端子モノリシック・レギュレータが登場したときのリニア・レギュレータ・デザインの状況を連想させます．この歴史的な教訓をもって，LT1070 5端子スイッチング・レギュレータは使いやすさと経済性を追求して設計されました．ユーザにはスイッチング・レギュレータの設計についての特別な知識は必要なく，また多様性に優れているので，広く普及しているあらゆるスイッチング・レギュレータ構成に使用できます．ユーザの利益を最大にするために，このデバイスには多大なアプリケーションの成果が盛り込まれています．本アプリケーション・ノートは，直接デバイスの動作を検討する資料としてはもとより，補助的なチュートリアルとしても役立ちます．「必要に応じて」使用することを意図したものです．必要な機能を早く実現したい場合は，説明の多くは無視することができ，ブレッドボード組み立ての成功率も高くなっています．より専門的に学習したい読者は，より慎重に資料を熟読する道を選べます．どちらの方法も有効であり，本アプリケーション・ノートは両方とも満足します．

- Jim Williams

補足

● LT1070の小型バージョン

このアプリケーション・ノート(AN19)が作成されて以降，LT1070の新バージョンがいくつか開発されました．LT1071とLT1072は，スイッチ電流定格がそれぞれ2.5Aと1.25Aであることを除いてLT1070と同一です．スイッチ電流が低い設計では，これらの小型チップを利用すればコスト削減を図ることができます．LT1071とLT1072の設計に用いる計算式は，以下の点を除いてLT1070と同一です．

ピーク・スイッチ電流(I_P)	= 5A	LT1070
	= 2.5A	LT1071
	= 1.25A	LT1072
スイッチ「オン」抵抗(R)	≈ 0.2 Ω	LT1070
	≈ 0.4 Ω	LT1071

	≈ 0.8 Ω	LT1072
スイッチ電流に対するV_Cピンの	≈ 8A/V	LT1070
トランスコンダクタンス	≈ 4A/V	LT1071
	≈ 2A/V	LT1072

また，1989年の第2四半期にはLT1070/LT1071/LT1072の100kHzバージョンが供給されます．

● インダクタンスの計算

AN19の読者からのフィードバックでは，インダクタンス値を計算するためのΔIの使い方に不明点があることがわかりました．ΔIはスイッチ「オン」時間中のインダクタまたは一次電流の変化です．推奨値はLT1070スイッチのピーク電流定格（5A）の約20%，あるいは平均インダクタ電流の20%の場合もあります．この20%の経験則は，所定のスイッチ電流定格に対して，ほぼ最大出力電力が得られる値です．最大出力電力が必要ない場合は，ΔIの増加を許せば，より小さなインダクタ/トランスを使用することができます．設計方法は，$L = \infty$でAN19に記載されている式を使用してピーク・インダクタ/スイッチ電流（I_P）を計算します．

次に，この電流をピーク・スイッチ電流と比較してください．この差がΔIに許容できる「余裕」です．

$$\Delta I_{MAX} = 2(I_{SWITCH(PEAK)} - I_P)$$

この式では連続モード動作を仮定しています．この式で計算したΔIがI_Pを上回る場合は，インダクタンスをさらに減らして不連続モード動作にすることが可能です．不連続モードではより高いスイッチ電流が必要です．AN19のすべてのトポロジーがこのモードの設計等式を示しているわけではありませんが，非常に低い出力電力に対して，またはインダクタ/トランスのサイズの要求が厳しい場合は検討しなければなりません．完全絶縁型フライバックを除く，すべてのトポロジーで，不連続モードは良好に動作します．不連続モードの欠点は，出力リプルが高く，効率がわずかに低いことです．

例1：$V_{IN} = -24V$，$V_{OUT} = -5V$，$I_{OUT} = 1.5A$の負降圧コンバータの場合

$$I_P = I_{OUT} + \frac{(V_{IN} - V_{OUT})V_{OUT}}{2 \cdot V_{IN} \cdot f \cdot (L \approx \infty)} = I_{OUT} = 1.5A \quad (37)$$

$$\Delta I_{MAX} = 2(I_{SW} - I_P)$$
$$= 2(5 - 1.5) = 7A \text{ (LT1070)}$$
$$= 2(2.5 - 1.5) = 2A \text{ (LT1071)}$$
$$= 2(1.25 - 1.5) - \text{N.A. (LT1072)}$$

LT1072では小さ過ぎるので（$I_P > I_{SW}$），最大ΔIが2AのLT1071を選択します．控え目な実際のΔIとしては1Aを選びます．これにより，効率損失の余裕と部品値のバラツキが許容されます．式(37)を使用して：

$$L = \frac{(V_{IN} - V_{OUT})V_{OUT}}{V_{IN} \cdot \Delta I \cdot f} = \frac{(24-5)5}{24 \cdot 1 \cdot 40k} = 99\mu H$$

例2：$V_{IN} = 6V$，$V_{OUT} = \pm 15V/35mA$，および5V/0.2A，$N = 0.4$（一次対5V二次）のフライバック・コンバータの場合．計算のために，全体の出力電力2.05Wは5V二次を基準にしており，N (0.4)，V_{OUT} (5V) および$I_{OUT} = 0.41A$に対して一つの値を生じます．

● 式（73）を使用して

$$I_P = \frac{I_{OUT}}{E}\left(\frac{V_{OUT}}{V_{IN}} + N\right) + \frac{V_{IN} \cdot V_{OUT}}{2 \cdot f(V_{OUT} + NV_{IN})(L = \infty)}$$
$$= \frac{0.41A}{0.75}\left(\frac{5V}{6V} + 0.4\right) = 0.674A$$

LT1072はこの電流を扱うのに十分であり，ΔI_{MAX}は次式のとおりです．

$$\Delta I_{MAX} = 2(1.25A - 0.674A) = 1.15A$$

ΔIに控えめな値0.7Aを使用します（これはLT1072の最大スイッチ電流1.25Aの56%であり，20%ではないことに注意してください）．また式(71)を使用すると，以下のようになります．

$$L = \frac{V_{IN} \cdot V_{OUT}}{\Delta I \cdot f(V_{OUT} + NV_{IN})} = \frac{6 \cdot 5}{0.7 \cdot 40k \cdot (5 + 0.4 \cdot 6)} = 145\mu H$$

● 磁気部品の保護

LT1070の設計者の第二の問題は，過負荷または短絡状態での磁気部品の保護です．物理サイズの制約により，LT1070の最大電流制限値を処理するように規定されていないインダクタやトランスが必要なこともよくあります．この問題には，いくつかの方法で対処することができます．

(1) 最大負荷電流条件が許せば，LT1071またはLT1072を使用します．
(2) LT1070の電流制限は温度が高いと低下することを利用します．古いデータシートに記載されてい

るワースト・ケースの電流制限値は，一つの仕様で両極端の温度を許容しています．新しいデータシートでは，25℃またはそれ以上の温度に対して，LT1070で10A，LT1071で5A，LT1072で2.5Aの最大電流が規定されています．最初のデータシートが印刷されて以降，LT1070の電流制限の温度依存性は大幅に改善されたことをご確認ください．古い値は−0.3%/℃以上ですが，新しい値は−0.1%/℃以下です．新しいデータシートの電流制限グラフは，改善された特性を反映しています．

(3) メーカの仕様に対してインダクタ/トランス電流を制限する必要があるかどうか再検討します．多くのケースでは最大電流定格は，コアの飽和を配慮して決定されます．コアを飽和させてもコアには無害です．材質の特性が永久に変化するほど温度が上昇した場合にのみ，コアや巻き線の損傷が生じます．コアの飽和は電流が「暴走」してスイッチやダイオードを破壊するため，従来式のスイッチャにとって「致命的」と考えられていました．LT1070は瞬時的なサイクルごとに電流を制限し，著しくオーバドライブされたコアでも電流の「暴走」を防止します．主な考慮事項は，巻き線電流（I^2R）の加熱の影響です．短絡状態では，インダクタの巻き線電流はLT1070の電流制限値でほぼ一定しています．トランスの二次巻き線電流は，LT1070の電流制限の$1/N$倍でほぼ一定です．これはコアが深く飽和しないと仮定しています．電流制限値よりかなり下でコアが飽和する場合，巻き線の実効電流は電流制限値より相当低い値になります．この複雑な状況を解消する最良の方法は，熱電対を使って過負荷状態でのコア/巻き線温度を実際に測定することです．熱電対はピーク温度を反映させるために，巻き線やコアにできる限り深く「挿し込む」必要があります．スイッチングによって発生する磁界と電界は，熱電対メータに悪影響を与える可能性があります．これが起こった場合は，定期的に電源を切って温度をチェックしてください．性能仕様ではなく，判断基準として永久的な損傷を伴うピーク許容温度の決定については，磁気部品メーカにご相談ください．主な故障モードは絶縁の溶融に起因する巻き線の短絡です．ほとんどのメーカが高温絶縁を提供しています．

● **新しいスイッチ電流の仕様**

LT1070はデューティ・サイクル50%以下に対しては，5Aのピーク・スイッチ電流で規定されていました．また，これより高いデューティ・サイクルでは，ピーク電流は4Aに制限されていました．多くの設計がデューティ・サイクル50%付近で動作し，可能な最大出力電力を要求するため，このデューティ・サイクル50%での仕様の極端な変更は頭の痛い問題でした．

この問題を解決するために，新しいデータシートのスイッチ電流制限は，デューティ・サイクル50%での5Aからデューティ・サイクル80%での4Aに直線的に減少する関数として規定されます．LT1071とLT1072もこの方法で規定されることになります．

● **高い電源電圧**

LT1070の多くのアプリケーションで，最大入力電圧が40Vを超えることが多くなってきました．単純な方法は，60Vで規定される「HV」デバイスを使用することですが，場合によっては図5.Aに示すように，単にツェナー・ダイオードで電源電圧を下げて，安価な標準品を使用することもできます．LT1070が動作するのに電源ピン（V_{IN}）には数ボルトしか必要ないため，ほとんどの場合このツェナーによって非安定入力電圧範囲が変わることはありません．ツェナーの消費電力は$I_Z \approx 6\text{mA} + I_{SW}(0.0015 + DC/40)$から計算することができます．

I_{SW}：「オン」時間中のLT1070の平均スイッチ電流
DC：デューティ・サイクル

$I_{SW} = 4\text{A}$，$DC = 30\%$の場合，$I_Z = 42\text{mA}$になります．

20Vツェナーは20V × 42mA = 0.84Wを消費します．この電力はいずれにせよLT1070で消費されるので効

図5.A ツェナー・ダイオードで電源電圧を下げる

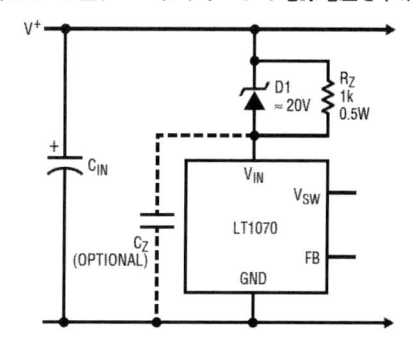

率の低下はありません．

抵抗（R_Z）は起動に必要です．これがないと，V_{IN}ピンがスイッチ・ピンに対して16V以上負になり，ラッチオフ状態になります．LT1070がスイッチングを行っておらず，FBピンが0.5V以下の場合，LT1070は「絶縁型フライバック」モードになり，V_{IN}，V_{SW}間の電圧に安定化しようとします．この電圧が16Vを超えると，レギュレータはデューティ・サイクルをゼロに下げて，永久的に「スイッチングしない」状態になります．R_ZはV_{IN}ピンの電圧を高くして起動を開始させます．この状態のときにはたとえV_{IN}からグラウンド・ピンまでの電圧が40Vを超えたとしても，R_Zが大きいため有害な電流が流れないのでユーザは気にする必要はありません．

C_Zには多少注意する必要があります．LT1070はV_{IN}ピンのノイズやリプルには非常に耐性がありますが，アプリケーションによってはC_Zが必要です．問題は，電源が投入されたときにD_1がC_Zを充電しなければならないことです．電源が急激に立ち上がるので，D_1が1サイクルのサージ定格を超える可能性があります．

● 不連続「発振」（リンギング）

多くの顧客からスイッチ「オフ」時間の一部で，スイッチ・ピンで起こる発振について調査依頼がありました．これは発振ではありません．これはインダクタまたはトランスの一次側でのゼロ電流状態への遷移に起因する減衰リンギングです．

軽負荷時または低インダクタンス値では，スイッチ・オフ時間中にインダクタ電流はゼロに落ちます．これによって，インダクタ電圧がゼロに向かって低下していきます．ただし，そうすることでエネルギーがスイッチ，インダクタ，およびキャッチ・ダイオードの寄生容量からインダクタに戻されます．インダクタと容量が並列共振タンク回路を形成しており，これが「リンギング」します．

ピーク振幅がスイッチ・ピンで負電圧にならない限り，このリンギングは有害ではありません．必要な場合は，標準で100Ω～1kΩおよび500pF～5000pFの直列R/Cダンパをインダクタ/一次巻き線と並列に接続して減衰させることができます．標準的なリンギング周波数は100kHz～1MHzです．

LT1070の動作

LT1070は電流モード・スイッチャです．したがって，スイッチのデューティ・サイクルは，出力電圧ではなくスイッチ電流で直接制御されます．スイッチは発振器サイクルが開始するたびにターン「オン」します（**図5.1**参照）．スイッチは電流があらかじめ設定されたレベルに達するとターン「オフ」します．

出力電圧の制御は，電圧感知用誤差アンプの出力を使用して電流のトリップ・レベルを設定することによって行われます．この手法にはいくつかの利点があります．まず，ライン過渡応答が非常に遅い従来のスイッチとは異なり，入力電圧の変動に即時に応答します．次にエネルギー蓄積インダクタでの中域周波数における90°の位相シフトが減少します．このため入力電圧または出力負荷が大きく変動する状態での閉ループ周波数補償が大幅に簡素化されます．最後に，パルス単位の電流制限が容易なため出力過負荷または短絡状態で最大限スイッチの保護が可能です．

低ドロップアウトの内部レギュレータは，LT1070のすべての内部回路に2.3V電源を供給しています．ドロップアウトが低く設計されているため，入力電圧を3Vから60Vまで変化させても，デバイス性能が変わることはありません．

40kHz発振器はすべての内部タイミングの基本クロックです．ロジック回路およびドライバ回路を通して，出力スイッチをターン「オン」します．特別な適応型アンチSAT回路がパワー・スイッチの飽和の開始を検出し，瞬時にドライバ電流を調整してスイッチの飽和状態を制限します．これによって消費電力が最小限に抑えられ，スイッチは非常に高速でターン・オフします．

1.2Vバンドギャップ・リファレンスは誤差アンプの非反転入力をバイアスします．反転入力は出力電圧を感知するためにピン（FB）に引き出されています．この帰還ピンは，外付け抵抗で"L"にすると，メイン誤差アンプ出力を切り離し，フライバック・アンプ出力をコンパレータ入力に接続するという，2次的な機能をもっています．この状態でLT1070は電源電圧を基準にしてフライバック・パルス値を調整します．このフライバック・パルスは，通常のトランス結合されたフライバック型レギュレータでは出力電圧に正比例します．フライバック・パルスの振幅を調整すると，入力

図5.1　ブロック図

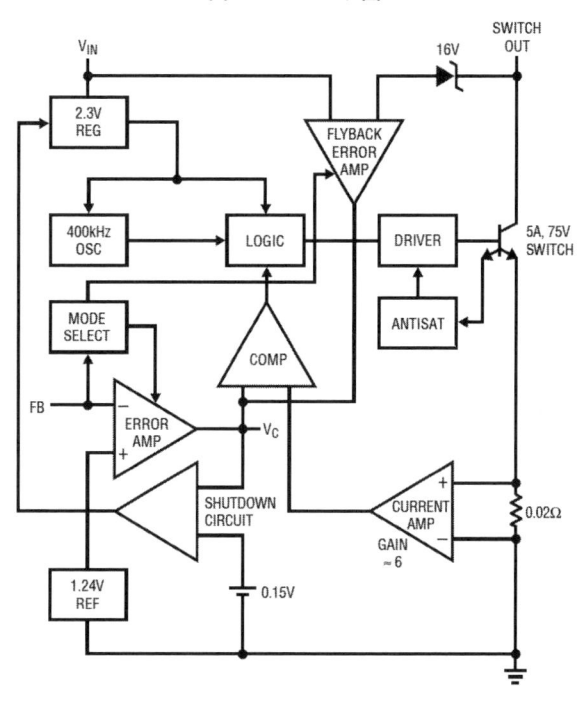

と出力を直結しなくても出力電圧を調整できます．その出力はトランス巻き線がブレークダウン電圧までは完全なフロート状態になっています．巻き線を追加すれば簡単に複数のフローティング出力を得ることができます．LT1070内部の特別な遅延回路により，フライバック・パルスの立ち上がりエッジで発生するリーク・インダクタンス・スパイクを無視するので，出力レギュレーションが改善されます．

コンパレータ入力に現れる誤差信号は外部に引き出されています．このピン(V_C)には4種類の機能があります．これらは周波数補償，電流制限調整，ソフト・スタート，およびレギュレータ全体のシャットダウンに使用されます．このピンは通常のレギュレータ動作の間は，0.9V（"L"出力電流）と2.0V（"H"出力電流）の間の値をとります．誤差アンプが電流出力（g_m）タイプであるため，この電圧を外部でクランプして制限電流を調整することができます．同様に，コンデンサ結合された外部クランプはソフト・スタートを実行します．スイッチングのデューティ・サイクルは，V_Cピンがダイオードを介してグラウンドに引かれ，LT1070がアイドル・モードになると，ゼロになります．V_Cピンを0.15V以下にすると，レギュレータ全体がシャットダウンし，シャットダウン回路をバイアスするために

わずか50μAの電源電流しか流れません．

ピン機能

● 入力電源（V_{IN}）

LT1070は，3Vから40V（標準）まで，または60V（HV品）の入力電圧で動作するように設計されています．電源電流は約6mA（出力電流がゼロの状態）で，この範囲では本質的に平坦です．スイッチ電流が増加すると，電源電流（スイッチ・オン時間中）は，スイッチ電流の約1/40の割合で増加します．これはスイッチ・トランジスタが$h_{FE} = 40$であることを示しています．

LT1070の低電圧ロックアウトは，2.3Vレギュレータをドライブするラテラル PNP パス・トランジスタの飽和を検知することによって行われます．このトランジスタのリモート・コレクタが電流を流し，入力電圧が2.5V以下になるとスイッチをロックアウトします．入力電圧の有効範囲を大きくするため，ヒステリシスは使用していません．レギュレータをちょうど2.5Vスレッショルドで動作させると，LT1070は変動する入力電圧に応答して，ターン・オン／ターン・オフする「不安定」動作になる可能性がありますが，これによってデバイスに悪影響を与えることはありません．ス

レッショルド電圧を高くしたい場合は,外部低電圧ロックアウトを追加できます.

図5.2に示す回路は,これを実現する方法の一例です.この回路のスレッショルドは約$V_Z + 1.5V$です.それ以下の電圧では,D_2がV_Cピンを"L"にしてレギュレータをシャットオフします.

● グラウンド・ピン(GND)

LT1070のグラウンド・ピン(ケース)は,内部誤差アンプの負のセンス・ポイント,および5Aスイッチの大電流経路として動作するため重要です.これは一般には上手な設計方法ではありませんが,5ピン・パッケージ構成では必要でした.ロード・レギュレーションの低下を避けるために,グラウンド・ピンにケルビン接続を行ってください.TO-3パッケージでは,パッケージの一端をパワー・グラウンドに,他端を帰還分割抵抗(アナログ・グラウンド)に接続して行います.この例を図5.3に示します.

最良のロード・レギュレーションを達成するには,スイッチ電流経路の抵抗を低くしなければなりません.0.01Ωの導線抵抗により,5Aのスイッチ電流で50mVの電圧降下が生じます.これは5V出力における1%の変化であり,この値は負荷電流の増加に伴って実際に増加します.

TO-220パッケージでケース接続を行わない場合は,帰還抵抗を独立した導線でグラウンド・ピンに直接接続してください(図5.4).必要に応じて,ケースを第二のグラウンド・ピンとして使用することができます.

ロード・レギュレーションの影響や高いdi/dtのスイッチ電流による誘導電圧を最小限に抑えるために,

図5.2 外部低電圧ロックアウト

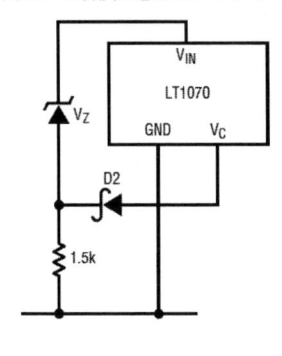

図5.3 パッケージをパワー・グラウンドにする

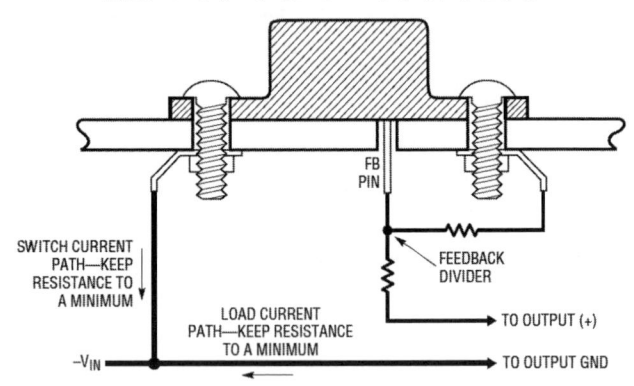

図5.4 TO-220パッケージのグラウンド接続

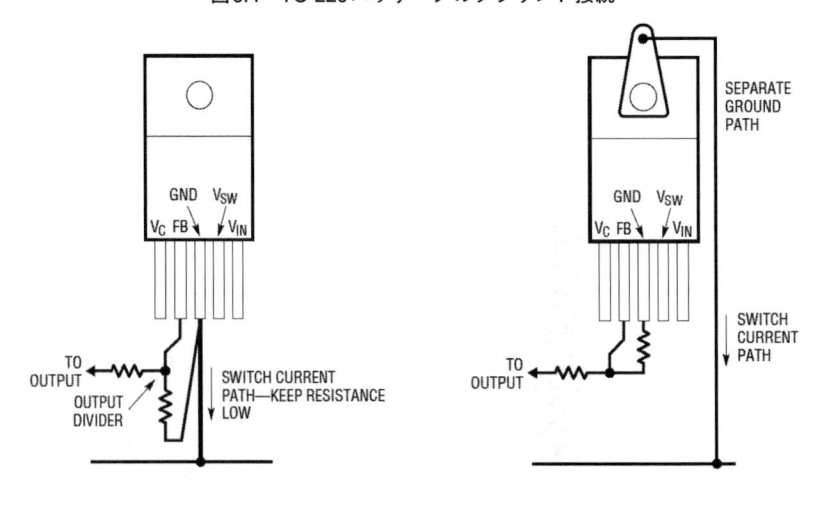

グラウンド・ピンに長い導線を接続しないようにしてください．グラウンド・プレーンはEMIを抑えます．

● 帰還ピン（FB）

帰還ピンはシングル・ステージ誤差アンプの反転入力です．図5.5に示すように，このアンプの非反転入力は内部で1.244Vのリファレンスに接続されています．

このアンプの入力バイアス電流は，アンプ出力がリニア領域にある場合，標準350nAです．このアンプはg_mタイプです．つまり，制御された電圧対電流利得（$g_m \approx 4400 \mu S$）で高い出力インピーダンスをもっていることを意味します．無負荷時のDC電圧利得は約800です．

この帰還ピンには，LT1070を通常動作，またはフライバック・レギュレータ動作にプログラムするために使用する2次的な機能があります（ブロック図の解説を参照）．図5.5では，Q_{53}は約1Vのベース電圧でバイアスされます．これはピンから電流が流出するときに，帰還ピンを約0.4Vにクランプします．約$10 \mu A$またはそれ以上の電流がQ_{53}を流れると，レギュレータは通常動作からフライバック・モードになりますが，このスレッショルド電流は$3 \mu A$から$30 \mu A$まで変化します．LT1070は通常の起動時には，帰還ピンが0.45V以上になるまでフライバック・モードになっています．出力電圧の設定に使用される抵抗分割器は，出力電圧が安定化された値の約33%になるまで帰還ピンから電流を流し出させます．

LT1070を完全絶縁型フライバック・モードで動作させたい場合は，帰還ピンからグラウンドに1本の抵抗を接続します．$R = 8.2k$の場合，帰還ピンの電圧は約0.4Vになります．このモードでの帰還ピンの出力インピーダンスは約200Ωであるため，実際の電圧は抵抗値によって決まります．抵抗を流れる$500 \mu A$は，帰還ピン電圧を0.4Vから0.3Vに低下させます．フライバック動作を保証するための抵抗を流れる最小電流は$50 \mu A$です．実際の抵抗値は，フライバック安定化電圧を微調整するものが選択されます（絶縁型フライバック・モード動作の説明と帰還ピン特性のグラフを参照）．

内部の30Ω抵抗と5.6Vツェナーが帰還ピンを過電圧ストレスから保護します．最大過渡電圧は$\pm 15V$です．帰還分割器にフィードフォワード・コンデンサを使用した場合，この高い過渡電圧状態は出力短絡時の急な電圧の立ち下がり時に最もよく発生します．15V以上のDC出力電圧にフィードフォワード・コンデンサを使用する場合は，図5.6に示すように，分割器ノードと帰還ピンの間に$V_{OUT}/20mA$に等しい抵抗を使用しなければなりません．

LT1070を使用するときには，帰還ピンの基準電圧はレギュレータのグラウンド・ピンを基準にすること，そしてグラウンド・ピンに5A以上のスイッチ電流が流れることを覚えておいてください．グラウンド・ピン接続に抵抗分があると，ロード・レギュレーションが低下します．帰還分割器のグラウンド端をパワー・グラウンドから別の接続にして，LT1070のグラウンド・ピンに直接接続すると，最高のレギュレーションが得られます．これによって，出力電圧誤差は帰還分割器比で増幅されるのではなく，グラウンド・ピン抵抗での電圧降下に制限されます．グラウンド・ピンの説明を参照してください．

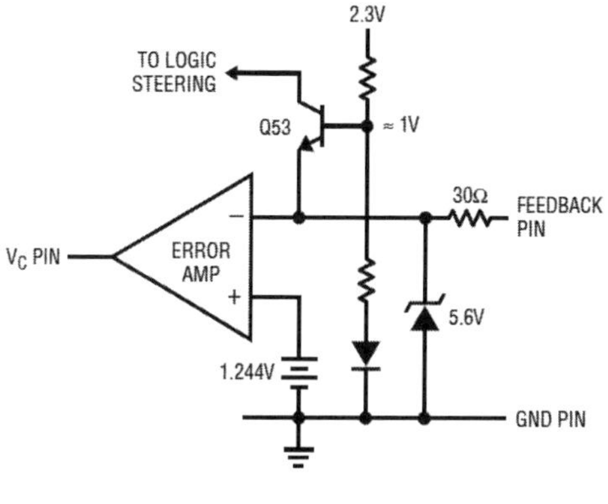

● 補償ピン（V_C）

V_Cピンは，周波数補償，電流制限，ソフト・スタート，およびシャットダウンに使用されます．このピン

図5.5 帰還ピンの内部

図5.6 フィードフォワード・コンデンサ

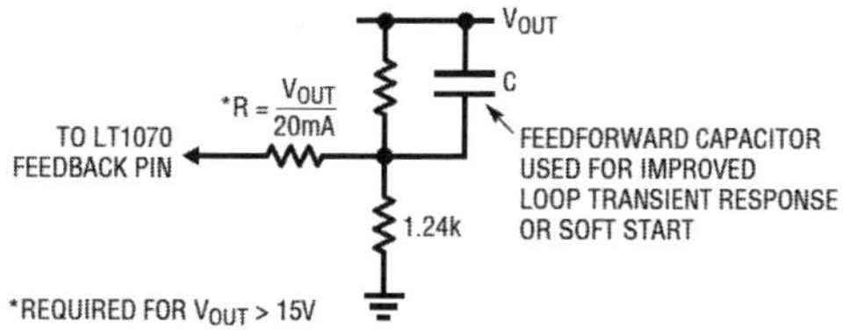

は誤差アンプ出力と電流コンパレータ入力の兼用ピンです．誤差アンプ回路を図5.7に示します．

Q_{57}とQ_{58}は差動入力ステージを形成しており，このステージのコレクタ電流はQ_{55}とQ_{56}によって反転され4倍になります．Q_{55}の電流はさらにQ_{60}とQ_{61}によって反転され，2.3VレールからR_{21}とQ_{62}で設定される約0.4Vのクランプ・レベルまで振幅可能な平衡出力へ電流を供給します．入力トランジスタの60μAのテール電流は，誤差アンプのg_mを4400μSに設定します．無負荷時の電圧利得は，トランジスタの出力インピーダンスによって約800に制限されます．ソースおよびシンク電流は最大約220μAです．

V_Cピンの電圧は，出力スイッチがターン・オフする電流レベルを決定します．V_C電圧が0.9V（@25℃）以下の場合，出力スイッチは完全にオフ（デューティ・サイクル＝0）になります．0.9V以上では，スイッチは発振サイクルごとにターン・オンし，スイッチ電流がV_C電圧で設定されるトリップ・レベルに達するとターン・オフします．このトリップ・レベルはV_C＝0.9Vのときにゼロで，V_Cが2Vの上側クランプ・レベルに達すると約9Aに増加します．これらの値はデューティ・サイクルが10％のときのものです．10％以上になると，スイッチのターン・オフはスイッチ電流と時間の両方に関係してきます．時間依存性は，電流アンプ入力に送られる小さなランプ電流に起因します．このランプはデューティ・サイクル約40％で始まり，図5.8に示すV_C対デューティ・サイクル・グラフの直線が曲がる要因になっています．このランプは，低調波発振として知られる「電流モード」スイッチング・レギュレータに特有の現象を防止するために使用されます．詳細は「低調波発振」のセクションを参照してください．

次のアンプ出力もV_Cピンに接続されています．この「フライバック・モード」アンプは，帰還ピンから電流が流出するときにだけターン・オンします．この状態は，帰還分割器が帰還ピンの電圧を0.45V以上にするまで，通常モードの起動時にのみ生じます．

これは帰還ピンからグラウンドに1本の抵抗を接続してLT1070を絶縁型フライバック・モードにしたときの固定的な状態です．

絶縁型フライバック・モードでは，S_1は閉じ，帰還ピンは"L"で，メイン・アンプは完全にディセーブルされます．S_2とS_3は，出力パワー・トランジスタが「オフ」状態の間だけ，また出力トランジスタがターン・オフしてから1.5μsの遅延後にのみターン・オンします．これによって，過渡フライバック・スパイクによるレギュレーションの低下を防止しています．S_2の電流は30μAに固定されています．S_3の電流は最大約70μAまで増加することができ，V_Cピンはフライバック・モードで30μAをソース，40μAをシンク可能です．フライバック・アンプのg_mは標準で300μSです．

V_Cピンが外部で0.15V以下になるとシャットダウン回路が動作します．Q_{24}とQ_{18}がこの機能を実行します．Q_{24}は順方向電圧がQ_{18}のV_{BE}より約150mV高い，特殊な「高V_{BE}」ダイオードです．Q_{18}から電流を引き出すとシャットダウンが動作状態になり，Q_{18}とQ_{24}をバイアスするのに必要な50μA～100μAのトリクル電流を除くすべての内部レギュレータ機能がターン・オフされます．シャットダウン時のV_CピンのV-I特性の詳細は，特性曲線を参照してください．

RCネットワークをV_Cピンからグラウンドに接続し

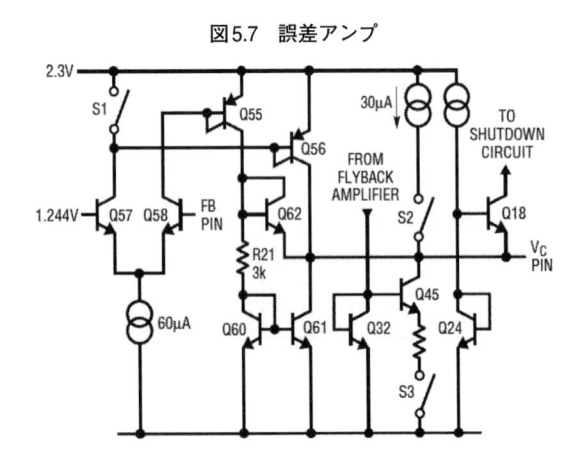

図5.7 誤差アンプ

図5.8 デューティ・サイクルとV_C電圧

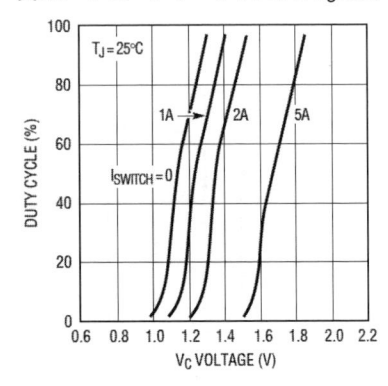

図5.9 ドライバ・ループ

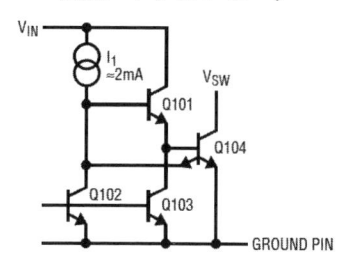

図5.10 Vswピンの内部

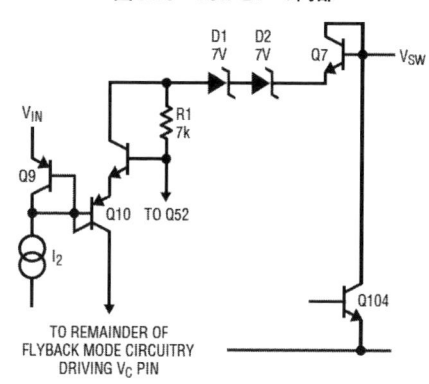

てループ周波数補償を行うことができます．オプションの補償は，V_Cピンと帰還ピンの間にRCネットワークを接続して行います．「ループ周波数補償」セクションを参照してください．

● 出力ピン

LT1070のV_{SW}ピンは内部NPNパワー・スイッチのコレクタです．このNPNの標準オン抵抗は0.15Ωで，ブレークダウン電圧（BV_{CBO}）は85Vです．超高速スイッチング時間と高効率は特殊ドライバ・ループを用いて得られます．この回路はスイッチを準飽和状態に維持するのに必要な最低値のベース・ドライブ電流を設定します．このループを図5.9に示します．

Q_{104}はパワー・スイッチです．Q_{104}のベースは，コレクタがV_{IN}に接続されたQ_{101}でドライブされます．Q_{101}はQ_{102}によってターン・オン／ターン・オフされます．Q_{104}のスイッチを迅速にターン・オフするために，Q_{104}から大きなリバース・ベース電流を引き出す2番目に大きなトランジスタ（Q_{103}）がQ_{102}と並列に接続されています．このループの重要な要素は，Q_{104}のもう一つのエミッタです．Q_{104}のコレクタが"H"（非飽和）のときは，このエミッタに電流は流れません．この状態では，ドライバQ_{101}は非常に高いベース・ドライブ電流をスイッチに供給して高速に動作させることができます．スイッチが飽和すると，このエミッタがコレクタとして動作し，ドライバからベース電流を引き出します．このリニア・フィードバック・ループは，スイッチを飽和領域の境界に維持します．スイッチ電流が非常に低いときはドライバ電流がほぼゼロになり，スイッチ電流が高いときは，自動的にドライバ電流が必要に応じて増加します．スイッチ電流とドライバ電流の比は約40：1です．この比はこのエミッタの大きさとI_1の値によって決定されます．スイッチを準飽和状態にすると瞬時にオフが可能で，逆ベース-エミッタ電圧ドライブは不要です．

また，図5.10に示すようにフライバック・モード誤差アンプの入力回路もV_{SW}ピンに接続されています．スイッチ・ピンがV_{IN}より16V以上高くないときには，ダイオードが電流を阻止するため，V_{SW}ピンからこの回路には電流が流れません．V_{SW}がV_{IN}より16V以上高いときは，リファレンス・ダイオード（D_1，D_2）とQ_{10}がターン・オンするため，スイッチ・ピンから約500μAが流れます．この500μAの電流レベルは，2コレクタのラテラルPNPであるQ_{10}のコレクタ領域とI_2の値の比率によって設定されます．Q_9はこの状態では逆バイアスされます．16Vの遷移点はフライバック・モードのリファレンス電圧を設定します．このフライバック・リファレンス電圧は，Q_{52}を通してR_1を流れる電流を増やせば16V以上にすることができます．この電流の大きさは，帰還ピンに接続される抵抗で決まります．「絶縁型フライバック・モード動作」の説明を参照してください．

基本的なスイッチング・レギュレータ・トポロジー

可能な多数のスイッチング・レギュレータ構成，すなわち「トポロジー」があります．どのようなレギュレータの要求でも，極性，電圧比，およびフォールト条件（単純なブースト・レギュレータは電流制限が不可）に制約があるため可能な選択肢は多少狭くなりますが，それでも設計者にはいくつかの選択肢が残っています．たとえば，28Vを5Vに変換するための可能なト

ポロジーとしては，降圧，フライバック，フォワード，および電流ブースト型降圧などがあります．以下の説明は，LT1070で実現可能なトポロジーに限定されますが，それでも小電力から中電力までのほぼすべてのDC-DC変換要求をカバーしています．

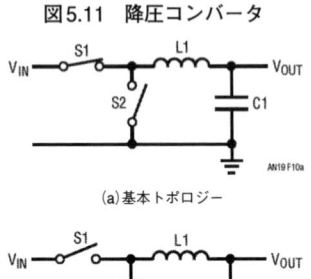

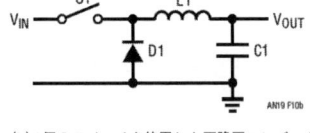

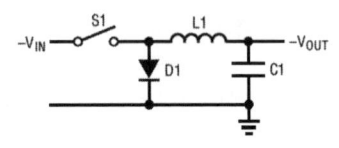

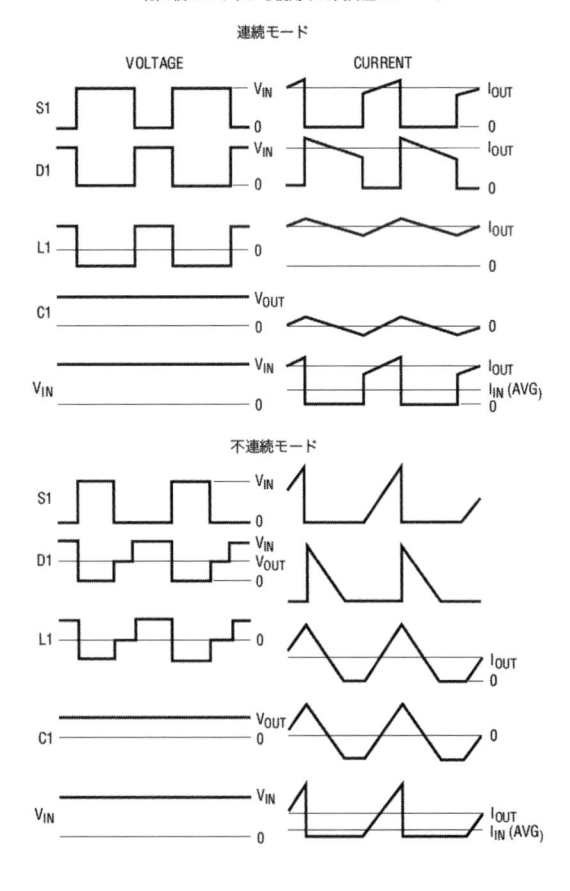

● 降圧コンバータ

図5.11（a）は基本的な降圧トポロジーを示します．S_1とS_2は，L_1に加わる電圧がV_{IN}またはゼロになるように交互に開閉します．DC出力電圧は，L_1に加えられる平均電圧です．t_1がS_1の閉じている時間，t_2がS_1の開いている時間であるとすれば，V_{OUT}は次の式で表すことができます．

$$V_{OUT} = V_{IN} \frac{t_1}{t_1+t_2} = V_{IN} \, DC \tag{1}$$

ここで，習慣的にデューティ・サイクル（DC）はt_1対t_1+t_2の比率として定義されます．

$$DC = \frac{t_1}{t_1+t_2} \tag{2}$$

デューティ・サイクルの定義ではその値が0と1の間でのみ許容されることに注意してください．したがって，V_{OUT}の式は出力電圧が常に入力電圧より低いという降圧コンバータの基本的な特性を示します．

この単純な公式は，スイッチング・レギュレータの一般論についても多くのことを物語っています．最も重要な点は，式には含まれないL_1，C_1，周波数，および負荷電流です．最初の近似として，スイッチング・レギュレータの出力電圧は，スイッチング・ネットワークのデューティ・サイクルと入力電圧にのみ依存します．これは非常に重要な点ですので，スイッチング・レギュレータを解析する際に必ず覚えておかなければなりません．

電流が一方向にのみ流れるときは，スイッチの代わりにダイオードを使用できます．図5.11（b）と図5.11（c）に，S_2の代わりにダイオードを使用したシングル・スイッチの降圧レギュレータを示します．ダイオードは効率を多少損ないますが，設計が単純になりコストが下がります．S_1が閉じているときD_1は逆バイアスされ（オフ），S_1が開くとL_1を流れる電流がダイオードを順バイアスする（オン）ことに注意してください．これは二つのスイッチの交互スイッチング動作を再現します．ただし，この条件には例外があります．負荷電流が十分に低いと，S_1のオフ時間の間にL_1を流れる電流がゼロになります．これは不連続モード動作

として知られています．負荷電流が以下の式の値より少ない場合，降圧レギュレータは不連続モードになります．

$$I_{OUT} \leq \frac{V_{OUT}\left(1 - \frac{V_{OUT}}{V_{IN}}\right)}{2fL_1} \quad (3)$$

ここで，f：スイッチング周波数

不連続モードでは，S_2に代わるダイオードによりスイッチの第3の状態（すなわち両方のスイッチがオフ）が存在するため，出力電圧が入力電圧とスイッチのデューティ・サイクルにのみ依存するという元の記述が変更されます．連続モードおよび不連続モード動作の場合のS_1，D_1，L_1，C_1，および入力の電圧波形と電流波形を示します．

通常，軽負荷電流時に不連続モード動作を避けることは重要ではありません．考えられる例外は，軽負荷時の出力が安定化されずに高い電圧にドリフトするのを防止するために，S_1の「オン」時間を十分に短い値にできないときです．これが起こった場合，ほとんどのスイッチング・レギュレータはS_1が1サイクル以上まったくターン・オンしない「サイクル・ドロップ」を開始します．この動作モードは出力の制御を維持しますが，状況によっては生成される低調波周波数が許容できないことがあります．

「完全な」スイッチング・レギュレータの一般的な特性は，ある電圧または電流を変換するプロセスで電力を消費しない，すなわち効率が100％であることです．これは図5.11（a）を検討すれば予測されます．スイッチ，インダクタ，およびコンデンサのみで電力を消費する部品はありません．以下の等式を提示することができます．

$$P_{OUT} = P_{IN}, \text{ または } I_{OUT} V_{OUT} = I_{IN} V_{IN} \quad (4)$$

および

$$I_{IN} = I_{OUT}\left(\frac{V_{OUT}}{V_{IN}}\right) \quad (5)$$

これは，スイッチング・レギュレータの入力に流れる平均電流は，出力対入力電圧の比に応じて負荷電流よりはるかに高く，あるいは低くできることを示します．この単純な事実を無視すると，後になって設計者は低電圧-高電圧コンバータが低電圧電源の容量を超えた電流を引き出そうとすることに気付くことでしょう．

● 昇圧レギュレータ

図5.12（a）に示す基本的な昇圧レギュレータの出力電圧は次式で与えられます．

$$V_{OUT} = \frac{V_{IN}}{1-DC} \text{（連続モード）} \quad (6)$$

DCはデューティ・サイクル（S_1の「オン」時間対「オフ」時間の比）で，S_1とS_2が交互に開閉すると仮定しています．デューティ・サイクルは0と1の間の値しかとりません．したがって，昇圧レギュレータの出力電圧は常に入力電圧より高くなります．

図5.12（b）で，1個のスイッチで昇圧レギュレータを実現するために，S_2はダイオードに置き換えられています．連続モードおよび不連続モードの両方に対して，電源を含むすべての部品の電圧波形と電流波形を示します．入力から取り込まれてパルス状で負荷に送られる電流は，出力負荷電流よりもはるかに高いことに注意してください．入力電流の大きさとスイッチおよびダイオードのピーク電流は，次式のとおりです．

$$I_P = I_{OUT} \frac{V_{OUT}}{V_{IN}} \text{（連続モード）} \quad (7)$$

平均ダイオード電流はI_{OUT}と等しく，平均スイッチ電流は$I_{OUT}(V_{OUT} - V_{IN})/V_{IN}$で，両方ともピーク電流よりはるかに少なくなります．スイッチ，ダイオード，および出力コンデンサは，平均電流はもとよりピーク電流も扱えるように規定しなければなりません．不連続モードでは，さらに高いスイッチ電流対出力電流比を必要とします．

昇圧レギュレータの一つの欠点は，電流ステアリング・ダイオードD_1が入力と出力を直結するため，出力短絡時に電流制限ができないことです．

● 組み合わせ昇降圧レギュレータ

昇降圧レギュレータ（図5.13）は，入力の反対の極性の出力を生成するのに使用されます．これらは負荷が入力のスイッチ側ではなくインダクタ側を基準にすることを除いて，昇圧レギュレータに似ています．

昇降圧レギュレータの出力電圧は，次式で与えられます．

$$V_{OUT} = -V_{IN}\left(\frac{DC}{1-DC}\right) \quad (8)$$

図5.12 ブースト・レギュレータ

図5.13 反転トポロジー

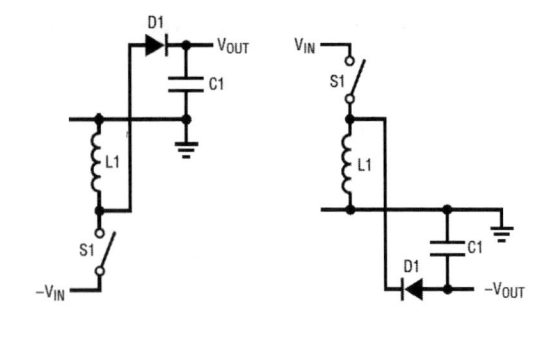

図5.14 Ćukコンバータ

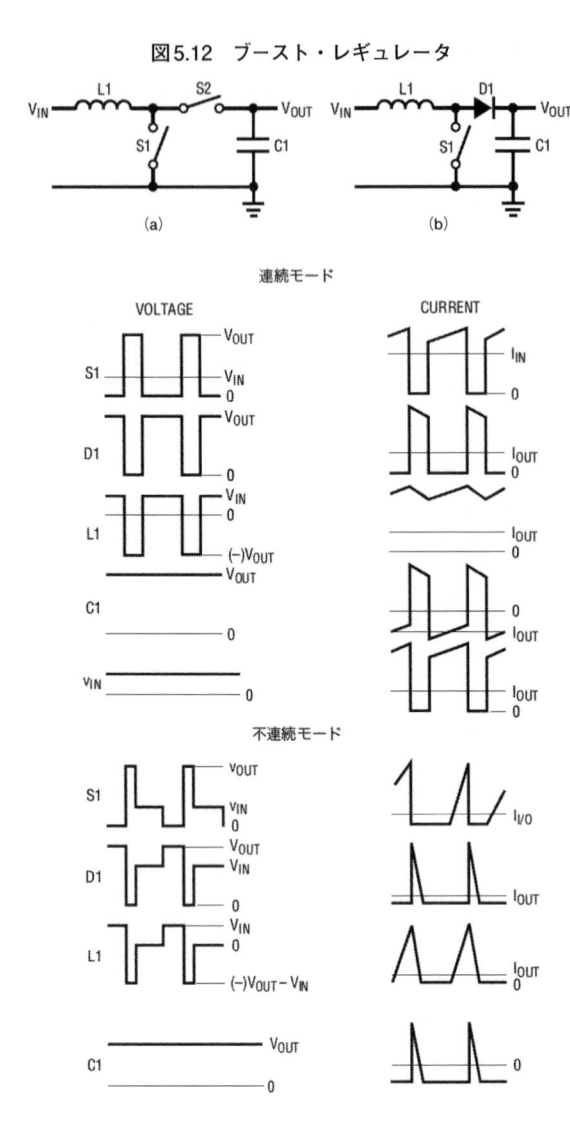

デューティ・サイクルは0と1の間で変化するので，出力電圧はゼロから無限大の値の間で変化します．電流および電圧波形は昇圧レギュレータと同様，ピーク・スイッチ，ダイオード，および出力コンデンサの電流が出力電流よりもかなり大きくなる可能性があり，これらの部品はそれに応じたサイズにする必要があることを示しています．

$$I_{PEAK} = \frac{I_{OUT}}{1-DC} = I_{OUT}\frac{(V_{OUT}+V_{IN})}{V_{IN}} \quad (連続モード) \quad (9)$$

最大スイッチ電圧は入力電圧と出力電圧の合計と等しくなります．したがって，スイッチにさらにストレスが加わらないようにするために，これより高い電圧のアプリケーションでは，D_1の順方向ターン・オン時間が非常に重要です．

● Ćukコンバータ

図5.14のĆukコンバータは，カリフォルニア工科大学のSlobodan Ćuk教授にちなんでこの名前が付けられています．入力と出力の極性が逆になる点で，昇降圧コンバータに似ていますが，入力と出力の両方でリプル電流が低いという利点があります．Ćukコンバータの最適トポロジー・バージョンでは，同じコア上に正確に1：1の比率で二つの巻き線をもつことによって，2個のインダクタが必要になる欠点を解消しています．L_1またはL_2をわずかに調整することによって，入力リプル電流または出力リプル電流を強制的にゼロにすることができます．両方のリプル電流がゼロになる改良バージョンもあります．このバージョンは，フィルタを必要としないため入出力コンデンサのサイズや特性の要求仕様を緩和することができます．

スイッチは入力電流と出力電流の合計電流を流す必要があります．

$$I_{PEAK(S1)} = I_{IN} + I_{OUT} = I_{OUT}\left(1 + \frac{V_{OUT}}{V_{IN}}\right) \quad (10)$$

C_2のリプル電流はI_{OUT}と等しいので，このコンデンサ

は大きくなければなりません．ただし，これは電解コンデンサでもよく物理的サイズは通常問題になりません．

● **フライバック・レギュレータ**

フライバック・レギュレータ（図5.15）は，トランスを使用して入力から出力にエネルギーを伝達します．S_1の「オン」時間の間，一次巻き線の電流が上昇しコアにエネルギーが蓄積されます．この時点では，出力巻き線の極性はD_1が逆バイアスされるような極性になります．S_1がオープンすると蓄積された全エネルギーが二次巻き線に転送され，電流が負荷に供給されます．トランスの巻き数比（N）は入力から出力に最適な電力転送を行うように調整することができます．

フライバック・レギュレータのピーク・スイッチ電流は，次式のようになります．

$$I_{PEAK(S1)} = \frac{I_{OUT}(N V_{IN} + V_{OUT})}{V_{IN}} \quad (連続モード) \quad (11)$$

Nを非常に小さな値にすると，ピーク・スイッチ電流を最小限に抑えることができることに注目してください．ただし，これには以下の二つの欠点があります．スイッチ・オフの間，スイッチ電圧とダイオード電流は非常に大きくなります．与えられた最大スイッチ電圧に対する最適な電力転送は，$V_{IN} = 1/2\ V_{MAX}$のときに起こります．

フライバック・レギュレータでは，入力リプル電流と出力リプル電流の両方が高くなりますが，トランス固有の電流や電圧利得が得られたり絶縁が可能なことにより，多くの場合この欠点は十分にカバーされます．出力電圧は次式のとおりです．

$$V_{OUT} = V_{IN} \cdot N \cdot \frac{DC}{1-DC} \quad (12)$$

Nの任意の値について，必要な出力を生成する0と1の間のデューティ・サイクルを求めることができます．

フライバック・レギュレータは出力電圧を，入力電圧より高くまたは低くすることができます．

フライバック・レギュレータの欠点は，巻き線のDC電流の形でトランスに高いエネルギーを蓄積しなければならないことです．そのため，AC巻き線に必要なものより大きなコアを必要とします．

● **フォワード・コンバータ**

フォワード・コンバータ（図5.16）は，トランス・コアに大きなエネルギーが蓄積される問題を回避しています．しかし，そのためにはトランスに余分な巻き線を設け，さらに2個のダイオードと1個の出力フィルタ・インダクタを追加する必要があります．電源はスイッチの「オン」時間中に，D_1を通して入力から負荷に転送されます．スイッチが「オフ」になるとD_1が逆バイアスされ，L_1の電流はD_2を流れます．出力電圧は次式のとおりです．

$$V_{OUT} = V_{IN} \cdot N \cdot DC \quad (13)$$

スイッチ「オフ」時間中のスイッチ電圧を定義するために，追加巻き線とD_3が必要です．このクランプがないと，一次巻き線を流れる磁化電流のためにスイッチがオープンした瞬間に，スイッチ電圧は破壊電圧までジャンプしてしまいます．この「リセット」巻き線は，通常，一次巻き線に対して巻き数比が1：1であり，スイッチのデューティ・サイクルを最大50%に制限します．デューティ・サイクルがこれより大きいと，一次巻き線がゼロDC電圧を維持できないため，無負荷であってもスイッチ電流の上昇を制御できなくなります．リセット巻き線の巻き数を減らせば，スイッチ・デューティ・サイクルは大きくなりますが，スイッチ電圧は高くなってしまいます．

フォワード・コンバータの出力電圧リプルはL_1のために低くなる傾向がありますが，通常は低いデュー

図5.15　フライバック・コンバータ

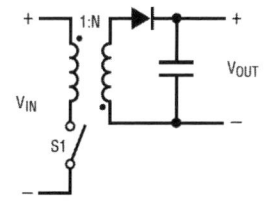

図5.16　フォワード・コンバータ

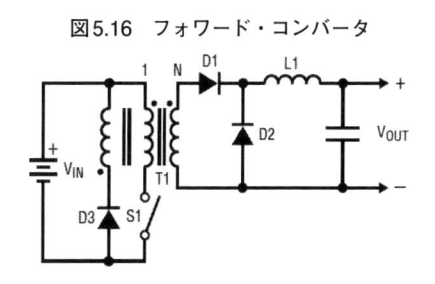

図5.17　電流ブースト昇圧コンバータ

図5.18　電流ブースト降圧コンバータ

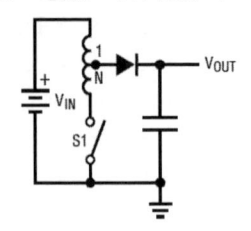

ティ・サイクルが使われるため入力リプル電流は高くなります．コアを飽和させるDC電流がないので，T_1にはフライバック・レギュレータと比較してより小さなコアを使用できます．

● 電流ブースト昇圧コンバータ

図5.17に示すこのトポロジーは，標準昇圧コンバータの拡張です．タップ付きインダクタを使用して，所定の負荷電流を得るためのスイッチ電流を低減します．これによって，負荷電流は大きくなりますがスイッチ電圧は高くなってしまいます．標準昇圧コンバータに比べて最大出力電力は，次式のように増加します．

$$\frac{P_{OUT}}{P_{BOOST}} = \frac{(N+1)\ V_{OUT}}{N(V_{OUT}-V_{IN})+V_{OUT}} \tag{14}$$

この式を分析すると，入力と出力の差が小さければ，電力の大幅な増加が可能であることを示しています．しかし，最大スイッチ電圧を超えないよう注意が必要です．

● 電流ブースト降圧コンバータ

図5.18の電流ブースト降圧コンバータは，トランスを用いてスイッチの最大電流定格以上に出力電流を増やします．しかしこれによって，スイッチ「オフ」時間中のスイッチ電圧が増加します．標準降圧コンバータに対する最大出力電流の増加は，次式のとおりです．

$$\frac{I_{OUT}}{I_{BUCK}} = \frac{V_{IN}}{V_{OUT}+N(V_{IN}-V_{OUT})} \tag{15}$$

たとえば，$N=1/4$の15Vから5Vのコンバータでは，次のようになります．

$$\frac{I_{OUT}}{I_{BUCK}} = \frac{15}{5+1/4(15-5)} = 2$$

これによって，出力電流が100%増加します．

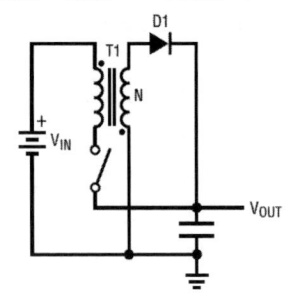

電流ブースト降圧コンバータの最大スイッチ電圧は，V_{IN}から以下の式まで上昇します．

$$V_{SWITCH} = V_{IN} + V_{OUT}/N \tag{16}$$

アプリケーション回路

■ 昇圧モード（出力電圧が入力電圧より高い）

LT1070は昇圧モードで動作し，最小3Vの入力電圧から50V以上の出力電圧を生成します．図5.19は正電圧用の基本昇圧構成を示します．この回路の出力電力は基本的に入力電圧に依存します．

$$P_{OUT(MAX)}^* \approx V_{IN} \cdot I_P \left[1-I_P \cdot R\left(\frac{1}{V_{IN}}-\frac{1}{V_{OUT}}\right)\right] \tag{17}$$

＊：この式は$L_1 \to \infty$と仮定している．
I_P：最大スイッチ電流
R：スイッチ「オン」抵抗

$V_{IN}=5V$，$V_{OUT}=12V$，$I_P=5A$，$R=0.2\Omega$の場合，以下のとおりです．

$$P_{OUT(MAX)} = 5 \cdot 5\left[1-5(0.2)\left(\frac{1}{5}-\frac{1}{12}\right)\right] = 22W$$

入力電圧が高いと，出力電力レベルは100Wを超えます．昇圧レギュレータのLT1070内部電力損失の概算値は，次式のとおりです．

$$P_{IC} \approx (I_{OUT})^2 \cdot R\left[\left(\frac{V_{OUT}}{V_{IN}}\right)^2 - \frac{V_{OUT}}{V_{IN}}\right] + \frac{I_{OUT}(V_{OUT}-V_{IN})}{40} \tag{18}$$

この等式の最初の項は，スイッチ（R）の「オン」抵抗による電力損失です．2番目の項はスイッチ・ドライバの損失です．図5.19の回路で，$I_{OUT}=1A$の場合：

$$P_{IC} = (1)^2 \cdot (0.2)\left[\left(\frac{12}{5}\right)^2 - \frac{12}{2}\right] + \frac{(1)(12-5)}{40}$$
$$= 0.672 + 0.175 = 0.85\text{W}$$

昇圧レギュレータでの他の唯一の大きな電力損失は，次式のとおりダイオードD_1です．

$$P_D = V_F \cdot I_{OUT} \tag{19}$$

V_Fは電流が$I_{OUT} \cdot V_{OUT}/V_{IN}$のときのダイオードの順方向電圧です．以下の例で，$I_{OUT} = 1$Aおよび$V_F = 0.8$Vの場合：

$$P_D = 0.8 \times 1 = 0.8\text{W}$$

レギュレータでの全電力損失は$P_{IC} + P_D$の和であり，これは次式のとおり効率(E)を計算するのに使用できます．

$$E = \frac{P_{OUT}}{P_{IN}} = \frac{P_{OUT}}{P_{OUT} + P_{IC} + P_D} \tag{20}$$

$$E = \frac{(1\text{A})(12\text{V})}{(1)(12) + 0.85 + 0.8} = 88\%$$

入力電圧が高いと，効率が90%を超えることがあります．

昇圧モードでの最大出力電圧は，65V（標準部品）または75V（HV部品）のスイッチ破壊電圧によって制限されます．入力電圧が低い場合は，最大デューティ・サイクルによっても制限されます．LT1070は最大デューティ・サイクルが90%であり，出力電圧を入力電圧の10倍に制限します．単純な昇圧モードでは，出力対入力電圧比が高い場合はタップ付きインダクタが必要です．

昇圧レギュレータの設計手順は単純です．R_1とR_2で安定化出力電圧を設定します．帰還ピン電圧は内部で1.244Vに調整されるので，出力電圧は1.244(R_1 + R_2)/R_2になります．R_2は通常1.24kΩに設定され，R_1は次式から求まります．

$$R_1 = R_2\left(\frac{V_{OUT}}{1.244} - 1\right) \tag{21}$$

R_2の1.24kΩ値は分割器電流を1mAに設定するように選択されますが，この値は300Ωから10kΩまで変更でき，レギュレータ性能にはほとんど影響を与えません．適切なロード・レギュレーションを達成するめに，R_1は負荷に直接接続し，R_2はLT1070のグラウンド・ピンに直接戻してください．詳細については，ピン説明のセクションを参照してください．

図5.19 昇圧コンバータ

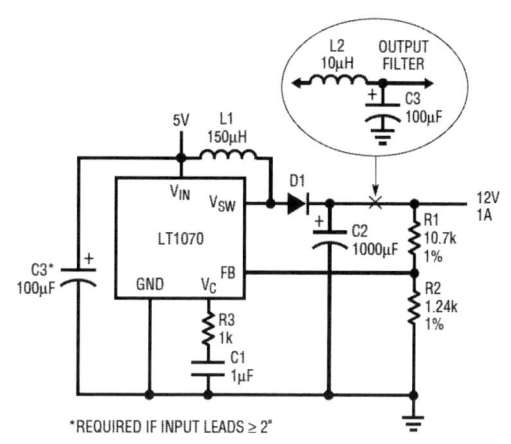

● インダクタ

次に，L_1を選択します．サイズ，最大出力電力，過渡応答，入力フィルタリング，そして場合によってはループの安定性がトレードオフとなります．インダクタ値が高いと，最大出力電力と低入力リプル電流が得られますが，サイズが大きくなり過渡応答も低下します．インダクタ値が小さいと磁化電流が大きくなり，最大出力が低下し，入力電流リプルが増加します．インダクタンスが低くデューティ・サイクルが50%を超えると，低調波発振問題が生じることもあります．

以上のことを考慮して，L_1で許容される最大リプル電流(ΔI)に基づいてL_1を計算するための単純な式を導き出すことができます．

$$L = \frac{V_{IN}(V_{OUT} - V_{IN})}{\Delta I \cdot f \cdot V_{OUT}} \tag{22}$$

例：$\Delta I = 0.5$A，$V_{IN} = 5$V，$V_{OUT} = 12$V，$f = 40$kHzの場合

$$L = \frac{5(5-12)}{(0.5)(40 \cdot 10^3)(12)} = 246\mu\text{H}$$

次の式では，このサイズのインダクタの最大電力出力を計算できます．

$$P_{MAX} = V_{IN}\left[I_P - \frac{V_{IN}(V_{OUT} - V_{IN})}{2 \cdot L \cdot f \cdot V_{OUT}}\right]\left[1 - \frac{I_P \cdot R}{V_{IN}} + \frac{I_P \cdot R}{V_{OUT}}\right] \tag{23}$$

I_P = 最大スイッチ電流

I_P = 5A, R = 0.2Ωとして，上記の例の値を使用します．

$$P_{OUT(MAX)} = 5\left[5 - \frac{5(12-5)}{2(146 \cdot 10^{-6})(40 \cdot 10^3)(12)}\right] \times$$
$$\left[1 - 5 \cdot (0.2)\left(\frac{1}{5} - \frac{1}{12}\right)\right]$$
$$= 5(5-0.25)(0.88) = 21W$$

最初の中括弧内の2番目の項が唯一「L」を含んでおり，この項はLが大きな値の場合，この式から消えることに注意してください．この例では，この項は最大有効スイッチ電流を示す0.25Aなので，最大出力電力は昇圧レギュレータでのインダクタ・リプル電流の半分だけ減少します．この例では，リプル電流が0.5Aの場合に，ピーク有効スイッチ電流は5Aから4.75Aに減少し，損失は5%です．スイッチ「オン」抵抗によって，最大利用可能電力はさらに12%減少します．入力電圧が高いと，このスイッチ損失は大幅に減少します．

連続インダクタ電流が必要なときには，スイッチのデューティ・サイクルが50%を超えた場合は，L_1の値を一定の制限値以下に低減することはできません．デューティ・サイクルは，次式から計算できます．

$$DC = \frac{V_{OUT} - V_{IN}}{V_{OUT}} \quad (24)$$

この例では，以下のとおりです．

$$DC = \frac{12-5}{12} = 58.3\%$$

50%を超えるデューティ・サイクルでLの値に下限を設ける理由は，電流モード・スイッチング・レギュレータで発生する低調波発振のためです．この現象の詳細については，本アプリケーション・セクションの「低調波発振」セクションを参照してください．昇圧レギュレータで絶対に低調波発振を起こさないためのL_1の最小値は，以下のとおりです．

$$L_{1(MIN)} = \frac{V_{OUT} - 2V_{IN}}{2 \cdot 10^5} \quad (25)$$
$$= \frac{12 - 2(5)}{2 \cdot 10^5} = 10\mu H$$

$V_{OUT} \leq 2V_{IN}$の場合，インダクタの値に制約はありません．この例で得られた最小値10μHは，連続インダクタ電流を生じる値より低いので，これは不自然な制約です．インダクタ電流が不連続の場合，低調波発振は起こりません．連続インダクタ電流のための重要なインダクタンスは，以下のとおりです．

$$L_{CRIT} = \frac{V_{IN}^2(V_{OUT} - V_{IN})}{2 \cdot f \cdot I_{OUT}(V_{OUT})^2} \quad (26)$$
$$= \frac{(5)^2(12-5)}{2(40 \cdot 10^3)(1)(12)^2} = 15.2\mu H$$

インダクタの物理的なサイズが最小になるので，ときどき不連続モード動作が選択されます．しかし，最大電力出力はかなり低減されるので，LT1070で2.5(V_{IN})ワットを超えることはありません．不連続モードで所要出力電力を供給するのに必要な最小インダクタンスは，次式から計算されます．

$$L_{MIN}(不連続) = \frac{2I_{OUT}(V_{OUT} - V_{IN})}{I_P^2 \cdot f} \quad (27)$$

例：V_{IN} = 5V, V_{OUT} = 12V, I_{OUT} = 0.5A, I_P = 5Aの場合

$$L_{MIN}(不連続) = \frac{(2 \cdot 0.5)(12-5)}{(5)^2 \cdot (40 \cdot 10^3)} = 7\mu H$$

この式では効率損失を考慮に入れていないので，Lの最小値は最悪条件下で最低50%は増やさなければならないでしょう．最小インダクタンスを使用するときには，スイッチおよびダイオード・ピーク電流が高いので，効率は低下します．

計算で，以下のとおりL_1の値を選択してください．
(1) 連続モードまたは不連続モードを決めます．
(2) 連続モードの場合は，リプル電流に基づいてC_1を計算し，最大電力と低調波発振限界とをチェックします．
(3) 不連続モードの場合は，電力出力条件に基づいてL_1を計算し，出力電力が不連続モードの限界($P_{MAX} = 2.5V_{IN}$)を超えないことをチェックします

L_1はピーク動作電流で飽和してはなりません．この電流値は次式から計算できます．

$$I_{L(PEAK)} = I_{OUT}\frac{(V_{OUT} \cdot V_F) - (I_{OUT} \cdot V_{OUT} \cdot R/V_{IN})}{(V_{IN} - I_{OUT} \cdot V_{OUT} \cdot R/V_{IN})}$$
$$+ \frac{V_{IN}(V_{OUT} - V_{IN})}{2L_1 \cdot f \cdot V_{OUT}} \quad (28)$$

V_F：D_1の順方向電圧

R：LT1070スイッチの「オン」抵抗

この例で，V_{IN} = 5V，V_{OUT} = 12V，V_F = 0.8V，I_{OUT} = 1A，R = 0.2Ω，L_1 = 150μH，f = 40kHzの場合，以下のとおりです．

$$I_{L(PEAK)} = \frac{1(12+0.8-1\cdot 12\cdot(0.2)/5)}{5-1\cdot 12\cdot(0.2)/5} + \frac{5(12-5)}{2(150\cdot 10^{-6})(40\cdot 10^3)(12)} = 2.75+0.24 = 3A$$

3Aピーク・インダクタ電流で飽和しないL_1のコアを選択しなければなりません．

● 出力コンデンサ

C_2を選択する主な基準は，出力電圧リプルを最小限に抑えるための低いESR（等価直列抵抗）です．妥当な設計手順は，出力コンデンサのリアクタンスが全ピーク・ツー・ピーク出力電圧リプル（V_{P-P}）に与える影響を1/3以下に抑えることなので，C_2は次式のようになります．

$$C_2 \geq \frac{V_{OUT} \cdot I_{OUT}}{f(V_{IN}+V_{OUT})(0.33V_{P-P})} \quad (29)$$

V_{OUT} = 12V，I_{OUT} = 1A，V_{IN} = 5V，f = 40kHz，およびV_{P-P} = 200mVを使用した場合：

$$C_2 \geq \frac{12\cdot 1}{(40\cdot 10^3)(5-12)(0.33\cdot 0.2)} = 268\mu F$$

これはリプルの67%がESRに起因するものとしており，ESRは次式のようになります．

$$ESR_{(MAX)} = \frac{0.67\cdot V_{P-P}\cdot V_{IN}}{I_{OUT}(V_{IN}+V_{OUT})} \quad (30)$$
$$= \frac{0.67\cdot 0.2\cdot 5}{1(5-12)} = 0.04\Omega$$

C_2を選択すると，次式から出力電圧リプルを計算することができます．

$$V_{P-P} = I_{OUT}\frac{V_{IN}+V_{OUT}}{V_{IN}}\cdot ESR + \frac{V_{OUT}}{(V_{IN}+V_{OUT})f\cdot C_2} \quad (31)$$

より低い出力リプルが必要な場合は，これより低いESRをもつ大容量の出力コンデンサを使用しなければ なりません．所要ESRを得るために，計算した値よりも高い値のコンデンサを使用することも必要です．記載した例では，保証ESRが0.04Ω未満で，動作電圧が15Vのコンデンサは，一般に1000～2000μFの範囲に入ります．これよりも高い電圧のコンデンサは，同じESRでも容量は小さくなります．

出力リプルを低減する第2のオプションは，小型LC出力フィルタを追加することです．フィルタのLCの積が$L_1 \cdot C_2$よりはるかに小さい場合は，ループ位相マージンに影響を与えません．出力リプルの大幅な低減は，単純にC_2を増やすよりもこのフィルタを使用して実現でき，多くの場合はより低コストでボード・スペースも削減できます．詳細については，「出力フィルタ」のセクションを参照してください．

● 周波数補償

ループ周波数補償はR_3とC_1を用いて行います．R_3とC_1の選択手順については，本アプリケーション・セクションの周波数補償部品を参照してください．

● 電流ステアリング・ダイオード

D_1は高速ターンオフ・ダイオードでなければなりません．この点ではショットキー・ダイオードが最高で，順方向モードで優れた効率を提供します．出力電圧が高いと，効率の部分が有利になるので，シリコンの高速ターン・オフ・ダイオードが経済的な優れた選択といえます．40Vを超える出力電圧では，ターン・オン時間も重要です．ターン・オン時間が遅いダイオードでは，順方向電流が流れ始めた後の短い間，順方向電圧が非常に高くなります．この過渡的な順方向電圧は，数Vから数十Vに達します．ワースト・ケースのスイッチ電圧を計算するには，この値も出力電圧に合算しなければなりません．スイッチ過渡電圧を最小にするには，以下に示すとおりC_2とD_1の配線を短くしLT1070に近づけなければなりません．

● 短絡状態

電流ステアリング・ダイオード（D_1）が入力と出力を接続しているので，昇圧レギュレータは短絡保護されていません（**図5.20**）．LT1070は最大5Aの過負荷まで損傷を受けません．それを超えると，D_1は永久に「オン」になり，LT1070のスイッチは出力に短絡されます．入力電圧と直列に挿入したヒューズは，回路を保護す

図5.20 昇圧レギュレータは短絡保護がない

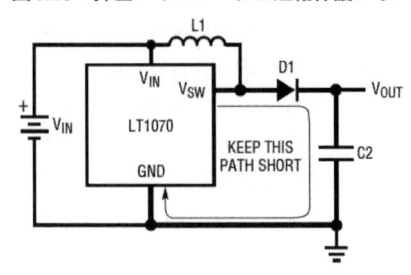

るための唯一の簡単な手段です．ヒューズの容量は，次式から計算できます．

$$I_{IN} \approx \frac{I_{OUT} \cdot V_{OUT}}{V_{IN}} \quad (32)$$

図5.19の回路では，I_{OUT} = 1A，V_{OUT} = 12V，V_{IN} = 5Vのとき，I_{IN}は以下のとおりです．

$$I_{IN} \approx \frac{1 \cdot 12}{5} = 2.4A$$

この設計では4Aの高速溶断ヒューズが順当な選択でしょう．

■ 負降圧コンバータ

図5.21の回路は，負の「降圧」レギュレータです．このレギュレータは，高い負の入力電圧を低い負の出力電圧に変換します．降圧レギュレータの特徴は，出力電圧リプルが低く，入力電流リプルが高いことです．この回路の帰還経路には，負入力電圧を基準とするLT1070の帰還ピンに，出力電圧センス信号をレベル・シフトするPNPトランジスタが含まれていなければなりません．

● 出力分割器

R_1とR_2によって出力電圧が設定されます．

$$R_1 = \frac{(V_{OUT} - V_{BE}) R_2}{V_{REF}} \quad (33)$$

V_{REF}：LT1070のリファレンス電圧 = 1.244V
V_{BE}：Q_1のベース-エミッタ電圧

R_2は標準で1.24kに設定されます．図に示す5.2V出力で，V_{BE} = 0.6Vとすると，R_1は以下のとおりです．

$$R_1 = \frac{(5.2 - 0.6)(1.24)}{1.244} = 4.585 \mathrm{k\Omega}$$

したがって，最も近い1%抵抗値は4.64kΩです．経験豊かなアナログ設計者は，出力電圧にV_{BE}の温度係数による2mV/℃の温度ドリフトがあることを知っています．このドリフトが高すぎる場合は，図5.22に示すとおり，R_2と並列に抵抗/ダイオード回路を接続することによって補償できます．

出力ドリフトをゼロにするためにR_PはR_1と等しくします．そして，R_1は次式で計算されます．

$$R_1 = R_P = \left(\frac{V_{OUT}}{V_{REF}} - 1\right) R_2 \quad (34)$$

● デューティ・サイクル

連続モードでの降圧コンバータのデューティ・サイクルは，次式で表されます．

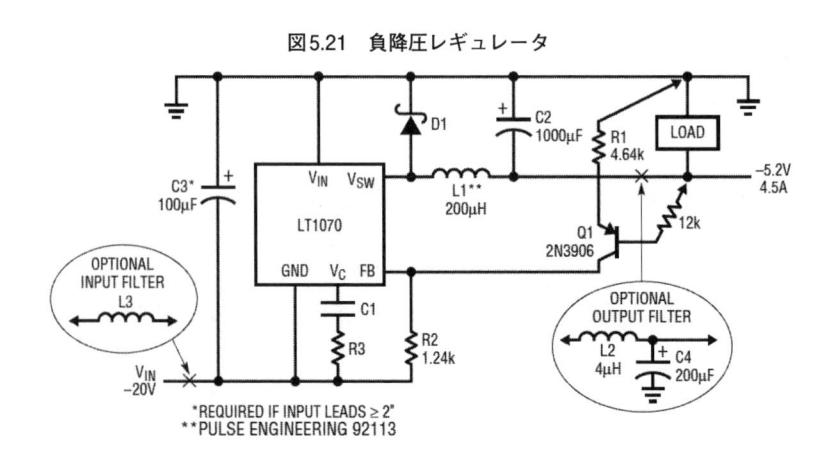

図5.21 負降圧レギュレータ

$$DC = \frac{V_{OUT} + V_F}{V_{IN}} \quad (35)$$

V_F：D_1の順方向電圧

● インダクタ

インダクタL_1は，出力電圧リプルが最小で最大出力電力か，小型サイズで高速過渡応答かのトレードオフとして選択されます．高電力設計のスタートとして適当なのがリプル電流（ΔI）の選択です．LT1070は降圧モードで最大5Aを供給可能なので，リプル電流の妥当な上限は0.5Aまたは全負荷の10%です．これによって，L_1の値は次式のとおり設定されます．

$$L_1 = \frac{(V_{IN} - V_{OUT}) V_{OUT}}{V_{IN} \cdot \Delta I \cdot f} \quad (36)$$

図5.21の回路で，$V_{IN} = 20V$，$V_{OUT} = 5.2V$，$f = 40kHz$，$\Delta I = 0.5A$の場合，L_1は以下のとおりです．

$$L_1 = \frac{(20 - 5.2)(5.2)}{20(0.5)(40 \cdot 10^3)} = 192 \mu H$$

出力電流がリプル電流の半分のとき，インダクタ電流は不連続（＝サイクルの一部がゼロ）になります．負荷電流が少ないときでも，連続インダクタ電流が望ましい場合は，L_1を大きくしなければなりません．

ピーク・インダクタおよびスイッチ電流は，出力電流＋1/2ピーク・ツー・ピーク・リプル電流と等しくなります．

$$I_{L(PEAK)} = I_{OUT} + \frac{(V_{IN} - V_{OUT}) V_{OUT}}{2 V_{IN} L f} \quad (37)$$

図に示す例で，$I_{OUT} = 4.5A$，$L_1 = 200 \mu H$の場合：

$$I_{L(PEAK)} = 4.5 + \frac{(20-5)(5)}{2(20)(200 \cdot 10^{-6})(40 \cdot 10^3)}$$
$$= 4.5 + 0.23 = 4.73A$$

L_1に使用するコアは，この例において4.73Aで飽和しないサイズでなければなりません．低出力電流アプリケーションでは，さらに小型のコアを使用できます．LT1070のパルス単位の電流制限は飽和状態のコアでも機能するので，ほとんどの状況では，ピーク電流制限条件（6A～10A）に対応してコアのサイズを決定する必要はありません．

図5.22 温度ドリフトの補償

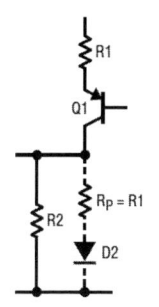

最大出力電力と低リプルが物理的サイズや高速過渡応答ほど重要でない場合は，より小さな値のL_1を使用できます．純粋な不連続モード動作ではL_1が最小値になるので，所要出力電流に基づいてL_1を選択します．不連続モードでの最大出力電流は，最大スイッチ電流の1/2であり，L_1は次式から求められます．

$$L_{1(MIN)} \frac{2V_{OUT}(I_{OUT})\left(1 - \frac{V_{OUT}}{V_{IN}}\right)}{I_P^2 \cdot f} \quad (38)$$

ここで，I_P：最大スイッチ電流

例：$V_{OUT} = 5.2V$，$I_{OUT} = 2A$，$V_{IN} = 20V$，$I_P = 5A$の場合

$$L_{1(MIN)} \frac{(2)(5.2)(2)\left(1 - \frac{5.2}{20}\right)}{5^2(40 \cdot 10^3)} = 15.4 \mu H$$

不連続モードでは，コア，入力電圧，および周波数のばらつきを考慮して，ここで計算した値よりも実際には約50%増やすことをお奨めします．コアは，不連続モードで最大出力時に5Aのピーク電流で飽和しないようなサイズでなければなりません．

● 出力コンデンサ

C_2は出力リプルを考慮して選択します．コンデンサのESRがリプル電圧を制限することがありますので，最初にこのパラメータをチェックしてください．与えられたピーク・ツー・ピーク出力リプル（V_{P-P}）に対する最大許容ESRは，$C_2 \to \infty$と仮定すると，次式から求められます．

$$ESR_{(MAX)} = \frac{V_{P-P} \cdot L_1 \cdot f}{V_{OUT}\left(1 - \frac{V_{OUT}}{V_{IN}}\right)} \quad (39)$$

V_{P-P} = 25mV, L_1 = 200μH, f = 40kHz, V_{IN} = 20V, V_{OUT} = 5.2Vの場合：

$$ESR_{(MAX)} = \frac{0.025(200 \cdot 10^{-6})(40 \cdot 10^3)}{5.2\left(1 - \frac{5.2}{20}\right)} = 0.052\,\Omega$$

C_2の順当な値を得るには，実際のESRが最大許容ESRの3分の2以下でなければなりません．この例では，ESRは0.035Ωが選択されています．ここでC_2は次式から求められます．

$$\begin{aligned}C_2 &\geq \frac{1/(8Lf^2)}{\left[\dfrac{V_{P-P}}{V_{OUT}\left(1 - \dfrac{V_{OUT}}{V_{IN}}\right)} - \dfrac{ESR}{Lf}\right]} \\ &\geq \frac{1/\left[8(200 \cdot 10^{-6})(40 \cdot 10^3)^2\right]}{\left[\dfrac{0.025}{5.2\left(1 - \dfrac{5.2}{20}\right)} - \dfrac{0.025}{(200 \cdot 10^{-6})(40 \cdot 10^3)}\right]} \geq 184\mu F\end{aligned} \quad (40)$$

最大0.035ΩのESRをもつ適切な動作電圧の184μFコンデンサは，見つからない可能性が高いといえます．C_2は必要なESRを得るために，かなり大きくする必要があるでしょう．

● 出力フィルタ

低出力リプルが必要な場合は，C_2が不当に大きな値になることがあります．第2のオプションは，図に示すように出力フィルタを追加することです．このフィルタのL_2およびC_4の値の正確な計算は，ここでの説明の範囲を超えていますが，C_2とC_4のESRが制限要素であると仮定すれば概算値を得ることができます．したがって，L_2の値はC_4の実際の容量とは無関係です．

$$L_2 \approx \frac{(ESR_2)(ESR_4)(V_{IN} - V_{OUT})\,V_{OUT}}{V_{P-P} \cdot 2\pi \cdot f^2 \cdot L_1 \cdot V_{IN}} \quad (41)$$

ESR_2：C_2のESR，ESR_4：C_4のESR，V_{P-P}：希望のピーク・ツー・ピーク出力リプル

$ESR_2 = ESR_4 = 0.1\Omega$と仮定し，$V_{P-P} = 5mV_{P-P}$を必要とする場合，以下のとおりです．

$$L_2 \approx \frac{(0.1)(0.1)(20-5.2)(5.2)}{(0.005)(2\pi)(40 \cdot 10^3)^2(200 \cdot 10^{-6})(20)} = 3.8\mu H$$

L_2はこの値より大きくできますが，$L_2 \times C_4$の積が$L_1 \times C_2$の積の最低1/10以下になるようにする必要があり

● 入力フィルタ

降圧レギュレータは，入力の電源に高いリプル電流を戻します．この電流のピーク・ツー・ピーク値は，出力電流と等しくなります．これが一部のシステムでは許容できないEMI条件を引き起こすことがあります．L_3とC_3によって形成される入力フィルタは，このリプル電流を大幅に低減します．このフィルタに関する主な検討事項は，減衰比とそれがレギュレータ・ループの安定性に与える影響です．詳細については，本アプリケーション・セクションで記載する入力フィルタの説明を参照してください．

● 周波数補償

R_3とC_1は周波数補償を提供します．これらの部品の選択に関する詳細は，「周波数補償」セクションを参照してください．

● キャッチ・ダイオード

D_1は電流ステアリング・ダイオードです．スイッチ・オフ時間の間，L_1電流の経路を提供します．このダイオードは，高速ターン・オン／ターン・オフの高速スイッチング・タイプにしてください．ショットキー・タイプは，効率を改善するための低出力電圧アプリケーションに推奨されます．平均およびピーク・ダイオード電流＋ダイオードの消費電力の式を以下に示します．これらの式は，かなり低いリプルの連続インダクタ電流を仮定しています．

$$I_{PEAK} \approx I_{OUT} \quad (42)$$

$$I_{AV} = I_{OUT}\left(1 - \frac{V_{OUT}}{V_{IN}}\right) \quad (43)$$

$$P_{DIODE} = V_F \cdot I_{OUT}\left(1 - \frac{V_{OUT}}{V_{IN}}\right) \quad (44)$$

ここで，V_F：$I = I_{PEAK}$におけるダイオードの順方向電圧

■ 負から正の昇降圧コンバータ

図5.23の回路は，出力負荷がスイッチではなくインダクタ終端（グラウンド）を基準とすることを除いて，

正昇圧レギュレータに似ています．トランジスタ(Q_1)を使用して，出力電圧信号を，負入力電圧を基準とするLT1070の帰還ピンまでレベル・シフトしています．

降圧または昇圧コンバータと異なり，反転コンバータには，出力電圧に対応する入力電圧には本質的な制限は何もありません．入力レベルは，出力電圧より高くても低くてもかまいません．入力電圧＋出力電圧の和が，LT1070スイッチの破壊電圧を超えることはできません．

出力電圧は次式から求められます．

$$V_{OUT} = V_{IN}\left(\frac{DC}{1-DC}\right) \quad (45)$$

DC：スイッチのデューティ・サイクル（0～1）
$DC = 0$で出力電圧はゼロです．$DC \to 1$では出力電圧は限りなく上昇します．

反転昇降圧コンバータのデューティ・サイクルは，次式から求められます．

$$DC = \frac{|V_{OUT}|}{|V_{IN}| + |V_{OUT}|}$$

昇降圧コンバータの最大電力出力は以下のようになります．

$$P_{OUT(MAX)} = \frac{\dfrac{I_P \cdot V_{OUT} \cdot V_{IN}}{V_{OUT} + V_{IN}} - \dfrac{I_P^2 \cdot R \cdot V_{OUT}}{V_{OUT} + V_{IN}}}{1 + V_F / V_{OUT}} \quad (46)$$

I_P：ピーク・スイッチ電流
　　（－1/2×L_1のピーク・ツー・ピーク・リプル電流）
R：スイッチ「オン」抵抗
V_F：D_1の順方向電圧

この等式の分子の最初の項は，スイッチまたはダイオード（D_1）損失がない理論的な出力電力です．等式の分子の2番目の項はスイッチ損失です．分母の項はダイオード損失を表します．

図に示す回路で，$V_{IN} = -12V$，$V_{OUT} = 12V$，$L_1 = 0.5A_{P-P}$のリプル電流，ピーク・スイッチ電流＝5A，$R = 0.2\Omega$，$V_F = 0.8V$の場合：

$$P_{OUT(MAX)} = \frac{\dfrac{(4.75)(12)(12)}{12+12} - \dfrac{(4.75)^2(0.2)(12)}{12+12}}{1+0.8/12}$$

$$= 24.6W$$

図5.23　負から正の昇降圧コンバータ

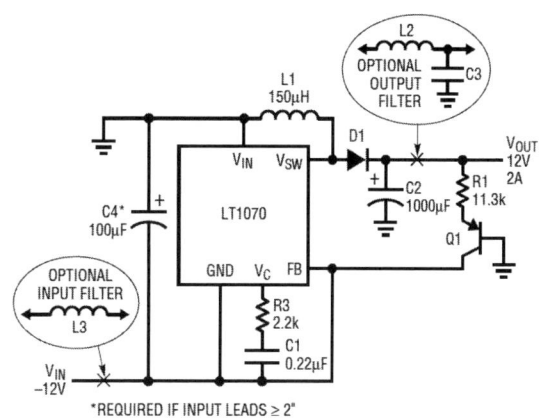

●出力電圧の設定

R_1とR_2で出力電圧が決まります．

$$R_1 = \frac{R_2(V_{OUT} - V_{BE})}{V_{REF}} \quad (47)$$

V_{REF}：LT1070のリファレンス電圧＝1.244V
V_{BE}：Q_1のベース-エミッタ電圧

この例で，$R_2 = 1.24k$，$V_{OUT} = 12V$，およびQ_1の$V_{BE} \approx 0.6V$の場合：

$$R_1 = \frac{1.24(12-0.6)}{1.244} = 11.36k\Omega$$

出力電圧はV_{BE}の温度ドリフトのために，－2mV/℃のドリフト特性をもっています．これが望ましくない場合は，R_2と並列に抵抗とダイオードの組み合わせを追加して，ドリフトを訂正することができます．詳細については「負降圧コンバータ」のセクションを参照してください．

●インダクタ

高いリプル電流によって最大利用可能出力電力が低下し効率が下がるので，インダクタは通常，最大許容リプル電流に基づいて計算されます．ピーク・ツー・ピーク・リプル電流（ΔI_L）の場合，L_1は次式に等しくなります．

$$L_1 = \frac{V_{IN} \cdot V_{OUT}}{\Delta I_L (V_{IN} + V_{OUT}) f} \quad (48)$$

f：LT1070の動作周波数 = 40kHz

この例では，ΔIを最大LT1070スイッチ電流（$\Delta I = 1.0A$）の20％で選択すると，

$$L_1 = \frac{(12)(12)}{(1.0)(12+12)(40 \cdot 10^3)} = 150\mu H$$

L_1の値を大きくしても，電力レベルはそれほど上がらず，かえってサイズとコストが増え，過渡応答が劣化します．L_1は入力または出力に対するリプル・フィルタとして機能しないので，値を大きくしてもリプルは改善されません．

L_1の値を小さくすると，最大電力出力が低下します．式(46)は最大許容スイッチ電流I_Pを$-1/2 \Delta I_L$として定義しています．したがって，リプル電流が5Aに等しい点までL_1を下げた場合，I_Pは5Aから2.5Aに低減しなければならないでしょう．これは最大出力電力が2：1に減少することです．L_1をさらに低減すると，電流が不連続になり，式(46)は無効になります．不連続電流では効率が低下するので，L_1のサイズが重要なときで，低電力出力の場合にしか不連続モードは推奨されません．不連続な電流では，L_1の最小推奨サイズは，次式のとおりです．

$$L_{1MIN}(不連続) = \frac{2 V_{OUT} \cdot I_{OUT}}{f (0.7 I_P)^2} \quad (49)$$

I_Pの前の係数(0.7)は，fとL_1のばらつきとスイッチング損失の原因となる「見込み」係数です．

例：$V_{OUT} = 12V$，$I_{OUT} = 0.5A$，$f = 40kHz$，$I_P = 5A$の場合

$$L_1 = \frac{2(12)(0.5)}{(40 \cdot 10^3)(0.7 \cdot 5)^2} = 24.5\mu H$$

一度L_1を選択すると，次式から連続モードでのピーク・インダクタ電流を計算することができます．

$$I_{L(PEAK)} = I_{OUT}\left[1 + \frac{V_{OUT} + V_F}{V_{IN} - (I_{OUT} \cdot R)\frac{V_{IN} + V_{OUT}}{V_{IN}}}\right]$$
$$+ \frac{V_{IN} \cdot V_{OUT}}{2(L_1)(V_{IN} + V_{OUT}) f} \quad (50)$$

V_F：D_1の順方向電圧

R：LT1070のスイッチ「オン」抵抗

図5.23の回路で，$L_1 = 150\mu H$，$V_F = 0.8V$，$I_{OUT} = $ 1.5A，$R = 0.2\Omega$の場合：

$$I_{L(PEAK)} = 1.5\left[1 + \frac{12+0.8}{12-(1.5 \cdot 0.2)\frac{12+12}{12}}\right]$$
$$+ \frac{(12)(12)}{2(150 \cdot 10^{-6})(12+12)(40 \cdot 10^3)}$$

$I_{L(PEAK)} = 3.18 + 0.5 = 3.68A$

3.18AはL_1を流れる平均電流で，0.5Aはピーク ACリプル電流です．L_1に使用するコアは$I_L = 3.68A$で飽和しないよう十分に大きくなければなりません．

不連続モード動作のピーク・インダクタ電流は，次の式から求められます．

$$I_{L(PEAK)} = \sqrt{\frac{(I_{OUT})(V_{OUT} + V_F)(2)}{(L_1)(f)}} \quad (51)$$

例：$L_1 = 20\mu H$，$I_{OUT} = 0.25A$，$V_F = 0.8V$の場合

$$I_{L(PEAK)} = \sqrt{\frac{(0.25)(12+0.8)(2)}{(20 \cdot 10^{-6})(40 \cdot 10^3)}} = 2.83A$$

この不連続アプリケーションでのコア・サイズは，前の例よりもかなり小さくすることができます．コア容積はほぼ$I_L^2 \cdot L$に比例します．$L_1 = 100\mu H$，$I_L = 3.93A$の場合，$I_L^2 \cdot L = 1.5 \cdot 10^{-3}$です．$I_L = 2.83A$の20$\mu$Hインダクタでは，$I_L^2 \cdot L = 0.16 \cdot 10^{-3}$になります．コアはほぼ1/10に小さくすることができます．このサイズの違いは，不連続回路は供給電流が少なく，効率もいくらか低下するためです．

● 出力コンデンサ

C_2はすべての出力をフィルタするので，C_2は高品質（低ESR）のスイッチング・コンデンサでなければなりません．L_1は単にエネルギー転送素子として機能します．C_2を選択するための取り掛かりとして，C_2のESR（等価直列抵抗）が出力リプルの2/3に寄与し，C_2のリアクタンスが1/3に寄与すると仮定します．これを考慮すると，次のESRの公式を導出することができます．

$$ESR_{(MAX)} = \frac{V_{P-P} \cdot V_{IN} \cdot (2/3)}{I_{OUT}(V_{IN} + V_{OUT})} \quad (52)$$

V_{P-P}：ピーク・ツー・ピーク出力電圧リプル

V_{P-P}に100mVを選択し，$V_{IN} = -12V$，$V_{OUT} = 12V$，$I_{OUT} = 1.5A$の場合，ESRは以下のとおりです．

$$ESR_{(MAX)} = \frac{(0.1)(12)(2/3)}{1.5(12+12)} = 0.0185\,\Omega$$

ESR を求めたら，C_2 の値は次式のとおり計算できます．

$$C_2 = \frac{I_{OUT} \cdot V_{OUT}}{\left[V_{P-P} - I_{OUT} \cdot ESR\left(\frac{V_{IN}+V_{OUT}}{V_{IN}}\right)\right](V_{OUT}+V_{IN})\,f} \quad (53)$$

C_2 の ESR を最大 $0.015\,\Omega$ と指定すると，C_2 は以下のとおりです．

$$C_2 = \frac{(1.5)(12)}{\left[0.1-(1.5)(0.015)\left(\frac{12+12}{12}\right)\right](12+12)(40 \cdot 10^3)} \quad (54)$$
$$= 341\,\mu\text{F}$$

$0.015\,\Omega$ の最大 ESR をもつコンデンサを見つけるには，容量は $341\,\mu\text{F}$ よりかなり大きくなければならないでしょう．低出力リプルが必要な場合，ESR の条件に合わせるだけで，C_2 の値が非常に大きくなる可能性があります．

出力リプル問題に対する第2の解決方法は，図5.23 で示す点に出力フィルタを追加することです．このフィルタは，ループ過渡応答，位相マージン，または効率にほとんど影響を与えずに，リプルを大幅に低減することができます．詳細については「出力フィルタ」セクションを参照してください．

● 電流ステアリング・ダイオード

D_1 は，平均電流定格が I_{OUT}，ピーク反復定格が $I_{OUT}(V_{OUT}+V_{IN})/V_{IN}$ の高速回復ダイオードでなければなりません．連続出力短絡が発生する可能性がある場合は，D_1 は定格10Aとし，外部でLT1070の電流制限を低減しない限り，それに応じて放熱しなければなりません．通常の負荷条件での D_1 の消費電力は，次の式のとおりです．

$$P_{(D1)} = I_{OUT} \cdot V_F \quad (55)$$

V_F ： $I_D = I_{OUT}\left(\dfrac{V_{OUT}+V_{IN}}{V_{IN}}\right)$ での D_1 の順方向電圧

D_1 のブレークダウン電圧は，少なくとも $V_{IN}+V_{OUT}$ でなければなりません．ターン・オン時間は短くして，スイッチのターン・オフ後のLT1070スイッチの両端の電圧スパイクを最小にする必要があります．

■ 正降圧コンバータ

LT1070スイッチの負側はチップのグラウンドに使用されているので，LT1070を使用した正降圧コンバータ（図5.24）は，斬新なデザイン・アプローチを必要とします．この負スイッチ端子は，正降圧コンバータでのインダクタのドライブ点です．したがって，LT1070のグラウンド・ピンは入力電圧とコンバータ・グラウンドの間で切り替えなければなりません．これはスイッチの正側（V_{SW}）を入力電源に接続し，ピーク検出（C_3, D_3）ブートストラップ電源電圧を使用してチップを動作させることにより達成されます．LT1070がスイッチングしている限り，C_3 はチップの入力ピンとグラウンド・ピン間の電圧を入力電源電圧と等しい電圧に維持します．このトポロジーを確実に正しく起動させるには，C_3 の値を最小限に維持することが重要です．ワースト・ケースの軽負荷条件で確実に正しく起動させるには，慎重にテストを実施しない限り，図に示す $2.2\,\mu$

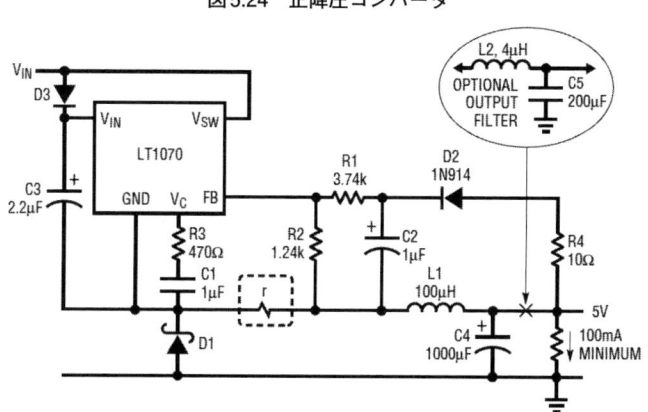

図5.24 正降圧コンバータ

F値を増やしてはなりません．LT1070が起動しない場合は，軽い負荷が接続された出力は安定せず高くなります．いずれの場合も最小推奨負荷電流は100mAです．

この設計で最も変わっているところは，LT1070の帰還ピンに出力電圧情報を伝える方法です．このピンは基準とするLT1070のグラウンド・ピンとともにスイッチングしますので，帰還回路はスイッチング・グラウンド・ピンでフロートし，同時に出力電圧のDC値に比例しなければなりません．これはLT1070スイッチの「オフ」時間の間に，D_2で出力電圧のピークを検出することによって達成されます．D_1がL_1を流れる負荷電流によって順方向バイアスされるので，この時点でのチップのグラウンド・ピンの電圧は，システム・グラウンドよりも1ダイオード（D_1）電圧降下分だけ負になります．D_2も順方向バイアスであり，C_2の両端の電圧は次の式のとおりです．

$$V_{C2} = V_{OUT} - V_{D2} + V_{D1} \tag{56}$$

V_{D1}：D_1の順方向電圧
V_{D2}：D_2の順方向電圧

したがって，帰還ネットワークR_1/R_2は出力電圧に非常に近い電圧でバイアスされ，LT1070は次の式に従って出力電圧を安定化します．

$$V_{OUT} = V_{C2} + V_{D2} - V_{D1} = \frac{V_{REF}(R_1+R_2)}{R_2} + V_{D2} - V_{D1} \tag{57}$$

V_{REF}：LT1070のリファレンス電圧 = 1.244V

V_{D1}がV_{D2}とまったく等しいならば，出力レギュレーションは完全であるはずですが，D_2が1mAの固定平均電流で動作するのに対して，D_1の順方向電圧は負荷電流に依存します．これによって，負荷電流が広範囲に変化する場合は，出力電圧が100～400mV変動する可能性があります．この影響をできる限り抑えるために，寄生直列抵抗の影響が最小になるように，D_1の定格が動作電流に対して大きめにしなければなりません．図に示すユニットの定格は平均電流10Aです．D_1はまた高速ターン・オン・タイプでなければなりません（本アプリケーション・セクションの随所に出てくるダイオードの説明を参照してください）．D_1のターン・オン時間が長いと，C_2はV_{OUT}より高い電圧に充電される可能性があり，出力電圧が異常に低くなります．この影響を抑えるためにR_4が追加されています．ショットキー・ダイオードはスイッチング時間が非常に高速で順方向電圧が低いため，特に低出力電圧に対して効率が改善されるので，D_1にはショットキー・ダイオードが推奨されます．

このアプリケーションではD_1とL_1の間に小さな抵抗（破線の枠内に示すr）を挿入すれば，ロード・レギュレーションを大幅に改善できます．r両端の電圧は$(r)(I_{OUT})$になります．この電圧によってR_2両端の電圧が上昇し，負荷接続時に出力電圧が上昇します．D_1の順方向電圧の上昇による出力低下がrによる出力上昇によって打ち消される場合に，完全なロード・レギュレーションになります．rに必要な値は，次の式から求まります．

$$r = r_d \frac{V_{REF}}{V_{OUT}} \tag{58}$$

r_d：D_1の順方向直列抵抗
V_{REF}：LT1070のリファレンス電圧 = 1.244V

r_dは部品によってわずかに異なり，また負荷電流に対して一定ではないので，完全なロード・レギュレーションを達成することはできませんが，負荷電流が5：1の範囲にわたって変動してもV_{OUT} = 5Vで2％より優れたレギュレーションを容易に達成できます．出力電圧が高いと，ロード・レギュレーションはさらに良くなります．

図に示す回路で，r_d = 0.05Ωの場合，rは以下のとおりです．

$$r = \frac{(0.05)(1.244)}{5} = 0.0124\,\Omega$$

これは長さ9インチの#22ワイヤを使用すれば最も簡単に得られます．

出力電圧はR_1とR_2から以下のとおり求められます．

$$R_1 = R_2 \frac{V_{OUT} - V_{REF}}{V_{REF}} \tag{59}$$

R_2は分割器電流を1mAに設定するために通常，1.24kに固定されています．この等式では，$V_{D1} = V_{D2}$と仮定しています．$V_{D1} \neq V_{D2}$の場合は，R_1をわずかに調整する必要があります．

● デューティ・サイクルの制限

LT1070の最大デューティ・サイクルは90％です．これにより，降圧レギュレータの最小入力電圧が制限

されます．デューティ・サイクルは，次の式から計算できます．

$$DC = \frac{V_{OUT} + V_F}{V_{IN} - (I_{OUT} \cdot R) + V_F} \quad (60)$$

V_F：D_1の順方向電圧
R：LT1070スイッチの"オン"抵抗

この式をV_{IN}について整理すると，以下のようになります．

$$V_{IN(MIN)} = \frac{V_{OUT} + V_F}{DC} + (I_{OUT} \cdot R) - V_F \quad (61)$$

最大デューティ・サイクル90%（0.9），$V_{OUT} = 5V$，$V_F = 0.6V$，$R = 0.2\Omega$，$I_{OUT} = 4A$の場合：

$$V_{IN(MIN)} = \frac{5 + 0.6}{0.9} + (0.2 \cdot 4) - 0.6 = 6.4 V$$

● インダクタ

降圧レギュレータのエネルギー蓄積インダクタは，エネルギー変換素子と出力リプル・フィルタの両方の機能を果たします．この二重機能によって，多くの場合は追加出力フィルタのコストが節約されますが，妥当なインダクタ値を求めるプロセスが複雑になります．値が大きいと，最大電力出力と低出力リプル電圧が得られますが，容積が大きくなり過渡応答も劣化します．取り掛かりとして妥当なのは，まず最大ピーク・ツー・ピーク・リプル電流（ΔI）を選択することです．これによって，次の式のとおりL_1の値が得られます．

$$L_1 = \frac{(V_{IN} - V_{OUT}) V_{OUT}}{V_{IN} \cdot \Delta I \cdot f} \quad (62)$$

f：LT1070の動作周波数≈40kHz
ΔI：ピーク・ツー・ピーク・インダクタ・リプル電流

図に示す回路で，$V_{IN} = 16V$，$V_{OUT} = 5V$，およびΔIを3.5Aの20% = 0.7Aに設定した場合：

$$L_1 = \frac{(16-5)(5)}{(16)(0.8)(40 \cdot 10^3)} = 122 \mu H$$

L_1でのリプル電流によって，最大出力電流が$1/2 \Delta I$だけ減少します．出力電流が低い場合にはこれは問題ではありませんが，最大出力電力を得る場合は，L_1を2～3倍に増やすことができます．出力電力が低い場合は，L_1を小さくしてサイズとコストを削減することができます．L_1を小さくし過ぎると，全負荷付近でも不連続モード動作が起こります．LT1070は本質的に不連続動作の影響を受けませんが，不連続モード・デザインでは以下のとおり最大出力電力が大幅に低下します．

$$I_{OUT(MAX)} = \frac{(I_P)^2 \cdot L \cdot f}{2 V_{OUT}} \left(\frac{V_{IN}}{V_{IN} - V_{OUT}} \right) \quad (63)$$

I_P：LT1070ピーク・スイッチ電流

たとえば，$L_1 = 10 \mu H$で$I_P = 5A$の場合：

$$I_{OUT(MAX)} = \frac{(5)^2 (10 \cdot 10^{-6})(40 \cdot 10^3)}{2(5)} \left(\frac{16}{16-5} \right) = 1.4 A$$

不連続動作ではスイッチの損失が増加するため，効率も低下します．

降圧レギュレータが連続から不連続動作に移行するときの負荷電流は，次の式のとおりです．

$$I_{CRIT} = \frac{(V_{IN} - V_{OUT}) V_{OUT}}{2 V_{IN} \cdot f \cdot L_1} \quad (64)$$

L_1を$100 \mu H$とすると，インダクタ電流は以下の時点で不連続になります．

$$I_{CRIT} = \frac{(16-5)(5)}{2(16)(40 \cdot 10^3)(100 \cdot 10^{-6})} = 0.43 A$$

I_{CRIT}が2.5A（LT1070スイッチの最大電流の1/2）を超えることはありません．

連続モード動作時の降圧レギュレータでのピーク・インダクタ電流は，次式のとおりです．

$$I_{L(PEAK)} = I_{OUT} + \frac{(V_{IN} - V_{OUT}) V_{OUT}}{2 \cdot V_{IN} \cdot L_1 \cdot f} \quad (65)$$

$I_{OUT} = 3.5A$および$L_1 = 100 \mu H$の場合

$$I_{L(PEAK)} = 3.5 + \frac{(16-5)(5)}{2(16)(100 \cdot 10^{-6})(40 \cdot 10^3)} = 3.93 A$$

L_1に使用するコアは，飽和することなく3.93Aピーク電流を扱うことができなければなりません．

不連続モードでのピーク・インダクタ電流は，以下のとおり出力電流よりはるかに高くなります．

$$I_{L(PEAK)} = \sqrt{\frac{2 \cdot V_{OUT} \cdot I_{OUT}(V_{IN} - V_{OUT})}{V_{IN} \cdot L_1 \cdot f}} \quad (66)$$

$L_1 = 10\mu H$, $I_{OUT} = 1A$の場合：

$$I_{L(PEAK)} = \sqrt{\frac{2(5)(1)(16-5)}{(16)(10\cdot 10^{-6})(40\cdot 10^3)}} = 4.15\text{A}$$

出力電流1Aでの10μHインダクタは，4.14Aのピーク電流を扱うだけのサイズがなければなりません．

● 出力電圧リプル

出力リプルの計算については，負降圧レギュレータ・セクションを参照してください．

● 出力コンデンサ

C_4は出力電圧リプルを考慮して選択します．ESR（等価直列抵抗）は最も重要なパラメータです．詳細については，負降圧レギュレータのセクションを参照してください．

● 出力フィルタ

出力電圧リプルが非常に低い場合は，C_4の値が極端に高くなることがあります．出力フィルタL_2およびC_5を使用すれば出力リプルを低減できます．詳細については，「出力フィルタ」のセクションを参照してください．

■ フライバック・コンバータ

フライバック・コンバータ（図5.25）は，蓄えたエネルギーをトランスの巻き線間で前後に転送することによって，出力電圧を入力電圧より高いまたは低い電圧に調整することができます．スイッチ「オン」時間中，全エネルギーが$E = (I_{PRI})^2 (L_{PRI})/2$に従って一次巻き線に蓄えられます．スイッチがターン・オフすると，このエネルギーは出力巻き線に転送されます．スイッチがオープンした直後の二次電流は，スイッチがオープンする直前の一次巻き線の電流×巻き数比の逆数($1/N$)に等しくなります．フライバック・コンバータの出力電圧は，降圧または昇圧コンバータのように入力電圧で制約されません．

$$V_{OUT} = \frac{DC}{1-DC}(N\cdot V_{IN}) \qquad (67)$$

DC：スイッチ・デューティ・サイクル

$$= \frac{V_{OUT}}{V_{OUT} + (N\cdot V_{IN})} \qquad (68)$$

N：トランス巻き数比

デューティ・サイクルを0と1の間で変えることによって，出力電圧は理論的には0から∞のどこにでも設定できます．しかし，実際には出力電圧はスイッチのブレークダウン電圧で制約され，最大出力電圧は以下のとおり制限されます．

$$V_{OUT(MAX)} = N(V_M - V_{SNUB} - V_{IN}) \qquad (69)$$

V_{SNUB}：スナバ電圧（スナバの詳細についてはこのセクションを参照）

V_M：最大許容スイッチ電圧

これでもLT1070は大きな値のNを使用すれば，何百または何千ボルトもの電圧を出力できます．

多くのアプリケーションでは性能を低下させることなく，広範囲にNを変化させることができます．しかし，最大出力電力が要求される場合は，次の式でNを最適化できます．

$$N_{(OPT)} = \frac{V_{OUT} + V_F}{V_M - V_{IN(MAX)} - V_{SNUB}} \qquad (70)$$

V_F：D_1の順方向電圧

図5.25で，$V_{OUT} = 5V$，$V_F = 0.7V$（ショットキー），$V_{IN(MAX)} = 30V$，$V_M = 60V$，$V_{SNUB} = 15V$の場合：

$$N_{(OPT)} = \frac{5+0.7}{60-30-15} = 0.38$$

この回路では，1:3(0.33)の巻き数比を使用しました．次に決定すべき重要なトランスのパラメータは，一次巻き線インダクタンス(L_{PRI})です．最大出力電力を得るには，磁化電流を小さくするために大きなL_{PRI}が必要ですが，そうするとコア・サイズが許容できないほど大きくなってしまいます．順当な設計方法は，L_{PRI}の値を一次巻き線の磁化電流(ΔI)がピーク・スイッチ電流の約20%になる点まで低減することです．LT1070のピーク・スイッチ電流の定格は5Aですので，フル・パワー・アプリケーションの場合，ΔIは1Aピーク・ツー・ピークに設定することができます．最大出力電流は，ΔI対ピーク・スイッチ電流比の1/2，つまりこの場合は約10%だけ減少します．

この設計方法では，L_{PRI}は次式から求められます．

$$L_{PRI} = \frac{V_{IN}\cdot V_{OUT}}{\Delta I \cdot f (V_{OUT} + N\cdot V_{IN})} \qquad (71)$$

$V_{IN} = 24V$，$V_{OUT} = 5V$，$\Delta I = 1A$，$N = 1/3$の場合：

図5.25 フライバック・コンバータ

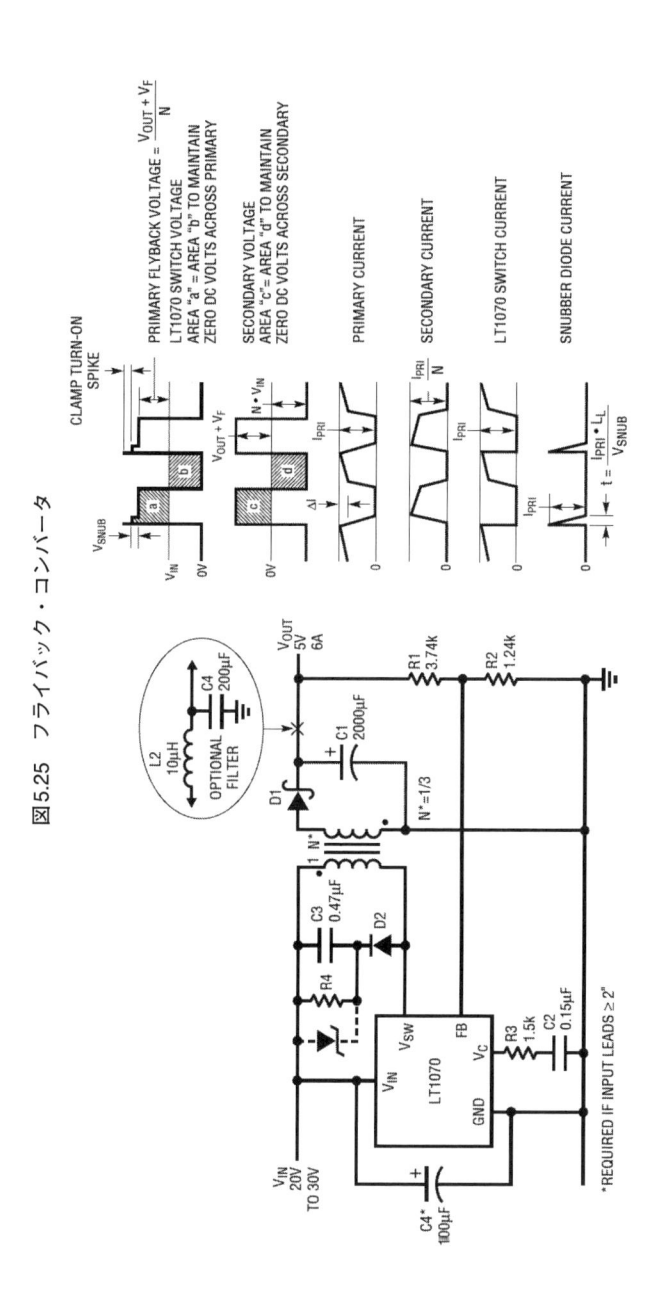

$$L_{PRI}=\frac{(24)(5)}{(1)(40\cdot 10^3)(5+1/3\cdot 24)}=231\mu H$$

これよりL_{PRI}の値が高い場合は，最大出力電流はわずかに高くなりますが，さらに大きなコア・サイズが必要です．コア・サイズを小さくするために，出力電流を低くすれば，より低い一次巻き線インダクタンスを使用できます．

最大出力電流は，ピーク許容スイッチ電流(I_P)によって決まります．

$$I_{OUT(MAX)}=\frac{E\left(I_P-\dfrac{\Delta I}{2}\right)(V_{IN})}{(N\cdot V_{IN})+V_{OUT}} \qquad (72)$$

I_P：最大LT1070スイッチ電流
E：総合効率 ≈ 75%

$V_{IN}=24V$, $V_{OUT}=5V$, $I_P=5A$, $\Delta I=1A$, $N=1/3$の場合：

$$I_{OUT(MAX)}=\frac{0.75\left(5-\dfrac{1}{2}\right)(24)}{(1/3\cdot 24)+5}=6.2A$$

75%という効率は，スナバ・ネットワーク(約6%)，LT1070スイッチ(約4%)，LT1070ドライバ(約3%)，出力ダイオード(約8%)，およびトランス(約4%)の損失からきています．この効率は，単純な降圧または昇圧設計で達成できる85～95%ほど高くはありませんが，多くの場合，巻き数比Nを変更して高出力電流または高出力電圧を生成できることや巻き線を追加して複数出力として構成できるので，十分と認められます．

ピーク一次電流を使用して，次式からトランスのコア・サイズを決定します．

$$I_{PRI} = \frac{I_{OUT}}{E}\left(\frac{V_{OUT}}{V_{IN}}+N\right) + \frac{V_{IN} \cdot V_{OUT}}{2 f L_{PRI}(V_{OUT}+N \cdot V_{IN})} \quad (73)$$

出力電流を6Aとし，V_{IN} = 24V，V_{OUT} = 5V，E = 75%，L_{PRI} = 231μH，N = 1/3の場合：

$$I_{PRI} = \frac{6}{0.75}\left(\frac{5}{24}+1/3\right)$$
$$+ \frac{(24)(6)}{2(40 \cdot 10^3)(231 \cdot 10^{-6})(5+1/3 \cdot 24)}$$
$$= 4.33 + 0.5 = 4.83 A$$

231μHの一次巻き線に4.83Aのピーク電流を流してもコアは飽和してはいけません(詳細についてはインダクタとトランスに関するセクションを参照してください)．

● 出力分割器

R_1とR_2で以下のとおり出力電圧を設定します．

$$R_1 = \frac{V_{OUT} - V_{REF}}{V_{REF}} \cdot R_2 \quad (74)$$

V_{REF}：LT1070の帰還リファレンス電圧 = 1.244V
R_1とR_2は広範囲に変化できますが，R_2の便利な値は，標準1%値で1.24kです．

5V出力の場合，

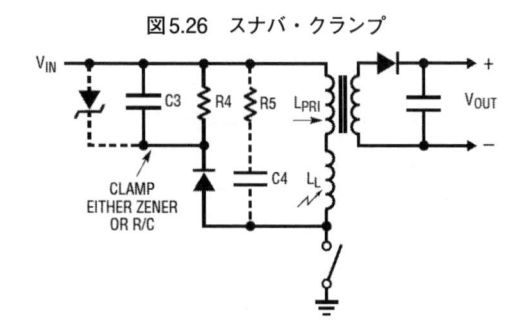

図5.26 スナバ・クランプ

$$R_1 = \frac{(5-1.244)(1.24)}{1.244} = 3.756 \text{k}\Omega$$

です．

● 周波数補償

R_3とC_2はポール・ゼロ周波数補償を提供します．詳細については，本アプリケーション・ノートの周波数補償に関するセクションを参照してください．

● スナバの設計

トランスを使用したフライバック・コンバータは，スイッチを過電圧スパイクから保護するためにクランプを必要とします．これらのスパイクは，トランスのリーク・インダクタンスによって生じます．リーク・インダクタンス(L_L)は，図5.26に示すように一次巻き線に直列に存在する二次側に結合されていないインダクタとしてモデル化されます．

スイッチ「オン」時間の間，リーク・インダクタンスL_Lにはピーク一次電流(I_{PRI})に等しい電流が流れます．スイッチがターン・オフすると，電圧がクランプされていない場合は，L_Lに蓄えられたエネルギー($E = I^2 \cdot L_L/2$)によってスイッチ電圧がブレークダウン電圧まで上昇することになります．

ツェナー・ダイオードをクランプに使用した場合，ツェナー・クランプ電圧は最大スイッチ電圧と最大入力電圧を用いて，以下のとおり選択されます．

$$V_{ZENER} = V_M - V_{IN(MAX)} \quad (75)$$
V_M：最大許容スイッチ電圧

標準LT1070の最大スイッチ電圧は65Vですので，V_Mは5Vの余裕をみて一般的に60Vに設定されます．この回路で$V_{IN(MAX)}$ = 30Vと仮定すれば，以下のとおりです．

$$V_{ZENER} = 60 - 30 = 30V$$

ピーク・ツェナー電流はピーク一次電流(I_{PRI})と等しく，平均消費電力は次の式のようになります．

$$P_{ZENER} = \frac{V_Z (I_{PRI})^2 L_L f}{2\left(V_Z - \frac{V_{OUT}+V_F}{N}\right)} \quad (76)$$

この式の重要な部分は，分母の$[V_Z - (V_{OUT} + V_F)/N]$の項です．この電圧はスナバ電圧($V_{SNUB}$)として定義されており，ツェナー電圧と一次側の標準フライバッ

ク電圧との差になります（図5.25の波形を参照してください）. V_{SNUB} が低すぎる場合，ツェナー消費電力は急激に増加します. V_{SNUB} の妥当な最小値は10Vですので，これをチェックしてから先に進んでください.

$$V_{SNUB} = V_Z - \frac{V_{OUT}+V_F}{N} = 30 - \frac{5+0.7}{1/3} = 12.9\,\text{V} \quad (77)$$

トランスのリーク・インダクタンスは，バイファイラ巻き，すなわち一次側と二次側を交互に配置することによって最小限に抑えることができます. これを適切に行えば，リーク・インダクタンスは通常，一次インダクタンスの1%未満になります. $L_{PRI} = 230\,\mu\text{H}$ になるようにT_1を巻いた場合，L_Lは$2.3\,\mu\text{H}$未満でなければなりません. この値を使用すれば，最大負荷電流時のツェナーの消費電力は，次の式のようになります.

$$P_{ZENER} = \frac{(30)(4.83)^2(2.3\cdot10^{-6})(40\cdot10^3)}{2\left(30-\frac{5+0.7}{1/3}\right)} = 2.5\,\text{W}$$

短絡状態でのツェナーの消費電力は，$V_{OUT} = 0$と仮定して同じ式(76)から計算されます. I_{PRI}はLT1070の電流制限値です. $I_{PRI} = 9\text{A}$の場合：

$$P_{ZENER} = \frac{(30)(9)^2(3.5\cdot10^{-6})(40\cdot10^3)}{2\left(30-\frac{0.7}{1/3}\right)} = 4\,\text{W}$$

LT1070スイッチ電圧の波形は，スナバ・クランプ電圧の上にはみ出している狭いスパイクを示しています. このスパイクは，クランプ回路，特にツェナーと直列になっているダイオードのターン・オン時間に起因します. このダイオードは，ショットキーまたはターン・オン時間が非常に高速なタイプのものを使用し，このスパイクの高さを抑えなければなりません. ピーク電流定格がI_{PRI}と等しくなければなりません. ダイオードの逆電圧定格は，少なくとも$V_{IN(MAX)}$でなければなりません.

ツェナー・クランプに代わるものはR/Cクランプです. このほうが安価ですが，クランプ・レベルが十分に規定されていない欠点があります. RCスナバは無負荷状態でも電力を消費します. R_4の値は次の式から求まります.

$$R_{SNUM} = \frac{2(V_R)^2 - V_R(V_{OUT}/N)}{(I_{PRI})^2\,L_L\cdot f} \quad (78)$$

V_R：スナバ抵抗両端の電圧

$V_R = 30\text{V}$に設定し（V_{ZENER}と同じ），$I_{PRI} = 4.83\text{A}$の最大負荷条件を使用した場合：

$$R_{SNUM} = \frac{2(30)^2-(30)\left(\frac{5}{1/3}\right)}{(4.83)^2(2.3\cdot10^{-6})(40\cdot10^3)} = 419\,\Omega$$

最大負荷でのスナバの消費電力は，次のとおりです.

$$P_R = \frac{(V_R)^2}{R} = \frac{(30)^2}{419} = 2.15\,\text{W}$$

負荷が非常に軽いとき，スナバ抵抗両端の電圧は，一次側のフライバック電圧$V_R = (V_{OUT} + V_F)/N$まで低下します.

この例で，フライバック電圧は16.8Vなので，スナバ消費電力は$16.8^2/419\,\Omega = 0.67\text{W}$になります.

これは出力負荷がゼロに近くても高効率が必要な場合に検討しなければなりません. スナバ抵抗の短絡消費電力の概算値は，次のとおりです.

$$P_R \approx \frac{(I_{PRI})^2 f \cdot L_L}{2} \quad (79)$$

（出力短絡）
短絡時のI_{PRI}はLT1070の電流制限値です. $I_{PRI} = 9\text{A}$の場合，出力短絡時のスナバ消費電力はこの例では約3.7Wです.

C_3の値は厳密ではありませんが，スナバ両端のリプル電圧を数Vに抑えるだけの大きな容量が必要です. これから，コンデンサ値は次の式のようになります.

$$C_3 = \frac{V_R}{R \cdot f \cdot V_S} \quad (80)$$

V_S：C_3両端の電圧リプル

$V_S = 3\text{V}$, $V_R = 30\text{V}$, $R = 419\,\Omega$の場合：

$$C_3 = \frac{30}{(419)(40\cdot10^3)(3)} = 0.6\,\mu\text{F}$$

C_3は，スパイク電圧を最小限に抑えるために，非常に低いESR（等価直列抵抗）をもつフィルム・コンデンサまたはセラミックでなければなりません.

C_4とR_5（破線で示す）は，スイッチ・オフ時間中に二次電流がゼロに低下したときに（不連続動作），軽出力負荷状態における一次側リンギングを除去するダン

パ（オプション）です．標準値は，$R = 300\,\Omega \sim 1.5\mathrm{k}$，$C = 500 \sim 5000\mathrm{pF}$です．

● 出力ダイオード（D_1）

出力ダイオードには，出力電流と等しい平均順方向電流が流れます．しかし，電流波形はパルス状でその振幅は次のとおりです．

$$I_{D1(PEAK)} = I_{OUT}\left(1 + \frac{V_{OUT} + V_F}{N \cdot V_{IN}}\right) \tag{81}$$

図5.25の回路で，$I_{OUT} = 6\mathrm{A}$の場合：

$$I_{D1(PEAK)} = 6\left(1 + \frac{5 + 0.7}{1/3(24)}\right) = 10.3\,\mathrm{A}$$

ダイオードの消費電力を計算するには，このピーク電流での順方向電圧に出力電流を乗算してください．

$$P_{D1} = V_F \cdot I_{OUT} \tag{82}$$

V_F：ピーク電流のD_1順方向電圧

$V_F = 0.55\mathrm{V}$および$I_{OUT} = 6\mathrm{A}$の場合，D_1の消費電力は3.3Wになります．

起動時および過負荷状態では，D_1の電流は大幅に増加します．LT1070が電流制限状態で動作しているとき，D_1を流れる平均ダイオード電流は，次のとおりです．

$$I_{D1} = \frac{\alpha \cdot I_{LIM} \cdot V_{IN}}{N \cdot V_{IN} + V_{OUT} + V_F} \tag{83}$$

（LT1070が電流制限を行っている間）

αは1よりわずかに小さい経験に基づく乗数です．計算は非常に複雑ですが，スイッチ抵抗，リーク・インダクタンス，スナバ損失，トランス損失などを考慮に入れています．$\alpha = 0.8$，$I_{LIM} = 9\mathrm{A}$，$V_{IN} = 24\mathrm{V}$，$N = 1/3$，$V_F = 0.55\mathrm{V}$，および短絡出力（$V_{OUT} = 0$）と仮定した場合：

$$I_{D1} = \frac{0.8(9)(24)}{1/3(24) + 0 + 0.8} = 20\,\mathrm{A}$$

ダイオードのデューティ・サイクルは$V_{OUT} = 0$で100%に近づくので，ピーク・ダイオード電流はこの値よりわずかに高くなるだけです．

出力短絡電流は，必要に応じてLT1070のV_Cピンをクランプすることにより低減できます．これを行ないながら最大全負荷電流を保証する最良の方法は，V_Cピンを出力電圧の一定の%値にクランプすることです．これによって，通常の負荷電流に影響を与えずに短絡電流を低減するフォールド・バック電流制限を実現できます．図5.27のクランプ・ネットワークは，図5.25の回路の短絡出力電流を約5Aに低減します．

タップ点電圧が標準出力電圧時に約1.75Vになるように，R_1を2本の抵抗に分割することによって，クランプ点が作られます．これによって，出力電圧が低下し始めるまで，D_4がターンオンしないようにしています．$V_{OUT} = 0\mathrm{V}$のとき，FBピンの電圧が内部モード選択回路によって約0.35Vにクランプされ，R_1タップ点での電圧はほぼ同じになります．ダイオードを流れる電流は，利用可能な最大V_Cピン電流です．これはV_Cピンのクランプ電圧を約1.55Vに設定し，出力短絡電流を約5Aに低減します．最大負荷電流は，必要に応じてR_1のタップ点を下に移動すれば低減できます．タップ点はR_2の範囲に入ってもかまいません．

● 出力コンデンサ（C_1）

フライバック・コンバータはトランスのインダクタンスをフィルタとして使用しないので，出力コンデンサがフィルタリング作業をすべて行う必要があります．出力ピーク・ツー・ピーク電圧リプルは，次の式で表されます：

$$V_{P-P} = \frac{I_{OUT}}{f \cdot C_1\left(1 + \frac{N(V_{IN})}{V_{OUT}}\right)} + ESR \cdot I_{OUT}\left(1 + \frac{V_{OUT}}{N \cdot V_{IN}}\right) \tag{84}$$

ESR：C_1の等価直列抵抗

この式の最初の項は，C_1の容量に起因するリプルです．2番目の項は，コンデンサのESRのみに起因するリプルです．このアプリケーションに必要な範囲（$100\mu\mathrm{F} \sim 10{,}000\mu\mathrm{F}$）の市販のコンデンサでは，$ESR$の項が

図5.27 フォールドバック電流制限

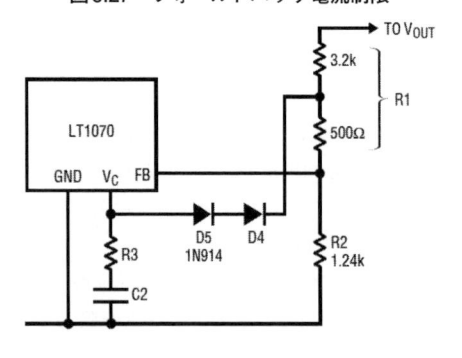

リプル電圧を支配します．たとえば，2000μFのコンデンサは0.02Ωの保証ESRをもっています．I_{OUT} = 6A，V_{OUT} = 5V，V_{IN} = 24V，N = 1/3の場合，以下のようになります．

$$V_{P-P} = \frac{6}{(40 \cdot 10^3)(2000 \cdot 10^{-6})\left(1+\frac{1/3(24)}{5}\right)} + (0.02)(6)\left(1+\frac{5}{1/3(24)}\right)$$
$$= 28.8\text{mV} + 195\text{mV} = 224\text{mV}$$

ESRの項が支配的であり，出力コンデンサのサイズを選択するための主要な基準になります．

出力容量の補強（低いESRを得るために）に代わる方法は，LC出力フィルタ（図5.25のL_1とC_4）を追加することです．比較的小さなインダクタとコンデンサによって，出力リプルを大幅に低減できます．C_1のリプルがESRにのみ起因する（したがって，矩形になる）と仮定すれば，フィルタの出力リプル対入力リプルの比は，以下のようになります．

$$\frac{V_{OUT(P-P)}}{V_{IN(P-P)}} = r = \frac{ESR_4 \cdot V_{OUT}(N \cdot V_{IN})}{L_1 \cdot f (V_{OUT} + N \cdot V_{IN})^2} \quad (85)$$

ESR_4：C_4の等価直列抵抗

この公式は再びC_4のESRが全インピーダンスを支配すると仮定しています．ESR_4 = 0.1Ω，L_1 = 10μH，V_{OUT} = 5V，N = 1/3，V_{IN} = 24Vの場合：

$$r = \frac{(0.1)(5)(1/3 \cdot 24)}{(10 \cdot 10^{-6})(40 \cdot 10^3)(5+1/3 \cdot 24)^2} = 0.059$$

これによって，リプルが16：1に減少し，C_1の要求条件を大幅に軽減しています．フィルタを使用した場合の全出力リプルは，次の式から得られます．

$$V_{P-P} = \frac{ESR_1 \cdot ESR_4 \cdot V_{OUT} \cdot I_{OUT}}{L_1 \cdot f (V_{OUT} + N \cdot V_{IN})} \quad (86)$$

ESR_1 = 0.05Ω，ESR_4 = 0.1Ω，V_{OUT} = 5V，V_{IN} = 24V，N = 1/3，I_{OUT} = 6A，L_1 = 10μHの場合，出力リプル（P-P）は以下のようになります．

$$V_{P-P} = \frac{(0.05)(0.01)(5)(6)}{(10 \cdot 10^{-6})(40 \cdot 10^3)(5+1/3 \cdot 24)} = 28.8\text{mV}$$

■ 完全に絶縁されたコンバータ

LT1070には，図5.28（図の注1参照）に記載されるとおり，「絶縁型フライバック」と呼ぶ第二の動作モードがあります．このモードでは，出力電圧を検知するのに帰還ピンを使用しません．その代わりに，スイッチ「オフ」時間（t_{OFF}）の間に，トランスの一次電圧を検知して，安定化します．この電圧はV_{OUT}と関係し，次の式で表されます．

$$V_{OUT} = N \cdot V_{PRI} - V_F \quad (87)$$

（t_{OFF}時）

N：トランスの巻き数比
V_F：出力ダイオードの順方向電圧
V_{PRI}：スイッチ「オフ」時間中の一次電圧

二次出力電圧は，V_{PRI}が安定化されることにより安定化されます．帰還ピンからの電流出力が約10μAを超えると，LT1070はノーマル・モードから安定化一次モードに切り替ります．内部クランプは，このピンの電圧（V_{FB}）を約400mVに保持します．R_2はLT1070を絶縁型フライバック・モードにするために使用されます．また，安定化出力を調整する働きもします．V_{PRI}は16V + 7k（V_{FB}/R_2）に安定化されます．ここで，V_{FB}/R_2はR_2を流れる電流，7kは内部抵抗です．したがって，V_{OUT}は次の式で表されます．

$$V_{OUT} = N\left[16 = 7\text{k}\left(\frac{V_{FB}}{R_2}\right)\right] - V_F \quad (88)$$

そして，必要なトランス巻き数比は，以下のとおりです．

$$N = \frac{V_{OUT} + V_F}{16 + 7\text{k}\left(\frac{V_{FB}}{R_2}\right)} \quad (89)$$

7k（V_{FB}/R_2）の項は，通常は約2Vに設定され，V_{OUT}にある程度の調整範囲を許容します．V_{OUT} = 15Vとして，図5.28の巻き数比Nを求めると，次の式のようになります．

$$N = \frac{15 + 0.7}{16 + 2} = 0.872$$

Nの0.872に近い最小整数比は，7：8 = 0.875です．T_1は各出力についてこの巻き数比で巻かれます．総巻き数は，所要一次インダクタンス（L_{PRI}）によって決定されます．このインダクタンスには最適値はありません．この値はコア・サイズ，安定化条件，およびリーク・インダクタンスの間のトレードオフで決まります．スタート値は，LT1070のピーク・スイッチ電流の

10%に相当する最大磁化電流（ΔI）です．磁化電流は，スイッチ「オン」時間開始時の一次電流とスイッチ「オン」時間終了時の一次電流の差です．これによって，L_{PRI}の値は次のようになります．

$$L_{PRI} = \frac{V_{IN}}{\Delta I \cdot f \left(1 + \frac{V_{IN}}{V_{PRI}}\right)} \qquad (90)$$

ΔI：一次磁化電流

V_{PRI}：安定化一次フライバック電圧

$V_{IN} = 5V$，$\Delta I = 0.5A$，$V_{PRI} = 18V$ の場合：

$$L_{PRI} = \frac{5}{(0.5)(40 \cdot 10^3)(1+5/18)} = 196 \mu H$$

前にも述べたとおり，この値は最適値ではなく，最大出力電流とコア・サイズの間で単に妥協を図ったものです．

一次インダクタンスに関するもうひとつの検討事項は，連続モードから不連続モードへの移行です．軽出力負時には，一次端子間のフライバック・パルスはスイッチ「オフ」時間が終了する前にゼロに低下します．

LT1070はこれを出力電圧の低下と判断し，デューティ・サイクルを高くして補償します．この結果，出力電圧が異常に高くなります．この状況を避けるために，出力は次の式に示す最小負荷をもつ必要があります．

$$I_{OUT(MIN)} = \frac{(V_{PRI} \cdot V_{IN})^2}{(V_{PRI} + V_{IN})^2 (2V_{OUT} \cdot f \cdot L_{PRI})} \qquad (91)$$

$V_{PRI} = 18V$，$V_{IN} = 5V$，$V_{OUT} = 15V$，$L_{PRI} = 200\mu H$ の場合：

$$I_{OUT(MIN)} = \frac{(18 \cdot 5)^2}{(18 \cdot 5)^2 (2 \cdot 15)(40 \cdot 10^3)(200 \cdot 10^{-6})}$$
$$= 64mA$$

この電流は各出力で1出力当たり32mAに等分されます．さらに軽い最小負荷が必要な場合は，一次インダクタンスを増やさなければなりません．これによって，リーク・インダクタンスも増えますので，相応の配慮が必要です．

リーク・インダクタンスは，二次側に結合されない一次側の一部分です．このリーク・インダクタンス

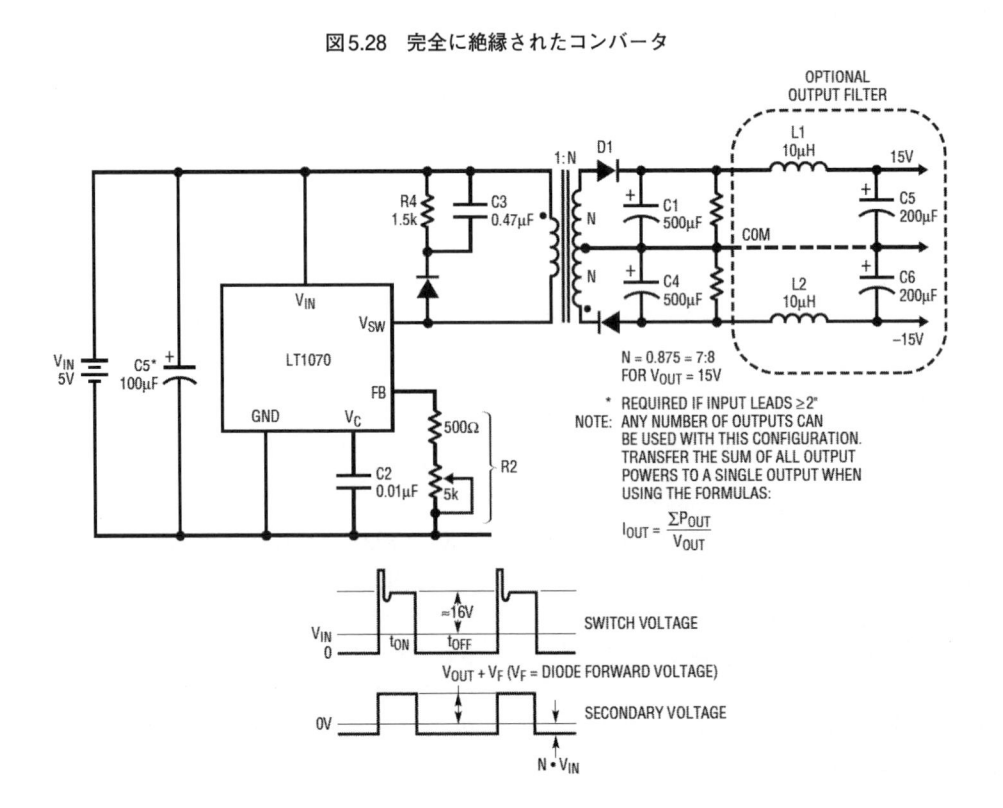

図5.28 完全に絶縁されたコンバータ

は，スイッチがオープンするとフライバック・スパイクを生成します．このスパイクの高さは，スイッチの過電圧を避けるためにスナバ（R_4, C_3, D_2）でクランプしなければなりません（スナバの詳細については，ノーマル・モード・フライバック・レギュレータのセクションを参照してください）．リーク・インダクタンス・スパイクの幅は，次の式のとおりです．

$$t_L = \frac{I_{PRI} \cdot L_L}{V_M - V_{PRI} - V_{IN}} \tag{92}$$

L_L：リーク・インダクタンス
I_{PRI}：ピーク一次電流
V_M：ピーク・スイッチ電圧

このスパイク幅は重要で，約$1.5\mu s$未満でなければなりません．LT1070はスイッチのターン・オフに続いて約$1.5\mu s$の内部ブランキングをもっています．このブランキング時間によって，フライバック誤差アンプがリーク・インダクタンス・スパイクを安定化する実際のフライバック電圧と判断しないようにしています．悪いレギュレーションを避けるために，スパイクの幅はブランキング時間より短くなければなりません．

トランスT_1が最小リーク・インダクタンスのトリファイラ巻きの場合，L_LはL_{PRI}の1.5%の標準値をもつことがあります．$L_{PRI} = 200\mu H$と仮定すると，L_Lは$3\mu H$になるはずです．t_Lを計算するには，V_Mに値を割り当てる必要があります．この場合，$V_{IN} = 5V$のときの最大スイッチ電圧の控え目な値は，$V_M = 50V$になります．最大出力電流に対する最大一次電流を5Aと仮定した場合，スパイク幅は次の式のようになります．

$$t_L = \frac{5(3 \cdot 10^{-6})}{50 - 18 - 5} = 0.56\mu s$$

これは$1.5\mu s$の最大値の範囲内に十分に入っています．しかし，$V_{PRI} + V_{IN}$の合計が最大スイッチ電圧に近づくにつれて，パルス幅が急激に大きくなることに注意してください．以下の公式により，与えられた状況におけるリーク・インダクタンスと一次インダクタンスの最大比率を計算することができます．

$$\frac{L_L}{L_P}(\text{MAX}) = \frac{t_L(V_M - V_P - V_{IN})(\Delta I \cdot f)\left(1 + \frac{V_{IN}}{V_P}\right)}{I_{PRI}(V_{IN})} \tag{93}$$

かなり大きなV_{IN}（36V）では，たとえ$t_L = 1.5\mu s$, V_P = 18V，$\Delta I = 0.5A$, $I_{PRI} = 5A$として，V_Mに多少大きな60Vを使用した場合でも以下のようになります．

$$\frac{L_L}{L_P}(\text{MAX}) = \frac{(1.5 \cdot 10^{-6})(60 - 18 - 36)(0.5)(40 \cdot 10^3)\left(1 + \frac{36}{18}\right)}{5(36)}$$
$$= 0.003 = 0.3\%$$

このように低いリーク・インダクタンス比に対する一次インダクタンスを巻くのはほとんど不可能ですので，多少の妥協が必要です．最大出力電流が必要ない場合，I_{PRI}は5A未満になります（式(96)を参照）．リプル電流（ΔI）を増やすこともできます．最後に，LT1070HV（高電圧）デバイスをスイッチ定格75Vで使用することができます．上記の計算に，$I_{PRI} = 2.5A$, $\Delta I = 1A$, $V_M = 70V$を代入すると，容易に$L_L/L_{PRI} = 3\%$を達成できます．

トランスの巻き数比が出力電圧によって固定されているので，絶縁型フライバック・コンバータを用いた場合の最大出力電力は，通常のフライバック・コンバータより小さくなります．これによって，デューティ・サイクルは次の式のとおり固定されます．

$$DC = \frac{V_{PRI}}{V_{PRI} + V_{IN}} \tag{94}$$

そして，最大電力は次の式のとおり制限されます．

$$P_{OUT(\text{MAX})} = \left(\frac{V_{PRI}}{V_{PRI} + V_{IN}}\right)\left[V_{IN}\left(I_P - \frac{\Delta I}{2}\right) - (I_P)^2 R\right](0.8) \tag{95}$$

R：LT1070のスイッチ「オン」抵抗
I_P：最大スイッチ電流
0.8：R以外の損失を計算する見込み係数

標準18Vで，$V_{IN} = 5V$, $I_P = 5A$, $\Delta I = 0.5A$におけるV_{PRI}では，デューティ・サイクルは78%で，最大出力電力は以下のとおりです．

$$P_{OUT(\text{MAX})} = \left(\frac{18}{18+5}\right)\left[5\left(5 - \frac{0.5}{2}\right) - (5)^2(0.2)\right](0.8) = 11.74W$$

電力の公式を解析すると，低いV_{IN}では最大出力電力はV_{IN}に比例し，高いV_{IN}では最大電力は50Wに近づくことを示しています．

最大値より小さい負荷のピーク一次電流は，次の式

から計算されます.

$$I_{PRI} = \frac{(V_{OUT} \cdot I_{OUT})(V_{PRI}+V_{IN})}{0.8(V_{PRI} \cdot V_{IN})} + \frac{\Delta I}{2} + \boxed{\frac{(I_{PRI})^2 R}{V_{IN}}} \quad (96)$$

この公式は実際には二次式ですが，明示的に解くのではなく，関連するI_{PRI}の範囲に対してより単純な手法は，最初の二つの項を計算し，次にこのI_{PRI}の値を使用して最後の項を計算することです．図5.28の回路で，各出力のI_{OUT} = 0.25A，I_{PRI} = 18V，V_{IN} = 5V，ΔI = 0.5A，R = 0.2Ωの場合：

$$I_{PRI} = \underbrace{\frac{(15)(0.5)(18+5)}{0.8(18)(5)} + \frac{0.5}{2}}_{2.64A} + \frac{(2.64)^2(0.2)}{5} = 2.92A$$

トランスは，一次巻き線でコアが2.92Aで飽和しないような大きさに設定しなければなりません．最大スイッチ電流5Aにはかなりの余裕があることに注目してください．ΔIが1Aに増加した場合，より小さなコアを使用でき，一次インダクタンスを半分にすることができます（インダクタとトランスに関するセクションを参照）．

● 出力コンデンサ

フライバック・レギュレータは，トランスのインダクタンスをフィルタとして使用しないので，フィルタリングはすべて出力コンデンサC_1とC_4で行う必要があります．これらは出力リプルを最小にする低ESRタイプのコンデンサでなければなりません．一般に，出力リプルは実際の容量ではなく，コンデンサのESRによって制限されます．ピーク・ツー・ピーク電圧での出力リプルは，次の式から求められます．

$$V_{P-P} = \frac{I_{PRI}}{2*N}(ESR) \quad (97)$$

＊：出力なので係数2を使用している．

I_{PRI} = 2.92A，N = 0.872，ESRに0.1Ωを割り当てた場合，出力リプルは次式のようになります．

$$V_{P-P} = \frac{(2.92)(0.1)}{(2)(0.872)} = 167mV_{P-P} \text{（最大負荷時）}$$

もし出力リプル公式をESRではなく，実際の出力容量に基づくようにしたら，その結果は約10mVになります．したがって，ESRの影響が支配的であることを示しています．ESRに選択した0.1Ω値は，おそらく良質の500μFコンデンサの標準値より高いでしょうが，保証最大値より低いはずです．この回路の高い出力リプルの一つの理由は，入力電圧が低いので，コンバータが78%の比較的高いデューティ・サイクルで動作していることです．つまり負荷に電流を供給している二次側には22%の時間しか残りません．結果として，ピーク二次電流，したがって出力リプルが高くなります．

低い出力リプルが必要な場合，単に大きな出力コンデンサを使用するよりも出力フィルタがよい選択です．「出力フィルタ」に関するセクションを参照してください．

● ロード・レギュレーションとライン・レギュレーション

ロード・レギュレーションとライン・レギュレーションは，一次側だけで実際の出力電圧が検知されないので，この回路の多くの「オープン・ループ」要因に影響を受けます．これらの要因には，コアの非直線性，ダイオードの抵抗，リーク・インダクタンス，巻き線抵抗，（表皮効果を含む）コンデンサのESRおよび二次インダクタンスなどがあります．20%から100%の負荷変動によるこの回路の標準ロード・レギュレーションは約3%です．軽負荷時のライン・レギュレーションは，V_{IN} = 4.5V～5.5Vでは0.3%以下ですが，最大負荷時には約1%まで悪化します．

シングル・スイッチング・ループから得られる複数の出力電源では，クロス・レギュレーションの問題が発生します．この電源では，ある出力の負荷電流が50mAから200mAに上昇し，別の出力が50mAで一定の場合，負荷が接続されている出力は280mV低下し，定負荷出力は100mV上昇します．

ライン・レギュレーションとロード・レギュレーションを改善する必要がある場合，図5.29に示すとおり基本回路を改造できます．

R_2は，センタ・タップがC_Wを通してLT1070のグラウンド・ピンに結合された2本の抵抗に分割されています．グラウンド・ピンと直列に小さな抵抗R_Wが挿入されています．出力に負荷が加わると，R_Wを流れる入力電流によってR_2両端の電圧降下が増加します．これによって安定化された一次電圧が上昇すると，出力電圧も上昇するため，上記のオープン・ループ・ロード・レギュレーション効果がキャンセルされます．ライン・レギュレーションも最大負荷時に大幅に改善

されます．

R_Wの値は次の式から求められます．

$$R_W = \frac{R_O \cdot V_{IN} \cdot E \cdot R_2}{V_{OUT} \cdot 7\text{k} \cdot N^*} \quad (98)$$

R_O：無補償出力抵抗
 　　　$= \Delta V_{OUT} / \Delta I_{OUT}$

E：効率 ≈ 0.75

＊：2出力の場合はNに2を掛ける

図5.28の回路の場合，R_Oは両方の出力に同時に負荷となり，二つの出力の変化を合計して求められます．3%のロード・レギュレーションの場合は＠ΔI_{OUT} = 200mAで，これは900mVの合計出力変化です．したがってR_Oは900mVを200mAの電流変化で除算した値，つまり4.5Ωになります．V_{OUT}が二つの出力の合計である30V，Nが0.875 × 2 = 1.75，R_2が約1.2kの場合，以下のとおりです．

$$R_W = \frac{(4.5)(5)(0.75)(1,200)}{(30)(7\text{k})(1.75)} = 0.055\,\Omega$$

この低い抵抗値によって，コンバータの効率が維持されますが「標準品」を見つけるのが難しい場合がよくあります．ブレッドボードに長さ38.1cmの#26ワイヤを使用しました．インダクタンスを最小にするには，導線を半分に折り畳んでからフォームに巻き付けます．

C_Wはループ発振問題を防止するために，十分に大きくなければなりません．C_WとR_2の二つの並列抵抗値を乗算した積は，基本レギュレータのセトリング時定数より数倍大きくなければなりません．

ロード・レギュレーションを補償した場合，クロス・レギュレーションの効果は無補償の場合より悪くなります．複数の出力電源は，出力負荷に予測される全条件について慎重に評価しなければなりません．

● 周波数補償

LT1070のg_mは通常モードよりも絶縁モードのほうがはるかに低いので，周波数補償コンデンサC_2は他の設計よりもこの設計のほうが大幅に低くなります．詳細については，周波数補償セクションを参照してください．

図5.29 負荷電流補償

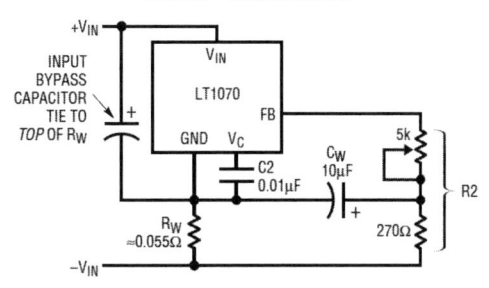

■ 正電流ブースト降圧コンバータ

電流ブースト降圧コンバータを図5.30に示します．スイッチがオンのときとオフのときの両方で，電流が出力に流れるので，大きな入出力差によって標準降圧コンバータまたはフライバック・コンバータよりも多くの出力電流を供給することができます．「オン」サイクルで負荷に最大5Aを供給できます．オフ・サイクルではその1/N倍の電流が供給されます．$N = 1/3$の場合，スイッチ・オフ時間の間，負荷に供給される電流は15Aになります．利用可能な全負荷電流はスイッチのデューティ・サイクルすなわち，入力電圧で決まります．

安定化出力がLT1070のグラウンド・ピンに接続されているので，OPアンプを用いて，帰還信号をフロートしなければなりません．A_1にはLM308が選択されています．これはLM308の出力は両方の入力がOPアンプの負電源電圧と等しいときに，出力が"L"になるからです．この条件は起動時に$V_{OUT} = 0$のときに発生します．この条件でOPアンプ出力が"H"になる場合，LT1070は起動しません．"L"を検知するために，R_1のボトムを直接負荷に接続することにより，R_1とR_2によって出力電圧が設定されます．R_4とR_5によって，LT1070の出力とグラウンド・ピンの間でケルビン・センスをします．これらの抵抗は短絡しているように見えますが，R_4とR_5で「センス」しないと，LT1070のグラウンド・ピンから出力への導線で生じる電圧降下がロード・レギュレーション問題を引き起こします．導線が太いゲージ番線で長さが5cm以下の場合は，これらの抵抗をなくすことができます．

この回路のバリエーションを設計する際に，以下の式が役立つはずです．

$$R_5 = \frac{V_{OUT} \cdot R_1}{V_{REF}} = \frac{(V_{OUT})(1.24\text{k})}{1.244\text{V}} \quad (99)$$

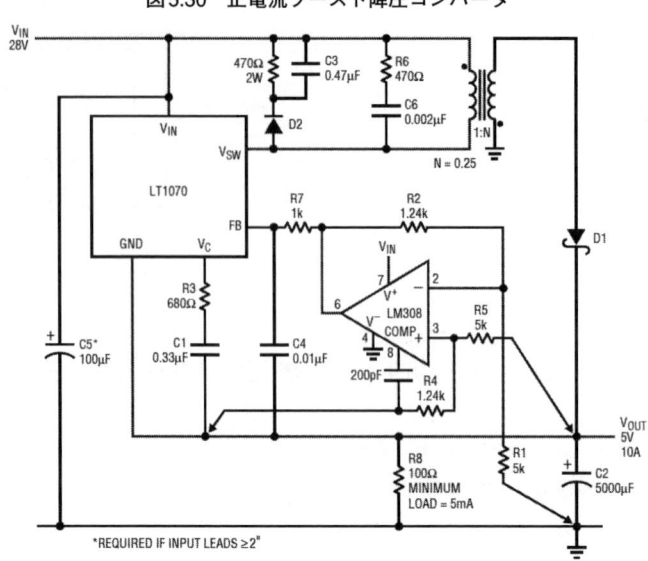

図5.30 正電流ブースト降圧コンバータ

$$\frac{R_5}{R_4} = \frac{R_1}{R_2} \tag{100}$$

$$N_{(MIN)} = \frac{V_{OUT} + V_F}{V_M - V_{IN} - V_{SNUB}} \tag{101}$$

$$DC = \frac{V_{OUT} + V_F}{V_{OUT} + V_F + N(V_{IN} - V_{OUT})} \tag{102}$$

$$L_{PRI} = \frac{V_{OUT}}{(\Delta I \cdot f)\left(N + \frac{V_{OUT}}{V_{IN} - V_{OUT}}\right)} \tag{103}$$

$$V_{P-P} = (ESR \cdot I_{OUT}) \frac{\left(\frac{V_{OUT}}{N} + V_{IN} - V_{OUT}\right)(1-N)}{V_{IN}} \tag{104}$$

$$I_{OUT(MAX)} = \left(I_P - \frac{\Delta I}{2}\right)\left[\frac{V_{IN}}{V_{OUT} + V_F + N(V_{IN} - V_{OUT})}\right](0.8) \tag{105}$$

$$I_{PRI} = \frac{I_{OUT}}{V_{IN}}[V_{OUT} + N(V_{IN} - V_{OUT})] \tag{106}$$

(ピーク一次電流に$\Delta I/2$を追加します)

N：巻き数比
V_M：LT1070の最大スイッチ電圧
V_{SNUB}：スナバ電圧（フライバック・セクションを参照）
V_F：D_1の順方向電圧
DC：スイッチ・デューティ・サイクル
ΔI：ピーク・ツー・ピーク一次リプル電流
ESR：C_2の等価直列抵抗
I_{PRI}：スイッチ・オン時間中の平均一次電流
V_{P-P}：ピーク・ツー・ピーク出力リプル電圧
I_P：LT1070の最大定格スイッチ電流

$N_{(MIN)}$の値はスイッチのブレークダウン電圧に基づいています．この値が低いと高い出力電流が得られますが，スイッチ電圧も高くなります．ΔIは通常I_{PRI}の20〜40%に選択されます．リプル式には分子に項 $(1-N)$ が含まれていますが，これは$N=1$のときに出力リプル電流および電圧がゼロになることを意味しています．これは出力コンデンサに流れ込むリプル電流は，一次電流と二次電流の差であると単純化して仮定しているためです．この差は$N=1$の場合にゼロになり，この等式はもはや有効ではありません．

■ **負電流ブースト降圧コンバータ**

図5.31の負降圧コンバータでは，標準降圧コンバータの上限である5Aよりはるかに高い出力電流が得られ

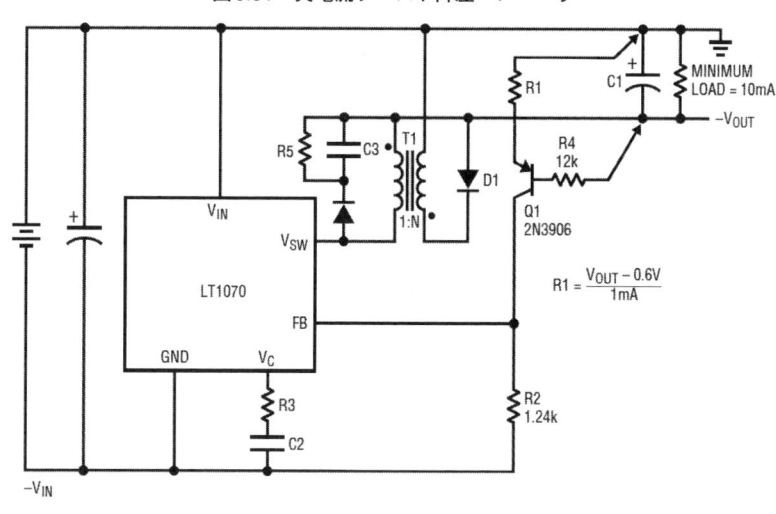

図5.31 負電流ブースト降圧コンバータ

ます．設計の詳細については，正電流ブースト降圧コンバータおよび標準負降圧コンバータのセクションを参照してください．

■ 負入力/負出力フライバック・コンバータ

負出力電圧が負入力より高い場合には，一般に図5.32にあるこの回路が使用されます．入力より低い電圧が必要な場合は，負降圧コンバータまたは負電流ブースト降圧コンバータおよび標準負降圧コンバータのセクションを参照してください．

分割器R_1とR_2は，Q_1の順方向バイアスを防止するために必要です．R_1，R_2，およびR_3を正しい出力センシングのために，図に示すとおり正確に接続してください．

設計の詳細については，正フライバック・コンバータのセクションを参考にしてください．

■ 正から負へのフライバック・コンバータ

図5.33の正入力-負出力フライバック・コンバータには，LT1070の帰還信号を生成するために外付けOPアンプが必要です．R_1とR_2で出力電圧を設定しますが，R_1は1kΩ/Vになるような値を選びます．R_1の下部はセンシングのために，直接出力に接続されています．R_3とR_4はグラウンド("L")センスを行います．LT1070のグラウンド・ピンと実際のグラウンド(+)出力間に電圧降下があれば，ロード・レギュレーション問題が発生します．R_3とR_4が図のとおり正確に接続

されていれば，これらの問題は生じません．LT1070のグラウンド・ピンが非常に短い太い導線で，出力グラウンドに直接接続されている場合は，R_3とR_4をなくすことができます．設計の詳細については，正フライバック・コンバータを参照してください．

■ 電圧ブースト昇圧コンバータ

標準昇圧コンバータの最大出力電圧は，LT1070の最大スイッチ電圧よりわずかに低いだけです．さらに高い電圧が必要な場合は，図5.34に示すとおりインダクタにタップを取り付けることができます．タップの効果は，次式のとおりピーク・スイッチ電圧を低下させることです．

$$(V_{OUT} - V_{IN})\left(\frac{N}{1+N}\right)[\text{V}] \qquad (107)$$

Nを大きな値にすると，最大スイッチ電圧を超えないで，高出力電圧を安定化することができます．

タップ点のリーク・インダクタンスを扱うためにスナバが必要です．この設計のバリエーションには，以下の式が役立ちます．

$$N_{(\text{MIN})} = \frac{V_{OUT} - V_M + V_{SNUB}}{V_M - V_{IN} - V_{SNUB}} (最大V_{IN}を使用) \qquad (108)$$

$$DC = \frac{V_{OUT} - V_{IN}}{V_{OUT} + N(V_{IN})} \qquad (109)$$

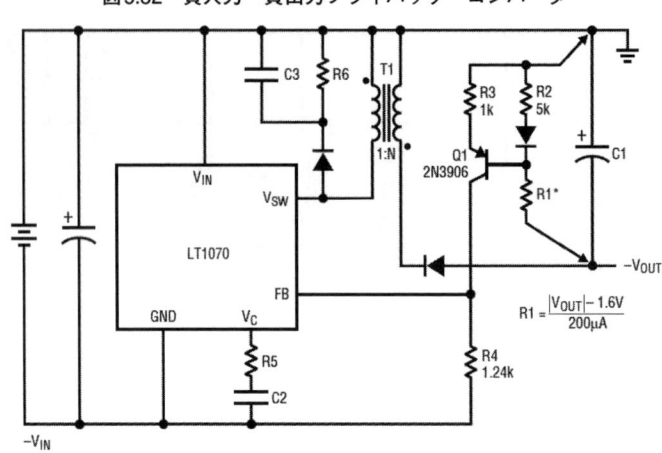

図5.32 負入力-負出力フライバック・コンバータ

図5.33 正入力・負出力フライバック・コンバータ

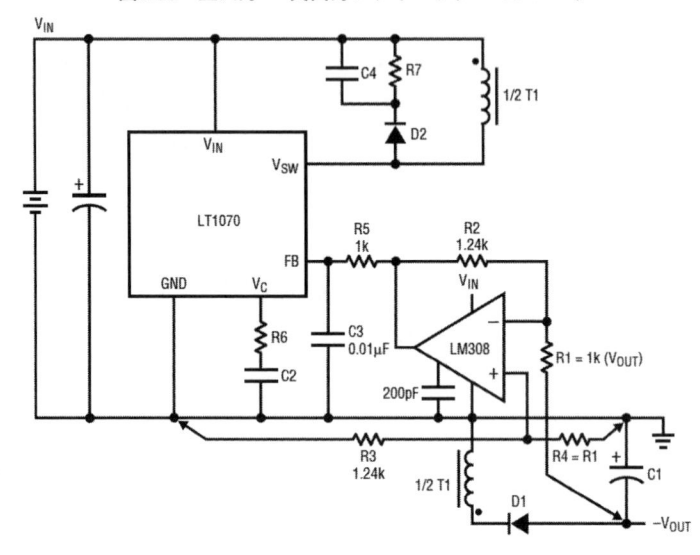

$$I_{OUT(MAX)} = \frac{I_P \frac{\Delta I}{2}(V_{IN})}{V_{OUT}+N(V_{IN})} \quad (110)$$

$$I_{PRI} = \frac{I_{OUT}[V_{OUT}+N(V_{IN})]}{V_{IN}} \quad (111)$$

スイッチ・オン時間中の平均値．ピーク負荷の場合，$\Delta I/2$ を加算する．

$$L_{PRI} = \frac{V_{IN}(V_{OUT}-V_{IN})}{\Delta I \cdot F\,[V_{OUT}+N(V_{IN})]} \quad (112)$$

$\Delta I \approx I_{PRI}$ の $20 \sim 40\%$

$$V_{P-P} = \frac{I_{OUT} \cdot ESR\,[V_{OUT}+N \cdot V_{IN}]}{V_{IN}(N+1)} \quad (113)$$

DC：スイッチ・デューティ・サイクル
V_{SNUB}：スナバ電圧（詳細についてはフライバックのセクションを参照）
V_M：最大許容LT1070スイッチ電圧
I_P：最大LT1070スイッチ電流
ΔI：ピーク・ツー・ピーク一次電流リプル
ESR：C の等価直列抵抗
$V_{P\text{-}P}$：ピーク・ツー・ピーク出力電圧リプル

図5.34 電圧ブースト昇圧コンバータ

■ 負昇圧コンバータ

LT1070は，図5.35に示すとおり正降圧モードと同じダイオード結合帰還手法を使用して，負昇圧レギュレータとして使用することができます．基本的にD_2とC_3は，C_3の両端に出力電圧と等しい電圧を与えるピーク検出器を形成します．R_1とR_2は出力電圧を以下に設定するための分割器として機能します．

$(V_{REF})(R_1 + R_2)/R_2$

C_3もLT1070用のフローティング電源として働きます．LT1070のグラウンド・ピンは，インダクタL_1をドライブするために，出力電圧とグラウンド間で切り替わります．回路を正しく動作させるために，出力には10mAの最小プリロードが必要です（R_0で示す）．

別の設計情報については，正出力昇圧コンバータのセクションでL_1，C_1，D_1，および出力フィルタの詳細を参照してください．ここで使用する帰還方式は，正降圧セクションでさらに詳しく説明しています．帰還の微妙な点は，V_{IN}ピンに流れるパワー・トランジスタ・ドライバ電流は，D_2とC_3から来なければならないことです．これはロード・レギュレーションに影響を及ぼすので，D_1の直列抵抗を補償する傾向があります．

L_1はバイファイラ巻きまたはインタリーブ巻きを用いて，リーク・インダクタンスが小さくなるように巻き付けなければなりません．R_3とC_2は，周波数補償セクションで説明する手法を用いて選択します．スナバの詳細については，フライバックの説明のセクションを参照してください．このレギュレータは，出力が短絡すると，L_1とD_1が入力をグラウンドに短絡するので，短絡保護はなされていません．

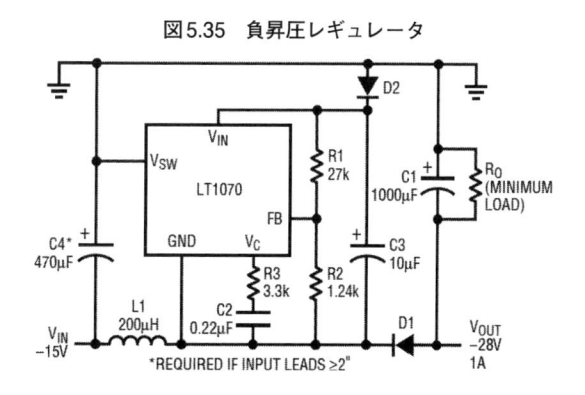

■ 正から負の昇降圧コンバータ

正から負のコンバータは，正出力降圧コンバータと同じ帰還テクニックを使用しています（図5.36）．LT1070のグランド・ピンは＋V_{IN}と－V_{OUT}の間で切り替わるので，通常の帰還を使用することはできません．フローティング帰還信号を生成するために，D_2はLT1070のスイッチ・オフ時間中に出力電圧のピークを検出します．この電圧はフローティングDCレベルとしてC_3両端に現れ，LT1070への帰還として使用されます．出力電圧はR_1とR_2の比で設定されます．メイン・キャッチ・ダイオード（D_1）両端のターンオン・スパイクの影響を制限するためにR_4を使用しています．この抵抗がないと，D_1のターンオン・スパイクによってC_3が異常に高い電圧まで充電され，高負荷電流時に出力電圧が低下します．

D_3とC_4を使用して，LT1070用のフローティング電源を生成します．C_4両端の電圧は，（V_{OUT}）Vでピークが検出されます．R_5は確実に起動させるために追加

図5.35 負昇圧レギュレータ

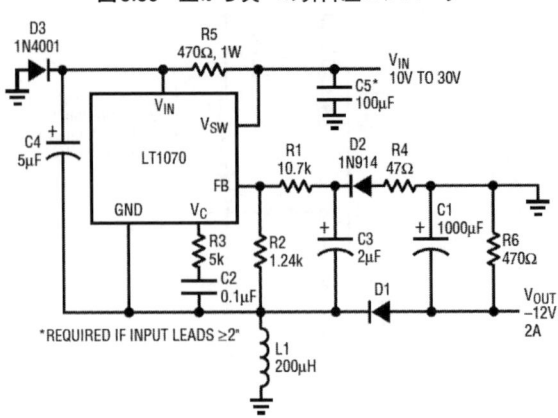

図5.36 正から負への昇降圧コンバータ

されています．R_6はプリロードで，標準負荷がゼロ電流まで低下可能な場合にのみ必要です．

この回路の設計に関する詳細については，正降圧コンバータの帰還説明に沿って，負から正の昇降圧コンバータの基本公式が使用できます．

■ 電流ブースト昇圧コンバータ

昇圧コンバータのこのタップ付きインダクタ・バージョンは，入出力電圧差が大きくないときに，出力電力を大幅に増加させることができます（図5.37）．このコンバータの出力電流比を標準昇圧コンバータと比較した場合，以下のようになります．

$$\frac{I_{OUT}}{I_{BOOST}}=\frac{N+1}{N\left(1-\dfrac{V_{IN}}{V_{OUT}}\right)+1}$$

$V_{OUT} \to V_{IN}$の場合，出力電流の増加は$N+1$に近付きます．ただし，最大値Nは以下のとおりスイッチ・ブレークダウン電圧によって制限されます．

$$N_{(MAX)}=\frac{V_M-V_{OUT}-V_{SNUB}}{V_{OUT}-V_{MIN}}$$

V_M：最大LT1070スイッチ電圧
V_{SNUB}：スナバ電圧（フライバック・セクションを参照）
V_{MIN}：最小入力電圧

$V_M=60$V，$V_{OUT}=28$V，$V_{SNUB}=8$V，$V_{MIN}=16$Vの場合：

$$N_{(MAX)}=\frac{60-28-8}{28-16}=2$$

出力電流の増加は，以下のとおりです．

$$\frac{I_{OUT}}{I_{BOOST}}=\frac{2+1}{2\left(1-\dfrac{16}{28}\right)+1}=1.62=62\%$$

実際の最大出力電流は，以下のとおりです

$$I_{OUT(MAX)}=\frac{I_P-\Delta I/2}{\dfrac{V_{OUT}}{V_{MIN}}-\dfrac{N}{N+1}}=\frac{5-0.5}{\dfrac{28}{16}-\dfrac{2}{3}}=4.15\text{A}$$

I_P：最大LT1070スイッチ電流
ΔI：スイッチ・オン時間中のインダクタ電流の増加

$$\Delta I=\frac{V_{OUT}-V_{IN}}{L \cdot F\left(\dfrac{V_{OUT}}{V_{IN}}-\dfrac{N}{N+1}\right)}$$

L：トータル・インダクタンス

動作デューティ・サイクルは，次式のとおりです．

$$DC=\frac{V_{OUT}-V_{IN}}{V_{OUT}-\left(\dfrac{N}{N+1}\right)V_{IN}}$$

トータル・インダクタンスの妥当な値は，この回路が5Aのピーク・スイッチ電流付近で使用されると仮

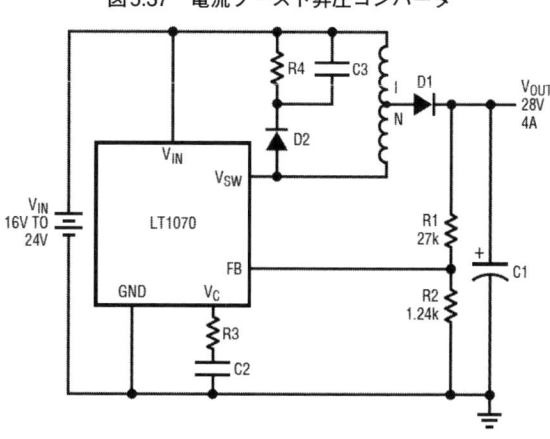

図5.37 電流ブースト昇圧コンバータ

定し，スイッチ・オンから $\Delta I = 1$A になる間，スイッチ電流が20%増加できるようにして求められます．

$$L_{TOTAL} = \frac{V_{OUT} - V_{MIN}}{f \cdot \Delta I \left(\frac{V_{OUT}}{V_{MIN}} - \frac{N}{N+1} \right)}$$

$$= \frac{28 - 16}{(40 \cdot 10^3)(1) \left(\frac{28}{16} - \frac{2}{3} \right)} = 277 \mu H$$

スナバ値は，スナバ電圧を選択した値（約8V）に制限するために経験に基づいて選択されます．スナバ損失を最小にするには，インダクタの「1」と「N」セクションを最大結合が得られるように巻き付けます（メーカに相談してください）．

■ フォワード・コンバータ

フォワード・コンバータ（図5.38）は，エネルギーをコアに蓄える必要がないので，フライバック・コンバータより小型のコアを使用することができます．エネルギーは，スイッチ「オン」時間中に，直接出力に転送されます．LT1070スイッチがオン（V_{SW}が"L"）のとき，出力二次側（N）は正で，D_1を通して電流を供給します．スイッチのターン・オフ時に出力巻き線は負になり，降圧レギュレータと同様に出力電流がD_2を流れます．単一スイッチ・フォワード・コンバータでは，スイッチ・オフ時のスイッチ電圧を定義するために，第3の巻き線（M）が必要です．ただし，この「リセット」巻き線はスイッチに許容される最大デューティ・サイクルを制限します．オフ状態でのスイッチ両端の電圧は，次式のとおりです．

$$V_{SW} = V_{IN} + \frac{V_{IN}}{M} + V_{SNUB}$$

V_{SNUB}：リーク・インダクタンスに起因するスナバ電圧スパイク

この公式を整理すると，次式からMの最小値を求めることができます．

$$M_{(MIN)} = \frac{V_{IN(MAX)}}{V_M - V_{IN(MAX)} - V_{SNUB}}$$

V_M：最大LT1070スイッチ電圧
$V_{IN(MAX)}$ = 最大入力電圧

図5.38の回路で，$V_{IN(MAX)} = 30$V とし，$V_{SNUB} = 5$V および $V_M = 60$V を選択すると，以下のようになります．

$$M_{(MIN)} = \frac{30}{60 - 30 - 5} = 1.2$$

Mの値は最大スイッチ・デューティ・サイクルを定義します．LT1070がこの上限より高いデューティ・サイクルで動作しようとした場合，スイッチ・オフ状態での一次巻き線の電圧と時間の積がフラックスのバランスを保持するのに十分でないため，コアが飽和します．デューティ・サイクルは，以下に制限されます．

$$DC_{(MAX)} \frac{1}{1+M} = \frac{1}{1+12} = 45\%$$

最大出力電流を得るには，Nができる限り小さくなければなりません．ただし，Nの値が小さいと大きな

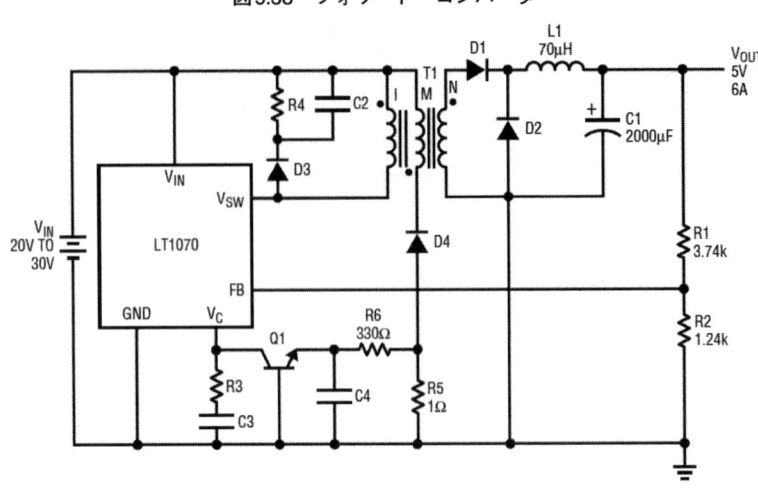

図5.38　フォワード・コンバータ

デューティ・サイクルが必要なので，Nは以下の最小値に制限されます．

$$N_{(MIN)} = \frac{(M+1)(V_{OUT}+V_F)}{V_{IN(LOW)}}$$

V_F：D_1とD_2の順方向電圧
$V_{IN(LOW)}$：最小入力電圧

図の回路で，$V_F = 0.6V$，$V_{IN(LOW)} = 20V$の場合：

$$N_{(MIN)} = \frac{(1.2+1)(5+0.6)}{20} = 0.62$$

通常動作中のコアの飽和を避けるために，一次側のインダクタンスは，コア容積とコアの磁束密度によって決まる最小値でなければなりません．

$$L_{PRI} \geq \left[\frac{V_{OUT}+V_F}{N \cdot B_M \cdot f}\right]^2 \left[\frac{0.4\pi \cdot \mu_e}{V_e \cdot 10^{-8}}\right]$$

B_M：最大動作磁束密度
f：LT1070動作周波数（40kHz）
V_e：コア容積
μ_e：有効コア透磁率

$B_M = 2000$ガウス（フェライトの標準値），$V_e = 6cm^3$，および$\mu_e = 1500$，$V_{OUT} + V_F = 5.6V$，$N = 0.62$の場合：

$$L_{PRI} \geq \left[\frac{5.6}{(0.62)(2000)(40 \cdot 10^3)}\right]^2 \left[\frac{(0.4\pi)(1500)}{(6)(10^{-8})}\right]$$
$$= 400\mu H$$

フォワード・コンバータの動作磁束密度は，多くの場合，飽和ではなく温度上昇によって制限されます．2000ガウスにおける標準フェライトのコア損失は$0.25W/cm^3$です．$V_e = 6cm^3$での全コア損失は約1.5Wです．これを銅の巻き線損失と組み合わせると，コア温度が過大になることがあります．大きなコアでは巻き線にさらに多くのスペースを与えることができ，あるいは同じ銅損失でも低い磁束密度で動作させることができます．詳細については，トランス設計ガイドを参照してください．

従来型のフォワード・コンバータは，フリップフロップを使用して，最大デューティ・サイクルを50%に制限し$M = 1$に設定します．LT1070は起動時および低入力電圧時に，デューティ・サイクルが約95%になるようにしています．これによって，コアが飽和し，続いて一次電流とスイッチ電流が最大10Aになります．これを避けるために，Q_1とR_5が追加します．コア飽和が始まると，R_5の両端の電圧降下が各サイクルでQ_1をターン・オンするのに十分な大きさになります．これがV_Cピンをプルダウンし，デューティ・サイクルを低減して，正常な標準スイッチ電流を維持します．R_6とC_4はスパイクを除去します．

動作デューティ・サイクルは，次の式で表されます．

$$DC = \frac{V_{OUT}+V_F}{N \cdot V_{IN}}$$

出力フィルタ・インダクタ（L_1）は，最大出力電力，

出力リプル，物理的サイズ，およびループ過渡応答の間でのトレードオフで選択されます．妥当な値は，I_{OUT}の約20%のピーク・ツー・ピーク・インダクタ・リプル電流（ΔI_L）が得られるものです．したがって，L_1の値は，以下のようになります．

$$L_1 = \frac{V_{OUT}[N \cdot V_{IN} - V_{OUT}]}{[0.2 \cdot I_{OUT}][N \cdot V_{IN} \cdot f]}$$

I_{OUT} = 6A，V_{IN} = 25V，V_{OUT} = 5V，N = 0.62の場合：

$$L_1 = \frac{5[(0.62)(25)-5]}{[(0.2)(6)][(0.62)(25)(40 \cdot 10^3)]} = 70 \mu H$$

L_1の値を大きくしても，最大出力電流がわずかに増えるすだけです．出力リプル電圧はL_1が大きくなるとそれに反比例して小さくなりますが，インダクタは大きなDC電流を扱わなければならないので，L_1に大きな値を使用するとすぐに物理的サイズが問題になります．ピーク・インダクタ電流は，$I_{OUT} + \Delta I_L/2$になります．

このフォワード・コンバータの最大出力電流は，次の式から得られます．

$$I_{OUT(MAX)} = \left(\frac{I_P}{N} - \frac{\Delta I_L}{2} - \frac{\Delta I_{PRI}}{N}\right)(0.9)$$

I_P：最大LT1070スイッチ電流
ΔI_{PRI}：ピーク一次磁化電流
　　　　$= V_{OUT}/(f)(N)(L_{PRI})$
ΔI_L：ピーク・ツー・ピーク出力インダクタ電流
0.9：損失のファッジ係数

I_P = 5A，N = 0.62，ΔI_L = 1.2A，ΔI_{PRI} = 0.5Aの場合，以下のとおりです．

$$I_{OUT(MAX)} = \left(\frac{5}{0.62} - \frac{1.2}{2} - \frac{0.5}{0.62}\right)(0.9) = 6A$$

出力電圧リプル（P-P）は，L_1およびC_1のESRによって設定されるものとすると，以下のようになります．

$$V_{P-P} = \Delta I_L \cdot ESR_1 = \frac{ESR_1 \cdot V_{OUT}[N \cdot V_{IN} - V_{OUT}]}{L_1 \cdot f \cdot N \cdot V_{IN}}$$

ESR_1：C_1の等価直列抵抗
ESR_1 = 0.02Ω，V_{IN} = 25Vと仮定すると，次の式のとおりです．

$$V_{P-P} = \frac{(0.02)(5)[(0.62)(25)-5]}{(70 \cdot 10^{-6})(40 \cdot 10^3)(0.62)(25)}$$
$$= 24 mV_{P-P}$$

さらに出力リプルを少なくする必要がある場合，最も有効な方法は*LC*フィルタを追加することです．出力フィルタのセクションを参照してください．

周波数補償

LT1070のアーキテクチャは非常にシンプルで周波数補償の数学的手法に適しているにもかかわらず，入力/出力フィルタ，未知のコンデンサ*ESR*，入力電圧および負荷電流の変動に伴う大きな動作点の変化などの諸条件により，より複雑になるために，実験を用いた経験的手法に頼らざるを得なくなります．ブレッドボードで多くの時間を費やした結果，LT1070の周波数補償を最適化する最も簡単な方法は，最終補償回路に対して過渡応答手法と「*R-C*」ボックスを繰り返し使用すべきであることがわかりました．

過渡信号をスイッチング・レギュレータに注入する多くの方法がありますが，推奨方法はAC結合出力負荷バリエーションを使用することです．この手法は注入点のローディングの問題を回避するもので，すべてのスイッチング・トポロジーに概ね適用できます．唯一必要に応じて調整するものは，適切な振幅の小信号を維持するための振幅調整ぐらいです．図5.39に回路構成を示します．

50Ωの出力インピーダンスをもつ関数発生器が，50Ω/1000μF直列*RC*ネットワークを通してレギュレータ出力に結合されています．発生器の周波数は重大ではありません．まず手始めに約50Hzにしてみます．これより周波数を低くすると，スコープ画面にブリンキングが現れて，作業に支障をきたす可能性があります．また高い周波数では，出力過渡信号に十分なセトリング時間をもたせることができない可能性があります．発振器出力の振幅を，100mA$_{P-P}$負荷変動を生成するために，標準で5V$_{P-P}$に設定します．軽負荷出力（I_{OUT} < 100mA）では，このレベルは小信号応答にとって高すぎる場合があります．立ち上がりと立ち下がりのセトリング波形が大幅に異なる場合は，振幅を小さくしなければなりません．ループの安定性を示すのは，結果として生じるレギュレータ出力波形の形状であるの

で，実際の振幅は特に重要ではありません．

　$f=100\mathrm{kHz}$の2ポール・オシロスコープ・フィルタが，スイッチング周波数を阻止するために使用されています．LC出力フィルタが付加されていないレギュレータには，それぞれの出力にスイッチング周波数信号があり，この振幅は検討すべき低周波セトリング波形よりはるかに高くなる可能性があります．フィルタ周波数が高いので，歪みなしでセトリング波形を通過させます．

　オシロスコープとジェネレータは，グラウンド・ループ誤差を防ぐために，図に示すとおり正しく接続してください．オシロスコープは，チャネル「B」のプローブのグラウンド・クリップをチャネル「A」のグラウンドとまったく同じ位置に接続し，チャネル「B」プローブをジェネレータ出力に接続して同期させます．グラウンド・ループ誤差があるので，ジェネレータの標準$50\,\Omega$ BNC同期出力は使用しないでください．スコープ画面のグラウンド・ループ誤差を防ぐために，場合によっては電源プラグの第3線（アース・グラウンド）接続からジェネレータまたはオシロスコープを絶縁する必要もあります．これらのグラウンド・ループ誤差は，プローブ・グラウンド・クリップとまったく同じポイントに，チャネル「A」プローブのチップを接続してチェックします．チャネル「A」の読取値はグラウンド・ループ問題を示しています．

　一度適切にセットアップしたら，周波数補償ネットワークの最適値は比較的簡単に求められます．初めにC_2を大きく（$\geq 2\,\mu\mathrm{F}$），R_3を小さく（約$1\mathrm{k}\Omega$）します．そうすればほとんどの場合，レギュレータは繰り返しを開始するのに十分に安定しています．ここで，レギュレータ出力波形がシングル・ポールでオーバーダンプされている場合，（**図5.40**の波形を参照）応答がわずかにアンダーダンプになるまで，C_2の値を約2：1のステップで減らします．次に，R_3を2：1のステップで増やしてループ「ゼロ」を導入します．これにより，通常はダンピングが改善され，C_2の値をさらに減らすことができます．R_3とC_2の変化を前後にシフトすると，素早く最適値を求めることができます．

　レギュレータ応答が初期値の大きなCでアンダーダンプした場合は，Cを大きな値にする前に直ちにRを増やさなければなりません．これは通常，以降の繰返しに対して開始状態がオーバーダンプされます．

　R_3とC_2の「最適値」とは何を意味しているでしょうか．これは通常，ループ発振がないことを保証する最小のC_2と最大のR_3で，結果的に可能な限り迅速なループ・セトリングが得られることを意味します．このアプローチの理由は，入力リプル電圧と出力負荷過渡に起因する出力電圧の変動を最小限に抑えることです．大きくオーバーダンプされているスイッチング・レギュレータは決して発振しませんが，入力電圧または出力ローディングで急激な変化に続いて容認できない大きな出力過渡が生じることがあります．また，起動時または短絡回復時に過剰なオーバシュート問題も生じる可能性があります．

　すべての条件下で許容できるループの安定性を保証するために，R_3とC_2に選択した初期値をすべての入力電圧と負荷電流の条件下でチェックしなければなりません．これを達成する最も単純な方法は，最小，最大，

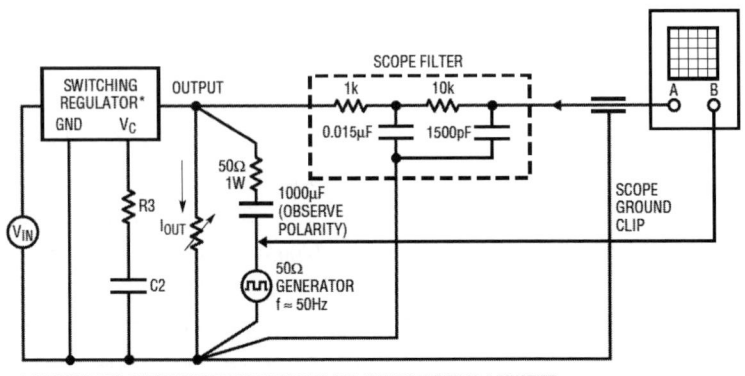

図5.39　ループ安定性テスト

およびその間のいくつかの負荷電流を与えることです．各負荷電流で，セトリング波形を観測しながら入力電圧を最小から最大まで変化させます．この方法では「ワースト・ケース」にさらに時間を費やすことが必要必要です．スイッチング・レギュレータは，リニア・レギュレータと異なり，動作条件によりループ利得および位相が大きくシフトします．

レギュレータに大きな温度変動が予想される場合，最小および最大温度での安定性チェックも行わなければなりません．いくつかの主要部品パラメータで大きな温度変動があると，安定性に影響を与える可能性があります．特に，入力および出力コンデンサ値とそれらのESR，そしてインダクタ透磁率です．LT1070のパラメータの変化についても，若干の考慮が必要です．ループ安定性に影響を及ぼすのは，誤差アンプg_mとV_Cピン電圧伝達関数対スイッチ電流です（電気仕様に相互コンダクタンスとして記載されている）．温度変化が激しくない場合，ワーストケースの室温条件で控え目なオーバ・ダンプを使用すれば，通常，全温度での十分な安定性を保証するのに十分です（図5.40）．

● **マージンのチェック**

安定性「マージン」の一つの尺度は，可能なすべての組合せでRとCに選択した値を2：1で変化させることです．レギュレータの応答がすべてのラインおよび負荷条件下で適度にダンプされる場合，レギュレータはパラメータの変動に十分に対応可能とみなすことができます．アンダーダンプ（リンギング）応答に向かう傾向がある場合はすべて，さらなる補償が必要な可能性を示しています．

また，完成したレギュレータ設計に対していくつかの大信号ダイナミック・テストを実行しなければならないことがあります．最初に，ワースト・ケースの大振幅負荷変動に対する応答をチェックします．軽負荷電流から最大負荷電流への急激な変化によって，レギュレータの出力電圧が許容できないほど大きく過渡的に落ち込むことがあります．この最も単純な対策は，出力コンデンサの容量を増やすことです．インダクタ値を小さくしたり，周波数補償を軽めにしても有効です．もうひとつの考慮事項は，大負荷を突然取り外したときに発生する出力オーバーシュートです．大きなオーバーシュートによってレギュレータ出力に接続されている負荷が破壊される可能性があるので，これは潜在的に落込みより危険です．

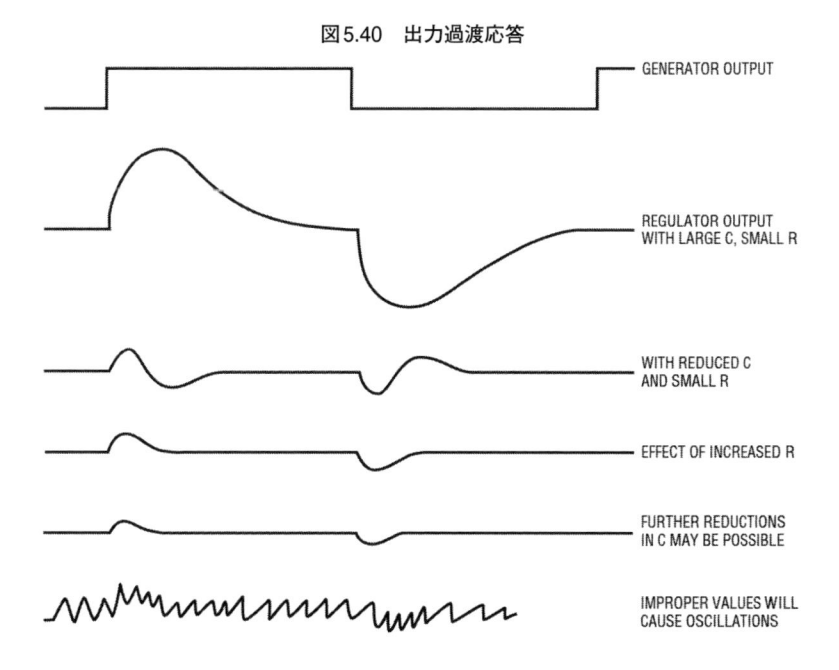

図5.40 出力過渡応答

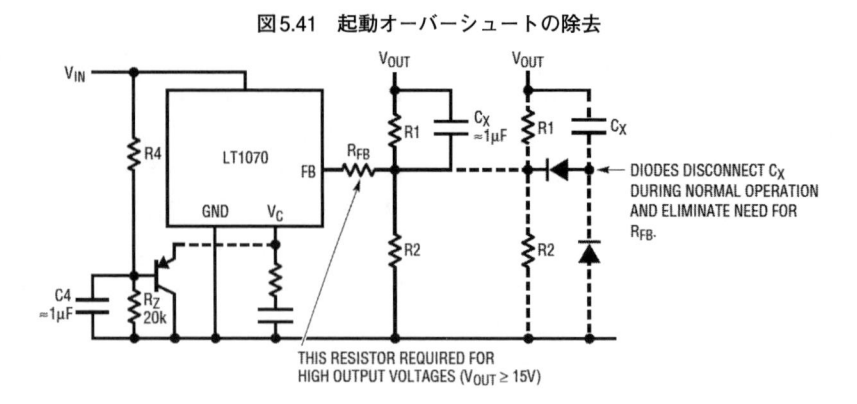

図5.41 起動オーバーシュートの除去

● 起動時のオーバーシュートの除去

チェックすべきもう一つの過渡条件は，起動時のオーバーシュートです．入力電圧が最初にスイッチング・レギュレータに加えられると，レギュレータは出力を安定化値まで引き上げようとして出力コンデンサに全短絡電流を流します．それにより出力は，制御ループが出力電流をアイドル状態に戻す前に，設計値を大幅に超えてオーバーシュートする可能性があります．オーバーシュートの振幅は，トポロジー，ラインおよび負荷条件，そして部品値に応じて，数ミリボルトから何十ボルトまでになることがあります．出力短絡から回復する出力についても，これと同じオーバーシュートの可能性があります．この場合も，大容量の出力コンデンサ，小さなインダクタ，高速ループ応答がオーバーシュートの低減に役立ちます．また，強制的に起動を遅くしてオーバーシュートを除去する方法もいくつかあります．まず，出力電圧分割器に1個のコンデンサを配置することです．これによって，起動時に出力電圧が時間により変化し，通常オーバーシュートが除去されます．このコンデンサもまた通常動作中に，帰還ループの特性に影響を与え，出力電圧が高く，急激な出力短絡が発生した場合は，帰還ピンに許容できないほど大きな負過渡が生じる可能性があります．この過渡問題は，帰還ピンと直列に抵抗を挿入すると解消されます（ピン説明セクションの「帰還ピン」の部分を参照）．コンデンサによって望ましくないループ特性が形成される場合は，図5.41に示すとおりダイオード結合を使用してコンデンサをなくすことができます．

強制的に低速起動を行うもうひとつの一般的な方法は，V_CピンをコンデンサC_4にクランプすることです．R_4の値は，入力電圧がワースト・ケースの低い場合にR_Zの両端の電圧が2Vになるように選択します（I_{R4} = 100μA）．次に，起動オーバーシュートを除去するのに十分なだけ遅くV_Cを立ち上げるようにC_4の値を選択します．C_4はリセット時間が長くならないよう，必要以上に大きくしてはなりません．入力を瞬間的にゼロ・ボルトに低下させても，C_4を完全に放電するのに時間が不充分な場合があります．$5R_4C_4$秒以下の入力ドロップが予想される場合，リセットが高速に行われるように，R_4をダイオードと並列に（カソードから入力）接続しなければなりません．

外部電流制限

LT1070はサイクル単位で動作し，ピーク・スイッチ電流を低デューティ・サイクル時で約9A，高デューティ・サイクル時で約6Aに制限する内部スイッチ電流制限を備えています．実際の出力電流制限値は，トポロジー，入力電圧，および出力電圧に応じて非常に高い値または低い値にすることができます．**表5.1**の公式によって，出力短絡条件下，および出力電圧が安定化値以下に低下し始める点での出力電流制限の近似値が得られます．

これらの公式は，一部のトポロジーでは短絡電流が最大負荷電流よりはるかに高くなることを示しています．特定のアプリケーションで，最大負荷電流または短絡電流が必要な値よりもはるかに高い場合は，外部電流制限を追加できます．これには，外付け部品へのストレスを低減し，入力電源への過負荷を回避し，LT1070自体のヒートシンク要件を軽減する利点があります．

LT1070はV_Cピンをクランプすることによって外部

で電流制限されます．図5.42～5.46に示すテクニックは，これを達成可能ないくつかの例です．

スイッチ電流制限点とV_Cクランプ電圧の関係は，以下にとおり近似されます．

$$I_{SW\,(MAX)} = 9(V_C - 1) - 3 \times DC \text{ [A]}$$

DC：スイッチ・デューティ・サイクル

この関係はある程度温度に依存しています．電流制限点は約0.3%/℃で低下するので，室温で設定した値は高い温度で十分な電流制限が可能なように計算に入れなければなりません．また，係数「9」と「3」は計算した積を±30%変化させるので，控え目な設計では通常，スイッチ電流を最大負荷電流に必要な値の約2倍にクランプしておきます．これによって，短絡電流がかなり高くなる可能性があるため，電流制限方法には「フォールドバック」を含めたいことがあります．フォールドバックでは，ピーク・スイッチ電流がV_{OUT}＝0Vでより低い値にクランプされます．フォールドバックの量を変えることによって，短絡電流を最大負荷電流より大きく，等しく，または少なくすることができます．

単純な電流制限を図5.42に示します．V_Xは外部電圧で，独立した安定化電圧または非安定化入力電圧を使用できます．R_2はR_1両端で約2Vになるように選択されます．R_1の値は電流制限の折れ曲がり部分をできるだけ鋭くするために，500Ωまたはそれ以下に維持されています．個々の調整が必要ない場合，R_1は固定抵抗に置き換えることができます（一部のトポロジーでは，LT1070のグラウンド・ピン，V_CピンやFBピンが，高い電圧でスイッチングされていることに注意してください．この場合はV_Xをシステム・グラウンドではなくLT1070グラウンド・ピンを基準にする必要があります）．

図5.43では，D_1はPNPトランジスタに置き換えられており，R_1を流れる電流を100μAに低減しています．これはLT1070をトータル・シャットダウン・モードで使用する場合に有効です．

図5.44では，V_Cピンを出力電圧分割器にクランプすることによって，フォールドバック電流制限がなされています．これによって，R_3，R_4，およびR_5の相対的な値で決まる量だけ短絡電流が減少します．R_5は，出力電流が短絡時にゼロに低下し，短絡を取り除いてもゼロになったままの「ラッチ・オフ」を防止するために必要です．このラッチ・オフ動作が必要でない場合は，R_5をなくすことができます．その場合，D_1と直列に通常クローズの「スタート」スイッチを接続します．短絡電流をゼロ以外にしたい場合は，必要な短絡電流が得られるようにR_5を選択し，R_4を最大負荷電流制限値に調整します．何らかの相互作用があるので，R_5

表5.1 出力電流制限の近似値

	過負荷電流（アンプ）	短絡電流（アンプ）
降圧	5～8	約8
昇圧	$(5～8)(V_{IN}/V_{OUT})$	不可
降圧（反転）	$\dfrac{5～8}{(1+V_{OUT}/V_{IN})}$	約8
電流ブースト降圧	$(5～8)\left(\dfrac{V_{IN}}{V_{OUT}+N(V_{IN}-V_{OUT})}\right)$	約8/N
電圧ブースト昇圧	$(5～8)\left(\dfrac{V_{IN}}{V_{OUT}+N(V_{IN})}\right)$	不可
フライバック（連続）	$\dfrac{5～8}{(V_{OUT}/V_{IN})+N}$	約8/N
フライバック（不連続）	Lに依存	約8/N
電流ブースト昇圧	$\dfrac{5～8}{(V_{OUT}/V_{IN})-(N/N+1)}$	不可
フォワード	5～8/N	約8/N

図5.42 外部電流制限

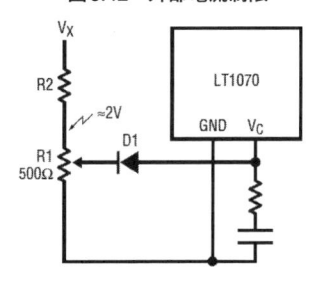

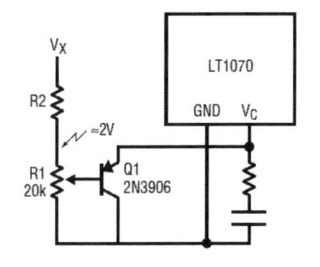

図5.43 外部電流制限

の初期値選択にはR_4をほぼ中央に設定しなければなりません．R_4とR_5を調整する際に干渉を小さくしたい場合は，R_4のワイパと直列に470Ω抵抗を挿入してR_5とで電圧分割器を形成します．

図5.45では電流トランス(T_1)を使用して，より精密な電流制限を生成しています．降圧，フライバック，昇降圧構成では，一次側は出力スイッチング・ダイオードと直列に配置されます．出力ダイオードのピーク電流は，次の式のとおり制限されます．

$$I_{PEAK} = \frac{N}{R_5}\left(V_{BE} + \frac{V_{OUT} \cdot R_4}{R_3 + R_4}\right)$$

V_{BE}：Q_1のベース-エミッタ電圧
R_3/R_4分割器は公式で示すとおりフォールドバックを提供し，短絡ダイオード電流は$N(V_{BE}/R_5)$に制限されます．代表的アプリケーションにおいて，R_3は通常の出力電圧でR_4両端の電圧を約1Vに設定するように選択されています．次にR_5は次の式から計算されます．

$$R_5 = \frac{N(V_{BE} + V_{R4})}{I_{PEAK(PRI)}}$$

有効な二次電流制限センス電圧は，全出力電圧において$V_{BE} + V_{R4}$で，短絡時にはちょうどV_{BE}となり，約2.7：1のフォールドバック比が得られます．T_1の二次側のダイオードにより，二次側は電流パルス間で「リセット」できるので，真のピーク・ツー・ピーク・ダイオード電流が制御されます．C_1を使用してスパイクとノイズをフィルタします．

図5.46では，電流制限センス抵抗(R_S)がLT1070のグラウンド・ピンと直列に接続されています．ピーク・スイッチ電流は，$V_{BE(Q1)}/R_S$に制限されます．この回路は，負入力ラインと負出力ラインを共通にする必要がない状況においてのみ有用です．R_Sの消費電力はかなり高くなります．$P \approx (0.6V)(I_{PEAK})(DC)$．ここで，$DC$はスイッチのデューティ・サイクルです．$R_1$と$C_1$はノイズ・スパイクとキャッチ・ダイオードの逆ターン・オフ電流スパイクをフィルタします．

外付けトランジスタのドライブ

LT1070を使用した高入力電圧アプリケーションには，外付け高電圧トランジスタが必要です．図5.47と図5.48に示すように，トランジスタは共通ゲートまたは共通ベース・モードで接続されています．これによって，LT1070の内部電流センシングを機能させながら，外付けトランジスタを動作電圧とスイッチング速度能力の両方が最大になるモードで動作させることができます．

図5.47では，LT1070はNチャネル・パワーMOSFETをドライブします．別の低電圧電源を使用して，LT1070に電力を供給し，MOSFETの順方向ゲート・ドライブを確立します．標準ゲート・ドライブ要

図5.44 フォールドバック電流制限

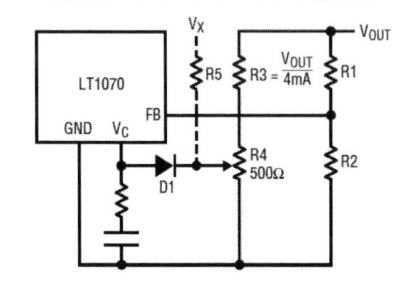

図5.45 トランス電流制限

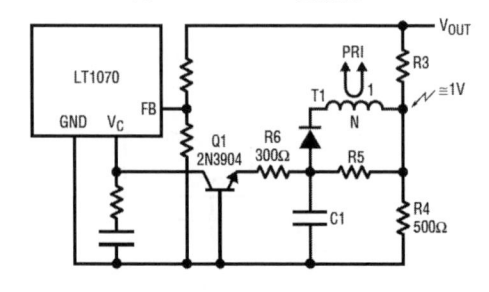

図5.46 外部電流制限

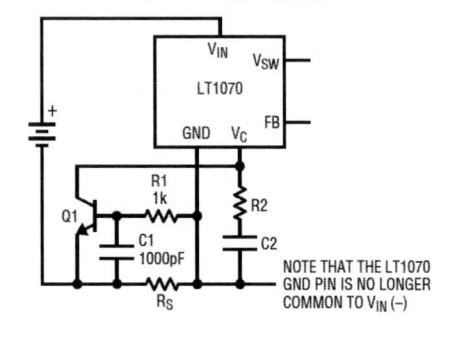

図5.47 外付けMOSFETのドライブ

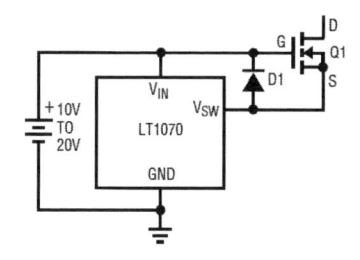

図5.48 外付けNPNのドライブ

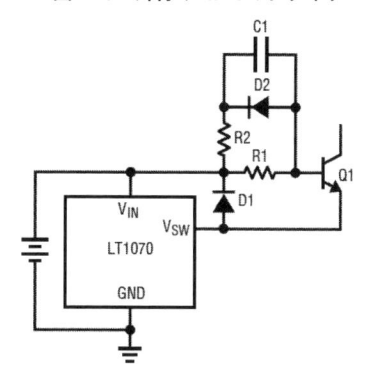

求条件は10Vで，標準最大値が20Vです．MOSFETに印加される順方向ゲート・ドライブは，供給電圧からLT1070スイッチの飽和電圧を減算した電圧に等くなります（飽和電圧は標準1V未満）．D_1はターン・オフ時にソースをクランプするのに使用されます．ターン・オフが遅くなることはありません．ダイオードの要求条件は，ドレイン電流と等しい狭い（100ns）電流スパイクに耐え，高速でターン・オンして適切なクランピングを提供することです．

図5.48で，LT1070はNPNバイポーラ・トランジスタをドライブします．これらのデバイスは，高速スイッチング時間を確実に達成するために，ターン・オン時とターン・オフ時に高サージ・ベース電流を必要とします．R_1はDCベース・ドライブをコレクタ電流の約1/5に確立します．C_1はターン・オン時に順方向ベース電流サージを供給します．標準値は0.005μF～0.05μFです．D_1はターン・オフ時にエミッタ電圧をクランプします．そして，ターン・オフ遅延時間（0.5μs～2μs）の間，ベース・リードから全コレクタ電流が流れ出すのを防止します．D_2とR_1は逆ベース・ターン・オフ電流を確立します．ターン・オフ遅延時間中のR_2両端の電圧は，約ダイオード1個分の電圧低下に相当します．$R_2 = 3\Omega$で，ダイオードの電圧降下が800mVの場合，これはターン・オフ時に約270mAの逆ベース電流を生成します．LT1070スイッチがオフのとき，D_1とD_2がエミッタ-ベース電圧を強制的にゼロ・バイアスにするので，この回路では「オフ」状態での逆リークは問題ではありません．D_1には高速ターン・オン特性をもつものを選択してください．トランジスタのターン・オフ時間と等しい時間で，コレクタ電流と等しい電流を処理できなければなりません．D_2には数百mAの順方向電流スパイクの定格をもつ任意の中速度ダイオードを使用することができます（1N914など）．

整流ダイオードの出力

出力ダイオードは，特に出力電圧が10V以下のときにスイッチング・レギュレータにおける電力損失の主要因になる場合がよくあります．したがって，適切なダイオード定格を選択するために，ダイオードのピーク電流と平均消費電力を計算できることが非常に重要です．**表5.2**は，標準負荷の平均ダイオード消費電力とピーク・ダイオード電流を表にしています．またダイオードのデューティ・サイクルが100%に近づく短絡出力条件でのダイオード電流も表にしており，ピーク電流および平均電流は基本的に同じです．

平均電力の公式で使用されるダイオード順方向電圧（V_F）の値は，次の欄に記載されているピーク電流条件においてダイオードに規定される電圧です．ピーク電流の公式では，インダクタまたはトランスにリプル電流がないものと仮定していますが，平均電力の計算はかなり高いリプルがある場合もかなり近い値になります．出力電圧が入力電圧より大幅に高い場合，特に昇圧コンバータでは出力ダイオードにとっては大変です．ピーク・ダイオード電流は平均電流よりもはるかに高いので，メーカの電流定格に注意して使用しなければなりません．

出力ダイオードに最も負荷がかかるのは，過負荷または短絡状態です．LT1070の内部電流制限は，低スイッチ・デューティ・サイクルでは標準9Aです．これは5Aの定格スイッチ電流の約2倍なので，レギュレータを最大負荷で限界近くまで使用した場合でも，出力ダイオード電流は電流制限条件下で2倍になる可能性があります．最大負荷出力電流が5Aの定格スイッチ

電流のごく一部しか必要としない場合は，ダイオード短絡電流と最大負荷電流との比は2対1よりもはるかに大きくなるでしょう．連続短絡条件に耐えるように設計されているレギュレータは，4番目の欄に記載した最大短絡電流の定格をもつダイオードを使用するか，または何らかの形の外部電流制限を内蔵しなければなりません．詳細については，電流制限セクションを参照してください．

表5.2の最後の欄は，最大逆ダイオード電圧を示します．この値を計算するときは，必ずワースト・ケースの高入力電圧を使用してください．トランスまたはタップ付きインダクタを用いた設計では，ピーク・ダイオード電圧にダンプ「リンギング」波形が追加されることがあります．これはダイオードと並列に直列R/Cダンパ・ネットワークを配置して低減できます．

スイッチング・ダイオードには，逆回復時間と順方向ターン・オン時間の二つの重要な過渡特性があります．ダイオードは順方向導通サイクル中に電荷を「蓄え」るため，逆回復時間が発生します．この蓄えられた電荷によって，ダイオードは逆ドライブ後の短い期間中に，低インピーダンスの導電素子のように動作します．逆回復時間は規定電流でダイオードを順方向にバイアスして測定し，次に第二の規定電流をダイオードに逆方向に流します．ダイオードが逆導通状態から通常の逆非導通状態に変化するのに必要な時間が逆回復時間です．ハードにターン・オフしたダイオードは，逆回復時間後にある状態から別の状態に急激に切り替わります．したがって，中程度の逆回復時間でもわずかな電力しか消費しません．ソフトにターン・オフしたダイオードは，ターン・オフ間隔中にダイオードがかなりの電力を消費するターンオフ特性を持ちます．図5.49に，$V_{IN} = 10V$, $V_{OUT} = 20V$, 2Aの場合に，LT1070昇圧コンバータに使用するいくつかの市販タイプのダイオードの標準的な電流波形と電圧波形を示します．

逆回復時間が長いと，ダイオードまたはLT1070スイッチがかなり加熱する可能性があります．全電力損失は次の式から得られます．

$$P_{tRR} = V \cdot f \cdot t_{RR} \cdot I_F$$

V：逆方向ダイオード電圧
f：LT1070スイッチング周波数
t_{RR}：逆回復時間
I_F：ターン・オフ直前の順方向ダイオード電流

前の回路では，I_Fが4A, $V = 20V$, および$f = 40$kHz

表5.2 ダイオード電流

トポロジー	平均ダイオード消費電力P_D［ワット］	ピーク・ダイオード電流 最大負荷時［A］	短絡時［A］	ピーク・ダイオード電圧
降圧	$(I_{OUT})(V_F)(1 - V_{OUT}/V_{IN})$	$I_{OUT} + \dfrac{\Delta I}{2}$	約8	V_{IN}
電流ブースト降圧	$(I_{OUT})(V_F)(1 - V_{OUT}/V_{IN})$	$\dfrac{I_{OUT}}{V_{IN}}\left(\dfrac{V_{OUT}}{N} - V_{OUT} + V_{IN}\right)$	約8/N	$V_{OUT} + N(V_{IN})$
昇圧	$(I_{OUT})(V_F)$	$\dfrac{I_{OUT}(V_{OUT})}{V_{IN}} + \dfrac{\Delta I}{2}$	不可	V_{OUT}
電流ブースト昇圧	$(I_{OUT})(V_F)$	$I_{OUT}\left[\dfrac{V_{OUT}}{V_{IN}} + N\left(\dfrac{V_{OUT}}{V_{IN}} - 1\right)\right] + \dfrac{\Delta I_{PRI}(N+1)}{2}$	不可	$I_{OUT}\sqrt{\dfrac{V_{OUT} - V_{IN}}{V_{IN}(N+1)}}$
電圧ブースト昇圧	$(I_{OUT})(V_F)$	$\dfrac{I_{OUT}(N \cdot V_{IN} + V_{OUT})}{V_{IN}(N+1)}$	不可	$V_{OUT} + N(V_{IN})$
反転（降圧）	$(I_{OUT})(V_F)$	$\dfrac{I_{OUT}(V_{IN} + V_{OUT})}{V_{IN}} + \dfrac{\Delta I}{2}$	約8	$V_{OUT} + V_{IN}$
フライバック（連続）	$(I_{OUT})(V_F)$	$I_{OUT}\left(1 + \dfrac{V_{OUT}}{N(V_{IN})}\right) + \dfrac{\Delta I_{PRI}}{2N}$	約7/N	$V_{OUT} + N(V_{IN})$
フライバック（不連続）	$(I_{OUT})(V_F)$	$\dfrac{1}{N}\sqrt{\dfrac{2(I_{OUT})(V_{OUT})}{f(L_{PRI})}}$	約7/N	$V_{OUT} + N(V_{IN})$

です．なおダイオードの「オン」電流はこの昇圧構成では出力電流の2倍です．t_{RR} = 300nsのダイオードは，以下の電力損失を生じます．

P_{tRR} = (20)(40 × 10³)(300 × 10⁻⁶)(4) = 0.96W
この同じダイオードの順方向電圧が4Aで0.8Vの場合は，順方向電力損失は2A（平均電流）× 0.8V = 1.6Wになります．逆回復損失は，この例では順方向損失とほぼ同じになります．逆方向損失によって必ずしもダイオードの電力損失が大幅に増大するのではないことを理解しておくことが重要です．ハードにターン・オフするダイオードは電力損失の多くをLT1070スイッチに移します．それによって，逆回復時間中に高電流と高電圧状態が発生します．これはLT1070にとって有害には見えませんが，電力損失は残ります．

ダイオードのターン・オン時間は，逆方向ターン・オフよりも潜在的に有害です．通常，出力ダイオードが出力電圧にクランプして，インダクタまたはトランスの接続が出力より高い電位に上昇するのを防止しているものと仮定しています．ゆっくりターン「オン」するダイオードは，ターン・オン時間中は順方向電圧が非常に高くなります．問題は上昇した電圧がLT1070スイッチの両端に現れることです．20Vのターン・オン・スパイクが40V昇圧モード出力に乗って，スイッチ電圧が65Vの制限値に危険なまでに近付きます．図5.50のグラフは，高速，超高速，およびショットキーの三つの一般的なダイオード・タイプでのダイオードのターン・オン・スパイクを示します．スパイクの高さは電流の上昇率と最終電流値によって決まりますが，これらのグラフはスイッチ電圧の限界を押し上げるアプリケーションでの高速ターン・オン特性の必要性を強調しています．

ダイオード，出力コンデンサ，またはLT1070ループの寄生インダクタンスが高い場合，高速ダイオードは役立ちません．20番ゲージのワイヤのインダクタンスは，約30nH/inです．LT1070スイッチの電流立ち下がり時間は約10⁸A/秒です．これによって，寄生配線で(10⁸)(30 × 10⁻⁹) = 3V/インチの電圧が発生します．ダイオード，コンデンサ，およびLT1070のグ

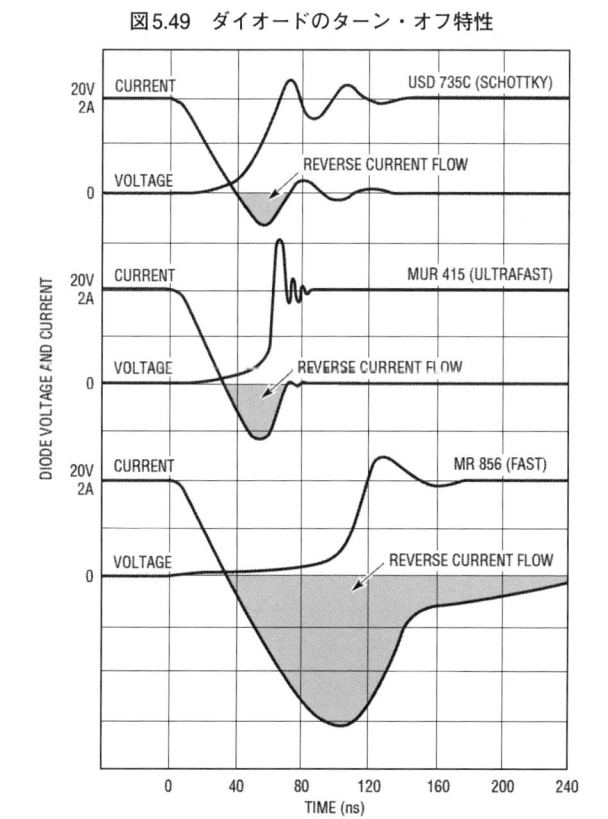

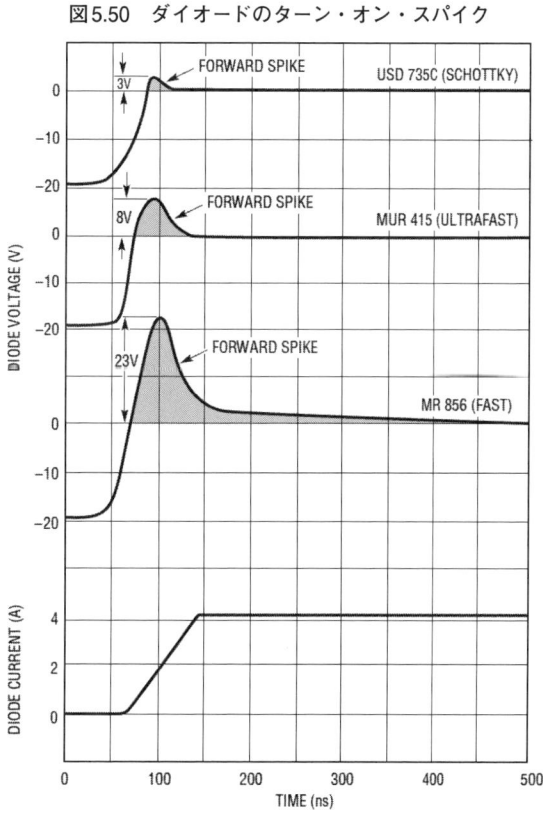

図5.49 ダイオードのターン・オフ特性

図5.50 ダイオードのターン・オン・スパイク

ラウンド/スイッチ・リード長さを短くしてください.

入力フィルタ

大部分のスイッチング・レギュレータ設計では，入力電源からパルスで電流を引き出します．これらの電流パルスのピーク・ツー・ピーク振幅は，多くの場合は負荷電流と等しいか，それより高くなります．パルスには大変大きな高周波エネルギーがあり，一部のシステムではEMI問題を引き起こす可能性があります．電源とスイッチング・レギュレータの間に単純なLCフィルタを追加すると，このEMIの振幅をスイッチング周波数で1桁以上，そして高調波周波数では数桁以上も低減することができます．図5.51に示す基本フィルタをどのスイッチング・レギュレータにでも追加することができます．

フィルタの設計で考慮すべき二つの主な項目は，リプル減衰を決定する逆方向電流伝達関数とレギュレータの安定基準を満たす必要のあるフィルタ出力インピーダンス関数です．スイッチング・レギュレータは低周波で，以下の負の入力インピーダンスをもつので，安定性の問題が発生します．

$$Z_{IN(DC)} = -\frac{(V_{IN})^2}{V_{OUT} \cdot I_{OUT}}$$

フィルタの出力インピーダンスは，LC共振周波数で鋭いピークをもっています．出力インピーダンスが，レギュレータ制御ループの帯域幅までの周波数において，レギュレータの負の入力インピーダンスより十分に小さくないと，発振が起こる可能性があります．

この二つのフィルタ要求条件には基本的な対立点があります．大きなLC積による高いQ値で高リプル減衰が得られますが，これによって発振問題が悪化する傾向があります．この対立は大きなCと小さなLを使用

図5.51 基本フィルタ

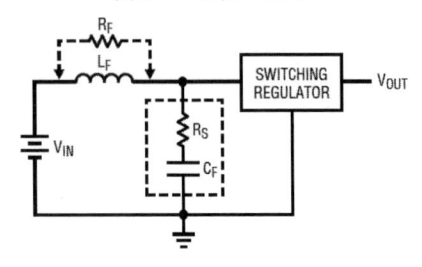

して必要なLC積を得ることによって最小限に抑えられますが，サイズ条件によってもこのアプローチが制限されます．追加の「固定抵抗」は，Lを小さな抵抗（R_F）と並列に接続してフィルタのQを低減しています．これには高周波でのフィルタ減衰を制限する欠点があります．フィルタQはコンデンサのESR（R_S）によっても低減されますが，ESRを意図的に増大させるとリプル減衰と電力損失に大きな不利益を強要します．

入力フィルタのリプル減衰は，次式から計算できます．

$$\frac{I_{OUT(P-P)}}{I_{IN(P-P)}} = \frac{R_S}{R_F} + \frac{R_S \cdot DC(1-DC)}{L \cdot f}$$

R_S：Cの等価直列抵抗
DC：スイッチング・レギュレータのデューティ・サイクル

この公式にはCの値が含まれていないことに気づきます．これは，大きな電解コンデンサは20kHz以上で基本的にESRと等しくなるトータル・インピーダンスをもつからです．したがって，リプル減衰にとってCの値は重要ではなく，ESRに基づいてコンデンサを選択します．

標準フィルタは，10μHインダクタとR_S = 0.05Ωの500μFコンデンサで構成することができます．フィルタの減衰はデューティ・サイクル50%（DC = 0.5）で効果が最小なので，ここではワースト・ケースとしてこの数値を使用します．$R_F = \infty$の場合，このフィルタのリプル減衰は以下のとおりです．

$$\frac{I_{OUT}}{I_{IN}} = \frac{(0.05)(0.5)(1-0.5)}{(10 \cdot 10^{-6})(40 \cdot 10^3)} = 0.031 = 32:1$$

この公式は方形波入力で三角波出力とピーク・ツー・ピーク値の比を生成するものと仮定しています．方形波電流の高周波成分は，全減衰値よりもはるかに減衰が大きくなります．

フィルタの出力インピーダンスは，次の式で表されます．

$$Z_{OUT} = \frac{1}{\dfrac{1}{R_F} - \dfrac{J}{\omega L} + \dfrac{J\omega C}{1+(\omega R_S C)^2} + \dfrac{R_S(\omega C)^2}{1+(\omega R_S C)^2}}$$

ω：ラジアン周波数 = $2\pi f$

この公式は（ω = 0）値がゼロで，R_Fと高周波においてはR_Sの並列値に等しくなります．R_Sが単にコンデンサ

のESRである場合，フィルタの高周波および低周波数出力インピーダンスは両方とも非常に低いものです．あいにく，共振周波数でのフィルタの出力インピーダンスは非常に高く，この共振周波数は一般にスイッチング・レギュレータが負入力インピーダンスをもつ帯域内にあります．共振周波数とピーク出力インピーダンスの公式は，以下のとおりです．

$$f = \frac{1}{2\pi\sqrt{LC - R_S^2 C^2}}$$

R_Sが単純にCのESRである場合，フィルタ共振周波数は通常，以下に近似します．

$$f = \frac{1}{2\pi\sqrt{LC}} \left[\frac{R_S^2 C}{L} \ll 1 \right]$$

$$Z_{OUT(PEAK)} = \frac{R_F LC}{LC + R_S \cdot R_F \cdot C^2}$$

500μF，10μHフィルタの共振周波数は約2kHzで，$R_F = \infty$と$R_S = 0.05\Omega$の場合のピーク出力インピーダンスは約0.4Ωです．

レギュレータの安定性のための基準は，以下のとおりフィルタ・インピーダンスはレギュレータの入力インピーダンスよりはるかに低いことです．

$$\frac{R_F LC}{LC + R_S \cdot R_F \cdot C^2} \ll Z_{IN}$$

ワースト・ケースは，入力電圧が低いスイッチング・レギュレータで発生します．$V_{IN} = 5V$，$V_{OUT} = 20V$，$I_{OUT} = 1A$の場合，低周波でのレギュレータの入力インピーダンスは，$(5^2)/(20)(1) = 1.25\Omega$になります．ピーク・フィルタ・インピーダンスは0.4Ωと計算したため，安定性基準に適合するように見えます．しかし，まだフィルタのコンデンサが良好すぎるという問題があります．CのESRが0.02Ωに低下した場合，ピーク・フィルタ・インピーダンスは1Ωまで増加し，安定性が疑わしくなります．ピーク・フィルタ・インピーダンスを低減するために，R_Fを追加しなければならない場合があります．R_Fが1Ωに設定されている場合，ピーク・フィルタ・インピーダンスは0.5Ωに低下します．リプル減衰の不利益は，$R_S = 0.05\Omega$の場合に32：1から12：1まで減少することです．

この説明では，実際の入力ソースの出力インピーダンスはゼロと仮定されていました．これは明らかに実際のケースではなく，ソース・インピーダンスは安定性に重要な影響を与えます．

つまり，入力フィルタはスイッチング・レギュレータを安定性の問題を引き起こす範囲まで低下させる共振周波数とインピーダンスをもつ傾向があるということです．したがって，始めからレギュレータ全体の設計にフィルタ設計を含めることが重要です．レギュレータの閉ループ安定性をチェックするときには，選択したフィルタを配置し，また実際のソースを使用しなければなりません．

効率計算

スイッチング・レギュレータを使用する主な理由は効率です．そのため，効率ファクタをある程度の精度で評価できることが重要です．多くの場合，全体の効率は個々の部品における電力損失ほど厳密ではありません．信頼性の高い動作を行うために，電力を消費する各部品は最大動作温度を超過しないように適切なサイズにするか放熱しなければなりません．全体の効率は，出力電力を全損失の合計＋出力電力で除算して求めることができます．

$$E = \frac{I_{OUT} \cdot V_{OUT}}{\Sigma P_L + I_{OUT} \cdot V_{OUT}}$$

電力損失の要因には，LT1070の消費電流，スイッチ・ドライバ電流，スイッチ「オン」抵抗，出力ダイオード，インダクタ／トランス巻き線，およびコア損失，スナバの消費電力が含まれます．

● LT1070の動作電流

LT1070はアイドル状態でわずか6mAの電流しか流れませんが，これは出力スイッチングがターン・オンしない（デューティ・サイクルがゼロ）V_Cピンの電圧で規定されています．スイッチングを開始するためにV_Cピンが帰還ループによってサーボ制御されると，入力ピンの供給電流は2とおりの形で増加します．まず，V_Cピン電圧に比例して増加するDCがあります．これは，高スイッチ電流時に十分なスイッチ・ドライブを行うためのスイッチ・ドライバのバイアス電流の増加によるものです．次に，出力スイッチがオンのときにだけ「オン」になるドライバ電流があります．スイッ

チ・ドライバ電流とスイッチ電流の比は約1：40です．LT1070のV_{IN}ピンの全平均電流は，以下のとおりです．

$I_{IN} \approx 6\mathrm{mA} + I_{SW}(0.0015 + DC/40)$

I_{SW}：スイッチ電流

DC：スイッチのデューティ・サイクル

この式を使用するには，スイッチのデューティ・サイクルとスイッチ電流についての知識が必要です．この情報は個々のスイッチング構成に関係するセクションに記載されています．標準的な例は，入力が28Vで出力が5V/4Aの降圧コンバータです．デューティ・サイクルは約20％で，スイッチ電流は4Aです．これによって次の式の全電源電流が生じます．

$I_{IN} = 6\mathrm{mA} + 4(0.0015 + 0.2/40) = 32\mathrm{mA}$

バイアスおよびドライバ電流に起因する全電力損失は，次の式のとおり入力電圧と入力電流の積に等しくなります．

$P_{BD} = I_{IN} \cdot V_{IN} = 32\mathrm{mA} \times 28\mathrm{V} = 0.9\mathrm{W}$

● **LT1070のスイッチ損失**

スイッチ「オン」抵抗損失は，スイッチ電流の2乗とデューティ・サイクルの積に比例します．

$P_{SW} = I_{SW}^2 R_{SW} DC$

R_{SW}：LT1070のスイッチ「オン」抵抗

R_{SW}の最大規定値は最大定格ジャンクション温度で0.24Ω，室温での標準値は0.15Ωです．0.24Ωのワーストケース値を使用すると，以下の例で示すスイッチ損失が生じます．

$P_{SW} = (4)^2 (0.24)(0.2) = 0.77\mathrm{W}$

この例でスイッチ損失とドライバ損失がほぼ等しいのは，単に偶然の一致です．スイッチ電流が低く入力電圧が高いときはP_{BD}が支配的になるのに対し，入力電圧が低くスイッチ電流が高いときはスイッチ損失が支配的になります．

LT1070のACスイッチング損失は最小です．スイッチ電流の立ち上がりおよび立ち下がりは，約10^8A/秒です．これはスイッチング時間を50ns以下に短縮し，AC損失をDC損失と比較して小さくします．この例外は，出力ダイオードの逆回復時間に起因するACスイッチ損失です．「出力ダイオード」セクションを参照してください．

● **出力ダイオード損失**

出力電圧が低いとき，多くの場合は出力ダイオードが電力損失の主要因になります．この理由から，順方向電圧および逆回復時間が最小のショットキー・スイッチング・ダイオードが推奨されます．大部分のトポロジーでのダイオード損失は，以下の公式で概算することができますが，詳細については「出力ダイオード」セクションを調べてください．

$P_D \approx I_{OUT} \cdot V_F \cdot K + V \cdot f \cdot t_{RR} \cdot I_F$

V_F：ピーク・ダイオード電流時のダイオード順方向電圧

V：ダイオード逆電圧

t_{RR}：ダイオード逆回復時間

I_F：ターン・オフ時のダイオード順方向電流

K：$(1 - V_{OUT}/V_{IN})$（降圧コンバータの場合）および1（他の大部分のトポロジーの場合）

降圧レギュレータの例で，$I_{OUT} = 4\mathrm{A}$，$V_F = 0.7\mathrm{V}$，$t_{RR} = 100\mathrm{ns}$とした場合：

$P_D = (4)(0.7)(1 - 5/28) + (28)(40 \times 10^3)(10^{-7})(4)$
$= 2.3 + 0.45 = 2.75\mathrm{W}$

● **インダクタおよびトランス損失**

インダクタおよびトランスに関するセクションを参照してください．

● **スナバ損失**

フライバック設計のセクションを参照してください．

● **全損失**

この降圧レギュレータの例では，インダクタ損失は約1W，スナバ損失はゼロです．したがって，全損失は以下のとおりです．

$\Sigma P_L = P_{BD} + P_{SW} + P_D + P_L + P_{SNUB}$
$= 0.9 + 0.77 + 2.75 + 1 + 0 = 5.42\mathrm{W}$

効率は次の式で表すことができます．

$E = \dfrac{V_{OUT} \cdot I_{OUT}}{\Sigma P_L + V_{OUT} \cdot I_{OUT}} = \dfrac{(5)(4)}{5.42+(5)(4)} = 78.7\%$

この値はかなり高効率の5V降圧レギュレータでは標準的なものです．ダイオード損失が高いため，5Vスイッチング電源の効率は，高電圧出力のものより低くなります．たとえば15V出力では効率は約86％になります．

出力フィルタ

追加で出力フィルタを使用しない場合，スイッチング・レギュレータの出力電圧リプルは，標準で数10mV〜数100mVの範囲になります．簡単な出力フィルタにより，わずかな追加コストでこのリプルを1/10〜1/100に低減することができます．リプルに重畳される高周波「スパイク」は，さらに減衰します．

スイッチング・レギュレータの出力に大きな振幅をもつスパイクが存在する場合，初めての設計者はしばしば困惑します．これらのスパイクは，トポロジー上エネルギー蓄積インダクタを出力フィルタとして使用できないスイッチング・レギュレータで発生します．これには，昇圧，フライバック，および昇降圧設計が含まれます．図5.52に示すとおり，これらのコンバータの出力は，出力コンデンサをドライブするスイッチ電流源としてモデル化することができます．

出力コンデンサはC_{OUT}と示されています．このモデルには，寄生抵抗(R_S)および寄生インダクタンス(L_S)が含まれています．これは出力電圧スパイクを生成するインダクタンスです．このスパイクの振幅は，スイッチのスルーレート(dI/dT)がわかっていれば計算できます．最大スイッチ電流で動作する簡単なインダクタ設計では，LT1070スイッチのdI/dTは約10^8A/秒です．L_S両端の電圧は，次式で表すことができます．

$$V = L_S\left(\frac{dI}{dT}\right) = L_S(10^8)$$

まっすぐな導線には，1インチあたり約0.02μHのインダクタンスがあります．出力コンデンサのそれぞれの端に，ボード・トレース長を含めて1インチの導線があると仮定すると，0.04μHになります．さらに0.02μHの内部インダクタンスを考慮すれば，L_Sの合計値は0.06μHになります．

$$V = (0.06)(10^{-6})(10^8) = 6V$$

これらのスパイクは非常に狭く(< 100ns)，通常，配線と負荷バイパス・コンデンサで大きく減衰しますが，これらの計算から出力コンデンサのリード線を短くすることの重要性を示しています．レギュレータ・スイッチング周波数での出力電圧リプルには，通常二つのタイプがあります．

降圧，フライバック，および極性反転(昇降圧)設計の場合，リプルはほぼ完全に出力コンデンサのESR(R_S)によって決まります．

40kHzでのコンデンサのリアクタンス$1/(2\pi f_C)$は，通常R_Sと比較して非常に低いので無視できます．したがって，出力リプルは振幅がV_{P-P}でデューティ・サイクルがDCの方形波です．これらのトポロジーの説明のところに，V_{P-P}およびDCの公式があります．

出力リプルのもう一つの種類は三角波です．三角波はストレージ・インダクタを出力フィルタとして利用するスイッチング・レギュレータで発生します．これらのレギュレータには，降圧コンバータ，フォワード・コンバータ，Ćukコンバータなどがあります．この場合も，リプルの振幅はCではなくR_Sで決まりますが，波形は振幅がV_{P-P}でデューティ・サイクルがDCの三角波です．

矩形波が入力される出力フィルタの減衰量は，以下のとおりです．

$$\frac{V_{OUT(P-P)}}{V_{P-P}} = \frac{DC(1-DC)R_F}{f \cdot L}$$

DC：矩形波入力のデューティ・サイクル(50% = 0.5)
この減衰量は相補的なデューティ・サイクルの場合と同じであることに注目してください．すなわち，10%と90%は同じで40%と60%も同じです．50%が最悪の

図5.52 出力フィルタ

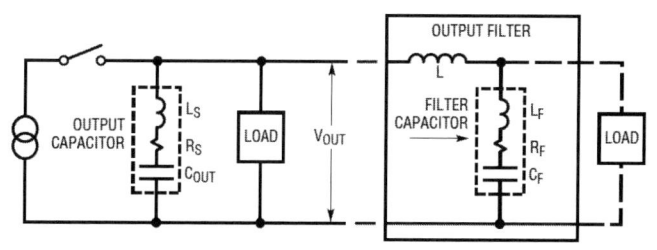

減衰点です．10μHインダクタと$R_F = 0.05\,\Omega$の200μFコンデンサで構成される出力フィルタを使用し，デューティ・サイクル40%で動作中のコンバータのフィルタ減衰比は，次の式のとおりです．

$$\frac{V_{OUT(P-P)}}{V_{P-P}} = \frac{(0.4)(0.6)(0.05)}{(4 \cdot 10^3)(10 \cdot 10^{-6})} = 0.03 = 33:1$$

矩形波入力は，ピーク・ツー・ピーク振幅が1/33である三角波出力に変換されます．スイッチング周波数の高調波はさらに低減され，たとえば第3高調波は，$L_F = 0.06\,\mu H$では112:1に減衰します．第2高調波はありません．

降圧，フォワード，およびĆukコンバータではフィルタへのリプル電圧はすでに三角波になっています．フィルタの出力リプルは，$V(t) = mt^2$の形式です．減衰比は次の式で与えられます．

$$\frac{V_{OUT(P-P)}}{V_{P-P}} = \frac{R_F}{8 \cdot L \cdot f}$$

$R_F = 0.05\,\Omega$，$L = 10\,\mu H$で同じ条件の場合：

$$\frac{V_{OUT(P-P)}}{V_{P-P}} = \frac{0.05}{(8)(10 \cdot 10^{-6})(40 \cdot 10^3)} = 0.0156 = 64:1$$

メイン・インダクタのフィルタリングにより，これらのコンバータのリプル電圧はすでに低いので，わずか数μHの出力フィルタ・インダクタで十分なフィルタリングを得ることもできます．このインダクタは空芯タイプでもかまいません．直径1/2インチ，#16線を13回巻いた3/4インチ長の空芯コイルのインダクタンスは，$1\,\mu H$で，$R_F = 0.05\,\Omega$では6:1の減衰が得られます．

入力および出力コンデンサ

スイッチング・レギュレータで使用される大型の電解コンデンサには，設計上重要な検討事項がいくつかあります．普通，最も重要なものは等価直列抵抗（ESR）です．これは単にコンデンサ・リードと直列の等価寄生抵抗です．10kHz以上の周波数では，コンデンサの全インピーダンスはほぼESRと等しくなり，この寄生抵抗がコンデンサのフィルタリング効果を制限します．LT1070で使用するコンデンサの設計等式は，ほとんどの場合は単にESRを扱い，実際の容量値はその次に重要です．以下の式は，市販されている数種類のスイッチング電源用コンデンサの最大ESRと容量に関する非常におおまかな指標です．ESRの温度変化を図5.53に示します．

Sprague Type 673Dまたは674Dの場合

$$ESR = \frac{(400)(10^{-6})}{(C)(V)^{0.6}}\Omega$$

Mallory Type VPRの場合

$$ESR = \frac{(200)(10^{-6})}{(C)(V)^{0.6}}\Omega$$

Cornell Dubilier Type UFTの場合

$$ESR = \frac{(430)(10^{-6})}{(C)(V)^{0.25}}\Omega$$

C：容量値
V：定格動作電圧

定格電圧が高いとESRが低くなることに注意してください．これは定格電圧が高いコンデンサは，物理的に大きいためです．すべてがうまくいくことはありません．一般的な設計では，ESRを低くし部品の高さを許容できる値にするために，複数のコンデンサを並列にすることです．

コンデンサの選択で次に検討すべきことは，リプル電流定格です．コンデンサを選択した後，リプル電流定格をチェックして，動作リプルがメーカの最大許容値以下であること確認してください．ただしリプル電流定格は，通常コンデンサの温度上昇を制限するために選択されることに注意してください．消費電力は$(I_{RMS})^2 \times$

図5.53 標準的なコンデンサのESRと温度

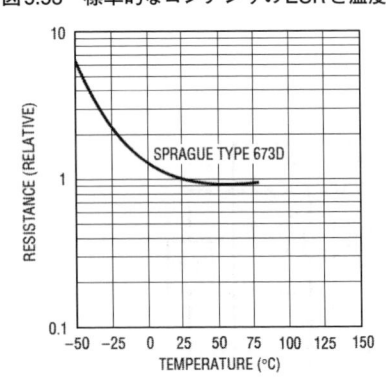

ESRで与えられます．周囲温度がコンデンサの最大定格以下の場合は，リプル電流を増やすことが可能です．コンデンサのメーカに相談してください．昇圧，昇降圧，およびフライバック設計における出力コンデンサのRMSリプル電流は，出力電流とスイッチのデューティ・サイクルから次の式のとおり計算できます．

$$I_{RMS} = I_{OUT} \sqrt{\frac{DC}{1-DC}}$$

降圧コンバータの場合，出力コンデンサの実効電流は，ほぼ$0.3\Delta I$と等しくなります．ここで，ΔIはインダクタのピーク・ツー・ピーク・リプル電流です（連続モード）．

フライバックおよび昇降圧設計での入力コンデンサのリプル電流は，次式のとおりです．

$$I_{RMS} = \frac{I_{OUT} \cdot V_{OUT}}{V_{IN}} \sqrt{\frac{1-DC}{DC}}$$

降圧設計の場合：

$$I_{RMS} = I_{OUT} \sqrt{DC - (DC)^2}$$

また昇圧設計の場合，入力コンデンサのリプル電流は以下のとおりです．

$$I_{RMS} = 0.3\Delta I$$

インダクタおよびトランスの基礎

LT1070で使用されるインダクタとトランスは，特に効率，最大出力電力，および全体の物理的サイズなどのパラメータに関して，コンバータの総合的な性能にとって非常に重要です．インダクタンス値やコアの体積に関連するトレードオフが多数あり，設計者は各アプリケーションに対して最適なインダクタやトランスを選択するための適正な根拠をもっていることが求められます．インダクタンス値の具体的な指標は，このセクションで示す推奨アプリケーションの説明にありますが，一般的なインダクタ理論の理解も必要です．

スイッチング・レギュレータで使用する単純な2端子インダクタの三つの重要な特性は，インダクタンス値（L，単位はヘンリー），最大蓄積エネルギー（$I^2 \cdot L/2$，単位はエルグ），および電力損失（ワット）です．これらの特性を決定するパラメータの基本的な定義を以下に示します．

μ = コアの透磁率．これは，基本的にインダクタが空芯ではなくコアに巻かれたときに得られるインダクタンスの増加率です．たとえば，μが2000の場合，インダクタンスは2000：1だけ増加します．

ℓ = 磁路の長さ．単純なトロイダル・コアでは，コアの平均円周です（図5.54を参照）．

A = コアの断面積（図5.54を参照）

g = コアのエネルギー蓄積能力を増やすためのエア・ギャップ（ある場合）の厚さ（図5.54を参照）．

B = コアの磁束密度．Bが高くなり過ぎると，コアは「飽和」し，μが低下し，したがってLが大幅に低下します．

N = 巻き線の巻き数

I = 巻き線の瞬時電流

V_C = 実際のコア材の体積

大部分のコンバータ・アプリケーションでは，必要なインダクタンスは，最大出力電力，リプル条件，入力電圧，および過渡応答などの制約によって決まります．また，Iは負荷電流で決まります．したがって，これを説明するために，LとIが既知量と仮定して，N，A，ℓ，V_C，およびgの値を求めます．

インダクタンスはコアの透磁率，磁路の長さ，断面積，および巻き数によって決まります．

$$L = \frac{\mu \cdot A \cdot N^2}{\ell}(0.4\pi \cdot 10^{-8}) \quad \text{（ギャップなし）}$$

磁束密度は，巻き線電流，巻き数，および磁路の長さの関数です．

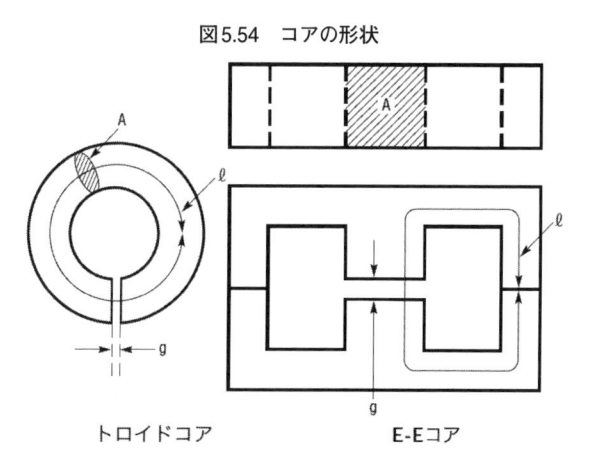

図5.54 コアの形状

トロイドコア　　　　E-Eコア

$$B = \frac{I \cdot N \cdot \mu}{\ell}(0.4\pi) \quad (\text{ギャップなし})$$

適切に選択されたインダクタであれば，磁束密度(B_M)の上限を超えることなく，正しいLの値を示さなければなりません．言い換えると，コアはピーク巻線電流(I_P)条件で「飽和」してはなりません．インダクタンスと磁束密度の公式を組み合わせると，必要なコアの体積(V_C)がインダクタに蓄えられるエネルギーに直接関係していることがわかります．

$$\text{蓄積されるエネルギー} = E = \frac{I_P^2 \cdot L}{2}$$

$$V_C = A \cdot \ell = \frac{I_P^2 \cdot L \cdot \mu \cdot 0.4\pi}{B^2 \cdot 10^{-8}} = E\frac{(2\mu \cdot 0.4\pi)}{B^2 \cdot 10^{-8}}$$

どのアプリケーションでも，I_Pの値は最大負荷電流とデューティ・サイクルから求めることができます．最大I_Pの公式は，各トポロジーのそれぞれのセクションに示されています．

多くの場合，最大負荷電流はLT1070が供給可能な電流よりもはるかに少ないものです．最大負荷電流だけを扱うように設計されたコアは，過負荷状態または短絡状態で飽和する可能性があります．LT1070のサイクルごとの電流制限は，コアが飽和してもレギュレータを損傷から保護します．これは，LT1070を使用したコンバータの信頼性を大幅に改善し，設計を容易にします．

コアを選択する際の主な基準はコア体積ですが，この体積はAとℓの二つの変数から成ります．インダクタ全体のサイズを最小にするには，一般にℓを犠牲にしてできる限りAを増やすのが最良です．これによって希望のインダクタンスを得るのに必要な巻き数が最小になります．これはコアの「ウインドウ」が小さくなりすぎて，巻き線を収容できなくなる前にのみ行うことができます．

● ギャップ付きコア

コアのエネルギー蓄積能力は，コアに「ギャップ」を設けることによって増やすことができます．全エネルギーのかなりの部分はエア・ギャップに蓄えられます．ギャップ付きコアの欠点は，実効透磁率が低下し，必要なインダクタンスを得るのにさらに巻き数が必要になることです．巻き数が多いとより大きなウィンドウが必要になります．しかし，インダクタの全体サイズは適切なギャップを設けたコア，特に透磁率の高いコア材を使用した場合はかなり小さくすることができます．ギャップ(g)付きコアのインダクタンスの式は，以下のとおりです．

$$L = \frac{\mu \cdot A \cdot N^2 \cdot 0.4\pi \cdot 10^{-8}}{\ell\left(1 + \frac{\mu g}{\ell}\right)}$$

インダクタンスは$\left(1 + \frac{\mu \cdot g}{\ell}\right)$だけ低下します．

$\mu = 2000$，$\ell = 2$インチ，$g = 0.02$インチの場合，インダクタンスは22:1だけ低下し，同じインダクタンスを維持するにはNを$\sqrt{22}$倍に増やす必要があります．エネルギー蓄積量の増加と透磁率の減少は等しくなります．

$$\frac{E_{MAX}(\text{ギャップ付き})}{E_{MAX}(\text{ギャップなし})} = 1 + \frac{\mu \cdot g}{\ell}$$

ギャップ・サイズを増やすことができる量には，いくつかの実用上の限度があります．まず，大きなギャップには同じインダクタンスを得るために多くの巻き数が必要です．これには細い導線が必要で，I^2Rによる加熱のために銅損が増加します．次に，ギャップ周辺に磁界フリンジがあるため，大きなギャップを設けた場合の実効ギャップ・サイズは，実際のギャップよりかなり小さくなります．

市販のコアを使用する場合，ℓ，A，およびμのデータシート情報は通常，有効値で記載されています．たとえば，μの理論値はコア材のバルク値です．一体型コアの有効値はバルク値に近づくことがありますが，2分割コアの場合，合わせ面に残ったわずかな空気層により有効透磁率が2:1まで低下する可能性があります．これはかなり悲観的に聞こえるかもしれませんが，バルクの$\mu = 3000$，$\ell = 1.5$インチのコアで$g = 0.0005$インチの場合，透磁率は半分になります．ギャップ付きコアのデータシートには，計算を簡単にするために，各ギャップ・サイズに対するμの実効値が記載されています．また，インダクタンス計算をさらに単純にするために，各ギャップに対する「インダクタンス/巻き数の2乗」のパラメータも記載されている場合があります．

なかには効果的に自動的にギャップが作られる2種類のコア材があります．それらは鉄粉とパーマロイで

す．これらの材料はコア全体に均一なギャップを作り，さらに高いエネルギー蓄積能力を備えたギャップレス・コアを構築が可能です．この材料の透磁率は大幅に低下しますが，巻き線ウィンドウに巻き線を追加できる場合，インダクタの電流処理能力は，同じインダクタンスでも，高 μ を形成するのと比較してはるかに高くなります．

　鉄粉コアはフェライトより安価であり，迅速に特注品に応じることができますが，コア損失が高いので用途はインダクタなどAC磁束密度が低いアプリケーションに限定されます．鉄粉の大きな利点は，非常に「ソフトに」飽和し，大きな過電流状態におけるインダクタンスの壊滅的な消失を防ぎます．なお，市販の鉄粉インダクタは，一般にコア損失と巻き線 (I^2R) 損失が同じ桁になるよう「最適化」されています．コア損失は，インダクタに加えられる電圧と時間の積で決まるピーク・ツー・ピーク・リプル電流に依存します．したがって，インダクタは加熱を制限するために，最大DC電流および電圧とμs積の最大値に対して仕様が定められています．可能な最高効率を要求するアプリケーションの場合は，高価でもコア損失がはるかに少ないオーバーサイズのコア，またはパーマロイの使用を検討してください．リプル電流に対するDC電流，またはその逆のトレードオフについては，インダクタのメーカに相談してください．

● **インダクタの選択手順**

　インダクタを選択する最も簡単な方法は，最小のインダクタンスおよび電流条件に合致する標準ユニットを見つけることです．ただし，標準タイプが要求条件にかなり近くない場合は，不経済的になることがあります．次に良い方法は，インダクタのメーカに特注品を注文することです．メーカは具体的な用途に合わせてコアと巻き線の最良の組み合わせを選択してくれるでしょう．第3の方法は，標準コア・タイプに関する資料で標準品を個々の要求条件に合わせてカスタマイズできるかどうか調べることです．これは試作品を組み上げて動作させるには手っ取り早い方法です．また，製造状況によっては非常に経済的です．このアプリケーション・ノートの巻末に，コアおよびインダクタ/トランス・メーカのリストがあります．

　自作コアの選択手順は，ピーク巻き線電流とインダクタンス値を定義することから始めます．LT1070を最大出力電力またはその付近で使用する場合は，ピーク巻き線電流が5A近くになるので，コアの計算には5Aのかたい値を使用してください．外部電流制限を使用する場合，あるいは出力電力レベルが低い場合は，各トポロジーの説明に記載されている式からピーク巻き線電流を計算することができます．同様に，インダクタンス値はこれらのセクションの特定の式から計算されます．Lの実際の値は一般に$50\mu H \sim 1000\mu H$の範囲になりますが，最も標準的な値は$200\mu H \sim 500\mu H$です．

　フェライト・コアの場合，次のステップで飽和を防ぐのに必要なコアの体積を計算します．

$$Ve = \frac{Ip^2 L \cdot \mu_e \cdot 0.4\pi}{Bo^2 \cdot 10^{-8}} \quad (\text{フェライト・コア})$$

L：必要なインダクタンス（ヘンリー）
I_P：ピーク・インダクタ電流（アンペア）
μ_e：実効相対透磁率
B_o：最大動作磁束密度（ガウス）
V_e：有効コア体積

例：$L = 200\mu H$, $I_P = 5A$, $\mu_e = 100$, $B_o = 2500$ガウスとします．

$$Ve = \frac{(5)^2(200 \cdot 10^{-6})(100\pi)(0.4\pi)}{(2500)^2(10^{-8})} = 100 \text{cm}^3$$

μ_eとB_oに選択した値は，ギャップ付きフェライト・コアの標準的な値です．コアには複数の標準ギャップが付いているものがあります．

　その他は，ギャップ長設定用のスペーサをユーザが用意するギャップなしのものです．ギャップ付きの特注品もあります．取り掛かりとして妥当なギャップ長は0.02インチです．$\mu = 3000$で磁路の長さ(ℓ_e)が2インチのコアは，有効透磁率が$\mu_e = \mu/(1 + \mu_g/\ell_e) = 3000/(1 + 3000 \cdot 0.02/2) = 97$になります．単に大きなギャップを選択すれば，必要なコアの体積を自由に減らせることに注意してください．大きなギャップを使用する場合の問題は，実効透磁率が大きく低下し，希望のインダクタンスを達成するために多くの巻き数が必要になることです．そのため，小さな直径の導線を使用せざるを得なくなり，銅損が大きくなってコアの過熱を引き起こすことになります．

　鉄粉コアはコア損失が大きく，また非常に高いDC磁束密度で動作可能なため，一般にコア損失および巻

き線損失による温度上昇に基づく別の設計手順があります．AC磁束密度は一般に400ガウス以下に維持する必要があります．これにより，以下に示すAC磁束密度に基づく体積の式が得られます．

$$V_C = \frac{\Delta I^2 \cdot L \cdot \mu \cdot 0.4\pi}{4 \cdot B_{AC}^2 \cdot 10^{-8}}$$

ΔI＝ピーク・ツー・ピーク・リプル電流
$\Delta I = 1A$，$L = 200\mu H$，$\mu = 75$，および$B_{AC} = 300$ガウスの場合：

$$V_C = \frac{(1)^2(200 \cdot 10^{-6})(75)(0.4\pi)}{(4)(300)^2(10^{-8})} = 5.25\,cm^3$$

コア・サイズを小さくするには，インダクタンス（L）を増やされなければなりません．これは式とは逆のように見えますが，ΔIはLに反比例するので，Lが増えると$(\Delta I)^2$の項は急激に低下し，必要なコアの体積が小さくなります．不利なことは，必要な巻き数が増えるため導線（銅）損失が増加することです．

体積に基づいて仮のコアを選択した後，チェックを行って巻き線およびコア自体の損失が許容範囲内かどうかを調べなければなりません．

最初に必要な巻き数を計算します．

$$N = \sqrt{\frac{L \cdot \ell_e}{\mu_e \cdot A_e \cdot 0.4\pi \cdot 10^{-8}}}$$

N：巻き数
ℓ_e：有効磁路長（cm）
A_e：有効コア面積（cm2）
μ_e：実効透磁率（ギャップ付きの場合）

フェライトの例を用いて，$\ell_e = 9cm$，$A_e = 1.2cm^2$，$\mu_e = 100$とすると，$200\mu H$インダクタには以下の巻き数が必要です．

$$N = \sqrt{\frac{(200 \cdot 10^{-6})(9)}{(100)(1.2)(0.4\pi \cdot 10^{-8})}} = 34.6回\,(\,35を使用)$$

導線サイズを計算するには，コア寸法から使用可能な巻き線ウィンドウ面積（A_w）を確認しなければなりません．多くのデータシートには，直接このパラメータが記載されています．使用可能なウィンドウ面積には，ボビンの厚さおよびクリアランスを考慮しなければなりません．合計銅面積は，導線の周囲にエア・ギャップがあるためウィンドウ面積の約60%だけです．ここで，必要な導線の線番号をNとA_wで表すことができます．

$$線番号（AWG）= 10\left(\log\frac{0.08 \cdot N}{0.6 \cdot A_w}\right)$$

係数0.08：#1番線の面積
係数0.6：導線周囲の空間損失

A_w値を0.2in^{2}として$N = 35$を使用した場合：

$$AWG = 10\log\frac{0.08 \times 35}{0.6 \times 0.2} = 13.68\,(\,\#14を使用)$$

次に巻き線を何層にするかを決定します．これはボビンの長さ，またはトロイダルコアの内周で決定されます．

$$層数 = \frac{N(D + 0.01)}{L_B} = \frac{N\left[(0.32)\left(10^{\frac{-AWG}{20}}\right) + 0.01\right]}{L_B}$$

D：線径（インチ）
L_B：ボビンの長さ，またはトロイダルコアの内周
0.01：エナメルおよび間隔の余裕分
$N = 35$，$AWG = \#14$，$L_B = 0.9$インチの場合

$$層数 = \frac{35\left[(0.32)(10^{\frac{-14}{20}}) + 0.01\right]}{0.9} = 2.87$$

層数を計算する理由は，AC銅損失が巻き線の層数に大きく依存するためです．AC損失を計算するには，係数Kを必要とする表を使用します（図5.55）．

$$K = D\sqrt{f \cdot F_P}$$

D：線径または箔の厚さ

箔導体の場合，F_Pは1です．断面が円形の導線の場合は，次の式で表すことができます．

$$F_P = \frac{(T_L + 1)\,N_C \cdot D}{L_W}$$

T_L：1層あたりの巻き数
N_C：並列導体の数（バイファイラ巻きの場合→$N_C = 2$）
D：線径
L_W：巻き線の長さ（$\approx L_B$）

35回巻きで3層の場合，$T_L \approx 12$です．#14番線はD

= 0.064 です．単線の場合，N_C は 1 です．$L_W = 0.9$ の場合：

$$F_P = \frac{(12+1)(1)(0.064)}{0.9} = 0.92$$

これで K は次の式のとおりです．

$$K = D\sqrt{f \cdot F_p} = 0.064\sqrt{(40 \cdot 10^3)(0.92)} = 12.3$$

この K 係数は非常に高く，事実**図5.55**のグラフを多少外れていますが，ここでは AC 抵抗計算の重要性を示しています．グラフのさまざまな線は層数を表しています．3 層の場合，AC 抵抗係数は約 23 でオフ・スケールになります．これは AC 抵抗が DC 抵抗の 23 倍であることを意味します．ここで，巻き線損失を計算することができます．巻き線の DC 抵抗は，次の式から求めることができます．

$$R_{DC} = \frac{N \cdot \ell_m}{12}(10^{\frac{AWG}{10} - 4})$$

ℓ_m：1 回巻きの平均長さ（コア仕様）
$N = 35$，$\ell_m = 2.4$ インチ，$AWG = \#14$ の場合：

$$R_{DC} = \frac{(35)(2.4)}{12}(10^{\frac{AWG}{10} - 4}) = 0.0176\Omega$$

したがって，AC 抵抗は DC 抵抗に AC 抵抗係数（F_{AC}）を乗算したものです

$$R_{AC} = R_{DC} \cdot F_{AC} = (0.0176)(23) = 0.404\ \Omega$$

全損失を計算するには，以下のとおり DC 損失と AC 損失を加算します．

$$P_W = (I_{DC}^2 \cdot R_{DC}) + (I_{AC}^2 \cdot R_{AC})$$

I_{DC} および I_{AC} の式は**表5.3**に示してあります．$I_{DC} = 5A$ および $I_{AC} = 1A$ と仮定とすれば，全巻き線損失は，以下のとおりです．

$$P_W = (5)^2(0.0176) + (1)^2(0.404) = 0.44 + 0.4$$
$$= 0.94W$$

この例では，AC 損失は DC 損失とほぼ同じ値になります．降圧，昇圧，および昇降圧設計で使用する単純なインダクタの AC 損失対 DC 損失の比率は 0.25 ～ 4.0 の範囲です．フライバックに類似したトランスの設計では，通常，DC 損失より AC 損失がはるかに高くなります．一次側と二次側の損失は別々に計算されます．多くの場合，AC 抵抗係数を許容範囲に低減するため

図5.55　AC抵抗係数

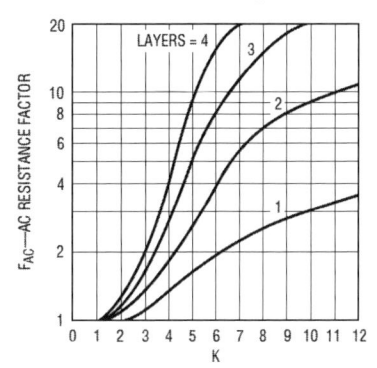

に線径の細い多芯または銅箔を使用しなければなりません．

巻き線損失を求めた後，コア損失を計算します．最初にピーク AC 磁束密度を求めます．

$$B_{AC} = \frac{L \cdot \Delta I}{2N \cdot A_e \cdot 10^{-8}}$$

ΔI：ピーク・ツー・ピーク巻き線リプル電流
ΔI は巻き線のリプル電流です．これは巻き線に電流が流れている時間での巻き線電流の変化です．$L = 200\mu H$，$\Delta I = 2A$，$N = 35$，および $A_e = 1.2 cm^2$ の場合：

$$B_{AC} = \frac{(200 \cdot 10^{-6})(2)}{(350)(1.2)(10^{-8})} = 476 \text{ガウス}$$

単位体積（F_{fe}）あたりのコア損失は，メーカの F_{fe} 対磁束密度，および周波数の表（**図5.56**参照）から，あるいは標準 $M_N Z_N$ フェライト材（ferroxcube type 3C8）用以下の式から求めることができます．

$$F_{fe} = (1.3 - 10^{-14})(B_{AC})^2(f^{1.45})$$

$B_{AC} = 476$ ガウス，$f = 40kHz$ の場合：

$$F_{fe} = (1.3 \times 10^{-14})(476)^2(40 \times 10^3)^{1.45}$$
$$= 0.014 W/cm^3$$

全コア損失は，$F_{fe} \times$ コア体積です．

$$P_C = F_{fe} \cdot V_e = 0.014 \times 10 = 0.14W$$

V_e：有効コア体積（cm^3）

鉄粉コアのコア損失は，フェライトより約 25 倍大きくなります．150 ガウスのような低い磁束密度でも，鉄粉コアにはフェライトの 2.5 倍のコア損失があります．AC 磁束密度を低減するのに高いインダクタンスが必要なため，銅損失も大きくなります．鉄粉コアは過熱を避けるため慎重に設計しなければなりません．

表5.3　ACおよびDC巻き線電流（実効値相当値）

トポロジー	一次DC電流	一次AC電流	二次DC電流	二次AC電流
フライバック	$\dfrac{I_{OUT}}{E}\sqrt{\dfrac{V_{OUT}[V_{OUT}+N(V_{IN})]}{(V_{IN})^2}}$	$\dfrac{I_{OUT}}{E}\sqrt{\dfrac{N(V_{OUT})}{V_{IN}}}$	$\dfrac{I_{OUT}}{E}\sqrt{\dfrac{V_{OUT}+N(V_{IN})}{N(V_{IN})}}$	$I_{OUT}\sqrt{\dfrac{V_{OUT}}{N(V_{IN})}}$
降圧	I_{OUT}	$(0.29)(\Delta I)$	NA	NA
電流ブースト降圧	$I_{OUT}\sqrt{\dfrac{V_{OUT}[V_{OUT}+N(V_{IN}-V_{OUT})]}{(V_{IN})^2}}$	$I_{OUT}\sqrt{\dfrac{N[V_{OUT}(V_{IN}-V_{OUT})]}{(V_{IN})^2}}$	$I_{OUT}\sqrt{\dfrac{(V_{IN}-V_{OUT})[V_{OUT}+N(V_{IN}-V_{OUT})]}{N(V_{IN})^2}}$	$I_{OUT}\sqrt{\dfrac{V_{OUT}(V_{IN}-V_{OUT})}{N(V_{IN})^2}}$
ブースト	$I_{OUT}\left(\dfrac{V_{OUT}}{V_{IN}}\right)$	$(0.29)(\Delta I)$	NA	NA
電圧ブースト昇圧	$I_{OUT}\left(\dfrac{V_{OUT}}{V_{IN}}\right)$	$(I_{OUT})(N)\sqrt{\dfrac{V_{OUT}-V_{IN}}{V_{IN}(N+1)}}$	$I_{OUT}\sqrt{\dfrac{V_{OUT}+N(V_{IN})}{V_{IN}(N+1)}}$	$I_{OUT}\sqrt{\dfrac{V_{OUT}-V_{IN}}{V_{IN}(N+1)}}$
電流ブースト昇圧	$I_{OUT}\sqrt{\dfrac{(V_{OUT}-V_{IN})[V_{OUT}+V_{IN}(N+1)]}{(V_{IN})^2}}$	$I_{OUT}\sqrt{\dfrac{N(V_{OUT}-V_{IN})}{V_{IN}}}$	$I_{OUT}\sqrt{\dfrac{V_{OUT}+V_{IN}(N+1)}{N(V_{IN})}}$	$I_{OUT}\sqrt{\dfrac{V_{OUT}+V_{IN}}{N(V_{IN})}}$
昇降圧（反転）	$I_{OUT}\left(1+\dfrac{V_{OUT}}{V_{IN}}\right)$	$(0.29)(\Delta I)$	NA	NA
フォワード	$I_{OUT}\sqrt{\dfrac{N(V_{OUT})}{V_{IN}}}$	$I_{OUT}\sqrt{\dfrac{V_{OUT}[N(V_{IN}-V_{OUT})]}{(V_{IN})^2}}$	$I_{OUT}\sqrt{\dfrac{V_{OUT}}{N(V_{IN})}}$	$I_{OUT}\sqrt{\dfrac{V_{OUT}[N(V_{IN}-V_{OUT})]}{N(V_{IN})^2}}$
チューク	$I_{OUT}\left(\dfrac{V_{OUT}}{V_{IN}}\right)$	"0" or $(0.29\,\Delta I)$	I_{OUT}	"0" or $(0.29\,\Delta I)$

I_{OUT} = DC出力電流　　V_{OUT} = DC出力電圧　　V_{IN} = DC入力電圧

フェライト・コアでの全損失は，巻き線損失とコア損失の和です．

$$P = P_W + P_C = 0.94 + 0.14 = 1.08\text{W}$$

この損失はレギュレータの効率，そしてより重要なことにはコア温度の上昇に影響を与えます．10cm³のコアには，20℃/Wの標準熱抵抗があります．このコアのP = 1.08Wでの温度上昇は = (1.08)(20) = 21.6℃です．40℃の上昇が標準的な設計基準と考えられているので，このコアには余裕があります．

● トランスの設計例

要求条件：V_{IN} = 28V_{DC}，V_{OUT} = 5V，I_{OUT} = 6Aの場合のフライバック・コンバータ．上記の計算から，ΔI = 1AでN = 1/3，L_{PRI} = 200μH，およびI_{PRI}（ピーク値）= 4.5Aであることがわかります．

①ギャップ付きコアで必要なコアの体積を計算します．
最初に，実効透磁率約150およびB_o = 2500ガウスと仮定します．

$$Ve = \dfrac{l_{PRI}{}^2 \cdot L \cdot \mu_e \cdot 0.4\pi}{B_0{}^2 \cdot 10^{-8}}$$

$$= \dfrac{(4.5)^2(200 \cdot 10^{-6})(150)(0.4\pi)}{(2500)^2(10^{-8})} = 12\text{cm}^3$$

Pulse Engineering製のコア #0128.005は，V_e = 13.3cm³，A_e = 1.61cm²，ℓ_e = 8.26cm，μ = 2000です．
②必要なギャップを計算します．

図5.56　コア損失と磁束密度

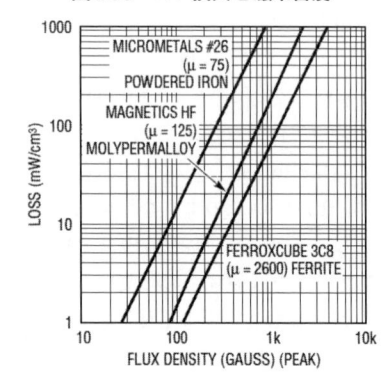

$$g = \frac{\ell_e\left(\frac{\mu}{\mu_e}-1\right)}{\mu}$$

$$= \frac{8.26\left(\frac{2000}{150}-1\right)}{2000} = 0.051 \text{cm} = 0.02''$$

ギャップのないコアをスペーサと一緒に使用する場合，スペーサの厚さは 0.02/2 = 0.01 インチにしてください．

③必要な巻き数を計算します．

$$N = \sqrt{\frac{L \cdot \ell_e}{\mu_e \cdot A_e \cdot 0.4\pi \cdot 10^{-8}}}$$

$$= \sqrt{\frac{(200 \cdot 10^{-6})(8.26)}{(150)(1.61)(0.4\pi \cdot 10^{-8})}} = 23.3$$

④導線のサイズを計算します．ウィンドウ・スペースの 1/2 を一次巻き線用に割り当てます．0128.005 コアのウィンドウの高さ（大きさ）は 0.25 インチ，コイルの長さは 0.782 インチ，ウィンドウ面積 = (0.25)(0.782) = 0.196 インチ 2 です．

$$AWG = 10\log\frac{0.08N}{(0.6)(A_W)} = 10\log\frac{(0.08)(23)}{(0.6)(\frac{0.196}{2})}$$

$$= 14.95 \text{(\#16 を使用)}$$

⑤層数を計算します．

$$\text{層数} = \frac{N\left[(0.32)(10^{\frac{-AWG}{20}})+0.01\right]}{L_B}$$

$$= \frac{23\left[(0.32)(10^{\frac{-16}{20}})+0.01\right]}{0.782}$$

$$= 1.79 \text{(2層と仮定)}$$

⑥K 係数を計算します（#16 線は D = 0.05 です）．

$$F_P = \frac{(T_L+1)(N_C \cdot D)}{L_W} = \frac{(\frac{23}{2}+1)(1)(0.05)}{0.782} = 0.8$$

$$K = D\sqrt{(f \cdot F_P)} = 0.05\sqrt{(40 \cdot 10^3)(0.8)} = 8.94$$

⑦巻き線の DC 抵抗を計算します．

$$R_{DC} = \frac{(N \cdot \ell_m)}{12}(10^{\frac{AWG}{10}-4}) = \frac{(23)(3)(10^{\frac{16}{10}-4})}{12} = 0.023\Omega$$

（このコアの ℓ_m は約 3 インチ）

⑧グラフを使用して AC 抵抗係数を求めます．一次巻き線と二次巻き線を交互に配置すると，フライバック設計では発生しない一次巻き線と二次巻き線の同時導通の場合にのみ，有効層数が 2 だけ減ります．2 層巻を使用します．

$F_{AC} = 8.3$（グラフから $K = 8.95$ の場合）

⑨巻き線の AC 抵抗を計算します．

$$R_{AC} = (R_{DC} \bullet F_{AC}) = (0.023)(8.3) = 0.19\ \Omega$$

⑩一次巻き線損失を計算します．

最初に，一次 AC 実効電流を計算しなければなりません．表 5.3 から以下が得られます．

$$I_{AC} = \frac{I_{OUT}}{E}\sqrt{\frac{(N \cdot V_{OUT})}{V_{IN}}}$$

$$= \frac{6}{0.75}\sqrt{\frac{(1/3)(5)}{28}} = 1.95 \text{A}$$

$$I_{DC} = \frac{I_{OUT}}{E}\sqrt{\frac{V_{OUT}(V_{OUT}+N \cdot V_{IN})}{(V_{IN})^2}}$$

$$= \frac{6}{0.75}\sqrt{\frac{5(5+\frac{1}{3} \cdot 28)}{(28)^2}} = 2.4 \text{A}$$

一次巻き線の電力損失は，以下のとおりです．

$$PW = (I_{AC})^2 R_{AC} + (I_{DC})^2 R_{DC}$$
$$= (1.95)^2(0.19) + (2.4)^2(0.023) = 0.85\text{W}$$

⑪二次巻き線損失を計算します．

巻き数比は 1/3 ですので，二次巻き数は 23/3 = 7.67 回になります．8 回巻きを使用します．

$$AWG = 10\log\frac{0.08N}{0.6A_W} = 10\log\frac{(0.08)(8)}{(0.6)(\frac{0.196}{2})} = 10.4$$

これはかなり太く堅い線です．また線径が大きいと AC 巻き線損失が大きくなります．適切な解決策は，複数の細い線径の導線を並列に巻くことです．1/2N のコイルの長さを使用すれば，ちょうど 1 層のバイファイラ巻きにできる線径がわかります．

$$D = \frac{L_B}{2N} = \frac{0.782}{(2)(8)} = 0.049''$$

これに最も近くて細い標準線径は#18です．#18導線2本のDC抵抗は，#10導線1本の3倍ありますが，AC抵抗はそこまでは増加しません．#18導線のバイファイラ巻き1層の二次巻き線を，2層の一次巻き線の間に巻き込むと仮定します（リーク・インダクタンスを低減するため）．

$$R_{DC} = \frac{(N \cdot \ell_m)}{12}(10^{\frac{AWG-4}{10}}) = \frac{(8)(3)}{12}(10^{\frac{18-4}{10}})$$
$$= 0.013\Omega/導線1本$$

電線が2本の場合，全$R_{DC} = 0.013/2 = 0.0065\,\Omega$です．

$$F_P = \frac{(T_L+1)(N_C \cdot D)}{L_W} = \frac{(8+1)(2)(0.04)}{0.782} = 0.92$$

$$K = D\sqrt{(f \cdot F_P)} = 0.04\sqrt{(40 \cdot 10^3)(0.92)} = 7.7$$

グラフから1層の場合は$F_{AC} = 2.3$です．

$$R_{AC} = (R_{DC} \cdot F_{AC}) = (0.0065)(2.3) = 0.015\,\Omega$$

表5.3から以下が得られます．

$$I_{AC} = I_{OUT}\sqrt{\frac{V_{OUT}}{N(V_{IN})}} = 6\sqrt{\frac{5}{1/3(28)}} = 4.4A$$

$$I_{DC} = I_{OUT}\sqrt{\frac{V_{OUT}+N(V_{IN})}{N(V_{IN})}} = 6\sqrt{\frac{5+1/3(28)}{1/3(28)}} = 7.4A$$

$$P_W = (4.4)^2(0.015) + (7.4)^2(0.0065) = 0.65W$$

⑫コア損失の計算

コア損失は，一次電流が流れる期間での一次電流の変化（ΔI）によって決まるAC磁束密度に比例します．$\Delta I = 1A$の場合：

$$B_{AC} = \frac{L(\Delta I)}{2(N)(A_e)(10^{-8})} = \frac{(200 \cdot 10^{-6})(1)}{2(23)(1.61)(10^{-8})}$$
$$= 270\,gauss$$

$$F_{fe} = (1.3 \times 10^{-14})(B_{AC})^2(f^{1.45}) = 0.0045W/cm^3$$
$$P_C = (F_{fe})(V_e) = (0.0045 \times 13.3) = 0.06W$$

このコアでの全消費電力損失は，以下のとおりです．

$$P = P_W + P_C = 0.85 + 0.65 + 0.06 = 1.56W$$

0128.005コアは，温度上昇が40℃の場合は2.78Wで規定されており，$\theta = 40/2.78 = 14.4℃/W$になります．

$$\Delta T（コア）= (P)(\theta) = (1.56)(14.4) = 22℃$$

これは非常に控えめな設計です．最小コア・サイズが必要な場合は，ステップ1に戻り，100程度の低い実効透磁率（μ_e）を仮定します．これによってコアの体積が小さくなり，大きなギャップが必要になります．さらに多くの巻き数が必要になり，銅に利用可能なスペースが減るため銅損失が増加します．磁束密度は一定なので，コア損失が減少します．ただし，熱抵抗が増えるため小型のコアは熱くなります．さらに，巻き数が多くなるとリーク・インダクタンスが増加しスナバ損失が増えます．簡単にはいきません．

放熱情報

LT1070は効率が高いため，多くのアプリケーションでヒートシンクなしで使用できますが，最大電力出力の場合にはヒートシンクが必要です．本アプリケーション・ノートの効率のセクションにある式により，ユーザは全負荷状態のチップの全消費電力をかなり正確に推定することができます．

トポロジーによっては，短絡時の消費電力が全負荷以上になったりそれ以下になったりします．LT1070の短絡時の消費電力の計算は，スイッチの「オン」時間がダイオードやインダクタの直列抵抗，配線損失，およびリーク・インダクタンスなどの寄生的な影響に大きく依存するため非常に複雑です．

連続出力短絡に耐えなければならない場合は，温度プローブを使用して最大接合部温度を超過していないことを確認することを強くお勧めします．接合部からケースへの熱抵抗は最大2℃/Wで，短絡時の消費電力が10Wをほとんど超えないため，一般用ユニットは100℃，軍事用ユニットの場合はケース温度が130℃になっても，最大接合部温度を超えることはありません．

最大消費電力と最大周囲温度がわかっている場合は，LT1070のヒート・シンクのサイズを計算することができます．

$$\theta_{HS} = \frac{T_J - T_A - (P \cdot \theta_{JC})}{P}$$

θ_{HS}：ヒート・シンクの熱抵抗
P：LT1070の消費電力
θ_{JC}：LT1070の接合部からケースへの熱抵

抗（2℃/W）

T_J：LT1070の最大接合部温度

T_A：最大周囲温度

$T_J = 100℃$，$T_A = 60℃$，$P = 5W$の場合：

$$\theta_{HS} = \frac{100-60-(5)(2)}{5} = 6℃/W$$

トラブル・シューティングのヒント

以下は，スイッチング電源の設計で陥るいくつかの問題を回避するのに役立てるためにまとめた「早見表」です．これらは，明白なものから目立たないもの，そして深刻なものから軽微なものに及びます．LT1070は電源の設計で頻出する多くの問題を解消するように，特別に設計されています．問題はブレッドボードで組み立てたスイッチング・レギュレータに，簡単に見逃してしまうミスが相当数あり，ICや電気的特性が一瞬で破壊されてしまい経験豊富な電源設計者でも悩んでしまうことです．

これまでに収集したリストがここにあります．該当する問題が載っていて，時間の節約とフラストレーションの解消に役立つことを切望致します．リストにない場合はご連絡ください．問題が解決するようお手伝い致します．

警告

このセクションを読む前に，著者の意図はからかうことではなく，注意を促していることをご承知ください．失敗のリストの作成にあたっては，多くの場合は個人的に犯した失敗を挙げています．

1. **トランスの逆配線**

   これらのドット・マークは極性を示します．ハエが飛び散った跡ではありません．

2. **電解コンデンサの逆取付け**

   何が悪くて「破裂」したかがわかるまで問題ありません．爆発煙の排出のデモです．

3. **LT1070の入力ピンとスイッチ・ピンが逆**

   カタログと暫定版のデータシートに印刷された，プラスチックTO-220パッケージのピン配置が間違っていました．ピン5はTO-220パッケージの入力です．お詫び致します．

4. **入力バイパス・コンデンサがない**

   スイッチング・レギュレータには，入力電源からパルス状の電流が流れます．入力導線が長いと，スイッチング周波数で入力電圧にディップが生じることがあります．ブレッドボードではレギュレータの近くに大容量（100μF以上）の入力コンデンサを取り付けてください．

5. **フレッドのインダクタ（またはトランス）**

   インダクタは芝刈機のようなものではありません．フレッドの引き出しからものを借りる場合は，自分のアプリケーションにとって適切な値であることを確認してください．50Vを加えた50μHインダクタでは，1μsあたり1Aの割合で電流が時間ともに増加します．40kHzスイッチャの25μs周期の間は，動作を調べるのに計算機は使いません．同様に「フレッドのインダクタ」が50mHの場合は，おそらく実用にならないような低い電流レベルで飽和します．それは使いものにならないということであってSimpson VOMで過渡応答を測定できるという問題ではありません．ブレッドボードの組み立てを始める前に，アプリケーションノートの公式を使用して，インダクタンスの概算値を求めてください．

6. **貧弱な磁気コア**

   LT1070用のコア・サイズは，適切に設計されたインダクタまたはトランスの場合，コア材は$3 \sim 20cm^3$の範囲に入ります．小型のコアは，アンペア単位の電流レベルですぐに飽和して熱くなります．ブレッドボード用には大型コアを使用しその後量産用に最適化します．

7. **ネズミの巣状の配線**

   LT1070は60cmものクリップ・リードで配線可能なOPアンプではありません．非常に高速で電流をスイッチして高効率を達成しています．長い導線によって接続されているすべての部品が，この速度ではインダクタのように見えるようになります．まったく予測できない動作を引き起こすだけでなく，（部品にとって）致命的な過渡電圧を生成することがあります．バイパス・コンデンサ，キャッチ・ダイオード，LT1070ピン，トランス・リードなど，ブレッドボード上の電力部品への相互接続には非常に短い導線を使用してください．

8. **スナバ回路がない**

   LT1070はさまざまな酷使に耐えますが，スイッチ・

ピンの過電圧には耐えることはできません．最大65Vのスイッチ電圧を遵守しなければなりません．トランスやタップ付きインダクタを用いた設計には，スナバ回路を使用していない場合に65Vをかなり超える過渡信号を発生するだけのリーク・インダクタンスがあります．スナバの初期設計が適切であることを確認するためにスイッチ電圧を監視しながら，負荷電流と入力電圧をゆっくり増やさなければなりません．

9. 60Hzダイオード

LT1070は1N914および1N4001ダイオードを使用します．特に起動時には，ダイオード電流が5Aを超えることがありますが，これは1N914で処理します．1N4001はこのダイオードの非常に遅いターン・オフ特性によって発生した熱でダイオードが自己破壊するまで，しばらくは持ちこたえます．十分な電流定格をもつスイッチング・アプリケーション用に設計されたダイオードを使用してください．他の部品への過電圧ストレスを避けるために，ターン・オン時間も重要です（ダイオードのセクションを参照してください）．

10. 何もないところから何かを得る

LT1070を使用した設計の最初のステップは，必要な電力レベルが得られるかどうかを確認することです．各トポロジーには供給可能な異なる最大出力電力があり，それは入力電圧，出力電圧，トランスの巻き数比などによって決まります．インダクタンス値やスイッチ抵抗などの二次的な影響によっても電力が制限されます．次ページにある電力グラフは，最大電力レベルのおおまかな指標です．クイック・ガイドとしてのみ使用してください．より正確な式は，アプリケーション・セクションにあります．ところで，LT1070を並列にしてさらに多くの電力を得ようとしても，そのようにはなりません．複数のLT1070の内部40kHz発振器を同期させることはできません．

11. 入力電源が大きく変動する

起動時に，LT1070は最大6Aの入力電流を流すことがあります．LT1070は大容量出力コンデンサを充電しなければなりません．これはオプションのソフト・スタート回路が追加されている場合を除いて，内部電流制限で設定されたレートで充電します．電源によっては起動時のサージで過電流ラッチがトリップすることがあり，電源を再投入するまでオフになったままです．

定常状態の問題が発生する可能性もあります．スイッチング・レギュレータは一定の負荷電圧を供給しようとします．これは与えられた負荷で一定の負荷電力であることを意味します．高効率システムの場合，入力電力も一定のままなので入力電圧が低下すると入力電流は増加します．入力電圧が低い場合，入力電源電流が制限されるような高い入力電流を必要とする場合があります．これによって電源電圧はさらに低下し，永久的なラッチ状態になります．電流制限およびソフト・スタートのセクションを参照してください．

12. データシートを読んでいない

まずデータシートをよく読んでください．

13. V_CピンまたはFBピンへの浮遊結合

FBピンおよびV_Cピン電圧は，LT1070のグラウンド・ピンを基準にしています．なかにはグラウンド・ピンが入力電圧とシステム・グラウンド間で切り替るトポロジーもあります．V_CピンまたはFBピンとシステム・グラウンド間の浮遊容量は，スイッチング電源へのカップリングのように作用します．この容量をできる限り小さくしてください．この問題は，RCボックスを使用してV_Cピンで周波数補償を繰り返し実験するときに特に問題となります．RCボックスがスイッチング・エネルギーをピックアップする場合は，LT1070のグラウンド・ピンを「接地」した構成でも問題になることがあります．

低調波発振

50%以上のデューティ・サイクルで動作し，連続インダクタ電流が流れる電流モード・スイッチング・レギュレータでは，低調波発振として知られているデューティ・サイクルの不安定を示すことがあります．この影響はレギュレータに有害ではなく，多くの場合は出力の安定化に悪影響を与えることもありません．その最も厄介な影響は，20kHz，10kHzなどの約数の周波数で変調された40kHzの動作周波数をもつ電源部品からピッチの高い音が発生することです．低調波発振は，レギュレータの閉ループ特性に依存しません．ゼロ帰還を使用しているときにも発生する可能性があります．通常の閉ループ不安定性によってもスイッチング・レ

図5.57 低調波発振

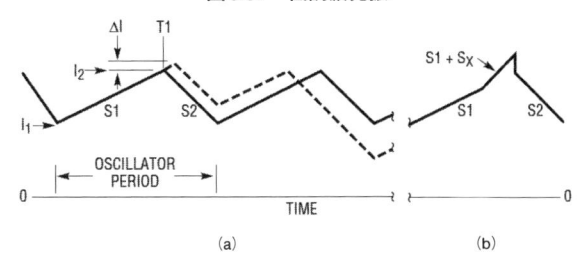

ギュレータから可聴音が生じることがありますが，これは数100Hzから数kHzの範囲になる傾向があります．

低調波発振の原因は，**図5.57**の一部で示すとおり固定周波数とインダクタ電流の固定ピーク振幅が同時に起こる状況です．

インダクタ電流は，各スイッチのオン・サイクルの始めであるI_1を始点とします．電流は入力電圧をインダクタ値で割ったレート（S_1）で増加しています．電流がトリップ・レベル（I_2）に達すると，電流モード・ループはスイッチを閉じ，発振器によって再びスイッチがターン・オンするまで，電流はレートS_2で減少し始めます．ここで，T_1点が撹乱され電流がI_2をΔIだけ超えると何が起きるか注目してください．電流が減少するために残された時間が少なくなるため，最小電流点は$\Delta I + \Delta I \, S_2/S_1$だけ上昇します．これによって，次のサイクルの最小電流が（$\Delta I + \Delta I \, S_2/S_1$）（$S_2/S_1$）だけ減少します．後続の各サイクルで，この電流変動はS_2/S_1倍になります．S_2/S_1が1以上の場合，システムは不安定になります．条件$S_2/S_1 \geq 1$はデューティ・サイクル50％またはそれ以上で発生します．

図5.57（b）の部分に示すように，人為的なランプがインダクタ電流波形に重畳される場合は，低調波発振をなくすことができます．このランプの傾斜がS_Xの場合，安定動作の条件は$S_X + S_1$がS_2より大きいことです．したがって，次の式が導出されます．

$$S_X \geq \frac{S_1(2DC-1)}{1-DC}$$

DC：デューティ・サイクル

デューティ・サイクルが50％未満（$DC = 0.5$）の場合，S_Xは負数になるため必要ありません．デューティ・サイクルが大きい場合は，S_Xの値はS_1とデューティ・サイクルによって決まります．S_1は単にV_{IN}/Lです．これからS_Xが固定値の場合におけるインダクタンスの最小値を求める式が得られます．

$$L_{MIN} \geq \frac{V_{IN}(2DC-1)}{S_X(1-DC)}$$

LT1070には，2（10^5A/秒）の等価電流換算値をもつ電流アンプに供給される内部S_X電圧ランプがあります．$V_{IN} = 15\text{V}$，$DC = 60\%$の場合の最小インダクタンスを求める計算例を以下に示します．

$$L_{MIN} = \frac{(15)(2 \cdot 0.6-1)}{(2 \cdot 10^5)(1-0.6)} = 37.5\mu\text{H}$$

不連続動作の場合は低調波発振が起こらないことを覚えておいてください．同様に，デューティ・サイクルが50％未満の場合はインダクタ・サイズに制約はありません．

絶対最大定格 (Note 1)

電源電圧
LT1070/LT1071（Note 2） 40V
LT1070HV/LT1071HV（Note 2） 60V
スイッチ出力電圧
LT1070/LT1071 .... 65V
LT1070HV/LT1071HV 75V
帰還ピン電圧（過渡、1ms） .... ±15V

動作接合部温度範囲
コマーシャル（動作時） .... 0℃～100℃
コマーシャル（短絡時） .... 0℃～125℃
インダストリアル .... −40℃～125℃
ミリタリ .... −55℃～150℃
保存温度範囲 .... −65℃～150℃
リード温度（半田付け、10秒） .... 300℃

パッケージ/発注情報

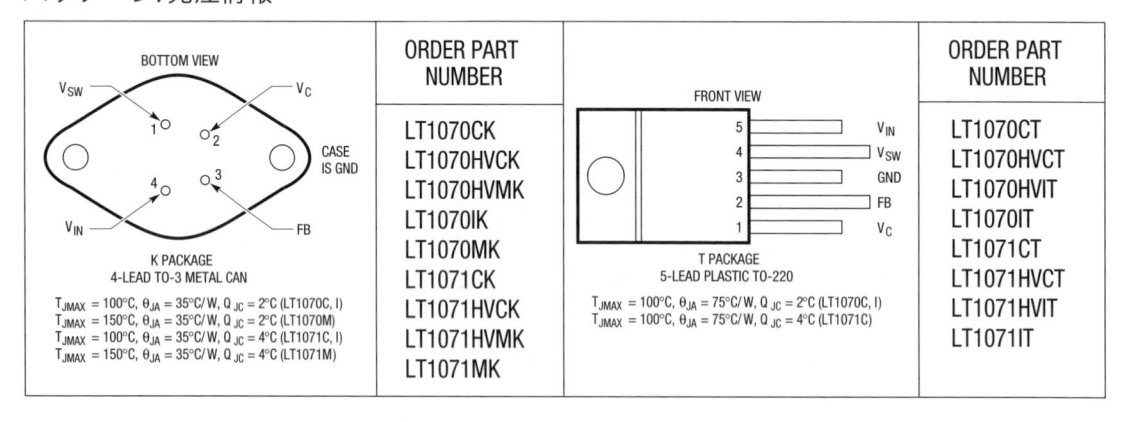

K PACKAGE — 4-LEAD TO-3 METAL CAN (BOTTOM VIEW)
Pins: 1 = V_SW, 2 = V_C, 3 = FB, 4 = V_IN, CASE IS GND

T_JMAX = 100℃, θ_JA = 35℃/W, Q_JC = 2℃/W (LT1070C, I)
T_JMAX = 150℃, θ_JA = 35℃/W, Q_JC = 2℃/W (LT1070M)
T_JMAX = 100℃, θ_JA = 35℃/W, Q_JC = 4℃/W (LT1071C, I)
T_JMAX = 150℃, θ_JA = 35℃/W, Q_JC = 4℃/W (LT1071M)

ORDER PART NUMBER:
LT1070CK
LT1070HVCK
LT1070HVMK
LT1070IK
LT1070MK
LT1071CK
LT1071HVCK
LT1071HVMK
LT1071MK

T PACKAGE — 5-LEAD PLASTIC TO-220 (FRONT VIEW)
Pins: 5 = V_IN, 4 = V_SW, 3 = GND, 2 = FB, 1 = V_C

T_JMAX = 100℃, θ_JA = 75℃/W, Q_JC = 2℃/W (LT1070C, I)
T_JMAX = 100℃, θ_JA = 75℃/W, Q_JC = 4℃/W (LT1071C)

ORDER PART NUMBER:
LT1070CT
LT1070HVCT
LT1070HVIT
LT1070IT
LT1071CT
LT1071HVCT
LT1071HVIT
LT1071IT

電気的特性

指定がない限り、V_{IN}=15V、V_C=0.5V、V_{FB}=V_{REF}、出力ピン開放

SYMBOL	PARAMETER	CONDITIONS		MIN	TYP	MAX	UNITS
V_{REF}	Reference Voltage	Measured at Feedback Pin, V_C = 0.8V		1.224	1.244	1.264	V
			●	1.214	1.244	1.274	V
I_B	Feedback Input Current	V_{FB} = V_{REF}			350	750	nA
			●			1100	nA
g_m	Error Amplifier Transconductance	ΔI_C = ±25μA		3000	4400	6000	μmho
			●	2400		7000	μmho
	Error Amplifier Source or Sink Current	V_C = 1.5V		150	200	350	μA
			●	120		400	μA
	Error Amplifier Clamp Voltage	Hi Clamp, V_{FB}=1V		1.80		2.30	V
		Lo Clamp, V_{FB}= 1.5V		0.25	0.38	0.52	V
	Reference Voltage Line Regulation	3V ≤ V_{IN} ≤ V_{MAX}, V_C = 0.8V	●			0.03	%/V
A_V	Error Amplifier Voltage Gain	0.9V ≤ V_C ≤ 1.4V		500	800		V/V
	Minimum Input Voltage		●		2.6	3.0	V
I_Q	Supply Current	3V ≤ V_{IN} ≤ V_{MAX}, V_C = 0.6V			6	9	mA
	Control Pin Threshold	Duty Cycle = 0		0.8	0.9	1.08	V
			●	0.6		1.25	V
	Normal/Flyback Threshold on Feedback Pin			0.4	0.45	0.54	V

電気的特性
指定がない限り、$V_{IN}=15V$、$V_C=0.5V$、$V_{FB}=V_{REF}$、出力ピン開放

SYMBOL	PARAMETER	CONDITIONS		MIN	TYP	MAX	UNITS
V_{FB}	Flyback Reference Voltage	$I_{FB}=50\mu A$	●	15 14	16.3	17.6 18.0	V V
	Change in Flyback Reference Voltage	$0.05 \leq I_{FB} \leq 1mA$		4.5	6.8	8.5	V
	Flyback Reference Voltage Line Regulation	$I_{FB}=50\mu A, 3V \leq V_{IN} \leq V_{MAX}$ (Note 3)			0.01	0.03	%/V
	Flyback Amplifier Transconductance (g_m)	$\Delta I_C = \pm 10\mu A$		150	300	650	μmho
	Flyback Amplifier Source and Sink Current	$V_C=0.6V, I_{FB}=50\mu A$ (Source) $V_C=0.6V, I_{FB}=50\mu A$ (Sink)	● ●	15 25	32 40	70 70	μA μA
B_V	Output Switch Breakdown Voltage	$3V \leq V_{IN} \leq V_{MAX}, I_{SW}=1.5mA$ (LT1070/LT1071) (LT1070HV/LT1071HV)	● ●	65 75	90 90		V V
V_{SAT}	Output Switch "On" Resistance (Note 4)	LT1070 LT1071	● ●		0.15 0.30	0.24 0.50	Ω Ω
	Control Voltage to Switch Current Transconductance	LT1070 LT1071			8 4		A/V A/V
I_{LIM}	Switch Current Limit (LT1070)	Duty Cycle ≤ 50%, $T_J \geq 25°C$ Duty Cycle ≤ 50%, $T_J < 25°C$ Duty Cycle = 80% (Note 5)	● ● ●	5 5 4		10 11 10	A A A
	Switch Current Limit (LT1071)	Duty Cycle ≤ 50%, $T_J \geq 25°C$ Duty Cycle ≤ 50%, $T_J < 25°C$ Duty Cycle = 80% (Note 5)	● ● ●	2.5 2.5 2.0		5.0 5.5 5.0	A A A
$\frac{\Delta I_{IN}}{\Delta I_{SW}}$	Supply Current Increase During Switch "On" Time				25	35	mA/A
f	Switching Frequency		●	35 33	40	45 47	kHz kHz
DC (Max)	Maximum Switch Duty Cycle			90	92	97	%
	Flyback Sense Delay Time				1.5		μs
	Shutdown Mode Supply Current	$3V \leq V_{IN} \leq V_{MAX}, V_C=0.05V$			100	250	μA
	Shutdown Mode Threshold Voltage	$3V \leq V_{IN} \leq V_{MAX}$	●	100 50	150	250 300	mV mV

●は全動作温度範囲の規格値を意味する。
Note 1:絶対最大定格はそれを超えるとデバイスの寿命に影響を及ぼす値。
Note 2:LT1070/LT1071の電流制限時の最小スイッチ「オン」時間は約1μsである。降圧および反転モードでのみ、短絡時の最大入力電圧を約35Vに制限する。通常(短絡していない)状態では影響を受けない。最小「オン」時間を1μs以下に低減するマスク変更が実装されており、最大短絡入力電圧を40V以上にする。現在のLT1070/LT1071(パッケージの日付コードについてはお問い合わせください)が高入力電圧で、降圧または反転モードで動作していて短絡状態が予想される場合は、以下のようにインダクタと抵抗を直列に配置しなければならない。
抵抗値は次式で与えらる。

$$R = \frac{t \cdot f \cdot V_{IN} - V_F}{I_{LIMIT}} - R_L$$

t=電流制限時のLT1070/LT1071の最小スイッチ「オン」時間、約1μs
f=動作周波数(40kHz)
$V_F = I_{LIMIT}$での外部キャッチ・ダイオードの順方向電圧
I_{LIMIT}=LT1070(約8A)、LT1071(約4A)の電流制限値
R_L=インダクタの内部直列抵抗
Note 3:スイッチの破壊を避けるために、V_{MAX}=LT1070HVおよびLT1071HVの場合は55V。
Note 4:V_Cを"H"にクランプし、V_{FB}=0.8Vの状態で測定。I_{SW}=LT1070の場合は4A、LT1071の場合は2A。
Note 5:デューティ・サイクル(DC)が50%～80%の場合、最小保証スイッチ電流はLT1070の場合はI_{LIM}=3.33(2−DC)、LT1071の場合はI_{LIM}=1.67(2−DC)で与えられる。

標準性能特性

スイッチ電流限界とデューティ・サイクル

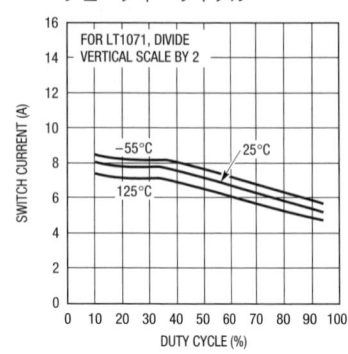

最大デューティ・サイクル

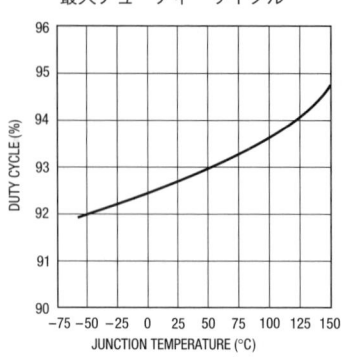

フライバック・ブランキング時間

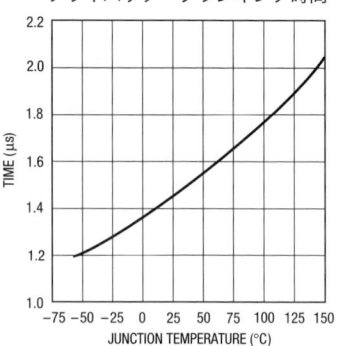

最小入力電圧

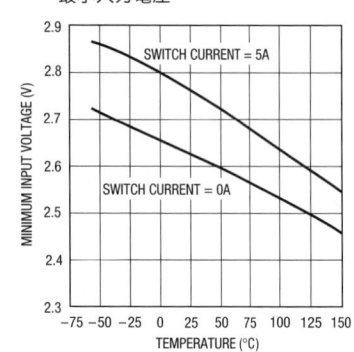

スイッチ飽和電圧

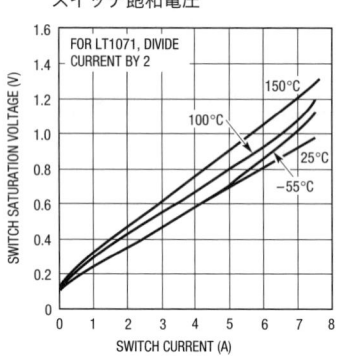

絶縁モード・フライバック基準電圧

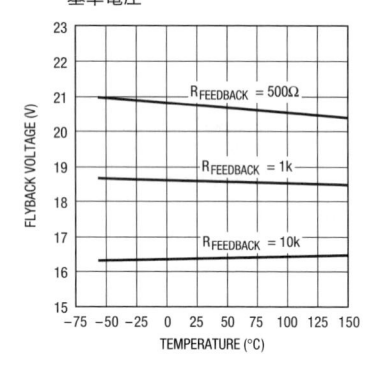

ライン・レギュレーション

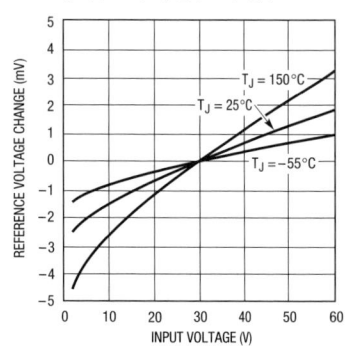

リファレンス電圧と温度

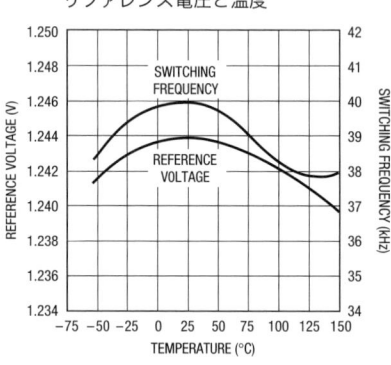

帰還バイアス電流と温度

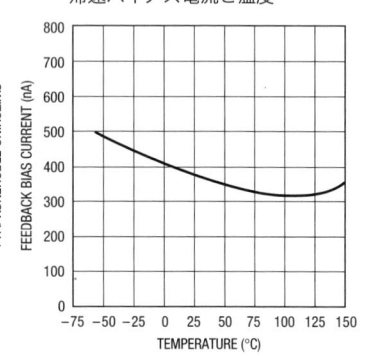

標準性能特性

分割器電流*とスイッチ電流

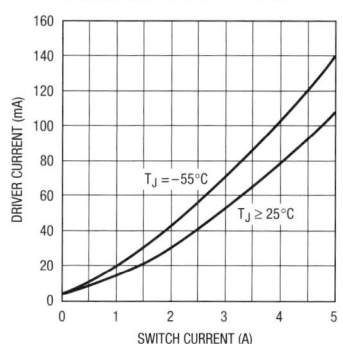

* AVERAGE LT1070 POWER SUPPLY CURRENT IS FOUND BY MULTIPLYING DRIVER CURRENT BY DUTY CYCLE, THEN ADDING QUIESCENT CURRENT

電源電流と入力電圧*

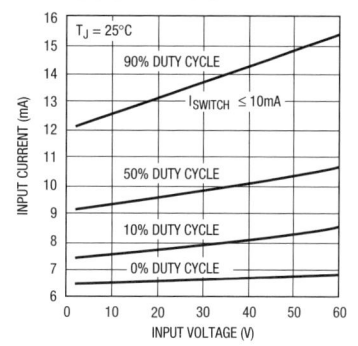

* UNDER VERY LOW OUTPUT CURRENT CONDITIONS, DUTY CYCLE FOR MOST CIRCUITS WILL APPROACH 10% OR LESS

電源電流と電源電圧（シャットダウン・モード）

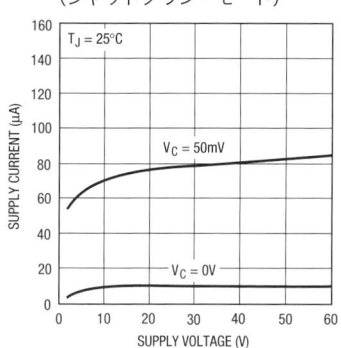

帰還ピンのノーマル/フライバック・モード・スレッショルド

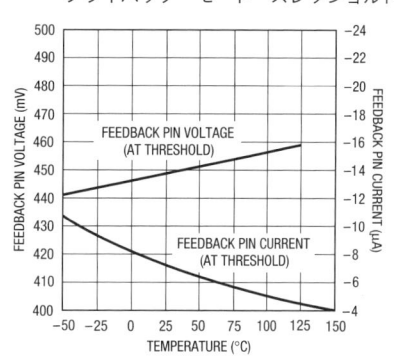

シャットダウン・モードの電源電流

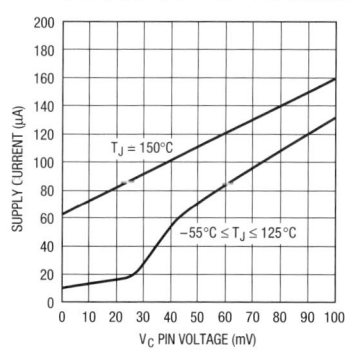

誤差アンプのトランスコンダクタンス

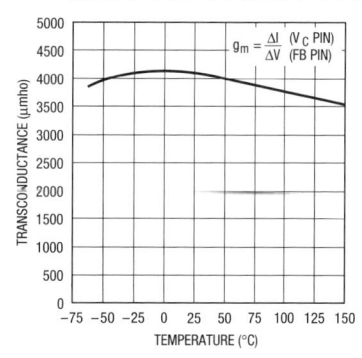

$$g_m = \frac{\Delta I}{\Delta V} \frac{(V_C \text{ PIN})}{(\text{FB PIN})}$$

標準性能特性

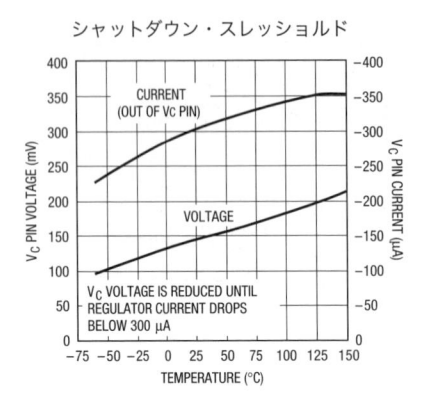

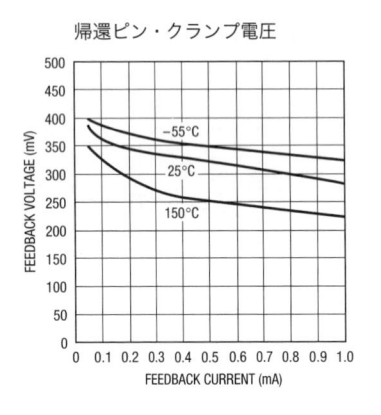

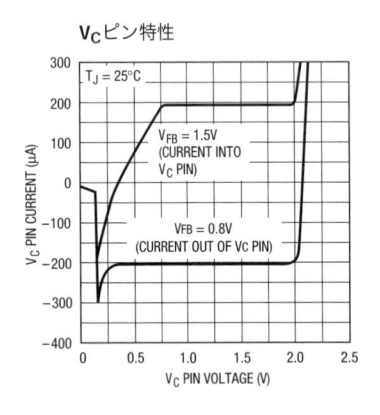

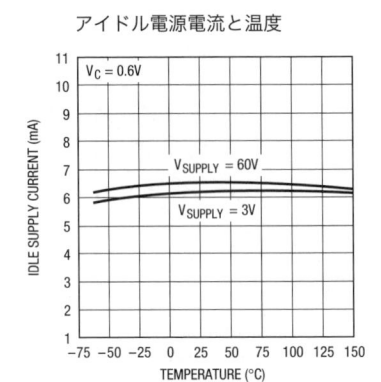

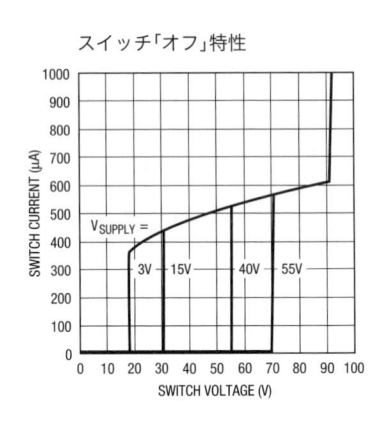

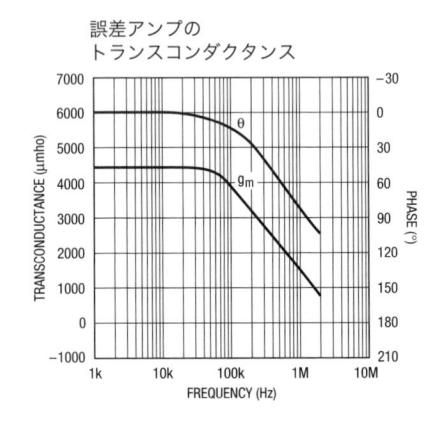

シャットダウン・スレッショルド

アイドル電源電流と温度

帰還ピン・クランプ電圧

スイッチ「オフ」特性

V_Cピン特性

誤差アンプのトランスコンダクタンス

パッケージ　注記がない限り寸法はインチ（ミリメートル）

Tパッケージ
5ピン・プラスチック**TO-220**（標準）
(LTC DWG # 05-08-1421)

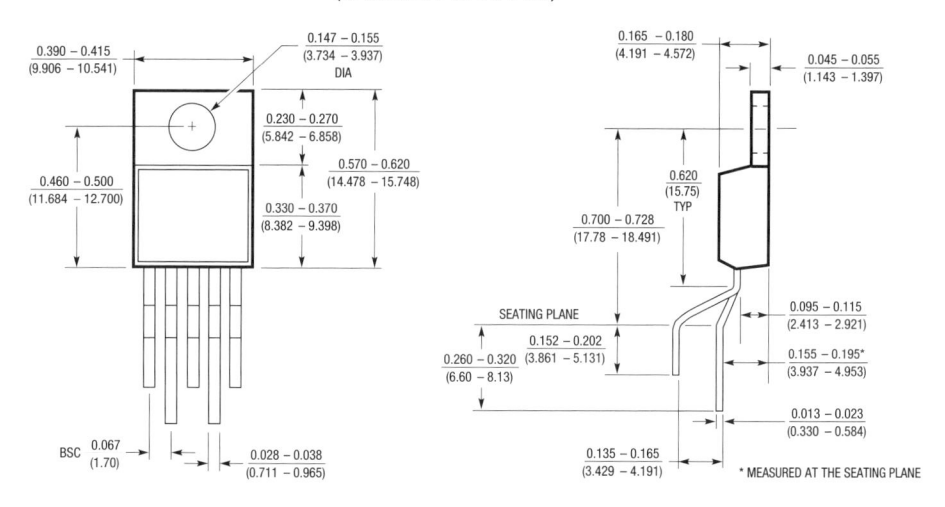

Kパッケージ
4ピン**TO3**メタル・キャン
(LTC DWG # 05-08-1311)

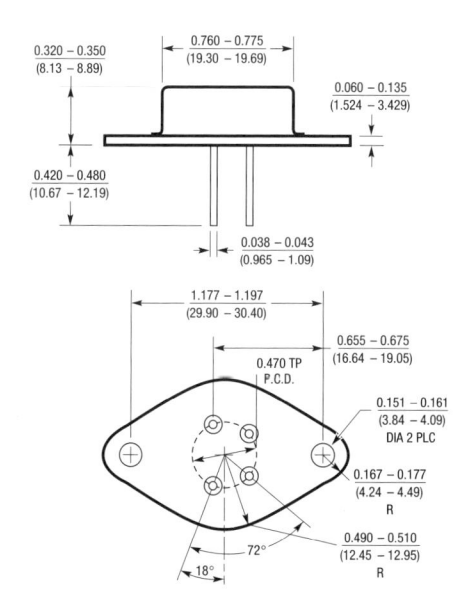

インダクタ/トランス・メーカ

- Pulse Engineering Inc. (619/268-2400)
  P.O. Box 12235, San Diego, CA 92112
- Hurricane Electronics Lab (801/635-2003)
  P.O. Box 1280, Hurricane, UT 84737
- Coilcraft Inc. (312/639-2361)
  1102 Silver Lake Rd., Cary, IL 60013
- Renco Electronics, Inc. (516/586-5566)
  60 Jefryn Blvd. East, Deer Park, NY 11729

コア・メーカ

- Ferroxcube（フェライト）(914/246-2811)
  5083 Kings Highway, Saugerties, NY 12477
- Micrometals（鉄粉コア）(714/630-7420)
  1190 N. Hawk Circle, Anaheim, CA 92807
- Pyroferric International Inc (.鉄粉コア) (217/849-3300)
  200G Madison St., Toledo, IL 62468
- Fair-Rite Products Corp.（フェライト）(914/895-2055) P.O. Box J. Wallkill, NY 12589
- Stackpole Corp., Ferrite Products Group (814/781-1234)
  Stackpole St., St. Mary's, PA 15857
- Magnetics Division - Spang & Co (.フェライト)
  (412/282-8282)
  P.O. Box 391, Butler, PA 16003
- TDK Corp. of America, Industrial Ferrite Products
  (312/679-8200)
  4709 W. Golf Rd., Skokie, IL 60076

◆参考文献◆

(1) Pressman, A.I., "Switching and Linear Power Supply, Power Converter Design," Hayden Book Co., Hasbrouck Heights, New Jersey, 1977, ISBN 0-8104-5847-0.
(2) Chryssis, G., "High Frequency Switching Power Supplies, Theory and Design," McGraw Hill, New York, 1984, ISBN 0-07-010949-4.
(3) Grossner, N.R., "Transformers for Electronic Circuits," McGraw Hill, New York, 1983, ISBN 0-07-024979-2.
(4) Middlebrook, R.D., and 'Cuk, S., "Advances in SwitchedMode Power Conversion," Volumes I, II, III, TESLA Co., Pasadena, CA, 1983.
(5) Proceedings of Powercon, Power Concepts, Inc. Box 5226, Ventura, CA
(6) "Linear Ferrite Magnetic Design Manual," Ferroxcube Inc., Saugerties, NY
(7) "Design Manual for SMPS Power Transformers," Pulse Engineering Inc., San Diego, CA

第6章
詩人のためのスイッチング・レギュレータ
心配無用のやさしい手引き

Jim Williams，訳：細田 梨恵

　本章のタイトルを見て，思いつきで付けたのではないかと思われるかもしれませんが，そういうわけではなくじっくりと考えた結果です．リニア半導体メーカとして我々が目指しているのは，ユーザがスイッチング・レギュレータを設計し製作するお手伝いをすることです．新規に設計したスイッチング・レギュレータが動作すれば言うことはないのですが，実際には動作させるまでがひと苦労です．その一方で，筐体全体が小型化していくトレンドの中で，高効率で小型のスイッチング・レギュレータの重要性はますます大きくなっています．

　残念ながら，スイッチング・レギュレータの設計はリニア回路の中で，もっとも難しいものに含まれます．例えば，不可思議な動作モード，突然に起こるわかりにくい故障，異常に不安定な動作，そしてお決まりの部品の焼損・破裂などは珍しくありません．また，なぜか導通してしまうダイオードや部品のありえない過熱，抵抗のようにふるまうコンデンサ，せっかく付けたのに遮断しないフューズと代わりに飛んでしまうトランジスタ，出力端子から電圧が出てこないと思えば，ボルト級のノイズをまき散らすグラウンド端子，などなど．

　さらに問題なのは，離散的な動作をする回路であり，さらに原因不明の位相遅れだらけのレギュレータに帰還をかけないといけないことです．もちろん，入力・出力の条件がすべてに影響を与えますし，まるで一日の時間帯ごとに違いがあるかのようにもふるまいます．そんなトンデモナイ状況に直面したとき，我ら一般人はどうすべきでしょうか，また詩人だったら？

　古くからの教えでは，まず賢人を探し出せ，ということになりますが，深い専門知識や情報を持つのは一部の企業や研究機関に限られています．誰でも容易に入手できるものとは言い難く，口の悪い人なら，それは象牙の塔の奥深くに仕舞い込まれ飾られている，と言うかもしれません．学会の抄録や文献を手にしたところで，数式の嵐か，あるいは参考になりそうにない小さなブロック図を目にするくらいが落ちです．どちらにしても，我々に勝ち目はありませんし，詩人なら試すこともしないでしょう．

　ここで何も98.2％の効率とか，1立方インチ当たり100Wの電力密度を達成することが，ほとんどの人にとっては目的ではないということを考えなくてはなりません．大学で業績を上げて教授ポストを盤石なものにすることも，革新的な電源回路を発明することも関係ありません．必要なのは，容易に入手できる部品を使って，きちんと動作する回路を作り上げるためにすぐに役立つ概念なのです．そうして，皆さんに優れた製品を作って売り上げを上げていただければ，おそらく！もっとたくさんの電子部品を買っていただけて（もちろん我々を含めて）誰もがハッピーになれるはずです．

　ここで私は，自分がスイッチング・レギュレータの設計者というよりも詩人に，それも少々才能に難のある詩人に近いと考えていることを告白しなければいけません．この文章を書く前の，私のスイッチング電源に関する興味は，ためらいと恐れの中間あたりにありました．それが今では，慎重ながらも楽観的なものに変化したのです．そこに至るまでにはいくつかの事柄が関係しているのですが，とりわけこの記事の執筆に影響を受けたのです．親愛なる我が社の大ボス達による，昨年来の粘り強い激励の結果，あるインスピレーションが私の中で生まれたのです．顧客の皆様とのやり取り（あるいは顧客になるであろう人々）からは，さらに有益な示唆をいただいたうえに，スイッチング電源で苦労しているのは私だけではなかった，という思いを強くすることになりました．

今回，私が採用した回路レベルでの重要な割り切りは，部品，とりわけ磁性部品を市販の標準品から選ぶということでした[注1]．この方針は，スイッチング電源の問題の大半はインダクタ絡みであるということから生まれたものです．これでは，最適化による最高性能を期待することは望み薄ですので，スイッチング電源のベテラン設計者の中には顔をしかめる向きもあるでしょう．しかし，インダクタを組み立てる際の微妙な要素がなくなることで時間の節約になるだけでなく，うまく動作する確率が格段に向上するのです．壊れて煙を出すブレッドボードの残骸より，動作する回路の方がどれほど成果とやる気を引き出してくれるでしょうか．標準部品でとりあえず動作してくれるなら，電源が全然動作しないと言って首をひねらなくとも，すぐにオシロスコープで問題点を調べ出すことができます．

一旦，回路が動き出したら，標準品を最適化し，部品メーカに作ってもらうことも可能です．メーカにとっても，全く新規に部品を製造するより標準品を改造する方が一般的に手間がかからないものです．回路の性能仕様をインダクタの組み立ての細部に反映させるプロセスは，込み入っていて簡単ではありません．標準品から始めることにより，そのような工程を速く進め，少ない試作回数で満足できる結果にたどり着けます．もっとも，標準品を使っても十分に満足できる結果が得られ，そのままでOKとなる場合も少なくないのです．

厳密に言うならば，標準品のインダクタに合わせて回路を作るより，回路の仕様にあわせてインダクタを設計する方がずっと理に適っています．意図してこの点に目をつむることにした結果，この文章を書くのが大仕事になってしまったのですが，きっと読者の悩みを軽く（つまりは，アプリケーション・ノートを書く多くのエンジニアの日常を楽なものに）する助けになるのではないかと思います．

スイッチング電源について，上記の提案をする際の最後の助けとなったのはLT1070ファミリの電源ICの存在でした．その内部回路の出来と使いやすさにおいて，これは本当に優れたICであるといえます．75V/5A（LT1070HVの場合）のオンチップ・スイッチ素子や完成された制御ループ，発振器などを内蔵していて，わずか5つの端子しかないというLV1070 ファミリは，他のICに見られるような曖昧さとは無縁です．

LT1070ファミリの内部回路の詳細と動作の特徴は，Appendix A "LT1070の生理学" にまとめてあります．

基本的なフライバック・レギュレータ

図6.1は，LT1070を使った基本的なフライバック・レギュレータ回路で，5Vの入力電圧を12Vに変換して出力します．**図6.2**は，V_{sw}ピンの電圧（波形A）と電流（波形B）です．V_{sw}出力ピンはエミッタ共通回路のNPNトランジスタのコレクタにつながっていて，"L"になったときに電流が流れます．100μHのインダクタを通して電流が引き込まれ，出力が12V一定になるように制御されます．LT1070に内蔵された発振器により，40kHzの繰り返し周波数が決まります．V_{sw}ピンが "L" である期間に流れる電流により，インダクタの

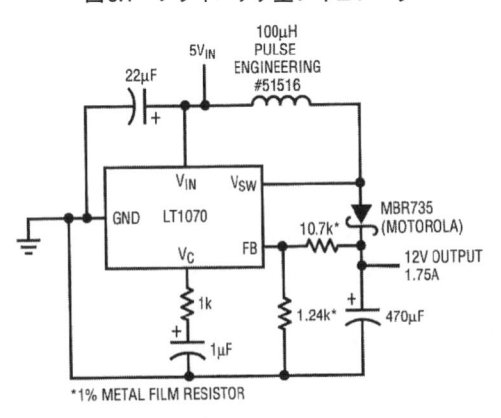

図6.1 フライバック型レギュレータ

図6.2 7Wの負荷をかけた状態のフライバック・レギュレータの波形

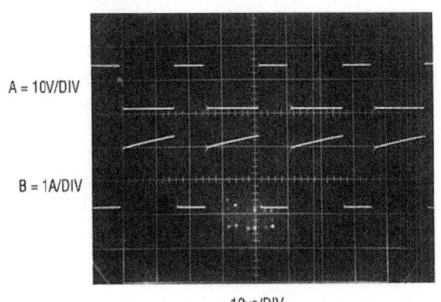

注1：磁性部品の推奨メーカは，200ページを参照．

周囲に磁界が発生します．この磁界に蓄えられるエネルギの量は，電流の大きさ，電流が流れた時間，インダクタとコア材の特性などにより決まります．

インダクタをバケツと考え，電流をそこに流れ込む水に例えてみると理解しやすいかもしれません．エネルギを蓄積できる限度はバケツの容量により決まりますが，インダクタでは磁気飽和による制約があります．任意の時間内にインダクタに蓄積できるエネルギの量は，印加された電圧とインダクタンスの積に制約されます．磁気飽和を起こさずに蓄積されるエネルギは，コアの特性により制約されます．インダクタの設計は，コアの大きさ，材質，動作周波数，電圧と電流に影響を受けます．

図6.1のように，インダクタが帰還ループ内にある場合，インダクタに貯められたエネルギは必要とされる出力に見合うように制御されます．図6.3は，出力が2倍になったときの波形の変化を示しています．この場合，デューティ比はさほど変化していませんが，電流は倍になっていて，結果としてインダクタはより多くのエネルギを蓄えます．もしそうできない，つまり磁気飽和を起こしてこれ以上の磁束を保持できなくなったとすると，インダクタとしては動作しなくなるわけです．

このような状態に至ってしまうと，電流を制限するのは配線の抵抗だけとなり，一瞬のうちに破壊的な大電流が流れてしまいます．これは，飽和すると電流が流れなくなるコンデンサと，ちょうど反対の振る舞いになります．コンデンサは電流が流れない状態でエネルギを保持できますが，インダクタはそれができません．詳細は，Appendix C "スイッチング・レギュレータ設計のチェック・リスト"を参考にしてください．

インダクタがエネルギを蓄えるサイクルの終盤で，インダクタに流れる電流が減少すると，その周囲の磁界は急激に縮小し，V_{sw}ピンには入力の5Vより高い電圧が急激に発生します．このフライバック動作により電圧が昇圧されるので，このタイプのレギュレータはこの名前で呼ばれています．

この昇圧特性は，インダクタの巻き線と交差する磁界の磁力線が縮小することで発生します．これは，導体を流れる電流（とそこに発生する電圧）に関する基本的な理論で説明できます．直前の電流の充電サイクルによりコアに蓄積されたエネルギの量に比例して，貯められた磁界エネルギが導線に移し替えられるわけで

図6.3 14Wの負荷をかけたときのフライバック・レギュレータの波形

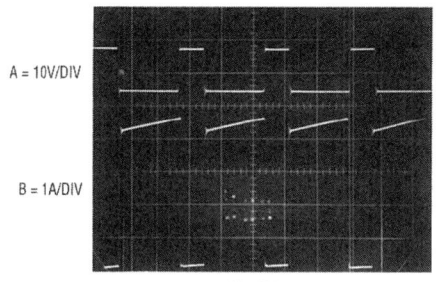

す．フライバック動作が，チャールズ・ケタリングが発明した，接点が開いた瞬間にスパークが飛ぶ自動車の点火装置と似ているのは注目してよい点です[注2]．

この回路は，フライバック動作は出力電圧に加算されて発生します．これはフライバック・パルスがショットキ・ダイオードを通して出力に流れるからです．繰り返し発生するフライバックによるパルスは，470μFのコンデンサによって積分されて回路出力である直流になります．

LT1070のフィードバック・ピン（FB）は，10.7kΩと1.24kΩの分圧器を通して出力電圧をモニタしています．フィードバック・ピンの電圧は内蔵されている1.24Vの基準電圧と比較され，V_{sw}ピンのデューティ・サイクルと電流を制御します．こうして帰還ループが閉じています．LT1070はフィードバック・ピンが1.24Vになるように帰還をかけるので，10.7kΩと1.24kΩの抵抗値を変えることで出力電圧が決まります．

すべての帰還ループの設計には，安定な動作を実現させるために補償が必要になります（一般的な議論は，LTCのアプリケーション・ノート AN-18 "楽々できる周波数補償法で発振を止める"を参照）．LT1070も例外ではありません．その電圧ゲイン特性は，離散的なエネルギ供給と位相遅れがあわさって，補償のない回路では確実に発振することになります．出力につながっている大容量コンデンサは，直流電圧を滑らかにしてくれる一方で，流れ込んでくる離散的なエネルギを蓄えるので位相遅れの原因になります．面倒なことに，変動する電源の負荷もまた特性に影響を及ぼします．レギュレータは，出力のコンデンサに電力を供給

注2：恐竜が地上を我が物顔に歩いていた時代には，本物の車は機械式点火装置で走り回っていた．

することしかできません．出力コンデンサから電力を減少させる時定数が負荷により決定されるので，位相特性と全体の安定度が負荷の影響を受けます．

　LT1070の内部回路はこれらのことを踏まえた上で設計されているため，補償方法は一般的にはかなり簡単に済みます．ここでは補償ピン（V_C）に1kΩの抵抗と1μFのコンデンサをつけることにより，全動作領域において安定に動作するように特性にロールオフがかかります（スイッチング・レギュレータの制御ループを安定化する方法に関する詳細と提案については，Appendix B "周波数補償" を参照）．

　図6.1の回路が簡単であるように，帰還ループの補償は手に負えないような難しい問題ではありません．一般的には図の下部に描かれるグラウンド・ピンが，ここでは異なる位置に描かれていることに注意してください．これは意図してそのように描いたもので，電源と負荷からの戻りはこの位置で接続するべきなので，出力トランジスタのエミッタ（V_{sw}ピンのもう片側の接続に相当）からの高速な大電流のリターン・ラインと，出力電圧の分圧器の小電流やV_Cピンの接続経路とを混在させてはいけません．

　それらを混在させてしまうと，レギュレーションの悪化や不安定な動作の原因となり，挙句の果てにはレギュレータを発振器にしてしまいかねません．同様に，2.2μFのバイパス・コンデンサは，V_{sw}ピンがONになり，高速の大電流が流れてもLT1070の電源が悪影響を受けないようにしています．なお，このコンデンサは，良好な高周波特性を持つ必要があります（タンタル・コンデンサ，もしくはアルミ電解コンデンサとセラミック・コンデンサの並列使用を用いる）．これらに関するより詳しい議論は，Appendix Cに譲ります．

−48Vから5Vを作る通信装置用フライバック・レギュレータ

　図6.4の回路は図6.1と同様の動作をしますが，通信装置用として設計されたものです．通信装置への供給電源電圧は公称−48Vですが，−40Vから−60Vまでの間の変動範囲があります．これはLT1070のV_{sw}ピンは許容範囲ですが，V_{in}ピンはV_{max}＝60Vなので保護回路が必要になり，30Vのツェナ・ダイオードを入れて常に入力電圧を安全な動作範囲に保持しています．

　ここで，インダクタの高電位側は接地されていて，LT1070のグラウンド・ピンは−48Vの電位にあります．フィードバック・ピンは，グラウンド・ピンの電位を基準にして電圧を検出しますので，5Vの出力に対してはレベルシフトが必要になります．Q_2がこの役目をしていますが，温度変化1℃当たり−2mVのドリフト要因となります．この程度ならロジック用の電源として通常は問題になりませんが，オプションで示したように，ダイオード接続をしたトランジスタと抵抗を追加するとドリフトの補償が可能になります．

　周波数補償については，コンデンサのESRが小さいため位相遅れも小さくなることで，補償回路の時定数が小さくなりループ応答がより速いことを別にすると図6.1の回路の場合と似ています．68Vのツェナ・ダイオードは電源ラインの過渡的で過大な電圧上昇をクランプして吸収し，LT1070を破壊から守ります（V_{sw}

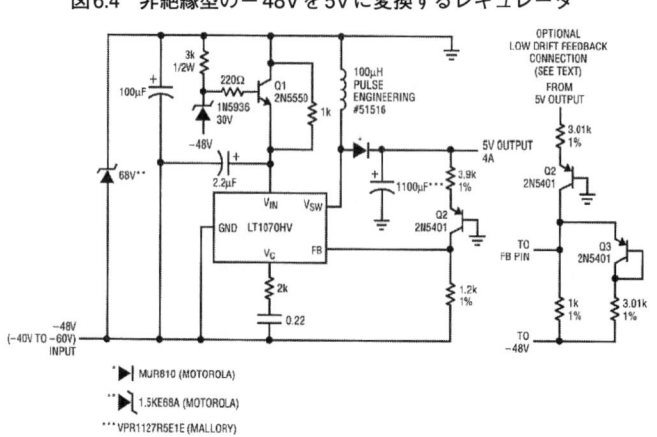

図6.4　非絶縁型の−48Vを5Vに変換するレギュレータ

の最大許容電圧は75V).

図6.5は,動作中のV_{sw}ピンの波形です.波形Aは電圧で,波形Bは電流です.高速できれいなスイッチング動作が行われています.電流波形中に見られるリプルは,この回路がブレッドボードに組み立てられていて,配置にやや問題があるために出ているものです(グラウンドについての注意も述べたが,自分ではその通りできていない).ターン・オフ時のインダクタのリンギング(波形A)は,フライバック特有のものです.

図6.5 非絶縁型レギュレータの動作波形

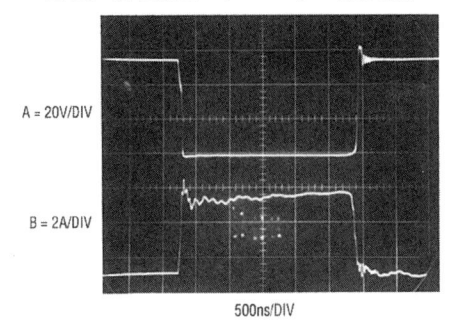

絶縁型の通信装置用フライバック・レギュレータ

図6.6は,別の通信装置用レギュレータの設計例です.前よりもずっと複雑になったように見えますが,間違いなく元のフライバック・レギュレータを発展させたものです.基本的な違いは,この電源の出力は入力側から完全に絶縁されているという点で,これは装置への組み込み用電源に要求されることが多い仕様です.それを実現するには,2端子のインダクタの代わりにトランスを使う必要があります.さらに,絶縁を保ちながら出力側からレギュレータICへのフィードバックを行わないといけません.絶縁しながらフィードバックするので周波数補償には一層の注意が必要となります.

一方,トランスを使うことで回路の起動時とスイッチング特性の関係が込み入ったものになります.この回路において,V_{in}ピンはトランスの巻き線から電力をもらいます.しかし,起動時に回路は動いていないわけですから,その電力は発生していません.Q_1からQ_4の部分がこの問題への対策です.電源が入力された時

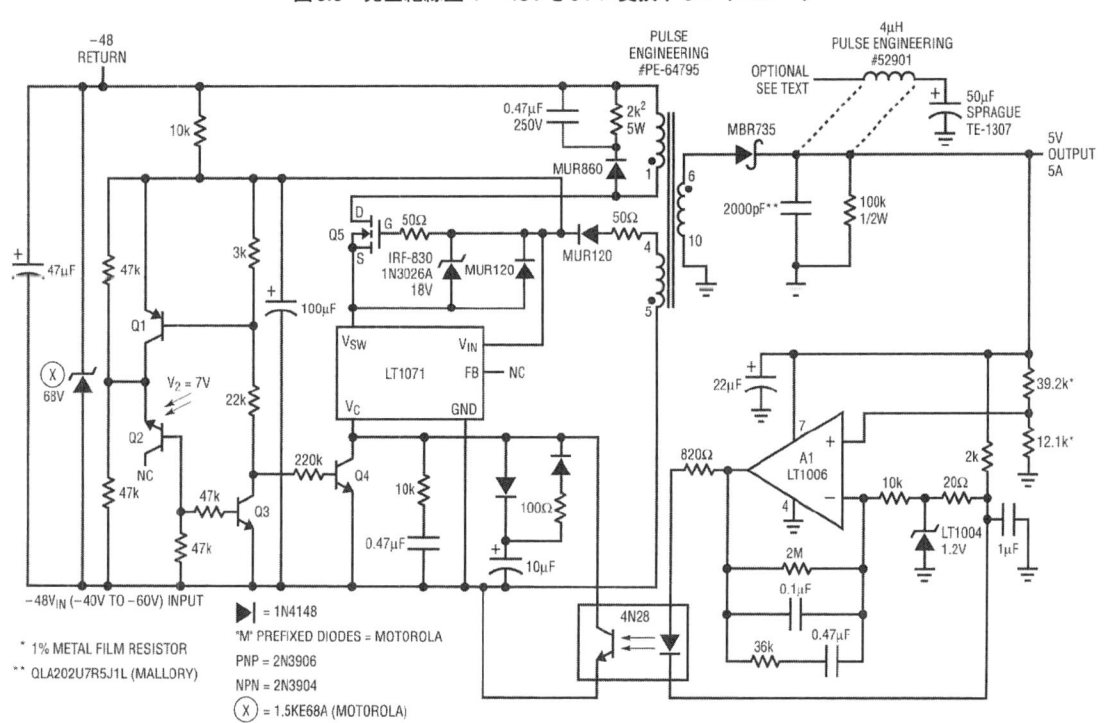

図6.6 完全絶縁型の−48Vを5Vに変換するレギュレータ

点でLT1070はまだ動作していませんので，Q_5は導通しません．Q_1やツェナ・ダイオードとして使われているQ_2，そしてQ_3もOFFになっています．一方，この状態でONになっているQ_4がV_Cピンを接地するので，LT1070は停止しています．Q_1のエミッタの電位は，100μFのコンデンサが10kΩの抵抗経由で充電されるのにつれてゆっくりと上昇していきます．

エミッタの電位が十分に高くなると，Q_1はONします．ツェナ・ダイオードとして働くQ_2がONするのは，およそ7Vが印加されたときで，それによりQ_3もバイアスされてONになります．これでQ_1に正帰還がかかり，Q_3は一層強くONされます．Q_3が導通することでQ_4がOFFになり，V_Cピンのクランプが外れてLT1070の動作が開始します．

動作の立ち上がり速度は，V_Cピンに接続された，ダイオードと組み合わされた10μFのコンデンサにより制限されます．この部品により，V_Cピンの動作がゆっくりと始まり，ソフト・スタート機能を実現します（電源入力が切れた場合は，100Ωの抵抗を経由して放電する）．この動作のおかげで，V_{in}の電圧が十分に立ち上がるまでLT1070は動作を開始しません．電圧が不十分，あるいは不安定なときに電源が動作を始めてしまい，異常動作や破損することを防止しているわけです．動作が開始した後は，トランスで発生した電圧をMUR120ダイオードで整流して作る直流がV_{in}ピンに供給されます．

100μFのコンデンサと50Ωの抵抗の組み合わせにより，リプルと過渡的な電圧変化は十分に取り除かれます．この電圧はLT1070を動作させるのに十分であり，10kΩの抵抗により流れる電流を減らして，省エネに貢献します．Q_1，Q_2，Q_3はON状態を続け，Q_4をバイアスすることでLT1070は動作状態を続けます．

前項のフライバック回路では，V_{sw}ピンはインダクタを直接ドライブしていました．この回路では，V_{sw}ピンとインダクタの間にパワーMOS FETが置かれています．この構成では，インダクタはトランスの形になっているので，そのフライバック動作は単純な2端子のインダクタのものとは異なってきます．単純なインダクタの場合，フライバックのエネルギは出力コンデンサにより直接的にクランプされ，転移されます．過大な電圧が発生することはありません．一方，トランスを使う場合は，すべてのフライバック・エネルギが出力コンデンサに移ることはありません．LT1070が駆動するMOS FETがOFFになると，トランスの一次巻き線間には100V以上の相当高いフライバック電圧が発生するのです．

この高電圧から回路を保護するには，いくつかの手法があります．回路図にある0.47μFのコンデンサと2kΩの抵抗，そしてダイオードからなるダンパ回路は，フライバック電圧が発生している間は導通状態になります．これがトランスの一次側の巻き線の負荷になることでフライバック電圧が低く抑えられます．

ダンパの部品定数は，効果と電力消費のトレードオフをみて，経験的に選んであります．定数を小さくするとフライバック電圧を小さくできますが，損失も大きくなってしまいます．逆に，定数を大きくすると損失は減りますが，フライバック電圧は大きいままになります．フライバック・エネルギはトランスの電力レベルに比例するので，ダンパの回路定数は最大負荷の状態で選ぶ必要があります．Appendix Cでは，ダンパ回路について検討を行っています．

ダンパ回路を付けても，実際に発生するフライバック電圧はLT1071内蔵の出力トランジスタにとってまだ高すぎるのが実情です．回路では，LT1071の出力トランジスタと直列にQ_5を接続することで，LT1071を高電圧から切り離しています．これはカスコード接続と呼ばれるものですが，Q_5が高電圧を受け持つことで，LT1071は降伏電圧の仕様に十分余裕を持った状態で動作します．

この回路の開発と試験については，Appendix Dで解説しています．Q_5のどの端子も大きな寄生容量があります．スイッチングにおいて，これらの容量が原因となり過大な過渡電圧が発生します．ここでは，18Vのツェナ・ダイオードの働きでゲート-ソース間の降伏（$V_{gsgax} = 20V$）が防止され，V_{sw}ピンがV_{in}の電位にクランプされます．Appendix Cには，この部分の検討についても書かれています．

トランスの2次側巻き線の出力は，整流されたあと平滑されて5V出力になります．この出力は，回路の入力側から絶縁されています．絶縁を実現するには，帰還ループも同様に絶縁しなければなりません．OPアンプA_1とフォトカプラ，周辺の部品でそれを実現しています．5V出力で動作するA_1は，抵抗分圧器により検出した出力電圧とLT1004による1.2Vの基準電圧を比較します．その結果である誤差信号は，OPアンプで200倍のゲインで増幅されて，フォトカプラのLED

図6.7 絶縁型レギュレータの波形

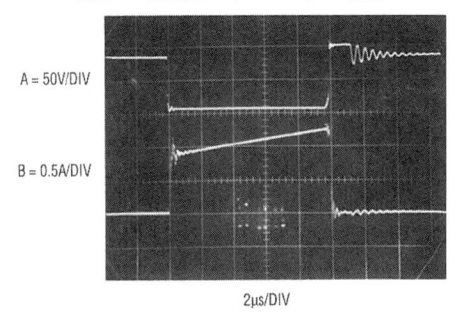

図6.8 絶縁型レギュレータの2.5V負荷時に発生した1Aの負荷変化に対する過渡応答

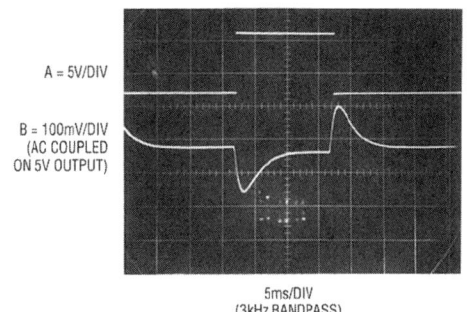

を駆動します．フォトカプラの出力トランジスタによりLT1070のV_Cピンにバイアスを加えることで，制御ループが形成されます．

LT1071内部の誤差増幅器は，実際には外部のOPアンプA_1とフォトカプラによりバイパスされて使われません．一般的に，フォトカプラの伝達特性は温度やエージングで変化しやすく，負帰還が不安定になりがちです．ここでは，フォトカプラの前に配置したゲインを持つOPアンプA_1により不安定さを軽減させることで，帰還ループの安定性を改善しています．この手法は，OPアンプの帰還ループ内にトランジスタやバッファを使うことと似ています．どちらも，OPアンプのゲインを利用して不安定さやドリフトを取り除いているのです．フォトカプラのLEDのカソードをグラウンドではなく基準電源につなぐことで，OPアンプをグラウンドより十分に高くバイアスして，出力が過渡的変化で飽和する影響を小さくしています．

この回路では，周波数特性の補償について前の回路より注意を払う必要があります．OPアンプA_1のゲイン特性は，0.1μFのコンデンサでロールオフしていて高周波領域のゲインが小さくなるので，リプルやノイズがLT1070に帰還されるのが防止されます．V_Cピンのところで局所的に周波数補償を加えて，制御ループを安定化しています．5V出力につけた100kΩの抵抗は電流の吸い込み径路であり，軽負荷や無負荷時にもループを安定に保ちます．周波数補償については，Appendix Bで説明しています．出力数を増やす必要がある場合は，トランスの2次側に巻き線を追加すればOKです．入力側にあるツェナ・ダイオードですが，過渡的な過電圧が発生した場合にクリップして回路を守る役目を持っています．

回路波形を図6.7に示します．波形AはQ_5のドレイン電圧であり，波形Bはドレイン電流です．波形Aでは，フライバックによりMOS FETに約100Vがかかっている様子が見られますが，これは素子の定格範囲に十分収まっています．ターン・オフ時のリンギングは一般的に見られるもので，図6.4の回路の波形と似ています．波形Bでは，電流の立ち上がりは速く，滑らかにコントロールされているのがわかります．

図6.8は，2.5A出力時に1Aの電流ステップが発生したときの過渡応答を示したものです．波形Aの立ち上がり時点で負荷電流のステップ変化が起きていますが，波形Bでは出力に発生した電圧サグ（落ち込み）が8msほどの間に補正されている様子が見られます．1Aの負荷が取り除かれると波形Aはもとに戻りますが，電圧変化の補正の様子は負荷が増加した場合と類似しています．広帯域ノイズは75mV_{pp}といったところで，図にあるようなLCフィルタを追加することで減らすことができるでしょう．

100Wオフライン・スイッチング・レギュレータ

もっとも必要とされるスイッチング・レギュレータ回路は，同時にもっとも設計に苦労するものでもあります．図6.9の回路は前項の回路に多くの点で似ていますが，交流115Vから直接電力を受けて動作するものです．このようなオフライン動作により，大きくて重い，非効率な60Hz用の磁性部品やフィルタ・コンデンサを使わずに済みます．この回路からは，絶縁された5V/20Aと－12V/1Aが出力されます．さらに，交流90V～140Vの動作範囲，AC電源からのサージ電圧防止，ソフト・スタート，全動作範囲で安定な制御

ループといった特徴を備えます．また，変換効率は75％を超えています．

> 先に読み進む前に，この回路を組み立てて試験し，そして使用をする場合には十分な注意を払っていただくよう読者に強くお願いします．この回路には，AC電源が直接接続されており高電圧が発生します．この回路の取り扱いにあたっては，最大限の注意を払ってください．もう一度繰り返しますが，この回路にはAC電源とつながっていて危険な高電圧が発生する箇所があります．注意してください．

AC電源からの電力は，ダイオード・ブリッジと470μFのコンデンサにより整流された後，平滑されます．MOV素子（金属酸化物バリスタ）はサージ電圧の発生を制限し，また電源がONになった際の突入電流をサーミスタが抑えます．スタートアップとソフト・スタート回路は図6.6の回路と似た構成ですが，入力電圧が高くなることから多少変更されています．AC電源の電圧が極端に低くなった（例えば70Vなど）場合に，異常動作を起こさないように，220kΩと1.24kΩの分圧器を付け加えています．

交流電圧が非常に低い場合，この分圧器によりLT1071のフィードバック・ピンが低い電圧になり，回路がシャットダウンします．整流後，通常は160V程度に達する直流高電圧により，LT1071の内部の電流制限が過大に設定されるので，回路出力が短絡するとレギュレータを保護することができません．このため，Q_6とその周辺の部品により約2Aの電流制限をかけています．LT1071のグラウンド・ピンからの電流は0.3Ωの抵抗を通して流れるので，電流が大きくなりすぎるとQ_6がONになります．22kΩの抵抗と50pFのコンデンサは，Q_6の誤動作を防止するノイズ・フィルタです．

Q_5のパワーFETは高電圧をスイッチングするために，LT1071の内部トランジスタとカスコード接続されています．Q_5の降伏電圧は500Vと高く選ばれていますが，回路構成は図6.6と似たものになっています．これに加えて，50Ωの抵抗はFETのゲート容量とあいまってQ_5のスイッチングをわずかに遅らせるので，高調波ノイズの発生が減ります．これにはレイアウト設計を楽にする効果があります．トランスのダンパ回路は，素子の値は変えてありますが図6.6と同じ回路です．

OPアンプA_1とフォトカプラを使うことで，トランスによる絶縁を保ちながら帰還ループを構成していて，レギュレータの出力がグラウンド基準で得られるようになっています．やはり，この帰還ループは図6.6と似た構成ですが，この回路のゲイン-位相特性を反映した素子定数でOPアンプA_1とLT1071を補償しています．

> 以下に掲載する波形の写真は，すべてAC電源ライン（90V～140V）と電源入力との間に絶縁トランスを入れて撮影したものです．感電事故を防ぐため，この回路に試験目的の装置を接続する際には，この注意書きを十分に理解しておく必要があります．繰り返しますが，図6.9の回路に試験目的の装置を接続する場合，AC電源ラインと回路の間には絶縁トランスを接続しなければなりません．

図6.10は，出力が15Aの時の回路の波形を示しています．波形AはQ_5のドレイン電圧ですが，300V以下にダンプされたフライバックのパルス波形が見られます（ダンピング回路の設計手順やその他の設計テクニックについてはAppendix D "スイッチング・レギュレータ設計における進歩"を参照）．波形BはLT1071のV_{sw}ピンですが，Q_5が高電圧をスイッチングしているにもかかわらず，十分に定格電圧内で動作していることがわかります．波形CはQ_5のドレイン電流波形ですが，トランスが磁気飽和する様子もなく十分に制御された電流が流れています．波形Dは，ダンピング回路の電流でQ_5がターン・オフする際の様子です．

図6.11は，Q_5のドレイン電圧波形（波形A）とトランスの一次側電流波形（波形B）を拡大したものです．理想モデルとは異なる現実のトランスの振る舞いにより発生する残留ノイズを伴っていますが，スイッチングはきれいです．ダンパ回路がフライバック・パルスをQ_5の500V定格以下に余裕を持って押さえこんでいて，トランスによるリンギングはフライバック期間の後収束しています．トランス内での共振の影響による電流パルスのノイズは，回路の動作にあまり影響を与えていません．

図6.12は，オプションのLCフィルタをつけたときの出力ノイズを示しています．フィルタなしの状態で，ノイズは約150mVありました．波形の上部でトレースが太くなっているのは120Hzの残留リプルによる影響

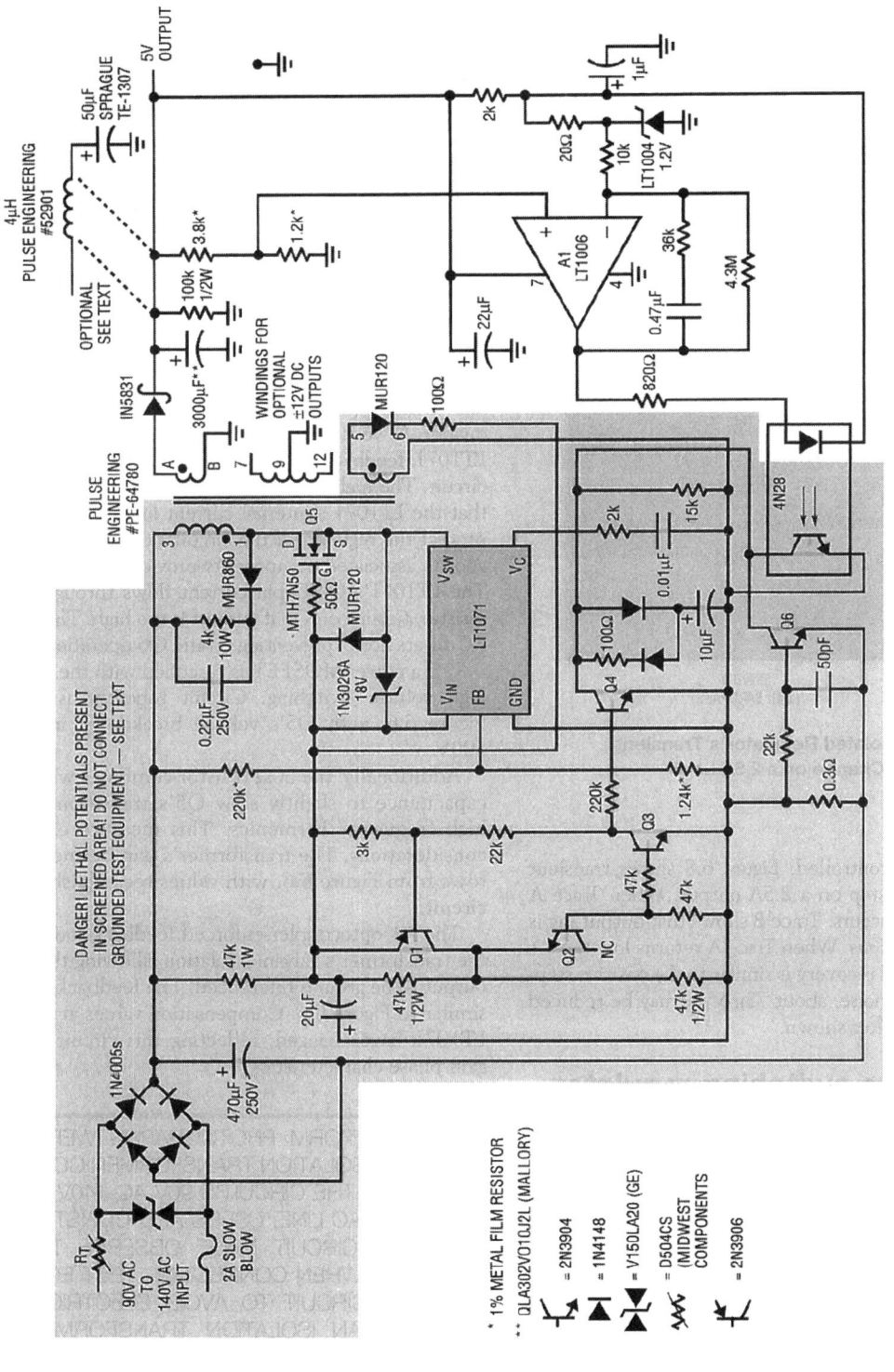

100Wオフライン・スイッチング・レギュレータ 157

図6.9 100Wのオフライン・スイッチング・レギュレータ

危険な高電圧に注意！ 網をかぶった部分に接地された計測器を接続しないこと．本文参照

図6.10 オフライン・スイッチング電源の波形

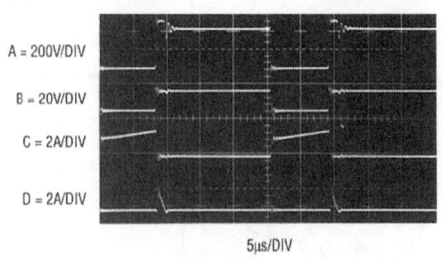

図6.11 オフライン・スイッチング電源のトランスの1次巻き線電圧と電流波形

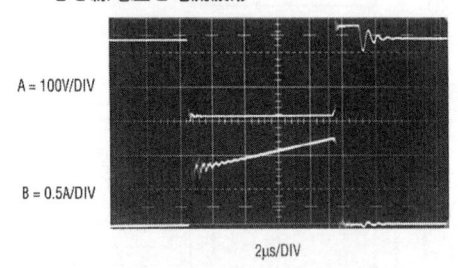

危険：この測定をする場合は，必ず絶縁トランスを使用してください － 本文参照

図6.12 オプションのLCフィルタをつけたときの10A出力時の図6.9の回路の出力リプル．フィルタなしではリプルは約150mV$_{pp}$であった．

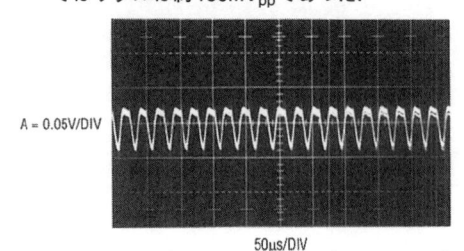

図6.13 10A出力状態で5Aの負荷変動があったときの図6.9の回路の応答

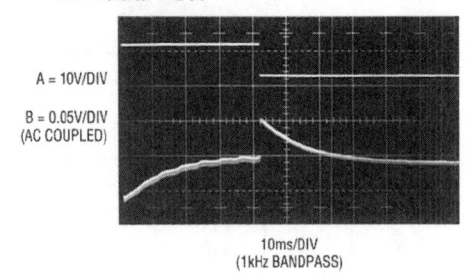

図6.14 図6.9の回路の10A負荷時にAC入力が90Vから140Vに変化した際の応答．120Hzの残留リプルは470μFの入力側コンデンサを増やすことで減らすことができる．

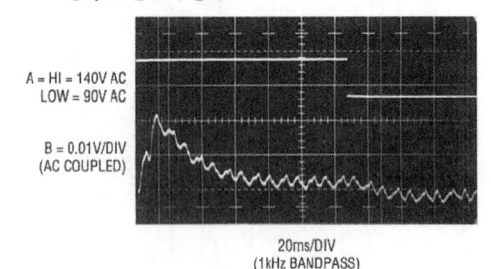

図6.15 図6.9の回路に20A負荷がつながれている場合の立ち上がり波形．LT1070のV_Cピンにつながれた10μFのコンデンサによりスロー・スタート特性が生じる．オーバシュートが気になる場合は，周波数補償を変更すると改善できるが，過渡応答が若干悪化する．

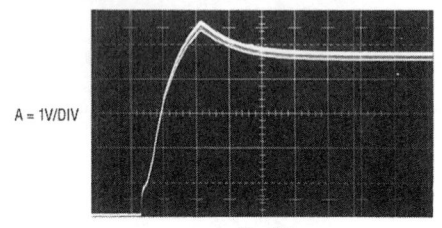

ですが，470μFのコンデンサを大きくすることで減らせます．

　図6.13は過渡応答です．波形Aが持ち上がっている部分で10A出力の状態から5A分負荷が増加しています．これに対する電圧のオーバシュートは小さく，きれいな一次応答の形をしています．波形Aが下がっているところで負荷が元の状態に戻っていますが，電圧変化は負荷電流の増加時と同様の応答を示しています．

　図6.14は，入力電圧変動に対する応答です．波形Aが持ち上がったとき，ACラインの電圧は140Vでしたが，下がった点では90Vにドロップしています．波形Bは，AC結合で見たレギュレータの出力電圧で，わずかな電圧誤差を発生しただけで，きれいに戻っています．波形に見られる120Hzのリプルは，470μFのコンデンサを大きくすることで減らすことができます．

　図6.15は，回路が20A負荷状態で動作を開始したときの5V出力です．応答はややダンピング不足気味ですが，周波数補償を調整することで修正が可能です．図6.9にある周波数補償の定数は，過渡応答特性と立ち上がり時の特性の双方のバランスをとって決められ

図6.16 図6.9の回路の動作点での効率の変化

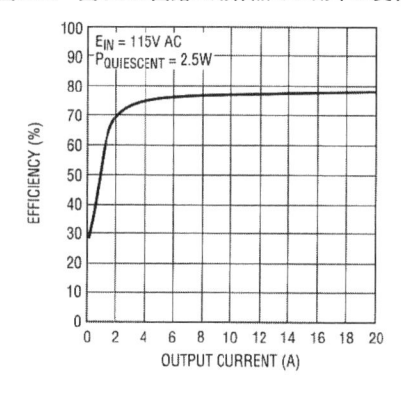

図6.17 モータとタコメータを組み合わせた簡単なサーボ・ループ

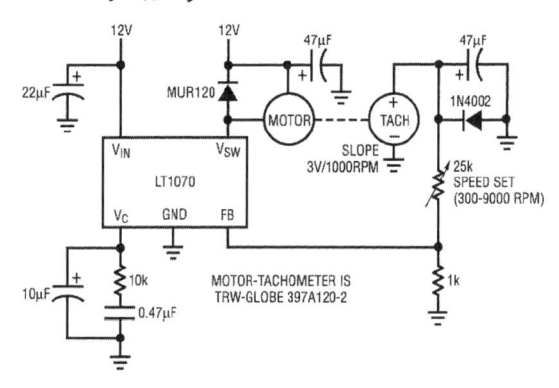

ています．ターン・オン時の遅れとコントロールされた立ち上がり特性は，スロー・スタート回路の働きによるものです．

図6.16は，レギュレータの効率の変化です．予想されるように，出力電流が大きいときには静的な損失の割合が小さくなるので，効率が向上しています．

スイッチングによるモータの回転速度の制御

電圧レギュレータは，スイッチング電源回路だけのものではありません．図6.17は，モータの回転速度の調整器に応用した例です．LT1070を用いて，簡単な回路で高効率なスイッチング制御を実現しています．この回路はモータを制御していますが，ここには電圧レギュレータと共通する要素を多く含んでいます．

電力が与えられたとき，タコメータの出力はゼロですのでフィードバック・ピン（FB）も電圧が発生していません．これにより，LT1070はV_{sw}ピンに最大デューティでパルス波形を出力し始めます．ついでモータが回転を始め，タコメータの出力が出始めます．FBピンの電圧がLT1070の内部基準電圧である1.24Vに到達すると，帰還ループの働きにより回転が安定化されます．帰還回路にある25kΩの可変抵抗により回転速度を調整できます．

MUR120がモータのフライバック電圧をダンプする役目を持ちます．ここで使用したモータの特性の場合，このダイオードと直列に電流制限用の部品を入れる必要はありませんが，モータによっては必要になるかもしれませんし，ダンパ回路は個々のケースに応じて最適なものに変える必要があります．同様に，周波数補償もモータの機種に依存します．タコメータ出力に入れたダイオードは，タコメータ内部の整流子のスイッチ動作で発生する逆極性の過渡電圧を防止しています．

スイッチング・モードで駆動されるペルチェ素子による0℃基準

図6.18は，別のスイッチングを用いた制御回路の応用例です．ここで，LT1070はペルチェ冷却素子に電力を供給して，トランスジューサのキャリブレーション基準となる0℃の基準温度を作っています．

図のように，ペルチェ素子に白金抵抗を利用したRTD（温度可変抵抗素子）が熱的に結合されています．RTDはブリッジ回路に組み込まれていて，温度に応じた差動出力が得られます．OPアンプA_1はRTDに過剰な温度上昇をもたらさない範囲のレベルで，ブリッジを駆動します．

LTC1043はスイッチト・キャパシタ回路であり，それによりブリッジ出力はシングルエンドに変換されて，OPアンプA_2の入力に現れます．OPアンプは400倍の増幅度で動作していて，これがLT1070のV_Cピンにバイアスを与えます．これによりペルチェ素子を含んだ帰還ループが作られ，ペルチェ素子はブリッジがバランスするように駆動され冷却します．トリマにより精密に0℃になるようにバランス点を調整します．この調整は，別の温度標準となるRTDによりペルチェ素子の温度をモニタしながら行います．

もう一つのやり方は，あらかじめ抵抗値が厳密に保証されたRTDを使用することです．ペルチェ素子と密

図6.18 ペルチェ素子で冷却したスイッチ・モードの0℃基準

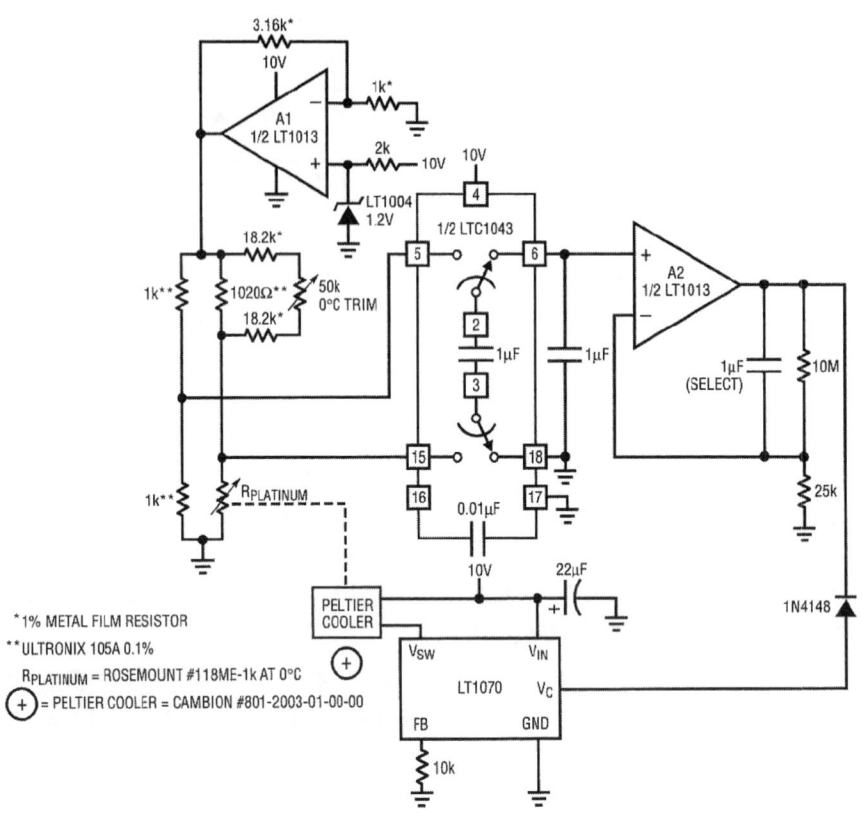

図6.19 図6.18の回路による25℃±3℃雰囲気における時間安定度

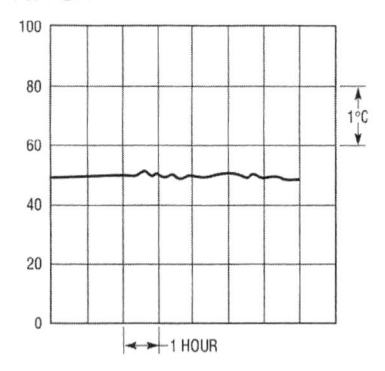

謝辞

多くの議論に付き合ってくれたカール・ネルソンに感謝いたします．本稿の執筆は，彼の助言に助けられました．また，ボブ・ドブキンの考察と粘り強い協力にも感謝いたします．**図6.6**の回路について，多大の貢献をしてくれたのはロン・ヤングです．パルス・エンジニアリング社[注3]のビル・マッコリとその同僚からは磁性部品に関する問題について，深い洞察と助力をもらいました．そして，これまで常にそうであったように，一番重要なきっかけとなったご意見，ご要望をお寄せくださった顧客の皆様に深く感謝するものです．

に結合されたRTDを用いると，非常によい安定度が得られます．**図6.19**は，25℃±3℃の雰囲気における時間経過に対する安定度のプロットで，安定度0.15℃の温度基準の性能を達成しています．

注3：カリフォルニア州，サンディエゴ　92112
　　　私書箱12235（619/268-2400）

Appendix A　LT1070の生理学

　LT1070は，電流モードのスイッチング・レギュレータです．つまり，スイッチングのデューティ・サイクルは，出力電圧よりもスイッチング電流により直接的に制御されます．**図6.A1**を見ていただきたいのですが，電力スイッチング素子は発振のサイクルの開始点で毎回ターン・オンされ，素子を流れる電流が設定されたレベルになったときにターン・オフされます．出力電圧の制御は，出力電圧の誤差増幅器の出力を電流コンパレータのトリップ・レベルの設定に使うことで行われます．この手法には，電圧モードと比べて優位な点があります．

　第一に，入力電圧変化に対する過渡応答がよいとは言えない一般的なスイッチング電源と異なり，入力電圧の変化に対して高速に応答します．第二に，エネルギを蓄積する素子であるインダクタに起因する，中域周波数領域での90°の位相遅れがなくなります．これにより，広範囲の入力電圧および負荷の変動に対応できる帰還ループの周波数補償の設計が非常に楽になります．そして最後に，パルス発生ごとに電流制限をかけられることで，出力の過負荷や短絡に対して最良の保護機能が実現できます．

　IC内部のLDOレギュレータにより，LT1070の全内部回路は2.3Vで動作しています．このため，入力電圧が3Vから6Vの間で変化しても，動作性能には実際何の影響もありません．40kHzの発振器が内部タイミングを決めています．論理回路とドライバ回路により，出力スイッチング素子がターン・オンされます．特別な適応型の飽和検出回路がスイッチング素子の飽和開始点を検出し，過剰に飽和しないように瞬時にバイアス電流を調整します．この働きで，ドライバ回路の電力消費が最小に抑えられる一方で，スイッチ素子の非常に高速なターン・オフ速度が得られます．

　1.24Vのバンドギャップ・タイプの基準電圧が，誤差増幅器の非反転入力につながっています．反転入力は，出力電圧の検出用にICの外に引き出されています．このフィードバック・ピンにはもう一つ機能があり，外部抵抗を使って接地するとLT1070はメインの誤差増幅器の出力からコンパレータの入力への接続を切断し，フライバック増幅器の出力につなぎ替えます．そうなると，LT1070は供給電圧を基準電位として測っ

図6.A1　LT1070の内部回路の詳細

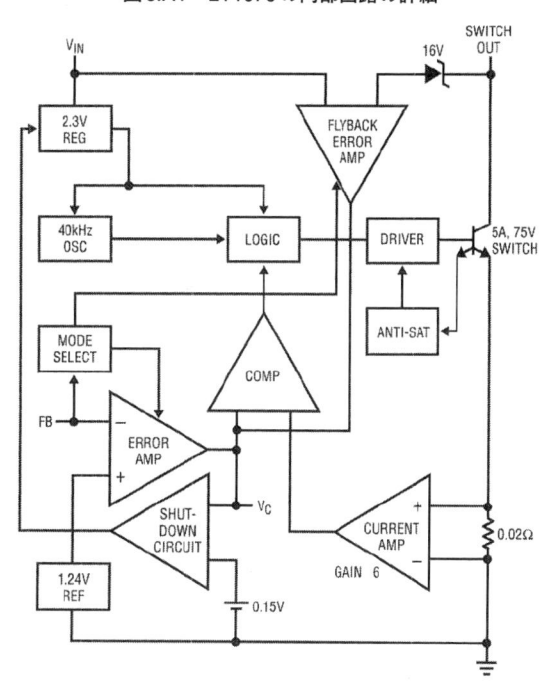

たフライバック・パルスの大きさが一定になるように制御します．

　通常のトランス結合型のフライバック・レギュレータでは，フライバック・パルスの振幅は出力電圧に直接比例したものになります．フライバック・パルスの振幅を一定化することによって，入力と出力側を直接つながずに出力電圧を一定に制御することができるわけです．これで出力側とはフローティングになり，トランスの巻き線と同じ耐圧が得られます．さらに，巻き線を追加することで，容易に多出力のフローティング出力が得られます．

　LT1070が内蔵する特別な遅延回路により，フライバック・パルスのフロントエッジで発生するリーケージ・インダクタンスによるスパイク電圧を検出しないようになっていて，出力電圧の安定度を向上させています．コンパレータの入力に現れる誤差信号は，外部に引き出されています．そのピン（V_C）は，周波数補償，電流制限レベルの設定，ソフト・スタート，そしてレギュレータ全体のシャットダウンという4つの異なっ

た機能を持っています．

通常のレギュレータ動作では，このピンは0.9V（出力電流が小さいとき）から2.0V（電流が大きいとき）の電位になります．誤差増幅器は，電流出力タイプ（トランス・コンダクタンス・アンプ）なので，この電位を外部でクランプすることで電流制限レベルを調整することができます．

同様に，コンデンサをつなぐとソフト・スタートが実現できます．また，V_Cピンをダイオードで接地するとLT1070はアイドル・モードに入り，スイッチングのデューティ・サイクルはゼロになります．V_Cピンを0.15V以下にセットすると，レギュレータ全体がシャットダウンされるので，わずか50μAの電流が流れるだけになります．より詳細については，LT1070のアプリケーション・ノートをご覧ください．

Appendix B　周波数補償

LT1070のアーキテクチャは単純化されているので，周波数補償の定数は計算できます．しかし，入力/出力フィルタ特性，不明なコンデンサの*ESR*（実効直列抵抗），入力電圧と負荷電流の変動による動作点の変化といった要素が影響して複雑になるので，より実践的な経験則による方法も役に立ちます．ここで紹介する，最適な周波数補償をかける簡単な方法は，時間をかけて見つけ出されたもので，負荷変動に対する過渡応答を見ながら，切り替え式の抵抗およびコンデンサの調整ボックスを使って手早く定数を変えながら仕上げるというものです．

スイッチング・レギュレータに過渡信号を注入する方法にはいろいろありますが，お勧めは出力にAC結合でつないだ負荷を変化させる方法です．この方法なら，注入ポイントに負荷が加わることで発生する問題を回避でき，またどのタイプのスイッチング・レギュレータにも適用することができます．ただし，小信号動作から外れないように，信号の振幅を調整する必要はあるでしょう．図6.B1に，具体的な接続法を示します．

出力インピーダンス50Ωの信号発生器を，直列に接続した50Ωの抵抗と1000μFのコンデンサを経由してレギュレータの出力につなぎます．発振器の周波数設定は厳密でなくてよいので，50Hzから始めるとよいでしょう．低すぎると，オシロスコープの波形が瞬いて作業をしにくいかもしれません．高すぎると，出力の過渡応答が落ち着くまでの時間が足りなくなる可能性があります．発振器の出力電圧は通常は$5V_{pp}$にセットして，$100mA_{pp}$の負荷変動を発生させます．

軽い負荷（I_{out}<100mA）の電源の場合，この負荷変動では大きすぎて小信号動作から外れてしまうでしょう．もし，正負の過渡応答の波形が極端に異なっているようでしたら，振幅を減らしてみてください．重要なのは振幅の値そのものではなく，帰還ループの安定度を示すレギュレータの出力波形の形状なのです．

図のように，カットオフ周波数10kHzの2次のロー

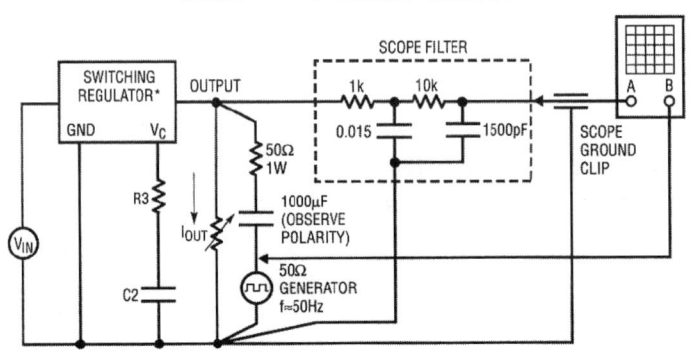

図6.B1　ループの安定性の確認方法

＊入出力の各フィルタは入れた状態にする．電力供給源は，現実の電源の内部抵抗が
　考慮されるよう，最終的な設計で予定した実際の電源とする．

図6.B2　出力の過渡応答

発振器の出力

Cを大きくしてRを小さくした場合の
レギュレータ出力

Cを小さくしてRが小さい場合の
レギュレータ出力

Rを大きくした場合のレギュレータ出力

さらにCを小さくすると

不適切な値では発振する可能性がある

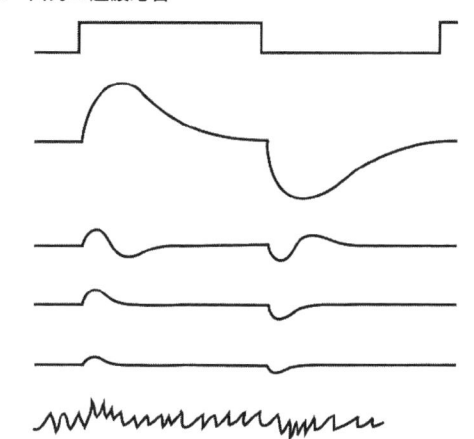

パス・フィルタを入れてスイッチング周波数の成分を落としています．出力のLCフィルタがないレギュレータでは，注目すべき低周波の過渡応答波形よりスイッチング周波数の成分がずっと大きく残ってしまうかもしれません．フィルタのカットオフ周波数は，過渡応答波形が歪まずに通過するように十分高く選んであります．

オシロスコープと信号発生器の接続には注意が必要で，図のようにグラウンド・ループによる誤差が発生しないように接続しないといけません．オシロスコープのBチャネルのプローブは信号発生器につないでトリガの同期をとりますが，Bチャネルのプローブのグラウンド・クリップは，Aチャネルのプローブのクリップと同一ポイントに接続します．単純に，信号発生器の標準的な50Ω BNCの同期出力を使うと，グラウンド・ループの問題を起こすので避けるべきです．それでもグラウンド・ループの影響がオシロスコープの画面で見えているようでしたら，3Pの電源プラグの接地線からオシロスコープか，信号発生器のどちらかの筐体を浮かせる必要があるかもしれません．Aチャネルのプローブの先端をそのグラウンド・クリップがつながっているポイントに接触してみると，グラウンド・ループによる影響の有無を確認することができます．Aチャネルに何か読み値が出るようでしたら，グラウンド・ループを改善する余地があるというサインです．

一旦，正しいセットアップができれば，周波数補償回路の最適な定数を見つけるのは簡単です．まず，仮の定数として，C_2を大きく（>2μF），R_3を小さく（>>1kΩ）セットします．ほとんどの場合，これでレギュレータはそれなりに安定な状態で動作しますので，定数の最適化を始めることができます．

まず，レギュレータの出力波形が単一ポールのオーバダンピングの形状（図6.B2の波形を参照）を示す場合，波形がややオーバダンピング気味になるまで，C_2の値を2:1の比率で減らしていきます．次に，零点の位置を変えてみるためにR_3を2:1のステップで増やしていきます．通常なら，これでダンピング特性がさらに改善されるので，C_2の値をさらに減らすことができます．R_3とC_2の値をこのように交互に変えてみることで，最適な定数を素早く見つけ出すことができるでしょう．もし，レギュレータの応答がCの最初の値でダンピング不足の状態であったら，Cを大きくするのではなくRを大きくしてみます．通常は，これでオーバダンピングになり始める条件を作れるので，そこから値を振っていきます．

ところで，R_3とC_2の最適な値とは何を意味するのでしょうか．一般的には，これは帰還ループが安定かつ，過渡応答のセトリングができるだけ速い状態を実現する，C_2についてはもっとも小さい値で，R_3についてはもっとも大きな値ということになります．ここでの調整により，入力のリプル電圧と出力の負荷変動に対して出力電圧の変化が最小になります．

オーバダンピング状態のスイッチング・レギュレータが発振することはありませんが，急激な入力電圧の変動や負荷変動に対して，許容できないような大きな過渡的な出力変動を起こすかもしれません．また，スタートアップ時や負荷の短絡からの復帰時に過剰なオーバシュートを起こすかもしれません．

どのような条件に対しても確実に帰還ループを安定化するには，最初に選んだR_3とC_2の値を入力電圧と負荷電流の全範囲で確認する必要があります．一番簡単には，最小と最大出力電流とその間の数点を確認ポイントに選んで行います．それぞれの負荷電流条件で，過渡応答波形を見ながら入力電圧を最小から最大に振ります．言うまでもなく，この方法でワーストケースを見つけることも必要になります．

スイッチング・レギュレータは，リニア・レギュレータと違って，動作状態によりループのゲインと位相が大きく変化します．もし，大きな温度変化が見込まれる場合，限界温度において安定度を確認する必要があります．入力および出力コンデンサの容量やESR，磁性部品の透磁率などといった安定度に影響を与える部品のパラメータには，温度による変化が大きいものがあります．LT1070のばらつきによる影響も一応考慮しておく必要があります．ループの安定度に影響を与える誤差増幅器のg_m，V_Cピンの電圧－スイッチ電流の伝達関数（電気的仕様の中でトランス・コンダクタンスとして表記される）がそれにあたります．温度変化がそれほど大きくないケースで，全温度範囲において安定な動作を確実なものにするには，最悪温度条件下で安全をみてオーバダンピングになるように周波数補償を選べば通常は十分です．

もし，外部に設けたアンプや他の能動素子がループに含まれる場合は（つまり，図6.6や図6.9のような回路），それらを含めてループを安定化しなくてはなりません．そのような場合に参考になる解説が，アプリケーション・ノートAN-18の12ページから15ページに掲載されています．

Appendix C　スイッチング・レギュレータ設計のためのチェック・リスト

(1) スイッチング・レギュレータの設計で一番問題になりやすい領域はインダクタに関するものであり，磁気飽和は非常に難しい問題です．インダクタがより多くの磁束を保持できなくなったとき，磁気飽和が起きます．インダクタが飽和に達すると，誘導性ではなくなり抵抗のようになります．その場合，インダクタには巻き線の直流抵抗と電源容量だけで決まる最大限の電流が流れてしまいます．そのため，磁気飽和はしばしば回路が破損する故障の原因になります．

図6.C1は，磁気飽和の影響を調べるために用いたセットアップです．パルス発生器がQ_1を駆動していて，インダクタに電流を流しています．一般的な負荷のダミーとしてダイオードとRCを組み合わせてあり，図6.C2に測定結果の波形を示します．Q_1のコレクタの電圧波形はターン・オンすると下がります（波形Aはパルス発生器の出力であり，波形BはQ_1のコレクタ波形）．波形Cはインダクタを流れる電流でありランプ波形になります．Q_1がOFFになると電流値が下がり，インダクタでリンギングが発生します．

図6.C3ではドライブの期間が長くなっていて，より大きな電流がインダクタに流れます．したがって，イ

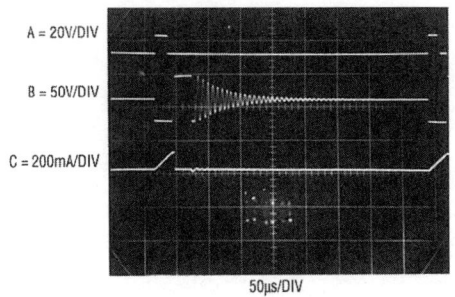

図6.C1　インダクタの磁気飽和のテスト回路

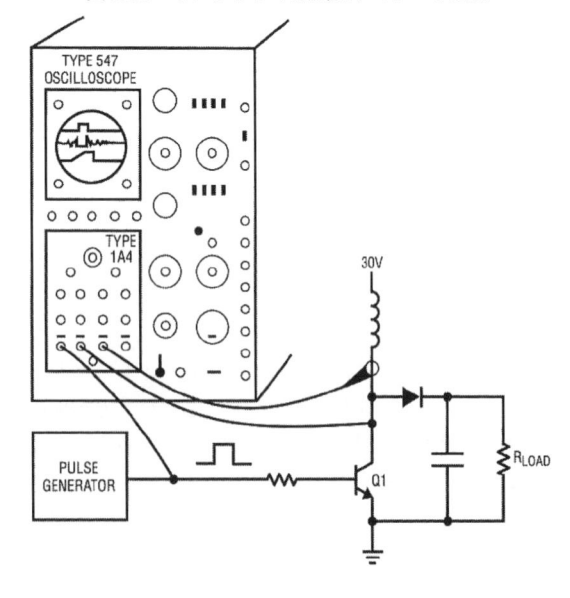

図6.C2　正常なインダクタの動作

図6.C3 電流が増加しているが，まだ正常なインダクタの動作

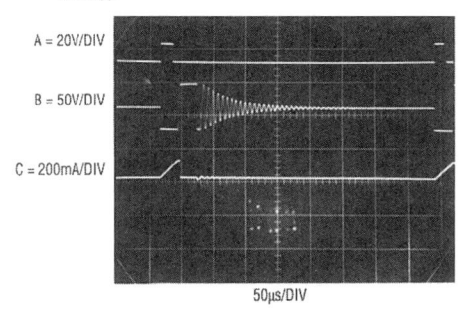

A = 20V/DIV
B = 50V/DIV
C = 200mA/DIV
50μs/DIV

図6.C4 磁気飽和を起こしかけているインダクタの動作

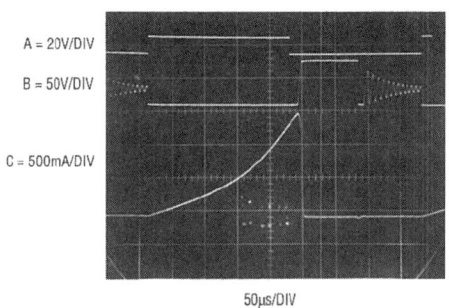

A = 20V/DIV
B = 50V/DIV
C = 500mA/DIV
50μs/DIV

ンダクタはより多くの磁束を蓄えなければなりませんが，まだ電流のランプ波形は直線的に増加する領域にあり，インダクタの容量が十分であることがわかります．一方，ドライブ・パルスがさらに長くなった図6.C4では，好ましくない傾向が見えています．インダクタに流れる電流の増加が直線から外れて非直線性を示しています．非直線性が始まっているのは，オシロスコープの画面の縦軸目盛の3つ目から4つ目のあたりからです．

この電流が急激に増加する特性は，インダクタの磁気飽和の始まりを示します．ドライブ・パルスがさらに長くなると，電流は回路を破損するレベルに達するでしょう．インダクタのタイプによっては，このケースより遥かに急激に磁気飽和に突入することを覚えておきましょう．

(2) 誘導性フライバック効果については，常に注意を払いましょう．

半導体の降伏電圧はそれに耐えるだけ確保されていますか？

スナバ（ダンパ）回路をつける必要はありませんか？

やっかいな問題が起きないように，半導体のジャンクション容量を流れる分を含めて，すべての電圧と電流径路について検討を行いましょう．

(3) コンデンサの仕様をよく吟味しましょう．すべての動作条件に適合していなければいけません．定格電圧は誰にでも分かる仕様ですが，等価直列抵抗や残留インダクタンスによる影響に対処が必要になる場合を想定しておきましょう．これらの影響により，回路の性能が大きな影響を受けることがあります．とりわけ，高いESRをもつ出力コンデンサがあると，帰還ループ

を安定化するのが難しくなる場合があります．

(4) レイアウトは重要です．大電流のリターン径路と，信号，周波数補償回路，帰還回路のリターン径路は分離しましょう．交流的な性能と直流的な性能が両立するようにグラウンドの配置について十分検討しましょう．多くの場合，グラウンド・プレーンが有効に働きます．残留インダクタンスに発生する磁束が他の部品に及ぼすかもしれない影響も考慮して，レイアウトを検討しましょう．

(5) 半導体の降伏電圧の定格を十分に検討しておきましょう．すべての動作条件を考慮する必要があります．多くの場合，過渡的な現象を原因として，予測を超えるストレスが半導体に加わり，多くの問題を引き起こします．注意すべき点には，半導体のジャンクション容量を通って流れる貫通電流の影響が含まれます（図6.6と図6.9の回路で言えばQ_5のゲートをクランプする必要があったことに注意）．

そのような容量は，通常は低い電圧しかかからない回路ノードに，短時間ながら過大な電圧が発生する原因になることがあります．データシートにある降伏電圧，電流容量，スイッチング速度の定格について注意深く調べておきましょう．ところで，それらの仕様は実際にその部品を使おうとしている回路と同じ動作条件で測定されたものでしょうか？ はっきりしない場合は，メーカに問い合わせましょう．次に説明するように，単純と思えるダイオードが，スイッチング・レギュレータに使う場合に，注意深く動作条件の吟味を必要とする部品の格好の例だったりします．

スイッチング・ダイオードには，二つの重要な過渡応答に関する特性があります．逆回復時間と順方向

図6.C5 ダイオードのターン・オフ特性

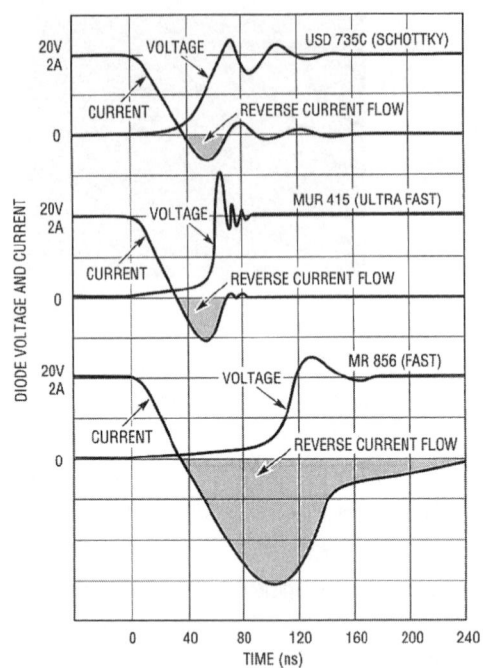

図6.C6 ダイオードのターン・オン時の電圧スパイク

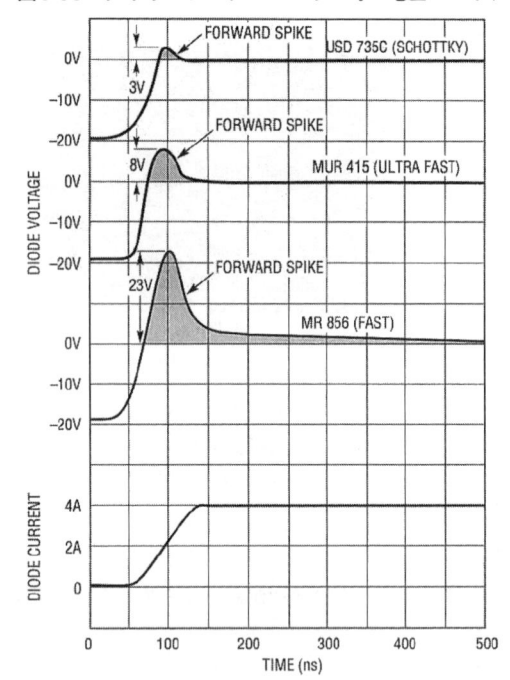

ターン・オン時間です．逆回復時間が発生する理由は，ダイオードが順方向に導通している間に電荷を貯めているからです．この蓄積された電荷は，ダイオードに逆方向に電圧が印加された際に，短時間ながら低インピーダンスで導通してしまう原因になります．逆回復時間は，ダイオードを規定の電流で順方向にバイアスしておき，ついで既定の逆バイアスを印加して測定します．

このように，ダイオードが逆方向に導通している状態から，導通しなくなるまでにかかる時間が逆回復時間です．ハード・ターン・オフ特性のダイオードは，逆回復時間が経過すると急激に導通がなくなる特性を持っています．それにより，中程度の逆回復時間であってもわずかな電力損失しか発生しません．

一方，ソフト・ターン・オフ特性のダイオードはよりなだらかな特性を示すので，ターン・オフで相当な損失を発生することがあります．図6.C5は，市販のダイオード数種類について，V_{in} = 10V，V_{out} = 20V，2AのLT1070によるフライバック・コンバータに使用した場合の代表的な電流と電圧波形を示しています．

ダイオードの逆回復時間が長い場合，ダイオード自体やLT1070のスイッチング素子が過剰に発熱する可能性があります．総合した電力消費P_{trr}は，次の式で与えられます．

$P_{trr} = V \times f \times t_{trr} \times I_F$

ここで，V；ダイオードに印加される逆電圧
　　　　f；LT1070のスイッチング周波数
　　　　t_{trr}；逆回復時間
　　　　I_F；ターン・オフする直前の順方向電流

ここで取り上げている回路の動作条件は，I_F = 4A，V = 20V，f = 40kHzです．昇圧動作ではダイオードのオン電流は，出力電流の2倍の大きさになります．以上より，t_{trr} = 300nsのダイオードに生じる損失は，

$P_{trr} = (20) \times (40 \times 10^3) \times (300 \times 10^6) \times (4) = 0.96$W

と計算できます．

もし，同じダイオードに4Aの電流が流れたときの順方向電圧が0.8Vだとすると，導通時の損失は平均電流である2Aの0.8倍ですので，1.6Wと求められます．この例では，逆回復時間による損失は導通時の損失に匹敵する大きさになることがわかります．ただし，逆回復時間による損失が必ずしもダイオードの損失を大きくするとは限らないことに注意しましょう．つまり，ハード・ターン・オフ特性のダイオードを使った場合，逆回復の期間，高い電圧と大きな電流を受け持つ

ことになるLT1070側で損失の多くが発生します．LT1070はこれに耐えますが，このような損失が発生するわけです．

ダイオードのターン・オン時間は，逆回復時間よりも悪い影響をもたらす可能性があります．通常は，出力ダイオードは出力電圧でクランプされていて，インダクタやトランスの端子は出力電圧より高く持ち上がりません．ターン・オンが遅いダイオードではターン・オン中に非常に高い順方向電圧を示すことがありますが，困ったことにこの順方向電圧の増加分はLT1070のスイッチ素子に印加されるのです．例として，20Vのターン・オン時の電圧スパイクが40Vのフライバック電圧に加わると，LT1070のスイッチ素子の65Vの耐圧制限に対してほぼマージンがなくなってしまいます（訳注：この話題については，同じ著者によるApplication Note122を参照）．

図6.C6は，高速，超高速，そしてショットキの一般的な三種類のダイオードのターン・オン時に発生するスパイク電圧を示しています．スパイクの大きさは，電流の立ち上がりの速度と電流変化の収束値に依存しますが，スイッチ素子に加わる電圧が高くなる用途では，高速なターン・オン特性のダイオードが求められるということを示しています．

もし，ダイオードや出力コンデンサ，またはLT1070の帰還ループ内の寄生インダクタンスが大きい場合は，高速タイプのダイオードを使っても無駄になる可能性がありえます．AWG20のワイヤの場合，その自己インダクタンスは1インチあたり30nHあります．LT1070のスイッチ素子の電流の立ち下がり速度は10^8A/secに達するので，ワイヤ配線の1インチあたり，$(10^8)(30 \times 10^{-9}) = 3$Vの電圧が発生します．ダイオードやコンデンサ，それにLT1070のグラウンドやスイッチ端子のリードが短くなるようにしてください．

Appendix D　スイッチング・レギュレータ設計における革新

スイッチング・レギュレータを設計する良い方法に，設計課題を部分部分に切り分けて設計し，それをまとめ上げるという方法があります．インダクタ，離散的なフィードバック，高速な電流と電圧といった要素の集合体である電源は，なかなか理解が難しいものです．

図6.9の回路について，反復的な手法によるスイッチング・レギュレータを設計する例として示すことにします．このオフラインの電源回路の特徴は，高出力，絶縁された帰還ループ，およびすでに本文で述べたような個々の仕組みにあります．一度ですべてを完全に動作させようとするのは無謀です．

図6.9の電源の設計で一番難しいのは，トランスをドライブする部分です．高い電圧で，100Wを超す電力の高速なスイッチング回路の設計には注意が必要です．特に，二つのことを忘れてはいけません．

高電圧FETとカスコード接続したLT1071は正しく動作するでしょうか？フライバック電圧の大きさはどの程度になり，その影響はどうなるでしょうか？

図6.D1の回路で，個別に見ていきましょう．この回路で高電圧におけるカスコード接続をテストしてみます．まず，誘導性負荷がもたらす複雑な問題を避けるために，抵抗負荷を使います．図6.D2はそのときの波形ですが，きれいにスイッチングしています．波形AはFETのドレイン電圧で，波形BはLT1071のV_{sw}ピンの電圧です．ドレイン電流は波形Cです．ドライブのパルス幅は，負荷抵抗における電力消費を小さくするように，意図して短くしました．すべてうまく動作していて，LT1071のV_{sw}ピンに異常な高電圧は見られません．

しかしながら，MOS FETの高電圧スイッチングによる影響がLT1071のV_{sw}ピンに見られます．立ち下

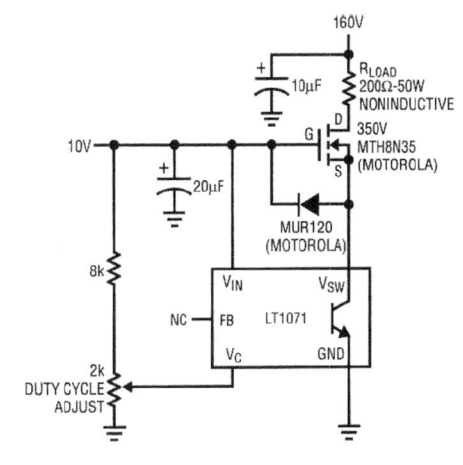

図6.D1　抵抗負荷によるMOS FET-LT1071カスコード接続の試験回路

図6.D2 抵抗負荷によるMOS FET-LT1071カスコード接続の波形

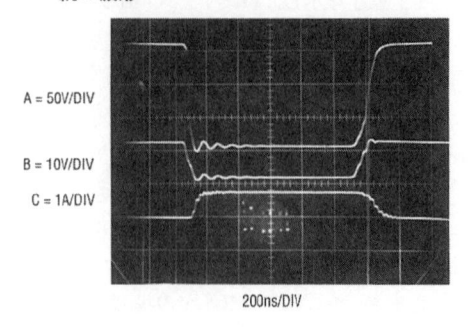

A = 50V/DIV
B = 10V/DIV
C = 1A/DIV
200ns/DIV

図6.D3 トランス負荷によるMOS FET-LT1071カスコード接続の試験回路

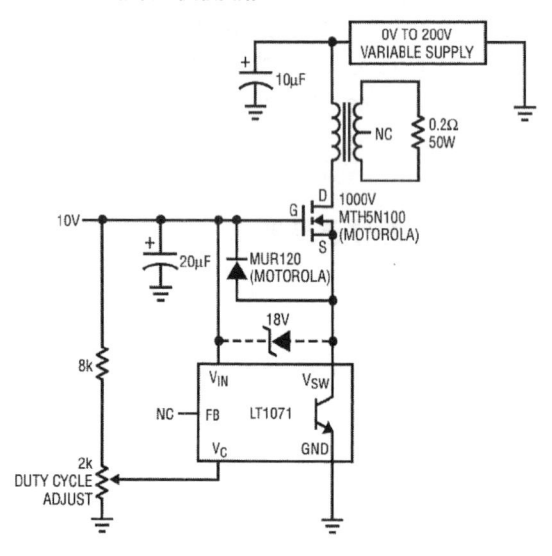

図6.D4 MOS FET-LT1071カスコード接続によるスイッチングのトランス1次巻き線での波形(負荷は0.2Ω)

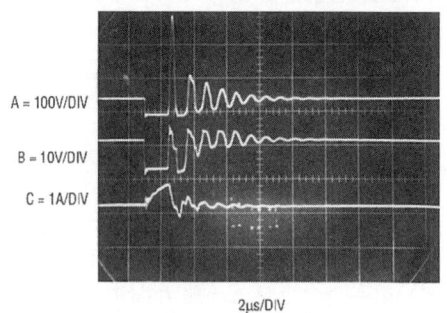

A = 100V/DIV
B = 10V/DIV
C = 1A/DIV
2μs/DIV

図6.D5 ダンピングしていないレギュレータのフライバック・パルス電圧(2.5A負荷時)

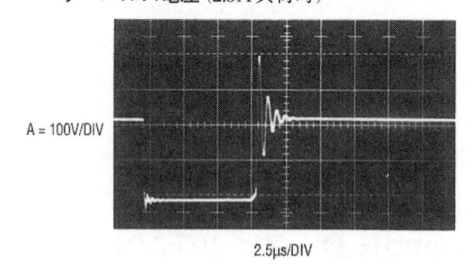

A = 100V/DIV
2.5μs/DIV

がりエッジのところで,小さい振幅ながらリンギングが発生しています.立ち上がりエッジには,わずかですがピークが見られます.これらは,MOS FETのジャンクション容量を経由した,高電圧スイッチングによる影響です.ダイオードはソース電位を10Vにクランプしていますが,それでも高電圧の振幅変化の影響が見て取れました.抵抗負荷ではほとんど問題になりませんが,誘導性負荷による高いフライバック電圧が発生するとどうでしょうか?

図6.D3は,トランスを負荷とするように手直しした試験回路で,抵抗負荷をトランスに変えてあります.2次巻き線に重負荷をつないであります.160Vの電源は,ゆっくり注意深く調整できるように0〜200Vの可変電源に置き換えました(注1).誘導性負荷で起きる現象に

備えて,350V耐圧のトランジスタは1000Vのものに交換しました.図6.D4に波形を示します.予想したように,低い電源電圧(写真の場合で60V)にもかかわらず,かなり大きな誘導性フライバック電圧(波形A)が現れています.

波形Cはドレイン電流ですが,誘導性負荷に特有の波形で増加しています.波形Bは非常に注意しなければならないソース電圧の波形です.フライバックの影響がMOS FETの容量を経由してソースとゲートに現れ,公称のクランプ電圧より持ち上がっています.予定している最大電源電圧では,このゲート‐ソース間の耐圧を超えてMOS FETが破損する可能性があります.このため,ゲート‐ソース間を安全にクランプするようにツェナ・ダイオードを接続するように点線で示してあります.図6.9の最終版の回路には,この部品を入れてあります.この修正を入れた後,高電源電圧での振る舞いを調べることができます.

図6.D5は,電源電圧が160VのときのドレインIの電圧波形です.負荷に2.5A流れているときで400Vのフ

注1:天使が踏み込むのを恐れる場所へ愚者は飛び込む−アレキサンダー・ポープによる警句

図6.D6 ダンピングしていないレギュレータのフライバック・パルス電圧（5A負荷時）

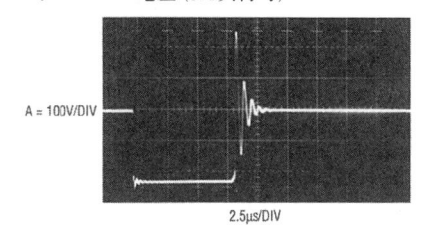

図6.D7 ダンピングしていないレギュレータのフライバック・パルス電圧（10A負荷時）

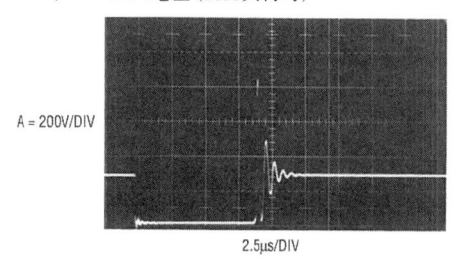

図6.D8 オフライン・スイッチング・レギュレータの基本回路

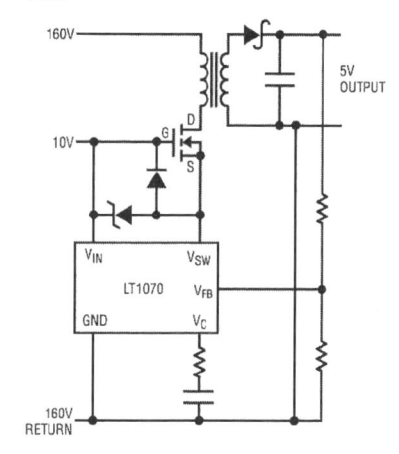

絶縁されていないバージョンであり，トランスをはさんで帰還ループを閉じる様子を示すことだけを目的とした回路であることに注意．

ライバック電圧が現れています．負荷が5Aになると，この電圧は500V（図6.D6）になり，10A（図6.D7）ではほぼ900Vに達しました．実際のレギュレータの動作では，電源電圧，スイッチングのオン時間，出力電流はより大きくなるわけで，つまりフライバック電圧は1000Vを超えるということです．

これらの波形観察により，ダンピング回路が必須となることがわかっていただけたと思います．単純に，逆バイアスしたダイオードやツェナ・ダイオードによるクリップ回路でも目的は達成できるでしょうが，電力損失は馬鹿にならないものになるでしょう．図6.9の回路は，電力損失とフライバック電圧の大きさの間でバランスをとったダンパ定数の例です．

図6.D9 絶縁型のオフライン・スイッチング・レギュレータの基本回路

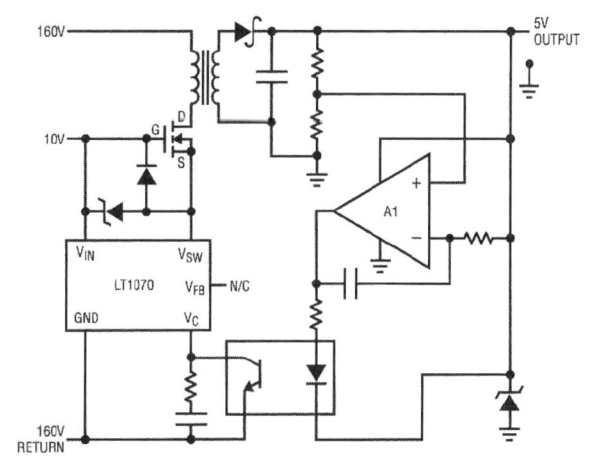

OPアンプA_1とフォトカプラにより位相遅れが増加することを入れても帰還ループが安定することを確認するための回路．完成版にするには，スタートアップ，電流制限，ソフト・スタートの機能を追加する必要がある．

フライバック電圧の問題が片付けば，トランスを途中にはさんで帰還ループを閉じることができます．これで，ループを安定化する確認ができます．**図6.D8**は，帰還ループを示した図です．この構成でレギュレータは動作しますが，実用にはなりません．出力が入力側から絶縁されていないので，ACラインにつながってしまっているのです．ここでは，このループを閉じた後に絶縁を施すやり方を試します（**図6.D9**）．絶縁により位相遅れが大きくなりますが，これでも適切な周波数補償により安定化が可能です．最後に，入力側のグラウンドと出力側のグラウンドを分離して，絶縁を達成します．スタートアップ，ソフト・スタート，そして電流制限の機能を追加して仕上げとなります．試験では，様々な入出力条件での回路の性能確認を行います．回路動作の詳細については，**図6.9**中の説明でも補足しています．

第 7 章
ステップダウン型スイッチング・レギュレータ

Jim Williams, 訳：細田 梨恵

スイッチング・レギュレータへの要求の多くは，一次側の電圧をステップダウン（降圧）させて出力することです．リニア・レギュレータを使ってもそのような動作は可能ですが，スイッチング・レギュレータのような高効率は望めません[注1]．

ステップダウン（いわゆるバック）型のスイッチング・レギュレータの理論が十分に解明されて，世の中に広まってからかなりの歳月が流れました．しかし，実用的な回路を作りあげることができる，便利で使いやすいICが入手できるようになったのは，そんなに大昔のことではありません．そのようなICを使うことで，回路が複雑化するのを抑えながら，ステップダウン・レギュレータを広い用途に応用することができるようになりました．そして，さらに複雑な機能をもつステップダウン・レギュレータの開発にも手が届くようになりました．

基本的なステップダウン回路

図7.1に示すのは，電圧のステップダウン回路，いわゆるバック・レギュレータの基本構成です．図のスイッチを閉じると，インダクタに電圧が印加されます．インダクタとコンデンサを通して流れる電流は，時間の経過とともに増加します．スイッチを開くと電流の流れが止まり，インダクタの周囲の磁界が収縮します．ファラデーの法則によれば，磁界が減少するときにインダクタに発生する電圧は，当初印加されていた電圧とは逆の極性になります．そして，インダクタの左側の端子はマイナス方向に向きますが，回路ではグランド電位にダイオード一つ分の順方向電圧でクランプされます．図中の充電されるコンデンサには放電の経路が描かれていませんが，出力として直流電圧が現れます．スイッチがONの期間に流れる電流はインダクタにより制限されるため，出力電圧は入力側よりも低くなります．

理想的なステップダウン・コンバータには，損失を発生させる要素がありません．入力電圧より出力電圧は低くなりますが，この電圧→電流→磁界→電流→電荷→電圧とつながる変換のプロセスには，エネルギの損失がありません．現実の各回路素子は損失を発生させるわけですが，それでも分圧器のような損失発生を

図7.1 基本的なステップダウン（バック）型回路

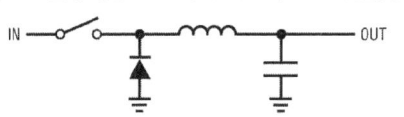

図7.2 基本的なフィードバック制御されたステップダウン・レギュレータ

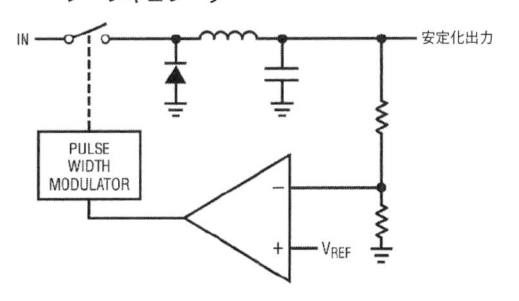

注1：効率の点で，リニア・レギュレータはスイッチング・レギュレータに勝ち目はないが，それでも一般的に考えられるよりははるかに高い効率を達成することは可能である．詳細は，Application Note 32 "高効率リニア・レギュレータ"を参照．

前提とするような方法に比べると，スイッチングを利用することではるかに高効率が得られます．

図7.2のように，フィードバックを基本回路に適用すると出力電圧を安定化できます．この場合，スイッチのON時間（つまり，インダクタにエネルギが蓄積される時間）は，入力電圧や負荷の変動に対して出力を一定にするように自動調整されるわけです．

実用的なステップダウン型 スイッチング・レギュレータ

図7.3は，LT1074[注2]を使った実用的な回路ですが，先ほどの基本回路と同じ構成が見て取れます．一方で，目新しい部分もあります．帰還ループが安定になるように，LT1074のV_C（V_{comp}）ピンに接続した部品により周波数補償を施しています．フィードバック回路の抵抗は，レギュレータ出力が5Vのとき，FB（フィードバック）ピンの電圧がICに内蔵されている基準電圧と同じ2.5Vになるように選ばれています．

図7.4は，V_{in} = 28V，出力が5V/1Aのときのこの回路の動作波形を示しています．波形AはV_{sw}ピンの電圧で，波形Bはその電流です．また，インダクタの電流[注3]は波形Cに，ダイオードの電流は波形Dになります．インダクタに流れる電流を調べてみると，V_{sw}ピンから流れ出す電流と，ダイオード経由で流れる電流の関係がわかります．少しわかりにくいですが，波形Cのインダクタの電流の三角波は，直流分1Aの上に重畳していることに注意してください．

図7.4 ステップダウン・レギュレータの波形
（V_{in}=28V, V_{out} = 5V/1A）

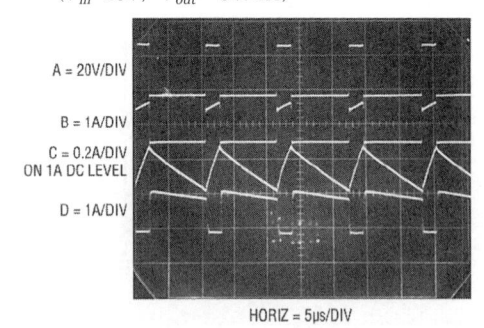

注2：このICの詳細は，Appendix Aを参照．
注3：インダクタの最適な選択方法は，Appendix Bを参照．

図7.3 LT1074を用いた実用的なステップダウン・レギュレータ

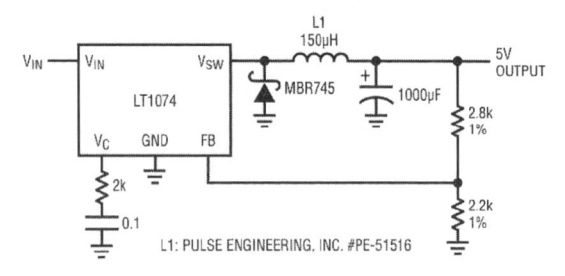

図7.5は，V_{in}が12Vに急に低下した場合に発生するデューティ比の大きな変化を示しています．入力電圧の低下に対して出力電圧を一定に保つには，より長い時間をかけてインダクタにエネルギを蓄積しなければなりません．LT1074は，インダクタへの電圧印加時間をそのように制御して（動作の詳細はAppendix Aを参照），結果として波形とタイミングは図のように変動分に応じて変わります．

図7.6は，この回路とリニア・レギュレータの効率を同一条件で比較したものです．入力のAC電源の電圧が変動しても，良い効率で出力電圧を安定化させる性能が求められるのは一般的なことです．このグラフの見方として，AC電源の電圧はステップダウン・レギュレータ回路に直結できる直流電圧まで，トランスで下げて入力したと仮定しています．横軸の入力電圧は，おおもとのAC電源の電圧です．入力電圧の変動幅が大きいので，LM317とLT1086の両リニア・レギュレータとも効率が悪化しています．

明らかに，LT1086の効率はLM317より優れていますが，これはドロップアウト電圧がより小さくて済む

図7.5 ステップダウン・レギュレータの波形
（V_{in}=12V, V_{out} = 5V/1A）

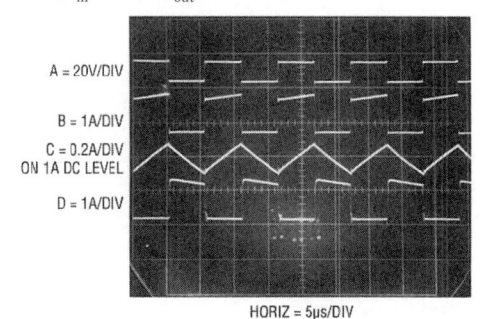

図7.6 LT1074を使ったレギュレータのAC電源電圧に対する効率

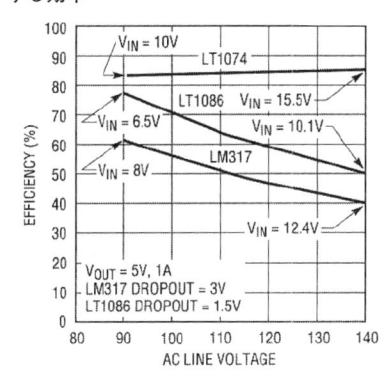

図7.7 図7.3の回路の効率のグラフ

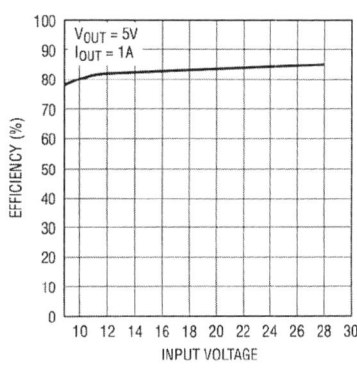

LT1086とLM317のリニア・レギュレータは比較のために示した．

入力電圧が高くなると飽和による損失の影響が小さくなり，結果として効率が向上している．

ので損失が減っているからです．前段にスイッチング・レギュレータを置けば[注4]この損失は小さくできますが，それでもLT1074の効率には及びません．グラフからは，AC電源の電圧定格の全範囲で，最低でも83%の効率が得られていますが，入力電圧が高くなると効率が向上しています．

図7.7はさらに細かく見たもので，入力電圧が高くなると効率は90%に近づいています．これは，入力電圧が高くなると，ほぼ一定損失となるダイオードとLT1074のジャンクションの損失の影響が小さくなるからです．入力電圧が低いと，それらの損失が占める割合が大きくなり効率が低下します．高い電圧では，逆

に損失の割合が低くなって効率がよくなります．Appendix Dでは，効率の点での回路の最適化について解説しています．

二つの出力を持つステップダウン・レギュレータ

図7.8は，基本的なステップダウン・コンバータを拡張して，正負電源出力を実現したものです．この回路は，基本的に図7.3の基本回路と同じですが，L_1に結合した巻き線が追加してある点が異なります．正電圧側の回路から浮いているL_1の巻き線出力は整流の後，平滑と安定化されて−5V出力になります．正電圧用のレギュレータLT1086にフローティングで電流を流

注4：参考文献(1)を参照．

図7.8 別巻き線付きチョークにより正負出力電圧を実現

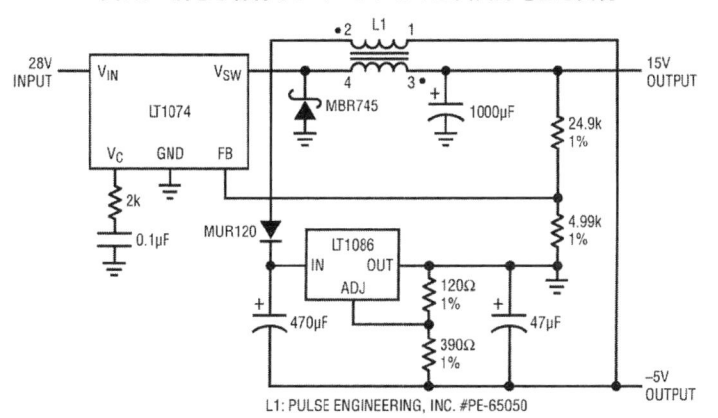

図7.9 負電圧出力ステップダウン・レギュレータ

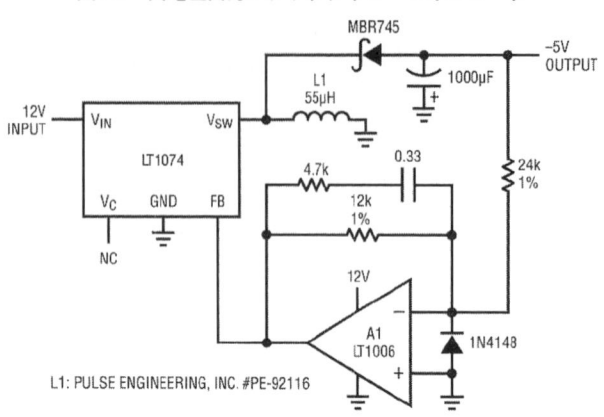

図7.10 図7.9の回路の動作波形

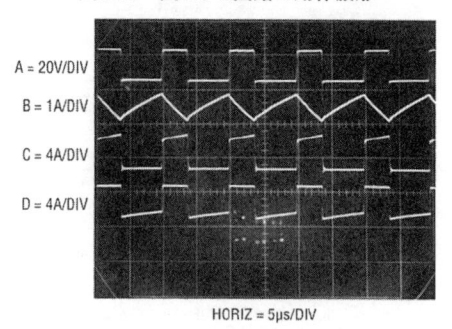

図7.11 ネルソン回路．改善された負電圧出力ステップダウン・レギュレータの例

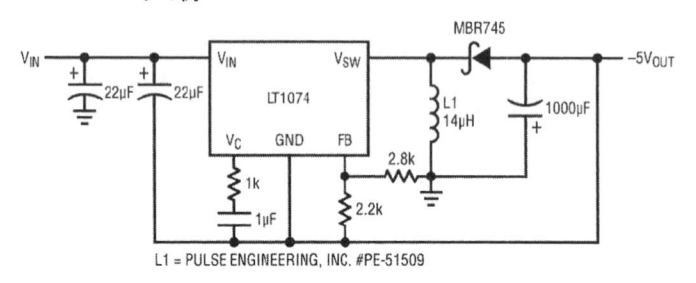

しているので，レギュレータの出力を接地して負電圧を出力させることができます．負電圧は，正電圧側の回路で駆動されているL_1から磁束を取り出して作り出されるわけです．出力電圧が+15Vで，電流が2Aの動作時，-5V出力は500mA以上を供給できます．L_1の2次巻き線はフローティングしているので，その出力電圧は素子の絶縁電圧の範囲内ならどのような電位も基準に取ることができます．したがって，2次巻き線からの出力は5V出力として使用することも可能ですし，1次側の15V出力を基準として2次側の5Vを加算すれば，20Vを出力させることも可能です．

負電圧出力レギュレータ

一方，単純な2端子のインダクタを使って負電圧出力を作ることもできます．図7.9は，ポイントとしてインダクタを接地して扱い，キャッチ・ダイオードに流れる電流径路を工夫することで負電圧出力を得ています．OPアンプA_1は，出力の負電圧を反転増幅してLT1074のFBピンに加えていて，これで制御ループが構成されます．スケール・ファクタ(つまり出力電圧)を設定するために誤差1％の抵抗を使います．周波数補償は，OPアンプA_1につけた抵抗とコンデンサで決めています．図7.10に示すこの回路の動作波形は図7.5の波形に似ていますが，違いもあって，波形Dのダイオード電流は負電圧出力から流れて込んでいます．波形A，B，Cは，それぞれV_{sw}ピンの電圧，インダクタの電流，V_{sw}ピンの電流になります．

図7.11の回路は，一般にネルソン回路と呼ばれるもので，前の回路と同じで負電圧の出力を実現しますが，レベルシフトのためのOPアンプが不要になる利点があります．この設計では，レベルシフトはLT1074のGNDピンを負電圧出力につなぐことで行っています．フィードバックは回路のグラウンドからかけていて，レギュレータはIC自身のGNDピンの電位よりFBピンが2.5V高くなるように動作します．回路のグラウンドは入出力間で共通なので，回路の扱いも楽です．動作波形は，基本的に図7.10と同じになります．一方，前の回路の方が優れていた点ですが，LT1074のパッケージをグラウンド電位のヒートシンクに直付けでき，ま

図7.12 電流をブーストしたステップダウン・レギュレータ

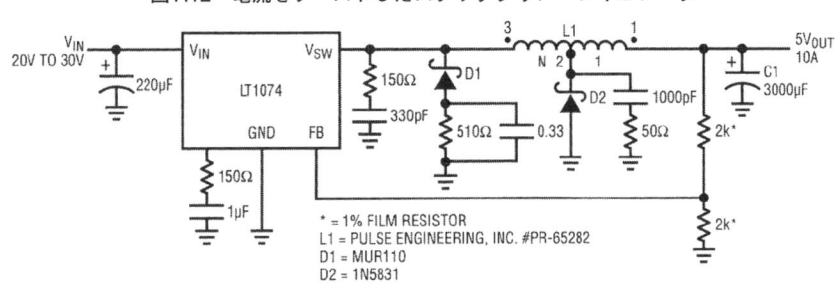

電流ブーストはタップ付きインダクタに蓄積されたエネルギにより賄われる.

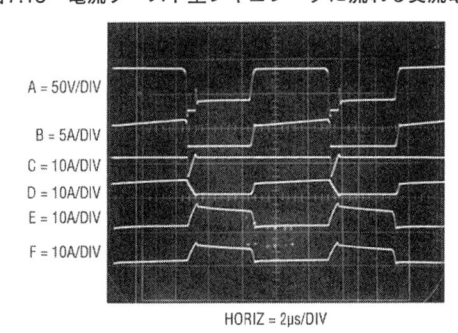

た制御信号はグラウンドを電位基準とするピンに直結できました

どちらの負電圧出力回路でも，インダクタの値が正電圧の回路よりもかなり小さくなっていますが，これはループの位相マージンが少なくなっている影響です．電流のピーク値を下げようとインダクタを大きくするとループが不安定になったり，発振を起こしたりする原因になります．

図7.13 電流ブースト型レギュレータに流れる交流電流

電流容量を大きくしたステップダウン・レギュレータ

図7.12は，LT1074の出力インダクタに効率良くエネルギーを蓄積させて，格段に大きい出力電流を得られるようにした回路です．この手法では，通常のステップダウン・レギュレータよりもデューティ・サイクルを大きくして，インダクタにより大きいエネルギを貯められるようにします．出力電流が大きくなる代わりに，電圧リプルは大きくなります．

この回路の動作波形は，図7.13をご覧ください．回路の動作は，図7.3のような通常のステップダウン・レギュレータと似ています．V_{sw} ピン（波形A）がONの期間，入力電圧はインダクタの片方の端子に加えられます．波形Bにみられる V_{sw} ピンから流れる電流は，波形Fに示されるインダクタ電流が流れているので瞬時に増加しますが，エネルギがコイルに蓄積されるとスローダウンします．

この電流は波形Dのようにインダクタに流れ，最終的に負荷に供給されます．V_{sw} ピンがOFFになると，インダクタにエネルギを供給する電流がなくなります．磁界が縮小をはじめ，V_{sw} ピンには負電圧が現れます．この点から，基本形のレギュレータとは異なる動作が

始まります．この回路の出力電流（波形F）は，磁界が縮小することでより大きくなります．

これはコアに蓄えられたエネルギが，出力に吐き出された結果です．この電流は C_1 のキャパシタから D_2 のダイオードを流れ，若干，出力の電圧リプルが増えます．蓄積されたすべてのエネルギーが図の1の巻き線に供給されるわけではありません．リーケージ・インダクタンスのために，波形Cのように電流がNの巻き線に流れ続けます．このリーケージ・インダクタンスによる影響を抑えるためにスナバ回路をつけます．スナバによる損失を下げるために，結合度が最良になるようにタップ付きインダクタにはバイファイラ巻きを指定しています．

固定電圧型ポスト・レギュレータ

ほとんどの場合は，LT1074の出力は負荷に直接接続されるでしょう．リニア・レギュレータをポスト・レギュレータとして追加すると，より速い過渡応答やより低いノイズ・レベルが得られるでしょう．図7.14は，LT1074の出力に3端子レギュレータを追加した回路です．LT1074の出力電圧は，LT1084が正常に動作

図7.14 ノイズと過渡応答を改善するリニア・ポスト・レギュレータ

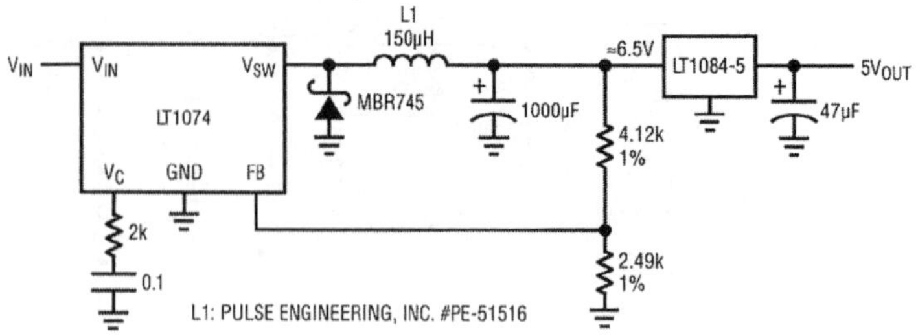

するヘッドルーム電圧分だけ余分に高い電圧を出すようにセットします．回路全体の入力電圧が高い条件に対しても，LT1086の低いドロップアウト電圧により総合的な性能が改善されます．

電圧可変型ポスト・レギュレータ

電圧を可変できるリニア・レギュレータが必要になる場合もあります．図7.15は，効率の悪化をわずかに抑えた，そのような回路の例です．LT1085は一般的な動作をしていて，出力は1.2Vから28Vまで可変できます．それ以外の部分は，LT1085がどのような出力電圧を出していても，LT1085の入出力間にかかる電圧がある小さい一定値に収まるように動作するスイッチング・タイプのプリ・レギュレータになっています．

OPアンプA_1は，LT1085の入出力間に図に示すE_{DIODE}の電位差が常に保たれるようにLT1074にバイアスをかけます．OPアンプA_1の反転・非反転入力間

図7.15 広い動作範囲にわたり効率を改善した電圧可変型リニア・ポスト・レギュレータ

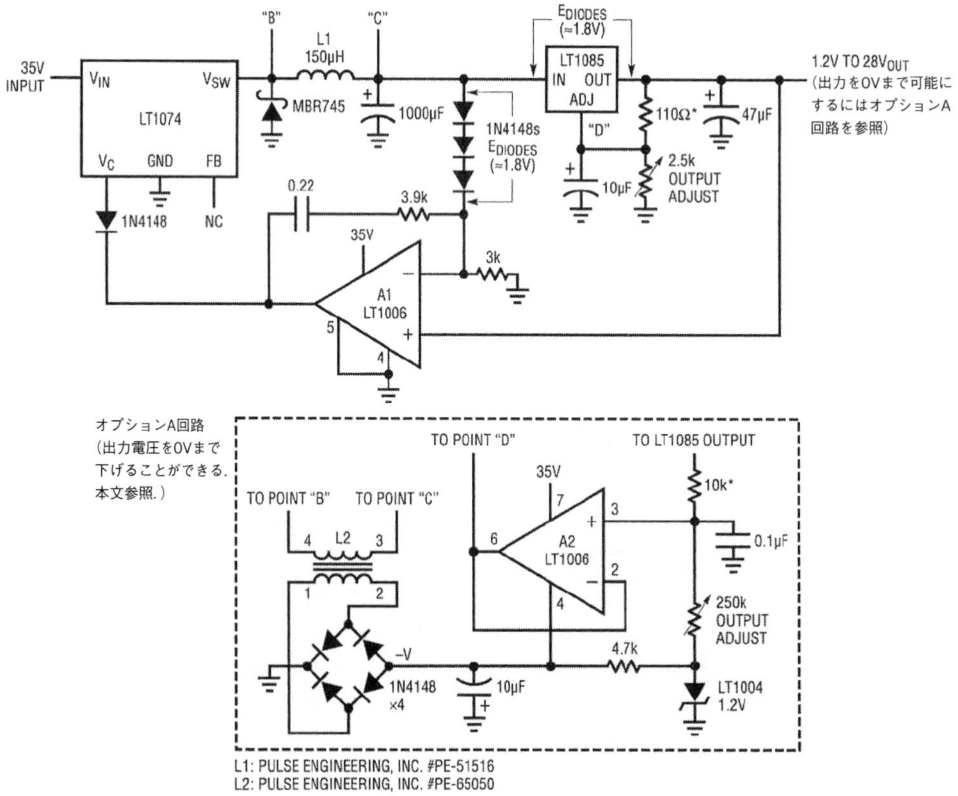

の電圧差は，LT1085の出力電圧がE_{DIODE}だけ入力側より高くなるとゼロになります．OPアンプA_1は，電源の入力電圧，負荷，出力電圧に影響されずに，この状態を保ちます．

このようにして，出力電圧の全可変範囲にわたって良好な効率が得られます．OPアンプA_1につけた抵抗とコンデンサが，ループの周波数補償を決めます．十分に考慮した結果，OPアンプA_1に正のオフセットを加えてループ動作が確実に立ち上がるようにしています．OPアンプA_1のオフセット調整ピン(5)を接地することで，6mVの正のオフセットを発生させているのがそれです．こうするとOPアンプのドリフト特性が悪くなるので，通常は良い方法とはされませんが，このアプリケーションでは気になるような誤差が発生することはありません．

図からわかるように，この回路ではLT1085の1.2Vの基準電圧よりも低い電圧を出力することはできません．出力を0Vまで下げる必要がある場合には，回路図にあるオプションAの方法が役立つでしょう．このオプションでは，L_1をL_2で置き換えます．L_2の1次側巻き線は，元のL_1と同様の機能を果たす一方，結合された2次巻き線にはバイアス用の負電圧($-V$)が発生します．デューティ・サイクルが広範囲に可変されるので，全波整流ブリッジで整流する必要があります．

OPアンプA_2とその周囲の回路は，LT1085のV_{ADJ}ピンに関連した回路に置き換えます．10kΩと250kΩの帰還要素の一端は，基準電圧源であるLT1004が作る-1.2Vにつながれていて，OPアンプA_2がバッファとして働いてLT1085のV_{ADJ}ピンを駆動します．負電圧のバイアスにより，LT1085は0Vまで安定に出力を出します．L_2の2次巻き線から作った$-V$の電圧は，実動状態ではかなり変動します．帰還系に高い抵抗値を使うこととOPアンプA_2のバッファを入れることで，電流の取れない$-V$の負バイアスでも安定動作を保証しています．

低消費電流レギュレータ

多くのアプリケーションでは，非常に広い範囲の出力電流に対応する必要があります．通常は，アンペア・オーダの電流を供給する一方で，スタンバイやスリープ・モードと言った待機時になるとμアンペア程度のわずかな電流になるという状態です．標準的なラップトップ・コンピュータの場合では，動作中は1〜2Aを消費していて，スイッチをオフにするとメモリ内容を維持するわずか数μアンペアの電流だけになります．

理論の上では，無負荷状態でも制御ループが安定に動作するように設計されたレギュレータなら問題ないはずです．ところが実際には，比較的消費電流が大きいレギュレータの中には，待機時に電池動作の機器では許容できないほど大きな電流を吸い込むものがあります．図7.16の回路は，簡単な制御ループを使って待機時の消費電流を6mAからわずか150μAに削減した例です．これは，LT1074のSD (ShutDown)ピンを利用しています．

このピンの印加電圧が350mV以下になると，ICはシャットダウンして，わずか100μAしか流れません．この回路では，LT1074に内蔵されている誤差増幅器や基準電圧源は使われておらず，LT1074をはさんでコンパレータC_1，基準電圧源LT1004，そしてトランジスタQ_1がON/OFF制御ループを構成しています．回路の出力(図7.17の波形C)が5Vよりわずかでも低く

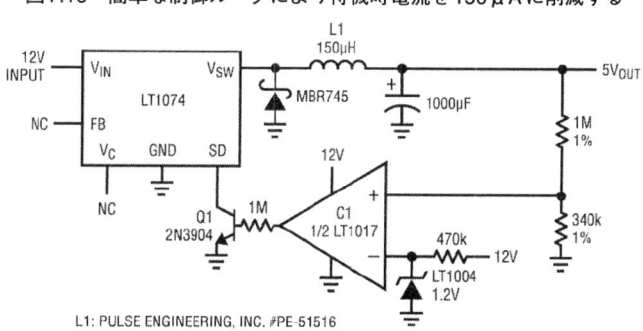

図7.16 簡単な制御ループにより待機時電流を150μAに削減する

図7.17 低待機時電流レギュレータの制御ループの波形

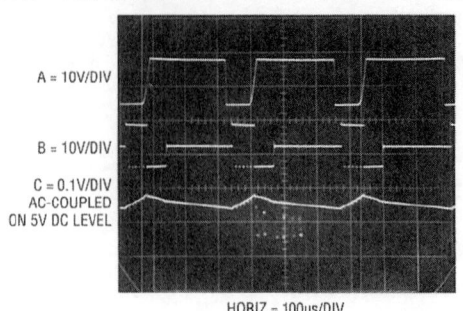

なると，コンパレータC_1の出力（波形A）が"L"になります．これでOFFになったトランジスタQ_1がLT1074をイネーブルにします．

このとき，V_{SW}ピン（波形B）は最大デューティでパルスを発生するので，出力電圧は増加していき5Vを超えます．するとコンパレータC_1の出力は"H"になり，再びトランジスタQ_1をバイアスするので，LT1074はシャットダウンされます．この動作が繰り返されます．このON‐OFF制御の周波数は負荷の状態に直接影響されるので，無負荷の場合では一般的には0.2Hz程度のスイッチングになります．ON時間が短いときはデューティ・サイクルも低くなるので，結果として実効的な待機電流は小さくなります．このON‐OFF動作は，レギュレータのLCフィルタの効果を含めて，約50mVのヒステリシス電圧（図7.17を再度参照，波形C）を出力に発生させます．

この制御ループは良好に動作します．しかし，二つの欠点があります．高い電流では，制御ループの発振周波数は1kHzから10kHzの可聴域に入り，その発振音が問題になるかもしれません．これは，この種の制御ループの特徴であり，ゲート発振回路を内蔵したICが常にこのようなノイズを発生させる理由です．さらに，この制御ループでは，出力に約50mVのリプルが発生します．その周波数は入出電圧と出力電流に依存して0.2Hz程度から10kHz程度になります．

図7.18はより洗練された回路で，やや複雑になりますが，前の回路の問題点を取り除いています．待機時電流は$150\mu A$です．この手法は，電池動作の機器で広い活用が期待できて有望です．様々なレギュレータの仕様に対応させることも容易で，広い範囲の現実のニーズに合致します．

図7.18の回路の信号の流れは図7.16の回路と似ていますが，帰還電圧の分圧器とLT1074の間にさらに回路が付け加わっています．LT1074内蔵の誤差増幅器と基準電圧源はここでも使われていません．図7.19は，

図7.18 より洗練された制御ループにより，$150\mu A$の待機時電流を維持したまま制御特性を改善する

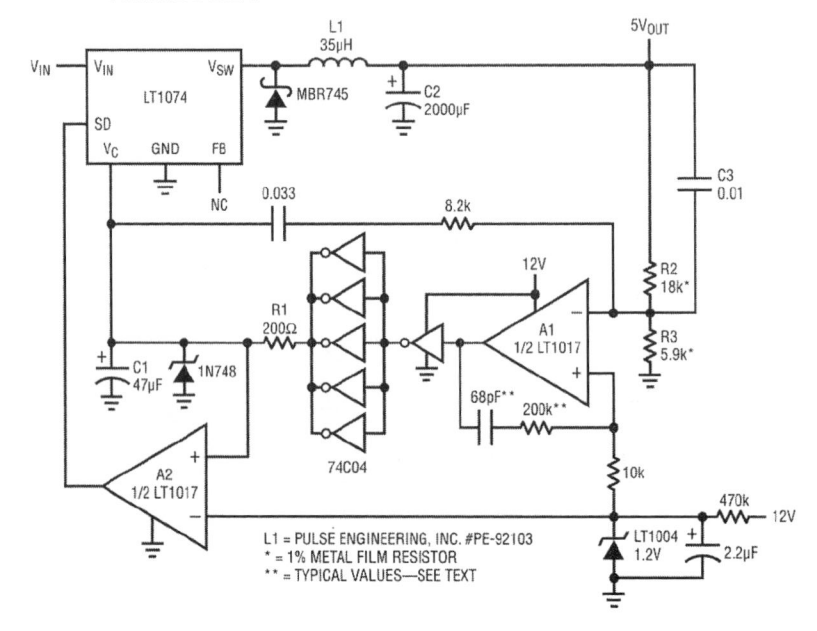

無負荷状態での動作波形です．出力（波形A）は秒単位の期間で低下しています．この期間では，コンパレータA_1の出力（波形B）は"L"で，パラレル接続された74C04インバータ出力も同様です．

これにより，LT1074のV_Cピンが"L"（波形D）に引っ張られますので，デューティ・サイクルはゼロになります．同時にOPアンプA_2（波形C）の出力も"L"で，LT1074を待機時電流$100\mu A$のシャットダウン・モードにします．V_{sw}ピン（波形E）はOFFでインダクタに電流は流れません．出力が60mV以上下がるとコンパレータA_1はトリップして，インバータが"H"になり，V_Cピンを持ち上げます．ツェナ・ダイオードは，V_Cピンがオーバドライブされるのを防いでいます．A_2の出力も"H"になり，LT1074はシャットダウン・モードから抜けます．V_{sw}ピンは100kHzのパルスでインダクタのドライブを開始し，出力電圧を急激に上昇させます．この動作によりコンパレータA_1が"L"に反転するので，V_Cピンがまた"L"にもどりV_{sw}ピンのパルスが止まり，A_2も"L"に変化してLT1074はシャットダウン・モードに戻ります．

このON/OFF制御ループは，5V出力の変動をループ動作で決まる60mVのヒステリシス電圧の範囲内に抑え込みます．ループの発振周波数が秒オーダになっていることから，V_CピンのR_1-C_1の時定数はこの状態の周波数には関係しないことに注意が必要です．なぜかと言うと，大部分の時間はLT1074はシャットダウンしていて，非常にわずかな電流（$150\mu A$）しか流れないからです．図7.20は，負荷が2mAに増加した際の波形を示しています．

ループの発振周波数は，負荷が吸い込む電流に見合うように増加していきます．この状態では，V_Cピンの波形（波形D）はフィルタがかかったように見え始めていますが，これはR_1-C_1の10msの時定数による影響です．さらに負荷が重くなると，発振周波数も増加します．しかし，R_1-C_1の時定数は一定です．ある程度より高い周波数では，R_1-C_1の働きでループの発振波形は直流的に見えるようになります．7mAの負荷の場合では（図7.21），ループ周波数がさらに高くなり，V_Cの波形（波形D）にはフィルタ効果がはっきり確認できます．

図7.22は，負荷が2Aのときの波形です．V_Cピンの

図7.19　低静止時電流レギュレータの波形-無負荷（波形BとC，Eには見やすくするための修正あり）

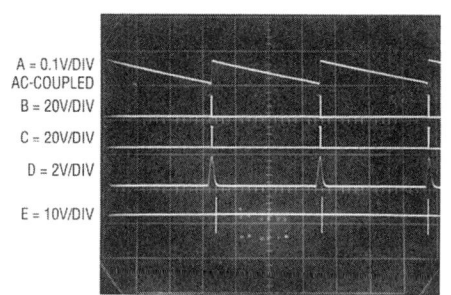

図7.20　低静止時電流レギュレータの波形-負荷2mA

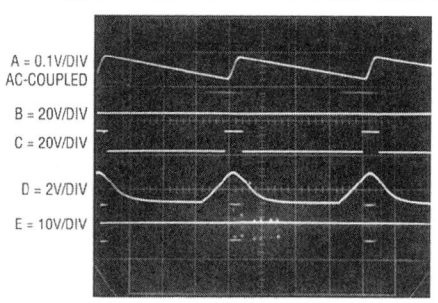

図7.21　低静止時電流レギュレータの波形-負荷7mA

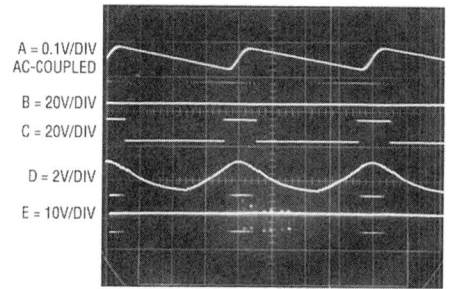

図7.22　低静止時電流レギュレータの波形-負荷2A

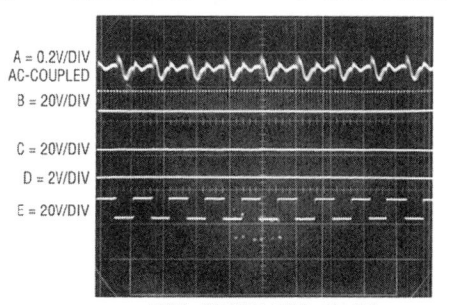

電位が，SDピンと同様に直流になってしまっていることに注意してください．繰り返し周波数は，LT1074自体の設定値の100kHzに達しています．図7.23は，実は思いがけない，しかし好ましい現象を示しているのですが，具体的に見てみます．出力電流が増加したとき，ループの発振周波数も23kHzほどまで増加しています．この点において，R_1-C_1の時定数によるフィルタ効果でV_Cピンの電圧は直流化されていて，結果としてLT1074の動作が通常のPWM動作に移行しているのです．

V_Cピンに直流が印加されている状態で，コンパレータA_1とインバータの部分は"R_2-R_3で閉ループ・ゲインが決まるリニア動作の誤差増幅器"であると考えると好都合です．実際のところは，A_1は依然としてデューティ・サイクル制御しますが，R_1-C_1で決まる周波数よりずっと高い周波数での動作です．C_2による位相誤差（C_2は出力電流が少ない状態で，ループ周波数を低くするように決めたもの）は，R_1-C_1のロールオフ・フィルタ（LPF）とC_3の位相進みで見えない状態です．制御ループは安定で，10mA以上の負荷電流が流れる領域では線形に応答するわけです．好ましいことに，この出力電流の大きい領域では，LT1074は通常のステップダウン・レギュレータとして振る舞うように，うまく誤魔化されていると言えます．

この回路の安定性を正式に分析することは非常に複雑な作業になりますが，多少の単純化をすることでループの動作について見通しを得ることができます．250μA（20kΩ）負荷の状態では，C_2と負荷抵抗は30秒以上にもなる長い放電時定数を持ちます．これはR_2-C_3やR_1-C_1，またLT1040の100kHzの繰り返しの時定数と比べると，はるかに大きなものです．

結果として，C_2がループの状態を決定します．広帯域であるA_1は位相遅れを伴ったフィードバックを受けていて，図7.19に見られるような非常に遅い周波数の発振が入力されます[注5]．C_2の放電時定数は長いですが，回路のソース・インピーダンスが低いため，充電は短時間で行われます．これにより，発振波形が図のようなランプ波形状になるわけです．

負荷が重くなると，C_2と負荷抵抗による放電時定数が小さくなります．図7.23に，これを示します．負荷が増加するにつれてC_2の放電時定数が小さくなるので，ループの発振は高い周波数に移ります．ある程度以上負荷が重くなると，C_2の時定数はループの動作上，その役目を失います．そのポイントは，ほぼR_1とC_1で決定されます．R_1とC_1の時定数がループ動作を決定するようになると，この制御ループはリニア回路のように動作し始めます．この領域（つまり，図7.23で見たようにおおむね10mA以上の負荷）では，LT1074は100kHzで連続的に動作します．このとき，出力応答を改善するためにC_3が位相進み要素として重要になります[注6]．

C_3による位相進みの量を決める上では，基本的なトレードオフを考慮しなければいけません．回路がリニア動作をしている領域では，ヒステリシス動作により遅れてくるループの位相特性をC_3を使って調整しなければなりません．それにより，負荷が重くなったときの出力電圧のリプルの大きさと過渡応答特性のバランスをとって，C_3の値を決定してあります．複雑な動作にもかかわらず，極めて良好な過渡応答が得られています．

図7.24は，無負荷から1A負荷へのステップ応答を示しています．波形Aが立ち上がった時点で，1Aの負荷が加えられています（波形C）．直後では，ループの遅い応答時間（R_1-C_1の時定数が波形BにみられるようにV_Cピンの応答を遅らせている）によって，ほぼ200mVの電圧低下がみられます．LT1074が応答し始めると変化は速くなり，回路の動作の切り替わりを考

図7.23 図7.18の回路のループ周波数-出力電流の関係

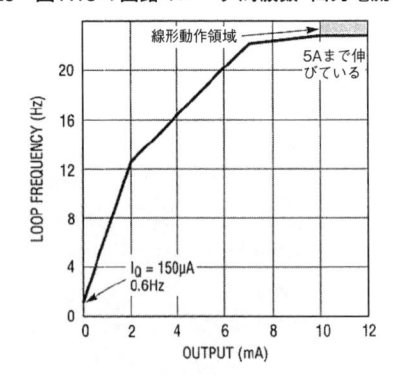

10mAではリニア動作になることに注意．

注5：A_1の入力付近では基板レイアウトが混雑してくるかもしれない．その場合は，オプションの抵抗とコンデンサをA_1の近くに配置すると，出力のスイッチング波形がきれいになる．

注6：そこにいる技術志向の皆さんには"零点による補償"と言った方がよいだろう．

図7.24 図7.18の回路の負荷の過渡応答

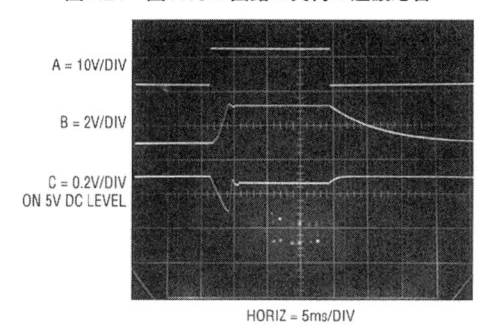

A = 10V/DIV
B = 2V/DIV
C = 0.2V/DIV ON 5V DC LEVEL
HORIZ = 5ms/DIV

図7.25 図7.18の回路の効率 - 出力電流

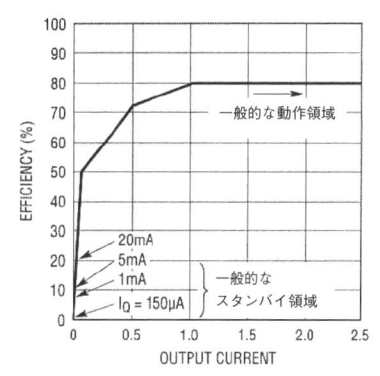

待機時の効率はよくないが、電力損失は電池の自己放電程度のレベルで済んでいる．

えると驚くほどうまくいっています．この複数の時定数による回復応答[注7]（おそらく複数の応答時定数がガタガタと切り替わるというのが良さそうですが）は，波形Cの応答波形からよく理解できます．

図7.25は，出力電流に対する効率をプロットしています．高電流領域での効率は，標準的な回路の場合と似た特性になっています．超低負荷領域では効率が非常に悪くなっていますが，約0.1A～1Aの低負荷領域では50%以上の効率であり，許容できます．実際には，超軽負荷の場合は損失の絶対値自体が非常に小さいので，問題というほどのことではありません．ループ応答は，一般には無条件に安定（定義しにくいことも多いですが）であることが望ましいとされますが，ここではあえて意図的に条件付き不安定性を含めています．高電流領域での性能を犠牲にすることなく，画期的に少ない待機時電流特性を実現しています．

ワイド・レンジの高出力，高電圧レギュレータ

この先に進む前に，これから先の回路を取り扱う場合には十分な注意を払うように警告しておきます．それらの回路には，高電圧，生命に危険を及ぼす高電位の個所が存在し，回路の組み立てならびに使用に当たっては最大限の注意が必要です．繰り返しますが，それらの回路には危険な高電圧の個所があるので，注意してください．

図7.26の回路は，LT1074を使って複雑な機能を実

現した例です．これは，ミリボルトから500Vにおよぶ電圧を出力できる効率80%/100Wのレギュレータです．OPアンプA_1が出力電圧を分圧したものと可変の基準電圧を比較して，スイッチング・レギュレータとして動作するLT1074をバイアスしています．スイッチング素子の出力はL_1，Q_1とQ_2からなるトロイダル・トランスを使用したDC-DCコンバータ部に電力を供給しています．Q_1とQ_2は，フリップフロップである74C74で4分周され，LT1010でバッファされた2相方形波をゲート信号にしています．

このフリップフロップはQ_3をレベルシフタとして，LT1074のV_{sw}出力をクロックとして使っています．LT1086は，A_1と74C74のために12Vの補助電源を作っています．A_1がLT1074レギュレータをバイアスしてDC-DCコンバータに供給されるDC電力を制御することで，制御ループが閉じられています．コンバータはおよそ20倍の電圧ゲインを持っているので，出力に高電圧が得られます．この出力は，抵抗で分圧されてA_1の反転入力に入りループを作ります．位相補償は，LT1074の回路に加え，DC-DCコンバータ出力のLCフィルタの分かりにくい大きい位相遅れに対処しなければなりません．A_1のところでの$0.47\mu F$によるロールオフと100Ω-$0.15\mu F$の進み補償回路により，全負荷範囲での安定動作を実現しています．

図7.27は，100W負荷に500Vを出力している状態での波形です．波形Aは，LT1074のV_{sw}ピンの電圧であり，波形Bは電流です．波形CとDは，Q_1とQ_2のドレイン電圧波形です．波形のフロント・エッジでの

注7：これもまた，用語にこだわる皆さんには"複数の極による整定"と言うことにしよう．

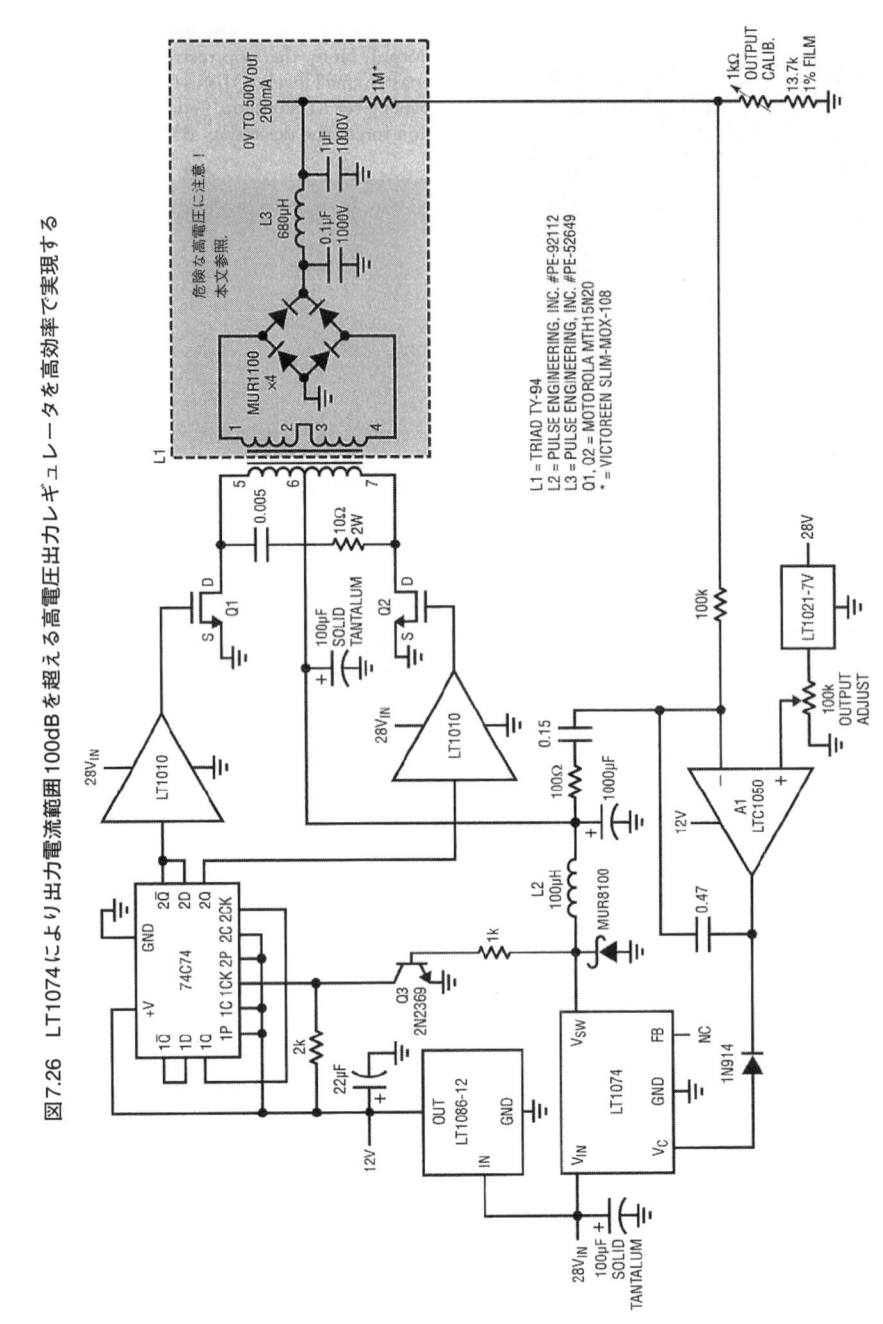

図7.26 LT1074により出力電流範囲100dBを超える高電圧出力レギュレータを高効率で実現する

図7.27 図7.26の回路の動作波形-出力電圧500V, 100W負荷

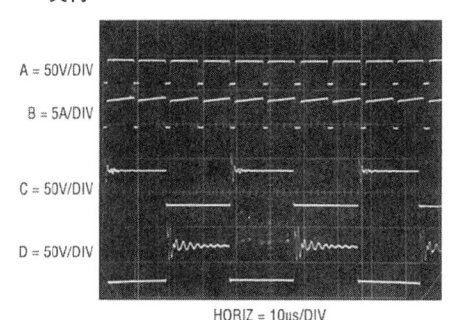

図7.28 図7.26の回路の動作波形 – 出力電圧0.005V

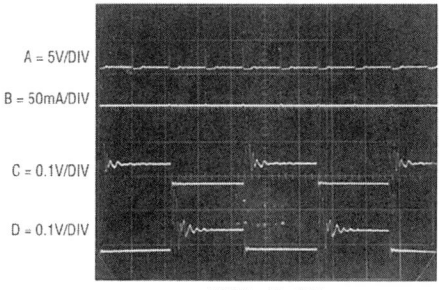

図7.29 図7.26の回路の出力ノイズ – 出力電圧500V, 100W負荷

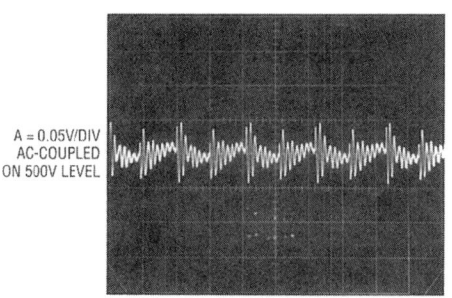

Q_1とQ_2の切り替え動作による影響とトランスに起因するリンギングが波形に残っている.

危険！：生命に危険を及ぼす可能性のある高電圧が発生している. 本文参照のこと.

乱れは1サイクルの時間の中ではわずかですが, 300nsほど続くQ_1-Q_2の貫通電流によるものです. この期間でトランジスタに流れる電流は妥当なレベルに収まっており, 問題となる過剰なストレスや損失は起きていません. これを防ぐには, Q_1とQ_2が同時にONにならないように駆動すればよいのですが, 信頼性や変換効率の点で差が見られるほどにはなりません(注8). 同じ波形に見られる500kHzのリンギングは, トランスの共振によります. L_1の1次巻き線にRCダンパを入れてこのリンギングを小さくしていますが, 害を及ぼすほどではありません.

フリップフロップがLT1074のV_{sw}ピン出力でクロックされているので, すべての波形は同期しています. LT1074の最大デューティ・サイクルが95%であることから, スイッチング素子であるQ_1とQ_2がDC電圧でドライブされてしまう危険はありません. 一方, LT1074がデューティ・サイクルがゼロになると, ゲートにDCがかかることになりますが, この状態ではL_1に電力が供給されないので, Q_1やQ_2に危険が及ぶこ

とはありません.

図7.28は, 図7.27と同じ回路上のポイントの波形を示していますが, 出力電圧はわずか5mVの状態です. このとき, 制御ループはDC-DCコンバータへのドライブを絞っています. Q_1とQ_2は, ほんの70mVの電圧を切り替えてL_1に送っているだけです. これほど小さい出力レベルでは, L_1の出力側ダイオードでの電圧降下分が大きく見えますが, 出力は所望の0.005Vになるように制御されます.

LT1074がスイッチング動作でL_1をドライブすることで, 広い出力範囲にもかかわらず(注9), 高出力でも効率的な動作を可能にしています. 図7.29は, 500V出力で100W負荷をつないだときのノイズを示しています. およそ80mVに抑えられていますが, Q_1-Q_2の切り替え動作による影響とトランスに起因するリンギングが明瞭に見えています. 一定なノイズ波形の出方から, LT1074の発振を基準として同期して動作しているQ_1-Q_2が原因になっていることがわかります.

図7.30は, 100W負荷を使い, 50Vから500Vに出力電圧を増加したときの応答です. 制御ループの応答は電圧が低下する側で少しダンピング不足のようですが,

注8：この実例については, Application Note29の図1を参照.

注9：ここで解説された例と関係した回路がApplication Note18の図13にある. その例では, ステップアップ用のDC-DCコンバータをリニア・ドライブしている部分が損失を発生するために, 出力は15W程度に制限されている. 同様な制約は, Application Note6の図7でも見られる.

図7.30 100W負荷で出力電圧を500Vのステップ変化させた波形（見やすくするため，波形の写真を修整している）

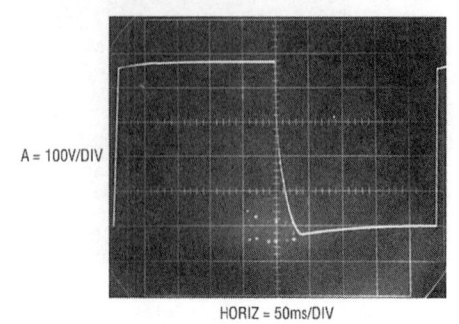

A = 100V/DIV
HORIZ = 50ms/DIV

危険！：生命に危険を及ぼす可能性のある高電圧が発生する．本文参照のこと．

図7.32 28Vから110V交流400Hzを発生するコンバータの波形．

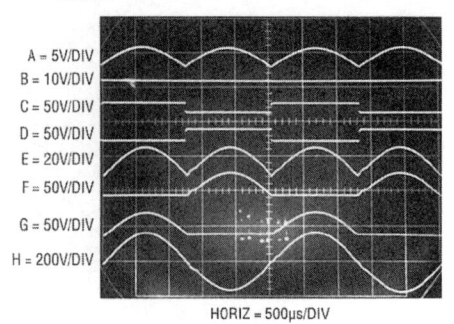

A = 5V/DIV
B = 10V/DIV
C = 50V/DIV
D = 50V/DIV
E = 20V/DIV
F = 50V/DIV
G = 50V/DIV
H = 200V/DIV
HORIZ = 500μs/DIV

オプションの同期スイッチはこの写真を撮ったときは止めてある．それにより，クロスオーバ歪が比較的高くなっている（波形H）．

危険！：生命に危険をおよぼす可能性のある高電圧が発生する．本文参照のこと．

増減の双方できれいな変化を示しています．負荷と出力コンデンサの時定数が負方向のスルーレートを決めるので，このようなスルーレートの正負の変化方向での非対称性は，スイッチング・レギュレータに一般的に見受けられるものです．広範囲の負荷をサポートするためには，周波数補償を決める際に特性のトレードオフが必要になります．立ち下がりエッジの応答を，臨界あるいはオーバダンピングの状態にセットすることも可能ですが，他の動作状態での応答が影響を受けます．この回路の周波数補償の定数は，その点でトレードオフをとった結果です．

出力を安定化した正弦波出力 DC-ACコンバータ

　この先に進む前に，これから先の回路を取り扱う場合には十分な注意を払うよう警告します．それらの回路には高電圧，生命に危険を及ぼす高電位の個所が存在し，回路の組み立てならびに使用に当たっては，最大限の注意が必要です．繰り返しますが，それらの回路には危険な高電圧の個所があります．注意してください．

　図7.31は，LT1074を使用して複雑な機能を実現したもう一つの例です．この回路は直流28Vの入力電圧を80％の効率で，安定化された交流115V/400Hzの正弦波出力に変換します．50W出力での波形歪みは1.6％以下です．この回路には，前項の回路と類似点があり

ます．入力と負荷が大きく変化しますが，LT1074は効率よく高電圧コンバータを駆動しています．OPアンプA_1は高電圧コンバータへの入力を，もう一つのOPアンプA_2とレギュレータLT1074を経由して制御します．

　出力の高電圧は分圧されて，参照電圧と比較する増幅器に入力されて制御ループが構成されます．前の回路では出力は直流でしたが，ここでは交流です．そのために，OPアンプA_1の参照電圧（図7.32の波形A）は，振幅と周波数が安定化された800Hzの半波正弦波になります[注10]．

　高電圧コンバータ部は，参照波形と同期したパルスをQ_3のレベルシフタを介してクロックとするフリップフロップで駆動されます（波形Bでは，負サージのようなトリップ波形のみが確認できる）．参照波形に同期したパルスは，半波正弦波の波形がゼロになるタイミングで発生します．フリップフロップの出力は（波形Cと D），Q_1とQ_2のゲートを駆動します．ゲートに入れたRCフィルタは，ドライブ波形のスルーレートを抑えます．

　OPアンプA_1は，LT1074のV_CピンをA_2を介してバイアスし，L_2のセンタ・タップに800Hzの半波正弦波を作り出します（波形E）．Q_1とQ_2は，参照波形となる半波正弦波と同期して駆動されるので，そのドレ

注10：半波正弦波を参照波形とした発振器の詳しい動作の解説は，Appendix Eにある．

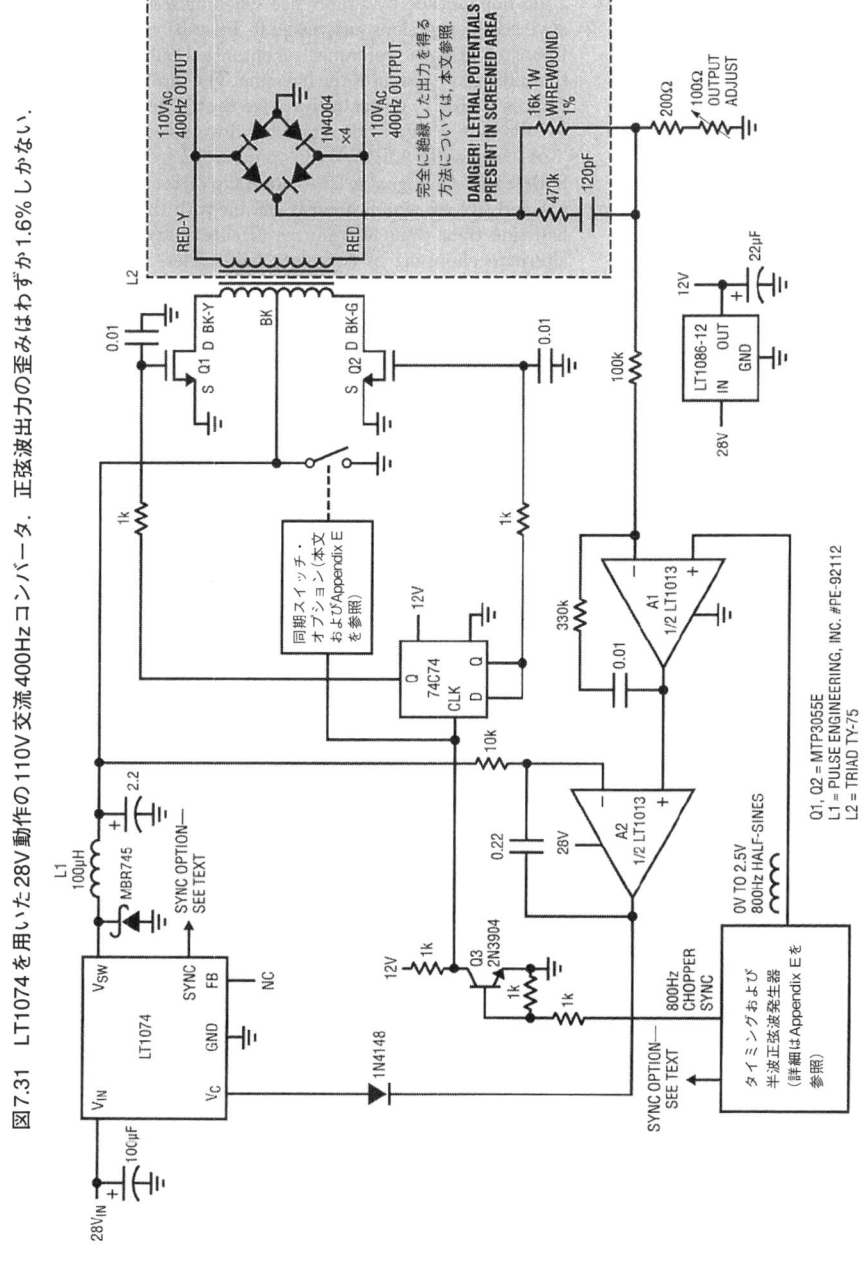

図7.31 LT1074を用いた28V動作の110V交流400Hzコンバータ．正弦波出力の歪みはわずか1.6%しかない．

危険！：生命に危険をおよぼす可能性のある高電圧が発生する．本文参照のこと．

イン波形（波形FとG）は完全な半波正弦波を交互にチョッピングしたものになります．

L_2は，同じ振幅と形状の半波正弦波で交互に駆動され，その2次巻き線ではチョッピングされた半波正弦波が交流115V/400Hzの正弦波に合成されます（波形H）．ダイオード・ブリッジは，L_2からの出力を整流して800Hzの半波正弦波に戻していて，それが分圧された後，OPアンプA_1に入力されます．A_1は，この信号と参照波形の半波正弦波が一致するように動作して，制御ループが完結します．

制御ループに800Hzの半波正弦波を通すには，帯域幅について注意する必要があります．理論的には，LT1074のスイッチング周波数である100kHzはこの点については十分高いと言えますが，出力側のLCフィルタによる減衰については検討が必要です．ここでは，出力コンデンサの容量を通常より非常に小さくすることで必要な周波数応答を実現しています．A_1の330kΩと0.01μFは，16kΩの抵抗に並列に入れた位相進み補償要素とあわせて制御ループを安定化しています．

OPアンプA_2は，LT1074について局所的な帰還を施しています．これはL_2のトランスにより，DC成分の信号が制御ループを流れることができないために必要です．L_2の1次巻き線のセンタ・タップに印加する電圧波形にはDC成分があってはならないので，大事なポイントです．もし，DC成分があると波形歪みやトランスでの電力損失を引き起こします．LT1074のV_Cピンに加わるDCバイアスを正確にコントロールしないと，A_1がDC誤差を補正することができなくなります．A_2は，LT1074のV_CピンをDC成分発生のしきい値にバイアスして，L_2にDC成分が印加されないようにします．A_1の出力は，AC結合された回路の出力と半波正弦波の基準波形の差（誤差信号）を表しています．A_2の出力は，この情報に再生されたDC成分を加算したものになります．L_2とA_1の働きで基本的にDC誤差はゼロになるので，A_2の制御ループはLT1074レギュレータの出力のところで閉じることができます．A_2の帰還コンデンサにより，この局所フィードバックは安定に動作します．

L_2のドライブ側は，電流を吸い込むことはできません．これは，ドライブ波形がゼロになったときに，L_2に残っているエネルギーの行き場所がないということです．これによる影響は比較的小さなものですが，出力波形の正弦波のクロスオーバ歪みの原因となります．回路図に補足してある，オプション回路の同期スイッチはそのための径路を作るもので，波形歪みを極力減らしたいのであればつけるべきでしょう．このオプション回路については，Appendix Eで説明を加えます．

図7.33（a）と（b）は，回路動作が切り替わる期間での波形を示しています．これは，このコンバータの動作で一番微妙なところで，ここの出来不出来が出力波形の純度に直結しています．図7.33（a）（波形A）は，L_2のセンタ・タップの波形を振幅と時間の両軸で大きく拡大したもので，波形の谷のレベルが0V（上側のクロス目盛が入ったライン）に到達して切り替えもきれいに行われています．基準波形と同期したパルス（波形B）と比べると，このタイミングがわずかにずれていることがわかります．

エッジのところでの食い違いは，オプションとした同期スイッチの動作が原因となっています．このスイッチは，波形Cのパルス（この回路の動作の詳細はAppendix Eを参照）のONの期間，短絡状態になります．波形DはQ_2のゲートの駆動波形ですが，波形Bのパルスと対応しています．1kΩと0.01μFのフィル

図7.33 切り替えシーケンスの詳細

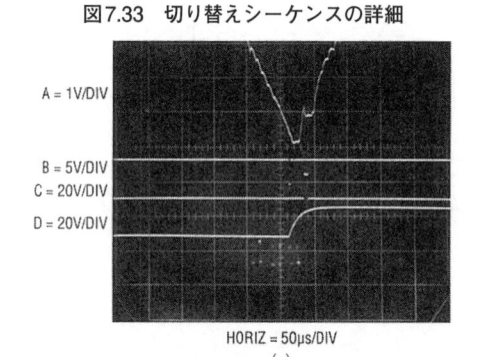

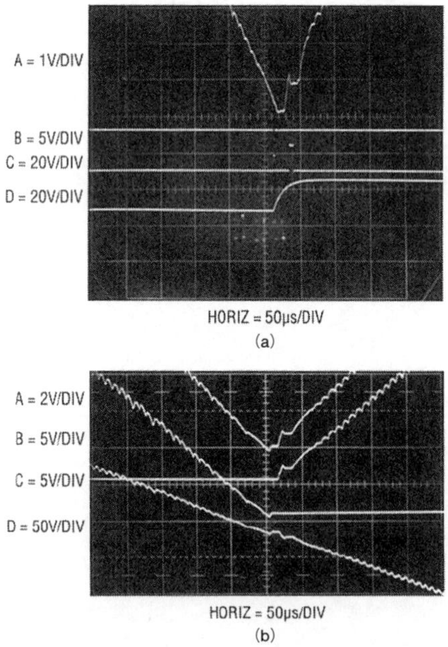

出力のクロスオーバ歪はスイッチング特性によりが直接影響を受ける．

危険！：生命に危険をおよぼす可能性のある高電圧が発生する．本文参照のこと．

タによって変化率が抑えられているのがわかりますが，これが波形Aのノイズの少ないスイッチング動作に貢献しています．波形AにはLT1074の100kHzのチョッピングを原因とする成分が乗っています．続く半波正弦波のサイクルのゼロ点(つまり，Q_1のゲートがドライブされているとき)における波形も，きれいな正弦波に見えています．

図7.33 (b) は，振幅軸と時間軸を非常に大きく拡大して，さらに波形の詳細を見たものです．波形AはトランスL_2のセンタ・タップの電圧，波形BはQ_1のドレイン波形，波形CはQ_2のドレイン波形．波形Dは，出力の正弦波が0Vを横切った瞬間です．

図7.34では，波形の純度を調べています．波形Aは出力50Wでの正弦波出力であり，波形Bは切り替え動作に関係したクロスオーバ部分で，歪とLT1074を100kHzでスイッチングしたときのノイズが大部分を占めています．厳密には必要ないのですが，LT1074のスイッチングを波形の基準である半波正弦波に同期させると，ノイズ特性を出力周波数と関連づけることができます．このオプションについては，この他の参照波形の発生方法に関連した内容とともにAppendix Eで議論します．波形Cは，400Hzを中心に見た周波数分析の結果です[注11]．この写真では，**図7.32**の正弦波より歪をよくすることをねらって，オプションの同期スイッチが使われています．

もし，完全に出力をフローティングにしたければ，1:1の簡単なトランスを入れることで出力のダイオード・ブリッジを絶縁することができます．この回路の115V交流出力の微調整をする場合は，出力調整の調整抵抗を変えてください．入力と負荷の広い可変範囲に渡って，安定度は1%が得られます．

注11：試験装置のマニアの皆さんは，この写真をどう撮影したのか興味を持つかもしれない．二重露光ではないことがヒントである．リアルタイムでとったもので，周波数と時間領域の情報を同時に表示している．

図7.34　正弦波出力コンバータの歪と周波数領域での特性

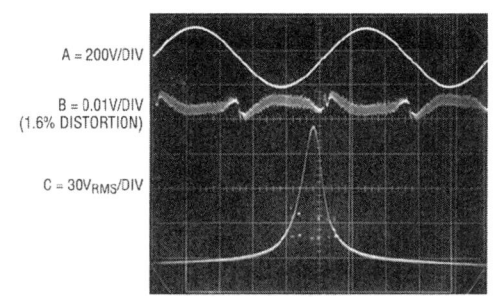

A = 200V/DIV
B = 0.01V/DIV (1.6% DISTORTION)
C = 30V$_{RMS}$/DIV

A AND B HORIZ = 500μs/DIV
C HORIZ = 20Hz/DIV―400Hz CENTER FREQUENCY

波形Bはクロスオーバ部分での歪と，LT1074のスイッチングによる広帯域ノイズを示している．この写真では，歪を減らすように同期スイッチのオプションがつけてある．

◆参考文献◆

(1) Williams J., "高効率なリニア・レギュレータ，High Efficiency Linear Regulators", Linear Technology Corporation, Application Note 32.
(2) Williams J. and Huffman B., "DC-DCコンバータに関する若干の考察, Some Thoughts on DC/DC Converters", Linear Technology Corporation, Application Note 29.
(3) LT1074データシート, Linear Technology Corporation.
(4) Nelson C., "LT1070デザインマニュアル, LT1070 Design Manual", Linear Technology Corporation, Application Note 19.
(5) Williams J., "詩人のためのスイッチング・レギュレータ, Switching Regulators for Poets", Linear Technology Corporation, Application Note 25.
(6) Williams J., "新しい高精度オペアンプの応用, Applications of New Precision Op Amps" Linear Technology Corporation, Application Note 6.
(7) Williams J., "電池のためのパワー・コンディショニング, Power Conditioning Techniques for Batteries", Linear Technology Corporation, Application
(8) Pressman A.I., "スイッチング式とリニア式の電源と電力変換器の設計, Switching and Linear Power Supply, Power Converter Design" Hayden Book Co., Hasbrouck Heights, New Jersey, 1977, ISBN 0-8104-5847.0.
(9) Chryssis G., "高周波スイッチング電源の理論と設計, High Frequency Switching Power Sup-plies, Theory and Design", McGraw Hill, New York, 1984, ISBN 0-07-010949-4.

注：このアプリケーション・ノートは，EDNマガジンへの掲載のために用意した記事を元に作成したものです．

Appendix A　LT1074の生理学

　LT1074には標準的な（電流モードではないということ）パルス幅変調技術が使われていて，その設計には二つの重要な変更が含まれています．一つは，最大デューティが95%程度に制限されたクロック・ベースのシステムであるということです．これにより，プラス電源からマイナス電源への変換器や負電圧ブースト・コンバータを構成するとき，スタートアップをコントロールすることができます．第二に，誤差増幅器の出力が変化しなくても，デューティ・サイクルが入力電圧に反比例する（DC ～ $1/V_{IN}$）ということです．これにより，入力に対する過渡応答特性とリプル除去率が非常に改善されます．これは，制御ループをオーバダンピングに設計した場合に特に顕著です．

　ブロック図を見ると，LT1074の心臓部は発振器，誤差増幅器A_1，アナログ乗算器，コンパレータC_6，それにRSフリップフロップで構成されています．スイッチングのサイクルは，発振器のリセット（下向きのランプ波形）から始まります．この期間（約$0.7\mu s$），RSフリップフロップはセットされ，スイッチング素子であるQ_{104}のドライバはANDゲートG_1によりOFF状態を保ちます．リセットが終わるとQ_{104}はターン・オンし，出力スイッチQ_{111}，Q_{112}，Q_{113}をドライブします．発振器のランプ波形は上に向かって増加していき，アナログ乗算器の出力と一致すると，コンパレータC_6がRSフリップフロップをリセットし，出力スイッチをOFFにします．したがって，デューティ・サイクルはアナログ乗算器の出力により制御されることになり，すなわち，それを制御する誤差増幅器A_1の出力で制御されることになります．

　LT1074では，乗算器を使用して完璧なフィード・フォワードを実現しています．従来のスイッチング・レギュレータの中にも，入力電圧が変動した瞬間にデューティ・サイクルが調節されるように，簡単なフィード・フォワードを適用したものがあります．入力電源の変動に対応するために必要な，誤差増幅器出力の電圧スイングへの要求レベルが緩和されます．スイッチング・レギュレータの制御ループを安定に保つには，誤差増幅器の帯域幅をかなり狭くしなければなりません．そのため，入力変動に対応して，誤差増幅器の出力を急速に変化させなければならないときに追従できずに，かなり大きな出力変動が発生します．

　従来のフィード・フォワードは，入力変動の大きさや周波数領域が限定された範囲で有効であるようなものでした．LT1074では，乗算器を採用したことにより，入力変動幅と変化する周波数に依存せず，全範囲で非常に有効に動作します．基本的な仕組みは，一般化されたバック・レギュレータの伝達関数〔$V_{out} = (V_{in})$(DC)，ここでDCはスイッチングのデューティ・サイクル〕に補償を施すことです．この伝達関数の及ぼす影響は二つあります．

　第一に，一定の出力を維持するには，デューティ・サイクルは入力電圧の変化とは逆の変化をしなければなりません．第二に，入力電圧がループの伝達関数の式の中に含まれているので，入力電圧に応じてデューティ・サイクルの一定の変動で生じる出力電圧の変動幅が異なってくるということです．ループ・ゲインが入力電圧に直接的に比例して変化するので，入力電圧が広い範囲で変化すると，ループが不安定になったり応答が遅くなる原因になります．

　乗算器は，入力電圧の変化とは逆方向にループ・ゲインを自動調整するので，入力変動の影響がすべて取り除かれます．乗算器の出力（O）は，誤差増幅器の出力（V_E）を入力電圧（V_{IN}）で除算したものに等しくなります（$V_o = V_R \cdot V_E / V_{IN}$）．$V_R$は，アナログ乗算器で必要なゲインを決めるための一定値の電圧です．LT1074では，おおよそ20Vが実効的な値になります．

　LT1074で使われている誤差増幅器は，トランスコンダクタンス・タイプです．出力インピーダンスが高く（～500kΩ），交流電圧ゲインは外付けでシャント接続する周波数補償素子（Z_c）と増幅器のg_mから$A_v = g_m \cdot A_C$として決まります．g_mは，≈$3500\mu S$です．誤差増幅器の非反転入力は，内部基準電圧の2.3Vにつながっています．反転入力（f_b）はレギュレータの出力電圧を決める電圧分圧器につなぐように，外部に引き出されています．

　この他に，f_bについては内部で2種類の接続がなされています．C_4とC_5はウィンドウ・コンパレータになっていて，ロジック素子と合わせて出力ステータスとして機能します．それはf_bピンの電圧をモニタして，f_bピンの電圧が内部基準電圧の5%以内になると"H"

Appendix A　LT1074の生理学

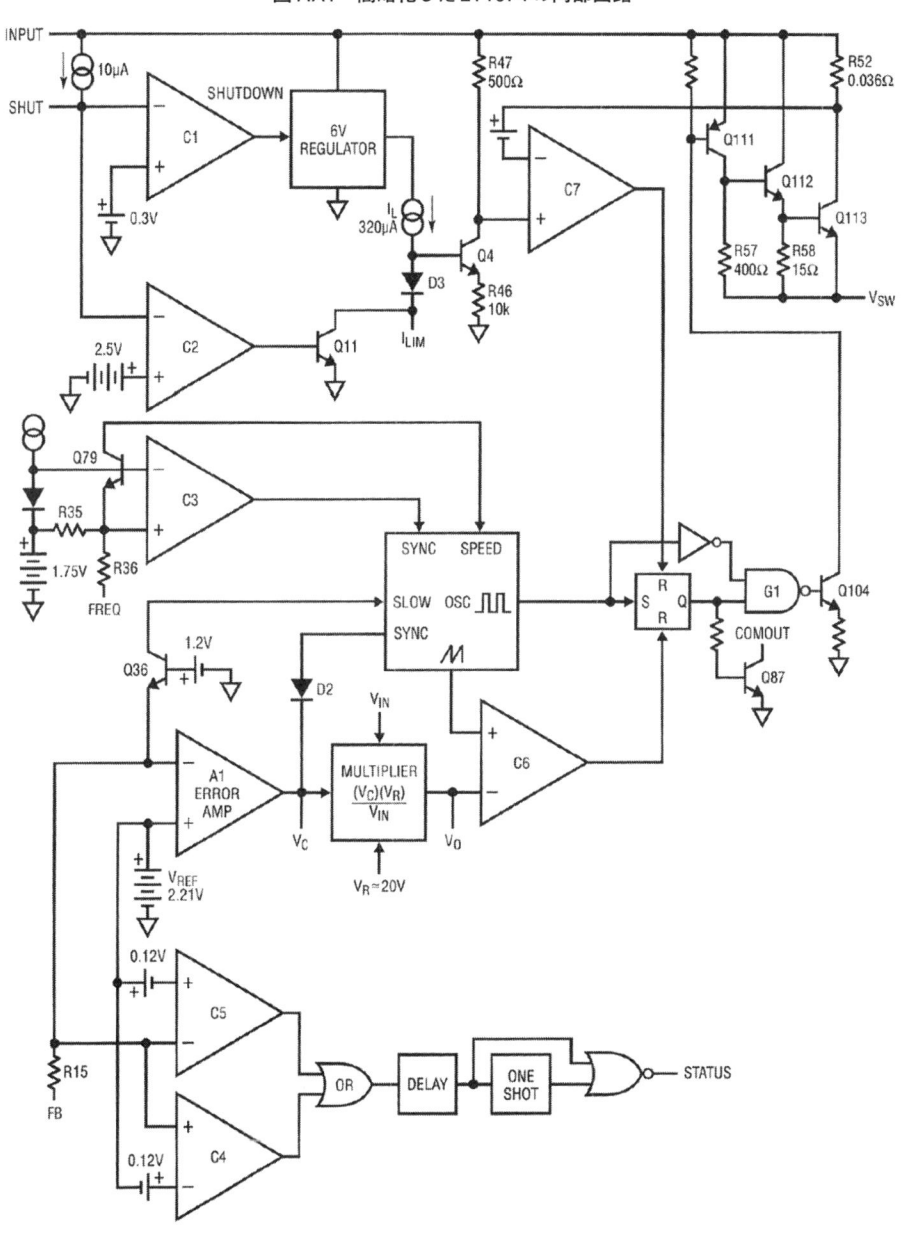

図7.A1　簡略化したLT1074の内部回路

を出力します．このステータス出力は，レギュレータの出力が安定化されているかを外部の回路に知らせるために使えます．スイッチングによるノイズが原因で誤出力がないように，遅延回路とワンショット・タイマが設けられていて，さらに"out-of-bounds"ステータス信号("L")が$20\mu s$ほど続くようになっています．

また，f_bピンはR_{15}とQ_{36}による発振周波数のシフト回路にもつながっています．Q_{36}のベースは$\approx 1V$にバイアスされていて，f_bピンがほぼ0.6V以下になるとQ_{36}はONになります．Q_{36}に電流が流れることにより，発振周波数がスムーズに減少します．これは入力電圧が高い状態でも，電流制限機能を維持するために必要なことです．

スイッチング・レギュレータの出力が完全にショート状態になったときには，スイッチング素子のON時間を$V_D/V_{IN}\cdot f$まで減らす必要があります．ここで，

V_Dは出力のキャッチ・ダイオードの順方向電圧であり，fはスイッチング周波数です．V_Dは通常のショットキー・ダイオードの場合は0.5Vであり，ショート時に50V入力で100kHzスイッチングの場合で，理論的には0.1μsまでON時間を短くします．

実際の回路では，インダクタの巻き線抵抗やスイッチング素子の立ち上がり/立ち下がり時の損失によって，この条件での実効的なON時間は0.3μsまで長くなる可能性があります．LT1074は，真のパルス-バイ-パルスによる電流制限機能を持っているので，電流制限下でのON時間を0.6μsより小さくはできません．

電流制限回路は，スイッチング素子がONした後に電流を測定しなければなりませんが，その後にスイッチング素子をOFFする信号を送ります．この動作に要する時間は，最小で0.6μsです．出力電圧が安定化電圧より約15%低下すると，スイッチング周波数が低下するので，電流制御動作は完全に維持されます．これは，通常動作には影響を与えず，インダクタや出力コンデンサの選択に影響されることもありません．

真のパルス-バイ-パルスによる電流制限は，コンパレータC_7により行われます．コンパレータは，電流検出抵抗R_{52}の電圧をモニタして，RSフリップフロップをリセットします．電流制限の値はR_{47}にかかる電圧，つまりI_{LIM}ピンに印加される電圧によって設定されます．I_{LIM}ピンの電圧は，外部に抵抗をつけるか，あるいはオープンにしておき内部的に5Vにクランプさせる

ことで決まります．

R_{47}の温度係数(+0.25%/℃)による変化を補正するために，内部の電流源I_Lはそれとマッチングした温度係数を持っていて，その公称値は25℃で300μAです．電流制限はI_{LIM}ピンとグラウンドの間に抵抗を付けることで，1Aから6Aの間で設定できます．抵抗を省いた場合，I_{LIM}ピンは5Vにクランプされるので，電流制限値は6.5Aになります．コンパレータC_7の入力には，予めわずかに負のバイアスがかけられていて，I_{LIM}ピンが外部でショートされるか，あるいはUVLO機能でQ_{11}により0Vにされたとき，電流制限がゼロ(スイッチングが停止)までかかるようになっています．ソフト・スタートは，I_{LIM}ピンにコンデンサをつなぐことで実現できます．また，I_{LIM}を抵抗でレギュレータの出力につなぐと，フの字特性の電流制限が得られます．

LT1074のスイッチング周波数は，内部的に100kHzにセットされていますが，Frequencyピンとグラウンドの間に抵抗をつなぐことで高くすることができます．この抵抗はQ_{79}にバイアスを加え，発振器により多い電流を供給します．推奨最高周波数は200kHzです．コンパレータC_3もFrequencyピンに接続されていて，発振周波数を高くするためにこのピンを使っていても，発振周波数を外部クロックに同期させることができます．このピンが使われていないときでも誤動作しないように，R_{35}の抵抗がバイアスを与えていて，また誤ってグラウンドにショートされた場合にはR_{36}がQ_{79}に流れる電流を制限するようになっています．

LT1074のシャットダウン・ピンは，出力のスイッチングをロジック・コントロールするために使うことができ，UVLOやわずか100μAの消費電流になるシャットダウン機能を実現できます．コンパレータC_2のしきい値は2.5Vです．I_{LIM}ピンをQ_{11}により"L"にすることで，出力スイッチング素子は完全にOFFになります．ULVOは，入力電圧を分圧したものをシャットダウン・ピンにつなぐことで，コンパレータC_2により実現されます．

レギュレータを完全にシャットダウンしてμパワー状態にするには，シャットダウン・ピンをコンパレータC_1の0.3Vのしきい値以下に設定します．これにより，内部の6Vのバイアス回路が停止し，IC全体がシャットダウンします．シャットダウン・ピンがオープンになっていると，内部の10μAの電流源がシャットダウン・ピンを"H"(非選択状態)にします．

図7.A2 LT1074の電気的性能

パラメータ	条件	単位
入力電圧範囲	—	4.5V～60V
出力電圧範囲	—	2.5V～50V
出力電流範囲	標準的なバック型 タップ利用のバック型	0A～5A 0A～10A
静止時入力電流	—	7mA
スイッチング周波数	—	100kHz～200kHz
立ち上がり/立ち下がり時間	—	50ns
スイッチ電圧損失	1A 5A	1.6V 2V
参照電圧	—	2.35V±1.5%
入力/負荷レギュレーション	—	0.05%
効率	V_{OUT}=15V V_{OUT}=5V	90% 80%

COMOUTピンはNPNトランジスタによるオープン・コレクタになっていて，その動作はスイッチング素子の出力（V_{sw}）とは逆位相になっています．Q_{87}は，30Vで10mAまでをドライブできます．これは，外部につないだN-MOSスイッチング素子をドライブするために用意されたもので，そのFETはキャッチ・ダイオードと並列につなぎます．このMOSスイッチは同期スイッチとして機能し，出力電圧が低い用途でのレギュレータの効率を大きく向上させます．また，COMOUTピンは内蔵のスイッチング・トランジスタと並列接続したP-MOS素子のゲートをドライブするためにも使え，それによって入力電圧が低いときにきわめてよい効率を達成できます．COMOUTピンの信号は，わずかにタイミングをずらしてあるので，同時スイッチの問題が避けられます．

これらの特徴を組み合わせたDC-DCコンバータの電気的性能を，図7.A2に示します．

Appendix B　スイッチング・レギュレータ設計のための全般的な検討

● インダクタの選択

スイッチング・レギュレータの設計において，一般的には磁性部品の検討が大きな問題であると言えるでしょう．問題の9割は，回路中のインダクタ部品が原因となっています．磁性部品に関する難しさが際立っているだけに，正しい選択方法が重要になります．一番問題になるのは，磁気飽和です．ある量以上の磁束を維持できなくなると，インダクタは磁気的に飽和します．インダクタが飽和に達すると，誘導性よりも抵抗性を示し始めます．このような状況では，電流を制限するのはインダクタの直流抵抗と電源の容量だけになってしまいます．これが，しばしば磁気飽和が破壊的な故障の原因となる理由です．

磁気飽和が主要な関心事の一つである一方で，コストや発熱，大きさ，入手性そして要求性能もまた重要です．電磁気学の理論はそういった問題に応用することができますが，電源の専門家でないエンジニアにとっては，誤った理解により困惑をもたらしかねないものでもあります．

実際のところ，経験的な方法がインダクタの選択に役に立つことは決して少なくありません．究極のシミュレータと言えるブレッドボードを使って，実際の回路の動作状態で，リアルタイムで分析を行うことができます．もし必要なら，インダクタの設計理論を使って，実験結果を確認したり，さらにそこから発展させたりすることもできるでしょう．

図7.B1は，LT1074を用いた代表的なステップダウン型コンバータの回路です．適切なインダクタを簡単に決めることができます．ここで，図7.B2に示す845型インダクタ・キット[注1]があるととても役に立ちます．このキットを使うと，図7.B1のような実験回路で様々な値のインダクタを試すことができます．

図7.B3は，450μHのコアの電力容量が大きいインダクタを回路に使ったときの波形です．入力電圧や負荷といった回路の動作条件は，意図したアプリケーションに合わせたレベルにしてあります．波形Aは，LT1074のV_{sw}ピンの電圧波形で，波形Bは電流です．

図7.B1　LT1074の基本回路

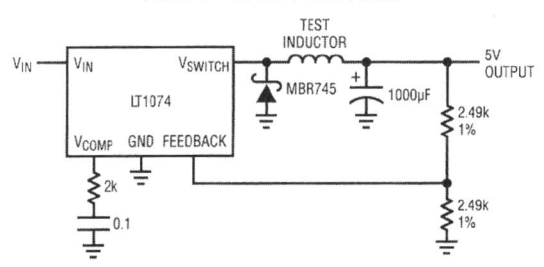

図7.B2　パルス・エンジニアリング社製モデル845インダクタ・キットには，完全に仕様が規定された18種類のインダクタが含まれる．

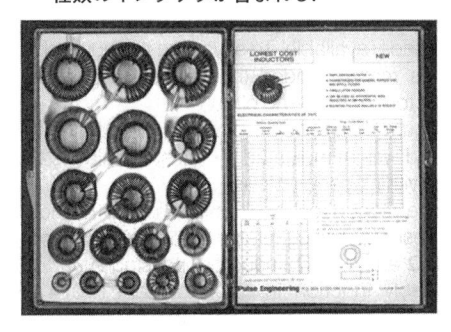

注1：パルス・エンジニアリング社（P.O. Box 12235, San Diego, California 92112, 619-268-2400）より入手可能．

図7.B3 大きな電力用のコアの450μHのインダクタの波形

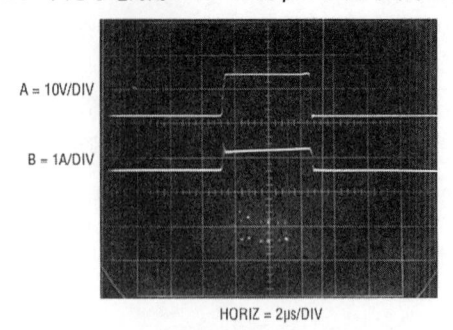

図7.B4 大きな電力用のコアの170μHのインダクタの波形

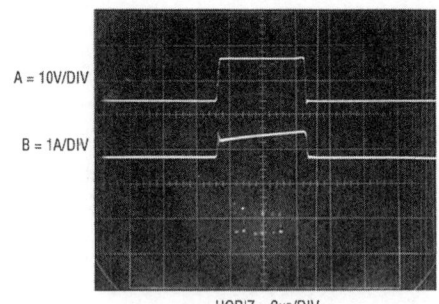

図7.B5 大きな電力用のコアの55μHのインダクタの波形

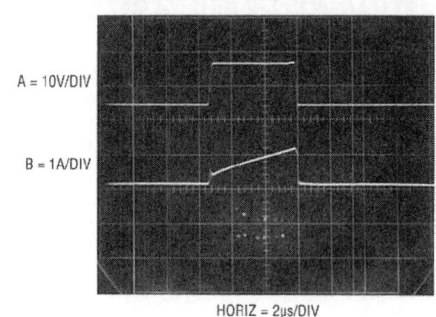

図7.B6 電力定格が小さいコアの500μHのインダクタの波形（磁気飽和の影響に注目）

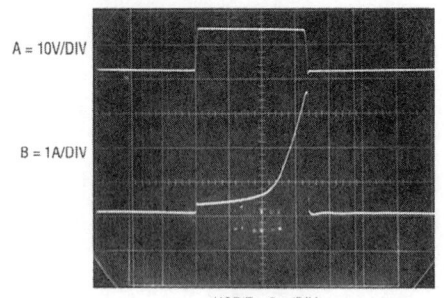

V_{sw} ピンの電圧が高いとき，インダクタに電流が流れます．インダクタンスが大きいということは，電流の立ち上がりが比較的にゆっくり増加するということで，結果として傾きの少ない電流波形が観測されます．波形は直線的に変化しており，磁気飽和の兆候は見られません．

図7.B4では同等の特性のコアで，インダクタンスが小さいものを試しました．電流の増加が急になりましたが，磁気飽和には至っていません．**図7.B5**では，コアの特性は類似ですが，インダクタンスがさらに小さいものを使いました．この場合，電流の増加は極めて顕著ですが，制御された範囲です．ところが，**図7.B6**では思いがけない事態，磁気飽和の発生を示していて参考になります．これは，電力をあまり扱えないコアに巻いた，大きなインダクタンスのインダクタですが，はじめは良くても急激に磁気飽和に突入していて不適切な選択であることがはっきりしています．

ここで述べた方法で，インダクタの選択をある範囲内に狭められます．いくつかのインダクタが許容できる動作結果をもたらしましたが，最良のものはコスト，サイズ，発熱，あるいはそれ以外のパラメータについての検討を加えて選びます．キット内の標準インダクタで十分かもしれませんし，さもなければ変更を加えたインダクタをメーカに作ってもらうことができます．

キットに含まれる標準的なインダクタを試してみることで，仕様上のあいまいさを減らして，インダクタのサプライヤとの打ち合わせを手っ取り早く進めることができます．

図7.B7 やった，引き出しにインダクタを発見．うまくいくぞ…

図7.B8　典型的なインダクタ試験所の外観

図7.B9　試験中のインダクタ（パンと卵も忘れないように）

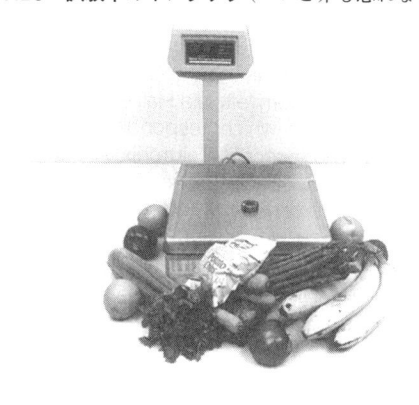

図7.B10　使える可能性の高いインダクタの例

図7.B11　用途が異なり，使えない可能性の高いインダクタの例

● 別のインダクタの選択方法

　先に説明したものと異なるインダクタの選び方もあります．インダクタのキットも，時間も測定器もない場合に広く試されている方法です．必要なのはLT1074の回路で，今現在動作するプロトタイプです．そして，図7.B7のように，実験机の引き出しに入っている正体不明だったり，出所の怪しいインダクタがいくつかです．

　適切なインダクタを選ぶには，（願わくば）引き出しに住み着いていたコイルを，信頼できるLT1074の回路に差し替えて試してみるだけです．この方法は理論的とは言い難いですが，手軽さにかけてこれ以上はないので，ついついやってしまいますね．

　さて，ここで私たちは，2段階で特性不明のインダクタを選り分ける手順を考えだしました．二度のチェックを潜り抜けたインダクタは，私たちがランダムに選んだインダクタで試したところでは，75%もの大変よい確率でLT1074の試作回路が適切に動作しました．特に測定器は必要なく，抵抗計と物差しがあれば十分です．

　最初のテストでは，インダクタの重さを量ります．許容範囲は0.01から0.25ポンド（4.5～114g）といったところです．これをやるには，精密なはかりが使われ

るのを待っている図7.B8のような"試験所"に行けば万全です．時間を節約するには，特急ラインのレジに並ぶのがおすすめです（ただし，インダクタが9個[注2]以下の場合だけですから，ズルはいけません）．

　図7.B9は，試験途中のインダクタです．秤は0.13ポンド（54g）を示しましたから，十分合格です．

　次のテストでは，インダクタの直流抵抗を測ります．0.01Ωから0.25Ωの範囲なら大丈夫なことが多いでしょう．二つのテストにパスしたインダクタなら，LT1074の試作電源はたぶん動いてくれることでしょう．図7.B10と図7.B11は，使えるインダクタとそうでないものの実例です．合格なものは，比較的密度が高い材質で，目視できるなら太目のワイヤが巻かれているものです．ダメなものは，一般に軽めで細いワイヤが巻いてあるタイプです．

　この選別法でインダクタを選んだら，まず小電力で試しましょう．そして，徐々に大きい電力で試します．インダクタとLT1074の発熱を確認して，損失が妥当

注2：特急レジで受け付けてくれる品物の数は，スーパーごとに違うので，よくご近所を研究しておくこと．

な範囲か（触って暖かい程度）確認をします．負荷を重くしたときに発熱が不釣り合いに増加する場合は，おそらくインダクタが磁気飽和しかけているのでしょう．負荷を軽くするか，引き出しの中の探索に戻ります．

　これら二つのテストは少々厳密さを欠いてはいますが，手持ちの部品ですぐに回路が動き出す可能性は結構あります．最終的には，適切なインダクタを決めて仕様を確定します．

　理論に重きを置く皆さんに説明すると，最初のテストでは十分な磁束を保持できなさそうな（コアの質量）磁気飽和の危険があるものを除いています．二番目のテストでは，一般的なLT1074の回路に流れる電流レベルで効率よく動作できるように，抵抗の高すぎるものを落としています．インダクタに関するもっと詳しい議論と設計上の考慮については，参考文献(4)で見つけることができます．

● コンデンサ

　コンデンサに対する要求仕様を考えてみましょう．動作条件のすべてについて考慮する必要があります．耐圧は一番わかりやすい仕様ですが，等価直列抵抗（ESR）と残留インダクタンスの影響についても考えておくことを忘れないでください．これらによって，回路の性能が大きく左右される可能性があります．特に，出力コンデンサにESRの大きなものを使うと，制御ループに周波数補償を施すのが難しくなったり，効率が低下するかもしれません．

● 部品配置

　部品のレイアウトは重要です．信号系や周波数補償，また制御ループなどのリターン径路と，大電流の流れる径路を分離しましょう．交流的な性能と直流的な性能のバランスがもっともよくなるように，グラウンドの引き回しを工夫しましょう．多くの場合，グラウンド・プレーンを作るとよい結果が得られます．残留インダクタンスから生じる磁束が周囲の部品に及ぼす可能性についても考慮して，しかるべく部品を配置しましょう．

● ダイオード

　ダイオードの降伏電圧とスイッチング性能は，見落としがないように十分検討しておく必要があります．すべての動作条件について考えておきましょう．一般的に，過渡的な現象が原因となり部品にストレスがかかることが多いのですが，予測は容易ではありません．データシートを見て，降伏電圧，電流容量，スイッチング速度についてよく調べましょう．仕様が規定されている条件と，実際にその部品が使われている回路の動作条件はあっているでしょうか？　疑問が残るようでしたら，メーカに質問しましょう．

　スイッチング・ダイオードには，逆回復時間と順方向ターン・オン時間という二つの重要な過渡特性の仕様があります．

　逆回復時間が発生する原因は，ダイオードの導通期間に電荷が蓄積されるからです．この電荷により，ダイオードに逆方向の電圧が印加された後に，短時間ですが低インピーダンスの導通要素として振る舞うのです．逆回復時間を測定するには，まず規定の電流値でダイオードを順バイアスしておき，ついで逆方向にこれも規定の電流を流すようにします．逆導通状態から通常の非導通状態に変わるまでにかかる時間が逆回復時間です．

　ハード・ターン・オフ特性のダイオードでは，逆回復時間が経つと急峻に状態が変化します．そのため，回復時間の値がそこそこでも，ほとんど電力損失が発生しません．ソフト・ターン・オフ特性のダイオードでは，ターン・オフが緩やかに起きるため，スイッチング期間に無視できない損失が発生することがあります．

　ダイオードや出力コンデンサ，LT1074の制御ループでの寄生インダクタンスが大きいと，高速なダイオードを使っても効果がありません．AWG20の配線ワイヤには，1インチあたり30nHのインダクタンスがあります．一般に，レギュレータ回路での電流のスイッチング速度は10^8/secオーダがあります．1インチ程度の配線で，ボルト単位の電圧が発生する可能性があるわけです．ダイオード，コンデンサ，LT1074の入力やスイッチング端子の配線は極力短くしましょう．

● 周波数補償

　基本的なステップダウン構成のLT1074の周波数補償は，それほど難しくありません．多くの場合，V_Cピンとグラウンドの間に入れた単純なRCダンパ回路で十分です．基本的なループにゲインと位相調整要素を付け加えると複雑になってきます．そのような場合は，LT1074を帯域の狭い電力段と見なすと理解の助けになります．

位相遅れは，電力供給が（100kHzのスイッチング周波数で）離散的に行われることと出力側のLCフィルタにより発生します．一般的に，複雑なループを安定化するには，LT1074のゲイン帯域を追加された要素のものより狭くしてやります．

これはよく知られている負帰還理論に沿った安定化の手法です．そのようなループを安定化する具体的手法については，Application Note18の最後，"発振の問題（成功する周波数補償法）"の章での議論が参考になります．この他に，同じくApplication Note19と25にある"周波数補償"の項が役に立ちます．

Appendix C 電流測定のテクニックと装置

高速に動作する回路の電流を正確に測定することは，スイッチング・レギュレータの設計においてとても重要になります．多くの場合，電流波形には電圧波形よりも多くの情報が含まれています．もっとも強力で便利な電流測定のツールと言えば，クリップ・オン型の電流プローブです．

図7.C1にいくつかの製品を示していますが，下側左にあるのがテクトロニクス社 P-6042で，Hall素子と組み合わされたカレント・トランスで直流から50MHzまで応答します．最近の製品であるAM-503（写真には写っていない）も同様の性能です．手軽で，広帯域，そしてDCにも応答することで，このHall効果を利用して安定化した電流プローブはコンバータ設計になくてはならない計測装置になっています．DC成分にも応答するので，高速な電流波形に含まれるDC成分を検出することができます．

クリップ・オン型プローブは，カレント・トランスとHall素子からできています．Hall素子はDCと低い周波数成分を検出し，カレント・トランスは高い周波数成分を検出しています．双方のセンサのロールオフ特性は注意深くマッチングさせてあり，合成された出力は，双方の周波数帯域が交差するポイントを含んでフラットになっています．感度は，ミリアンペア以下からアンペア・オーダの間で切り替え可能です．

トランス式のクリップ・オン型電流プローブもあります．このタイプは，Hall素子と組み合わされたタイプのようなDC感度はありませんが，それでも非常に役に立ちます．テクトロニクス社の131（また，その新しいタイプである134）は，数100Hzから約40MHzまで応答します．

交流電流プローブ（131型は図7.C1の中で上の左側に見えている）は，Hall素子タイプと同様に便利なものですが，低い周波数には応答できません．また，交流電流プローブは単純にターミネーションするだけで動作します（図7.C1の手前の左）．これらのタイプは，能動回路でターミネーションされたもの（つまり131型）と比べて，その使い方には注意が必要です．なぜなら，ゲインの切り替えが複雑なのです．周波数応答は100MHzを超えますが，低い周波数側で制約があることも見劣りする点です．

交流電流プローブとして最後に紹介するのは，図7.C1の写真の手前に置いてある単純なトランスです．これはクリップ・オン側ではなく，一般的には先に述べた測定器よりはずっと性能が見劣りします．しかしながら，遥かに安価であり，正しく使えば意味のある測定結果をもたらしてくれます．使用にあたっては，電流が流れる電線を穴に通して，出力ピンから信号をモニタします．

図7.C1には，測定範囲の広いDCクリップ・オン電流プローブも写っています．写真の上の右にあるヒューレットパッカード社（訳注，現在のAgilent社）の428Bは，DCから400Hzまでしか応答しませんが，$100\mu A$から10Aの範囲で3%の精度を誇ります．このプローブで高速の現象を見ることができないのは明ら

図7.C1 様々なタイプの電流プローブ

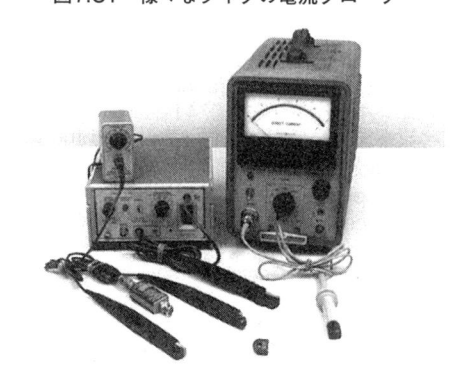

タイプにより違いがあり，アプリケーションに応じて選択する．

図7.C2 Hall素子と電流トランスを組み合わせた電流プローブ（波形A）と電流トランス式の電流プローブ（波形B）の低周波応答

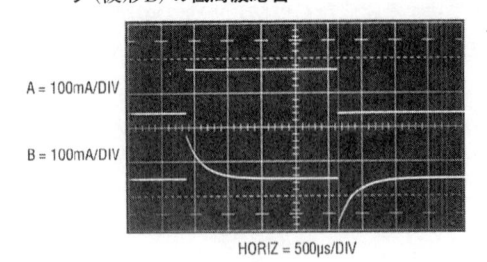

図7.C3 一般的な電流シャント抵抗器と絶縁されたプローブ

かですが，全般的な効率や待機時電流を確認するにはとても価値がある道具です．

電流プローブの絶大な利点は，完全に絶縁した測定ができるということです．磁気的結合により電流信号を取り出しているので，コモン・モード電圧について考慮する必要がなくなります．さらに，クリップ・オン型なら普通の電圧プローブなみの手軽さで使うことができます．

よい点はよい点として，電流プローブには不都合な結果をもたらさないように覚えておかないといけない特性上の制約もあります．大きな電流レベルでは，プローブが飽和する可能性があるということです．結果として，オシロに表示される波形は潰れ，不正確な測定値からは得られるのは困惑だけになります．ホール素子タイプの場合，数100μA以下ではノイズによる制約を受け，オシロの画面ではよりノイズの影響が目立ちます．

電流プローブには，電圧プローブとは異なる信号の遅延があり，また電流プローブのタイプによっても遅延量が異なることを忘れてはいけません．多チャネル・オシロで高速掃引したときに，その影響によりチャネル間での時間のずれが生じます．電流プローブの時間遅れは，波形を解釈するときに誤差にならないように配慮を要します．アクティブな電流プローブではこの遅れはより大きく，25nsのオーダです．

交流電流プローブの低周波帯域での制約は，オシロの波形を解釈する際に忘れてはならないものです．図7.C2の波形は，交流プローブが低周波数に追従できないことを示しています．同様に，プローブの帯域は－3dBで規定されているので，そのあたりの周波数ではすでに測定の精度が落ちることを覚えておきましょう．プローブの帯域の端に近い周波数領域で測定するときはオシロの波形が歪んだり，不完全になるかもしれないという注意が必要です．

クリップ・オン電流プローブほど便利ではありませんが，広帯域の電流を測定する別の方法があります．オームの法則によれば，抵抗の両端の電圧を測ることで，流れている電流がわかります．電流シャント（図7.C3の前の列）は，低い値の抵抗（LT1074の回路では一般に0.1Ωから0.01Ω）で，正確に測定できるように4端子構造をしています．

理論では，電流シャントの端子間の電圧を測れば，正確な電流の情報が得られるはずです．現実にやってみると，コモン・モード電圧が測定に影響を与え，特に高速では困難になります．それ故に，この測定を行うには絶縁プローブを使うか，高速な差動プラグイン・ユニットをオシロに装着する必要があります．シグナル・アクイジション・テクノロジー社のSL-10（図7.C3）は，10MHz帯域で絶縁されたプローブで，コモン・モード電圧耐圧は600Vあります．このプローブを使うと，オシロの性能によらず電流シャントの両端電圧をフローティングで測定できます．

絶縁されてはいませんが，オシロの差動入力プラグイン・ユニットを使っても電流シャントの電圧を測定できます．テクトロニクス社のタイプW 1A5と7A13は，100MHzまで1mVの感度に加えて，優秀なコモン・モード電圧除去比（CMR）を持っています．タイプ1A7と7A22の帯域は1MHzですが，1μVの感度があります．どの差動プラグイン・ユニットでも，帯域幅とCMRの双方とも，あるいはどちらかが感度と共に変化します．

このトレードオフの関係は，測定ごとに最適な電流シャントの値を選ぶ段階で検討しておかなければなり

ません．一般的には，電流シャントの値はより小さいことが望ましいと言えます．これにより，シャントの抵抗値を挿入したことで回路動作に与える影響が小さくなります．

Appendix D　スイッチング・レギュレータの効率の最適化

　スイッチング・レギュレータから最高の変換効率を引き出すのは複雑で，苦労の多い仕事です．80%から85%を超える効率を実現するには，非常な繊細さ，時計職人のような細かさ，あるいは幸運までも総動員する必要があります．電子工学の要素と電磁気学の要素が相互に関連して，電源の効率の良し悪しに微妙な影響を及ぼします．最大の効率を達成するための一般な手法を述べるのは非常に困難ですが，いくつかのガイドラインを示すことはできます．

　電力の損失は，半導体ジャンクション，抵抗成分，素子の駆動法，スイッチングの様相，それに磁性部品での損失といった複数のざっくりとした区分に分けることができます．

　半導体のジャンクションでは損失が発生します．また，ダイオードの電圧降下は流れる電流に比例して増加し，出力電圧が低い電源では効率悪化の非常に大きなファクタになり得ます．5V出力の電源での700mVのダイオードの電圧降下は，それだけで10%以上の損失になります．

　ショットキー・ダイオードを使うと，この損失はざっと半減できますが，まだ目立つ大きさです．ゲルマニウム・ダイオード（めったに使われなくなっていますが）ではさらに損失が減りますが，高速なスイッチングではスイッチング損失が増加するため，メリットが帳消しになってしまいます．非常に小さい出力のコンバータでは，ゲルマニウム・ダイオードの逆方向漏れ電流が同様に問題になってしまうかもしれません．同期整流の手法を適応すると回路が複雑になりますが，もっと効率のよい整流器のように使える場合があります（Application Note 29の図32を参照）．

　LT1074のCOMOUTピンは，外部の同期整流器を駆動できるように設けられたものです（詳細はAppendix Aを参照）．

　同期整流の仕組みを評価する場合，損失分の予想に，ACとDCの両方における駆動による損失を含めることを忘れてはいけません．駆動の各区間で，DC損失についてはDC消費電流分にベースあるいはゲート電流分を加えます．AC損失については，ゲート（あるいはベース）の容量，過渡領域での損失（スイッチング素子の動作中，リニア動作になる期間がある），それに駆動タイミングと実際のスイッチング動作の間の時間的遅れによる電力損失も発生するかもしれません．

　LT1074の出力スイッチは，PNPトランジスタが駆動する電力NPNトランジスタの構成になっています（図7.D1）．このスイッチング素子の高電流動作での電圧降下は2Vに達します．一般的に，これは回路で一番大きな損失になります．効率にこの損失の占める割合は，入力電圧を最大に選ぶことで改善できます．本文の図7.7は，入力電圧を高くすることで，効率がほぼ10%高くなることを示しています．出力電圧がより高ければ，スイッチングによる損失はさらに減少することでしょう．

　実際に発生する損失の中で，スイッチング素子の飽和（訳注：バイポーラ・トランジスタの飽和電圧）によるものと，ダイオードの電圧降下によるものを確認するのが難しい場合があります．デューティ・サイクルと，時間で変化する電流を変えることで何とか確認はできるでしょう．

　相対的に損失を判定する簡単な方法の一つは，素子の温度上昇を測定することです．それに必要な道具は，サーマル・プローブと（危険のない低電圧回路なら）たぶん，もう少し調達が楽な人間の指です．扱う電力が小さい場合は（つまり，効率がとんでもなく悪かったとしても，発熱の絶対量は小さいケースということですが），この手法はあまり有効ではありません．既知の損失を調べたい部品に意図的に加えて，効率の変化から損失を求めます．

　導体の抵抗分による損失が問題になるのは，通常は大

図7.D1　単純化されたLT1074の出力スイッチ

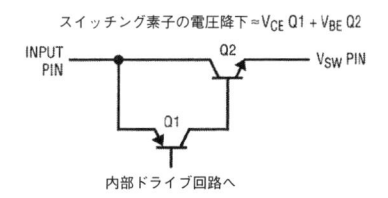

スイッチング素子の電圧降下 ≈ V_{CE} Q1 + V_{BE} Q2

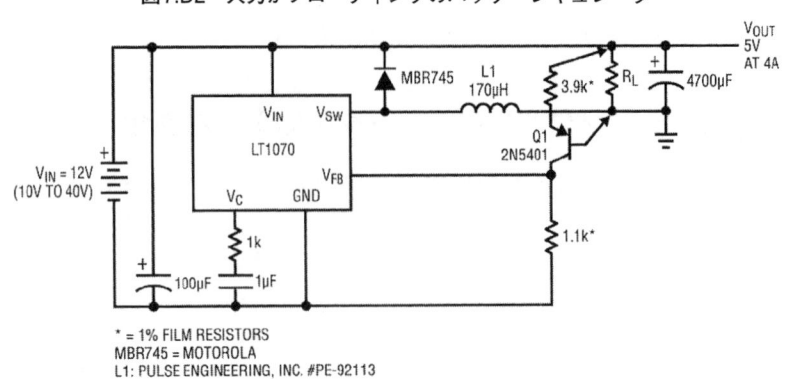

図7.D2 入力がフローティングのバック・レギュレータ

電流を扱う場合に限られます．隠れた抵抗による損失としては，ソケットやコネクタのコンタクトの抵抗，キャパシタの等価直列抵抗（ESR）などがあります．一般に，ESRはキャパシタの容量が大きくなると低下し，周波数が上がると増加しますが，キャパシタのデータシートに規定されているはずです．磁性部品の銅損についても考慮しましょう．インダクタの銅損と磁気特性のトレードオフの評価は，しばしば必要になります．

スイッチング・ロスは，LT1074のスイッチング素子が動作周波数を基準にして，線形領域にとどまる時間が大きくなると発生します．より高いスイッチング周波数では，遷移時間が損失の主要な発生原因になることがあります．LT1074のプリセットされた100kHzのスイッチング周波数は，（このICにとっては）うまくバランスを取って決めたもので，変更する場合には注意深い検討が必要です．何らかのメリットを得るためにスイッチング周波数を高くする場合は，LT1074の損失が増加することも考えなければなりません．実用上，200kHzが動作周波数の上限です．

磁性部品の設計もまた効率に影響します．インダクタの設計について述べることはこのAppendixの趣旨を超えていますが，問題になりうるのはコアの選択やワイヤ・タイプ，巻き線方法，寸法，動作周波数での電流レベル，温度上昇を始めとして様々な点があります．このうちのいくつかはApplication Note19で取り上げていますが，技術と経験を持った磁性部品の専門家に相談するのが一番よい方法です．幸いにも，通常は他の要素が損失の主要部分の原因となるので，標準インダクタを用いても良好な効率を得ることは可能です．カスタムな磁性部品を使うことは，回路の損失が実用

上最小レベルに抑えられた後で検討すべき事柄です．

● **特殊な回路**

入力電圧が低くフローティングしているケースでは，LT1074ベースの回路設計アプローチよりも，**図7.D2**に示す回路のほうが適切なアプローチとなります．この回路には，コモン・エミッタの出力素子をもつLT1070を使っています．グラウンド・ピンにエミッタをつないだ状態で，この素子（LT1070の動作の詳細は，データシートおよびAppliation Note19，25，29にある）のスイッチング損失はLT1074と比較して非常に低くなっています．

もともとフライバック構成で電圧のステップアップを目的としたLT1070ですが，ステップダウン機能を果たすようにアレンジすることができます．メリットは，スイッチング・ロスが減ることによる，効率の改善です．この回路の基本的な制約は，出力に対して入力がフローティングになっている必要があることです．Q_1はレベルシフタとして機能し，帰還情報をLT1070のグラウンド基準になるようにしています．LT1070は，うまく騙されてフライバック・レギュレータとして動作しています．

一方，全体としての機能は，ステップダウンであるということは明らかです．なぜならば，フローティングの入力電圧は出力の電位に対して駆動されているからです．出力フィルタのコンデンサの負電極側はシステムのグラウンドに接続されていて，またLT1070の入力電圧は5V出力になります．3.9kΩと1.1kΩによる帰還の比率を変えることで，他の出力電圧も得られます．効率は，およそ85%になります．

Appendix E 半波正弦波の参照波形発振器

本文の図7.31の回路では，半波正弦波の基準波形を増幅したうえ，周波数を高水準に安定化しなければなりません．115V交流400Hz電源が誤差1Vと0.1Hz以内の出力であると期待するのはおかしくありません．さらに，図7.31の参照波形発振器は，一般的な正弦波ではなく半波正弦波の出力が必要です．これらの要求は，古典的なアナログ回路でも達成できますが，ディジタル回路で実現すると容易で，性能のトレードオフも必要ありません(注3)．

図7.E3は，そのような回路の一例です．C_1は1.024MHzの水晶発振器で，出力は7490で分周されます．7490の微分された10分周出力は，LT1074の同期オプション用102.4kHz出力となります．7490の5分周出力(204.8kHz)は，74191カウンタに供給されます．これらのカウンタが，8ビット(256ステート)の半波正弦波のデータを出すようにプログラムされた2716EPROMから並列にロードします．Sean GoldとGuy M. Hooverにより開発された波形データを，図7.E1に示します．

2716のパラレル出力は8ビットDACに供給され，800Hz 2.5V(ピーク値)の半波正弦波形が生成されます．

完全な正弦波の参照波形が欲しい場合は，図7.E2に対応するデータがあります．

図7.E3は，また本文中で議論された同期スイッチのオプション回路を示しています．74C122モノステーブルFFは，Q_4のスイッチを駆動する単純な遅延パルス発生器になっています．$20\mu s$の遅延と$6\mu s$のパルス幅は，図7.31の出力のように総合的にクロスオーバ歪が最小になるように経験的に決められました．

図7.E1 半波正弦波データ・コード(2716EPROM用)

```
Line 10801    Column    Wrap           APL2/PC
       GENCODES
00 03 06 09 0D 10 13 16 19 1C 1F 22 26 29 2C 2F
32 35 38 3B 3E 41 44 47 4A 4D 50 53 56 59 5C 5F
62 65 68 6B 6D 70 73 76 79 7B 7E 81 84 86 89 8C
8E 91 93 96 98 9B 9D A0 A2 A5 A7 A9 AC AE B0 B3
B5 B7 B9 BB BE C0 C2 C4 C6 C8 CA CB CD CF D1 D3
D5 D6 D8 DA DB DD DE E0 E1 E3 E4 E6 E7 E8 EA EB
EC ED EE EF F1 F2 F3 F3 F4 F5 F6 F7 F8 F8 F9 FA
FA FB FB FC FC FD FD FE FE FE FF FF FF FF FF FF
FF FF FF FF FF FE FE FE FE FD FD FC FC FB FB FA
FA F9 F8 F8 F7 F6 F5 F4 F3 F3 F2 F1 EF EE ED EC
EB EA E8 E7 E6 E4 E3 E1 E0 DE DD DB DA D8 D6 D5
D3 D1 CF CD CB CA C8 C6 C4 C2 C0 BE BB B9 B7 B5
B3 B0 AE AC A9 A7 A5 A2 A0 9D 9B 98 96 93 91 8E
8C 89 86 84 81 7E 7B 79 76 73 70 6D 6B 68 65 62
5F 5C 59 56 53 50 4D 4A 47 44 41 3E 3B 38 35 32
2F 2C 29 26 22 1F 1C 19 16 13 10 0D 09 06 03 00
```

図7.E2 全波正弦波データ・コード(2716EPROM用，おまけ)

```
Line 10736    Column    Wrap           APL2/PC
       GENCODES
FF FF FF FF FE FE FE FD FD FC FB FA F9 F9 F7 F6
F5 F4 F3 F1 F0 EE ED EB E9 E8 E6 E4 E2 E0 DE DC
D9 D7 D5 D2 D0 CD CB C9 C6 C3 C1 BE BB B8 B6 B3
B0 AD AA A7 A4 A1 9E 9B 98 95 92 8E 8B 88 85 82
7F 7C 78 75 72 6F 6C 69 66 63 60 5D 5A 57 54 51
4E 4B 48 45 42 3D 3A 38 35 32 2F 2C 29 25 22 1F
25 22 20 1E 1C 1A 19 17 15 13 11 10 0E 0D 0C 0A
09 08 07 06 05 04 03 03 02 02 01 01 00 00 00 00
00 00 00 00 01 01 02 02 03 03 04 05 06 07 08 09
0A 0C 0D 0E 10 11 13 15 17 18 1A 1C 1E 20 22 25
27 29 2B 2E 30 33 35 38 3A 3D 40 42 45 48 4B 4E
51 54 57 5A 5D 60 63 66 69 6C 6F 72 75 78 7C 7F
82 85 88 8B 8E 92 95 98 9B 9E A1 A4 A7 AA AD B0
B3 B6 B8 BB BE C1 C3 C6 C9 CB CD D0 D2 D5 D7 D9
DC DE E0 E2 E4 E6 E8 E9 EB ED EE F0 F1 F3 F4 F5
F6 F7 F9 F9 FA FB FC FD FD FE FE FE FF FF FF FF
```

注3：アナログの世界では正弦波ほど重要な波形はないだろう．大先輩のジョージ・フィルブリック(George A. Philbrick)は，かつてアナログ機能について，"その振る舞いと時間において連続なるもの"とエレガントに評した．彼が，今回のようにディジタル式に正弦波を発生させているのを見たら大いなる疑念を表明するか，あるいは単に冒涜であるとみなしたかもしれない．進歩の対価なのである．

Appendix F 磁性部品の問題

おそらく，コンバータの設計において一番心すべき問題は，磁性部品についてでしょう．適切な磁性部品の設計と製作は骨の折れる仕事で，特に磁性部品の専門家ではないエンジニアにとってはなおさらです．

我々の経験からも，コンバータの設計の問題の多くは，磁性部品の仕様に関するものでした．我々のこの考察は，ほとんどのコンバータは専門家ではないエンジニアが携わっているという事実によって裏付けられました．スイッチング電源用パワーICの代弁者たる私たちは，磁性部品の問題点をつまびらかにするための責任を担うことを決意しました(我々の公共の利益に燃える態度に，資本主義上の理由も混じっていることは自ら認めるところですが)．

そういう背景から，われわれの回路に市販の磁性部

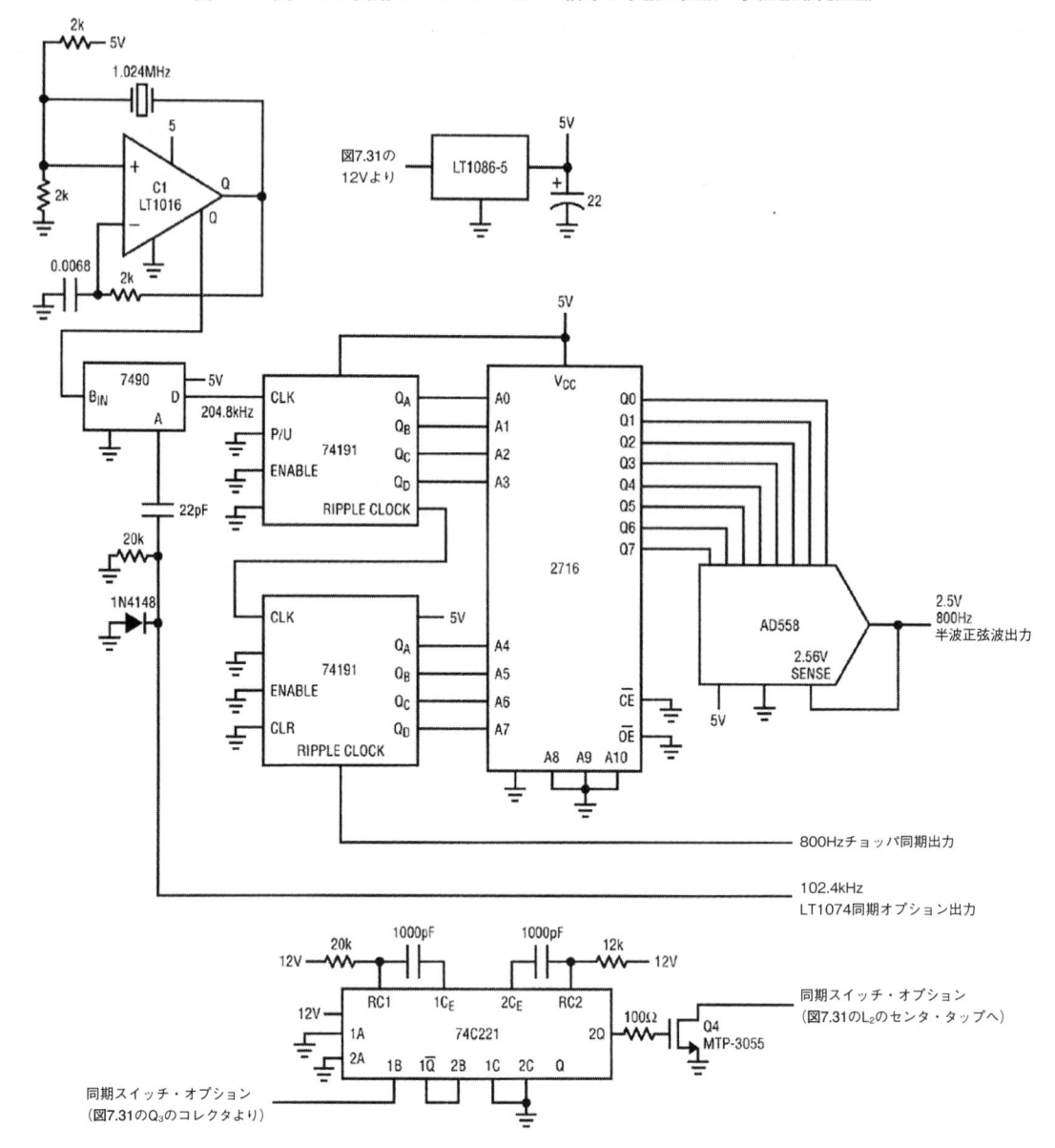

図7.E3 図7.31の回路のためのタイミング信号と半波正弦波の参照波形発生器

品を使用するのはLTCとしてのポリシーです．ある場合には，入手可能な磁性部品がそれぞれの設計に当てはまります．そうでない場合，磁性部品は特別に設計され，標準部品として入手できるように部品番号を振られています．

多くの場合，標準部品は量産にも適しています．それ以外に，メーカが対応可能な改造や変更が必要となるかもしれません．このようなアプローチが，皆様のご要求にもれなくお応えできていることを念願いたします．

推奨する磁性部品のメーカは，以下の通りです．

- Pulse Engineering, Inc
  P.O. Box 12235
  7250 Convoy Court
  San Diego, California 92112
  TEL 619-268-2400

- 984 Southwest 13th Court Coiltronics
  Pompano Beach, FL 33069
  TEL 305-781-8900

第8章
出力ノイズが100μVのモノリシック・スイッチング・レギュレータ
静寂は満足する動作には最善の前ぶれ… Jim Williams, 訳：細田 梨恵

エレクトロニクス装置に，大きさ，出力の柔軟性，効率といった面で有利なスイッチング・レギュレータを採用することは，今や当たり前になりました．性能向上の努力の結果，その効率は95％にも達し，基板上のほんのわずかな面積に搭載できるようになりました．これらの利点は非常に喜ばしいものですが，その一方，他の面では妥協を強いられる点もあります．

スイッチング・レギュレータのノイズ

第一に問題となるのが，通常，ノイズと呼ばれるものです．スイッチング動作を利用した電力供給は，先ほど述べたような多くの利点をもたらしますが，同時に広帯域の高調波エネルギをまき散らしてしまいます．この好ましくないエネルギが放射や伝導の形として現れると，俗にいう「ノイズ」になります．

実際のところ，スイッチング・レギュレータの出力ノイズは，本来のノイズとは全く異なるもので，レギュレータのスイッチングを原因として発生する，コヒーレントな高い周波数の残留成分と言うべきものです[注1]．図8.1に，典型的なスイッチング・レギュレータの出力ノイズの例を示します．

その波形には，二つの顕著な特徴が見られます．ゆっくりと変化して，上昇していく出力のリプルは，レギュレータの出力フィルタの充電容量が有限であることで発生します．急激に立ち上がるスパイクは，スイッチングの過渡現象に関係しています．

図8.2は，別のスイッチング・レギュレータから得た出力波形です．この場合，リプルは適切なフィルタと組み合わされたリニアのポスト・レギュレータにより除去されていますが，帯域の広いスパイクは残っています．システムに多大な悪影響を与えるのは，そのような高速

図8.1　典型的なスイッチング・レギュレータの出力ノイズ

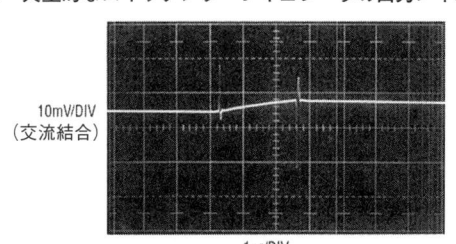

広帯域のスパイクは除去が困難であり，システムに干渉して問題を引き起こす．リプル成分は高調波が少なく，比較的フィルタで除去しやすい．

図8.2　リニア・レギュレータを追加するとリプルは除去できるが，広帯域のスパイクは残ってしまう．P-Pの振幅は30mVを超える(ちょうど，2番目，5番目，8番目の目盛付近に見える)．

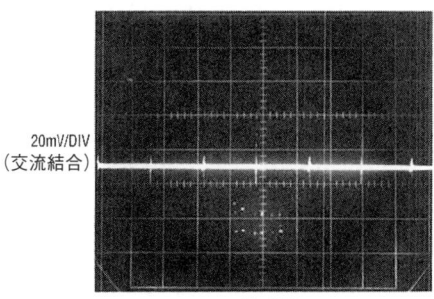

注1：本来，ノイズには定常的に発生したり，コヒーレントな成分はない．したがって，スイッチング・レギュレータの出力ノイズをノイズと呼ぶのは間違いである．残念ながら，レギュレータの出力中のスイッチングに起因する不要成分は，ほとんどの場合にノイズと呼ばれてしまっている．というわけで，技術的には正しくないが，本稿の中ではレギュレータの出力中のすべての不要信号をノイズと扱うことにする．Appendix Bの"いわゆるノイズを規定し，測定する"を参照．

のスパイク波形なのです．その高周波成分は，しばしば関連する回路に不具合を起こして，性能を悪化させたり，悪くすると使い物にならなくしてしまいます．

回路へのノイズの侵入経路は，三つあります．それは，レギュレータの出力線からの伝導，あるいは伝導したものがノイズ源に戻る（反射ノイズ），あるいは輻射されるものです．複数の伝導径路のある状況で高周波成分がかかわると，ノイズを抑え込むことは困難になります．ノイズの悪影響を改善しようとすると，山ほどのバイパス・コンデンサ，フェライト・ビーズ，シールド，高透磁率シート・メタル，それにアスピリンが必要になります．

別の考え方として，ホスト・システムに対して同期しているスイッチング・レギュレータを使うとか，システムが影響を受ける期間はスイッチング電源を止めておく（割り込みで電源を制御する）という手法もあります．さらに，スイッチングのサイクル間に影響されやすい動作を済ませてしまう，文字どおり，電子の雨粒をよけながら走るといった感じの対処もありえます[注2]．

さて，ここで低ノイズのスイッチング・レギュレータがあれば，ノイズまみれのシステムに対策をする困難さとも，同期動作で問題を回避する手法ともおさらばできます．本質的に，低ノイズのスイッチング・レギュレータなら，システムの自由度はそのままで，ノイズの心配がなくなるわけですから，一番魅力的な解決方法になります．

ノイズレス・スイッチングによる方法

本質的に低ノイズなレギュレータを実現する鍵は，スイッチング時の状態における高調波成分の発生を抑えることです．効率は少し落ちますが，スイッチングを遅くすることがこれにあたります．スイッチングの繰り返し速度を減らすことで，その悪化分は大きく取り返すことができるので，結果として小型の磁性部品で済み，望み通りの低ノイズで，それなりに効率的な電源が得られます．高調波成分の発生を抑えてノイズを減少させるためには複雑な回路が必要となり，あまり応用されていませんでしたが従来からあった手法で

す[注3]．本稿では，広い範囲の磁性部品と用途に適用できる，モノリシックICを使って実現する方法を解説します．

実用的な低ノイズ・モノリシック・レギュレータ

図8.3に示すのは，低ノイズ・スイッチング電源用に設計されたLT1533レギュレータです．ピンの機能は，**図8.4**で説明されています．**図8.3**に示すブロック図は，ごく一般的なプッシュプル構成の電源回路ですが，従来のものとは一か所だけ大きな違いがあります．プッシュプル方式はトランスの利用率が良く（トランスを経由して電力伝送が常に行われていて，コアにエネルギを貯めない），電源からは常に電流が流れます．さらに，連続した電流が流れることで，フライバックや他の回路のように，急激に変化するピークの大きい電流が電源から流れることがありません．電源から見ると，行儀のよい負荷がつながっている状態で，異常な状態にはなりません．スイッチング素子もノン・オーバーラップ波形で駆動され，同時スイッチしないようになっています．二つのスイッチング素子が同時に導通してしまうと，過大で高速な電流のリンギングが起こり，能率の悪化のみならずノイズが発生することになります．

この設計で一番重要な特徴は，出力段にあります．各々の1A級の出力トランジスタは，広帯域の制御ループ内で動作します．それぞれのトランジスタに印加される電圧と，そこを流れる電流は検出され，制御ループがそれぞれのスルーレートを調整します．電圧と電流のスルーレートは，独立に外付け抵抗によって設定できます．このスイッチングの変化率を制御する機能により，低ノイズのスイッチング・レギュレータが現実のものになりました．

スイッチング・トランジスタを局所的なループ内で動作させることにより，予測可能な，様々な条件に対応した広範囲の制御が可能です[注4]．**図8.5**は，スイッチング周波数40kHzの5Vから12Vへ変換するコンバータで，LT1533を使ったプッシュプルのフォワード動

注2：これらの手法については，実例の詳細が参考文献(2)と(3)にある．
注3：Appendix A "低ノイズDC-DCコンバータの歴史" を参照．また，参考文献(4)から(10)も参考になる．
注4：特許申請中．

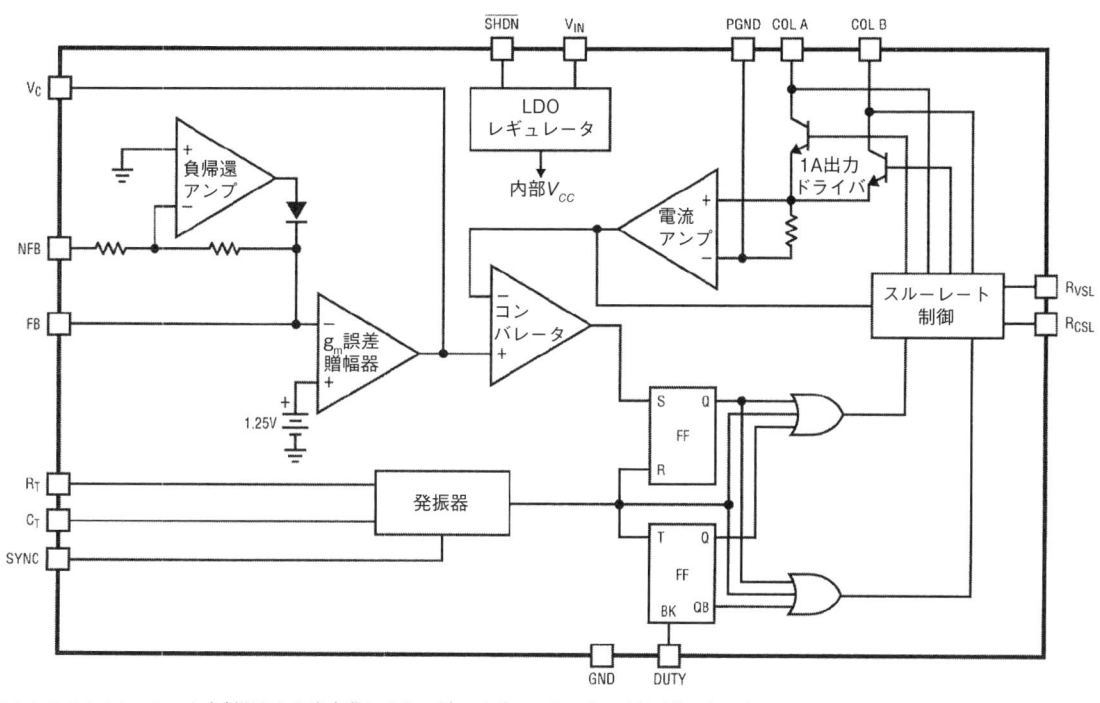

図8.3 LT1533の簡単なブロック図

1Aクラスのスルーレートを制限された出力段により，低ノイズのスイッチングが可能になった．

図8.4 LT1533のピン機能

COL A, COL B	出力トランジスタのコレクタ．それぞれ反転した位相で交互にスイッチ動作する．
DUTY	このピンを接地するとデューティが50%になる．使わないときは浮かせておく．
SYNC	外部クロックに同期させる場合に使用する．使わないときは浮かせておくか，グラウンドに落とす．
C_T	発振器のタイミング用コンデンサ
R_T	発振器のタイミング用抵抗
FB	正電圧出力の電圧検出に使用
NFB	負電圧出力の電圧検出に使用
GND	アナログ・グラウンド
PGND	高電流が流れるグラウンド・リターン．50nH以上のインダクタンスを介してグラウンドに戻すこと(トレースやワイヤなら1インチ分，あるいは小さなフェライト・ビーズを使用)．詳細は，Appendix Fまたは図8.5と図8.26の注を参考．ICのパッケージによっては，このピンは内部でGNDピンに接続されている場合がある．
V_C	周波数補償用端子
I_{SHDN}	通常は"H"であり，これを接地するとシャットダウンする．$I_{SHDN} = 20 \mu A$
R_{CSL}	電流スルーレートを制御する抵抗を接続
R_{VSL}	電圧スルーレートを制御する抵抗を接続
V_{IN}	入力電源端子．入力範囲は2.7V～30V．UVLOは2.55V

作タイプです．フィードバックの抵抗の比率により，12V出力が得られます．LCフィルタは1段でも十分な性能ですが，2段にするとリプルは大きく減衰します．

高い周波数成分が(40kHz基本波にかかわるリプル成分に対して，高い周波数という意味)，出力フィルタの特性に影響を受けていないことは特に注意を要する点です．これは単純に，この回路では高い周波数のエネルギ自体がほとんど発生しないという理由によります．最初から存在しなければ，フィルタで取り除く必要がありません．

L_2は，出力の電流制御ループの補償要素として働きます．実際には，L_2はプリント基板のパターンでも，

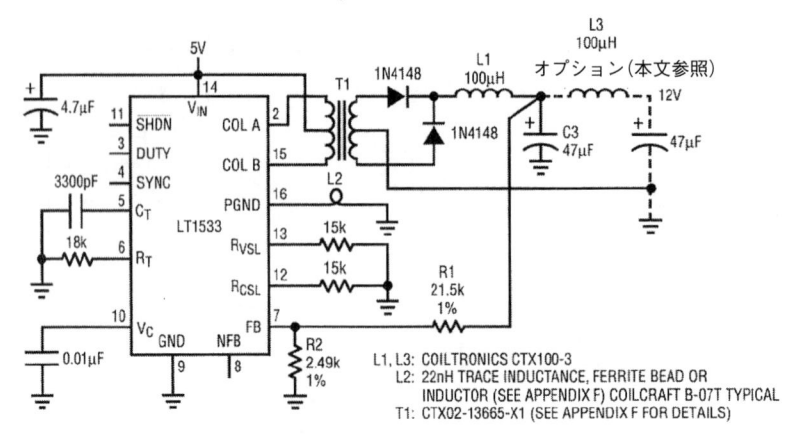

図8.5 出力ノイズが100μVで5V～12Vを出力するコンバータ

低い周波数のリプルが許容範囲内なら，出力のLCフィルタは省略可能．

図8.6 測定セットアップのノイズのベース・ラインは，帯域100MHzで100μV$_{p-p}$．性能は50Ωの抵抗から発生するノイズで制限される．BNCコネクタ付きケーブルと終端抵抗を使って全体を同軸接続にしてあり，広帯域で低ノイズの測定環境を作っている．

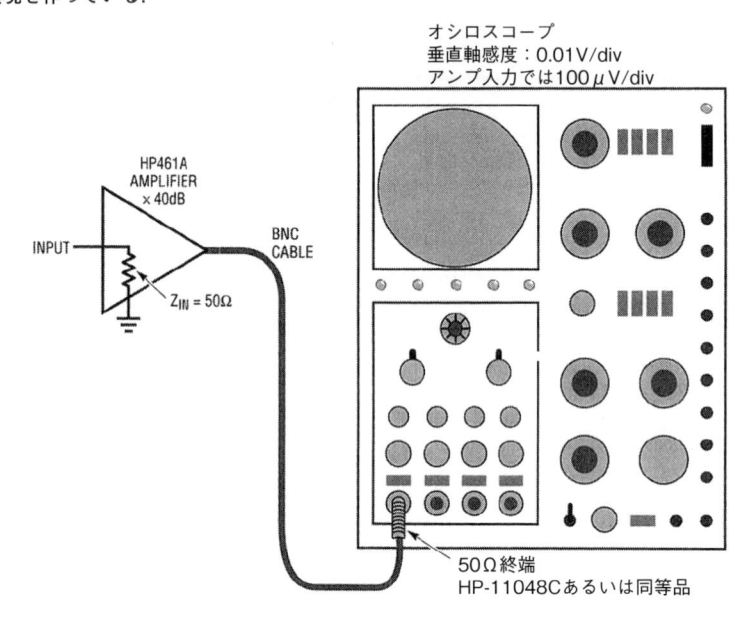

小型のインダクタでも，コイル状にしたワイヤでも，フェライト・ビーズでもOKです．より詳しい解説は，Appendix F "磁性部品の考察" を参照してください．

出力ノイズを測定する

LT1533の比類ない低出力ノイズのレベルを測定するには注意が必要です[注5]．図8.6に，測定するためのセットアップを示します．確実な信号の接続と取り扱いの技術，そして測定器の選択に注意を払うことで，100MHzの帯域で100μVのノイズ・フロアを得ることができます．

レギュレータの出力ノイズを測定する前に，測定セットアップの実力を確認しておくとよいでしょう．このためには，入力がない状態で測定してみます．図8.7は，

注5：測定装置の選択と測定技術については，Appendix B "いわゆるノイズを規定し，測定する" で詳しく解説している．

図8.7 オシロスコープによりテスト用セットアップで，100MHz帯域での100μVのノイズ・フロアを確認する．50Ωの抵抗が発生するノイズであることがわかる．

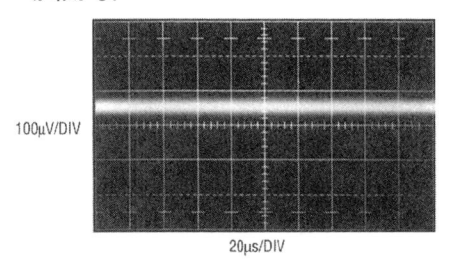

図8.9 図8.5の回路で負荷を100mAにしたときの波形．波形Aと波形Cは電圧，波形Bと波形Dは電流．スイッチング・トランジスタのノイズのようすは波形Eで見られる．

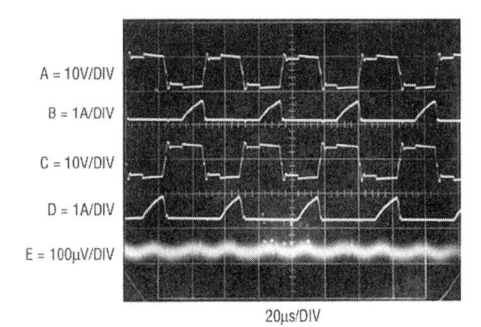

図8.8 図8.5の回路を測定セットアップに接続する．同軸接続は測定を正確に行うために必要．

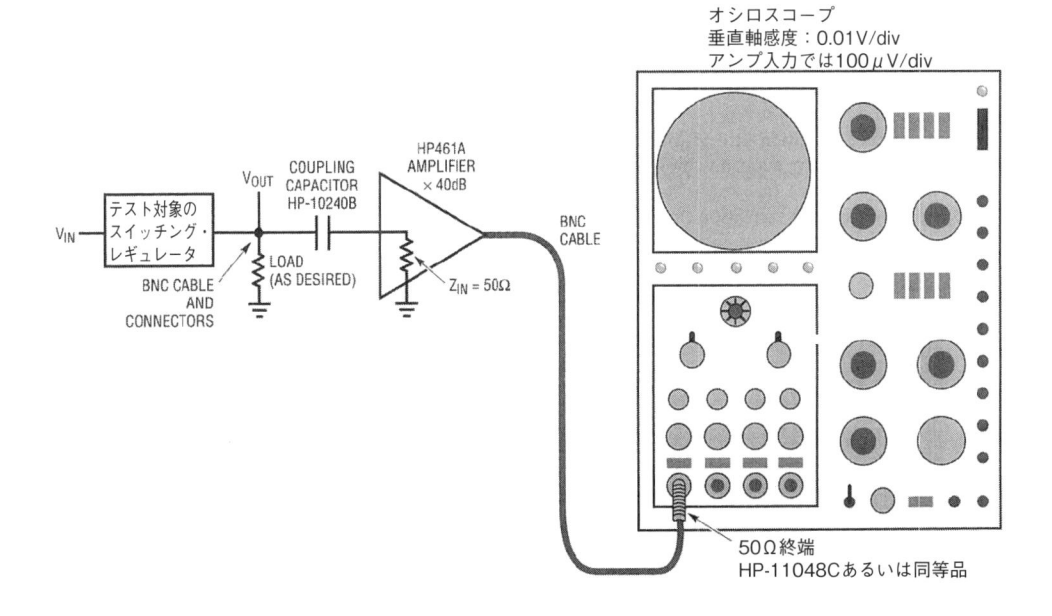

100MHzの帯域における100μVのノイズの見え方を示していて，測定系が正常に動いている状態です．図8.5の回路のノイズを測定するには，出力をAC結合で測定器につなぎます．図8.8は，この様子を示しています．同軸接続を使って，正確な測定ができるように注意を払わなければなりません(注6)．

図8.9に示す波形により，回路の動作の詳細がわかります．波形Aと波形Cはスイッチング・トランジスタのコレクタ電圧で，波形Bと波形Dはその電流です．測定装置の出力は波形Eで，回路の出力ノイズです．広帯域のスパイクとリプルがノイズ・フロア上に見えていますが，100MHzの帯域でも100μV以内になっています．

これは驚異的な性能というべきで，実際には写真に見えている以上の成果です．実験用基板から測定用の

注6：この点に関連する問題の，より詳しい取り扱いについては再度，Appendix BとCを参照．
注7：産業界では，スイッチング・レギュレータのノイズを20MHzの帯域で規定することが一般的である．この理由として思いつく点は一つしかないが，ユーザの利益にはならない．測定したノイズと測定系の帯域幅の関係についてのチュートリアルが，Appendix Bにある．

図8.10 図8.9の測定でプローブを取り外すと，グラウンド・ループがなくなりノイズが若干減少する．スイッチングによる影響がノイズ・フロア上に見えている．

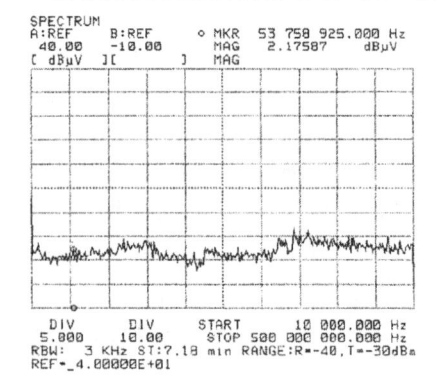

図8.11 帯域を10MHzに制限すると，アンプからのノイズが減少する．スイッチングによる残留ノイズが影響を受けないことで，この帯域以上の周波数にはノイズ成分がないことがわかる．

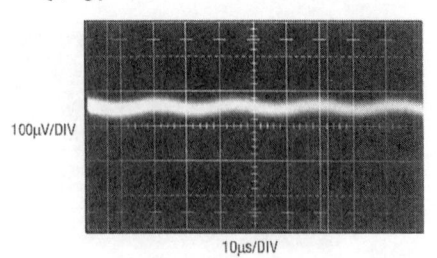

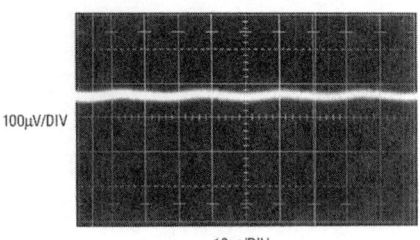

図8.12 図8.10の測定で水平軸を拡大しても広帯域成分は見られない．画面の中央付近にスイッチングに起因するノイズが現れている．

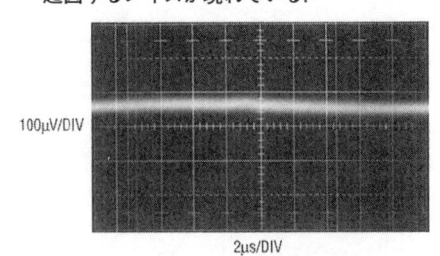

図8.13 図8.12の測定で掃引を10MHz幅にしたもの．前と同様に，アンプからのノイズは減少するが，波形は影響を受けていない．これより，10MHz以上に成分がないことがわかる．

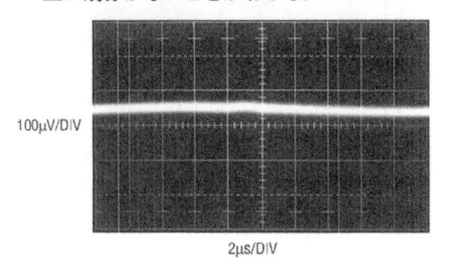

図8.14 HP4195Aスペクトラム・アナライザの500MHz帯域で測定したテスト用ジグのノイズ・フロア

接続を全部はずすと，同軸接続されている波形Eだけが観測されます．この状態では，グラウンド・ループの影響による誤差がなくなります[注8]．図8.10では40kHzのリプルが図8.9の波形と同じ位の振幅で見えています．ノイズに埋もれてわずかに見えているスイッチングによるスパイクが小さくなっています．

測定帯域を10MHzに減らしたときの波形を図8.11に示しますが，測定系のアンプから来るノイズが減少しています．スイッチングとリプルの残留分の振幅と形状は変わっていないので，この周波数以上には信号成分がないことがわかります．図8.10の時間軸を拡大したのが図8.12で，100MHzの帯域に戻してあります．スイッチング・スパイクが画面の中央付近に見えています．掃引速度は$2\mu s$/divですが，広帯域な変動分は見えません．図8.13は，図8.12の測定で帯域を10MHzに変えた場合ですが，信号の様子はそのまま影響を受けず，10MHz以上にエネルギーがないことがさらに裏付けられています．

図8.14は，スペクトラム・アナライザ HP4195Aで掃引幅を500MHzにしたときのノイズ・フロアを示しています．図8.5の回路の出力をアナライザに交流接続したとき，スペクトラム〔図8.15(a)〕は基本的に接続前と変わりませんでした．500MHzの帯域でスペクトラム・アナライザで見ても，スイッチングに起因するノイズは検出されないのです．

図8.15(b)は1MHz幅にした場合で，ここでは40kHzの基本波の関連成分がある程度見えていますが，

注8：関連する議論と，回路に影響を与えるプローブをつながずに，オシロのトリガをかけるテクニックについては，Appendix Cを参照．

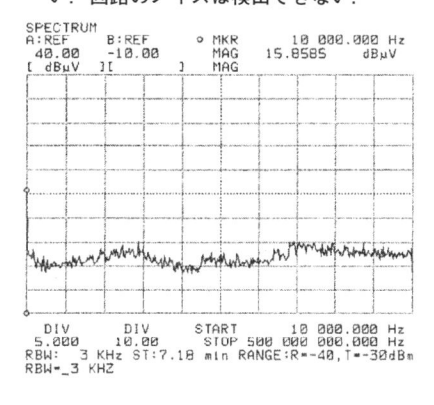

図8.15a 図8.5の回路をスペクトラム・アナライザにつないでも図8.14での波形から変化が見られない．回路のノイズは検出できない．

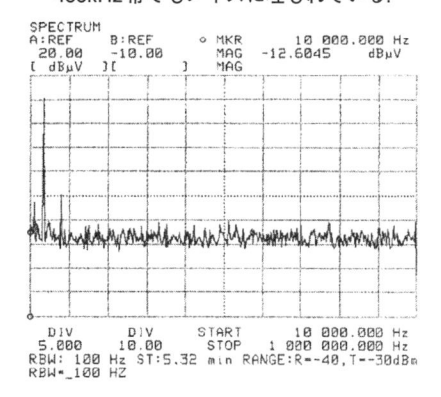

図8.15b アナライザの掃引幅を1MHzにすると40kHz関連の成分が現れる．残りの部分は感度の高い455kHz帯でもノイズに埋もれている．

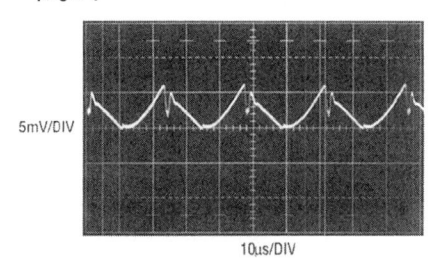

図8.16 図8.5の回路の初段LCフィルタの出力で観測されるのはリプルだけで，広帯域のスパイクは見られない．

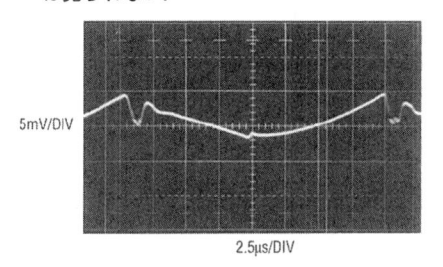

図8.17 前の図の時間軸を拡大したもの．高い周波数成分は見られない．

それ以外はアナライザのノイズに埋もれています．必要であれば，フィルタを追加するか，リニア・レギュレータを追加すれば，40kHzリプル関連の成分は取り除けます．

オシロスコープはトリガをかけることでノイズを同期して検出できるので，これらの測定ではオシロにプリアンプをつけることで，さらに高感度な測定ができます．これは，プリアンプをつけたオシロをフリーランさせてみるとよくわかります．スイッチングに関連する成分は，バックグラウンド・ノイズで区別ができません．

図8.16では，初段のLCフィルタの出力におけるリプルを観察しています．広帯域のスパイクはありませんが，40kHzの基本成分のリプルがはっきりと見えます．図8.17は，図8.14の時間軸を拡大したものですが，高い周波数の高調波やスパイクは見えていません．

図8.18では，ノイズは10Hzから10kHzの帯域幅で，$50\mu V$以内に入っていますが，低い周波数のノイズが問題となることは稀です．それに比べると，一般に入力電流ノイズは遥かに注意すべき対象です．"戻っていく"ノイズが大きすぎると，レギュレータに電力を供給する電源がその影響を受けて，システムとして干渉を受けることがあります．

図8.19は，図8.5の回路での入力電流を示していますが，直流成分に小さく40kHzの基本成分による正弦波状のノイズが乗っています．高い周波数成分はなく，このようなサイン状の変動成分なら電源が十分に対応できます．

システムにおけるノイズの測定

最後の分析として，電力を供給しているシステムへのスイッチング・レギュレータからの出力ノイズの影響の確認は一番のテストになります．Appendix K "システムにおけるノイズの測定"では，LT1533を16ビットA-Dコンバータの電源に使った場合について影響を示しています．

図8.18 10Hz〜10kHzの帯域で見た低周波数ノイズ

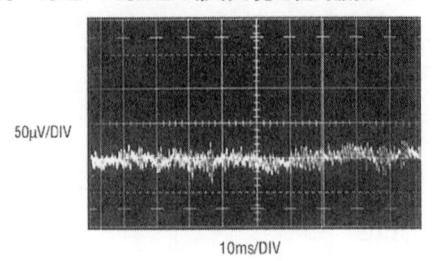

図8.19 図8.5の回路における正弦波状の入力電流の変動は小さく，高い周波数を含まないのでレギュレータの電力源は十分に対応できる．

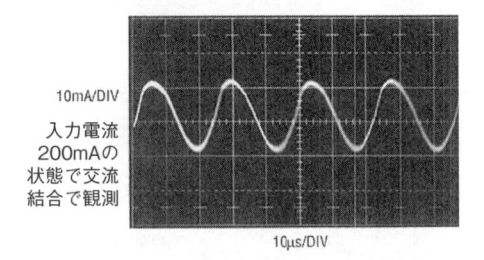

図8.20 出力ノイズ(波形B) 対 異なるスイッチのスルーレート(波形A)．最大のスルーレート(波形A)では最大のノイズが発生している．スルーレートを下げると(波形Bと波形C)ノイズが減少していく(波形D)．

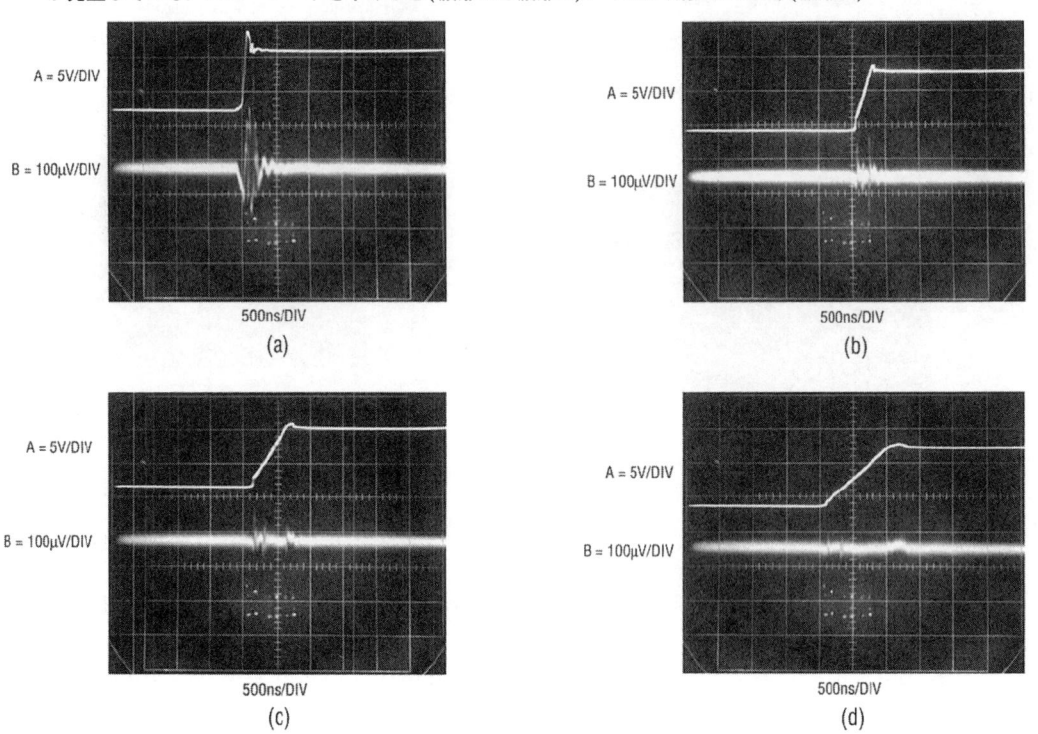

変化率がノイズと効率に及ぼす影響

　理論的には，単純に変化率を遅くすればノイズが低くなるはずです．現実には，その点は正しくても，スイッチング時に電力を無駄に失うことになり，効率が低下してしまいます．両者のバランスを取るには，ノイズ・レベルが希望レベルになる条件で，最も速い変化率を選ぶことになります．LT1533ではスルーレートを調整できるので，このポイントに簡単に合わせられます．

　図8.20の写真には，図8.5の回路を使って，遷移時間と出力ノイズの関係が非常に劇的に示されています．一連の写真では，スイッチングの遷移時間を100ns〔図8.20(a)〕から1μs〔図8.20(d)〕へと遅くすると，ノイズが5対1以下に減っています．図8.20(d)で見られるノイズは実際に小さいもので，スイッチングを見るために回路にプローブをつないだことで，測定に影響してしまいました(注9)．

　図8.21は，図8.20の測定で得られた結果をグラフにまとめたものです．ノイズが大きく減少する傾向は，

図8.21 図8.5の回路のスイッチング周波数40kHzにおける、ノイズ対スルーレートの関係. 1.3μs以上ではノイズの改善はわずかになる.

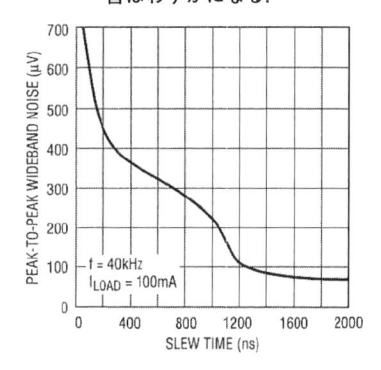

図8.22 図8.5の回路の効率は、遷移時間を1.3μsより遅くすると6%悪化する. これ以上遅くしても、効率が6%悪化するだけでノイズ特性はほとんど改善しない.

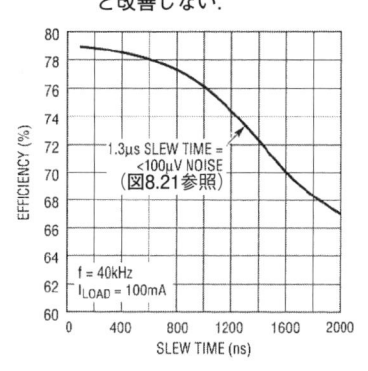

図8.23 図8.5の回路での効率対ノイズ. ノイズを80μV以下にすると効率の悪化が大きくなっている.

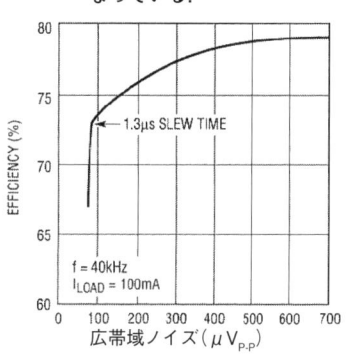

遷移の時間と比例していて、およそ1.3μsまでその関係が続きます。このポイントを超えると、あまりノイズが減少しなくなります。

図8.22は、スルーレートの変化と効率の低下の関係を表しています。（前の図のように）ノイズ特性に5倍の改善が見られた、100nsから1.3μsまでの遷移時間の低速化により、6%の効率の悪化が起きています。（同様に、図8.21のケースですが）1.3μs以上ではノイズの改善はほぼ見られませんが、効率はさらに6%悪化しています。このように、この領域で使うことは好ましいとは言えません。図8.23のグラフは、効率対ノイズのトレードオフについての判断ポイントを示しています[注10].

負電圧出力レギュレータ

LT1533には、負極性の入力を直接入力できる、独立したフィードバック入力があります[注11]. これにより、一般に必要になる、ディスクリート部品によるレベルシフトなしで負電圧出力が得られます. 図8.24に示す5Vを−12Vに変換するコンバータは、負電圧出力を負電圧のフィードバック入力に戻していることを除けば、図8.5の回路と同等です. 実効的な参照電圧が高くなるので、帰還ループのスケール・ファクタを

変える必要はあります。それ以外の点では、この回路は、性能も含めて図8.5の回路にそっくりです。

フローティング出力レギュレータ

図8.25の回路では、絶縁構成により、完全にフローティングの安定化電圧出力が得られます. LT1431シャント・レギュレータが出力の一部と内部参照電圧を比較し、誤差電圧によりフォト・カプラを駆動します. フォト・カプラのコレクタ出力がLT431のV_Cピンに電圧を与えることで、制御ループが閉じて出力を安定化します. 0.22μFのコンデンサによりループは安定化され、240kΩの抵抗がフォト・カプラにバイアスを与えて動作点を設定しています. この回路の動作と特性は図8.5の回路と似たのものになりますが、絶縁された出力が得られるメリットが加わります.

フローティング正負電圧出力コンバータ

LT1533のDUTYピンを接地して、FBピンにバイアスを加えると、デューティ・サイクル50%で動作するようになります. 図8.26の回路の出力は、センタ・タッ

注9：Appendix C "低レベル広帯域信号を正確に測定するためのプロービングと接続のテクニック"を参考にして欲しい.
注10：図8.20から図8.23に示されるノイズと効率特性は、実験机で10分ほどかけて作ったものである. CADのモデルを好む多くの読者も、一度このあたりを考えてみようと思うかもしれない.
注11：図8.3のブロック図を参照.

図8.24 図8.5の回路の負電圧出力版．LT1533の負電圧フィードバック入力により，ほとんど回路を変更しなくて済む．出力ノイズについては，正電圧出力版の回路と同等．

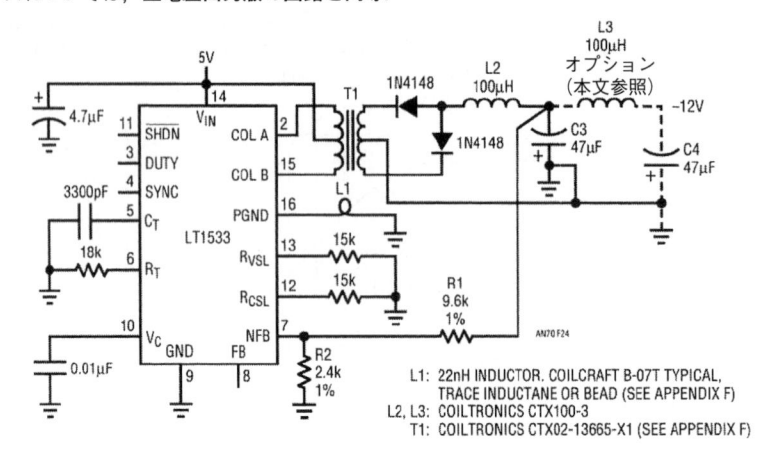

図8.25 フォト・カプラで絶縁した図8.5の派生回路．V_Cピンを使って制御ループを閉じることで，LT1533の誤差アンプはバイパスされ，ノイズ性能はそのままでループの安定度が増している．

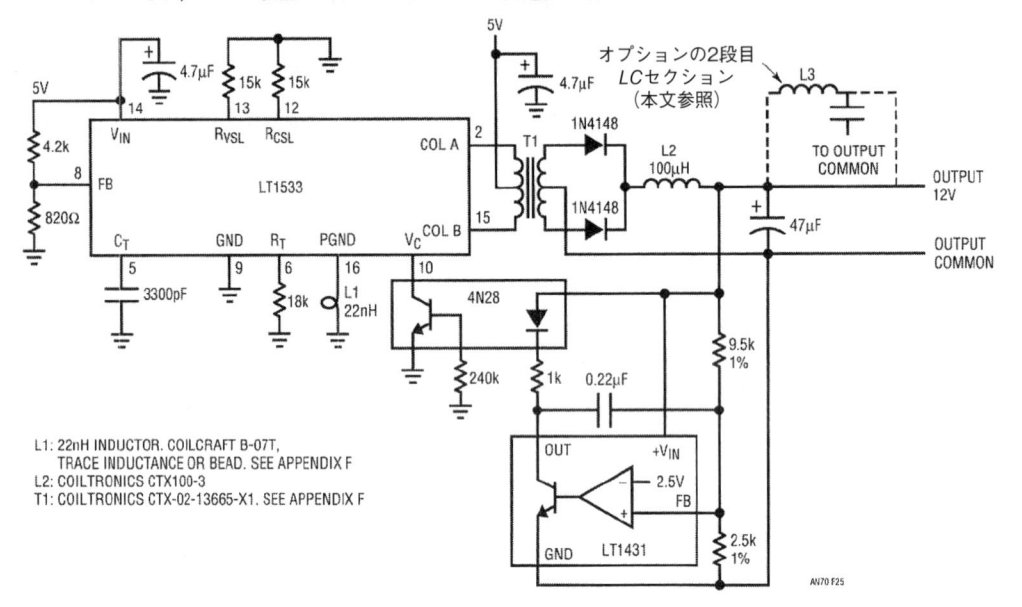

プ付きのトランスT_1の二次巻き線の出力を全波整流していて，正負出力が得られます．デューティ・サイクルが50％固定でフィードバックなしで動作するので，出力は安定化されず，T_1の駆動電圧に比例して変化します．図8.5のフォワード・コンバータと違って，この回路では，一般的には出力にインダクタを付ける必要がありません．出力電流が非常に大きい場合には，突入電流を制限するためにある程度のインダクタンスが必要になるかもしれません．それを省くと，回路が立ち上がらないかもしれません．通常は，リニア・レギュレータを追加して電圧を安定化させます[注12]．

図8.26の回路の波形を，図8.27に示します．コレクタ電圧（波形Aと波形C）および電流（波形Bと波形D）が，出力ノイズ（波形E）と共に表示されています．この測定では，リニア・レギュレータと出力フィルタが

注12：Appendix E "リニア・レギュレータの選択基準"を参照．

図8.26 正負電圧のフローティング出力コンバータ．DUTYピンを接地し，FBピンにバイアスを加えるとデューティが50％固定になる．フローティングした，非安定化出力はT₁のセンタ・タップ電圧に比例して変化する．オプションでリニア・レギュレータを追加する．

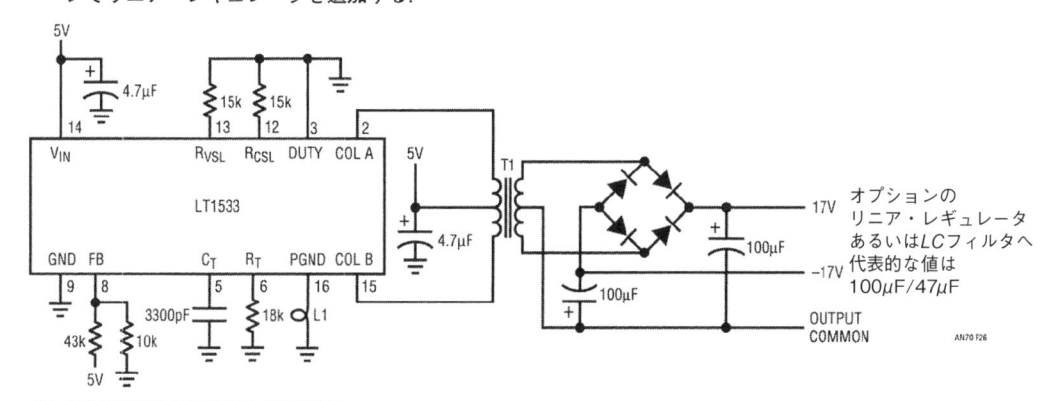

図8.27 負荷100mAのときのフローティング出力コンバータの波形．リニア・レギュレータとオプションのLCフィルタが使われている．スルーレートを制限したコレクタ電圧(波形Aと波形C)および電流(波形Bと波形D)により，100μV以下のノイズの出力(波形E)が得られている．

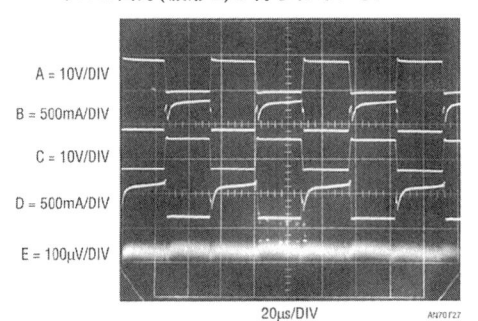

図8.28 出力につながれた同軸接続以外のすべてのプローブを外すことで，図8.27の回路の真のノイズの様子が見えている．スイッチングによる残留ノイズは，アンプのノイズの中でも見えている．

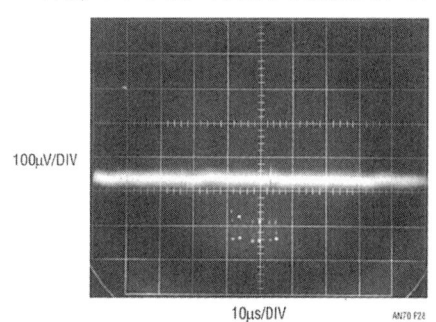

追加されています．図8.28の測定では，回路の出力につないだ同軸ケーブルによる接続以外，プローブは全部外してあります．これにより，プローブによって発生する寄生成分がなくなり(注13)，より正確に信号が観測できます．

ここで，スイッチングによる残留成分は，ノイズ・フロアにまぎれてほとんど検出されていません．出力

図8.29 オプションのLCフィルタを取り除くと，リニア・レギュレータが影響しているノイズやスイッチング・スパイクが増加するが，ノイズのP-P値は300μV以下のままである．

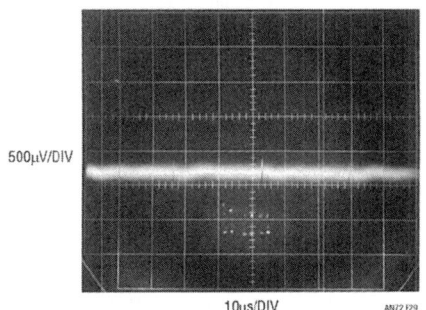

注13：関連する議論は，Appendix C "低レベル広帯域信号を正確に測定するためのプロービングと接続のテクニック" を参照．

図8.30 電源オフ時の図8.26の回路出力につないだ，掃引幅500MHzのHP4195Aスペクトラム・アナライザのノイズ・フロア

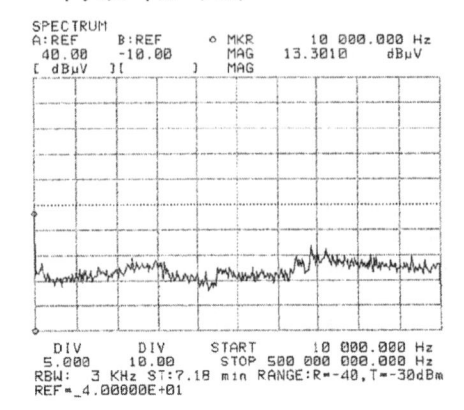

図8.31 図8.26の回路の電源オン時の出力ノイズは，掃引幅500MHzのスペクトラム・アナライザではノイズ・フロアに隠れて検出できない．

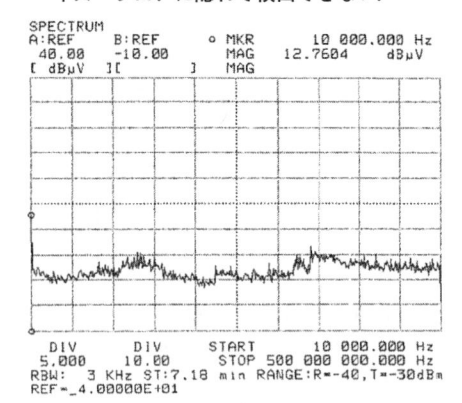

図8.32 リニア・レギュレータを追加すると掃引幅を1MHzにしても40kHzの基本波によるノイズ成分は見えなくなる．

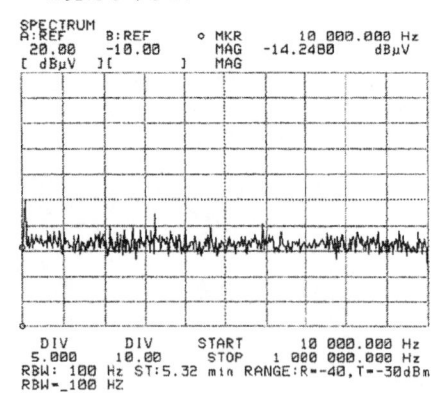

図8.33 電源を切ることで，図8.32の測定がスペクトラム・アナライザの性能で制限された結果であることが証明できる．表示結果は，図8.32の回路で電源をオンにして測定したデータと同一であった．

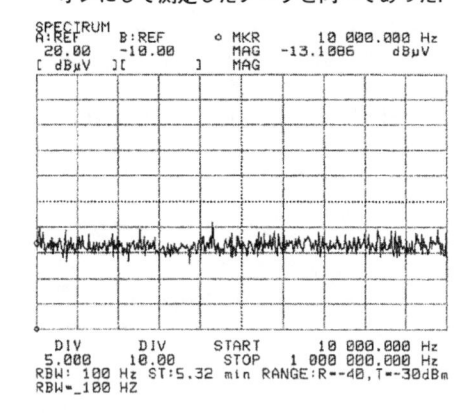

側の追加のフィルタを取り除くと（図8.29）リニア・レギュレータが影響しているノイズとスイッチング・スパイクが大きくなりますが，それでもノイズは$300\mu V_{p-p}$以下です．

　図8.5の回路の場合のように，スペクトラム・アナライザによる測定は計測器による限界に制限されます．図8.30は，電源の入っていない図8.26の回路出力を測定したときの，掃引幅500MHzにおけるノイズ・フロアを示しています．図8.31の測定では，回路は動作中ですが，アナライザの出力はノイズに埋もれ，電源が入っていない状態と区別がつきません．同様に，図8.32は掃引幅1MHzでの動作時のプロットですが，図8.33でのノイズに埋もれた電源オフのプロットと同一に見えます．リニア・レギュレータが追加で接続されてい

て40kHzの基本波成分は検出されていません．図8.5の回路はリニア・レギュレータを付けていないので，40kHzの基本波の残留ノイズが図8.15(b)のように観測されました．

バッテリ駆動回路

　携帯機器用として使うには，バッテリ動作が基本です．図8.34は，図8.5の回路と似ていますが，最小2.7V（つまりニカド電池3本）から動作して，12Vを出力する回路です．ほとんどのDC-DCコンバータには真似のできないことですが，この設計では高速な16ビットA-Dコンバータを駆動しても，ノイズによる誤差が発生しません．Appendix Kは，少し自慢気に聞こえそうなこの主

図8.34 ニカド電池3本から5Vを供給する回路であり，広帯域の出力ノイズは100μVしかない．このコンバータで16ビットA-Dコンバータを駆動しても，出力ノイズが誤差になることはない(Appendix Kを参照).

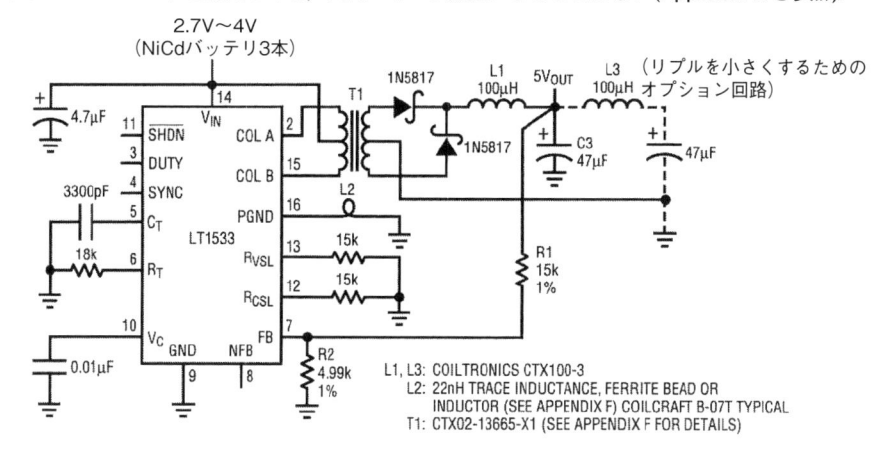

図8.35 この回路は3本のニカド電池で動作し，9V電池の代用になる．出力ノイズは100μV以下.

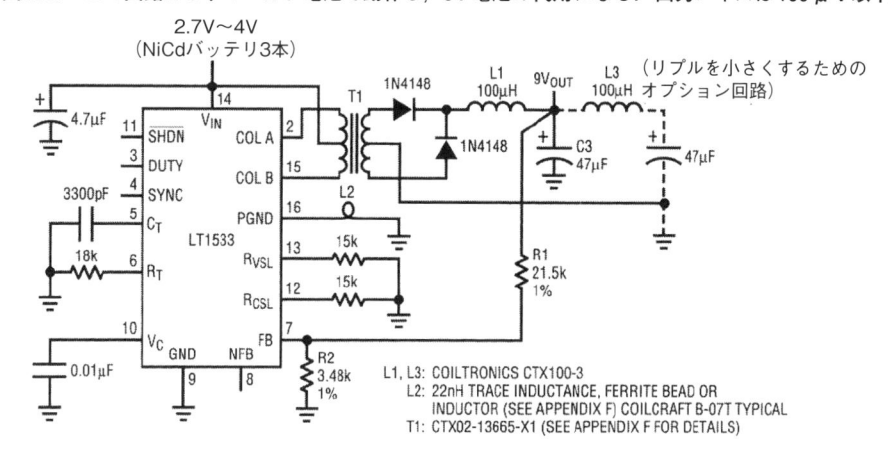

張について，納得していただける証明になっています．

図8.35の回路も同様に，3本のニカド電池で動作して，9Vを出力します．この設計で出力ノイズ100μVを達成しているので，9V電池と同等であると言えます．

性能の向上

場合によっては，LT1533の性能をさらに向上させたい場合があるかもしれません．一般には，回路を追加するとともに，ある性能を向上させるために，別の面で性能的に妥協する必要が生じるかもしれません．

低待機時電流レギュレータ

LT1533の待機時電流は，約6mAです．図8.36の回路では，デバイスをオン-オフ制御のループ内に入れることで，100μAに減少させています．この制御ループが通常の誤差増幅器の代わりになり，ループの動作により，ICをシャットダウン状態を出たり入ったりさせて，電圧の安定化を実現しています．

バースト・モードはリニア・テクノロジー社の商標です．

コンパレータC_1は出力を分圧したものと内部基準電圧を比較して，レギュレータのシャットダウン・ピンをバイアスします．ループのヒステリシス特性は，出力のLC部品の位相遅れ（つまり，時間遅れ）を利用して得ています．通常の連続的に閉じているループでは，この位相遅れは最小に抑え，補償する必要があります．この場合では，それが必要なヒステリシス制御特性をもたらします．

図8.36 ヒステリシス特性を利用した"バースト・モード"ループは，100μAの非常に低い待機時電流と低出力ノイズを両立させる．

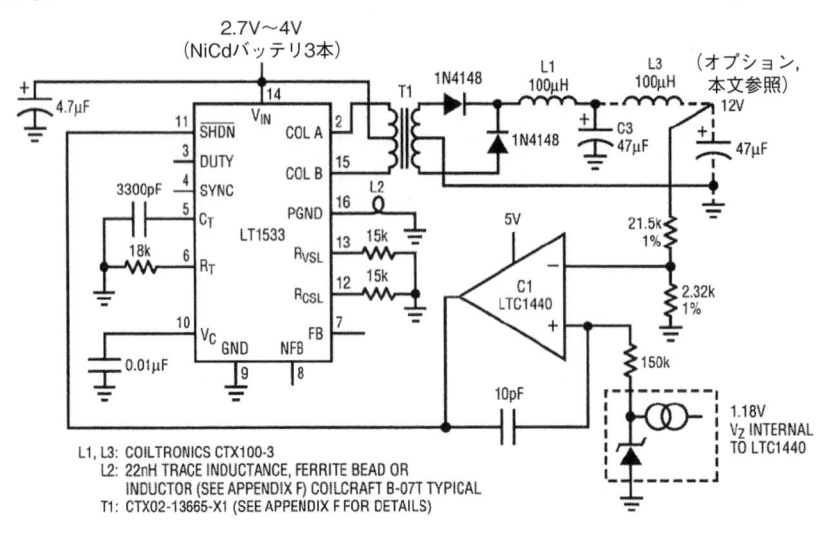

図8.37 低待機時電流コンバータの動作波形．コンパレータ出力(波形A)はLT1533をオンに(波形B)することで，出力電圧を上昇させる．出力ノイズを見るとLCのリンギング(波形C)が見えるが，高周波成分は無視できる程度である．

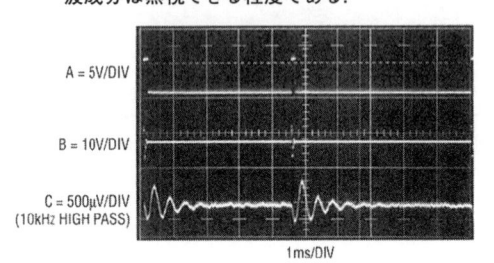

C_1での局所的な交流での正帰還により，きれいなスイッチングが実現されます．図8.37は，動作中のループ特性です．回路出力が安定化点よりも下がると，C_1の出力(波形A)は"H"になります．これにより，レギュレータがイネーブルになり，バースト状にトランスに出力を駆動します(波形B)．出力は再び上昇し，C_1は次のサイクルまで"L"になります．C_1が"L"の期間では，レギュレータはシャットダウンされた状態になります．

これにより，極めて低い待機時電流が実現されます．ループによるオン-オフ制御が原因となり，回路のLCタンク回路にリンギングが起きます．波形Cは600μVのピークを見せていますが，広帯域のノイズ成分は見られません．

高入力電圧レギュレータ

LT1533はICの製造プロセスにより，コレクタ降伏電圧が30Vに制限されます．厄介なことに，プッシュプルのトランスの振幅は供給電圧の2倍に達します．したがって，許容できる最大の電源電圧は15Vということになります．より高い電圧を入力とするアプリケーションは無数にあり，図8.38の回路ではこのような高電圧を扱えるように，カスコード接続[注14]により出力段を構成しています．

この24V-50Vコンバータは前述の回路を思い起こさせますが，Q_1とQ_2が追加されています．これらはICとトランスの間に入って，カスコード接続された高電圧段を構成します．これで電圧ゲインが得られていて，またこれらのトランジスタのコレクタが大振幅で振られても，ICはそれから切り離されるわけです．通常，

注14："カスコード"という用語は，もともと"真空管のカソードへのカスケード接続"から生まれたもので，能動素子を直列にした回路構成を呼ぶのに用いられる．その利点は，より高い降伏電圧，入力容量の減少，帯域幅の改善などがある．カスコード接続は，OPアンプ，電源，オシロスコープ，その他の性能を向上させたい分野で用いられている．この言葉の起源がはっきりしないので，その発明者と著作を確認された読者がおられれば，先着一名様にシャンパンをお贈りしたいと思います．

図8.38 50V出力の低ノイズ・レギュレータ. カスコード接続されたバイポーラ・トランジスタがトランスによる60Vの振幅に対応して, 24V(20Vから30V)を入力として電源動作をする.

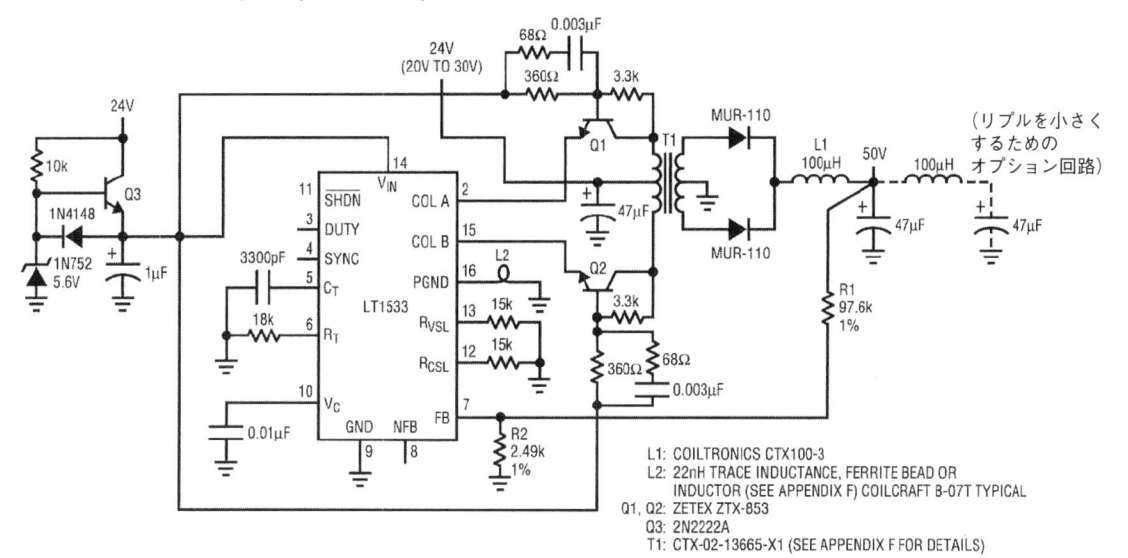

図8.39 カスコード接続を通じて瞬時電圧と電流変化の情報が伝達されることで, LT1533 は低ノイズ出力を維持する. 波形AはQ1のエミッタ, 波形Bはベース, 波形Cはコレクタである. トランスのリンギングによりカスコードの動作が見にくくなっているが, 波形を忠実に伝達している. 出力ノイズ(波形D)は 100μV.

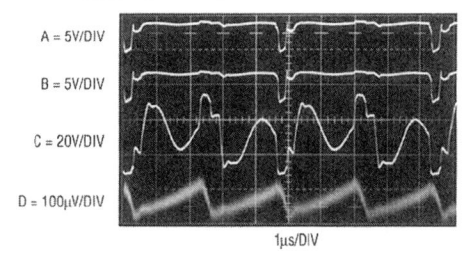

高電圧カスコードは単純に電圧のアイソレーションをとるために使われます. LT1533をカスコードで使う場合は, トランスの瞬時の電圧と電流の情報を小さい振幅であっても, 正確にLT1355に伝達しなければならないので, 特別に注意を払う必要があります. これがうまくできないと, レギュレータのスルーレート制御が働かず, 出力ノイズが激増します. Q_1-Q_2のベース・コレクタ間のバイアスをしている, 補償要素の分圧器がその役目をしています. Q_3とその周囲の部品が分圧器に安定なDCの電位を与えています.

図8.39は, Q_1の動作波形(Q_2は位相が反転していることを除けば, Q_1と同じ)を示しています. 波形AはQ_1のエミッタで, 波形Bと波形Cは順にベースとコレクタになります. トランスT_1によるリンギングによりわかりにくいのですが, 波形は形を保ったままカスコード接続を伝わっていて, それが確認できます. およそ100μVピークである波形Dの出力ノイズ電圧が, さらにその証明になります.

24V～5Vを出力する低ノイズ・レギュレータ

図8.40は, 図8.38の回路のカスコード構成を発展させて, ステップダウン・コンバータに適用したものです[注15]. 20Vから50Vの範囲の入力電圧を, 5V/2A の出力に変換します. Q_3とQ_4が, レギュレータのV_{IN}ピンを高い入力電圧から守ります. カスコード接続により, 100Vに達するトランスの発生電圧に対応しなくてはなりません.

この例では, 分圧器による手法はそのまま残していますが, Q_1とQ_2にはMOSFETを用いています. ゲートのR-Cによるダンピング回路が, トランスの電圧スイングがゲート容量を介して, カスコード接続で伝達

注15: この回路は, LT社のJeff Wittによる設計をもとに開発したものである.

図8.40 低ノイズの24V(20V INから50V IN)から5Vを出力するコンバータ．カスコード接続したMOSFETが100Vのトランスの電圧振幅に対応して，LT1533が5V 2Aの出力を制御できるようにしている．

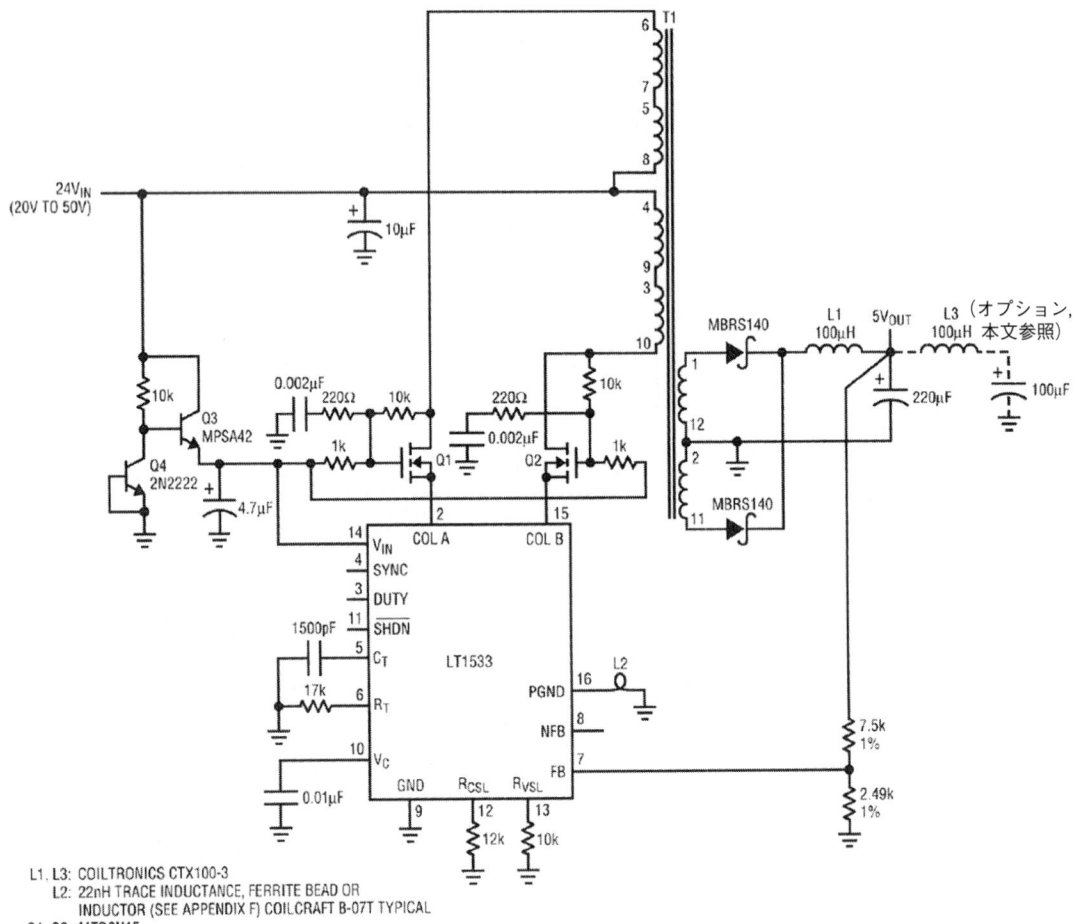

L1, L3: COILTRONICS CTX100-3
L2: 22nH TRACE INDUCTANCE, FERRITE BEAD OR INDUCTOR (SEE APPENDIX F) COILCRAFT B-07T TYPICAL
Q1, Q2: MTD6N15
T1: COILTRONICS VP4-0860

図8.41 MOSFETを使ったカスコード接続により，レギュレータは低ノイズの5V出力を維持したうえ，100Vのトランスの電圧振幅を制御している．波形AはQ₁のソース，波形Bはゲート，波形Cはドレイン．波形が忠実にカスケード接続を伝達させることで，正常なスルーレートの制御動作が可能になっている．

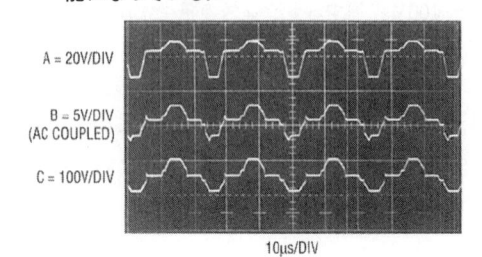

される波形を乱すことを防ぎます．図8.41は100Vの電圧振幅があっても，カスコードが忠実な波形を伝達していることを示しています．波形AはQ₁のソースで，波形Bはゲート，波形Cはドレインです．この条件で，出力2Aでのノイズは400μVピークに収まりました．レギュレータに過大な入力電圧がかからないよう，Q₃とQ₄が保護していることに注目してください．

5V～12V出力の 10W低ノイズ・レギュレータ

図8.42は，レギュレータの1Aの出力能力を5A以上に拡大した回路です．ここでは，単純にQ₁とQ₂のエミッタ・フォロアを使って実現しています．理論的

図8.42 10W出力の5Vから12Vを出力する低ノイズ・コンバータ．LT1533の電圧と電流のスルーレート制御を維持しながら，Q₁とQ₂により5A出力の能力が得られる．効率は68％．高い入力電圧ではフォロアでの損失が減り，効率は約71％に上昇する．

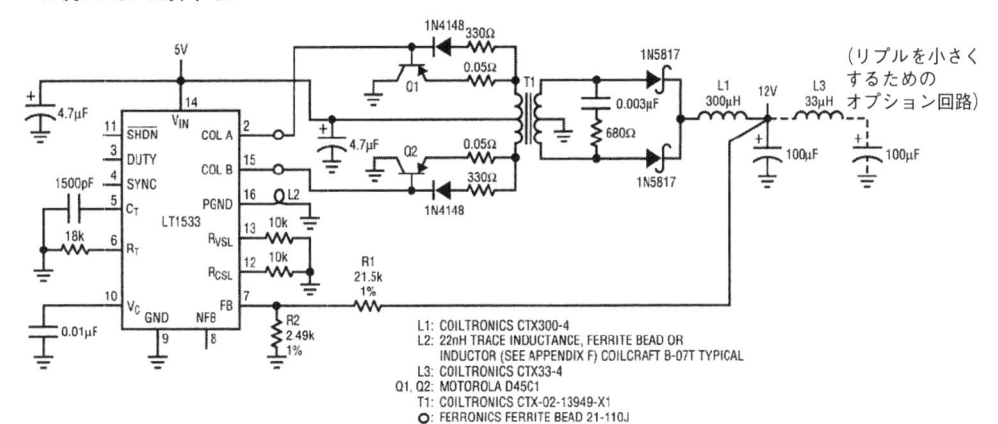

L1: COILTRONICS CTX300-4
L2: 22nH TRACE INDUCTANCE, FERRITE BEAD OR INDUCTOR (SEE APPENDIX F) COILCRAFT B-07T TYPICAL
L3: COILTRONICS CTX33-4
Q1, Q2: MOTOROLA D45C1
T1: COILTRONICS CTX-02-13949-X1
○ FERRONICS FERRITE BEAD 21-110J

には，フォロアはトランスT_1の電圧と電流波形の情報を維持するので，LT1533のスルーレート制御回路が動作するはずです．実際には，このトランジスタには電流増幅率が比較的小さいものを使う必要があります．

コレクタ電流が3Aでは，電流増幅率20のトランジスタならQ_1とQ_2のベースに約150mAが流れて，これがスルーレート制御ループの動作にちょうどよいレベルになります[注16]．フォロアの損失が制約となって，効率は約68％になります．入力電圧が高くなると，フォロアが原因となる損失を減少させ，70％台のはじめに効率がよくなります．

図8.43は，ノイズ性能を示したものです．一段のLCフィルタを使った場合で，リプル電圧（波形A）は4mVと読み取れますが，高い周波数成分は見えるかどうかのレベルです．もう一段のLCフィルタを追加すると，リプルは波形Bのように$100\mu V$以下になり，高い周波数成分は$180\mu V$以内です（注：50倍にスケールが拡大されている）．

7500V耐圧の絶縁低ノイズ電源

性能向上の最後の例は，非常に高い電圧での絶縁です．これは，高いコモン・モード電圧に回路が耐えなくてはならない場合に，しばしば必要になります．

注16：エミッタ・フォロアのベース電流からスルーレート制御ループを動作させる着想は，LT社のBob Dobkinの指摘による．

図8.43 図8.42の回路の10W出力での波形．波形Aはわずかに見える高い周波数の残留ノイズと基本波のリプル．オプションのLCフィルタを追加すると，波形Bのように180μVp-pの広帯域ノイズ性能が得られる．

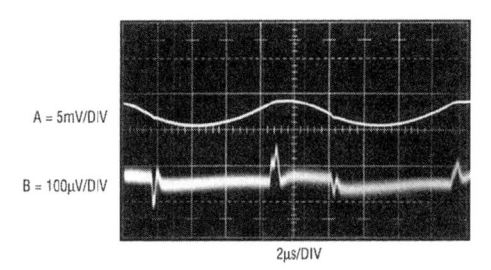

A = 5mV/DIV
B = 100μV/DIV
2μs/DIV

図8.44は，図8.25の絶縁電源の回路に似ていますが，違いは降伏電圧が7500Vピークという性能があることです．トランスとフォト・カプラを変更して，これを達成しています．それ以外の動作と性能の特性は，図8.25の回路と同じです．

注：このアプリケーション・ノートは，EDNマガジンに掲載したオリジナル記事から生まれたものです．

◆参考文献◆

(1) Shakespeare, William, "空騒ぎ" II, i, 319, 1598-1600
(2) Williams, Jim, "Design DC/DC Converters to Catch Noise at the Source," Electronic Design, October 15, 1981, page 229.
(3) Williams, Jim, "Conversion Techniques Adapt

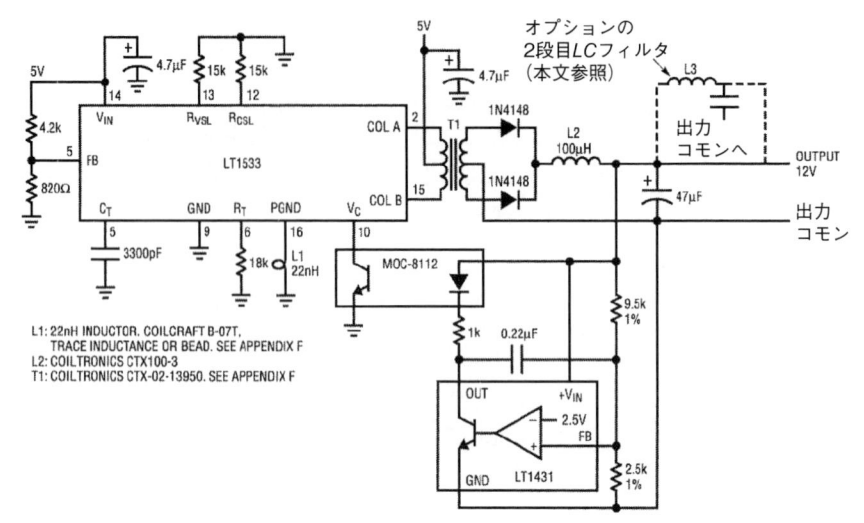

図8.44 図8.25の回路の7500V絶縁版．トランスとフォト・カプラを変更して，絶縁とノイズ性能を改善した．回路動作は前の例と同様．

Voltages to Your Needs," EDN, November 10, 1982, page 155.

(4) Tektronix, Inc. "Type 535 Operating and Service Manual," CRT Circuit, 1954.

(5) Tektronix, Inc. "Type 454 Operating and Service Manual," CRT Circuit, 1967.

(6) Tektronix, Inc. "7904 Oscilloscope Operating and Service Manual," Converter-Rectifiers, 1972.

(7) Hewlett-Packard Co. "1725A Oscilloscope Operating and Service Manual," High Voltage Power Supply, 1980.

(8) Arthur, Ken, "Power Supply Circuits," High Voltage Power Supplies, Tektronix Concept Series, 1967.

(9) Williams, Jim and Huffman, Brian, "Some Thoughts on DC/DC Converters," Low Noise 5V to -15V Converter and Ultralow Noise 5V to -15V Converter, pages 1 to 5, Linear Technology Corporation Application Note 29, 1988.

(10) Williams, Jim and Huffman, Brian, "Precise Converter Designs Enhance System Performance," EDN, October 13, 1988, pages 175 to 185.

(11) Tektronix, Inc. "Type 1A7A Differential Amplifier Instruction Manual," Check Overall Noise Level Tangentially, pages 5-36 and 5-37, 1968.

(12) Williams, Jim, "High Speed Amplifier Techniques,"

Linear Technology Corporation Application Note 47, 1991.

(13) Witt, Jeff, "The LT1533 Heralds a New Class of Low Noise Switching Regulators," Linear Technology, Vol. VII, No. 3, August 1997, Linear Technology Corporation.

(14) Morrison, Ralph, "Noise and Other Interfering Signals," John Wiley and Sons, 1992.

(15) Morrison, Ralph, "Grounding and Shielding Techniques in Instrumentation," Wiley-Interscience, 1986.

(16) Sheehan, Dan, "Determine Noise of DC/DC Converters," Electronic Design, September 27, 1973.

(17) Hewlett-Packard Co. "HP-11941A Close Field Probe Operation Note," 1987.

(18) Terrien, Mark, "The HP-11940A Close Field Probe: Characteristics and Application to EMI Troubleshooting," RF and Microwave Symposium, available from Hewlett-Packard Co.

(19) Pressman, A.I., "Switching and Linear Power Supply, Power Converter Design," Hayden Book Co., Hasbrouck Heights, New Jersey, 1977.

(20) Chryssis, G., "High Frequency Switching Power Supplies, Theory and Design," McGraw Hill, New York, 1984.

Appendix A 低ノイズDC-DCコンバータの歴史

バッテリが低ノイズの電源であるのは何故でしょう？60Hzの交流電源から電力を得ているのに，リニア・レギュレータが低ノイズ出力なのは何故でしょう？

多くの素朴な質問に，よく考えて答えを見つけようとすると，驚くような発見が得られます．それらの電源は，高調波成分のエネルギが小さいので，出力ノイズが低いのです．60Hzの基本周波数の交流で動作する電源は，ある程度の高調波を出しますが，1kHzまで届

かずに電力エネルギは非常に小さくなります．電池ではさらに高周波成分は少なくなります．

この結論から，低ノイズのDC-DCコンバータを設計する方針が定まります．もし目標が低ノイズであるなら，鍵となるのは高調波エネルギ，特に広帯域ノイズを低減することになります．汎用に使えるICに適用するにはより詳細な検討が必要ですが，このガイドラインではシンプルにLT1533の動作に絞って解説します．

● 歴史

出力ノイズを下げるために，DC-DCコンバータの高調波を減らすことが着目されたのは，最近のことではありません．オシロスコープでは，性能を損なわずにCRTのビーム加速用の高電圧を発生するために，この技術を使ってきました．帯域500MHzにおよぶ高感度の垂直軸アンプに影響を与えずに，10,000ボルトもの電圧を出力するDC-DCコンバータを設計することは大変です．

図8.A1に示すのは，テクトロニクス 454オシロスコープのCRT用DC-DCコンバータです．Q_{1430}は変形ハートレー発振器で，トランスT_{1430}を駆動しています．T_{1430}の出力は，ダイオードとコンデンサで構成された3倍圧整流回路で昇圧されて，12,000Vを出力します．Q_{1414}のところで，フィードバック電圧が，75Vから作られた基準電圧と比較されて，発振器への電圧安定化ループが閉じられています．

正弦波によりトランスを駆動すると（図中の波形を参照），高調波成分が少ないために伝導ノイズも輻射ノイズも低くなります．この方法では，Q_{1430}が線形領域で動作するので，効率はあまりよくなりませんが，125Wを消費する測定器としては我慢できる範囲です．テクトロニクス 7000シリーズ・オシロスコープでは，装置全体の電力を共振型のオフライン・コンバータで供給しています．CRTの高電圧については，前と同様に別回路によって生成されています[注1]．

図8.A2はテクトロニクス 7904のコンバータ回路の一部で，Q_{1234}とQ_{1241}の駆動系に接続されている，L_{1237}とC_{1237}による直列共振回路が示されています．これにより，Q_{1234}とQ_{1241}には方形波が印加されながら，トランスT_{1310}は正弦波で駆動されます．図には含まれていませんが，制御ループはこの回路部分にかけられていて，動作点を安定化しています．このように，共振を利用してトランスを正弦波で駆動することで，低ノイズと良好な効率を両立させています．

もう少し汎用的な例として，LTC Application Note29の回路があります．図8.A3は，そのApplication Noteの図4の一部で，OPアンプA_1で構成された正弦波発振器が，A_3およびQ_2からQ_6で構成される電力アンプを駆動しています．出力トランスであるL_3は電圧を上げて，後続のリニア・レギュレータに供給していますが，この図には含まれていません．この力技的な方法で，非常に低いノイズ性能を実現していますが，回路が複雑化し効率もよいとは言えません．Q_4とQ_5は線形領域で動作するので相当の電力を消費し，効率は30%です．

図8.A4の方法は，同様にApplication Note29の図1から引用したもので，効率が改善されています．この回路図は一部分ですが，100Ωの抵抗と$0.003\mu F$のコンデンサにより，波形の変化エッジを遅くしてソース・フォロアがドライブされている部分です．これにより，トランジスタの遷移速度が遅くなり，高調波が少なくなり低ノイズになります．

あいにくドライブの回路は複雑で，やや柔軟性に欠けていて，トランジスタを完全にオン・オフするにはブートストラップで電圧源を作る必要があります．さらに，トランスを変更した場合は効率とノイズ特性が良くなるように，駆動系を変更する必要があります．最後に付け加えると，ここではトランジスタにおける動的な電圧と電流は受動的に決まり，十分制御されているとは言えません．

一方，LT1533では帰還ループを出力段にかけて，電圧と電流のスルーレートを厳格に制御します[注2]．これにより，様々な回路と磁性部品を利用することが容易になり，本当に応用の広い解決方法であると言えます．さらに詳しいLT1533の動作については，本文の図8.3と関連する項目を参照してください．

注1：副次的な利点として，メイン・トランスに複雑で費用のかかる高電圧巻き線を設ける必要がなくなり，長い高電圧の配線を引き回すことも不要となり，加えてサイズと重さが削減できることがある．
注2：特許出願中．

図8.A1 テクトロニクス454のCRT回路では，低ノイズDC-DCコンバータのために正弦波で駆動している．Q_{1430}が線形領域で動作するため，効率はよくない．

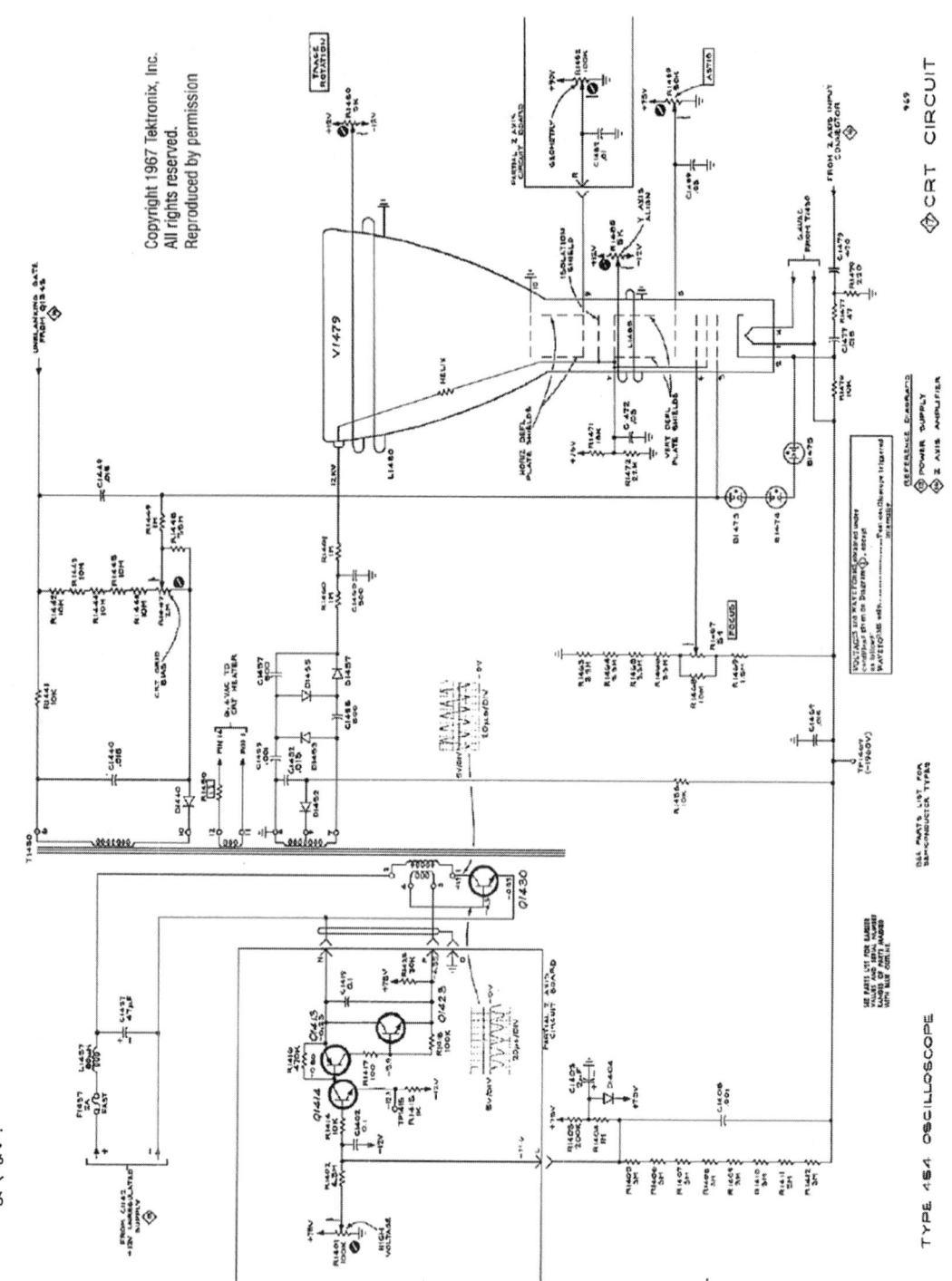

Appendix A 低ノイズDC-DCコンバータの歴史 221

図8.A2 テクトロニクス 7904 メイン・インバータは，Q_{1234} と Q_{1241} による方形波による駆動電力を，L_{1237}-C_{1237} の共振回路により正弦波に変換することで，低ノイズを達成している．出力トランスは，低ノイズ電力を良好な効率で発生する．この手法は，特定アプリケーション向きで柔軟性には難がある．

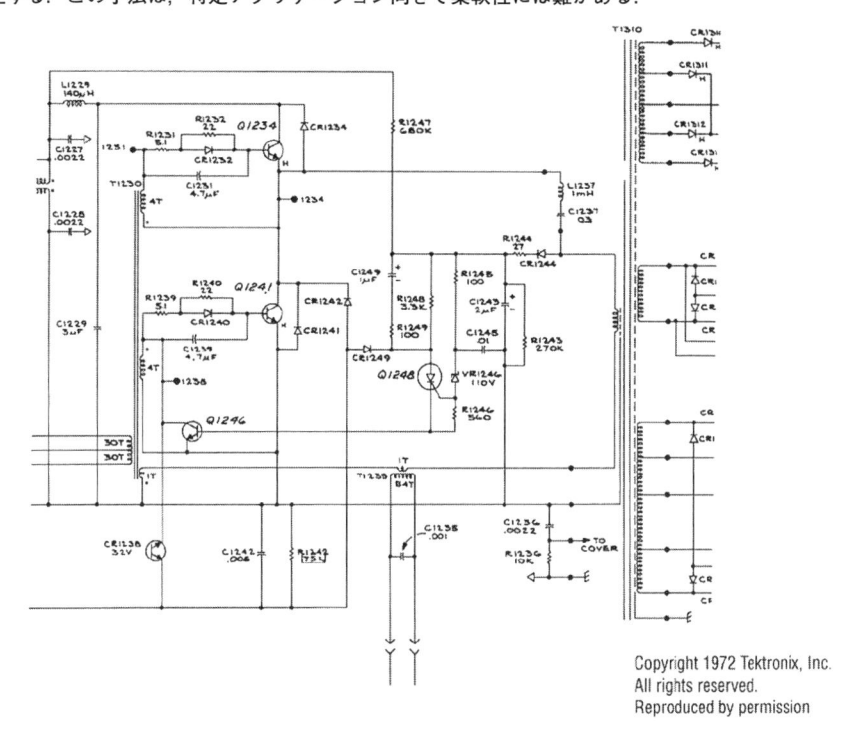

図8.A3 LTC Application Note29に収録されている正弦波を使用するDC-DCコンバータ回路．出力ノイズは低いが，回路が複雑であり効率もよくない．

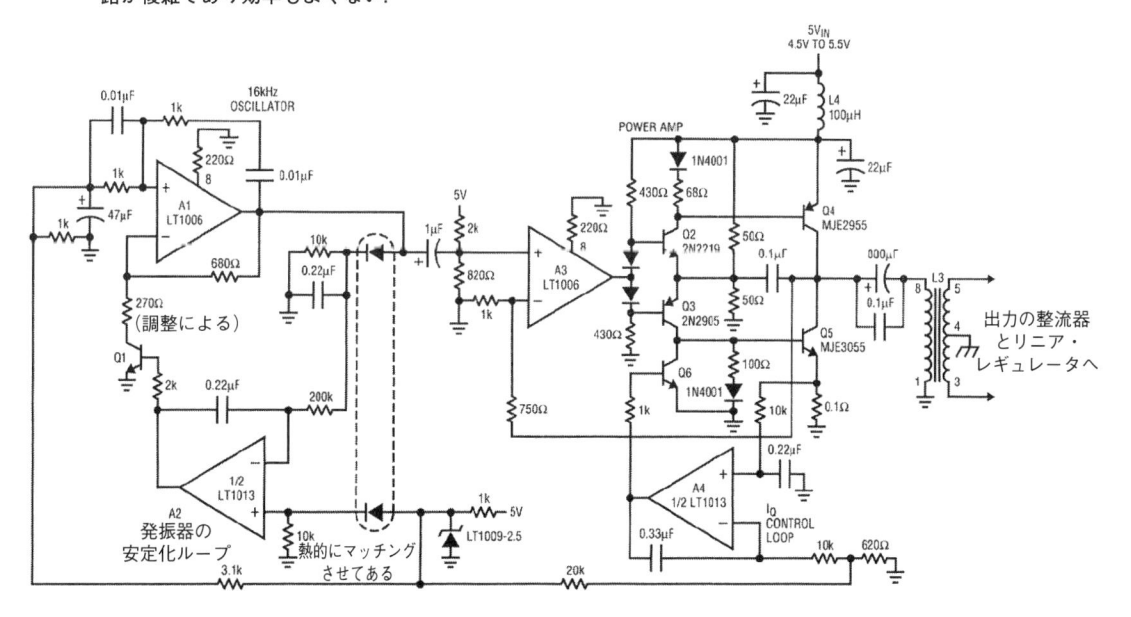

図8.A4 LTC Application Note29の回路で低ノイズと良好な効率を実現するために，ドライブ波形のエッジに傾きを付加する回路．ゲートのドライブ回路は複雑で制御も十分ではなく，応用には問題がある．

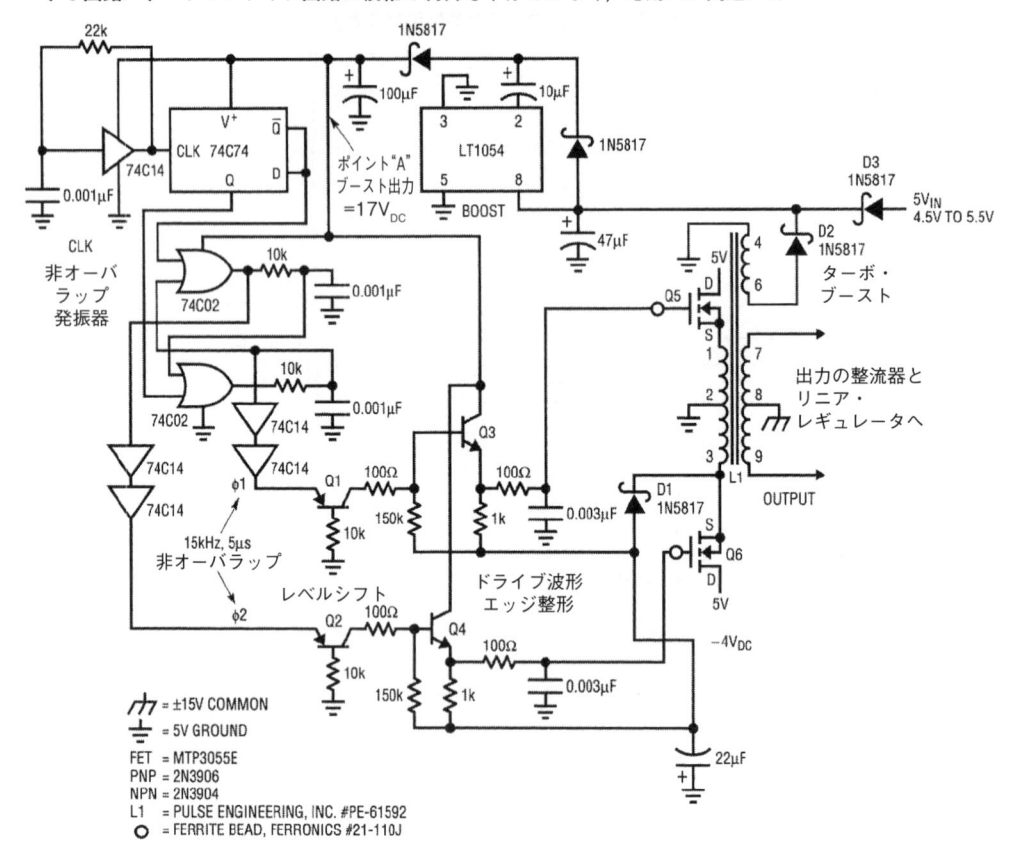

Appendix B　いわゆるノイズを規定し，測定する

　スイッチング・レギュレータ出力の不要な成分は，一般的にノイズと呼ばれます．高速なスイッチングによる電力供給は，高い効率を達成すると共に，広帯域の高調波のエネルギも発生させます．この好ましくないエネルギは，輻射成分と伝導成分，それとノイズとして現れます．実際のところ，スイッチング電源の出力ノイズは本来のノイズとは全く異なります．レギュレータのスイッチングに直接起因する，コヒーレントで高い周波数の残留成分です．残念ながら，これらの寄生成分をノイズと呼ぶことが世間一般の慣習になってしまっているので，正確さに欠けますが，ここでもそれを踏襲します[注1]．

● ノイズを測定する

　スイッチング・レギュレータの出力ノイズを規定する方法は，それこそ数え切れないほどあります．産業界でもっとも一般的な方法は，20MHz帯域[注2]でのP-P値で規定するものです．現実には，20MHz以上の周波数のエネルギでも電子機器は簡単に誤動作するので，帯域を制限しても誰の利益にもなりません[注3]．これらを考慮すると，P-P値のノイズを100MHz帯域で規定するのがよさそうです．この帯域における信頼できる低レベル測定装置では，慎重に計測方法を選び，接続方法を試すことが必要です．

注1：ざっくばらんに言えば，やっつけるのが無理なら，仲間になっちまえ…である．
注2：あるDC-DCコンバータのメーカは，20MHz帯域でRSMノイズを規定しているが，これは不誠実を通り越していてコメントに値しない．
注3：もちろん，この方法で規定したがる電源メーカの代弁者を別にしてであるが．

図8.B1 100MHzの帯域幅における確認テスト用のセットアップ．広帯域での正確な信号伝送のために同軸接続を用いていることに注意．

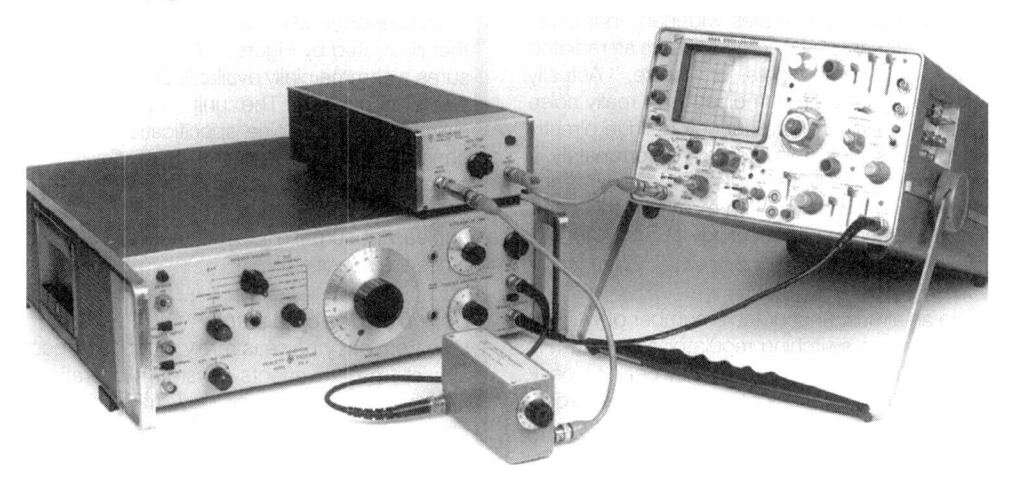

図8.B2 テスト用セットアップの帯域を確認するために，サブナノ秒パルス・ジェネレータと広帯域アッテネータにより高速なステップ波形を作る

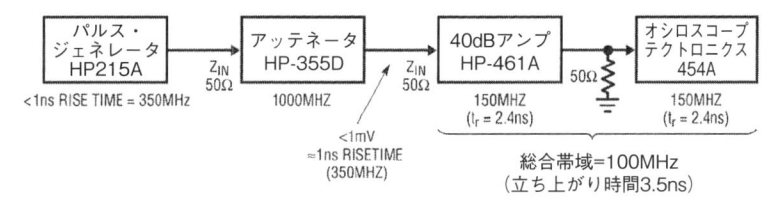

```
パルス・          アッテネータ         40dBアンプ         オシロスコープ
ジェネレータ  Z_IN               Z_IN              テクトロニクス
HP215A        50Ω  HP-355D    50Ω  HP-461A    50Ω  454A
<1ns RISE TIME = 350MHz  1000MHZ        150MHz           150MHz
                         <1mV           (t_r = 2.4ns)    (t_r = 2.4ns)
                      ≈1ns RISETIME
                        (350MHZ)
                                      総合帯域=100MHz
                                     (立ち上がり時間3.5ns)
```

　我々の研究はテスト用の測定器の選択と，その帯域とノイズを確認することから始まります．これには，図8.B1に示されるセットアップが必要になります．図8.B2に，信号の流れを示しました．パルス・ジェネレータは立ち上がり時間がサブナノ秒のステップ波形を発生し，それはアッテネータに入って1mV以下のステップ信号になります．アンプには40dBのゲインを持たせ（$A = 100$），その出力をオシロで観測します．このカスケード接続した部分の帯域幅は，およそ100MHz（立ち上がり時間 t_{rise} = 3.5ns）になり，図8.B3でもそれが確認できます．図8.B3の波形は，3.5nsの立ち上がり時間とおよそ100μVのノイズを示しています．ノイズは，アンプの50Ωのノイズ・フロアで制限されます[注4]．

　図8.B4は，本文の図8.5の回路の出力ノイズで，スイッチング・ノイズが見えるかどうかの（縦軸の目盛り4, 6, 8あたり）状況です．基本波によるリプルは，同じノイズ・フロアでもより明瞭に見えています．帯域制限は10MHz（図8.B5）で，ノイズ・フロアが減少しますが，スイッチング・ノイズもリプルも振幅が変わりません．これにより10MHz以上に信号のエネルギがないことがわかります．帯域幅を減らしてさらに測定することで，含まれている一番高い周波数成分がわかります．

　測定の帯域幅の重要性は，図8.B6から図8.B8でさらに確認することができます．図8.B6は，市販のDC-DCコンバータを1MHz帯域幅で測定したものです．この電源は，仕様書の5mV$_{p-p}$の性能にあっていることがわかります．図8.B7では，帯域を10MHzに広げました．スパイクの振幅が大きくなって6mVp-pで，

注4：観測されたP-P値のノイズは，オシロスコープの輝度調整に多少影響される．参考文献(11)では，測定値を正規化する方法について述べている．

224　第8章　出力ノイズが100μVのモノリシック・スイッチング・レギュレータ

図8.B3 オシロスコープの画面で，テスト用セットアップの100MHz帯域(立ち上がり時間3.5ns)を確認する．ノイズのベース・ラインはアンプの50Ωのノイズ・フロアによる．

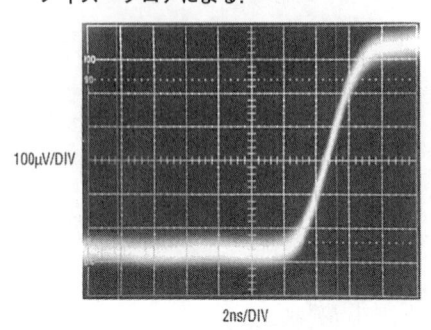

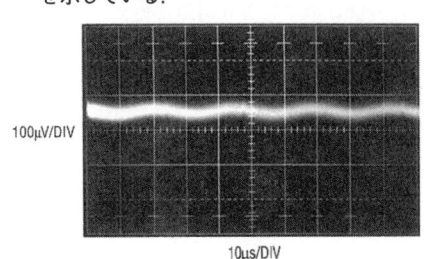

図8.B6 市販のスイッチング・レギュレータの出力ノイズを1MHzの帯域で見たもの．仕様の5mV$_{p-p}$を満たしているように見える．

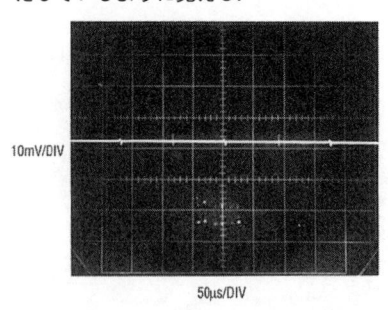

図8.B4 本文の図8.5の回路の出力のスイッチング・ノイズは100MHz帯域ではちょうど見える程度．

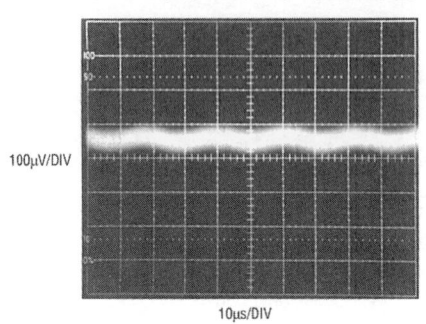

図8.B7 図8.B6のレギュレータのノイズを10MHz帯域で見たもの．6mV$_{p-p}$のノイズは仕様の5mV$_{p-p}$を超えている．

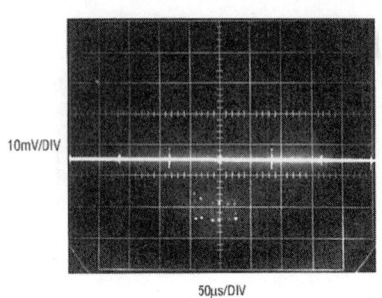

図8.B5 10MHz帯域で測定し直したもの．スイッチング・ノイズに変化は見えず，帯域がちょうどよいことを示している．

図8.B8 図8.B7の広帯域での観測では，仕様の6倍となる30mV$_{p-p}$のノイズとなった！

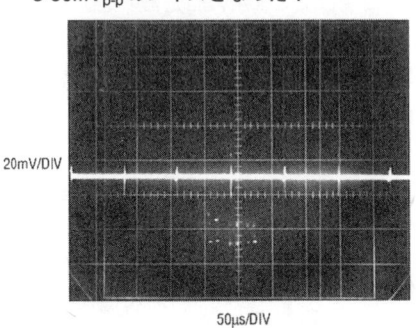

1mVほどスペックを超えています．図8.B8の帯域を50MHzにした測定結果には唖然としました．スペックを6倍超える30mVp-pのスパイク・ノイズが検出されてしまいました[注5]．

● 低周波数ノイズ

　低い周波数のノイズが問題になることはめったにありません．これは，システムの動作に影響することが稀だからです．本文の図8.5に示した回路の低周波ノイズを図8.B9に再掲しました．低周波ノイズは，制御ループの帯域のロールオフを調整して減らすことができます（例えば，本文の図8.5の回路の抵抗R_1にコン

注5：買った人の責任である．

図8.B9 標準の周波数補償における1Hzから3kHz帯域のノイズ．ノイズの電力のほとんどは1kHz以下．

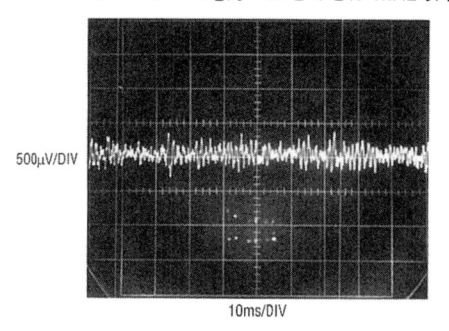

図8.B10 測定帯域を100MHzに広げた場合でも，低周波ノイズがより小さくなるようにフィードバックに進み位相補償を入れた．

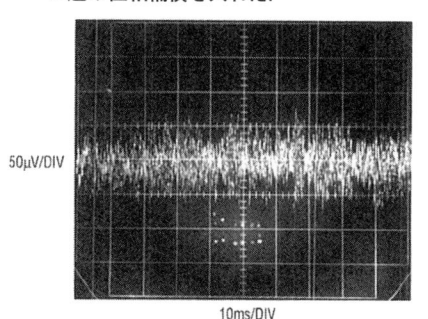

図8.B11 使用可能な高感度，低ノイズ・アンプの例．帯域幅，感度，入手性などを考慮して選択．

計測器タイプ	メーカ	モデル番号	帯域	最大感度/ゲイン	入手性	コメント
アンプ	ヒューレット・パッカード	461A	150MHz	Gain=100	中古品	50Ω入力，単体動作
差動アンプ	テクトロニクス	1A5	50MHz	1mV/div	中古品	500シリーズ・プラグイン
差動アンプ	テクトロニクス	7A13	100MHz	1mV/div	中古品	7000シリーズ・プラグイン
差動アンプ	テクトロニクス	11A33	150MHz	1mV/div	中古品	1100シリーズ・プラグイン
差動アンプ	テクトロニクス	P6046	100MHz	1mV/div	中古品	単体動作
差動アンプ	Preamble	1855	100MHz	Gain=10	生産中	単体動作，帯域設定可
差動アンプ	テクトロニクス	1A7/1A7A	1MHz	10uV/div	中古品	500シリーズ・プラグイン，帯域設定可
差動アンプ	テクトロニクス	7A22	1MHz	10uV/div	中古品	7000シリーズ・プラグイン，帯域設定可
差動アンプ	テクトロニクス	5A22	1MHz	10uV/div	中古品	5000シリーズ・プラグイン，帯域設定可
差動アンプ	テクトロニクス	ADA-400A	1MHz	10uV/div	生産中	オプションの電源を使い単体動作，帯域設定可
差動アンプ	Preamble	1822	10MHz	Gain=100	生産中	単体動作，帯域設定可
差動アンプ	スタンフォード・リサーチ	SR-560	1MHz	Gain=50000	生産中	単体動作，帯域設定可，バッテリ・AC動作選択可

デンサ0.68μFをつけて，V_cピンのコンデンサを2000pFにする）．それを施した結果である図8.B10では，測定帯域が広くなったにもかかわらず，およそ5倍の改善が見られます．これによるデメリットは，ループ帯域が狭くなり，過渡応答が遅くなることです．

● プリアンプとオシロスコープの選定

ここで述べるような低レベル測定では，オシロスコープの前にプリアンプを接続する必要があります．現在のオシロスコープには，古い世代の製品と違い，2mV/div以上の感度を持ったものがほとんどありません．図8.B11は，ノイズ測定に適した代表的なプリアンプと，オシロスコープのプラグイン・ユニットです．これらのユニットは，広帯域，低ノイズ性能を誇ります．

これらの測定器の多くが，すでに生産されていないことに注意がいります．これは，アナログ測定の能力よりも，ディジタル式の信号取り込みに重点が置かれる現在の計測のトレンドに沿った状況なのです．

波形観測に使うオシロスコープは適切な帯域幅をもち，画面の輝線は最高のシャープさを備えているべきです．二つ目の点については，高品位のアナログ・オシロスコープにかなうものはありません．その極小にしぼったスポットは，低ノイズの測定に最適です[注6]（訳注：本当に針の先で引いたような輝線に調整でき

注6：我々の調べた中では，テクトロニクス 454, 454A, 547, 556といった装置はよい選択である．それらの生の輝線の表示は，ノイズ・フロアが制約するバックグラウンド中で，小さな信号を明瞭に観測するのに理想的である．

る)．デジタル・オシロスコープでは，デジタイズの曖昧さと，ラスタ・スキャン型の画面からの制約で表示の分解能が損なわれています．多くのディジタル・オシロスコープの画面では，レベルの低いスイッチング・ノイズは表示さえしないでしょう．

Appendix C 低レベル広帯域信号を正確に測定するためのプロービングと接続のテクニック

もしも，信号を接続することで歪みが発生してしまったら，細心の注意を払った実験用基板も無駄になりかねません．回路への接続は，精密な情報を引き出すためには非常に重要なポイントです．低レベルの広帯域信号測定では，信号を計測器につなぐ方法自体に注意が必要になります．

● グラウンド・ループ

図8.C1はAC電源から電力を得ているテスト用装置の間で，グラウンド・ループができてしまった場合の影響を示しています．わずかな電流が各装置の名目上接地されたシャーシ間に流れ，測定された回路の出力に60Hzの揺らぎを付け加えています．

この問題を避けるには，AC電源から電力を得ているすべての装置のグラウンド接続を1箇所のコンセントにまとめてしまうか，すべてのシャーシを同一のグラウンド電位に固定することになります．同様に，シャーシ間の相互接続を通して回路の電流が流れるような状況を作るのは避けなければなりません．

● ピックアップ

図8.C2もまた，ノイズ測定において60Hzが混入した状態を示しています．この場合では，4インチ長の電圧計のプローブを，フィードバックの注入点につないだのが原因でした．テスト目的のための回路への接続箇所は最少にして，リード線を短くしましょう．

● 問題のあるプロービング

図8.C3の写真では，オシロスコープのプローブに取り付けた短いグラウンド・リードが写っています．このプローブは，オシロスコープへのトリガ信号を出すポイントにつながっています．回路の出力ノイズは，写真にあるように同軸ケーブルでオシロにつながれてモニタされます．

図8.C4は，測定結果です．プローブのグラウンド・リードとケーブルのシールドの間にできた基板でのグラウンド・ループが原因となって，過剰なリプルがはっきり画面に現れています．回路へのテスト目的での接続箇所を最小にして，グラウンド・ループができないようにします．

● 同軸線路の誤った取り扱い－「重罪」のケース

図8.C5では，回路出力のノイズをアンプとオシロにつないでいた同軸ケーブルをプローブに取り替えています．短いグラウンド・リードが信号のリターンになります．前回，トリガ用チャネルのプローブに発生していた誤差は取り除かれています．ここで，オシロスコープは非侵襲性の絶縁プローブ[注1]でトリガされて

注1：この点は後で議論するので，先に読み進んで欲しい．

図8.C1 テスト装置の間にできたグラウンド・ループで画面が60Hzで揺れている

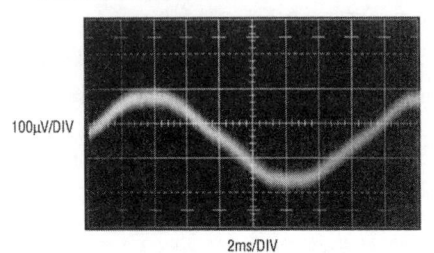

図8.C2 帰還ノードに繋いだプローブが長すぎて60Hzを拾ってしまった

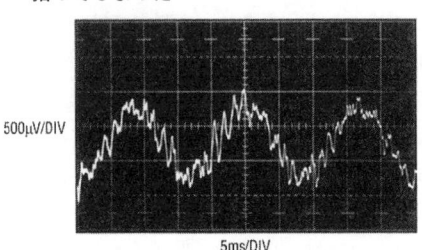

図8.C3 問題があるプロービング．トリガ・プローブのグラウンド・リードがグラウンド・ループによるノイズを拾って，画面に影響がでる可能性がある．

います．図8.C6は，同軸構造による信号伝送がプローブで断ち切られたことにより，過剰なノイズが表示されているようすです．プローブのグラウンド・リードは同軸線路の信号伝送を断ち切り，高周波で信号が乱されています．ノイズ信号をモニタする経路は，同軸接続になるようにしましょう．

● 同軸線路の誤った取り扱い－「いま一歩」のケース

図8.C7でのプローブの接続も，前と同様に同軸線路の信号の流れを乱していますが，やや程度の軽いケースです．プローブのグラウンド・リードは使わず，接地用のアタッチメントに変えてあります．図8.C8の波形は前の例より改善されていますが，まだ信号が乱れています．ノイズ信号をモニタする経路は，同軸接続になるようにしましょう．

● 正しい同軸接続

図8.C9は，同軸ケーブルを使ってノイズをアンプとオシロスコープのペアに伝達している様子です．理論

図8.C4 過剰なリプルが図8.C3の正しくないプロービングにより発生した．基板でのグラウンド・ループにより重大な測定誤差が発生した．

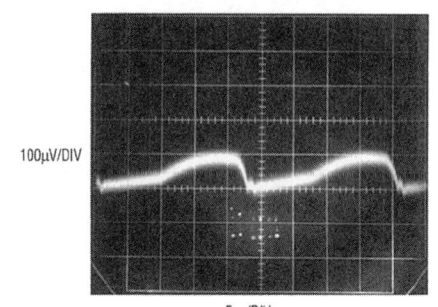

的には，これで信号がより正確に伝達されるはずで，図8.C10はそれを示しています．前の例にあった妙な現象や過剰なノイズが消えています．今回は，スイッチングによる残留分がアンプのノイズ・フロア中にかすかに見えています．ノイズ信号をモニタする経路は，同軸接続になるようにしましょう．

図8.C5 フローティング式のトリガ・プローブによりグラウンド・ループをなくした．しかし，出力のプローブのグラウンド・リード(写真の右上)で同軸伝送が乱れる．

図8.C6 図8.C5の非同軸プローブ接続により信号が乱れている．

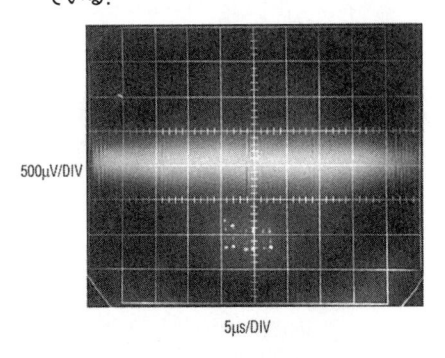

図8.C8 接地用アタッチメントをつけることで結果が改善される．ある程度の乱れは，まだ残っている．

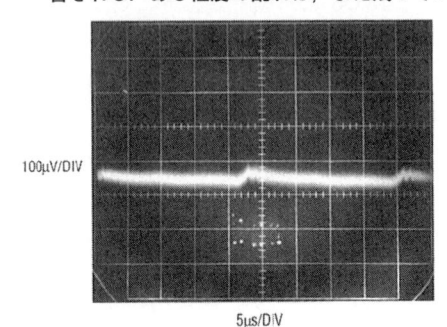

● 直接接続

　ケーブルに関連した誤差が発生していないかを確認するよい手段は，ケーブルを取り除いてしまうことです．図8.C11では，基板とアンプ，オシロスコープの間からケーブルをすべてなくしています．図8.C12は図8.C10と同じに見えますが，これでケーブルによる偽情報が発生していなかったことがわかります．

　結果が良さそうであれば，性能テストのための実験を考えましょう．結果が悪ければ，それをテストする実験を考えましょう．結果が予想どおりだったら，それをテストする実験を考えましょう．結果が予想外だったら，やっぱりそれをテストする実験を考えましょう．

図8.C7 接地用アタッチメントをプローブに取り付けて，同軸接続に近づけている．

図8.C9 理論的には，同軸接続によって最良の信号伝送が可能になる．

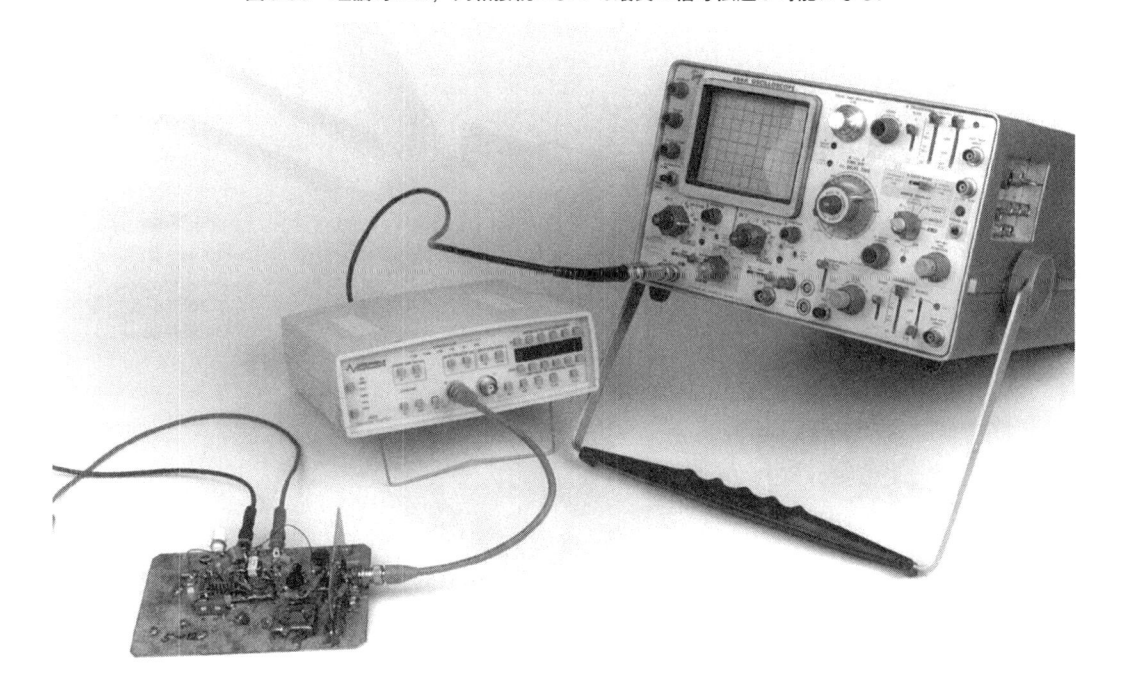

図8.C11　装置に直接接続することで最良の信号伝送が実現でき，ケーブル関連の誤差が発生する可能性を取り除くことができる．

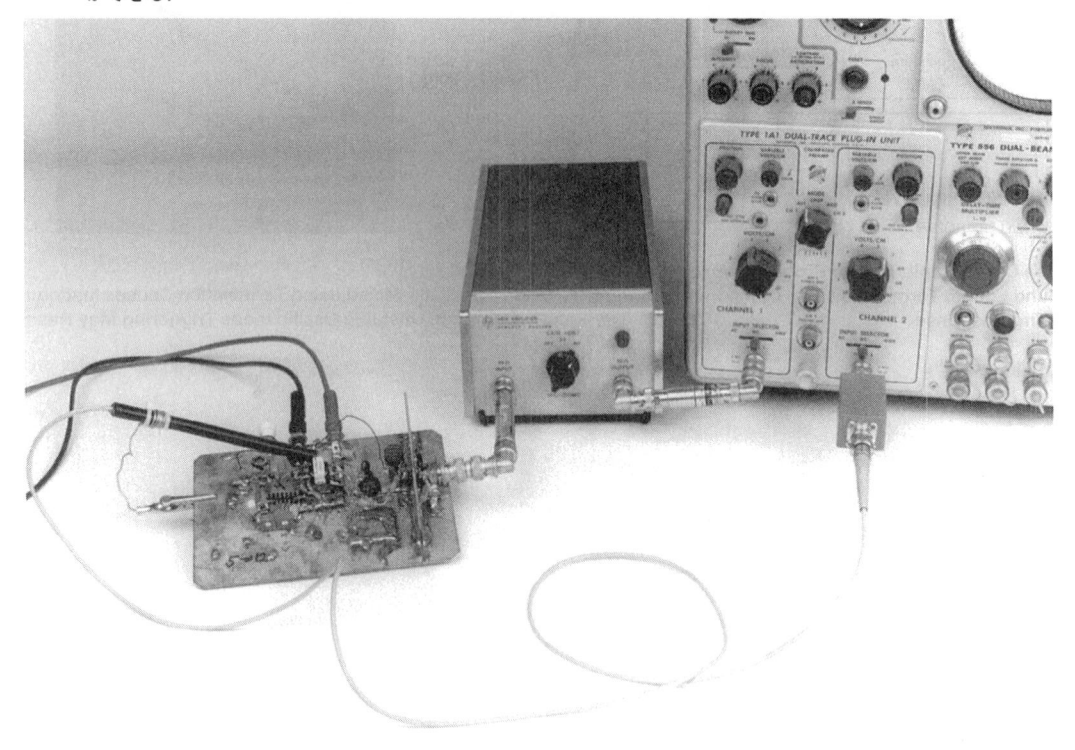

図8.C10　理論と実際が一致した．同軸による信号伝送によって信号が正確に保たれる．スイッチングによる雑音がアンプのノイズの中でかすかに見えている．

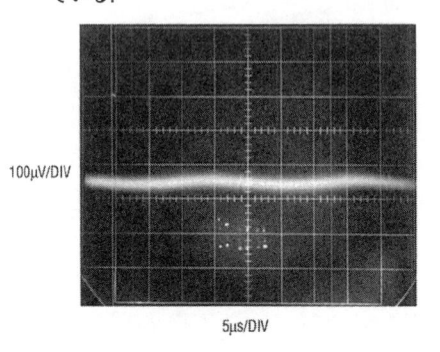

図8.C12　測定器への直接接続は，ケーブルを使った場合と同じ結果になった．これより，ケーブルを使った測定が良好であったことがわかる．

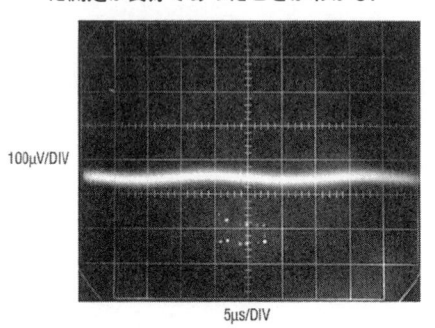

● テスト・リードによる接続

　理屈では，レギュレータの出力に電圧計のリードをあてたところで，ノイズが発生することはないはずです．図8.C13はそれを否定している結果で，ノイズが増加しています．レギュレータの出力インピーダンスは，低いとは言えゼロではなく，特に周波数が高くなるとそう言えなくなります．

　テスト・リードによって注入される高周波雑音は，有限の出力インピーダンスにより姿を現し，図のように200μVの雑音として観測されています．テスト中に電圧計のリードを出力に繋ぐ必要があるのなら，その間に10kΩの抵抗と10μFのコンデンサによるフィル

図8.C13 レギュレータの出力に取り付けた電圧計のリードが高周波ノイズを拾って，ノイズ・フロアを高くしている．

図8.C15 トリガ・プローブと終端ボックス．クリップ付きリードはプローブを機械的に固定するためであり，電気的にはつながっていない．

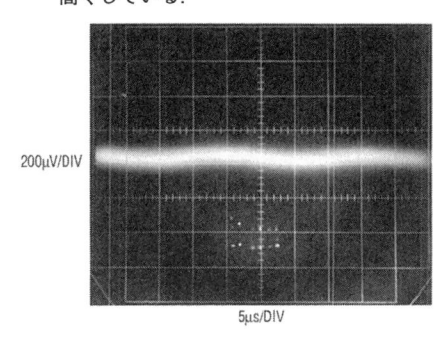

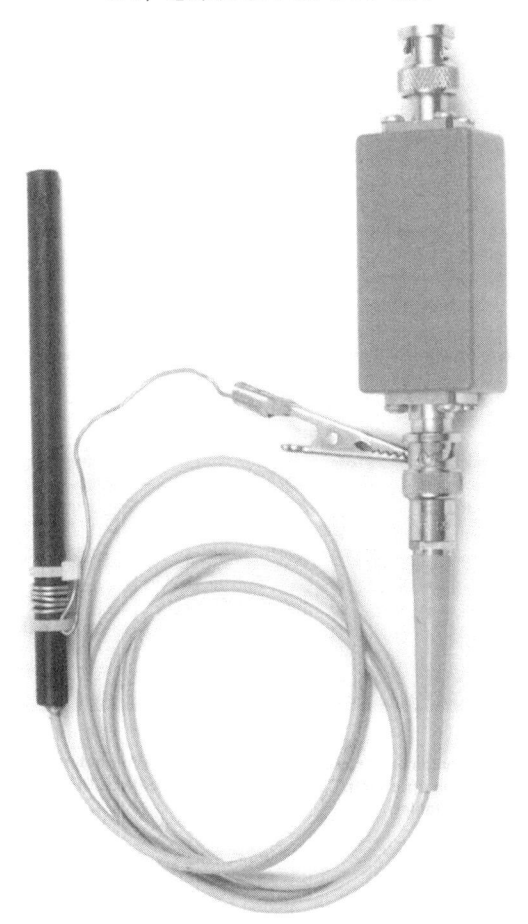

図8.C14 簡単なトリガ・プローブを使って基板レベルのグラウンド・ループを取り除く．終端ボックス内の部品により，L_1のリンギングを抑えている．

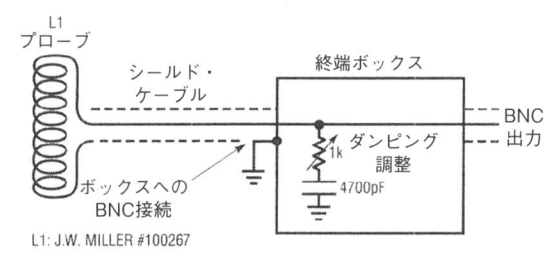

タを入れるべきです．そのフィルタがDVMの測定値に与える影響はわずかですが，図8.C13で見たような問題を取り除いてくれます．雑音を調べているときには，回路に接続するテスト・リードの本数は最小にしましょう．テスト・リードから高周波雑音が回路に注入されないようにしましょう．

● 絶縁されたトリガ・プローブ

図8.C5に関連する本文では，やや謎めかして"非侵襲性の絶縁プローブ"と呼んだものの正体です．図8.C14から，これが簡単なリンギングの対策をした高周波チョークであることがわかります．

チョーク・コイルが漏れ磁束を拾って，絶縁されたトリガ用信号を出力します．この工夫で，本質的に測定対象の信号を乱さないオシロ用トリガ信号が得られます．このプローブの構造を図8.C15に示します．良好な結果を得るには，最大出力を保ちながらリンギングが最小になるようにチョークの終端条件を調整します．

軽いダンピングをかけた状態で得られる図8.C16の出力では，オシロスコープのトリガがうまくかからないでしょう．適切に調整すると図8.C17のような良好は波形が得られ，最小のリンギングと明確なエッジのある波形になります．

● トリガ・プローブ用のアンプ

スイッチング電源の近傍の磁界は微弱であり，オシロスコープの機種によってはきちんとトリガをかけるのが難しいかもしれません．そのような場合，図8.C18のトリガ・プローブ用アンプが役に立ちます．プローブ出力の振幅変化に対応して，アダプティブにトリガがかかる仕組みを備えています．

プローブの50：1の出力範囲に対して，安定な5Vのトリガ出力が得られます．OPアンプA_1は，広帯域でゲイン100で動作します．この段の出力は，2組のピー

図8.C16 終端の調整が不十分であると適切なダンピングにならない．オシロスコープでトリガが安定にかからない可能性がある．

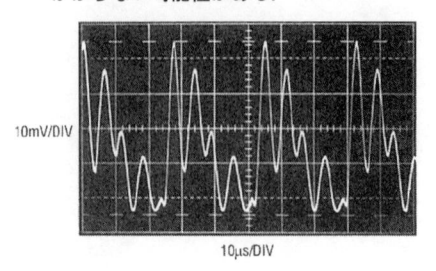

図8.C17 適切に終端条件を調整すると，振幅にあまりせずにリンギングを最小にできる．

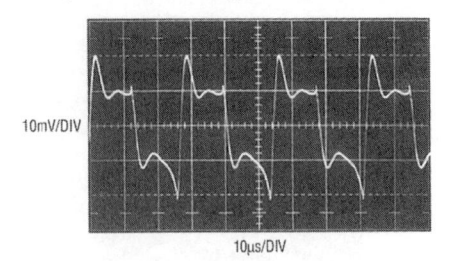

図8.C18 トリガ・プローブ用アンプはアナログとディジタル出力を持つ．適応して変化するスレッショルド電圧によりディジタル出力は，50：1以上のプローブからの信号変化を許容する．

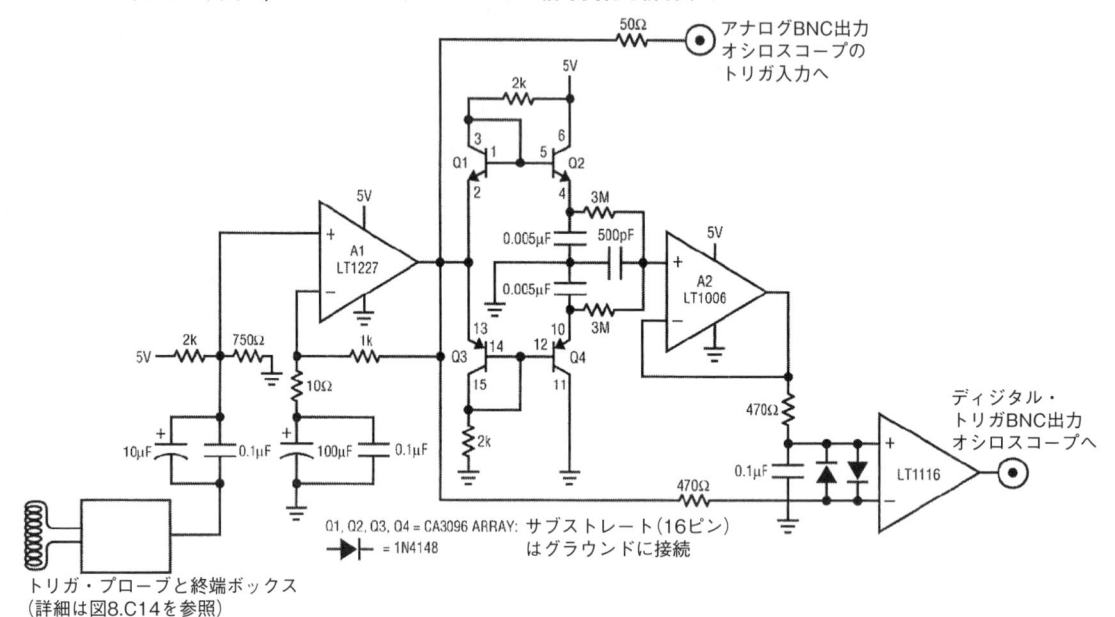

図8.C19 トリガ・プローブ用アンプのアナログ出力(波形A)とディジタル出力(波形B)

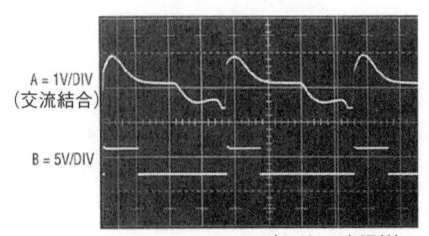

ク・デテクタにつながっています(Q_1からQ_4)．最大ピークはQ_2のエミッタのコンデンサに保持されます．一方で，最小の変化はQ_4のエミッタのコンデンサに保持されます．A_1の出力信号の中点の直流値は，500pFのコンデンサと3MΩの抵抗の接続点に現れます．この点の電位は絶対的な振幅によらず，常に信号変化の中点になります．この信号に動的に対応する電圧はA_2でバッファされて，LT1116の非反転入力に与えられるトリガ電圧になります．

LT1116の反転入力は，A_1の出力で直接バイアスされています．LT1116の出力はこの回路のトリガ出力で

図8.C20 一般的な雑音のテスト・セットアップで，基板，トリガ用プローブ，アンプ，オシロスコープそして同軸ケーブル類が写っている．

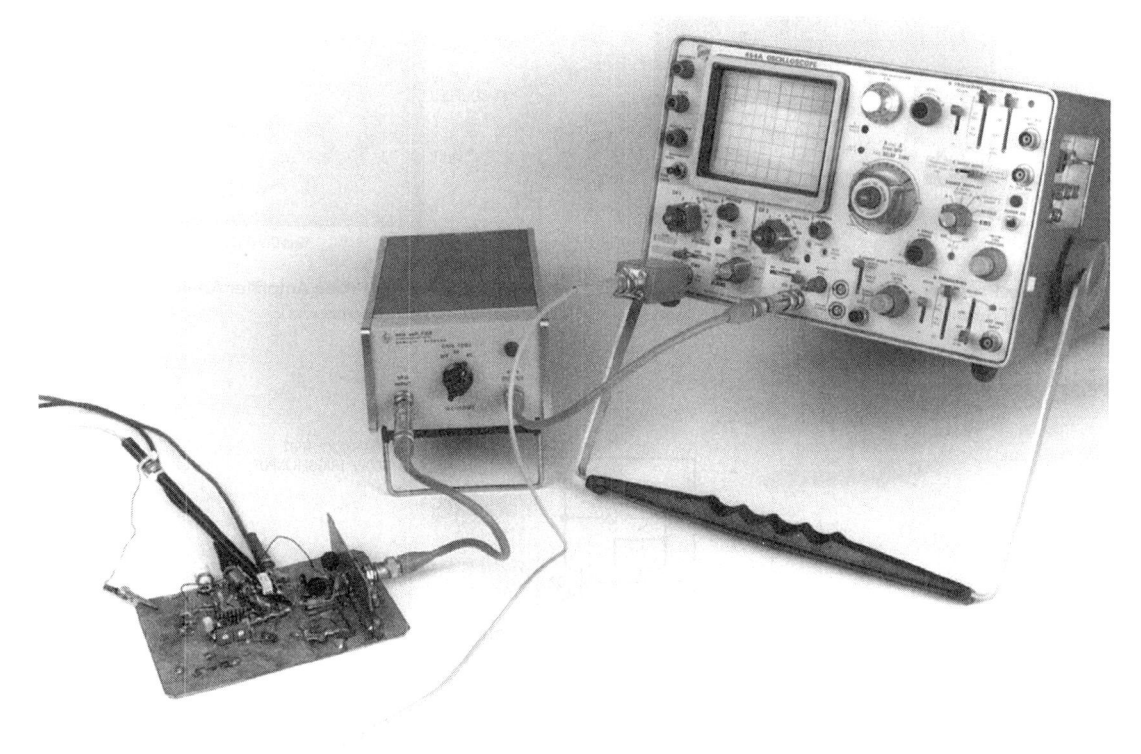

すが，50：1以上の信号振幅の変化にも影響されません．ゲイン100のアナログ出力もA_1から得られます．図8.C19は，A_1で増幅されたトリガ・プローブの信号（波形A）に対して，ディジタル出力（波形B）が発生しているところを示しています．図8.C20は，一般的な雑音のテスト・セットアップです．基板，トリガ・プローブ，アンプ，オシロスコープ，そして同軸ケーブル類が写っています．

Appendix D 実験基板の作成とレイアウトの考察

LT1533を使った回路では高調波成分が低いので，一般のスイッチング・レギュレータに比べると，レイアウトがノイズ特性に及ぼす影響が小さくなっています．しかし，ある程度の慎重さが望まれます．何事もそうですが，無頓着にやったのでは結果が目に見えています．最良の低雑音を求めるには注意深い設計が必要ですが，$500\mu V$以下程度なら実現は容易です．

一般に，低雑音化するにはリターン・パスでグラウンド電流が交じり合わないようにします．区別しないでグラウンド電流をバスやグラウンド・プレーンに流し込むと混じって，出力ノイズが増加することになります．

LT1533の波形変化率に対する制限により，グラウンド・パスの不適切な処理により起こる問題を多少は緩和できますが，良好な雑音性能を実現するためには，1点接地の方針を守ります．生産用の基板で，1点に信号が戻るようにするのは現実的ではないかもしれません．そのような場合，LT1533のパワー・グラウンド・ピン（16ピン）につけたインダクタから，電力の供給ポイントにもっとも低いインピーダンスの経路を用意します．

出力段の部品のグラウンド・リターンを，回路の負荷にできるだけ近づけて配置します．入力と出力段でのリターン電流が混じるのを，最小の共通導電領域だ

図8.D1 本文の図8.5の5Vから12Vを出力するコンバータの実験用基板．簡単に改造できる構造で実験がしやすくなっている．グラウンド・リターンが1点にまとめられていることに注意．グラウンド・プレーンには電流を流さずに，電源入力部分のCOMMON端子に接続してある．

けに限定することで，最小の影響ですませます．

● 5Vから12Vを出力するレギュレータの実験用基板

図8.D1は，本文の図8.5の回路の実験用基板です．実験用基板に目的に沿って，手早くかつ簡単に改造できるように組み立てます．1点に戻すパスは，出力領域（写真の右側）からとLT1533の16ピン側から別々に来ています．グラウンド・プレーンに，電流は流しません．ダミー・ロードはこのプレーンにつながずに，トランスのセンタ・タップへ戻します．このセンタ・タップとプレーンは，電源入力部の共通のジャックのところでグラウンド系に別々につなぎます．

● 5Vから±15Vを出力するレギュレータの実験用基板

本文の図8.24の回路の実験用基板が図8.D2に写っています．レイアウトの注意点は図8.D1のものと同様ですが，出力がフローティングである点から，変更も必要になります．出力の負荷（写真の右側，BNCコネクタの上）は直接に，入力側とは絶縁しているトランスの二次側に戻っています．メインのグラウンド・プレーンは電源入力部の入力のCOMMON端子（左のバナナジャック）に繋いであります．フローティングの出力の電位は，分離した小さいプレーンを参照点にしていて，ここはトランスの2次側センタ・タップにつないであります．

● デモンストレーション基板

図8.D3は，LT1533のデモンストレーション基板です．この基板のレイアウトは実用的で，製品開発にすぐに適用できるもので，LT1533の性能を確認すると共に，具体的なレイアウトの参考になります．雑音性能は，本文中で述べた実験用基板と同等です．

図8.D2 本文の図8.26にある，出力にリニア・レギュレータを付けた実験用基板．変更や測定がしやすい構造．出力がフローティングしているための変更点はあるものの，レイアウトは図8.D1の基板と似ている．分離したプレーン(写真の中央右)により，出力回りのリターン経路を低インピーダンス化している．

図8.D3 洗練され，魅力的な外観を誇るLT1533のデモンストレーション基板．

Appendix E リニア・レギュレータの選択基準

アプリケーションによっては，リニア・レギュレータの追加が必要になりますが，フローティング出力レギュレータの場合もその一つです．リニア・レギュレータの選択の基準には，出力精度，ドロップアウト電圧，リプルの除去比，また入力変動に対する安定度といったものがあります．一般的には，駆動回路側の出力インピーダンスおよび電流制限のおかげで，破損の危険があるような過負荷が起きないので，短絡保護も不要になります．そのような場合，負荷特性や出力精度の要求が厳しくなければ，ツェナ・ダイオードとエミッタ・フォロアを組み合わせた単純なレギュレータを使っても十分かもしれません．

LM78L/79Lタイプのデバイスを使うと，5%の出力精度と入力変動に対する安定化性能が得られます．しかし，ドロップアウト電圧としては，ツェナ・ダイオードとエミッタ・フォロアのレギュレータに比べると相当に高い約2Vが必要です．LM78L/79Lタイプのデバイスのリプル除去性能は，入出力間がドロップアウト電圧に近くなると悪化しますが，効率を最良にするには，ドロップアウト電圧を下げたくなります．

LT1575（負極性タイプ）やLT1521（正極性タイプ）のような高性能レギュレータでは，ドロップアウト電圧

図8.E1　リニア・レギュレータ用のリプル除去率のテスト・セットアップ．LとCの組み合わせとレギュレータを評価することができる．

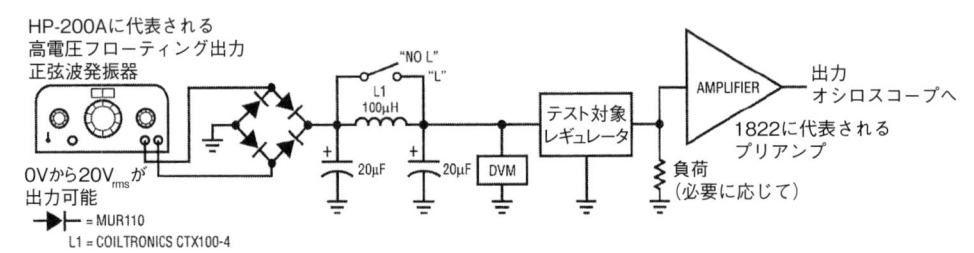

図8.E2　正弦波発振器，回路基板，アンプとオシロスコープで構成するリプル除去率のテスト・セットアップ．

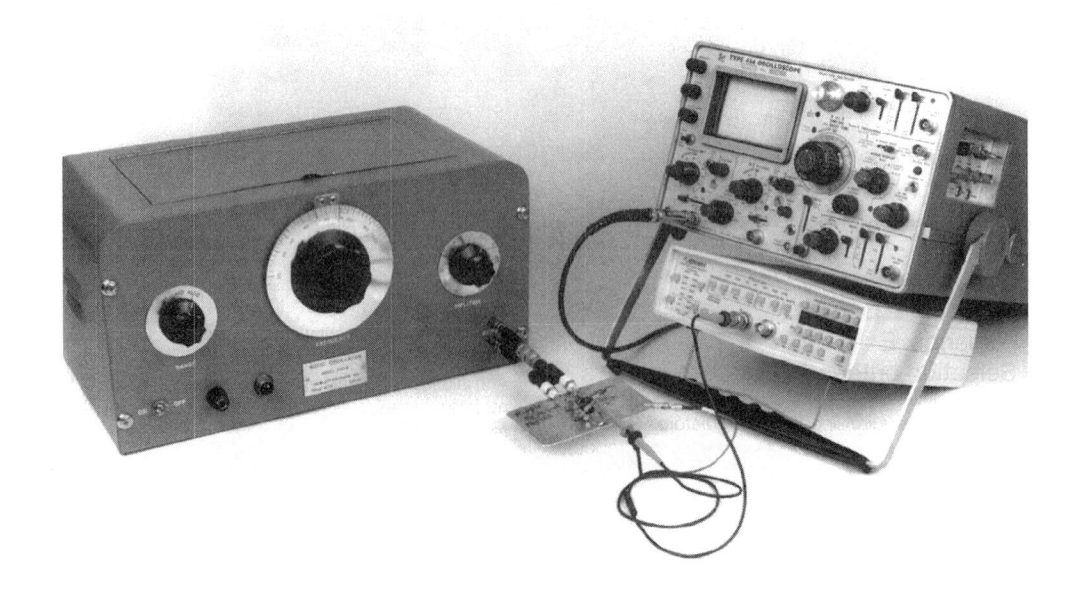

0.5V，入力電圧変動に対する高い安定性，1%の精度，ドロップアウトの近くまで定義されたリプルの除去比といった利点が得られます．通常，良い総合効率を得るには，ドロップアウト電圧に近い動作点での使用が望まれます．このために，リプルの除去性能は意図する動作領域でテストする必要があります．加えて，レギュレータ自体に種々のフィルタ部品も加えて，コスト，サイズ，性能のトレードオフを考慮して，アプリケーションに対応した一番良い設計解を見つけ出すべきです．

● リプル除去比のテスト

　リプルの除去比は，図8.E1のセットアップで測定することができます．発振器は，テストしたい周波数範囲で動作し，必要な電力レベルを供給する必要があります．実際には，レギュレータが動作する入力電圧が設定できるように，発振器の出力をLT1533のスイッチング周波数にしてレベル調整をします．これで動作条件を変えながら，異なるタイプのレギュレータとフィルタを比較してテストを行うことができます．

Appendix F　磁性部品の検討

● トランス

　LT1533の対称的なプッシュプル・タイプの駆動法では，トランスは非常にわかりやすい動作をします．したがって，通常，そのトランスは動作周波数，電力，そして所望の入力・出力電圧によって規定することができます．図8.F1は，本文の各回路で使われたトランスを，一部の特性とあわせて表にしたものです．これらの部品とその派生品は，コイルトロニクス社から入手できます（米国の場合，電話番号 #561-241-7876）．

● インダクタ

　LT1533の回路のインダクタには，特別な特性は不要です．本文の図8.5の回路のフォワード・コンバータ(注1)では，フィルタ用コンデンサの前にインダクタが必要です．また，オプションで追加のLCフィルタを付けることもあります．

　図8.26のデューティ50%動作の回路では，負荷が重くなければ出力のインダクタは付けなくても済みますが（本文参照），リプル除去性能を向上させるにはLCセクションを付けることができます．どちらの場合でも，インダクタへの要求は特に厳格ではありません．本文で紹介したすべての回路では，コイルトロニクス社のOcta-Pakタイプのトロイダル・コアを用いたインダクタを採用しています．

　LT1533の電力段のグラウンド・リターン（16ピン）に入れる，22nHのインダクタは必須です．いくつか選択肢があり，回路図に書いたように，基板のパターンで作成する，ワイヤで小さいコイルを作る，フェライト・ビーズや普通の固定インダクタを使うなどが可能です．ワイヤを巻くのであれば，＃28番線を5回巻けば十分です．同等の長さの基板のパターンでも同じような結果になります．フェライト・ビーズ（例えば，フェロニクス社#21-110Jや同等品）に1ターンか2ターンのワイヤを通したものでもOKです．市販の固定インダクタとしては，回路に記したようにコイルクラフト社のB-07Tがあります．

図8.F1　本文の回路で用いた各種トランスの型番．特定用途用の派生品についてもコイルトロニクス社で対応可能（米国の場合，電話番号 #561-241-7876）．

公称入力電圧	公称出力電圧（リニア・レギュレータの後）	出力電力	コイルトロニクス社の部品番号	接続図
5V	12V	1.5W	CTX-02-13716-X1	A
5V	12V	3.0W	CTX-02-13665-X1	A
5V	±15V	1.6W	CTX-02-13713-X1	B
5V	±15V	3.0W	CTX-02-13664-X1	B
5V	12V	1.5W	CTX-02-13834-X3*	A
5V	12V	10W	CTX-02-13949-X1	A

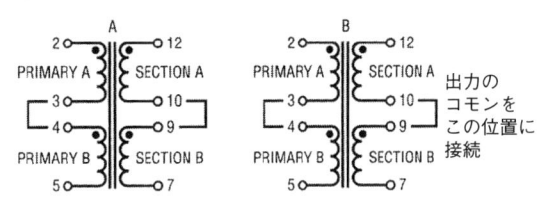

```
         A                          B
   2 o─      ─o 12           2 o─      ─o 12
 PRIMARY A   SECTION A      PRIMARY A   SECTION A      出力の
   3 o─      ─o 10           3 o─      ─o 10         コモンを
   4 o─      ─o 9            4 o─      ─o 9          この位置に
 PRIMARY B   SECTION B      PRIMARY B   SECTION B      接続
   5 o─      ─o 7            5 o─      ─o 7
```

　┌─ = 一緒に接続
　* = 巻き線比を高くしたCTX-02-13716-X1の派生品を使うと低入力電圧やドロップアウト電圧が大きいレギュレータに対応できる

注1：フォワード・コンバータの理論については，参考文献(16)，(17)を参照．

Appendix G　なぜ，電圧と電流のスルーレートに制限をかけるのか

Carl T. Nelson

　LT1533は，スイッチング素子の電圧と電流のスルーレートを制御することで，画期的に低いスイッチング・ノイズを達成しています．この手法には，スイッチング・レギュレータ中の他の部品，例えばキャッチ・ダイオードや入出力コンデンサ内部でのノイズの発生も抑えられるという利点もあります．

　図8.G1のブロック図は，スルーレート制御の基本原理を示しています．スイッチング素子であるQ_1は，スイッチS_1により切り替えられる電流I_1とI_2によりオン・オフ駆動されます．これらの電流は，非常に大きなスルーレートでスイッチング素子を駆動できる大きさがあります．実際のスルーレートは，電圧についてはI_3で，電流についてはI_4で設定されます．

　スイッチング素子がターン・オンする間，Q_1のコレクタ電圧は始めは高く，流れる電流はゼロの状態です．スイッチング素子の電流がインダクタの電流と等しくなるまで，インダクタの電流によりスイッチング素子の電圧は高く保たれます．

　最初の制限動作は，Q_1で電流が増加するときに起こります．電流は，固定ゲインのアンプA_3で検出されます．Q_1の増加する電流により，コンデンサC_2を通してそれに比例する電流が発生します．この電流はI_4と比較されて，差分がアンプA_2で増幅されI_1の電流の過剰分が分流されることで，スイッチング素子の電流のスルーレートが制御されます．

　スイッチング素子の電流がインダクタの電流を超えたとき，Q_1のコレクタは，通常，ダイオードと寄生容量だけで決まるスピードで低下します．電圧のスルーレートを制御するには，C_1を通しての電流とI_3を比較して差分をA_1で増幅してQ_1のベース電流をクランプします．これによりスイッチング素子での電流増加が停止し，制御した速度で電圧が低下するように強制されます．

　ターン・オフのときは，電流と電圧は逆の制御をしなければなりません．スイッチS_1は反転して逆方向のベース駆動をして，I_3とI_4の電流の方向も反転されます．ほとんど瞬時に，スイッチング素子の電流はインダクタ電流を若干下回ったものになります．通常，これによりスイッチング素子の電圧は上昇しますが，この速度は寄生容量だけが制限します．ここで，C_1は電圧の変化率を検出してA_1が電圧の上昇時間を抑えるように，ベース駆動電流を制御します．電圧が上昇している間，スイッチング素子の電流は基本的に一定のままになります．

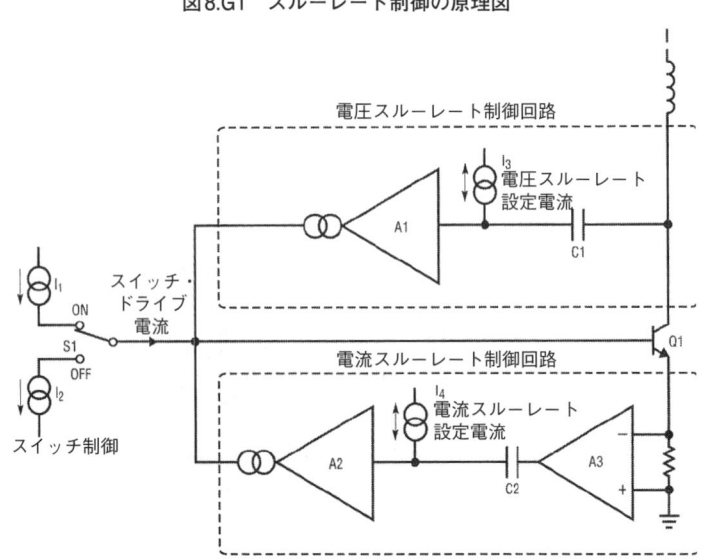

図8.G1　スルーレート制御の原理図

スイッチング素子の電圧が，キャッチ・ダイオードがターン・オンするレベルに至ったとき，スイッチング素子の電流は通常，急速に低下して，スイッチング素子やダイオード，コンデンサの周囲で急速な磁束の変化を引き起こします．A_3とC_2は，ここで働いて，スイッチング素子の電流の減少を検出すると，A_2が電流の減少率が制御されたものになるように強制します．

図8.G2は，スイッチング素子への駆動が制御されている状態における，スイッチング素子，ダイオード，そして出力コンデンサの波形を示しています．電流と電圧のスルーレートの制限が同時に起きていないことに注意してください．最初の動作が終わったら，次の動作が引き継ぐ必要があります．このためには，二つ

図8.G2 スイッチング素子のターン・オンとターン・オフ期間中の電圧と電流

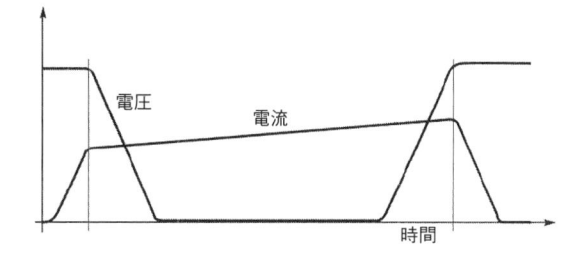

の切り替えポイントでグリッチが発生してスパイク・ノイズを出さないように，非常に高速な制御回路が必要になります．

Appendix H　より良い低雑音性能を目指すためのヒント

LT1533のスイッチング時間を制御する機能のおかげで，驚くほどわずかの労力で，通常では得られないような低雑音のDC-DCコンバータが作れます．広い周波数帯域の観測でも，余裕を持って500μV以下の出力ノイズを容易に達成できるでしょう．このような性能なら，多くの用途に十分でしょう．できる限り，出力雑音レベルを抑えたいアプリケーション用には，特別な注意点があります．

● 雑音性能の追い込み

本文で説明した，スルーレート設定と効率の間のトレードオフについては，より低雑音化を目指すためにはさらに考える余地があります．一般的に，1.3μsより長いスルーレートでは効率の低下により，低雑音化は"高く"つくことになりますが，その効果は得られます．ポイントは出力雑音をさらに下げるために，どの程度まで電力を捨てるかです．

同様に，Appendix Dで議論したレイアウトのテクニックも再検討してみるべきです．ガイドラインに盲目的に従うだけでは，低雑音化のよい成果は得られないでしょう．本文中での実験用基板は，実現できる最良レベルの低雑音を実現するために組み立てたもので，システムの観点からレイアウト上の問題箇所を実際に試してみて，それが雑音に与える影響を調べています．

このやり方で，本質的な利益につながらない細部に過度にこだわることなく，最良のレイアウトを決めるための実験が行えます．スイッチングの遷移速度の低速化により，輻射されるEMIは非常に軽減されますが，部品の物理的な配置方向を変えてみる実験も，その改善に結びつく可能性があります．

部品を観察して（文字どおりの意味で），実験して，輻射された磁界が何に影響を与えているのか考えをめぐらせます．特に，オプションで追加する出力インダクタですが，別のインダクタから放射された磁界を拾って，出力ノイズを大きくしてしまうこともあります．

この問題は，適切な部品のレイアウトで解決できるので，実験はとても有効です．Appendix Jに述べるEMIプローブは，この点でも役に立つので大いにお勧めします．またAppendix Iは，磁性部品に関連するノイズに関するヒントになるので，一読をお勧めします．

● コンデンサ

フィルタのコンデンサには，寄生インピーダンスの小さい品種を選ぶべきです．この点でPanasonicのOSコンは非常に優秀で，本文で述べた各性能の実現に貢献しています．タンタル・コンデンサもそれに次いで良い部品です．入力電力のバイパス・コンデンサはトランスのセンタ・タップに直接接続すべきですが，やはり特性の良いものが必要になります．LT1533の回路では，電解アルミ・コンデンサを使うべきところはありません．

● ダンピング回路（ダンパ）

非常に低い雑音レベルが必要な場合，回路によってはトランスの2次側に，小さな抵抗とコンデンサ（例えば，

330Ωと1000pF）をダンパとしてつなぐと，よい結果が得られるかもしれません．トランスから電力が供給されないはずのスイッチングの合間に，ごく小さなレベル（20μVとか30μV）のノイズが現れることがあります．これらは小さくて，測定系のノイズ・フロアに隠れて測定困難ですが，ダンパはこれを取り除きます．

● 測定テクニック

厳密に言うと，測定テクニックはよりよい雑音性能を得るためのものではありません．しかし現実に，信頼に足るレベルの測定テクニックを持つことは根本的に重要です．本当は，測定テクニック上の問題でしかなかった"回路の問題"を追いかけるために費やされる，膨大な，しかし無駄な時間は避けられます．実際には存在しないかもしれない回路のノイズの解決に取り掛かる前に，AppendixBとCをご一読いただければと思います[注1]．

注1：物知り顔で非難しているわけではなく，私自身への深い戒めと理解していただきたい．

Appendix I　ノイズを防ぐための磁性部品の知識と一般常識

Jon Roman / Coiltronics, Inc.

● ノイズのテスト・データ

このテストのために，現在，生産されている最も一般的な磁性部品を形状別に4種類選びました．それらは，ポット・コア，ERコア，Eコア，トロイダル・コアです．データは，次に説明するテスト方法から求めたものです．輻射ノイズの量を測定したテスト回路を図8.I1に示します．

プッシュプル構成で，電力定格と巻き線比は，Jimm Williamsが研究している低ノイズ電源の設計に準じて選択しました．Sniffer ノイズ・プローブ[注1]の距離は，コアの構造から0.25インチです．この距離は，予備テストを行ってみて，一番低雑音だったテスト対象で測定したノイズが観測にかかるように決めました．ここで選んだ4種類のコア形状について，全負荷状態でのワースト・ケースの測定値を図8.I2に示しました．ノイズの単位はガウスでなく，mVで示してあることに注意してください．ガウスへの変換式は，

$$V_{probe}\,[\mathrm{mV_{p\text{-}p}}] = 2.88\ \mathrm{mG_{auss}}/\mu\mathrm{s}^2$$

それぞれのテスト対象について，全負荷状態でノイズを測定した後，今度は負荷抵抗をはずして励磁電流だけによる磁束ノイズを測定します．前と同じ測定方法でノイズを測り，負荷をつけた状態でのノイズと励磁電流だけのノイズの差をみました．図8.I3に，励磁電流によるノイズのワースト・ケースを示します．

● ポット・コア

テストしたポット・コアは，予想通り，もっともノイズの少ない形状でした．これも予想通りに，ノイズ的なホット・スポットはコアからリードが引き出され

注1：Appendix Jを参照．

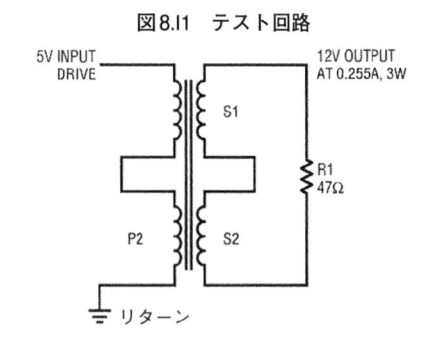

図8.I1　テスト回路

図8.I2　全負荷状態でのノイズのワースト・ケース

構造/形状	全負荷時のノイズ
ポット・コア	20mV
ERコア	63mV
Eコア	488mV
トロイダル・コア	860mV

図8.I3　励磁電流によるノイズのワースト・ケース

構造/形状	励磁電流でのノイズ
ポット・コア	16mV
ERコア	49mV
Eコア	95mV
トロイダル・コア	91mV

図8.14

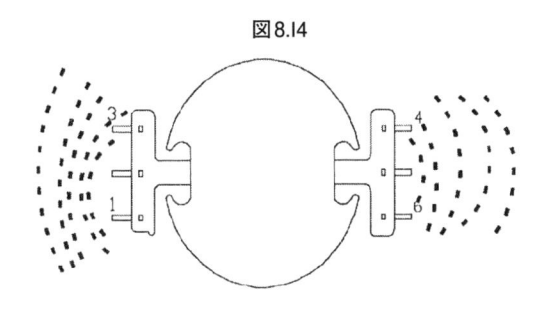

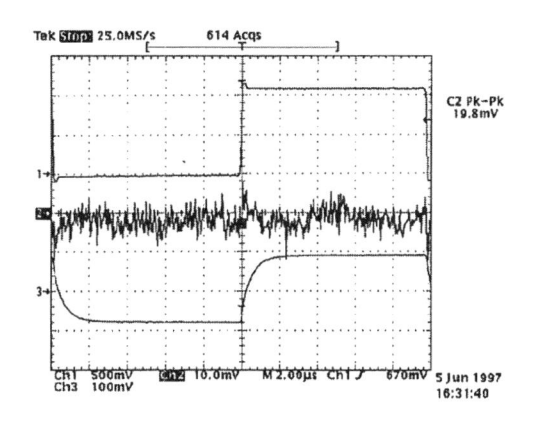

図8.15

る開口部のところでした．図8.14では，その波形を参考に示します．一番の上の波形は電圧入力，中段がアンプを使って測定したノイズ，下側はテスト対象のトランスを流れる電流です．

● ERコア

テストされたERコアは，事前に予想したよりもずっとノイズが少ない結果となり，我々を驚かせました．図8.15は，参考用のノイズ波形です．一番上の波形は電圧入力であり，中段がアンプを使って測定したノイズ，下段がトランスに流れている電流です．

● トロイダル・コア

テストされたトロイダル・コア（図8.16）は，閉磁路構造であることから予想されるよりも遥かに高いノイズを示しました．ワースト・ケースのノイズはコアの上部で測定されましたが，そこは可能なかぎり均等に巻き線を施してあります．図で，一番上の波形は電圧入力，中段がアンプを使って測定したノイズ，下段がトランスに流れている電流です．

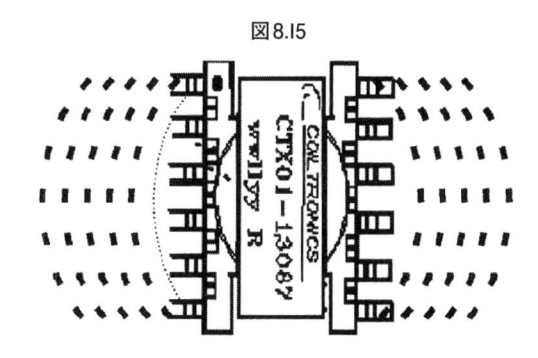

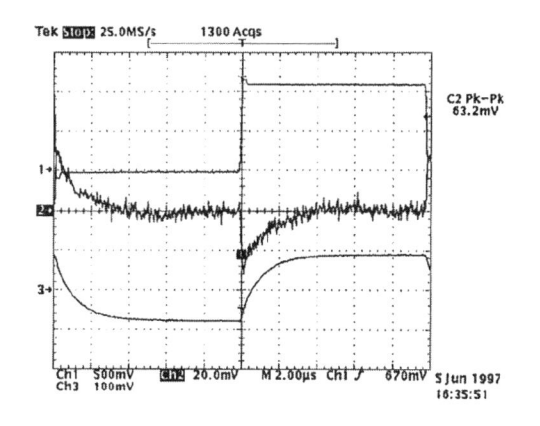

● Eコア

Eコア（図8.17）では，トランスの中央上部の巻き線部のすぐ上側で高いノイズの発生が見られました．コアの側面でのノイズは，測定にはかかりますが，トランスの正面・背面で観測されるレベルよりは遥かに小さいものでした．図で一番上の波形は電圧入力であり，中段がアンプを使って測定したノイズ，下段がトランスに流れている電流です．

● まとめ

図8.18は，全負荷状態でのノイズと，励磁電流によるノイズの相対的な差を比較したグラフです．ここからわかるのは，閉磁路構造を持つトロイド型のインダクタは，ロッド型やボビン・コアなどの開磁路構造のものより，漏れ磁束が少ないことです．

近年の製品の中には，磁気シールドやボビン・タイプのコアの周囲を磁性材料で囲むことで，磁気的なシャントを設けて磁束を通そうとしているタイプがあります．これらの構造では，内部のコアと磁気シールドの間にある，エア・ギャップの高いリラクタンスのせいでノイズの減少にはほとんど効果がありません．この

図8.16

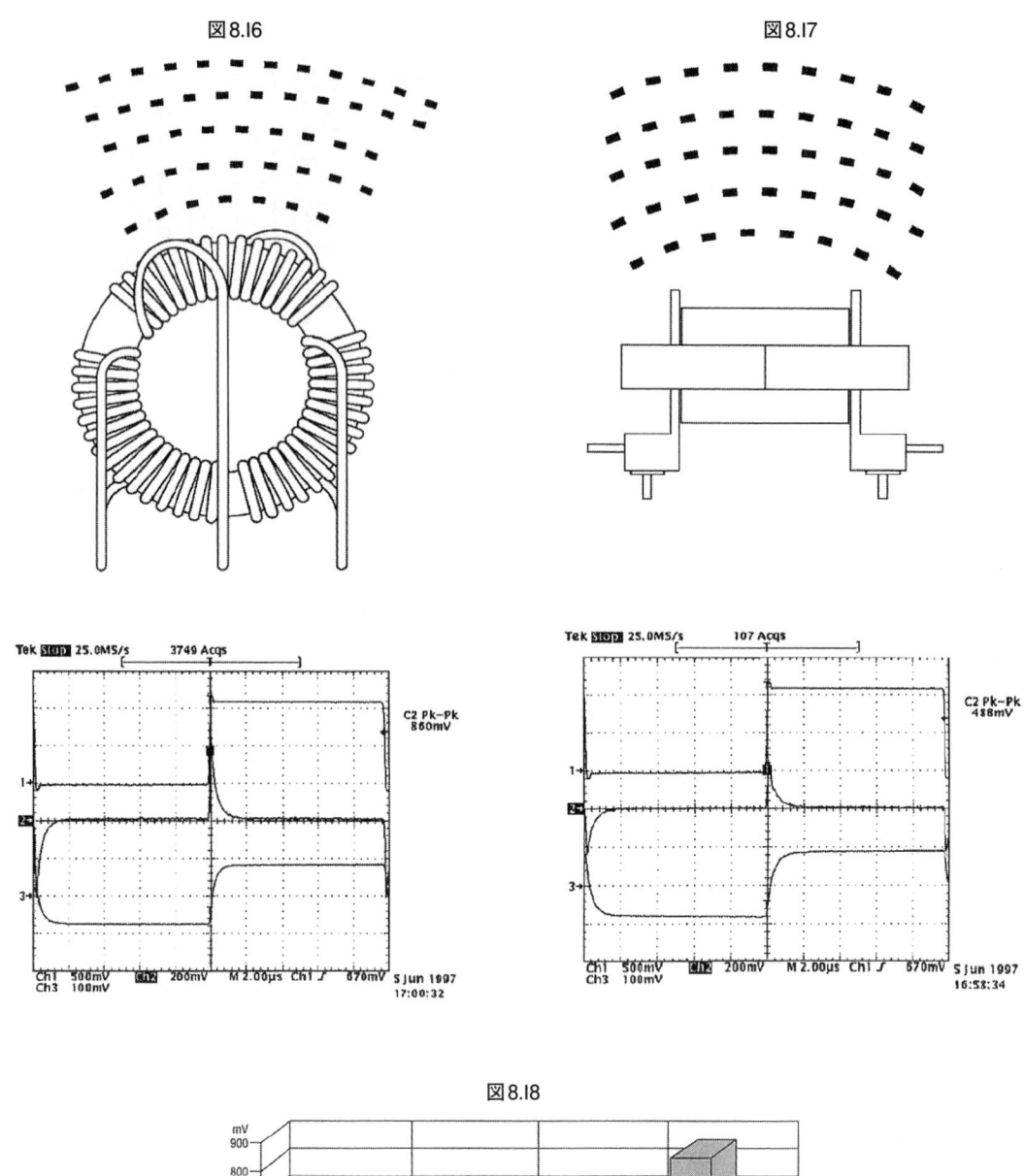

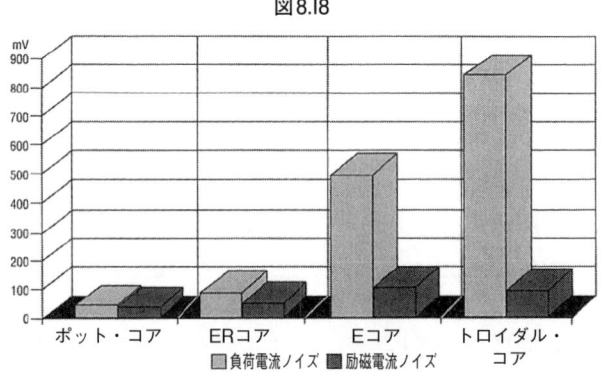

図8.17

図8.18

ギャップでのリラクタンス（磁気抵抗）は磁性材料よりずっと高いのです．結果として，ギャップからの漏れ磁束により，シールドはまったく用をなさない可能性があります．インダクタからのノイズを減らす一番よい方法は，トロイダルのような真に閉磁路な構造を採用することになります．

トランスのアプリケーションで，最良の雑音性能を目標として設計するには，励磁電流よりも負荷電流の影響を調べることが重要になります．前述のテストの結果では，低雑音構造（トロイダル）のトランスでは，巻き線間のカップリングの特性により，比較的高い漏れ磁束を発生する可能性のあることが示されました．負荷電流は，1次側でも2次側でも励磁電流による磁束には影響していませんが，巻き線間の結合が不完全ならワイヤの周囲に漏れ磁束を発生させます．これは，定義に従うと漏れ磁束に他なりません．コアの開口部のサイズと形状は，巻き線間のカップリングに影響を与え，トランスから漏れる磁界の形状にも影響を与えます．

巻き線のテクニックもまた，巻き線間のカップリングと磁気ノイズに影響します．単層巻きに対して，マルチ・ファイラ巻きを使うと，より密な巻き線間の結合が得られ，ひるがえって漏れ磁束が減少することでノイズが減少します．

● 結論

測定値は，すべて重要で意味があります．

Appendix J　EMIの輻射量を測定する

EMI（電磁妨害）は，スイッチング・レギュレータのノイズの一つの形態です．伝導ではなくて，輻射による現象です．LT1533を使った回路では，伝導ノイズがスイッチングのスルーレート制御で減少したのと同じ理由で，EMIについても少なくなっています．

このAppendixでは，ゲスト執筆者であるBruce Carstenが相対的なEMIを測定するための優れたツールとその使い方について解説します[注1]．Carstenの手法では，相対的なEMIの測定方法だけでなく，発生源を突き止めて対策を施す方法についても示しています．

アプリケーション・ノート E101
EMI Snifferプローブ
Bruce Carsten Associates, Inc.
6410 NW Sisters Place, Corvallis, Oregon 97330
TEL：541-745-3935

EMI "Sniffer" プローブ[注2]は，オシロスコープと共に使用して，電子装置内のEMIの原因となる磁界の発生源を突き止めるために使います．このプローブは，小さな10ターンのピックアップ・コイルを小型のシールドしたチューブ内に入れたもので，同軸ケーブルが繋げるようにBNCコネクタをつけてあります（**図8.J1**）．"Sniffer" プローブの出力電圧は，本質的に周囲の磁界の変化率に比例して，つまりは近傍の電流の変化率に比例して発生します．"Sniffer" プローブが，単純なピックアップ・ループにまさる原理的な利点は，

（1）およそ1mmの空間分解能

（2）小型コイルにもかかわらず比較的感度が高い

（3）オシロスコープの終端されていない入力につないでも，反射の影響を小さくするための50Ωの抵抗による送端終端を備えている

（4）ファラデー・シールドにより，電界への感度が小さい

EMI "Sniffer" プローブは，スイッチング式のコンバータのEMIの発生源を調べるために開発されましたが，高速ロジック回路や他の電子装置でも同様に使うことができます．

● EMIの発生源

電気・電子機器内で高速に変化する電圧や電流は，輻射および伝導ノイズを容易に生み出してしまいます．スイッチング電源におけるEMIのほとんどは，パワー・トランジスタがオン・オフするスイッチングの過渡応答の期間に発生しています．

従来型のオシロスコープのプローブは，コモン・モードによる伝導EMIの主要な発生源である，動的に変化する電圧を観測するために使います（また，高速なdV/dt信号はノーマル・モードの電圧スパイクとして，設計に問題のあるフィルタを通り抜けて，導電性の筐体に囲まれていない回路から電磁界を放射するかもしれません）．

注1：参考文献(14)と(15)では，キャリブレーションされた測定方法について議論している．
注2：EMI "Sniffer" プローブは，Bruce Carsten Associatesから入手可能である．住所は，このAppendixの著者の連絡先を参考にして欲しい．

図8.J1

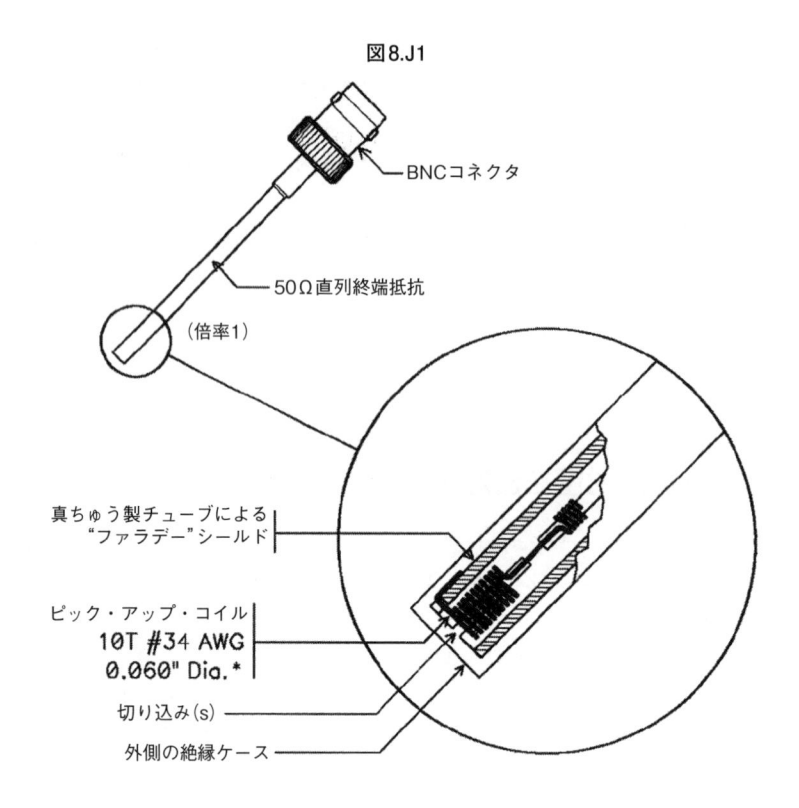

- BNCコネクタ
- 50Ω直列終端抵抗
- (倍率1)
- 真ちゅう製チューブによる"ファラデー"シールド
- ピック・アップ・コイル 10T #34 AWG 0.060" Dia.*
- 切り込み(s)
- 外側の絶縁ケース

© 1997, Bruce Carsten Associates, Inc.

* Approx. 160μ Wire, 1.5mm Coil Dia.

動的に変化する電流は高速に変化する磁界を発生しますが，磁界は電界よりシールドするのが困難であるだけに，電界よりずっと容易に空間に輻射されてしまいます．これらの変化する磁界が，別の回路で低インピーダンスの電圧の過渡波形を誘起し，予期しないノーマルおよびコモン・モードの伝導EMIをもたらします．

これらの高速なdI/dtの電流と誘起される磁界は，電圧プローブで直接に測ることはできませんが，EMI "Sniffer"プローブなら容易に検出して発生源を特定できます．電流プローブが，個別の導体やワイヤ中の電流を検出することができますが，プリント基板内のパターンに流れる電流や動的な磁界を検出するためにはほとんど役に立ちません．

● プローブ応答の特性確認

"Sniffer"プローブは，プローブの軸方向の磁界に感度を持ちます．この指向性は高いdi/dt電流の経路と発生源を確認するのに役立ちます．一般的に，その分解能は，プリント基板上のパターンや部品のパッケージのリードがEMIを発生させる電流が流れているか調べるに十分です．

絶縁された単一の導体や基板パターンにおいては，このプローブの応答は，発生する磁束がプローブの軸に沿っている導体の脇においたとき最大になります（プローブの応答は導体の中心に向かって軸を傾けた方が，わずかに大きくなるでしょう）．図8.J2に示すように，導体の中央部ではシャープに応答がゼロになる点があり，両端では位相が180°反転し，また距離を離していくと応答は減少します．応答は磁束がお互いに混み合う状態になるので，電流経路が曲がった部分の内部で大きくなり，逆にその外側では磁束が発散するので応答が減少します．

リターン電流が近接した並行2線の導体を流れる場合，プローブの応答は図8.J3のように2本の導体間で最大になります．シャープなゼロ応答の点があり，それぞれの導体を超えてプローブを移動すると位相反転が見られるでしょう．また，導体ペアの外側ではより低い応答のピークが現れ，離れるにしたがって低下し

図8.J2 EMI "Sniffer" プローブの電流に対する応答－物理的に絶縁された導体の場合

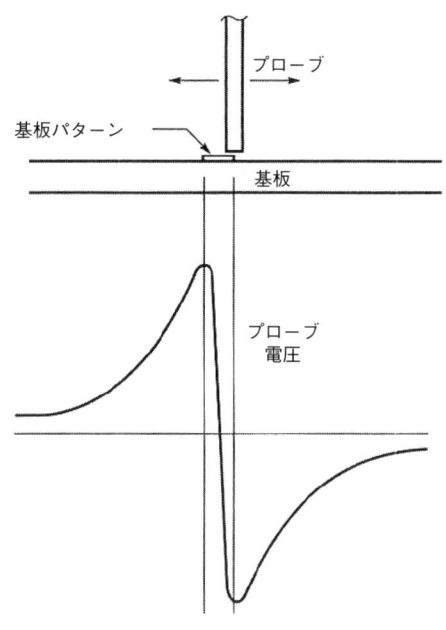

図8.J3 EMI "Sniffer" プローブの並行2線導体のリターン電流に関する応答

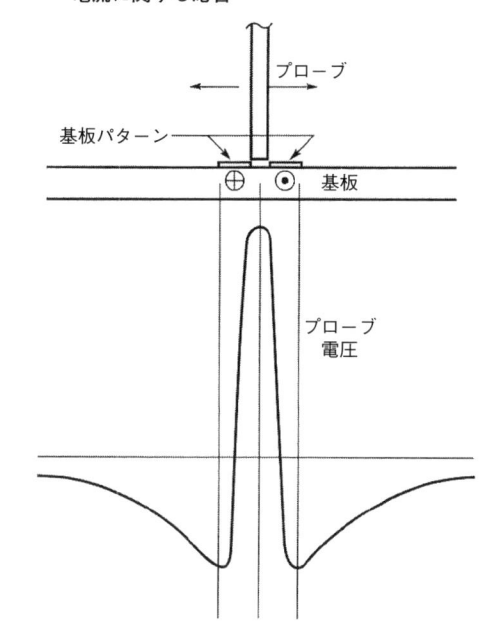

ます．

　基板の反対面でのリターン電流を伴った単一パターンでのプローブの応答は，絶縁された単一パターンによるものと似ていますが，プローブの軸をパターンから離れるように傾けた場合より応答が大きくなります．そのパターンの下の "グラウンド・プレーン" も，パターンとペアになって流れる "イメージ" 電流が流れるので，同様になります．

　均一な磁界に対するプローブの周波数応答を，図8.J4 に示します．導体周囲での磁界の大きな乱れの影響があるので，このプローブは定性的な指示器として扱われるべきです．したがって，キャリブレーションは考慮されていません．応答が約300MHzで低下しているのは，同軸ケーブルを駆動しているピックアップ・コイルのインピーダンスに原因があり（オシロスコープの入力は1MΩ），なだらかな応答のピークが80MHzとその高調波に見えているのは，伝送線路の反射の影響です．

● プローブを使う上での原則

　"Sniffer" プローブは，2チャネル以上のオシロスコープと共に使います．一つのチャネルでは，発生源を突き止めたいノイズ信号を表示させます（オシロのトリガ

図8.J4 一般的な EMI "Sniffer" プローブの周波数応答

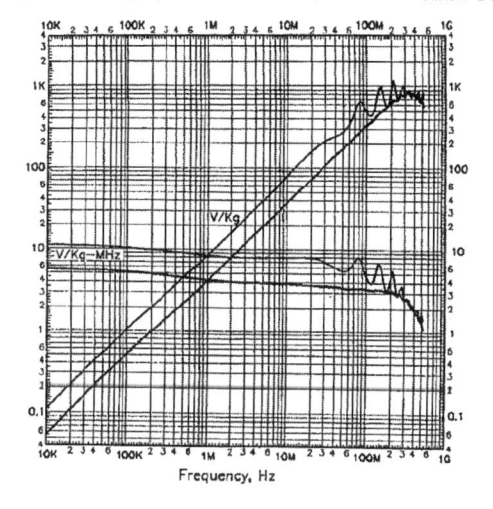

©1996, Bruce Carsten Associates, Inc.

もここから取れるでしょう）．また，もう一つのチャネルには "Sniffer" プローブをつなぎます．プローブの応答にはゼロ点が現れるので，このチャネルをトリガに使うことはお勧めしません．

　3つ目のトリガ用のチャネルは，ノイズではトリガをうまくかけられない場合に非常に役に立ちます．トラ

ンジスタの駆動波形（あるいは，その源になる前段の信号）はトリガを取るには理想的です．それらの信号は一般に安定で，ノイズを観測するための直前信号になります．

まず，プローブを回路から離した位置において，それをつないだチャネルの感度を最大にします．ノイズが発生している状態で，プローブを回路の周囲で動かして回路からの磁界で"何か起きている？"かどうか探します．EMIノイズの過渡波形と回路内部での磁界変化の間で，時間領域での正確な相関があるのか観測することが問題の診断を進める上で基本となります．

疑わしいノイズ源が見つかったら，オシロの感度を落として波形の表示を維持しながら，プローブを近づけます．まずは手早く，プローブの信号が最大になると思われる基板のパターンやワイヤに近づけてみるべきです．

基板のパターンや他の導体の近くであるはずです．ここで，プローブの位置を周囲に方向を変えて振ってみます．パターンをほぼ直角に横切ったときには，パターン上でシャープなゼロ応答が見られ，さらにパターンの端での位相の反転も確認手段になります（前項で説明したとおり）．

EMI的に"ホット"なパターンをたどって行くことで（ちょうど，匂いをたどる猟犬のように），EMIを発生している電流ループを見つけることができます．基板でパターンが見えなくなっている場合，ペンでマーキングしておき，分解なり，他のボードやアート・ワークを調べるなりしてその経路を突き止めます．一般的には，電流の経路およびノイズの過渡波形のタイミングから，問題の発生源はほぼ自ずとわかってきます．

特殊なケースについては，（複数のタイプの"Sniffer"プローブを用いて解決した例のすべてについて），ここで解決方法の提案とあわせて説明します．

一般的な di/dt に起因するEMIの問題

● 整流器の逆回復電流

電力コンバータについて，整流器の逆回復は di/dt に起因するEMIの一番よく見られる原因です．導通期間でダイオードのP-Nジャンクションに充電された電荷により，電圧が反転したときに瞬間的にダイオードが導通して電流が流れてしまいます．

このダイオード内の逆回復電流は非常に短時間で止まりますが（＜1ns），リカバリの波形はスナップ型（PIVが200V以下のダイオードで多い）で急激であったり，ソフト型でなだらかに減少したりします．図8.J5は，一般的な"Sniffer"プローブで得られたそれぞれのリカバリ・タイプの波形です．

電流の突然の変化により急激に変化する磁界が発生し，外部に磁界を放射するとともに回路の他の部分に低インピーダンスの電圧スパイクを誘起します．この逆回復は，寄生L-C成分にリンギングを発生させ，ダイオードの逆回復中にダンピングを受けた，発振的な波形として現れる可能性があります．これには，R-Cを直列につないだダンパ回路をダイオードにつなぐことで改善が図れます．

出力の整流器は通常，一番大きな電流が流れるので，もっともこの問題を起こしやすい部分です．しかし，広く認識されている現象なので，対策が施されることが多いと言えます．対策をされていないキャッチ・ダイオードやクランプ・ダイオードがEMIの発生源となっていることは，珍しいケースではありません（例えば，事実として，R-C-Dスナバ回路に使われているダイオード自体にも，R-Cスナバをつける必要があるかもしれないなどとは，なかなか思いつかない）．

この問題は，一般には"Sniffer"プローブを整流器のリードに押し当てることで確認できます．アキシャル・パッケージのダイオードであれば，曲げたリードの内側で信号が一番強くなります．また，TO-220，TO-247などのパッケージなら，アノードとカソードのリードの間で一番強くなります．

図8.J5を参照してください．よりソフトなリカバリ特性のダイオードや，ショットキ・ダイオードを使うのは，低電圧アプリケーションでは理想的な解決法です．

しかしながら，ソフト・リカバリのP-Nダイオードは，まだ電流が流れ続けているときに同時に逆電圧が印加されているという点で，本質的に損失が多いということは認識が必要です（スナップ・リカバリではそうならないが）．

一般的には，最速のダイオードで（放電する電荷がもっとも少ない），中程度のソフト・リカバリ特性のダイオードを使うのが最良の選択です．あるいは，高速で，ある程度スナップ型のダイオードをタイトに密着させたR-Cスナバと一緒に使うのもOKですし，ソフト型でも過度にリカバリが遅いダイオードを使うより

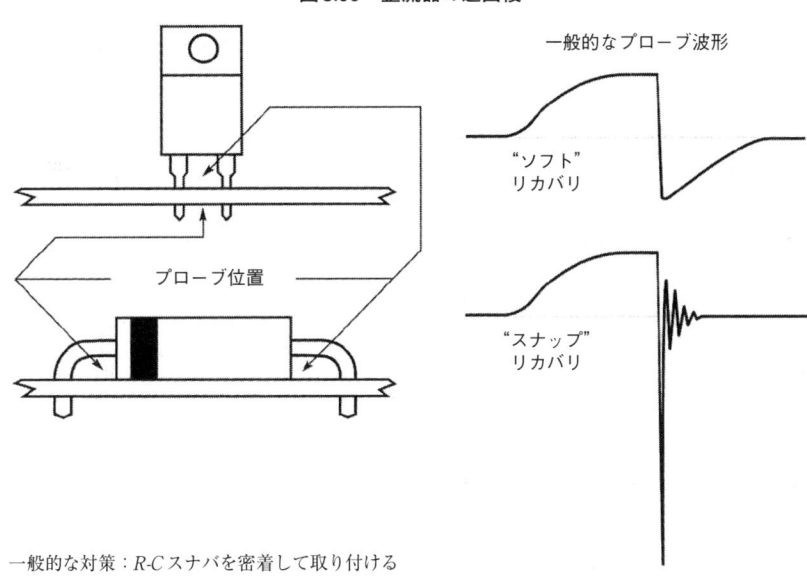

図8.J5　整流器の逆回復

一般的なプローブ波形

"ソフト"リカバリ

"スナップ"リカバリ

プローブ位置

一般的な対策：R-Cスナバを密着して取り付ける

良い選択です．

　もし，過剰なリンギングが問題であるなら，"手っ取り早いが難もある"R-Cスナバを設計して，取り付けてもそれなりにうまくいきます．大きなダンパのコンデンサをダイオードにつなぎ，リンギング周波数を半減させてみます．これで，合計のリンギングの容量が4倍あるいは，もとのリンギング容量が追加したダンパ用コンデンサの3分の1だったということがわかります．ダンパの抵抗の方は，前のリンギング周波数でのもとのリンギング容量のリアクタンスと同じ位にします．リンギング周波数を半分にするコンデンサを，この抵抗と直列にしてダイオードにつなぎます．そして，できる限り密着させます．

　スナバ・コンデンサには，大きなパルス電流を流す能力と低い誘電損失が必要です．温度係数の小さい（ディスクでも多層でもよい）セラミック，シルバード・マイカ，特定の種類のメタライズド・フィルム・コンデンサが適しています．スナバ用抵抗は，無誘導性である必要があります．金属皮膜，カーボン・フィルム，ソリッド抵抗がよいでしょう．しかし，巻き線抵抗は避けなければなりません．スナバ抵抗の最大電力消費は，ダンパ用キャパシタ，スイッチング周波数，スナバ・コンデンサのピーク電圧の2乗の各要素の積で見積もることができます．

　パッシブ・スイッチ（ダイオード）やアクティブなスイッチ（トランジスタ）につけるスナバは，常に物理的に可能な限り密着させて，ループ・インダクタンスが最小になるように取り付けるべきです．これにより，スイッチ素子からスナバへの電流経路の変化により発生する放射磁界を小さくすることができます．また，電流をスイッチ－スナバのループ・インダクタンスの経路に切り替えるために必要となる，ターン・オフ時の電圧オーバシュートも小さくできます．

● クランプ用ツェナ・ダイオードによるリンギング

　電圧クランプ用にツェナ・ダイオードやトランゾーブを過電圧保護（OVP）の目的でコンバータの出力につないだ場合に，コンデンサ－コンデンサ型のリンギングの問題が起こる場合があります．電力容量の大きいツェナ・ダイオードのジャンクション容量は大きく，これにリードのESLと出力のコンデンサが一緒になってリンギングが発生し，その一部の電圧が出力に現れることになります．このリンギングの電流は，ツェナ・ダイオードのリードの近傍で，特に図8.J6のように曲げたリードの内側で一番よく検出できます．

　このケースでは，リンギングのループ・インダクタンスがしばしばスナバ回路内の寄生インダクタンスと同程度か，あるいはさらに少ないためにR-Cスナバで

注：TransZorbは，General Instrumentの登録商標．

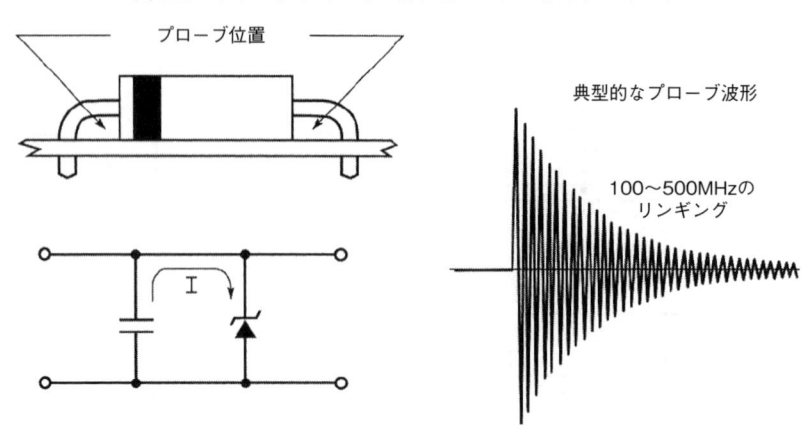

図8.J6 クランプしているツェナとコンデンサのリンギング

プローブ位置

典型的なプローブ波形

100〜500MHzのリンギング

一般的な対策：フェライト・ビーズをツェナのリードに入れる

はうまく効果をあげられません．R-Cダンパの効果が出るまで，ループ・インダクタンスを増加させることは，電圧クランプの働きに制約をかけてしまうのでお勧めできません．

この場合では，小型のフェライト・ビーズをツェナ・ダイオードの片側か，両側のリードに付けることで，大きな副作用なしに（透磁率の高いフェライト・ビーズはツェナ・ダイオードが大きな電流を流した瞬間に飽和してしまいますが），高周波のノイズ波形を抑制できることを見つけました．

● 並列接続した整流器

電流容量を増やすために2個入りの整流器を並列に接続した際に，R-Cスナバを密着させて取り付けても，見のがしやすい問題を起こす可能性があります．2個のダイオードが正確に同一時間でリカバリすることはまずありそうにないので，図8.J7のように非常に高い周波数（数100MHz）の発振が2つのダイオードの容量と，それに直列に入るアノードのリード・インダクタンスによって発生します．

この現象は，プローブを2つのアノードのリードの間に置いたときだけ検出可能になります．それは，リンギング電流がそこ以外には存在しないからです（このリンギングは，通常の電圧プローブではほとんど見ることができませんが，磁界の"Sniffer"プローブで容易に見つけられるという点で，他の多くのEMIの症状でも同様です）．

このシーソー型の発振では，R-Cスナバが接続された点が電圧のゼロ点になるので，ダンピング効果が少なかったり，または全く効果が出なかったりします〔図8.J7（a）を見てください〕．

実際のところ，この回路に適切な抵抗を入れるのは非常に困難です．一番やりやすいダンピングには，アノードの基板のパターンに1インチかそこらのスリットを入れ，アノードのリードのところに図8.J7（b）のようにダンピング抵抗を入れてやります．これは，パッケージとリードの外部のダイオード−ダイオードのループ内に，直列にインダクタンスを増加させますが，これが実効的な直列インダクタンスに与える影響はわずかです．図8.J7（c）のように，リードがケースに入る点でアノード・リードに抵抗を付けることでかえって良好なダンピングが実現できます．

この経験は多くの生産エンジニアの思い込みを粉砕しました．

もともとのR-Cダンパを2つの（2R）−（C/2）ダンパに分割して，2つある整流器のそれぞれに1つずつつけるのも望ましい手法です〔同じく図8.J7（C）を参照してください〕．実際のところ，R-Cダンパを2つに分けるのは常に望ましいことで，それぞれのダイオードに一つずつダンパをつけます．これで，ループ・インダクタンスは半分に減り，分割されたダンパにつながれる電流が互いに逆向きに流れるので，外部へ漏れる磁界はさらに減少するわけです．

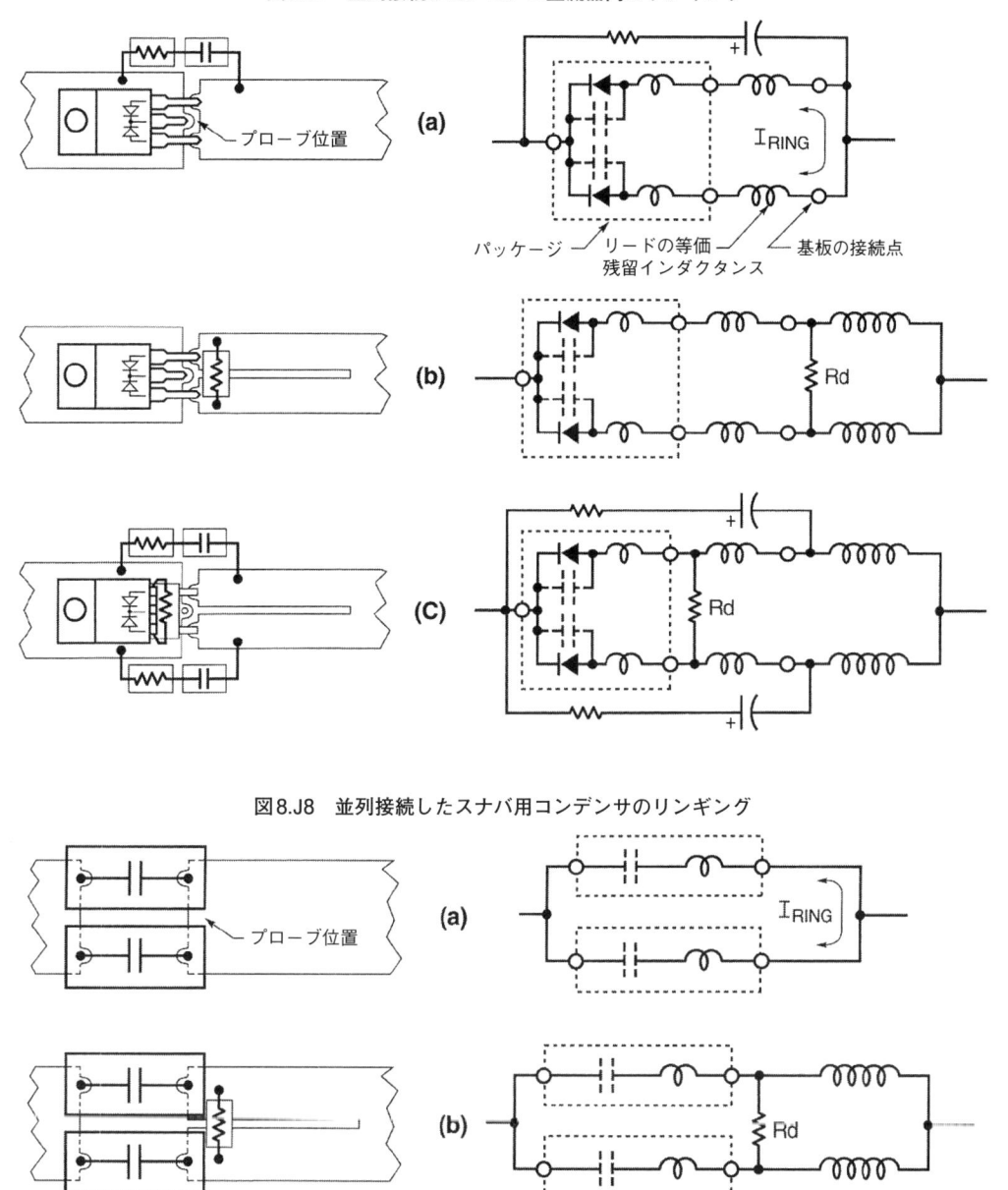

図8.J7 並列接続したデュアル整流器内のリンギング

図8.J8 並列接続したスナバ用コンデンサのリンギング

● 並列接続されたスナバあるいはダンパ用コンデンサ

並列接続した整流器で起きたのと似た問題が，2つあるいはそれ以上，並列に接続された低損失コンデンサに急激な電流変化が加わった際に起きました．図8.J8 (a) に示されるように，リード・インダクタンス (ESL) と直列になった2つのコンデンサの間で，電流がリンギングを起こす傾向があります．このタイプの発振は，一般に"Sniffer"プローブを並列に接続したコンデンサのリードの間に置くことで検出できます．リンギング周波数は（容量が大きいので）並列接続した整流器の場合よりずっと低く，コンデンサが十分接近していれば影響は軽微かもしれません．

もし，発生したリンギングが外部で拾われてしまったら，図8.J8 (b) のように並列接続したダイオードと同様にしてダンプすることができます．どちらの場合

図8.J9 シールド容量と引き出しリードのインダクタンスにより，高周波でのシールドの有効性が限定される．

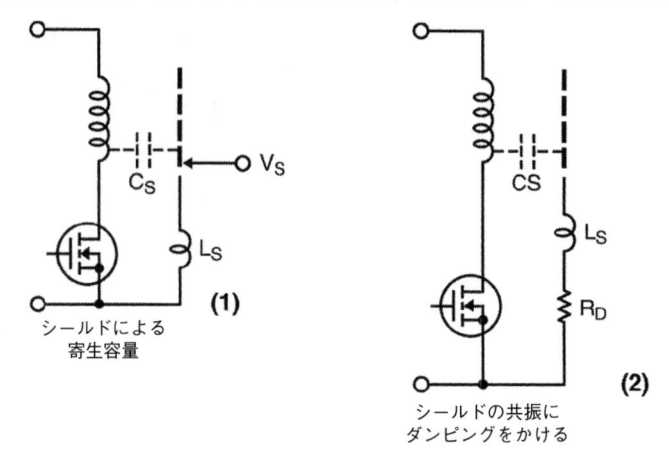

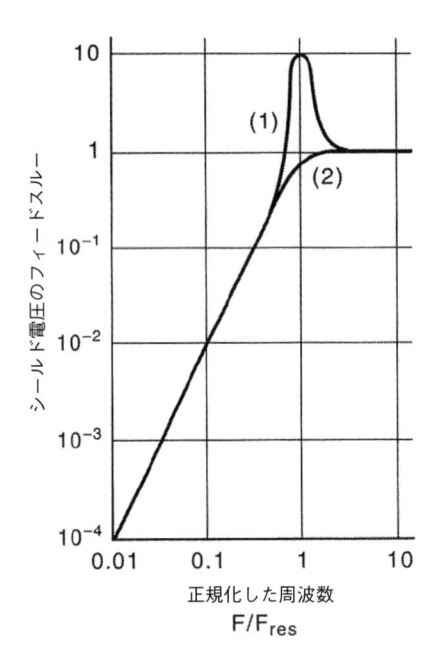

シールドの共振は抵抗R_dまたは小型のフェライト・ビーズでダンプ可能

$$R_D \cong \sqrt{\frac{L_S}{C_S}}$$

でも，ダンピング抵抗での電力消費は比較的小さくて済みます．

● **トランスのシールド引き出し線のリンギング**

トランスのシールドの，他のシールドや巻き線に対する容量(**図8.J9**でのC_s)は，バイパス・ポイントまでの引き出し線のインダクタンス(L_s)と直列共振回路を構成します．この共振回路は，巻き線の方形波電圧により容易に励振され，さほどダンプもされずに振動

電流が引き出しリードを流れる可能性があります．シールドの電流は，他の回路にノイズを放射して，シールドの電圧はしばしばコモン・モードの伝導ノイズとして現れます．大部分のトランスでは，シールドの電圧は電圧プローブでは非常に検出が困難ですが，シールド電流のリンギングはシールドの引き出し線(**図8.J10**)か，回路内のシールド電流のリターン経路の近くにプローブを置くことで検出できます．

このリンギングは，シールドの引き出し線と直列に

図8.J10 トランスのシールドのリンギングに対する典型的な対処法：10Ωから100Ωの抵抗（あるいはフェライト・ビーズを引き出し線に入れる）

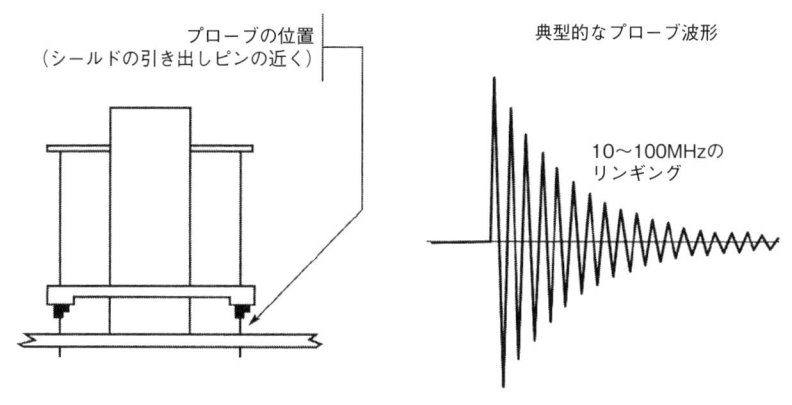

典型的なプローブ波形

プローブの位置
（シールドの引き出しピンの近く）

10〜100MHzのリンギング

図8.J11 プローブでの電圧は，トランスとインダクタの巻き線の波形に類似する

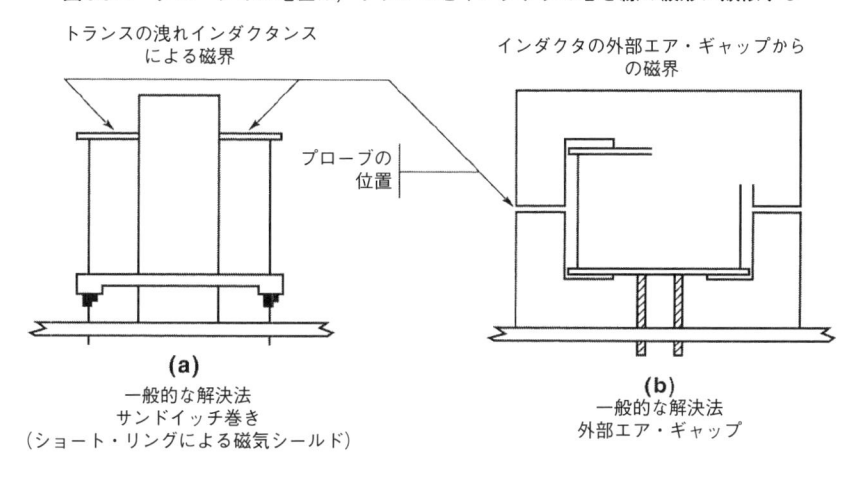

トランスの洩れインダクタンスによる磁界

インダクタの外部エア・ギャップからの磁界

プローブの位置

(a)
一般的な解決法
サンドイッチ巻き
（ショート・リングによる磁気シールド）

(b)
一般的な解決法
外部エア・ギャップ

抵抗R_dを入れることでダンプできますが，その値は共振回路のサージ・インピーダンスにほぼ合わせます．その値は，図8.J9の式で計算できます．

シールド容量（C_s）はブリッジで容易に測れますが，（該当のシールドとそれに向かい合っているすべてのシールドや巻き線間の容量として），一般には，L_sはC_sとリンギング周波数から計算するのが一番です（"Sniffer"プローブで検知できるので）．この抵抗は，一般には数十Ωのオーダになります．

これ以外にも，1つかそれ以上の小さいフェライト・ビーズを，ダンピング抵抗の変わりに引き出し線に取り付けることができます．このオプションは，プリント基板のレイアウトが終わってしまってからの，最後の対策に好まれます．

どちらのケースでも，通常，ダンパでの損失は非常にわずかです．ダンピング抵抗は，シールドと引き出しワイヤの共振周波数より低い領域でのシールドの効果に多少の悪影響を与えます．この点では，低い周波数でインピーダンスが下がるフェライト・ビーズによるダンパの方が優れています．引き出し線の接続はできる限り短くして，回路のバイパス点に接続します．これによりEMIが減少し，かつシールドが有効に働く周波数上限（つまり共振点）が高くなります．

● 漏れインダクタンスによる磁界

トランスの漏れインダクタンスによる磁界は，1次巻

図8.J12　サンドイッチ巻きした1次巻き線と2次巻き線の構造により，電磁シールドでの渦電流損が減少する

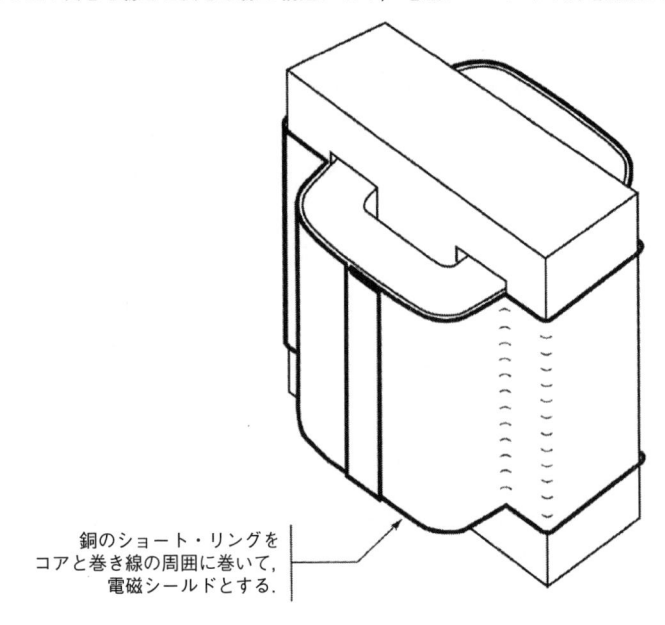

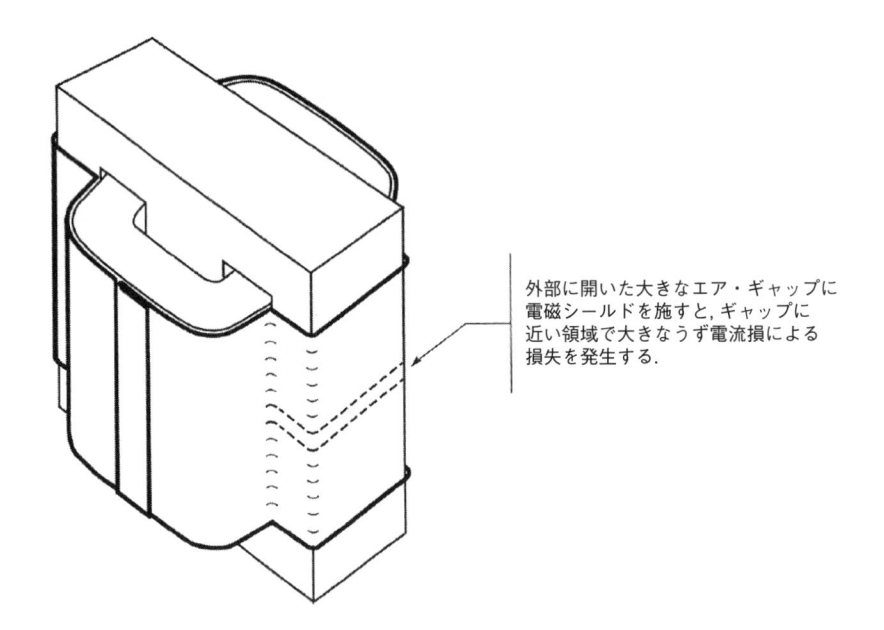

銅のショート・リングを
コアと巻き線の周囲に巻いて，
電磁シールドとする．

外部に開いた大きなエア・ギャップに
電磁シールドを施すと，ギャップに
近い領域で大きなうず電流損による
損失を発生する．

き線と2次巻き線の間から漏れます．1次巻き線と2次巻き線が一対の場合，ダイポール磁界が発生しますが，これは**図8.J11**(a)のようにプローブを巻き線の端部に置くことで観測できます．もし，この磁界がEMIを起こしているなら，2つの主要な対処方法があります．

(1) 1次巻き線と2次巻き線を2つに分離して，サンドイッチ巻きにする．

これに加えて，あるいは別案として，

(2) 銅板によるショート・リングによる電磁シールドを，**図8.J12**のようにコアと巻き線に完全に巻いて取り付ける．ショート・リングに流れる渦電流により，外部へ出る磁界が大きく打ち消される．

最初の対策では，ダイポールの漏れ磁界の代わりにQuadrupleの漏れ磁界になり，距離が離れたところでの磁界強度が大きく減少します．重要な点かどうかは別として，ショート・リングによる電磁シールドが使

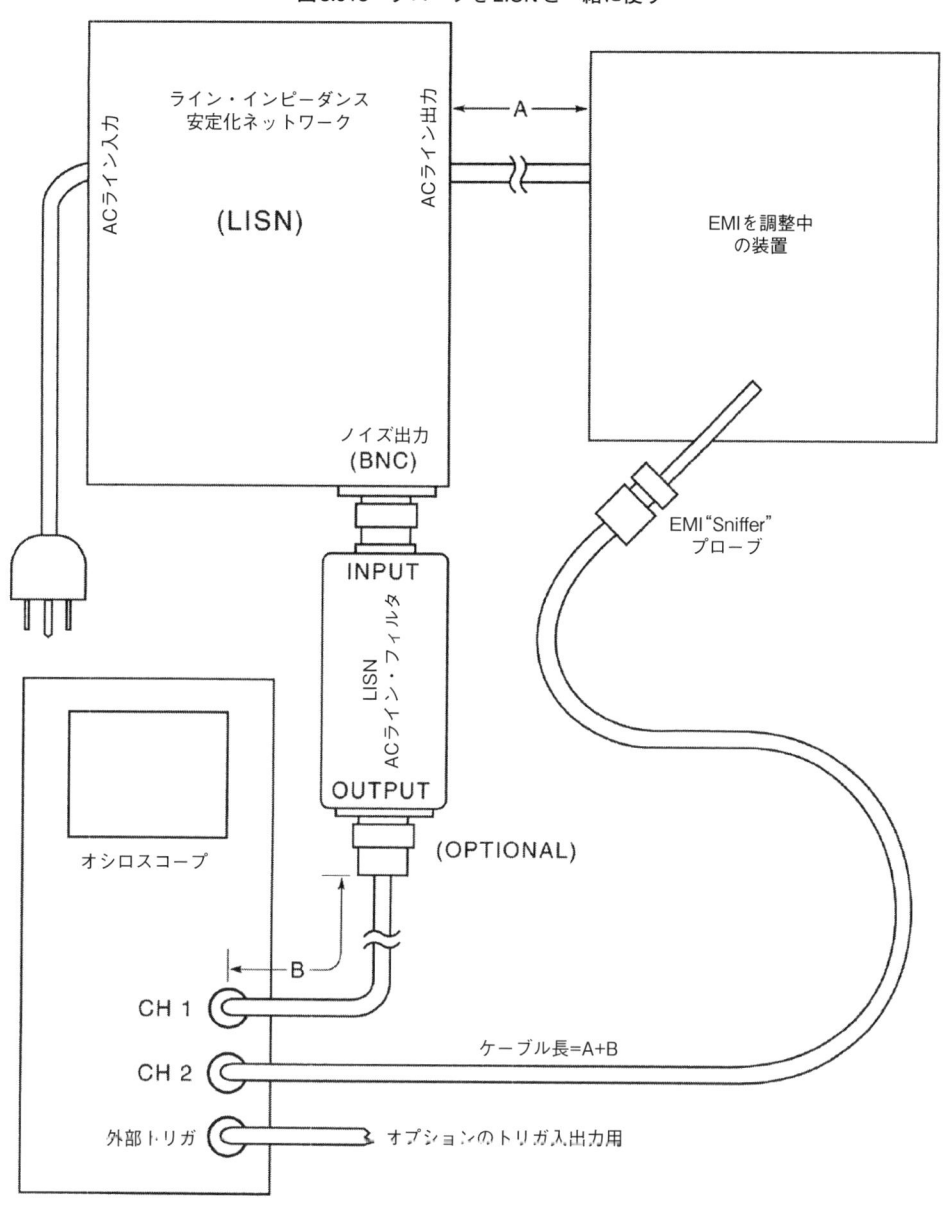

図8.J13 プローブをLISNと一緒に使う

われた場合，そこでの渦電流損も減少します．

● **開放エア・ギャップからの磁界**

インダクタの外側のエア・ギャップ，例えば，開磁路型のボビン・コア・インダクタや隙間をあけたEコアにあるもの〔**図8.J11（b）**〕は，大きなリプルやAC電流が流れた場合に，外部への磁界の大きな発生源になることがあります．これらの磁界の検出は，"Sniffer"プローブで簡単に行えます．その応答は，エア・ギャッ

プの近傍や，開磁路型インダクタの巻き線端で最大になります．

開磁路型のインダクタの磁界のシールドは簡単でなく，それがEMIの原因となるなら，外部磁界を減らすようにそのインダクタは再設計しなければならないのが普通です．ギャップ付きのEコアの周囲の磁界は，エア・ギャップをセンタ・レグに設けることで実質的になくすことができます．意図的に残したか，あるいは若干の外側のエア・ギャップによる磁界は，渦電流

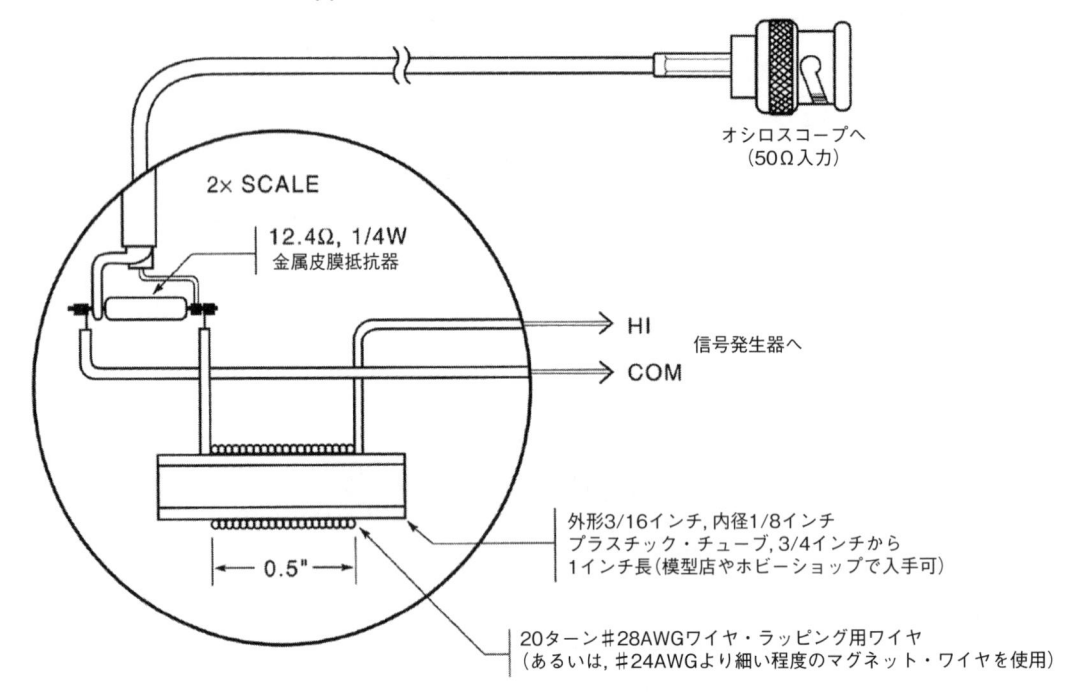

図8.J14　EMI "Sniffer" プローブのテスト用コイル

オシロスコープへ
（50Ω入力）

2× SCALE

12.4Ω, 1/4W
金属皮膜抵抗器

HI
COM
信号発生器へ

外形3/16インチ, 内径1/8インチ
プラスチック・チューブ, 3/4インチから
1インチ長（模型店やホビーショップで入手可）

20ターン♯28AWGワイヤ・ラッピング用ワイヤ
（あるいは, ♯24AWGより細い程度のマグネット・ワイヤを使用）

0.5"

"Sniffer" プローブの先端はプローブ出力電圧が最大となるテスト用コイルの中心に置かれる．コイル中心の磁束密度の大きさは次の式で近似できる．

$B = H = 1.257 \times NI/l$ （CGS Units）

1.27cm長で20ターンのテスト・コイルでは1MHzで電流1Aにつき，およそ20Gaussとなり，"Sniffer" プローブでは1MΩ負荷で100mA$_{p-p}$の電流に対して，19mV$_{p-p}$（±10％）の出力が得られる．なお，50Ω負荷にすると，この半分になる．

損が極端に高くならないのであれば，図8.J12のショート・リングによる電磁シールドで最小にできます．

　開磁路型のインダクタを2段目のフィルタのチョークに使った場合に，わかりにくい問題を起こす可能性があります．わずかなリプル電流が大きな磁界を作ることはないかもしれませんが，しかしそのようなインダクタは外部の磁界を拾って，それがノイズ電圧や外部のEMIに弱くなる原因となるかもしれません[注3]．

● **十分にバイパスされていない高速ロジック回路**

　理想的には，すべての高速ロジックは，各ICの近くに配置されたバイパス・コンデンサと，多層プリント基板による電源とグラウンドのプレーンを備えているべきです．

その対極の例として，1個のバイパス・コンデンサがロジック基板への電源入力部につけられただけで，電源とグラウンドが基板の反対側からICへとつながっている基板を見たことがあります．この場合，ロジックへの供給電圧には大きなスパイクが発生して，大きな電磁界が基板の周囲に発生していました．

　"Sniffer" プローブを使って，どのICのどのピンが電源電圧の過渡波形と同期して大きな電流の過渡的な変化を起こしているか確認できました（そのロジック設計のエンジニア達は，電源がノイズを発生していると電源メーカを非難していました．私が見たところ電源はかなり静かなもので，そもそも設計が悪い基板の電源供給系の問題なのでした）．

● **LISNと一緒に "Sniffer" プローブを使う**

　図8.J13は，"Sniffer" プローブとLISN（電源インピーダンス安定化ネットワーク）を使ったテスト用セット

注3：エディターのノート．他のコメントについてはAppendix Hを参照．

図8.J15 EMI "Sniffer"プローブの使い方の概要

(1) 2チャネル・オシロスコープと共に使い，できれば1チャネルは外部トリガ用にする．
(2) 1つのチャネルにはSnifferプローブをつなぎ，それはトリガには使わない．
(3) 2つ目のチャネルは発生源を見つけたい過渡的ノイズを観測するのに使う．もし都合がよければ，その信号はトリガにも使える．
(4) トランジスタの駆動波形や，スイッチングに先んじて発生するロジック信号を外部トリガに（あるいは3つ目のチャネルの入力に）することで，プリトリガにより安定で信頼性のあるトリガが可能になる（ほぼすべてのノイズが，パワー・トランジスタがオンやオフする間やその直後に発生する．
(5) まずは感度を最大にして，回路から多少離した位置からプローブでノイズに正確に同期して起きている現象を探し回る．プローブの波形はノイズと異なるだろうが，一般にはかなりの類似性がある．
(6) 感度を下げながら，疑わしい箇所にプローブを動かしていく．原因となる電流を流しているパターンは，導体の直上での鋭いヌル応答と両脇での位相反転により突き止める．
(7) ノイズ電流が流れている経路をできるだけ見つけ出す．回路図上でその経路を特定する．
(8) 通常，ノイズの発生源は電流経路とタイミングからわかってくる．

Ⓒ1997, BRUCE CARSTEN ASSOCIATES, Inc

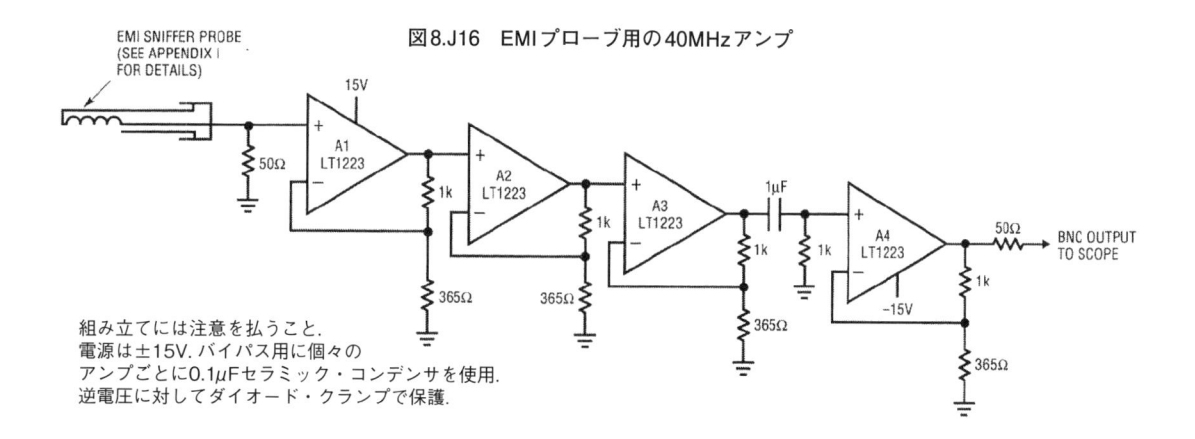

図8.J16 EMIプローブ用の40MHzアンプ

組み立てには注意を払うこと．
電源は±15V. バイパス用に個々の
アンプごとに0.1μFセラミック・コンデンサを使用．
逆電圧に対してダイオード・クランプで保護．

アップです．オプションの"LISN ACライン・フィルタ"を使うと，ACライン電圧の通り抜けが数100mVから μV レベルに減少して，適切なDC電源が手に入らないか，あるいは使えない場合でのEMIの診断を簡単にしてくれます．

● EMI "Sniffer" プローブをテストする

"Sniffer"プローブは，図8.J14に示したようなジグにより機能テストができますが，これはプローブの出荷テストで使われています．

● 結論

EMI "Sniffer"プローブは簡単ですが，EMIを発生する di/dt の発生源を発見する上で非常に手早く，有効な手段です．これらEMIの発生源は，従来の電圧プローブや電流プローブでは発見が非常に困難です．

● 概要

EMI "Sniffer"プローブの使用法のまとめを図8.J15に示します．

● "Sniffer" プローブ用アンプ

図8.J16は，"Sniffer"プローブ用の40MHzアンプです．200倍のゲインにより，オシロスコープでプローブが検出した信号を広いレンジで表示することができます．アンプは小型のアルミ・ボックスに組み込まれています．50Ωの終端に高品質の同軸タイプを使う必要はありませんが，プローブはBNCケーブルを使って接続すべきです．プローブはキャリブレートされておらず，相対的な出力の測定値を与えるので高周波数での終端の不完全さは重要な問題ではありません．普通のフィルム抵抗で十分です．

Appendix K システム自体によるノイズの"測定"

スイッチング・レギュレータの究極のノイズ・テストは,電源を供給している装置に対する影響の確認です.下記のデータは,LT1533から電力を供給したLT1605 16ビットA-Dコンバータから得たデータです.

積分非直線性と微分非直線性のクロス・プロットは,ベンチ電源とLT1533の電源による動作の比較結果です.その差は,テスト装置の誤差限界以下で確認できませんでした.

図8.K1 微分非直線性-ベンチ電源使用

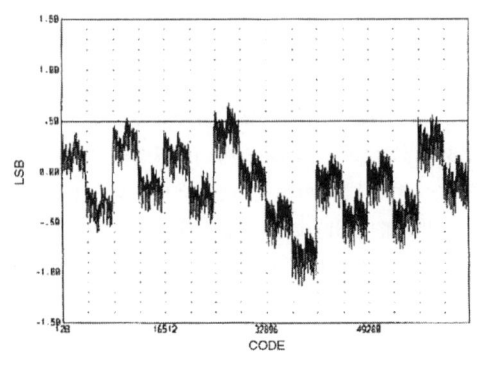

図8.K2 微分非直線性-LT1533電源使用

図8.K3 上記の差をとったもの.差はテスト装置の測定限界以下

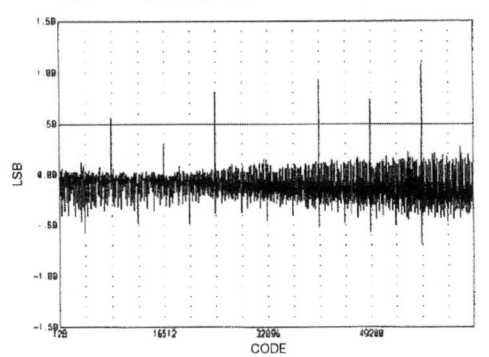

図8.K5 積分非直線性-LT1533電源使用

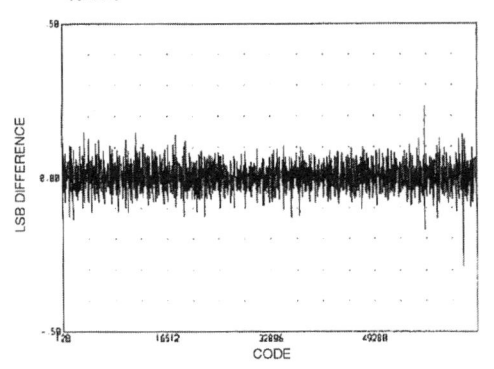

図8.K4 積分非直線性-ベンチ電源使用

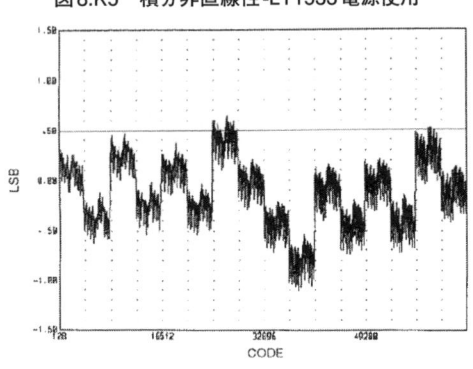

図8.K6 上記の差をとったもの.差はテスト装置の測定限界以下

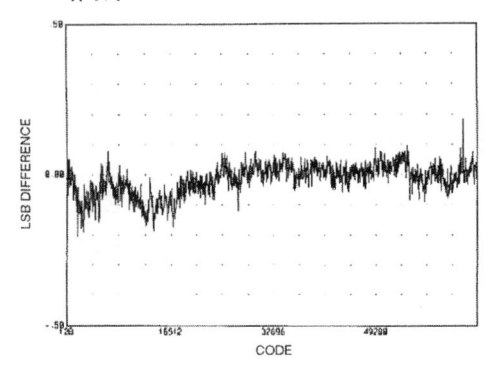

第9章
高集積DC-DC μModuleレギュレータ・システムを使った，複雑なFPGAベースのシステムへの給電
(パート1) 回路と電気的性能

Alan Chern/Afshin Odabaee

最近，あるシステム設計者と，4個のFPGAで構成される負荷に1.5Vに安定化させた最大40Aの電流を供給する電源について検討しました．この電源は最大60Wの電力となるので，冷却用の安定したエア・フローにするため，できるだけ低い高さで小型化する必要があります．また，この電源は表面実装可能でなければならず，熱放散を最小に抑えるため，十分に高い効率で動作する必要があります．

この設計者は，もっと複雑な作業に時間を使いたいので，できるだけ簡単なソリューションを要求してきました．高精度の電気的性能とは別に，このソリューションではDC-DC変換時に発生する熱を即座に除去して，その回路と周辺のICが過熱状態にならないようにする必要がありました．このようなソリューションには，以下の基準を満たす先進的な設計が必要です．

(1) 効率のよいエア・フローを可能にするため，周囲のICは風の流れを遮られるのを防ぐ高さの低いパッケージであること
(2) 熱放出を最小に抑える高い効率であること
(3) 熱を均一に拡散してホット・スポットを除去し，最少限のヒートシンクにするか，または不要にするために電流を分割する機能
(4) 手間をかけずに短時間で実現できるソリューションとして，DC-DCコントローラ，MOSFET，インダクタ，コンデンサおよび補償回路などを全て組み込んだ，表面実装パッケージのDC-DC回路であること

革新的なDC-DC設計

この新手法は，モジュールでありながら表面実装の手法であり，効率の良いDC-DCコンバータ，高精度電流シェアリングおよび低熱抵抗パッケージを使って

出力電力を供給するので，最少限の冷却手段しか必要としません．パッケージの高さが低く，4つのデバイスの間で電力をシェアリングするので，このソリューションを使用するシステムは少ないファンの数または低速のファンで十分であり，最少のヒートシンクかヒートシンクなしですみます(これらは，熱除去のための電力消費を減らし，システム・コストの削減に寄与する)．

このような回路のテスト・ボードを図9.1に示します．この設計は出力を1.5Vに安定化し，40A (最大48A)の負荷電流を供給します．それぞれの「黒い四角」はすべて揃ったDC-DC回路で，15mm×15mm×2.8mmの表面実装パッケージに収められています．いくつかの入力と出力のコンデンサおよび抵抗を備えた，これらのDC-DC μModuleレギュレータ・システムを使った設計は，写真に示されているようにシンプルです．

図9.1 各デバイスの高さはわずか2.8mm，基板面積は15mm×15mm，4個のDC-DC μModuleレギュレータは電流シェアリングを行い，1.5V/48Aを出力する．各μModuleレギュレータの重さはわずか1.7g，基板組み立て時に，どのような実装装置でも扱えるICの形状をしている．

DC-DC μModuleレギュレータ —LGAパッケージの全てを備えたシステム

LTM4601 μModule DC-DCレギュレータは，ICの形状にまでサイズを小さくした高性能電源です．PWMコントローラ，インダクタ，入力コンデンサと出力コンデンサ，超低$R_{DS(ON)}$のFET，ショットキー・ダイオードおよび補償回路を搭載した一体化されたソリューションです．入力と出力の外部バルク・コンデンサと，出力を0.6V～5Vに設定するための1個の抵抗だけが必要です．この電源は，4.5V～20Vの広い入力電圧から12A（並列接続すればさらに大きな電流）を供給できるので，多様な用途に使えます．ピン互換のLTM4601HVは，28Vまで使用できます．

電源モジュールやICをベースにしたシステムに比べて，LTM4601のもう一つの大きな利点は，負荷の増加に伴い，その能力を簡単にスケールアップできることです．1個のμModuleレギュレータが供給できるレベルより負荷が大きい場合は，単にモジュールを並列に追加するだけです．並列システムの設計には，μModuleレギュレータの各15mm×15mmのレイアウトをコピーして張り付ける以上のことはほとんど必要ありません．電気的レイアウトの問題はμModuleのパッケージ内で解決されており，配慮する必要のある外部のインダクタ，スイッチ，その他の部品はありません．

出力機能には，出力電圧トラッキングとマージニングが含まれます．高いスイッチング周波数（最大負荷で標準850kHz），固定オン時間，瞬時応答を特長とするこのコントローラは，安定性を維持したまま，入力電圧の変化と負荷の変化に対して高速に応答します．高調波が懸念される場合，スイッチング周波数を内蔵するフェーズロック・ループ（PLL）を介して外部クロックに同期させることができます．

48Aを供給する並列接続した4個のDC-DC μModuleレギュレータ

図9.2に示したのは，並列接続した4個のLTM4601で構成したレギュレータで，48A（4×12A）の出力を発生させることができます．これらのレギュレータは同期していますが，互いに90°ずつ位相をシフトして動作するので，キャンセル効果により，入力と出力のリプル電流の振幅が減少します（図9.3）．

同期と位相シフトは，LTC6902発振器が発生させます．この発振器は4つのクロックを出力し，それぞれ位相は90°シフトしています（2相または3相の位相関係の場合，抵抗を使ってLTC6902を調節することができる）．位相をシフトしてμModuleレギュレータを動作させることにより，ピーク入力電流およびピーク出力電流が，デューティ・サイクルに依存して約20%減少します（LTM4601のデータシートを参照）．リプルが減衰すると外部コンデンサのRMS電流定格とサイズが小さくなり，ソリューション・コストと基板スペースをさらに減少させることができます．

クロック信号は，4個のLTM4601のPLLINピン（フェーズロック・ループ入力）への入力として使われます．LTM4601のPLLは，位相検出器と電圧制御発振器によって構成されており，850kHzの周波数範囲で外部クロックの立ち上がりエッジにロックします．PLLは，少なくとも幅が400nsで振幅が2Vのパルスが PLLINピンで検出されるとオンします．ただし，起動時はディセーブルされます．並列に接続した4個のLTM4601 μModuleレギュレータのスイッチング波形を図9.3に示します．

出力電圧を設定するには，1個の抵抗だけが必要です．並列構成では，抵抗値は使用されるLTM4601の個数に依存します．これは，LTM4601を並列接続にすると，トップ（内部）帰還抵抗の合成抵抗値が変化するからです．LTM4601のリファレンス電圧は0.6V，内部トップ帰還抵抗の値は60.4kΩなので，V_{OUT}，出力電圧設定抵抗（R_{FB}）および並列接続されたモジュールの個数（n）の関係は，次のようになります．

$$V_{OUT} = 0.6V \frac{\frac{60.4k}{n} + R_{FB}}{R_{FB}}$$

最大48Aの広い出力電流範囲で，システムの効率が高いことを図9.4は示しています．このシステムでは，出力電圧を変えても広い出力電流の範囲で効率の低下（ディップ）は見られません．

図9.2 複数のDC-DC μModuleレギュレータ・システムを単に並列に接続して高出力電流を達成した．基板レイアウトは，各μModuleレギュレータのレイアウトをコピーして貼り付けるだけで簡単であり，必要な外部部品もわずかである

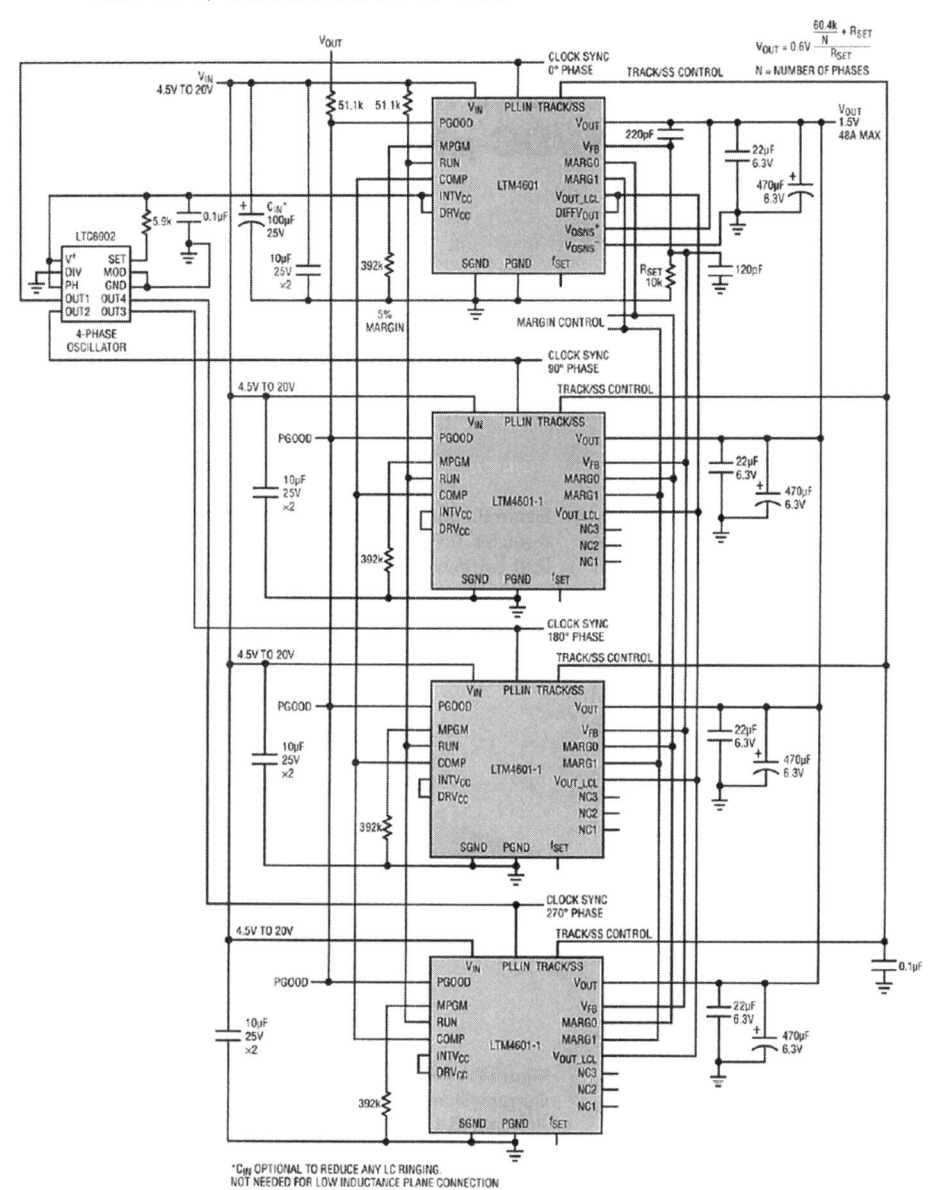

起動，ソフト・スタートおよび電流分担

LTM4601のソフト・スタート機能は，出力電圧をその公称値までゆっくりランプアップさせることにより，起動時の大きな突入電流を防ぎます．V_{OUT}までの起動時間とソフト・スタート・コンデンサ(C_{SS})の関係は，次のとおりです．

$$t_{SOFTSTART} = 0.8(0.6V - V_{OUT(MARGIN)})\frac{C_{SS}}{1.5\mu A}$$

ここで，

$$V_{OUT(MARGIN)} = \frac{\%V_{OUT}}{100}V_{OUT}$$

図9.3 各DC-DC μModuleレギュレータを90°位相をシフトして動作させることにより，入力と出力のリプルが減少するので，入力と出力のコンデンサに関する要件が緩和される．写真は，図9.2の個々のμModuleレギュレータのスイッチング波形を示している

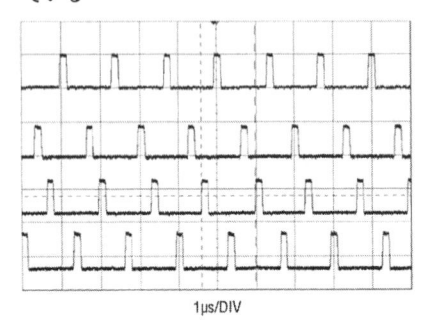

図9.4 並列接続した4個のDC-DC μModuleレギュレータの効率は広い範囲の出力で高く保たれる（12V入力）

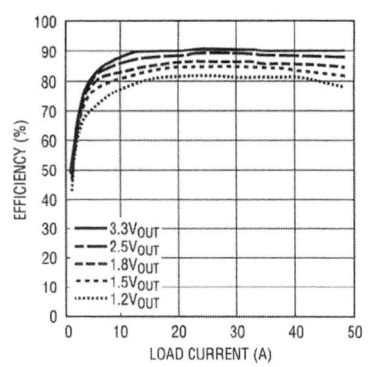

図9.5 FPGAやシステム全体の適切なスタートアップには制御されたソフト・スタートが重要．並列に接続した4個のDC-DC μModuleレギュレータのソフト・スタート電流と電圧ランプ

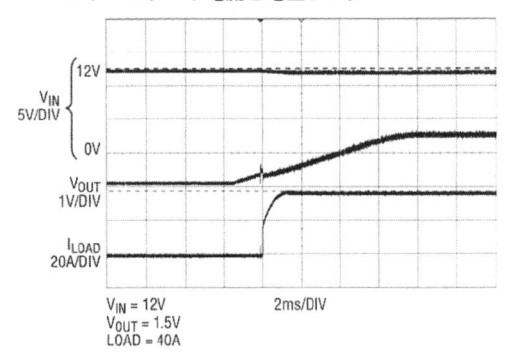

図9.6 各DC-DC μModuleレギュレータは，負荷電流を均一にシェアリングし，バランスを保って起動し，停止する．これは1個のレギュレータが過熱状態になるのを防ぐのに不可欠な機能．1個当たり公称10A，合計20Aまで上昇する2個の並列接続したLTM4601

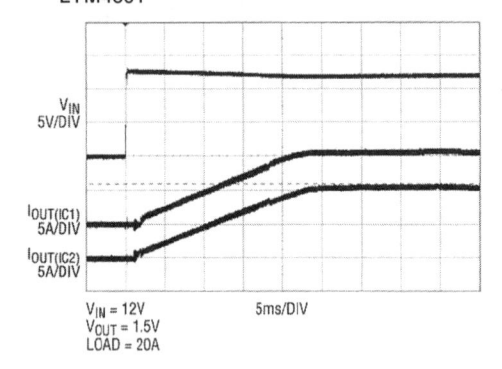

例えば，0.1μFのソフト・スタート・コンデンサは，マージニングなしでは，公称8msのランプを生じます（図9.5を参照）．

並列接続したレギュレータ間の電流シェアリングは，起動時から最大負荷に至るまで十分バランスがとれています．並列接続した2個のLTM4601がそれぞれ公称10A（合計20A）まで上昇するときの，このシステムの均一に分配された出力電流曲線を図9.6に示します．

● まとめ

DC-DC μModuleレギュレータは，ICの形状で全てを備えた自立したシステムです．低背，高効率および電流シェアリング能力により，新世代ディジタル・システム向けの実際的な高電力ソリューションが可能になります．48Aの出力電流での熱性能は卓越しており，電流シェアリングのバランスがよく，起動がスムーズで均一です．

この設計は簡単なので，開発時間が短縮され，基板スペースを節約できます．第10章のパート2では，熱性能とこの回路のレイアウトに焦点を当てます．

第10章
高集積DC-DC μModuleレギュレータ・システムを使った，複雑なFPGAベースのシステムへの給電
(パート2) 熱性能とレイアウト

Alan Chern/Afshin Odabaee

4個のDC-DC μModuleレギュレータを並列接続して60Wを供給

第9章では，FPGA用途に向けた4並列の小型・低スペースの48A/1.5V DC-DCレギュレータの回路と電気的性能について説明しました．この方法では，4個のDC-DC μModuleレギュレータを並列に接続して出力電流を増やし(図10.1)，各デバイスの間で電流を均等に分担しています．このソリューションでは，μModuleレギュレータの正確な電流シェアリング能力を使用し，小さな表面積全体に均一に熱を放散してホット・スポットの発生を防いでいます．

各DC-DC μModuleレギュレータは特性が均一の電源で，インダクタ，DC-DCコントローラ，MOSFET，補償回路および入力/出力のバイパス・コンデンサを内蔵しています．わずか15mm×15mmの基板面積しか必要とせず，高さもわずか2.8mmです．この小型形状により，回路全体に空気がスムーズに流れます．さらに，周囲の部品へのエア・フローを遮ることがなく，システム全体の最適な熱設計を実現できます．

熱性能

図10.1に示されているボードのサーマル・イメージと，特定の位置の測定温度を図10.2に示します．カーソルの1～4は，各モジュールの表面温度の推定値を示しています．カーソルの5～7は，基板の表面温度を示しています．内側の2個のレギュレータ(カーソルの1と2)と外側(カーソルの3と4)の間の温度差に注目してください．外側に配置されたLTM4601 μModuleレギュレータは左右に大きなプレーンを備えており，ヒートシンク作用が大きいので，デバイスの温度を数度下げています．内側の2個には熱を逃がす上面と底面の小さなプレーンしかないので，外側の2個に比べてわずかに温度が高くなっています．

図10.1 各デバイスの高さがわずか2.8mm，基板面積は15mm×15mm，4個のDC-DC μModuleレギュレータは電流シェアリングを行い，1.5V/48Aを出力する．各μModuleレギュレータの重さはわずか1.7g，基板組み立て時にどのような実装装置でも扱える形状をしている．

図10.2 図10.1の1.5V/48Aの回路のサーモ・グラフは，各DC-DC μModuleレギュレータ間のバランスがとれた電力分担と，エア・フローなしでも低い温度上昇を示している
(V_{IN} = 20Vから1.5V出力/40A).

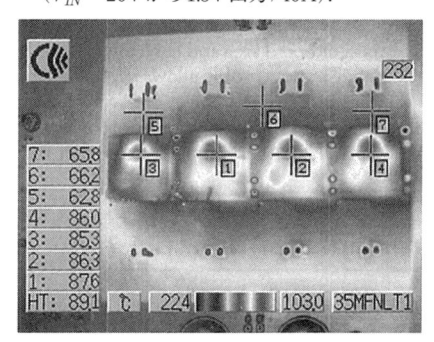

図10.3 下から上へ200LFMのエア・フローを行った，4並列のLTM4601のサーモ・グラフ（20V$_{IN}$から1.5V$_{OUT}$/40A）

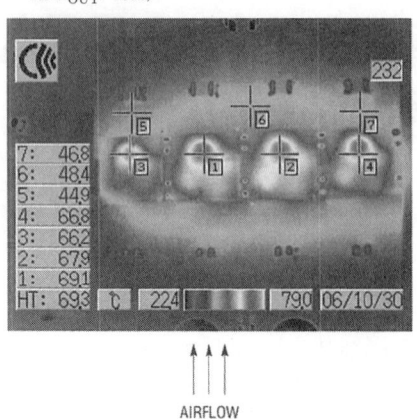

図10.4 右から左へ400LFMのエア・フローを行った，4並列のLTM4601のサーモ・グラフ（12V$_{IN}$から1.5V$_{OUT}$/40A）

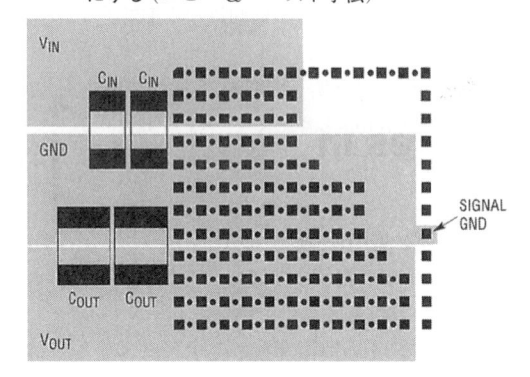

図10.5 75℃の恒温槽内で，右から左へ400LFMのエア・フローを行った，BGAヒートシンク付きの4並列のLTM4601のサーモ・グラフ（12V$_{IN}$から1.5V$_{OUT}$/40A）

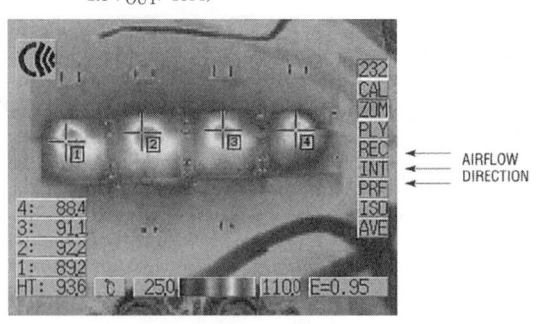

図10.6 LTM4601のピン・レイアウトはパワー・プレーンの配置を簡単にし，デバイスの並列接続を容易にする（コピー＆ペースト手法）

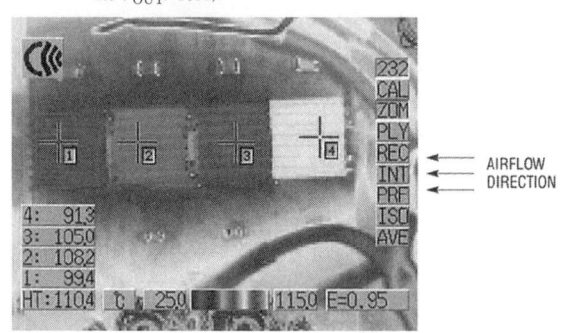

エア・フローもシステムの熱平衡に大きな影響を与えます．図10.2と図10.3の間の温度差に注目してください．図10.3では，200LFMのエア・フローがデモボードの下から上に向かって均一に流れており，図10.2のエア・フローがない場合に比べて，ボード全体で20℃の温度の低下が見られます．

エア・フローの方向も重要です．図10.4では，システムは50℃の恒温槽内に置かれており，エア・フローは右から左に流れていて，一つのμModuleから次のμModuleへと熱を運ぶので，蓄積効果が現れています．エア・フロー源に一番近い右端のμModuleデバイスの温度が一番低くなっています．左端のμModuleレギュレータは，他のμModuleレギュレータから溢れてきた熱のため，わずかに高い温度になっています．

基板への熱伝達もエア・フローによって変化します．図10.2では，熱は基板の左右両側に均一に伝達されます．図10.4では，ほとんどの熱は左側へ移動します．図10.5は，一つのμModuleから次のμModuleへと熱が蓄積されていく極端な例を示しています．

4個のμModuleレギュレータのそれぞれにBGAヒートシンクが装着されており，ボード全体が周囲温度75℃の恒温槽内で動作しています．

コピー＆ペーストによる簡単なレイアウト

並列に接続したμModuleレギュレータのレイアウトは，電気的な設計上の検討事項がほとんど必要ないという点で比較的簡単です．とはいえ，必要な基板面積を最小に抑えることが設計の意図であれば，熱に関する検討事項がきわめて重要になり，スペース，ビア，

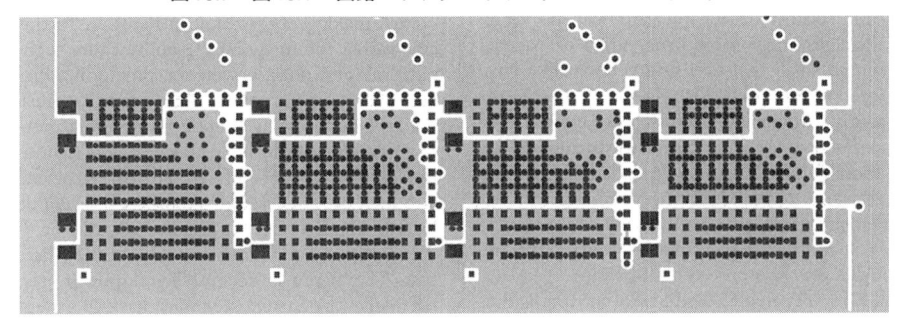

図10.7 図10.1の回路のトップレイヤ・プレーンのレイアウト

図10.8 図10.1の回路のボトムレイヤ・プレーンのレイアウト

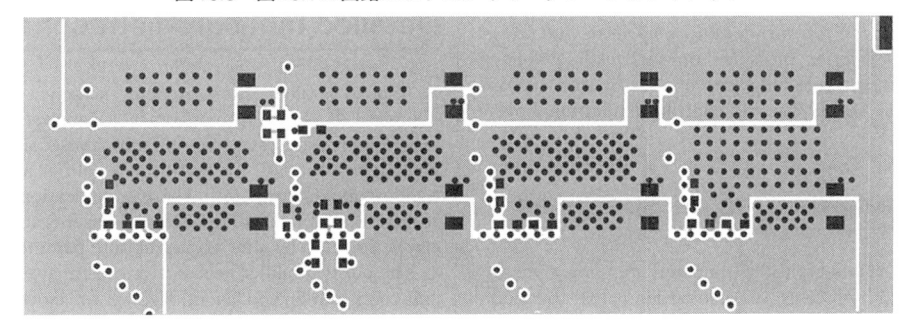

エア・フローおよびプレーンが主要パラメータとなります．

　LTM4601 μModuleレギュレータのLGAパッケージのフットプリントは独自のもので，基板への堅牢な接着が可能で，サーマル・ヒートシンクを強化します．図10.6に示されているように，フットプリント自体がパワー・プレーンとグラウンド・プレーンのレイアウトを簡単にします．並列接続した4個のμModuleのレイアウトは，図10.7と図10.8に示されているように簡単です．

　レイアウトが適切であれば，LGAパッケージとパワー・プレーンだけで十分なヒートシンクが構成でき，LTM4601を低い温度に保ちます．

● まとめ

　電源に効率的な放熱手段を講じないと，省スペースで60Wの電力を供給することは，システムの熱管理と冷却に関わる困難な問題をさらに複雑なものにします．DC-DC μModuleレギュレータ・ファミリは，その内部部品，パッケージの種類，および電気的動作のレイアウトに注意を払って設計されており，高密度の電源回路の熱管理を緩和します．LGAパッケージとシンプルなレイアウトにより，エア・フローの効率を最大にするための100%表面実装が可能で，小型形状の設計が可能になります．

　この新しい電源設計手法は，複数のDC-DC μModuleレギュレータの並列接続とレイアウト設計のコピー&ペースト手法の利点を活かし，最少部品を使用して，小型形状で高効率の60W電源を提供します．

第11章
ダイオードのターン・オン時間によって誘起されるスイッチング・レギュレータの動作不良
どれほど多くの人がこんなに少ない端子にこれほど悩まされたことか
Jim Williams/David Beebe

　ほとんどの回路設計者は，ダイオードの動特性である電荷の蓄積，電圧に依存する容量，逆回復時間などを熟知していますが，ダイオードの順方向ターン・オン時間はそれほど一般的には知られておらず，メーカでも規定されていません．このパラメータは，ダイオードがオンし，その順方向電圧降下にクランプされるまでに要する時間を表します．歴史的に，（ナノ秒を単位とする）この非常に短い時間はあまりにも小さいので，ユーザもメーカも基本的には無視してきました．稀にしか議論の対象にならず，仕様はほとんど定められていませんでした．

　最近，スイッチング・レギュレータのクロック速度と遷移時間が速くなり，ダイオードのターン・オン時間が重要な問題になっています．クロック速度の増加は，磁気部品のサイズを縮小するのに不可欠です．遷移時間を減少させると全体の効率にいくらか寄与しますが，それよりもICの熱上昇を最小に抑えることが主に求められています．1MHzを超えるようなクロック速度では，遷移時間の減少がダイの発熱の主要因になります．

　ダイオードのターン・オン時間による潜在的な問題は，遷移時にダイオード両端のオーバシュート電圧が，数ナノ秒に制限されているときでさえ過電圧ストレスを引き起こし，スイッチング・レギュレータICに動作不良を発生させる可能性があることです．したがって，特定のアプリケーションに対する特定のダイオードの特性を評価し，信頼性を確保するために，注意深くテストする必要があります．このテストでは，低損失の周辺部品と最終アプリケーションのレイアウトを想定して，ダイオードの寄生要素だけによるターン・オン時のオーバシュート電圧を測定します．関連部品の選択とレイアウトが不適切であれば，追加のオーバスト

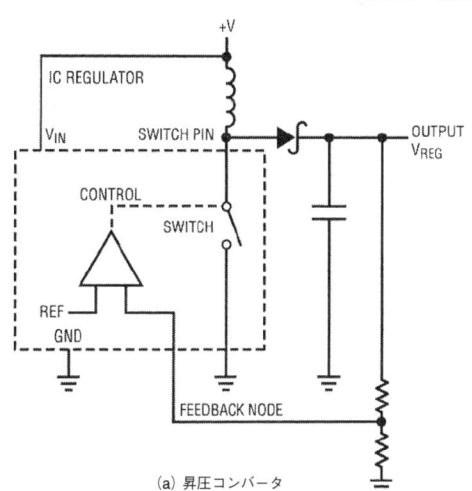

図11.1　標準的な昇降圧DC-DCコンバータ

(a) 昇圧コンバータ　　　(b) 降圧コンバータ

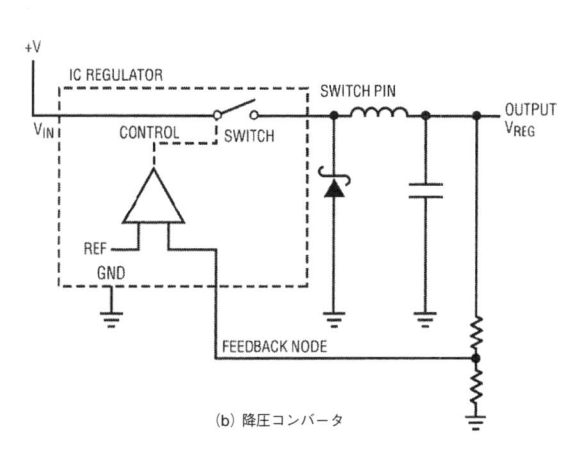

ダイオードがスイッチ・ピンの電圧の変化を安全リミットにクランプすると仮定．

レスを生じます．

ダイオードのターン・オン時間の見方

標準的な昇圧コンバータと降圧コンバータを図11.1に示します．両者とも，ダイオードがスイッチ・ピンの電圧の変化を安全リミットにクランプすると仮定しています．昇圧の場合，このリミットはスイッチ・ピンの最大許容順方向電圧によって決まります．降圧の場合，リミットはスイッチ・ピンの最大許容逆方向電圧によって設定されます．

図11.2は，ダイオードが順方向電圧にクランプするためには有限の時間が必要であることを示しています．この順方向ターン・オン時間により，ダイオードの公称クランプ電圧を超える過渡変化が発生してしまい，ICのブレークダウン限界を超える可能性があります．

ターン・オン時間は一般にナノ秒単位で測定され，観察することが困難です．ターン・オンのオーバシュートはパルス波形の振幅端で起こるため，初めから高分解能での振幅測定を除外してしまい，さらに事態を複雑にします．ダイオードのターン・オンのテスト方法を設計する場合は，これらの要素を検討する必要があります．

ダイオードのターン・オン時間をテストする概念を図11.3に示します．この場合，（他の電流値でもかまわないが）テストは1Aで行っています．5Ωの抵抗を介して，1Aのパルス・ステップがテスト対象となるダイオードに与えられます．ターン・オン時の電圧変化をテスト対象のダイオードで直接測定します．この図は，見たところ驚くほどシンプルです．特に，並外れて高速で忠実な遷移を持ち，正確なターン・オン時間の決定を必要とする電流ステップには，相当広い測定帯域幅を必要とします．

詳細な測定方法

詳細な測定方法を，図11.4に示します．それぞれの構成要素に必要な性能パラメータが示されています．立ち上がり時間がサブナノ秒のパルス発生器，立ち上がり時間が2nsの1Aアンプおよび1GHzのオシロスコープが必要です．これらの仕様は，現実的な動作条件を表しています．適当にパラメータを変えて，他の電流および立ち上がり時間を選択することができます．

パルス・アンプは，回路構成とレイアウトに注意を

図11.2 ダイオードの順方向ターン・オン時間により，公称ダイオード・クランプ電圧を超える過渡変化が生じ，潜在的にICのブレークダウン限界を超える

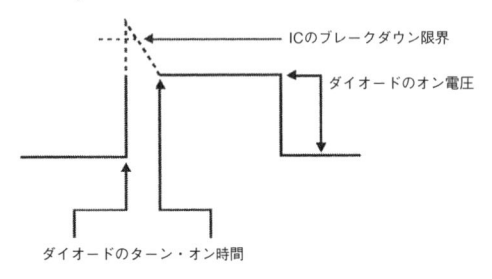

図11.3 1Aでのダイオードのターン・オン時間のテスト方法の考え方

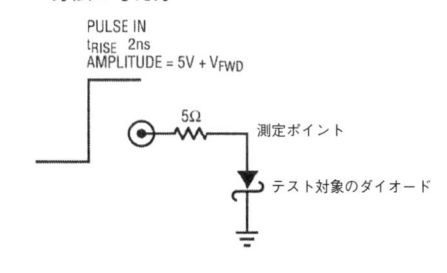

入力ステップは，並外れて高速で高忠実度の遷移でなければならない．

図11.4 測定方法の詳細は様々な構成要素に必要な性能パラメータを示している

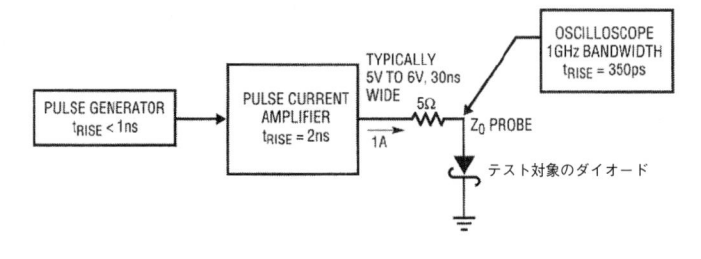

サブナノ秒の立ち上がり時間のパルス発生器，1A/2nsの立ち上がり時間のアンプおよび1GHzのオシロスコープが必要．

払う必要があります．アンプは，並列接続のダーリントンで駆動されるRFトランジスタの出力段になっていることを，図11.5は示しています．コレクタ電圧を調整（立ち上がり時間の調整）するとQ_4～Q_6のf_Tにピークを生じます．入力RCネットワークにより，入力パルスの立ち上がり時間をアンプの通過帯域内でわずかに遅らせて，出力パルスを最適化します．並列接続により，Q_4～Q_6は適切な個別の電流値で動作し，帯域幅を維持させることができます．

（穏やかに相互反応する）エッジの純度と立ち上がり時間の調整が最適化されていると，リンギングや異質の成分，遷移後の変動がない非常にクリーンで立ち上がりが2nsの出力パルスをアンプが発生することを図11.6は示しています．このような性能により，ダイオードのターン・オン時間のテストが実現可能になります[注1]．

ダイオードの順方向ターン・オン時間を測定する完全な測定装置を，図11.7に示します．サブナノ秒のパルス発生器でドライブされるパルス・アンプが，テスト対象のダイオードをドライブします．Z_0プローブが測定ポイントをモニタし，1GHzオシロスコープに信号を与えます[注2,3,4]．

図11.5 パルス・アンプは，並列接続したダーリントンでドライブされるRFトランジスタの出力段を備えている．コレクタ電圧調整（立ち上がり時間の調整）はQ_4～Q_6のf_Tにピークを生じ，入力RCネットワークが出力パルスの純度を最適化する．低インダクタンスのレイアウトが不可欠である．

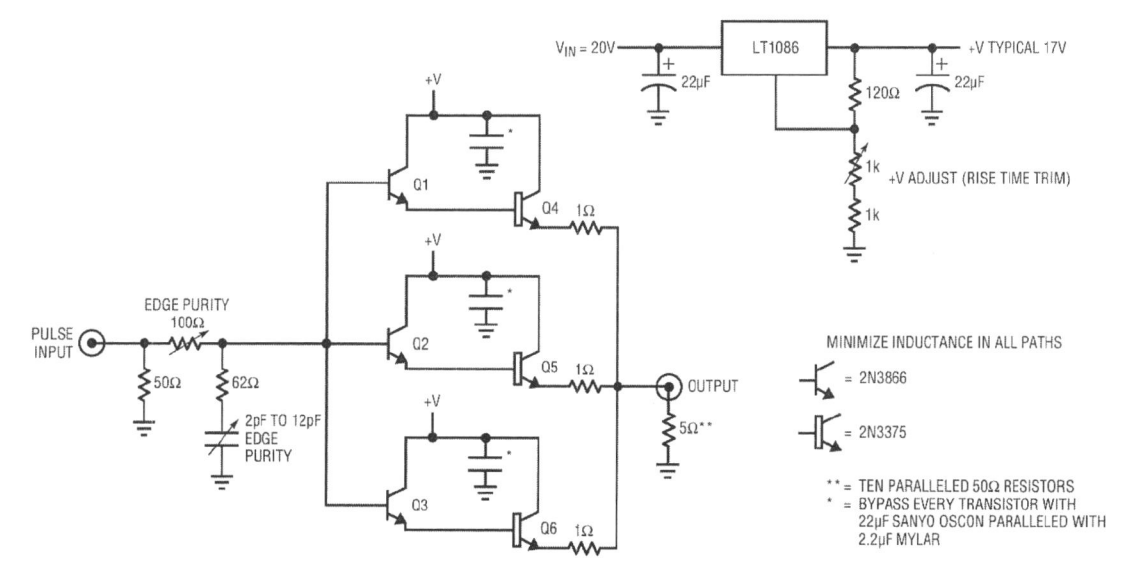

注1：代わりのパルス発生手法は，Appendix F "別の実現方法"に掲載されている．
注2：Z_0プローブについては，Appendix Cの"Z_0プローブについて"で説明している．
　　参考文献(27)～(34)も参照のこと．
注3：サブナノ秒のパルス発生器の要件はささいなことではない．
　　Appendix Bの"万人のためのサブナノ秒の立ち上がり時間のパルス発生器"を参照．
注4：関連する解説は，Appendix Eの"接続箇所，ケーブル，アダプタ，減衰器，プローブおよびピコ秒"を参照．

図11.6 5Ωへのパルス・アンプの出力

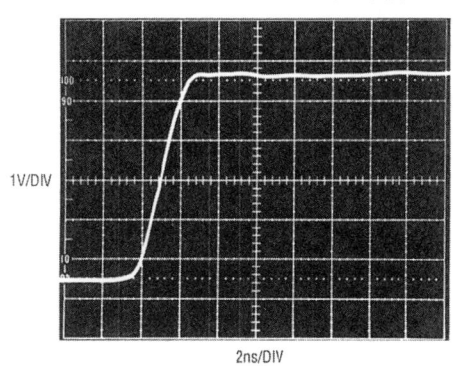

立ち上がり時間は2nsで，パルス・トップの異常は微小．

図11.7 ダイオードの順方向ターン・オン時間の完全な測定装置には、サブナノ秒の立ち上がり時間をもつパルス発生器、パルス・アンプ、Z_0プローブおよび1GHzオシロスコープが含まれる。

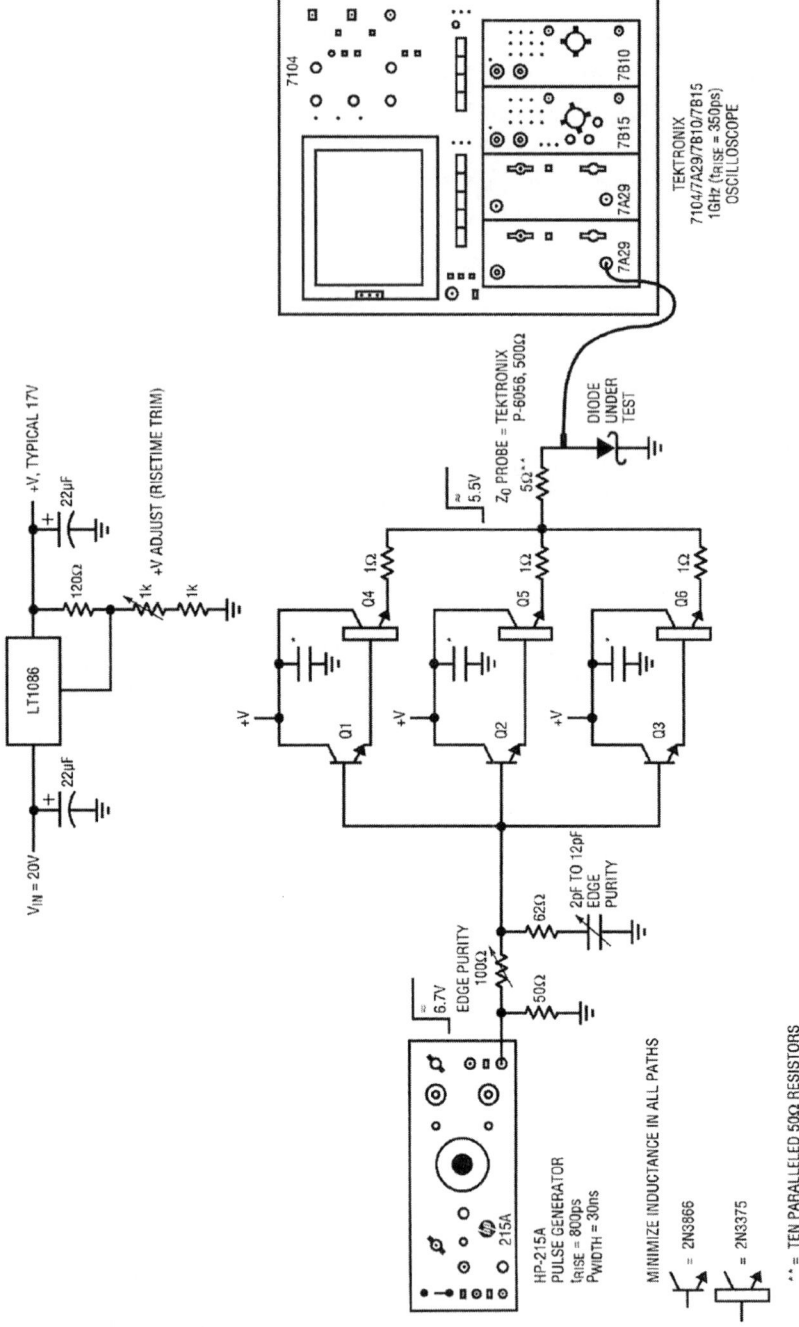

5Ωの抵抗に対して5Vの振幅になるようにパルス発生器の振幅を調整する。

図11.8 「ダイオードNo.1」は定常状態の順方向電圧を約3.6nsの間オーバシュートし，ピークは200mVに達する．

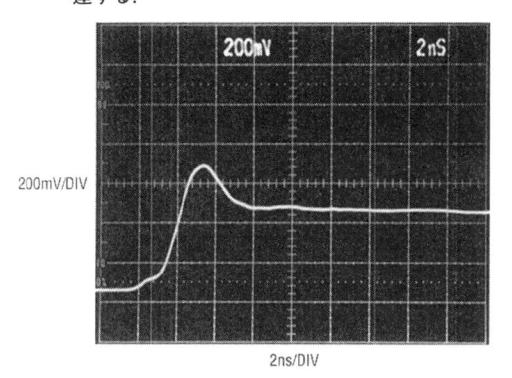

図11.9 「ダイオードNo.2」は6nsでセトリングする前に約750mVのピークに達する…定常状態の順方向電圧の2倍を超える．

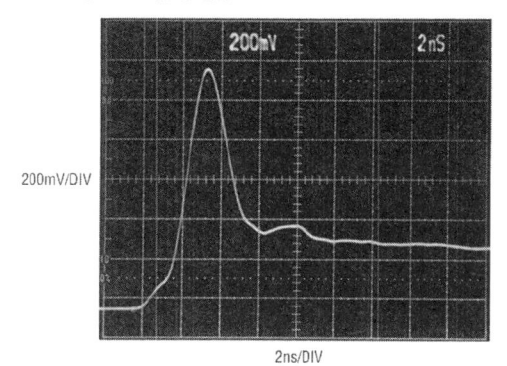

図11.10 「ダイオードNo.3」は公称400mVのV_{FWD}より1V上にピークが達する（2.5倍の誤差）．

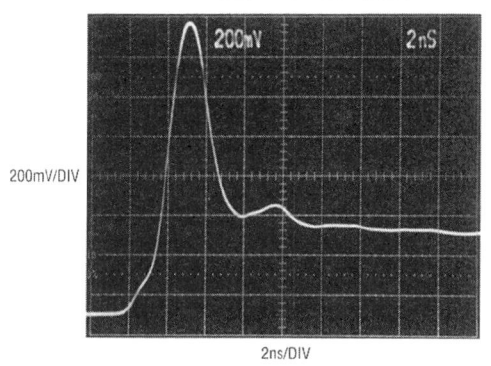

図11.11 「ダイオードNo.4」は約750mVのピークに達し，V_{FWD}の値に近づいていく長いテールを伴う（水平軸の2.5倍のスケール変更に注意）．

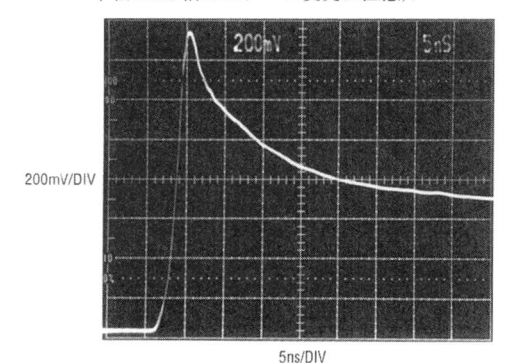

ダイオードのテストと結果の解釈

図11.12 「ダイオードNo.5」はピークが目盛りの外に出てしまい，テール部分が長く延びている（図11.8～図11.10に比べて水平方向のスケールが遅いことに注意）．

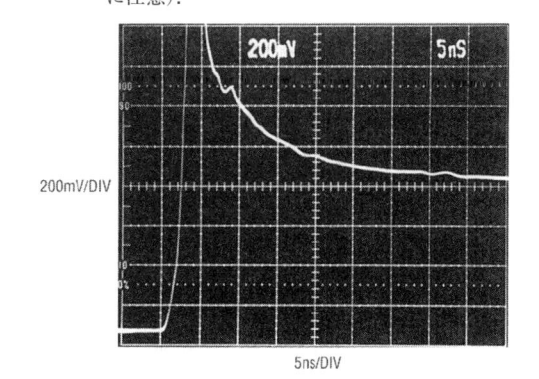

適切に装備されて構築された測定装置は，高分解能の時間と振幅でダイオードのターン・オン時間のテストを可能にします[注5]．様々なメーカの5個の異なったダイオードの測定結果を，図11.8～図11.12に示します．図11.8（ダイオードNo.1）は，定常状態の順方向電圧を約3.6nsの間オーバシュートし，ピークは200mVに達します．これは5個の中では性能が最良です．図11.9～図11.12はターン・オンの振幅と時間の増大を示しており，図のキャプションで詳しく説明されています．ワースト・ケースでは，ターン・オンの振幅は公称クランプ電圧を1V以上超えており，ターン・オン時間は数10ナノ秒に延びています．

注5：測定に必要な帯域幅の決定に関する考察については，Appendix Aの"どれだけ帯域幅があれば十分か？"を参照．

図11.12は，その時間と振幅の大きな誤差があることからわかるように，この不適当な事例の代表でもあります．このように，不安定な変化はICレギュレータのブレークダウンと動作不良を引き起こすおそれが十分にあります．ここで学ぶべきことは明らかです．与えられたどのようなアプリケーションにおいても信頼性を確保するためには，ダイオードのターン・オン時間の特性を評価し，測定を行う必要があります．

◆参考文献◆

(1) Churchill, Winston S., "Never in the field of human conflict was so much owed by so many to so few." Speech, "The Few", Tribute to the Royal Airforce, House of Commons, August 20th, 1940.
(2) Zettler, R. and Cowley, A.M., "Hybrid Hot Carrier Diodes," Hewlett-Packard Journal, February 1969.
(3) Motorola, Inc., "Motorola Rectifier Applications Handbook", Motorola, Inc., 1993.
(4) RCA RF/Microwave Devices, RCA, 1975.
(5) Chessman, M. and Sokol, N., "Prevent Emitter-Follower Oscillation", Electronic Design 13, pp. 110-113, 21 June 1976.
(6) DeBella, G.B., "Stability of Capacitively-Loaded Emitter Followers . a Simplified Approach", Hewlett-Packard Journal 17, pp. 15-16, April 1966.
(7) D. J. Hamilton, F.H.Shaver, P.G.Griffith, "Avalanche Transistor Circuits for Generating Rectangular Pulses," Electronic Engineering, December 1962.
(8) R.B.Seeds, "Triggering of Avalanche Transistor Pulse Circuits," Technical Report No. 1653-1, August 5, 1960, Solid-State Electronics Laboratory, Stanford Electronics Laboratories, Stanford University, Stanford, California.
(9) Beale, J.R.A., et al., "A Study of High Speed Avalanche Transistors" .Proc.I.E.E., Vol 104, Part B, July 1957, pp. 394 to 402.
(10) Braatz, Dennis, "Avalanche Pulse Generators," Private Communication, Tektronix, Inc., 2003.
(11) Tektronix, Inc., Type 111 Pretrigger Pulse Generator Operating and Service Manual, Tektronix, Inc., 1960.
(12) Haas, Isy, "Millimicrosecond Avalanche Switching Circuit Utilizing Double-Diffused Silicon Transistors," Fairchild Semiconductor, Application Note 8/2, December 1961.
(13) Beeson, R. H., Haas, I, Grinich, V.H., "Thermal Response of Transistors in Avalanche Mode," Fairchild Semiconductor, Technical Paper 6, October 1959.
(14) G. B. B. Chaplin, "A Method of Designing Transistor Avalanche Circuits with Applications to a Sensitive Transistor Oscilloscope," paper presented at the 1958 IRE-AIEE Solid State Circuits Conference, Philadelphia, PA., February 1958.
(15) Motorola, Inc., "Avalanche Mode Switching," Chapter 9, pp. 285-304.Motorola Transistor Handbook, 1963.
(16) Williams, Jim, "A Seven-Nanosecond Comparator for Single Supply Operation," "Programmable, Subnanosecond Delayed Pulse Generator," pp. 32-34, Linear Technology Corporation, Application Note 72, May 1998.
(17) Williams, Jim, "Power Conversion, Measurement and Pulse Circuits," Linear Technology Corporation, Application Note 113, August 2007.
(18) Moll, J.L., "Avalanche Transistors as Fast Pulse Generators" .Proc.I.E.E., Vol 106, Part B, Supplement 17, 1959, pp 1082 to 1084.
(19) Williams, Jim, "Circuitry for Signal Conditioning and Power Conversion," Linear Technology Corporation, Application Note 75, March 1999.
(20) Williams, Jim, "Signal Sources, Conditioners and Power Circuitry," Linear Technology Corporation, Application Note 98, November 2004, pp. 20-21.
(21) Williams, Jim, "Practical Circuitry for Measurement and Control Problems," Linear Technology Corporation, Application Note 61, August 1994.
(22) Williams, Jim, "Measurement and Control Circuit Collection," Linear Technology Corporation, Application Note 45, June 1991.
(23) Williams, Jim, "Slew Rate Verification for Wideband Amplifiers," Linear Technology Corporation, Application Note 94, May 2003.
(24) Williams, Jim, "30 Nanosecond Settling Time Measurement for a Precision Wideband Amplifier," Linear Technology Corporation, Application Note 79, September 1999.
(25) Williams, Jim, "A Monolithic Switching Regulator with 100μV Output Noise," Linear Technology Corporation, Application Note 70, October 1997.
(26) Andrews, James R. "Pulse Measurements in the Picosecond Domain," Picosecond Pulse Labs, Application Note AN-3a, 1988.
(27) Williams, Jim, "High Speed Amplifier Techniques," Linear Technology Corporation, Application Note 47, August 1991.
(28) Williams, Jim, "About Probes and Oscilloscopes," Appendix B, in "High Speed Comparator Techniques," Linear Technology Corporation, Application Note 13, April 1985.
(29) Weber, Joe, "Oscilloscope Probe Circuits," Tektronix, Inc., Concept Series, 1969.
(30) McAbel, W. E., "Probe Measurements," Tektronix, Inc., Concept Series, 1969.
(31) Hurlock, L., "ABC's of Probes," Tektronix, Inc., 1991.
(32) Bunze, V., "Matching Oscilloscope and Probe for Better Measurements," Electronics, pp. 88-93, March 1, 1973.
(33) Tektronix, Inc., P6056/P6057 Probe Instruction Manual, Tektronix, Inc., December 1981.
(34) Tektronix, Inc., P6034 Probe Instruction Manual, Tektronix, Inc., 1963.
(35) Hewlett-Packard, "HP215A Pulse Generator Operating and Service Manual", Hewlett Packard, 1962.
(36) Tektronix, Inc., Type 109 Pretrigger Pulse Generator

Operating and Service Manual, Tektronix, Inc., 1963.

Appendix A 帯域幅はどれだけあれば十分か？

広帯域幅オシロスコープで正確に測定するには，帯域幅が必要です．問題は，どれだけ必要かということです．従来からの目安として，測定システムの「端から端までの」立ち上がり時間は，システムの個々の部品の立ち上がり時間の2乗和平方根に等しくなります．最も単純な場合は，2つの構成要素（信号源とオシロスコープ）だけです．

図11.A1の立ち上がり時間と誤差のプロットは，この様子をよく表しています．この図は，信号とオシロスコープの立ち上がり時間の比に対して観測された立ち上がり時間をプロットしています．立ち上がり時間は，時間領域で次のように帯域幅に関係しています．

$$\text{立ち上がり時間 (ns)} = \frac{350}{\text{帯域幅 (MHz)}}$$

この曲線は，約5%に収まる測定精度を得るには，入力信号の立ち上がり時間より3倍から4倍速いオシロスコープが必要であることを示しています．このため，350kHzのオシロスコープ（t_{RISE} = 1ns）で立ち上がり時間が1nsのパルスを測定しようとすると，誤った結果に導かれます．この曲線は，途方もない41%という誤差を示しています．この曲線には，受動プローブまたは信号をオシロスコープに接続するケーブルの影響は含まれていないことに注意してください．プローブは必ずしも2乗和平方根の法則に従わないので，特定の測定に対して注意して選択し，使用する必要があります．参考のために示してある図11.A2は，1MHzから5GHzの間の10個の基本ポイントでの立ち上がり時間/帯域幅の対応関係を示しています．

図11.A3～図11.A10は，本文のダイオードの様々な帯域幅におけるターン・オン時間を測定することにより，これらの検討事項に関する効果を示しています(注1)．図11.A3は，2.5GHzのサンプリング通過帯域幅での標準的なダイオードのターン・オンを表しており，500mVのターン・オン振幅を示しています(注2)．図11.A4の1GHz帯域幅で測定した特性もほぼ同じであり，オシロスコープの帯域幅が適切であることを表しています．一連の図の中で帯域幅が減少していくのに伴い，観察されるターン・オンのオーバシュートの振幅に顕著な誤差が生じることは明らかであり，実験者の目を逃れることはありません．

図11.A1 立ち上がり時間の測定精度に対するオシロスコープの立ち上がり時間の影響

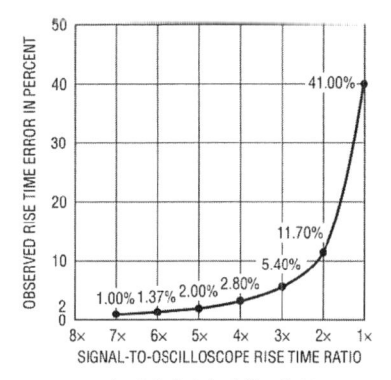

信号とオシロスコープの立ち上がり時間の比がユニティゲインに近づくと測定誤差が急速に上昇する．2乗和平方根の関係に基づくデータはプローブを含んでおらず，2乗和平方根の法則に従わないことがある．

図11.A2 いくつかの基本ポイントでの立ち上がり時間/帯域幅の対応関係

立ち上がり時間	帯域幅
70ps	5GHz
350ps	1GHz
700ps	500MHz
1ns	350MHz
2.33ns	150MHz
3.5ns	100MHz
7ns	50MHz
35ns	10MHz
70ns	5MHz
350ns	1MHz

データは本文の立ち上がり時間/帯域幅の計算式をベースにしている．

注1：慎重に調べるには，信号経路の全ての構成要素の帯域幅を検証する必要がある．
Appendix Dの"立ち上がり時間の測定の完全性の検証"を参照．
注2：3.9GHzオシロスコープ + 3.5GHzプローブ = 2.5GHzプローブ・チップの帯域幅

図11.A3　2.5GHzのサンプリング通過帯域幅で見た標準的ダイオードのターン・オンは500mVのターン・オン・ピークを示している

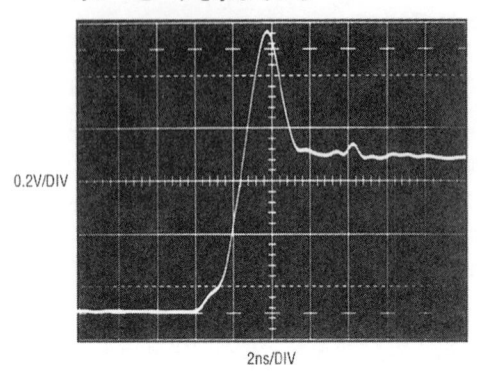

図11.A4　図11.A3の1GHzのリアルタイム帯域幅で観測されたダイオードのターン・オンの特性はほぼ同じであり，オシロスコープの帯域幅が適切であることを示している

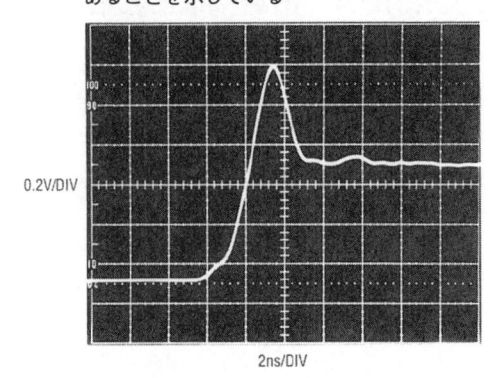

図11.A5　オシロスコープの帯域幅が600MHzでは，観察されるピークは約440mVであり，12%の振幅誤差となる．

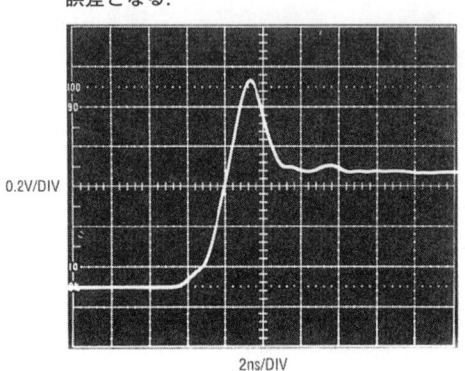

図11.A6　400MHzの測定帯域幅では20%の誤差が生じる

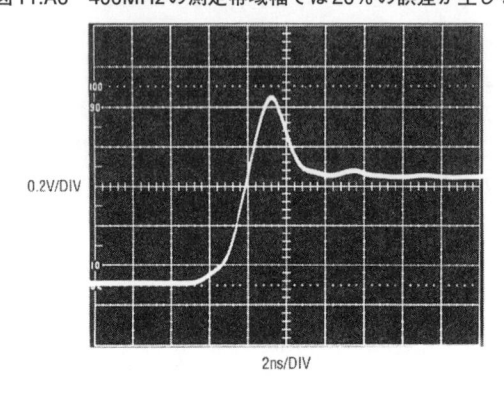

図11.A7　オシロスコープの帯域幅が200MHzでは，60%の誤差が生じる

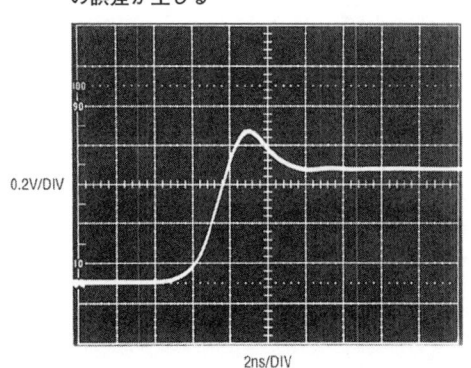

図11.A8　75MHzの帯域幅では65%の誤差(!)

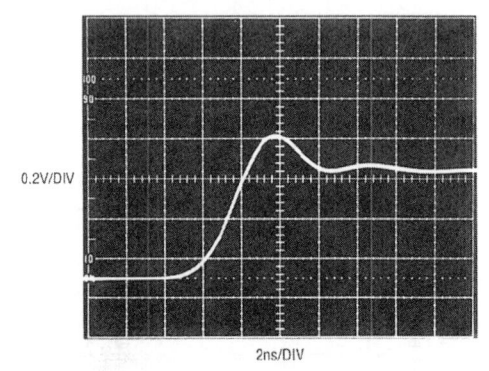

図11.A9　50MHzのオシロスコープではわずかにピーキングの兆候を示している

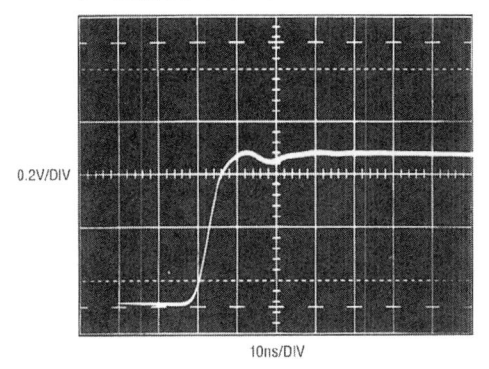

0.2V/DIV
10ns/DIV

図11.A3～図11.A8に対して水平軸のスケールが5倍に変更されていることに注意.

図11.A10　20MHz帯域幅のオシロスコープの表示は滑らかであり，無価値である

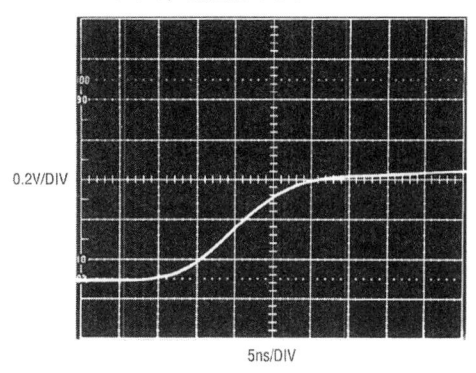

0.2V/DIV
5ns/DIV

図11.A3～図11.A8に対して水平軸のスケールが2.5倍に変更されていることに注意.

Appendix B　万人のための立ち上がり時間がサブナノ秒のパルス発生器

　テスト対象のダイオードへの電流をきれいに切り替えるため，パルス・アンプの入力には立ち上がり時間がサブナノ秒のパルスが必要です．汎用パルス発生器の大半の立ち上がり時間は2.5ns～10nsの範囲です．立ち上がり時間が2.5ns未満の装置は比較的稀であり，選び抜いた少数のタイプだけが1nsに達します．立ち上がり時間がサブナノ秒の発生器はさらに希少であり，価格は著者が見るところでは限界を超えています．立ち上がり時間がサブナノ秒の発生器は，特に比較的大きな振幅（例えば，5V～10V）が望まれる場合，難解な技法と風変わりな製造技術を採用しています．このクラスで提供されている装置は十分動作しますが，価格がすぐ1万ドルに達し，機能次第で3万ドルまで上昇します．ベンチワーク，あるいは製造時のテストでさえ，それよりかなり安価な手法があります．

　中古市場では，立ち上がり時間がサブナノ秒のパルス発生器がかなり魅力的な価格で提供されています．Hewlett-PackardのHP-8082Aの遷移時間は1ns未満で，補助コントロールが全て揃って約500ドルです．Tektronixのタイプ111のエッジ時間は500psです．反復速度は完全に可変で，外部トリガ機能を備えています．パルス幅は，外部の充電ライン長により設定されます．価格は通常，約25ドルです．

　かなり前に製造中止になっているHP-215Aはエッジ時間が800psであり，標準的な価格は50ドルを下回っており，お買い得です(注1)．この装置のトリガ出力は非常に対応能力が高く，メイン出力の前から後まで，連続的にトリガ時間の位相を調節することができます．外部トリガのインピーダンス，極性および感度も可変です．ステップ減衰器によって制御される出力は，50Ωに対して800psのクリーンな±10Vのパルスを与えます(注2)．

● 立ち上がり時間が400psのアバランシェ・パルス発生器

　昔の装置は，潜在的に入手性という問題があります(注3)．そこで，立ち上がり時間がサブナノ秒のパルスを発生する回路を図11.B1に示します．立ち上がり時間は400psで，パルスの振幅は調整が可能です．出力パルスの発生は，トリガ出力の前から後まで設定可能です．この回路はアバランシェ・パルス発生器を

注1：驚くほど評価が低いのは，おそらくこの装置のフロントパネルのコントロール類とマーキングがその能力をわずかにしかほのめかしていないせいである．
注2：装置類に特に関心のある人は，この装置のエレガントなステップ・リカバリ・ダイオードをベースにした風変わりで美しい出力段を調べてみるとよい．参考文献(35)を参照．
注3：シリコンバレーの住人は，生まれつき技術的志向に走る傾向がある．他の地域の住人は，フリーマーケット，ジャンク・ストア，ガレージ・セールにちょっと出向いて，サブナノ秒のパルス発生器を購入するというわけにはいかない．

図11.B1 可変遅延によりサブナノ秒の立ち上がり時間のパルス発生器がトリガされる．Q_5のコレクタの充電ラインが約10nsの出力幅を決める．出力パルスの発生はトリガ出力より前にも後にも設定可能

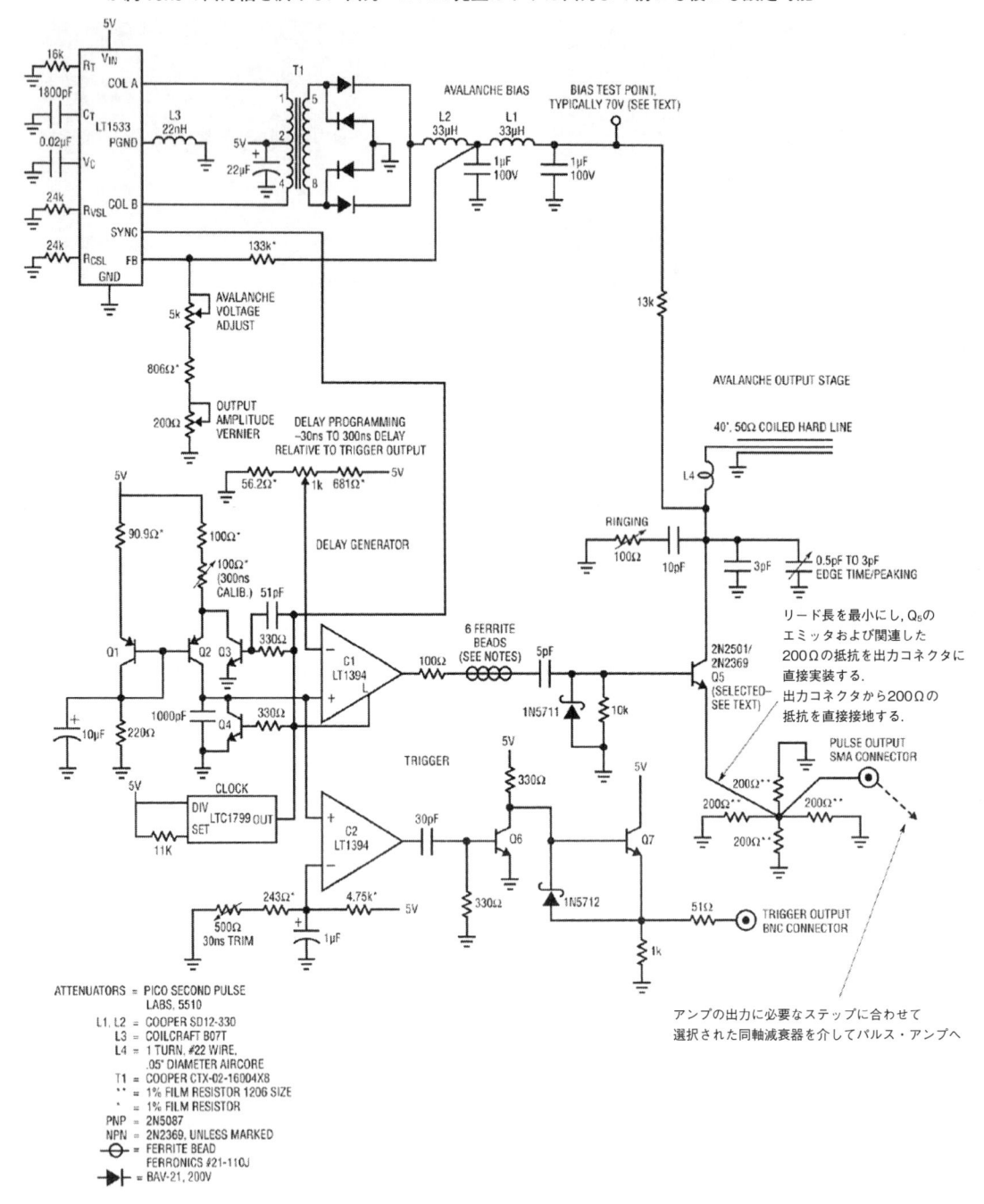

使って，立ち上がり時間が極めて高速なパルスを発生します[注4]．

Q_1とQ_2が，1000pFのコンデンサを充電する電流源を形成します．LTC1799クロックが"H"のとき（図11.B2の波形A），Q_3とQ_4の両方がオンします．電流源はオフになり，Q_2のコレクタ（波形B）はグランドの電位になります．C_1のラッチ入力は，それが応答するのを防ぎ，その出力は"H"に留まります．クロックが"L"になると，C_1のラッチ入力はディセーブルされ，その出力は"L"に下がります．Q_3とQ_4のコレクタが上昇し，Q_2がオンして定電流を1000pFのコンデンサに供給します（波形B）．その結果，生じる直線的なランプがC_1とC_2の＋入力に与えられます．5V電源から得られる電位によってバイアスされるC_2は，ランプが始まってから30ns後に"H"になり，その出力ネットワークを介して「トリガ出力」（波形C）を与えます．

ランプがポテンショメータによってプログラムされた遅延（この場合は約170ns）に相当するC_1の－入力の電位を横切ると，C_1は"H"になります．C_1が"H"になると，アバランシェ・ダイオードをベースにした出力パルス（波形D）をトリガします．それについては，後で説明します．

この装置は，遅延プログラミングの制御により，トリガ出力の30ns前から300ns後の範囲で出力パルスの発生を変化させることができます．図11.B3は，トリガ出力の25ns前に出力パルス（波形D）が発生していることを示しています．他の全ての波形は，図11.B2と同じです．

C_1の出力パルスがQ_5のベースに与えられると，アバランシェが生じます．その結果，Q_5のエミッタの終端抵抗の両端に急速に上昇するパルスが発生します．コレクタのコンデンサと充電ラインが放電し，Q_5のコレクタ電圧が下降し，ブレークダウンが止まります．次いで，コレクタのコンデンサと充電ラインが再度充電されます．C_1の次のパルスで，このアクションが反復されます．コンデンサは最初のパルス応答を与え，充電ラインの長い時間持続する放電がパルスの本体に寄与します．長さ40インチの充電ラインは，持続時間が約12nsの出力パルス幅を生じます．

アバランシェ動作には，高電圧バイアスが必要です．LT1533低ノイズ・スイッチング・レギュレータと関連部品が，この高い電圧を供給します．LT1533は「プッシュプル」出力を備えたスイッチング・レギュレータで，遷移時間を制御することができます．

出力の高調波成分（ノイズ）は，スイッチの遅い遷移時間によって顕著に減少します[注5]．スイッチの電流と電圧の遷移時間は，それぞれR_{CSL}ピンおよびR_{VSL}

図11.B2 パルス発生器の波形には，クロック（波形A），Q_2のコレクタのランプ（波形B），トリガ出力（波形C），およびパルス出力（波形D）が含まれている．遅延により，出力パルスはトリガ出力の約170ns後に設定されている．

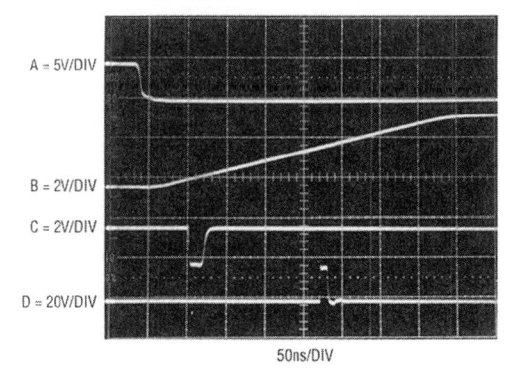

図11.B3 トリガ出力（波形C）の25ns前に出力パルス発生（波形D）の遅延が調整されたパルス発生器の波形．他の全ての動作は前の図と同じ．

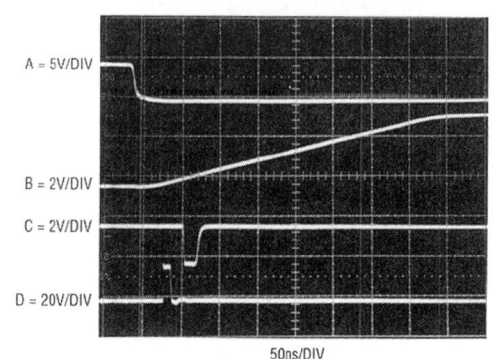

注4：回路動作は，本来上述のTektronixのタイプ111のパルス発生器〔参考文献(11)を参照〕を模倣する．アバランシェ動作に関する情報は，参考文献(7)～(25)に載っている．
　　リード長を最小にし，Q_5のエミッタおよび関連した200Ω抵抗を出力コネクタに直接実装する．
注5：LT1533の低ノイズ性能とその測定については，参考文献(25)で説明されている．

● 回路の最適化

回路の最適化は,「出力振幅の副尺」を最大に設定し, Q_4 のコレクタを接地することから始めます. 次いで, バイアス・テスト・ポイントの電圧に注意しながら, 自走パルスが Q_5 のエミッタにちょうど現れるように「アバランシェ電圧の調整」を設定します.「アバランシェ電圧の調整」をこの電圧の5V下に再度調整し, Q_4 のコレクタの接地を解除します.

クロックが"L"になって30ns後にトリガ出力が"L"になるように「30nsトリム」を設定します. 遅延プログラミング・コントロールを最大に調整し, クロックが"L"になって300ns後に C_1 が"H"になるように「300nsの較正」を設定します. 30ns調整と300ns調整の間でわずかに相互反応するので, 両方のポイントが較正されるまで, それらの調整を繰り返す必要があるかもしれません.

Q_5 には, 最適アバランシェ動作を選択する必要があります. このような動作は指定されたデバイスに特徴的ですが, メーカによって保証されてはいません. デートコードが17年の範囲にわたる30個の2N2501のサンプルの歩留りは約90%でした. 全ての「良い」デバイスは475ps未満でスイッチし, いくつかは300psを下回りました[注6]. 実際には, Q_5 には「回路内」の立ち上がり時間が400psのものを選択します. そうすれば, Q_5 のコレクタのダンピング(「エッジ時間 / ピーキング」および「リンギング」)を調整することにより, 出力パルスの形状が最適化されます. これらの調整は, いくらかは相互に影響を与えますが, 極端にそうなるわけではなく, きれいに最適な調整に落ち着きます. パルスの純度への影響を最小に抑えながら最大遷移速度が得られるように, パルスのエッジを注意深く調整します[注7].

最適化の手順の詳細を, 図11.B4～図11.B6に示します. 図11.B4では, 調整が大きな効果を得られるように設定されており, かなりクリーンなパルスになり

図11.B4 過度の減衰はフロントコーナが丸みを帯びていることとパルス・トップの異常が微小であることによって特徴付けられる. トレードオフは, 比較的遅い立ち上がり時間である.

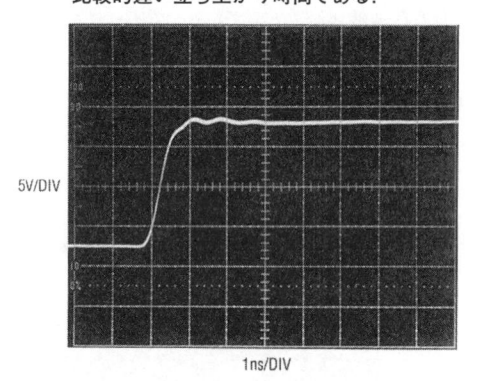

図11.B5 最小の減衰では立ち上がり時間がくっきりしているが, パルス・トップのリンギングが過度である.

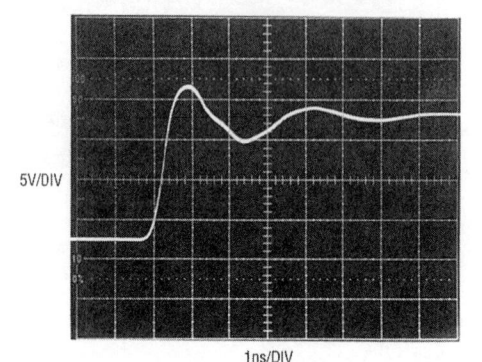

図11.B6 最適な減衰は立ち上がり時間を維持しつつパルス・トップのリンギングを抑える

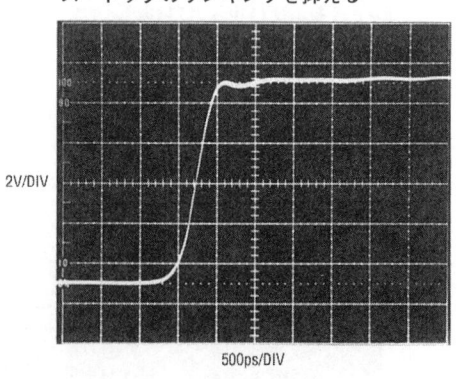

注6: 2N2501は, Semelab plc. から入手できる.
Sales@semelab.co.uk
TEL 44-0-1455-556565
もっと普通のトランジスタ(2N2369)も使うことができるが, スイッチング時間が450psを切るのは稀である.

注7: 立ち上がり時間を維持しながら, 高いパルスの純度を得る最適化の手順は, 参考文献(11)に示されている.

ますが，立ち上がり時間が犠牲になります[注8]．**図11.B5**は，逆に極端な例を示しています．調整を最小にすると立ち上がり時間が強調されますが，遷移後のリンギングが大きくなります．**図11.B6**の妥協させたトリミングが望ましいといえます．エッジ・レートはわずかに減少しますが，遷移後のリンギングは大きく抑えられるので，400psの立ち上がり時間になり，パルスの純度が高くなります[注9, 10]．

注8：サブナノ秒の立ち上がり時間が「犠牲にされる」と表現されるようでは，言い回しの種類も少なくなっている．

注9：もっと速い立ち上がり時間は可能だが，Q_5の選択，レイアウト，実装，端子のインピーダンスの選択およびトリガ動作には相当細かい配慮が必要になる．示されている400psの立ち上がり時間は，直ちに再現性のある結果が得られる．300psを切る立ち上がり時間が達成できるが，面倒な作業が必要である．

注10：これらの速度での正確な立ち上がり時間の決定には，測定信号経路（ケーブル，減衰器，プローブ，オシロスコープ）の完全性の検証が不可欠である．Appendix Dの"立ち上がり時間の測定の完全性の検証"およびAppendix Eの"接続箇所，ケーブル，アダプタ，減衰器，プローブおよびピコ秒"を参照．

Appendix C　Z_0プローブについて

● いつ自作し，いつ購入するか

Z_0（つまり，「低インピーダンス」）のプローブは，低ソース・インピーダンスに使える最も忠実な高速プロービング機構を提供します．それらは，入力容量がピコ・ファラッドを下回り，伝送特性が理想に近いので，広帯域幅のオシロスコープによる測定では最初の選択肢になります．それらは驚くほど動作が簡単なので「自作」したくなりますが，無数のちょっとしたことが自作を試みる人に困難をもたらします．速度が約100MHz（t_{RISE}が3.5ns）を超えると不可解な寄生効果により誤差が生じます．

高速動作で高い忠実度を得るには，プローブの素材の選択と一体化およびプローブの物理的構成には細心の注意が必要です．さらに，小さな残留寄生効果を補償するため，プローブには何らかの形の調整機能が必要です．最後に，プローブを測定ポイントに設定するとき，真の同軸特性を保つ必要があります．つまり，グレードが高く，簡単に切断可能な同軸接続の機能が必要です．

Z_0プローブは，基本的に入力が分圧される50Ωの伝送線です（**図11.C1**）．R_1が450Ωに等しいと，10倍の減衰および500Ωの入力抵抗になります．R_1が4950Ωであれば，100倍の減衰および5kΩの入力抵抗になります．50Ωのラインは，理論上は歪みのない伝送環境を与えます．見たところ簡単なので自作可能に見えますが，このセクションの残りの図は，注意が必要なことを示しています．

同軸減衰器を介して終端された50Ωラインを使用して，立ち上がり時間が700psのクリーンなパルスを測定することにより，**図11.C2**のような忠実度の基準が確立されます．この波形は並外れてクリーンでくっきりしており，エッジと遷移後の乱れはわずかです．

市販されている10倍のZ_0プローブを使って得られた同じパルスを**図11.C3**に示します．プローブは忠実であり，波形にはほとんど誤差が見られません．別々に自作したZ_0プローブを使って得られた**図11.C4**と**図11.C5**は，誤差を示しています．**図11.C4**では，「プローブ#1」によりパルスのフロントコーナが丸まっており，**図11.C5**では「プローブ#2」により明瞭なコーナのピーキングが生じています．それぞれの場合，抵抗/ケーブルの寄生要素の何らかの組み合わせと不完全な同軸特性が誤差の原因である可能性があります．

一般に，約100MHz（t_{RISE}が3.5ns）より上では，「自作」Z_0プローブはこれらのタイプの誤差を生じます．高い速度では，波形の忠実度が重要であれば購入するのがベストです．

図11.C1　オシロスコープの500Ω，"Z_0"，10倍のプローブのコンセプト．R_1 = 4950Ωであれば，入力抵抗は5kΩ，信号減衰は1/100になる．50Ωに終端されていると，プローブは理論的には歪みのない伝送ラインを構成する．

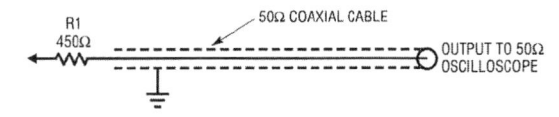

「自作」のプローブは，補償されていない寄生成分の影響を受け，約100MHzを超えると（t_{RISE} = 3.5ns）応答が忠実ではなくなる．

図11.C2　50Ωのラインと同軸減衰器を介して観察される700psの立ち上がりパルスのエッジの忠実度は良く，遷移後のイベントは制御されている

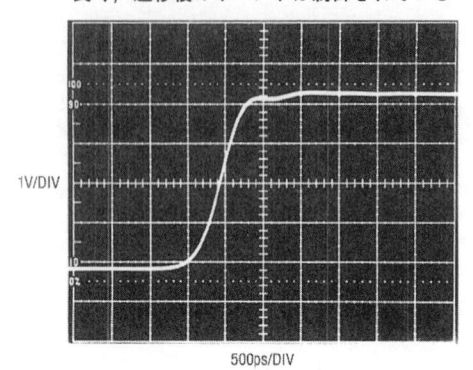

図11.C3　テクトロニクスのZ_0 500Ωプローブ(P-6056)で観察した．図11.C2のパルスに生じる誤差はほとんど見分けられない

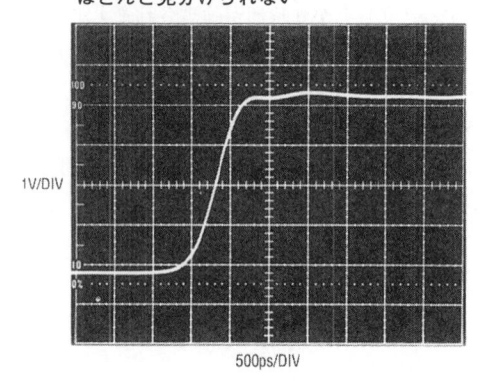

図11.C4　「自作」のZ_0プローブ#1では，おそらく抵抗/ケーブルの寄生要素の項または不完全な同軸特性により，パルスの角が丸まる．

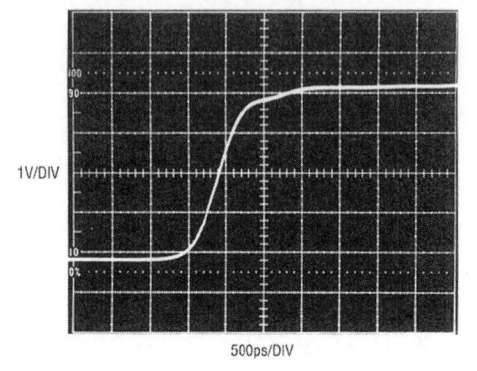

図11.C5　「自作」のZ_0プローブ#2では，この場合もおそらく抵抗/ケーブルの寄生要素の項または不完全な同軸特性により，オーバシュートが生じる．教訓：これらの速度では「自作」しない．

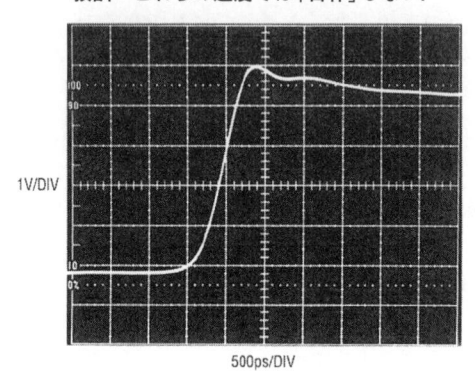

「自作」のZ_0プローブは，一般に立ち上がり時間が2ns以下のときこのタイプの誤差を生じる．

Appendix D　立ち上がり時間の測定の完全性の検証

どのような測定でも，実験を行う者は測定の確実性を保証する必要があります．何らかの形の較正チェックが常に必要です．時間領域での高速測定は特に誤差を生じやすく，様々な手法により測定の完全性を上げることができます．

図11.D1のバッテリ駆動の200MHz水晶発振器は5nsのマーカを発生し，オシロスコープの時間ベースの精度の検証に有用です．1個の1.5V AAセルがLTC3400昇圧レギュレータに給電し，このレギュレータが発振器を動作させる5Vを発生します．発振器の出力は，ピーク減衰ネットワークを介して50Ω負荷に接続されています．これにより，十分に明瞭な5nsマーカが与えられ(**図11.D2**)，低レベルのサンプリング・オシロスコープの入力のオーバドライブが防止されます．

時間ベースの精度を確認したら，立ち上がり時間のチェックが必要です．減衰器，接続箇所，ケーブル，プローブ，オシロスコープおよびその他一切を含む，ひとまとめにした信号経路の立ち上がり時間をこの測定に含めます．このような「端から端まで」の立ち上がり時間のチェックは，意味ある結果を得るために有効な方法です．精度を保証する目安として，測定経路の立ち上がり時間を測定対象となる立ち上がり時間より4倍高速にします．したがって，Appendix Bの**図11.B6**

Appendix D 立ち上がり時間の測定の完全性の検証

図11.D1 1.5Vで駆動される200MHzの水晶発振器が5nsの時間マーカを与える

スイッチング・レギュレータが1.5Vを5Vに変換し，発振器に給電する．

図11.D3 立ち上がり時間の検証に適したピコ秒エッジ発生器．検討事項には，速度，特長および入手可能性が含まれる

メーカ	モデル番号	立ち上がり時間	振幅	供給状態	注
Avtech	AVP2S	40ps	0V to 2V	製造中	自走またはトリガによる動作．0MHz〜1MHz
Hewlett-Packard	213B	100ps	≈175m	中古市場	100kHzまでのトリガによる動作
Hewlett-Packard	1105A/1108A	60ps	≈200m	中古市場	100kHzまでのトリガによる動作
Hewlett-Packard	1105A/1106A	20ps	≈200m	中古市場	100kHzまでのトリガによる動作
Picosecond Pulse Labs	TD1110C/TD1107C	20ps	≈230m	製造中	製造中止になったHP1105/1106/8Aに類似．上記を参照
Stanford Research Systems	DG535 OPT 04A	100ps	0.5V to 2	製造中	スタンドアロンのパルス発生器でドライブする必要あり
Tektronix	284	70ps	≈200Vm	中古市場	50kHzの反復レート．主出力の前に75ns〜150nsのプリトリガ．較正された100MHzと1GHZの正弦波補助出力．
Tektronix	111	500ps	≈±10V	中古市場	10kHz〜100kHzの反復レート．正出力または負出力．30ns〜250nsのプリトリガ出力．外部トリガ入力．充電ラインで設定されるパルス幅
Tektronix	067-0513-00	30ps	≈400m	中古市場	60nsのプリトリガ出力．100kHzの反復レート．
Tektronix	109	250ps	0V to ±55V	中古市場	約600Hzの反復レート(高電圧Hgリード・リレーをベースにしている)．正出力または負出力．充電ラインで設定されるパルス幅

図11.D2 50Ωに終端されている時間マーク発生器の出力．ピークのある波形は時間ベースの較正に最適である

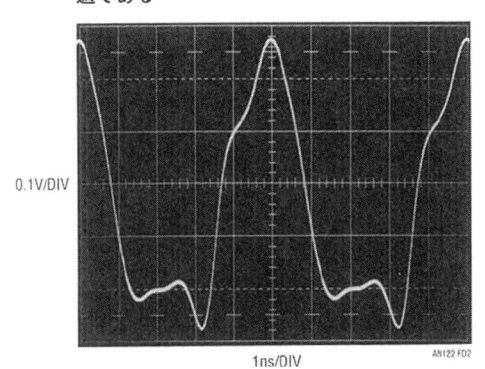

図11.D4 20psのステップにより約140psのプローブ/オシロスコープの立ち上がり時間を発生し，Appendix Aの図11.A3の信号経路の立ち上がり時間を検証

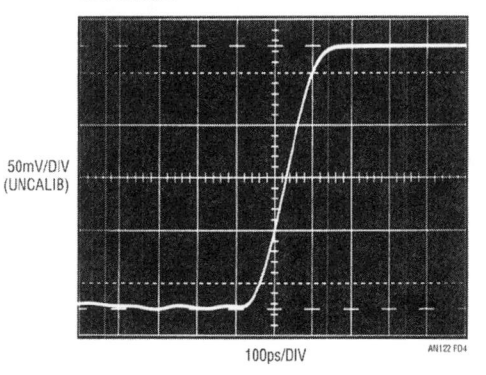

の400psの立ち上がり時間の測定には，それをサポートする検証された100psの測定経路の立ち上がり時間が必要です．100psの測定経路の立ち上がり時間を検証するには，さらに25psの立ち上がり時間のテスト・ステップが必要です．立ち上がり時間をチェックするための非常に高速のエッジ発生器をいくつか図11.D3に示します[注1]．

20psの立ち上がり時間を規定しているHewlett-Packard（現在はAgilent Technologies）の1105A/1106Aを使って，Appendix Aの図11.A3の測定信号経路は検証されました．図11.D4は140psの立ち上がり時間を示しており，測定の信頼性が約束されます．

注1：これはいくらか風変わりなグループだが，この性能レベルの装置は立ち上がり時間の検証には必要である．

Appendix E　接続箇所，ケーブル，アダプタ，減衰器，プローブおよびピコ秒

サブナノ秒の立ち上がり時間の信号経路は，伝送ラインとして検討する必要があります．接続箇所，ケーブル，アダプタ，減衰器およびプローブは，この伝送ラインの不連続箇所を表し，希望する信号を忠実に伝送するその能力に悪影響を与えます．ある要因の寄与による信号破損の程度は，伝送ラインの公称インピーダンスからのその偏差によって変化します．

このようにして生じる異常により，実際にはパルスの立ち上がり時間，忠実度またはその両者が劣化します．したがって，その要因または信号経路への混入は最少に抑え，必要な接続箇所と要素は高グレードの部品にする必要があります．どのような形の接続箇所，ケーブル，減衰器またはプローブも高周波用に全ての仕様が規定されている必要があります．

よく知られているBNCコネクタは，350psよりはるかに速い立ち上がり時間では損失が大きくなります．SMAコネクタが，本文で説明されている立ち上がり時間に適しています．さらに，インダクタンスおよびケーブルによって生じる不整合と歪みを最小に抑えるため，本文のパルス・アンプの出力を，テスト対象のダイオードに直接（ケーブルなしで）接続します．信号経路のハードウェアのタイプ（例えば，BNC/SMA）をアダプタを介して混在させるのは避けます．アダプタは大きな寄生要素を混入し，反射，立ち上がり時間の劣化，共振，その他の悪影響を生じます．

同様に，オシロスコープは，プローブを避けて装置の50Ω入力に直接接続します．プローブを使う必要があれば，それらを信号経路に導入するにはその接続方法と高周波補償に注意する必要があります．500Ω（10倍）と5kΩ（100倍）のインピーダンスで市販されている受動「Z_0」タイプの入力容量は1pF未満です[注1]．このようなプローブは，どれも使用する前に注意深く周波数補償する必要があります．そうでないと，誤った測定結果になります．プローブを信号経路に挿入するには，名目上，信号の伝送に影響を及ぼさない何らかの形の信号抽出が必要です．実際には，いくらかの乱れに耐える必要があり，測定結果へのその影響を評価する必要があります．高品質の信号抽出は，挿入損失，劣化係数（corruption factor）およびプローブの出力スケール・ファクタを常に規定しています．

以上のことは，信号経路の設計および保守においては，慎重さが必要であることを強調しています．よく調べたうえで，なお疑いをもつことは信号経路を構築する際の有用な道具であり，希望的観測は準備および方向付けられた実験ほど役には立ちません．

注1：Appendix Cの"Z_0プローブに関して"を参照．

Appendix F　別の実現方法

いくらかの制約を許容できる場合，立ち上がりの速い1Aパルスを発生するエレガントでシンプルな代替方法を利用できます．Tektronixのタイプ109の水銀リード・リレーをベースにしたパルス発生器は，250psの50Vパルスを50Ωに対して発生します(1A)[注1]．パルス幅は，外部に接続したスケール・ファクタが約2ns/フィートの充電ラインによって設定されます．

図11.F1の簡略回路図は，タイプ109の動作を示しています．リレーが接触すると50Ωのダイオード経路を介して充電ラインが放電します．パルスは，ラインが枯渇するまで持続します．枯渇時間は，ラインの長さに依存します．リレーの構造は非常に注意深く構成され，広帯域の50Ω特性を備えています．その結果を図11.F2に示します．

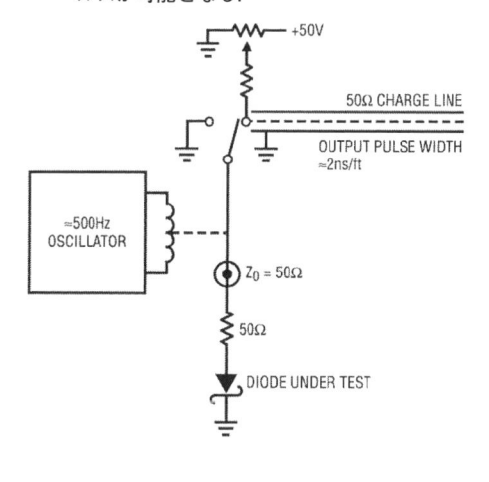

109は，50Vの極めて忠実なパルスを使って，モニタ用1GHzオシロスコープをその350psの立ち上がり時間のリミットまでドライブします．

動作の制約項目に含まれるのは，リレーの寿命が有限であること(約200時間)，装置の入手が困難であること(製造中止になってから20年以上経過)，低周波出力の観察が困難なオシロスコープがあること，および250psの立ち上がりによりテスト・フィクスチャのレイアウトが敏感であることが含まれます．

さらに，立ち上がり時間がもっと速いと，本文の2nsの回路ほど実際の回路の動作条件を正確に近似しない可能性があります．

図11.F1　テクトロニクスのタイプ109水銀リード・リレーをベースにしたパルス発生器の簡略化した動作．右側のスイッチが閉じると，充電ラインは50Ωのダイオード負荷に放電する．厳しく注意を払って作成すると，広帯域の50Ω特性が実現され，立ち上がり時間が250psの高純度出力パルスが可能となる．

図11.F2　テクトロニクスのタイプ109は高純度，50V/1Aのパルスを発生し，モニタ用1GHzオシロスコープをその350psの立ち上がり時間の限界までドライブする．

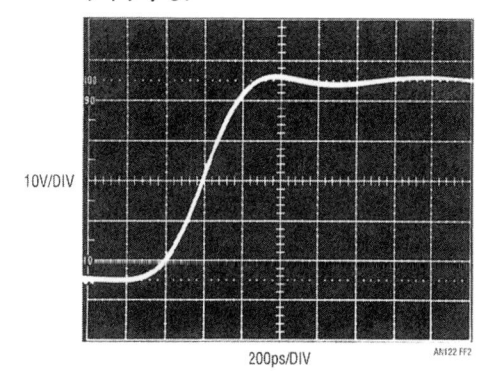

注1：参考文献(36)を参照．

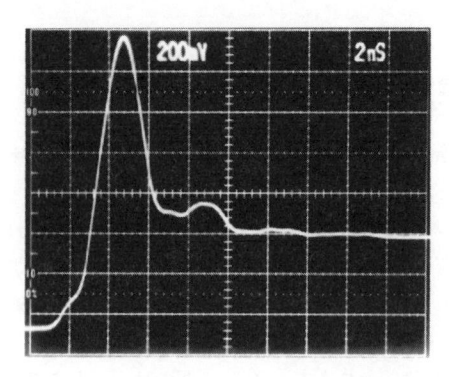

第11章　ダイオードのターン・オン時間によって誘起されるスイッチング・レギュレータの動作不良

"Now I am become Death, the destroyer of worlds."

Vishnu, to the Prince.

Bhagavad Gita

第3部

リニア・レギュレータの設計

第12章 低ノイズ，低ドロップアウト・レギュレータの性能検証

　広がり続ける市場を反映して，通信，ネットワーク，オーディオ，そして計測といった各分野で，低ノイズ電源が必要とされています．なかでも注目を集めているのは，低ノイズ，低ドロップアウトのリニア・レギュレータ（LDO）です．LDOの低ドロップアウト性能を確立させ，定義することは比較的容易と言えます．レギュレータがドロップアウト電圧の仕様に合致することを確認することも難しくありません．しかし，ノイズに関して，同じことをしようとしたり，ノイズ性能の試験をしようとした途端，ずっと込み入ったことになります．動作条件と並んで，着目するノイズ帯域幅を明確にしなければなりません．

　多くの微妙な要素が低ノイズ性能に影響を与えます．動作条件の変化により，思いがけない結果が起きることがありえます．このため，LDOのノイズは規定する動作と帯域の条件を妥当なものにして，見積もらなければなりません．この注意を守らないと，誤解を生むデータや怪しい結論を導いてしまう結果になります．本章では，ノイズの試験方法について提案を行い，具体的な方法の詳細について実際の測定結果を示して説明します．

第12章
低ノイズ/低ドロップアウト・レギュレータの性能検証
低ノイズで数アンペアを供給

Jim Williams, Todd Owen, 訳:大塚 康二

時代は,テレコミュニケーション,ネットワーキング,オーディオおよび電子機器に低ノイズ電源を求めています.特に,低ノイズ/低ドロップアウト・リニア・レギュレータ(Low DropOut;LDO)が注目されています.これらのコンポーネント出力は,ノイズに過敏な回路かノイズに敏感な素子を含んでいる回路,あるいはその両方に電力を供給することになります.特に携帯電話のように電池で働く装置では,そのレギュレータは低い入出力電圧差[注1]で作動しなければなりません.

現在,これらの要件を可能にしてきている素子があります(コラムの「20μV$_{RMS}$ノイズの低ドロップアウト・レギュレータのファミリ」を参照).

ノイズとノイズ試験

LDOのドロップアウト性能の評価と表記は比較的容易です.レギュレータが,ドロップアウトの詳細要件に適合しているかどうかを確認することも容易です.

ノイズとノイズ試験は上記と同様の仕事ではありますが,多くの意味深い内容が含まれます.注目するノイズ帯域幅は,該当する動作状況に合わせて行わなければなりません.レギュレータ入出力電圧,負荷,使用したディスクリート部品などを含んだ状況下での動作となります.

低ノイズ化は,多くの小さな積み重ねによって達成されます.動作状況を変えると好ましくない結果をもたらす場合もあります[注2].このために,LDOのノイズは,意味のある指定された操作と帯域幅条件の下で見積られるべきです.この用心を忘れれば,紛らわしいデータや誤った結論を生み出してしまうでしょう.

● ノイズ試験の考察

どのノイズ帯域幅が関心事でしょうか.また,それはなぜなのでしょうか? ほとんどのシステムでは,10Hzから100kHzまでの範囲が重要な情報信号処理範囲です.蛇足ですが,リニア・レギュレータは,この範囲外のノイズ・エネルギーをほとんど出しません[注3].これらの考え方から,鋭いバンド・リミットをもつ10Hzから100kHzのバンドパス下での測定が必要です.

図12.1は,LDOノイズ試験用フィルタの概念を示します.バターワース・セクションは鋭い傾斜と通過帯域幅中の平坦さがキーとなります.小さな入力レベ

図12.1 LDOのノイズ試験ためのフィルタ構造.バターワース・セクションは,望ましい周波数範囲において適切な応答を提供する

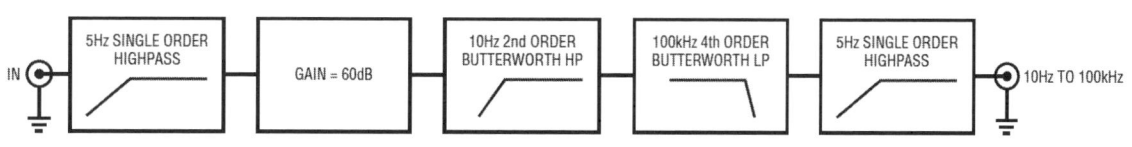

IN → [5Hz SINGLE ORDER HIGHPASS] → [GAIN = 60dB] → [10Hz 2nd ORDER BUTTERWORTH HP] → [100kHz 4th ORDER BUTTERWORTH LP] → [5Hz SINGLE ORDER HIGHPASS] → 10Hz TO 100kHz

---

注1:これらの装置のデザイン面の配慮については,Appendix Aの「低ノイズLDOのアーキテクチャ」を参照してください.
注2:Appendix Dの「低ノイズLDOの選択に対する実践的な考慮」を参照してください.
注3:スイッチング・レギュレータの場合は,かなり異次元の厄介もので広帯域のノイズ評価を必要とします.参考文献(1)[本書の第8章]を参照してください.

図12.2 図12.1の実施．低ノイズ増幅器は利得および最初のハイパス特性を提供する．LTC1562フィルタは4次のバターワース・ローパス特性

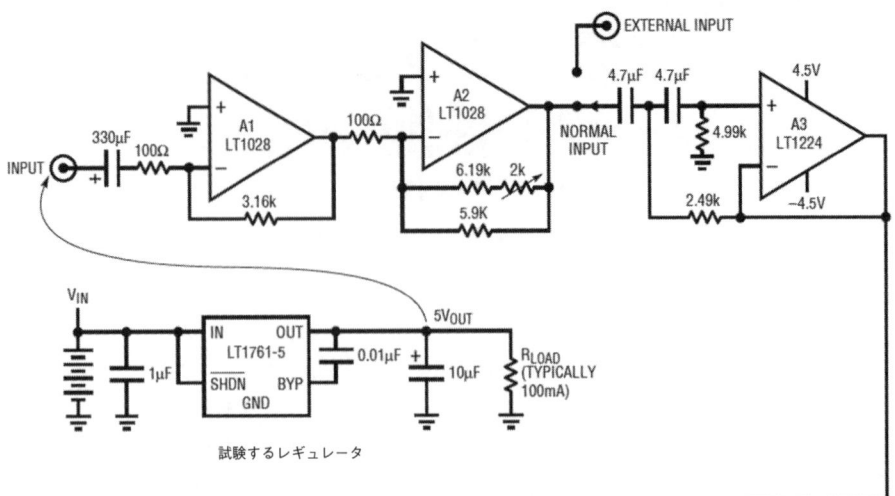

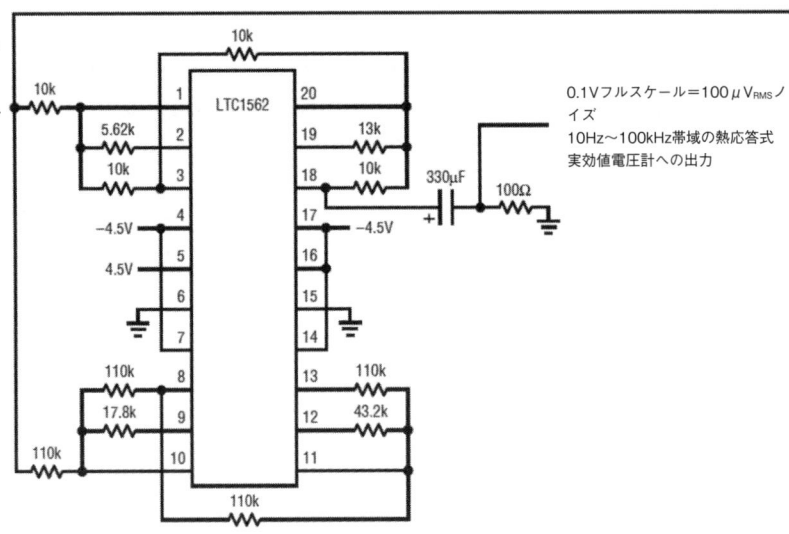

ルに対して，バターワース・フィルタには低ノイズで60dBの利得をもっていることが要求されます．

図12.2に，フィルタ構成を示します．試験中のレギュレータを図の中心に示しています(注4)．A_1〜A_3で60dB利得のハイパス・セクションを構成しています．A_1とA_2［非常に低ノイズの素子（$1nV\sqrt{Hz}$以下）］は，5Hzのハイパス入力を備えた60dBの利得段からなっています．A_3は，10Hz，2次のバターワース・ハイパス特性を提供します．LTC1562フィルタ・ブロックは，4次のバターワース・ローパス・フィルタとして配置されます．その出力は330μF-100Ωのハイパス・ネットワーク経由で引き渡されます．回路の出力は熱的応答の実効値電圧計を駆動します(注5)．測定の品質を悪化させるグラウンド・ループを作らないことと，回路

注4：レギュレータ構成要素の選択として思いのほか重要なことがあります．Appendix Bの「コンデンサ選択についての考察」で議論されます．
注5：実効値電圧計の厳選は，意味ある測定結果を取得するためにたいへん重要です．Appendix Cの「実効値電圧計を理解し選択する」を参照してください．

COLUMN

20μV_RMS ノイズの低ドロップアウト・レギュレータのファミリ

通信や計装への応用では，しばしば低ノイズ電圧レギュレータが要求されます．この要求と，レギュレータの低ドロップアウトと低暗電流の要求とが，同時であることも多くあります．最近発表したデバイスのファミリはこの問題に対応しています．図12.Aにさまざまな出力レンジ，パッケージ，および三つの基本的なレギュレータ・タイプの特徴を示します．SOT-23パッケージのLT1761は，100mAで300mVのドロップアウトでありながら，ノイズはわずか20μV_RMSです．静止電流はわずかに20μAです．

● レギュレータの適用

レギュレータの使い方は簡単です．図12.Bに最小部品数での構成を示します．3.3V出力の設計です．この回路は，バイパス・ピン（BYP）が0.01μFのコンデンサを経由して出力に戻される例外を除き，従来の使い方に似ています．このパスは内部基準出力にフィルタをかけ，レギュレータ出力ノイズを最小化します．これが20μV_RMSノイズ実現のキーとなります．

シャットダウン・ピン（SHDN）は，プルダウンされたときにレギュレータをターン・オフし，自己電流を1μAに保ちます．

ドロップアウト特性を図12.Cに示します．ドロップアウト特性は，低電流で100mV未満に落ちるように出力電流で変わります．これらのデバイスは，他のパラメータに影響を与えずに，低ドロップアウトのレギュレータで最も低いノイズ出力を提供します．これらの性能は，使いやすく，さまざまなノイズ過敏な用途に向けて多目的展開が可能です．

図12.A 低ノイズLDOファミリのおもな仕様．静止電流とは電流出力能力を維持した状態．ノイズ性能もほぼ一定に維持される

レギュレータ・タイプ	出力電流	実効ノイズ (10Hz～100kHz), $C_{BYP}=0.01\mu F$	パッケージ	特徴	静止電流	シャットダウン電流
LT1761	100mA	20μV_RMS	SOT23-5	シャットダウン/基準電圧バイパス（パッケージで選択），出力調整可能．	20μA	<1μA
LT1762	150mA	20μV_RMS	MSOP-8	シャットダウン，基準電圧バイパス，出力調整可能	25μA	<1μA
LT1962	300mA	20μV_RMS	MSOP-8	シャットダウン，基準電圧バイパス，出力調整可能	30μA	<1μA
LT1763	500mA	20μV_RMS	SO-8	シャットダウン，基準電圧バイパス，出力調整可能	30μA	<1μA
LT1963	1.5A	40μV_RMS	SO-8, SOT223-3, DD-5, TO220	シャットダウン，出力調整可能，高速過渡応答	1mA	<1μA
LT1764	3A	40μV_RMS	DD-5, TO220	シャットダウン，出力調整可能，高速過渡応答	1mA	<1μA

図12.B 低ノイズ，低ドロップアウト，マイクロパワー・レギュレータの応用回路．バイパス・ピンと関連するコンデンサは低ノイズ性能のキーとなる

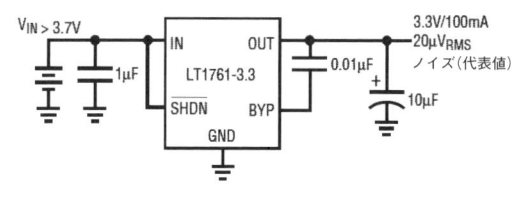

▶図12.C 図12.Bの出力電流値におけるドロップアウト電圧

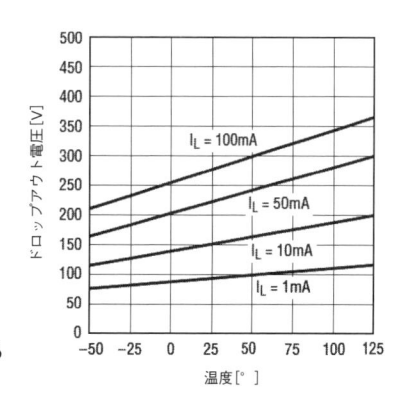

第12章 低ノイズ，低ドロップアウト・レギュレータの性能を検証する

図12.3 HP-4195Aスペクトラム・アナライザによるフィルタ特性の表示．フィルタ性能はバンドパス帯域幅の外側で鋭いロール・オフを備え，望まれる10Hz～100kHzの範囲に渡ってほぼ平坦

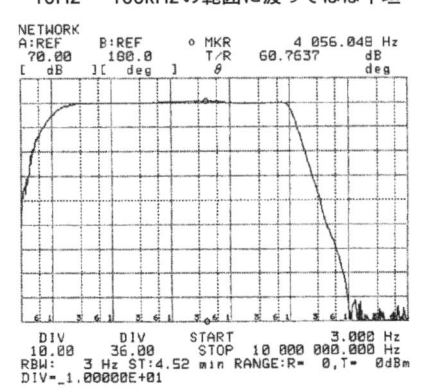

図12.4 パスバンド部を拡大した表示では測定領域のほぼ全体が1dB以内の平坦性をもっていることを示している

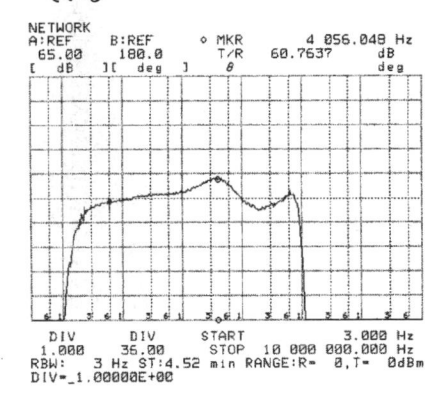

図12.5 $4\mu V_{P-P}$以下のセットアップ試験でのノイズ残留は$0.5\mu V_{RMS}$と，測定ノイズ・フロアとほぼ一致する

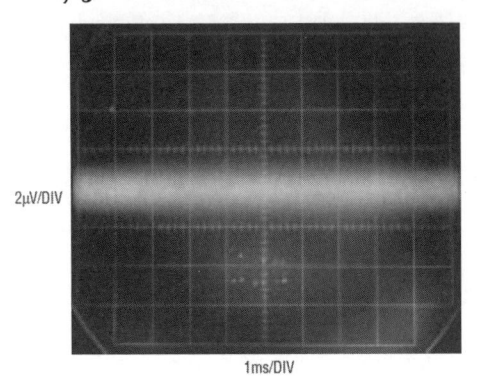

イズ・フロアを知ることができます．図12.5は$0.5\mu V_{RMS}$の電圧計読み値と対応のよい$4\mu V_{P-P}$未満であることを示しています．これは，フルスケール（$100\mu V_{RMS}$）のわずか約0.5％と無視できる誤差です．これらの結果は，レギュレータ・ノイズ測定の結果が信頼にたるものであることを担保します．

レギュレータ・ノイズの測定

レギュレータ・ノイズの測定は，装置構成への気配りから始まります．非常に低い信号レベルでは，シールド，ケーブルの取り扱い，構成要素の配置や選定が要になります[注6]．

図12.6（a）は作業台の配置です．この写真は，正確なノイズ測定を行うのに必要な，完全シールドされた環境を示しています．金属缶[注7]で試験中のレギュレータおよび電池電源を囲みます．BNC接続部品（写真の中央下部）を使い，ノイズ・フィルタ回路（黒い箱）にレギュレータ出力を接続します．測定品質を悪化させるグラウンド・ループを避けるため，出力はモニタのオシロスコープと電圧計が同時に接続されることのないように注意してください．

図12.6（b）はカバーを取り去ったシールド金属缶の内部の詳細です．電池電源は見てのとおりです．レ

電源すべてが電池動作であることに注目してください．

● 機器使用の出来栄え確認

高品質測定のためにはノイズ試験機器の確認が必要です．図12.3のフィルタ・セクションのスペクトル表示では，10Hz～100kHzの通過帯域幅において基本的にフラットで，両バンド端では急な傾斜を示しています．1dB/divに垂直軸を拡大した図12.4では，いくぶん平坦偏差が見えてはいますが，通過帯域幅全体にわたって1dB以内によく収まっています．

フィルタの入力を接地することで試験装置自身のノ

注6：コンデンサの選択はAppendix Bの「コンデンサ選択についての考察」で議論されます．
注7：このクッキーは，とりわけ砂糖がまぶしてある薄いのが，すごく美味しかった．

レギュレータ・ノイズの測定　　289

図12.6（a）　LDOノイズ測定の作業台の配置．シールド金属缶にレギュレータが入っている．ノイズ・フィルタの回路は写真の下側中心にある箱．測定品質を悪くするグラウンド・ループ状態を避けるためにオシロスコープと実効値電圧計は同時には接続しない

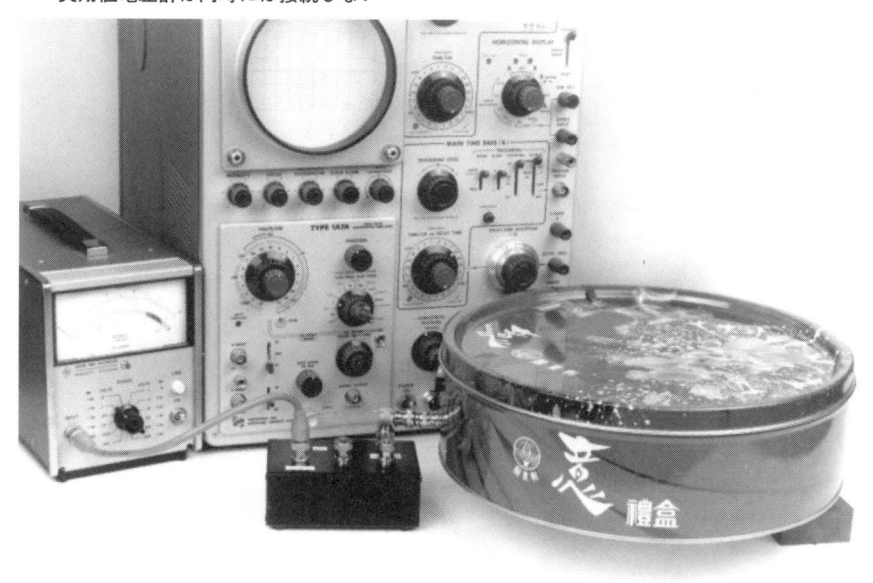

図12.6（b）　ふたを開けたシールド金属缶．中心にあるのが試験中のデバイス．グラウンド・ループの可能性を消すため，複数のD電池（単1）で電源を供給する．摩擦電気による誤差を最小限にするため，BNC接続部品（写真左下）のみで接続してノイズ・フィルタ箱に出力する

ギュレータは缶の中心に位置しています．ノイズ・フィルタ箱（左下）との接続はBNC接続部品のみを使用して，ケーブルが関与するかもしれない摩擦電気による障害を避けます．

図12.6（c）はノイズ・フィルタ箱です．機能は写真の中の貼り紙のとおりです．2個のキャップされたBNCコネクタ（箱の下側）は未使用です．

図12.7のオシロスコープ写真は，フィルタ出力側で

図12.6(c) ノイズ・フィルタ箱は完全にシールドされている．キャップされたBNC（箱の下側中心と右）は未使用のもの

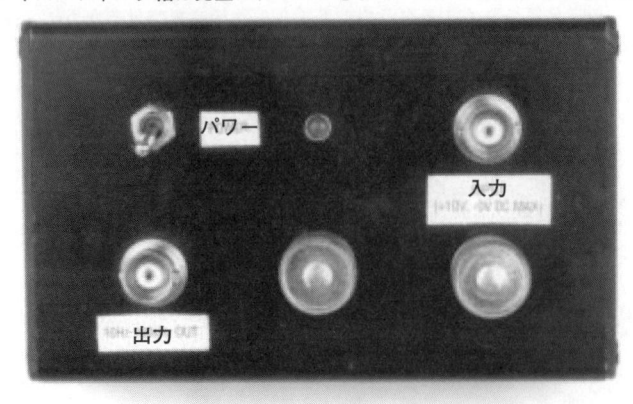

図12.7 10Hz～100kHzのバンド帯域幅におけるLT1761の出力電圧ノイズ．RMSノイズは20μV$_{RMS}$と測定される

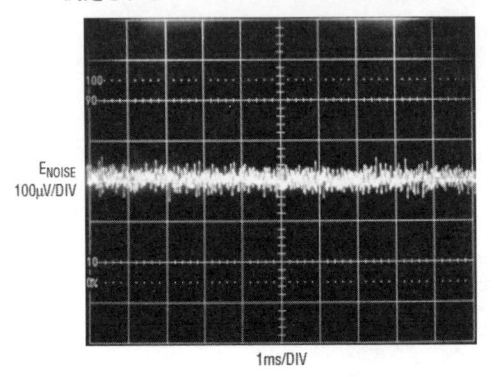

図12.8 ノイズ・スペクトル表示は1kHz以上でのパワー減少を示している

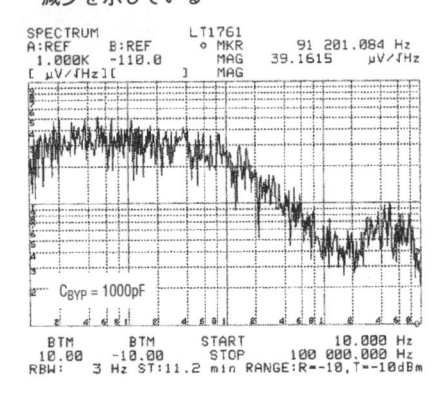

測定したLT1761レギュレータのノイズを表しています．このポイントの実効値電圧計による観測では，読み取りで20μV$_{RMS}$を示しています．このノイズのスペクトル表示は**図12.8**のとおりで，期待されるレギュレータ・ノイズ密度に一致しており，1kHz以上の周波数ではパワーの減少を示しています．

図12.9に，3種類のレギュレータをまとめたスペクトル・ノイズ密度データを示します．3種類のレギュレータのノイズ・パワーは200Hz以下のところで少し分離していますが，周波数の増加とともに一様に減衰しています．

● バイパス・コンデンサの影響

ほとんどの素子のノイズは，レギュレータの内部基準電圧に起因します．増幅された出力波形にそれが現われるのを防ぐために，バイパス・コンデンサ（C_{BYP}）はノイズを低減する役目をしています[注8]．

図12.10は，C_{BYP}の値に対するレギュレータ・ノイズの実験です．**図12.10(a)** は，$C_{BYP} = 0\,\mu$Fにおける本質的なノイズを示しています．その一方で，**図12.10(d)** の$C_{BYP} = 0.01\,\mu$Fでは，ほぼ9倍の改善を示しています．C_{BYP}の中間値である**図12.10(b)** および**図12.10(c)** では，それに見合った結果となっています．

● 比較結果の解釈

図12.11の写真では，LT1761-5のレギュレータ出力ノイズ［**図12.11(d)**］を他の3種類のレギュレータ［**図12.11(a)**，**図12.11(b)** および**図12.11(c)**］と比

注8：詳細については，Appendix Aの「低ノイズLDOのアーキテクチャ」を参照してください．

レギュレータ・ノイズの測定　291

図12.10　バイパス容量(C_{BYP})によるレギュレータのノイズ．C_{BYP}の増加とともにノイズが減少する

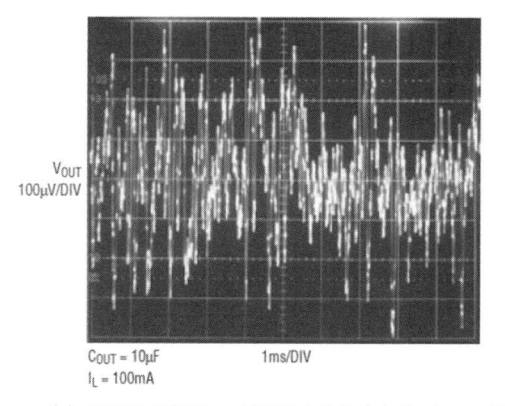

(a) LT1761-5 (10Hz～100kHzの出力ノイズ，$C_{BYP} = 0$)

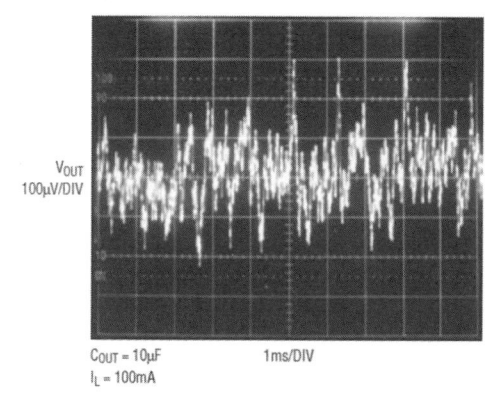

(b) LT1761-5 (10Hz～100kHzの出力ノイズ，$C_{BYP} = 100$pF)

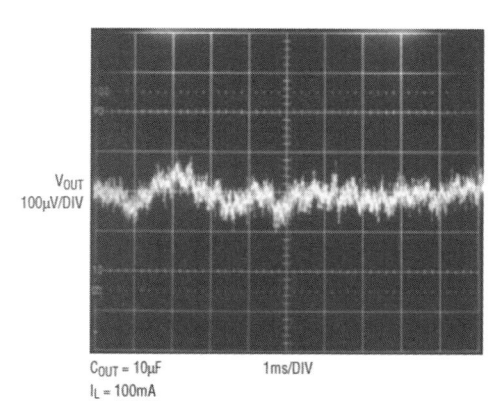

(c) LT1761-5 (10Hz～100kHzの出力ノイズ，$C_{BYP} = 1000$pF)

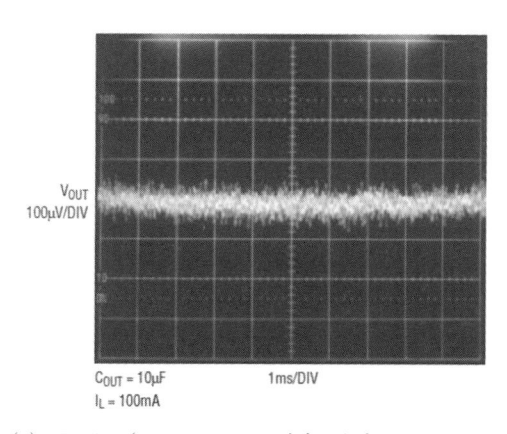

(d) LT1761-5 (10Hz～100kHzの出力ノイズ，$C_{BYP} = 0.01\mu$F)

較しています．これら3種類のデバイスは，メーカが低ノイズ用とうたっているものです．しかし，写真ではそうなっていません．

この見かけの矛盾は，恐らく試験方法か仕様書の曖昧さが原因でしょう．例えば，試験装置（Appendix Cを参照）や測定帯域幅の不適当な選択により，簡単に大きな（5倍程度の）誤差を引き起こす場合があります．このような不確実性があるので，ノイズ試験の結果には十分な検証が必要です．

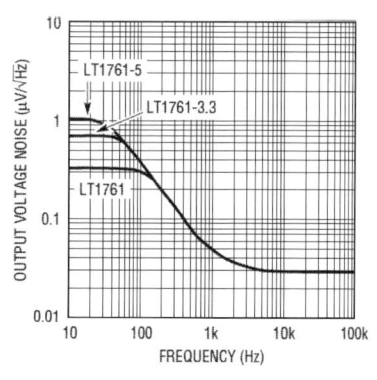

図12.9　3種類のレギュレータにおける出力ノイズのスペクトル密度のデータ曲線は200Hz未満での分離を示している

図12.11 LT1761-5に対する他の3種類のデバイスのノイズ．実効値ノイズに関して，(c)はLT1761-5に近いと判定されるが，制限された帯域でのノイズ測定である．まさに購入者の危険負担

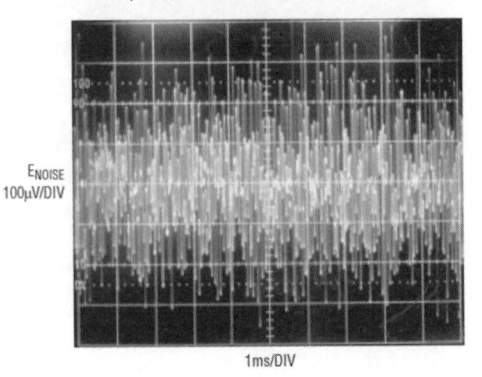

(a)「MI」社製の出力ノイズ（5V出力）

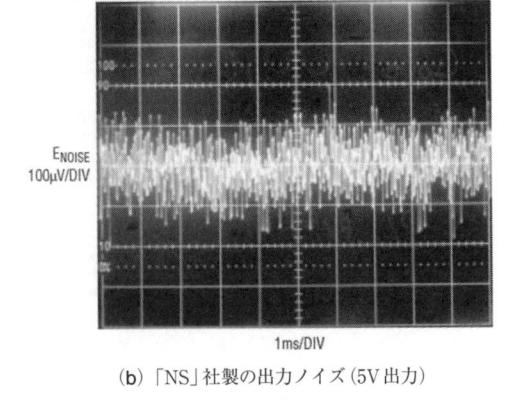

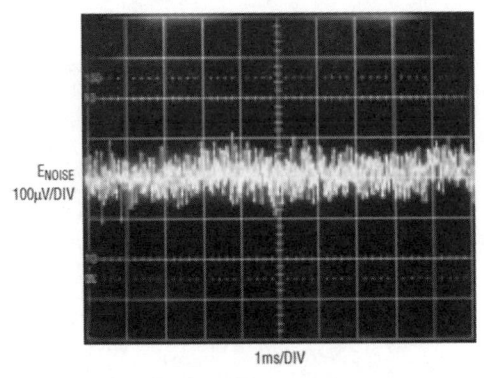

(b)「NS」社製の出力ノイズ（5V出力）

(c)「MA」社製の出力ノイズ（5V出力）

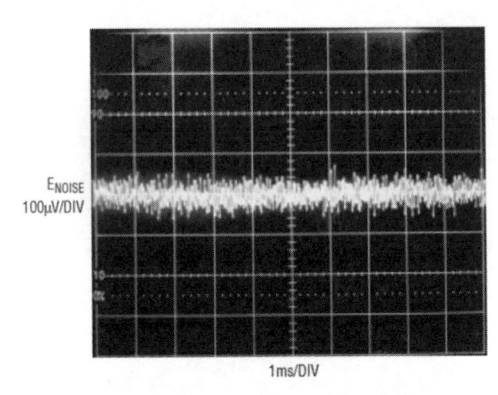

(d) LT1761-5の出力ノイズ（5V出力）

◆参考文献◆

(1) Williams, J., "A Monolithic Switching Regulator with 100mV Output Noise," Linear Technology Corporation, Application Note 70, October 1997.
(2) Sheingold, D. H. (editor), "Nonlinear Circuits Handbook," 2nd Edition, Analog Devices, Inc., 1976.
(3) Kitchen, C., Counts, L., "RMS-to-DC Conversion Guide," Analog Devices, Inc. 1986.
(4) Williams, J., "Practical Circuitry for Measurement and Control Problems," "Broadband Random Noise Generator," "Symmetrical White Gaussian Noise" Appendix B, Linear Technology Corporation, Application Note 61, August 1994, pp. 24-26, pp. 38-39.
(5) General Radio Company, Type 1390B Random Noise Generator Operating Instructions, October 1961.
(6) Hewlett-Packard Company, "1968 Instrumentation. Electronic-Analytical-Medical," AC Voltage Measurement, Hewlett-Packard Company, 1968, pp. 197-198.
(7) Justice, G., "An RMS-Responding Voltmeter with High Crest Factor Rating," Hewlett-Packard Journal, Hewlett-Packard Company, January 1964.
(8) Hewlett-Packard Company, "Model HP3400A RMS Voltmeter Operating and Service Manual," Hewlett-Packard Company, 1965.
(9) Williams, J., "A Monolithic IC for 100MHz RMS/DC Conversion," Linear Technology Corporation, Application Note 22, September 1987.
(10) Ott, W. E., "A New Technique of Thermal RMS Measurement," IEEE Journal of Solid State Circuits, December 1974.
(11) Williams, J. M. and Longman, T. L., " A 25MHz Thermally Based RMS-DC Converter," 1986 IEEE ISSCC Digest of Technical Papers.
(12) O' Neill, P. M., " A Monolithic Thermal Converter," H. P. Journal, May 1980.
(13) Williams, J., "A Fourth Generation of LCD Backlight Technology," "RMS Voltmeters," Linear Technology Corporation, Application Note 65, November 1995, pp. 82-83.
(14) Tektronix, Inc., "Type 1A7A Differential Amplifier Instruction Manual," Check Overall Noise Level Tangentially, 1968, pp. 5-36 and 5-37.

Appendix A 低ノイズLDOの構造

● ノイズの最小化

低ノイズLDOは，ループ内あるいは安定化されていない入力からのノイズ伝達の最小化に注意を払いつつ，図12.A1の構成を使っています．

内部で参照されるノイズ電圧はC_{BYP}によって濾し取られています．さらに，エラー・アンプの周波数応答は，過渡応答とPSRR（電源電圧変動除去比）を保ちながらノイズ寄与が最小となるように構成しています．

これを行わないレギュレータは，貧弱なノイズ除去能力と過渡性能を示します．

● パス素子の考察

非常に低いドロップアウト電圧の実現には，パス素子の考慮が必要です．ドロップアウトの限界は，オン・インピーダンスを制限するパス素子で決まります．理想的なパス素子であれば，入出力間がゼロのインピーダンス能力をもち，動作時にエネルギーは消費しません．

多くの設計や技術の選択で，さまざまなトレードオフあるいは利点が提供されます．

図12.A2は，パス素子の候補の一覧です．フォロワでは，電流利得とループ補償（電圧利得は1未満）の容易さが得られます．そして，動作電流は終端の負荷に行きます．残念ながら，フォロワの飽和状態では入力（例えばベース，ゲート）をオーバードライブするための電圧が必要です．動作は通常はV_{IN}に直接由来するので，これは困難な問題です．実際の回路でオーバードライブを作るか，ほかからもってくることになります．

電圧オーバードライブ状態でない場合，飽和ロスは，バイポーラではV_{BE}によって，MOSではチャネルのオン抵抗によって決まります．MOSのチャネル・オン抵抗はいろいろな条件のもとで相当変わりますが，バイポーラの損失は予測可能です．ドライバ段の電圧損失（ダーリントン接続など）はドロップアウト電圧を直接増やすことに注意してください．このフォロワ出力が，3Vのドロップアウトに固定された駆動部損失と結合した3端子ICレギュレータが，かつて使われました．

エミッタ／ソース接地は，パス素子の別の選択肢です．この配置は，バイポーラの場合のV_{BE}ロスを削減します．PNPバージョンは，ICの構成でさえ，かなり簡単に飽和します．トレードオフは，基本電流が負荷に行かず，電力が浪費的であることです．高電流では，ベース駆動損失がエミッタ接地の飽和利点を打ち消してしまいます．フォロワのように，ダーリントン接続ではこの問題がさらに悪化します．モノリシックのPNPレギュレータにおいて，低ドロップアウトを達成するには，ベース駆動損失を最小化する低ドロップアウト可能なPNP構成が要求されます．これは特に，高いパス電流の場合の話です．

この方向性に対する相当な努力が，LT176xからLT196xの設計に費やされました．

さらに，ソース接地のPチャネルMOSFETもまた候補になります．バイポーラの駆動損失は受けないのですが，完全に飽和させるためのゲート-チャネル・バイアスの電圧を必要とします．低電圧適用においては，

図12.A1 簡易表現した低ノイズLDOレギュレータ．電圧参照は制御ループからのノイズを分離して，C_{BYP}によって濾過される．エラー・アンプの周波数補償は過渡応答を維持しつつ入力ノイズの伝達を防ぐ

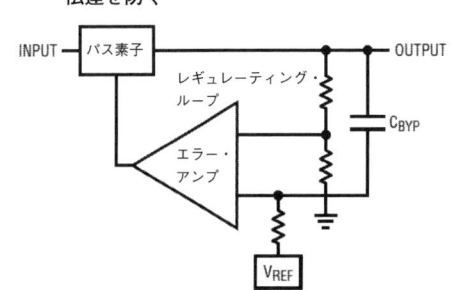

図12.A2 リニア・レギュレータのパス素子の候補

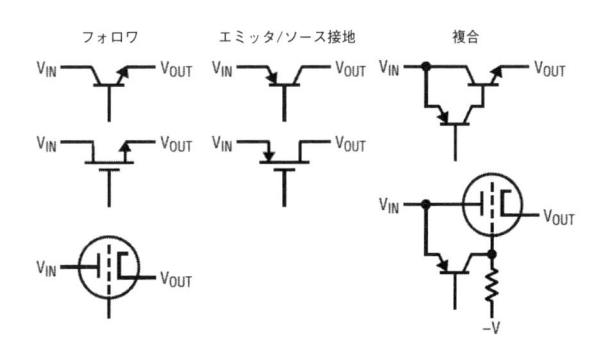

図12.A3 ノイズ・バイパス・コンデンサのない過渡応答

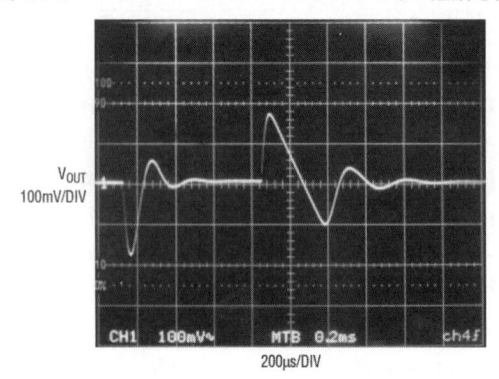

図12.A4 ノイズ・バイパス・コンデンサは過渡応答を改善する．電圧スケールの変化に注意

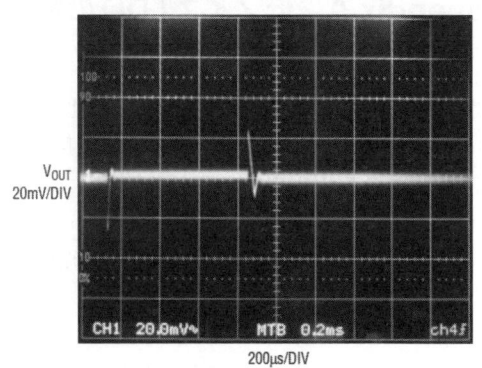

　負の電位が必要となるでしょう．しかも，Pチャネル素子は同じ面積のNチャネル素子より貧弱な飽和特性をもっています．

　エミッタ接地の電圧利得とソース配置はループ安定が心配ですが，扱いやすいです．

　特にハイパワー（250mAを越えた）IC構築には，PNP駆動されたNPN複合型結合が合理的な折衷案となります．PNPのV_{CE}飽和区間から従来のPNP構造における駆動ロスが減少する区間に渡ってのトレードオフは効果的です．さらに，主要な電流フローはパワーNPNを通過するので，モノリシック形成が容易に実現します．この結合には電圧利得がありますから，ループ周波数の補償には注意が必要です．このパス機構を使うレギュレータでは，1.5V（LT1086からLT1083シリーズ）未満のドロップアウトで7.5Aまで供給することができます．

　読者は，我々の友でもある名誉退職の先輩たちによって成しえた成果を，堅苦しい挨拶ぬきで利用できます．

● **動特性**

　LT176xからLT196xの低い暗電流は，動特性の良さに影響しません．通常，低暗電力の素子は遅い応答と不安定性をもつと考えてしまいがちですが，これらの素子は低ESRのセラミック出力コンデンサ使用時でさえ安定しています（出力発振を起こさない）．このことは，セラミック・コンデンサ使用時にしばしば発振する従来のLDOレギュレータとは大きく違うと言えます．

　0.01μFのノイズ・コンデンサが加えられる場合，この内部構造は，過渡性能の向上という利点が追加されます．10μFの出力コンデンサを備えた10mAから100mAへの負荷ステップの過渡応答について，コンデンサを取り付けていない場合を**図12.A3**に示します．**図12.A4**は0.01μFバイパス・コンデンサを取り付けた場合の同じ状況を示します．セトリング時間と振幅はかなり小さくなります．

Appendix B　コンデンサ選択についての考察

● **バイパス容量と低ノイズ化の実践**

　コンデンサをレギュレータのV_{OUT}からBYPピンに接続すると，出力ノイズが低減します．品質の良い低リーク・コンデンサが推奨されます．このコンデンサはレギュレータの基準電圧を通過させ，低い周波数のノイズ・ポールを提供します．0.01μFコンデンサは，出力電圧ノイズを20μV_{RMS}へ低下させます．

　バイパス・コンデンサを使用することで過渡応答が改善します．バイパスなしで，10μF出力コンデンサ付きの10mAから500mAへの負荷ステップでは，100μs以内に最終値の1%以内に落ち着きます．0.01μFバイパス・コンデンサを入れると，同様の負荷ステップ出力は10μs以内に1%未満に落ち着きます（総出力偏差は2.5%以内）．

　レギュレータ起動時間はバイパス・コンデンサの大きさに比例し，0.01μFバイパス・コンデンサと出力の10μFで15msまで遅くなります．

● 出力容量と過渡応答

レギュレータは，広範囲の値の出力容量でも安定するように設計されています．出力コンデンサのESRは，たいていは小さな容量ほど安定度に大きな影響を及ぼします．使用可能な最小の出力容量値は，3ΩのESRをもつ3.3μFです．それ以下は発振を防ぐためにも推奨しません．

過渡応答は出力容量に依存します．より大きな値の出力容量はピーク偏差を小さくし，大きな負荷電流変化に対する過渡応答を改善します．レギュレータが電力供給している個々の回路構成部において，分離用として使用しているバイパス・コンデンサは，実質的に出力コンデンサ値の増加となります．

基準電圧バイパス容量のより大きな値は，より大きな出力コンデンサを要求します．100pFのバイパス容量では，4.7μFの出力コンデンサが推奨されます．1000pFあるいはより大きなバイパス・コンデンサでは，出力コンデンサとして最低6.8μFが必要となります．

図12.B1の網掛け領域は，レギュレータの安定動作範囲を示しています．許容最大のESRは3Ωですが，最小要求ESRは，使用する総計のバイパス容量によって決まります．

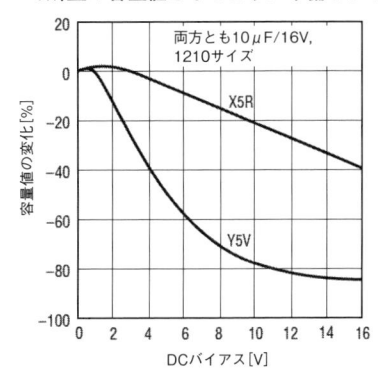

● セラミック・コンデンサ

セラミック・コンデンサの使用については，さらなる考察が必要です．さまざまな誘電体が製造され，それらは温度と印加電圧に対して異なるふるまいをします．最も一般的な誘電体はZ5U，Y5V，X5RおよびX7Rです．

Z5UとY5Vの誘電体は，小さなパッケージで高い容量が得られますが，図12.B2および図12.B3に示すように，大きな電圧依存係数と温度依存係数を示します．5Vのレギュレータに使われる10μFのY5Vコンデンサは，動作温度範囲によっては1μFから2μFという低い値になります．

X5RとX7Rの誘電体は，はるかに安定した特性をもっており，出力コンデンサ用に大変適しています．X5Rはそれほど高価でなく高容量も可能な一方，X7Rタイプは温度に対してかなり良い安定度をもっています．

電圧と温度係数だけが問題の根源ではありません．いくつかのセラミック・コンデンサはピエゾ効果をもっています．ピエゾ効果素子は，ピエゾ効果の加速度計やマイクロホンの動作と同様，機械的ストレスによりその電気端子を介して電圧を発生します．セラミック・コンデンサにおいて，ストレスはシステムまたは熱過渡による振動によって発生する場合があります．特にセラミック・コンデンサをノイズ抑制のために使用すると，逆にかなりの量のノイズを発生させてしまう場合があります．図12.B4は，セラミック・コンデンサを鉛筆で軽く叩いて得た記録です．このような振動は，あたかも出力電圧ノイズの増加としてふるまいます．

図12.B1 さまざまなアウトプットとバイパス・コンデンサ(C_{BYP})の特性におけるレギュレータ安定度

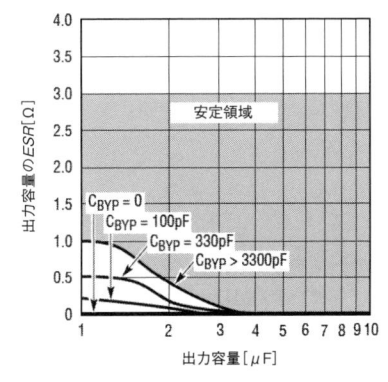

図12.B2 セラミック・コンデンサのDCバイアス特性は著しい電圧依存を示す．素子は動作電圧において所望の容量値となるように準備されるべき

図12.B3 セラミック・コンデンサの温度特性は大きな容量シフトを示す．回路誤差を見積もるときに影響を考慮すべき

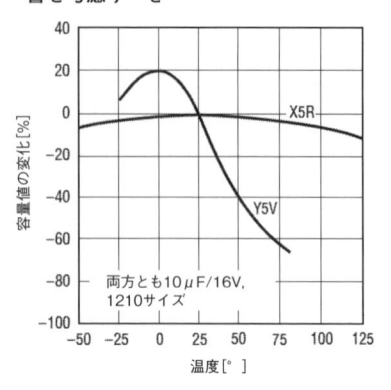

図12.B4 セラミック・コンデンサは軽く叩く程度の衝撃に反応する．ピエゾ効果による反応は80μV_{P-P}に達する

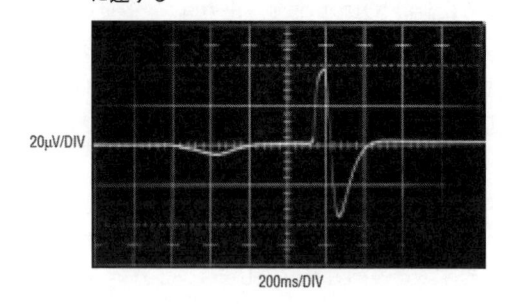

Appendix C 実効値電圧計の理解と選択

　AC電圧計の選択は，意味のある測定のためには絶対に欠かせません．AC電圧計で測定されるノイズの実効値は真値が表示されるべきです．大多数のAC電圧計（ACレンジをもっているDVMを含む）は，これができていません．ここには，「正しい実効値」ACスケールを備えているとされる装置も含まれます．そのため，適切な道具の選択には注意を要します．選別の過程はAC電圧計タイプの基本的理解から始まります[注1]．

● AC電圧計のタイプ

　三つの基本的なAC電圧計タイプがあります．それらは整流と平均，アナログ計算，そして熱方式です．熱方式は入力波形にかかわらず，唯一本質的に正確な方式です．この特徴は，ノイズの実効値振幅を読み取るのに特に適しています．

● 整流と平均

　整流と平均の方式（図12.C1）は，正確な整流器にACを入力する方法です．整流器出力が利得切り替えをもつ単純なRC平均回路に導入され，出力を得ます．結局は，DCの出力が正弦波入力の実効値と等しくなるように利得が調整されます．

注1：オシロスコープを使用した，およそのACノイズ実効値の測定方法として直接方式があります．参考文献(14)を参照してください．

入力が純粋な正弦波である場合，正確さにまったく問題はありません．しかしながら，非正弦波的な入力では大きな誤差を引き起こします．このタイプの電圧計は正弦波であるときのみ正確で，入力が正弦波から外れるとともに誤差が増加します．

● アナログ計算

　図12.C2は，より洗練されたAC電圧計の方式を示しています．ここで，瞬時値は，アナログ計算のループによって連続的に（理想的に）計算されます．このDC出力は入力波形の変化に図中の計算式で対応するので，よりよい精度が得られることに注目してください．

　このアプローチの商用実施では，ほとんどすべてが，対数ベースのアナログ計算技術を利用します．残念なことに，ZY/X演算ブロック中のダイナミック制限が帯域幅を制限します．これらの回路は，20kHzから200kHzを越えると，必ず著しい誤差を引き起こします．

● 熱方式

　熱方式に基づいたAC電圧計は，特にノイズ振幅の実効値測定に最適で，入力波形に根本的には影響されません．さらに，100MHzを越える帯域幅でも高精度化できます．

　図12.C3に，古典的な熱方式を図解します[注2]．それは調和のとれた二つのヒータ-温度センサとアンプか

図12.C1 整流-平均ベースのAC-DCコンバータ．利得は正弦波入力の実効値と同じDC出力となるようにセットされる．非正弦波入力は誤差を生じる

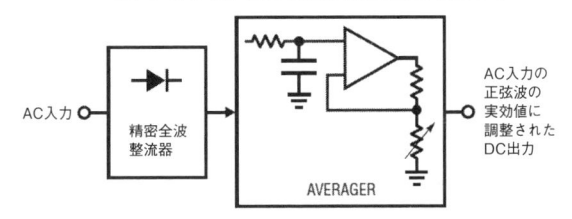

図12.C2 アナログ計算ベースのAC-DCコンバータ．ループは連続的にインプットの実効値を計算する．帯域幅制限は高周波誤差を生む

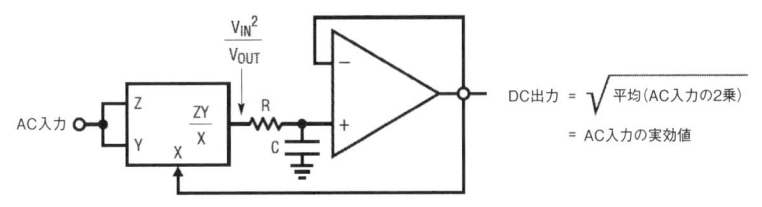

DC出力 = $\sqrt{\text{平均(AC入力の2乗)}}$
 = AC入力の実効値

参考文献(2), (3)による

ら成り立っています．AC入力でヒータを暖めます．このヒータに付随している温度センサはアンプにバイアスをかけます．アンプは，もう一つの温度センサを暖めるために出力ヒータを運転し，フィードバック・ループを形成します．ループが閉じたとき，二つのヒータは同じ温度です．この「勢力平衡」作動は，DC出力が入力ヒータの実効加熱値(実効値の基本的定義)と等しいという結果を示しています．ここでは熱に有効に変換されるので，波形の違いはなんの影響もありません．実効値ノイズ量測定という仕事の本質である「基本的原則」は，理想的な熱ベースのAC電圧計で具現化されます．

図12.C3 熱方式によるAC-DC変換器はACインプットを熱に変換する．残りの回路は，まったく同じ熱を発生させるのに必要なDCの値(アウトプット)を決定する．誤差は波形や帯域幅が極端なときでさえ非常に低い

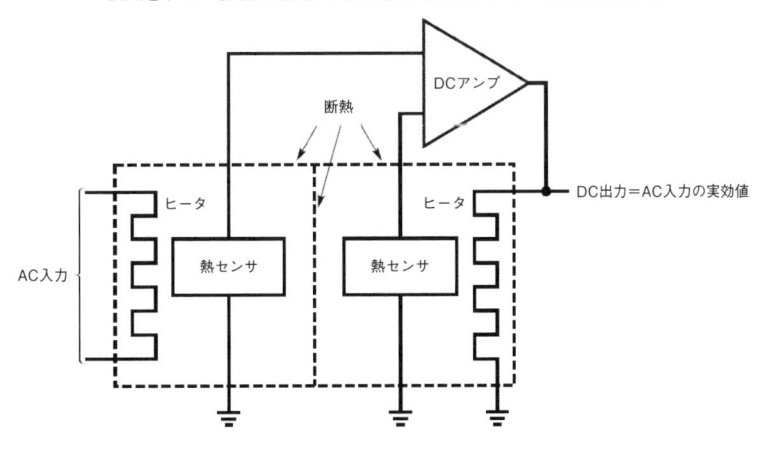

注2：熱方式AC-DC変換をカバーしている出版物に関する参考文献の部分を見てください．

図12.C4 AC電圧計を評価するための構成．ノイズ源は図12.2の回路によってフィルタされ，電圧計を駆動する

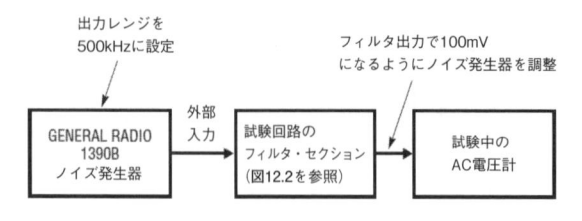

構成を示します．ノイズ発生器は，本文の図12.2の外部入力を駆動することで，適切なバンドパスを通して試験中の電圧計に入力します[注3]．

図12.C5に，20台の電圧計の結果を示します．これら電圧計のうちの4台は熱方式です．残りは，対数のアナログ計算か整流と平均をするAC-DC変換です．4台の熱方式は，誤差1％以内によく一致しました．実際，熱方式のうちの3台は0.2％以内にありました．4番目（HP3400A）は単に1％以内であることが判読可能なだけです．他の16台の電圧計は，熱方式のグループに比べて最大48％までの誤差を示します！ この誤差は，実際に保証されているより悪い読み取り値であることに注目してください（いい加減に選ばれた電圧計は不確かで安易な読み取り数値を与えるでしょう）．

ここでの教訓は明らかです．実効値ノイズ測定を続ける前に，AC電圧計の精度を確認することは欠くことができません．そうしないと非常に大きな誤解を招く「結果」を被るかもしれません．

● ノイズで駆動されるAC電圧計の性能比較

一つの測定方法でさえ上記のような幅広いやりかたがあるので，AC電圧計を選択する際は注意が必要です．実効値ノイズ測定に用いるために準備したAC電圧計の比較結果を明らかにします．図12.C4に単純な評価

注3：ノイズ発生器は，参考文献（4），（5）にあるように研究と熟考に値します．

図12.C5 AC電圧計評価の結果．熱方式の4台が1％以内に一致する．他の計器は48％もの大きな相対誤差を示す

電圧計のタイプ，試験番号	mVの読み	%誤差	AC-DC変換方式
HP3403C	100	0	熱方式
HP3400A	100	0	熱方式
Fluke 8920A	100	0	熱方式
LTC Special（図12.C6）	100	0	熱方式
1	84	−16	ログ
2	85	−15	整流-平均
3	84	−16	整流-平均
4　Fluke 8800A	90	−10	整流-平均
5　HP3455	100	0	ログ
6　HP334	92	−8	整流-平均
7　Handheld	52	−48	整流-平均
8　HP3478	100	0	ログ
9　Inexpensive Handheld	56	−44	整流-平均
10　HP403B	93	−7	整流-平均
11　HP3468B	93	−7	ログ
12	80	−20	整流-平均
13	72	−28	整流-平均
14	62	−38	整流-平均
15　Fluke 87	95	−5	ログ
16　HP34401A	93	−7	ログ

● 熱方式の電圧計回路

購入に依らず，熱方式の電圧計を構築することは望ましいことでもあります．

図12.C6の回路はノイズ測定に適用可能です．本文の図12.2のフィルタがA_1を駆動します．A_1の出力は，追加のAC利得を得るためのA_2のバイアスを提供します．

LT1088ベースのRMS-DC変換器は，調和のとれたヒータとダイオードの2対と制御増幅器から構成されます．LT1206はD_1の電圧を低下させる熱を発生させるために，R_1を駆動します．差動接続しているA_3は，アンプのまわりのループが閉じられるまでD_2を熱する

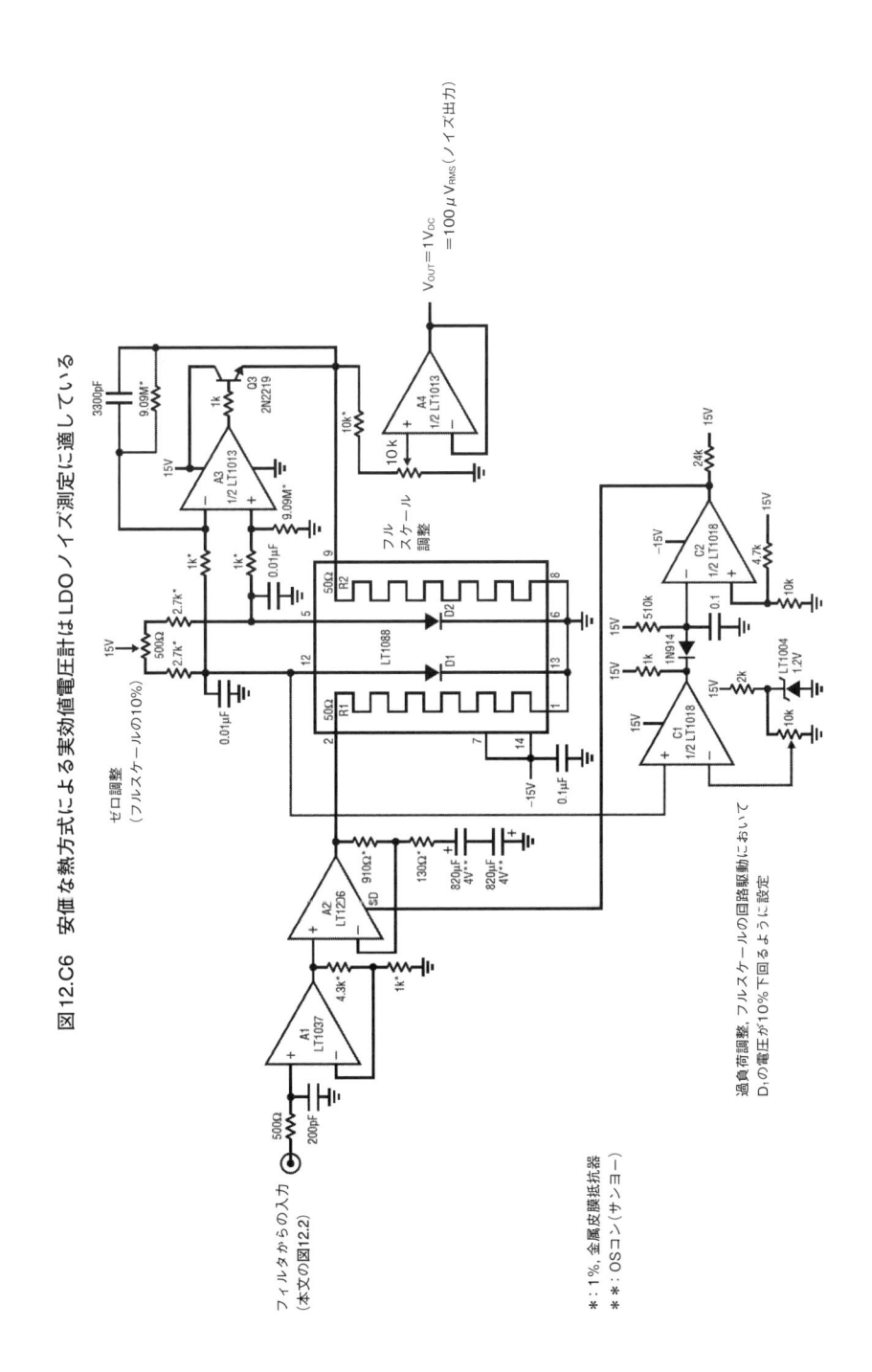

図12.C6 安価な熱方式による実効値電圧計はLDOノイズ測定に適している

ため，Q_3 を介した R_2 駆動に対応します．2対のダイオードとヒータ抵抗器は一致させてあるので，A_3 のDC出力は入力周波数や波形にかかわらず入力の実効値に対応します．

実際，LT1088の不釣り合いが残っているので，利得調整を必要とします．それは A_4 で実施します．A_4 の出力がこの回路の出力です．

スタートアップまたは入力オーバードライブ時は，A_2 がLT1088に損傷を与える過度の電流を流す場合があります．C_1 と C_2 はこれを防ぎます．オーバードライブ時は，D_1 に異常に低い電圧（高温状態）を強要します．これらの条件の下で C_1 はローにトリガし，C_2 の負入力をローに引っ張ります．これによって C_2 の出力は高くなり，A_2 をシャットダウンすることで過負荷を終わらせます．C_2 入力の RC によって決まる時間の後，A_2 はイネーブルになります．過負荷状態がまだ続いていれば，ループは再び直ちに A_2 をシャットダウンします．この振動する働きは過負荷状態が解除されるまで，LT1088の保護は継続します．

この回路を調整するために，$10mV_{RMS}$，100kHzの信号を，この装置の入力に接続します．DC出力が正確に100mVとなるように500Ωを調整します．次に，100kHz，$100mV_{RMS}$ を入力して，1VのDC出力となるように10kΩのポテンショメータを調整してください．調節による相互作用がなくなるまでこのシーケンスを繰り返してください．2回も行えば十分なはずです．

Appendix D　低ノイズLDOの選択に対する実際的な考慮

どのような設計においても，低ノイズLDOに対して特別な要求があります（すべての個々の状況において，詳細ニーズにあわせて注意深く調べるべきです）．しかし，いくつかの一般的ガイドラインが低ノイズLDOを選択する際に共通に当てはまります．重要な事柄を以下に要約します．

● **電流容量**

そのレギュレータが最悪時の過渡的負荷を含んだ応用においても，適切な出力電流容量をもっていることを担保してください．

● **電力損**

デバイスは，要求されるいかなる電力でも消費できるようにしてください．これはパッケージ選択に影響します．この問題は通常，V_{IN}-V_{OUT} 差が低いLDOの適用で回避できますが，確かかどうかのチェックをお願いします．

● **パッケージ・サイズ**

パッケージ・サイズは制限のある空間応用において重要です．パッケージ・サイズは電流容量と電力損の制約によって規定されます．前項を参照してください．

● **ノイズ帯域幅**

LDOが，システムの要件である帯域幅全体に渡ってノイズ要求を満たしていることを確認してください．通常，10Hz～100kHzの範囲が現実的です．

● **入力ノイズ除去**

クロックやスイッチング・レギュレータから，あるいは他の電源ライン共有回路などからの入力ノイズ除去に努めてください．レギュレータのノイズ除去能力が低い場合，それ自身の低ノイズ特性が役に立たなくなります．

● **負荷プロフィール**

負荷特性を確認してください．定常電流状態は確かに重要ですが，過渡的負荷も評価すべきです．レギュレータは，過渡的負荷のような状況下でも安定性と低ノイズ特性を維持しなければなりません．

● **個別部品**

個別部品の選定（特にコンデンサ）は重要です．間違ったコンデンサの誘電体材料の選択は，安定性，ノイズ特性，あるいはその両方に逆効果となります．Appendix B「コンデンサ選択についての考察」を参照してください．

第4部

高電圧・大電流アプリケーション

第13章 昇圧トランスの設計における寄生容量の影響

本章では，スイッチ素子の電流波形の立ち上がりエッジで共振を起こす，大きな電流スパイクが発生する原因を解き明かします．この不具合は，非常に高い電圧の電源設計で深刻な問題になります．

第14章 大電流アプリケーション用の高効率/高密度なPolyPhaseコンバータ

本章では，次のような疑問に対する答えを示します．
- ポリフェーズ技術を使うことで，どのような利点が得られるのか？
- 筆者のアプリケーションではいくつの相が必要になるのか？
- ポリフェーズ・コンバータはどのように設計すればよいのか？

ここでは例として，LT1629を使用した6相/90A出力の電源の設計について取り上げます．リプル電流を計算するために使用できる数式と図表も示します．

第13章
昇圧トランスの設計における寄生容量の影響

Brian Huffman

図13.1に示す昇圧回路の設計において、もっとも重要な構成要素はトランスです。トランスには寄生成分があり、トランスの理想的な特性から外れさせることがよくあります。2次側に関連している寄生容量は、スイッチの電流波形のリーディング・エッジに大きな共振電流スパイクを生じさせることがあります。このスパイクによってレギュレータの動作が不安定になることがあり、デューティ・サイクルの不安定性として現れます。この影響は非常に高い電圧の設計の場合はさらに悪化しますが、トランスの設計に注意を払うことにより、この問題を解決することができます。

寄生コンデンサの高周波電流の経路を図13.2に示します。動作の解析をする際、入力電圧と出力電圧はACグラウンドであると仮定します。したがって、寄生コンデンサは全て並列です。トランスの2次側は、これらのコンデンサのAC電流の経路を与えます。2次側には、1次側の電流のN倍の電流が流れます。寄生容量と巻数比が増加するにつれ、1次側電流は飛躍的に大きくなります。

この回路の動作波形を、図13.3に示します。スイッチ(V_{SW}ピン-波形A)がオンすると、1次側がグラウンドに引っ張られます。2次側は、その寄生コンデンサの負荷効果により、この動きには瞬時に追従することができません。寄生容量の影響は、スイッチの電流波形のリーディング・エッジで容易に見ることができます(波形B)。この電流スパイクは、2次側の寄生容量の負荷効果によって生じます。

2次側の出力(波形D)の振幅は、600Vを超えることがあります。したがって、スイッチングが遷移する間、このノードを振幅させるためには大量の電荷($Q=C \cdot V$)が必要になります。

2次側電流は巻数比だけ増幅されて、1次側電流I_{PRI} = $N(I_{PS} + I_S + I_D)$を発生します。この増幅効果は、I_Sの影響を含まない2次側電流(波形C)を、スイッチ電

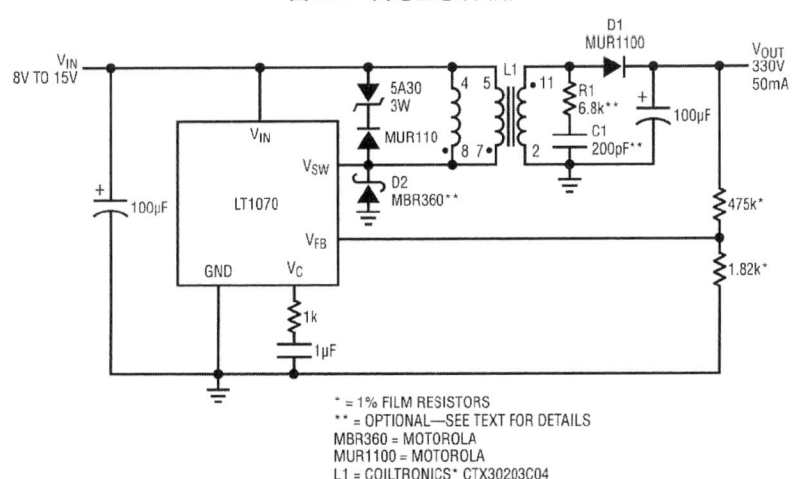

図13.1 高電圧電源回路

図13.2 寄生コンデンサのAC電流の経路

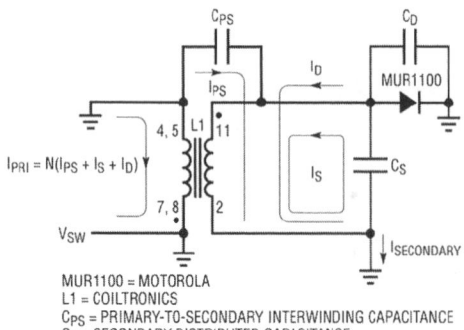

MUR1100 = MOTOROLA
L1 = COILTRONICS
C_{PS} = PRIMARY-TO-SECONDARY INTERWINDING CAPACITANCE
C_S = SECONDARY DISTRIBUTED CAPACITANCE
C_D = DIODE CAPACITANCE
N = TURNS RATIO

$I_{PRI} = N(I_{PS} + I_S + I_D)$

図13.3 高電圧コンバータの動作波形

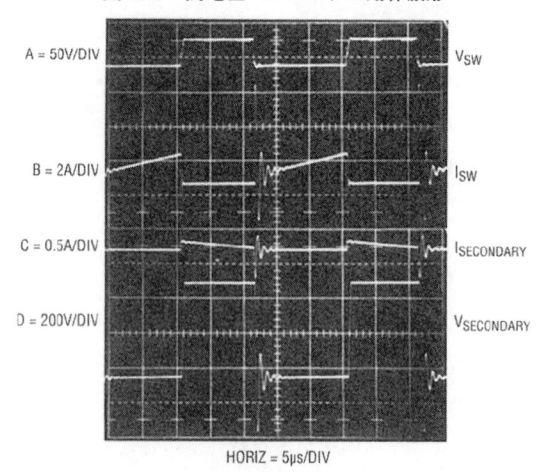

A = 50V/DIV V_{SW}
B = 2A/DIV I_{SW}
C = 0.5A/DIV $I_{SECONDARY}$
D = 200V/DIV $V_{SECONDARY}$
HORIZ = 5μs/DIV

図13.4 過渡状態の間の簡略化した1次側モデル

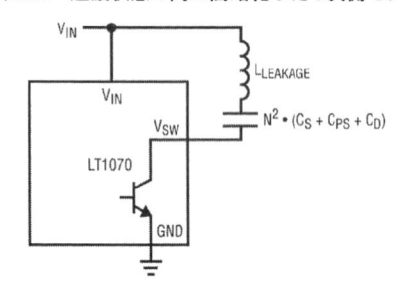

$L_{LEAKAGE}$
$N^2 \cdot (C_S + C_{PS} + C_D)$
LT1070

図13.5 電流スパイクによるデューティ・サイクルの不安定性

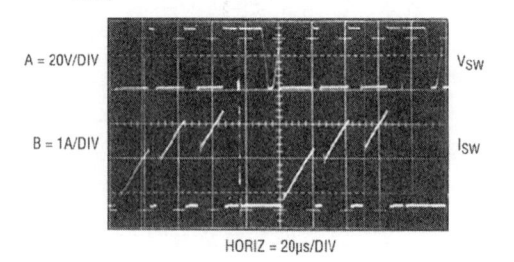

A = 20V/DIV V_{SW}
B = 1A/DIV I_{SW}
HORIZ = 20μs/DIV

流（波形B）と比較することにより，観察することができます．その結果は，かなり大きな電流スパイクです．

この応答の発振しやすい特性は，漏れインダクタンスと反映された2次側容量の直列共振によって形成されます（図13.4を参照）．2次側のどのインピーダンスも，巻数比の2乗で大きさが減少し，1次側の端子に現れます．

例えば，$N = 10$ の場合，200Ωの抵抗は2Ωのように見え，100pFのコンデンサは0.01μFのように見えるので，2次側の小さな容量でも1次側の大きな負荷になることがあります．直列LCは自己共振回路を形成し，トランスの共振周波数でリンギングを生じます．

出力のスイッチング・ダイオード（D_1）が，電流波形に細いスパイクを生じさせることもあります．この場合，ダイオードの逆回復時間が重要なパラメータになります．逆回復時間は，その順方向導通サイクルの間にダイオードが電荷を保持しているために生じます．この保持された電荷により，逆バイアスが加えられた後の短い時間，ダイオードは低インピーダンスの導電

素子のように振る舞います．

スイッチのオンに続いて，LT1070がスイッチ電流波形を無視する短い時間があります（ブランキング時間）．このブランキング時間により，電流波形のリーディング・エッジの電流スパイクによってオン・パルスが早めに終了するのを防ぎます．このブランキング時間が経過した後，ピーク・スイッチ電流が誤差増幅器の出力（V_Cピン）によって定まるスレッショルド・レベルに達すると，出力スイッチがオフします．

この内部で固定されているブランキング時間（400ns）は，標準的なアプリケーションには適切です．ただし，高電圧アプリケーションでは，ブランキング時間が重要なパラメータになります．

トランスの寄生容量の影響により，図13.5に示すように，スパイクの幅がブランキング時間を超えてしまい，LT1070を誤ってトリガします．スイッチ・ピン（波形A）とスイッチ電流（波形B）の波形のデューティ・サイクルの変動は，その結果です．ブランキング時間とピーク・スイッチ電流の間の相互作用の詳細

図13.6 スイッチの電流スパイクの詳細な波形

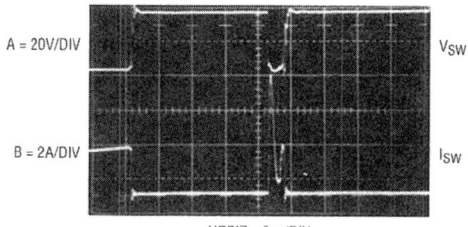

を図13.6に示します．LT1070がスイッチ電流をサンプリングすると，直ちにスイッチがオフになることに注意してください．

LT1070が適切に動作するには，400nsのブランキング時間が経過する前に，スパイク電流が正常なピーク・スイッチ電流よりも下がる必要があります．

寄生容量によって引き起こされる別の問題も，図13.3で見ることができます．発振しやすいトランスの性質により，大きな逆電流がV_{SW}ピンに流れることがあります(波形B)．これにより，LT1070のサブストレート・ダイオード(これは本来，出力トランジスタに含まれている)が順方向にバイアスされます(Appendix Aを参照)．サブストレート・ダイオードが順方向にバイアスされると，不要な電流がICの回路の中をどこでも流れることができ，予期せぬデューティ・サイクルの振る舞いを生じます．

サブストレート・ダイオード電流は，V_{SW}ピンとグラウンドの間にショットキー・ダイオード(D_2)を接続することにより防止することができます(図13.1)．1次側逆電流は，LT1070の代わりにショットキー・ダイオードを通って流れます．サブストレート・ダイオードが導通するのを防ぐ別の方法は，RCスナバ(R_1-C_1)を2次側に接続することです．これにより，リンギングが減衰します．

よく知られているトランスの巻線方法を使って，昇圧トランスの寄生容量を最小に抑えることができます．基本的な技法は，2次側の隣接する層間の電圧差を最小にするように層の巻線を行うことです．これを達成する一般的な方法は，スプリット・ボビンにいくつかの別個の2次側スタックを巻くことです．この方法やその他の方法で，2次側容量が大幅に減少します．

トランスの情報に関しては，下記に問い合わせてください．

Coiltronics
984 Southwest 13th Court
Pompano Beach, FL 33069
TEL 305-781-8900

Appendix A 寄生トランジスタ

図13.A1に示すように，ジャンクションで絶縁されたICの場合，モノリシック・トランジスタは絶縁のためのP-Nジャンクションによって囲まれています．このジャンクションが逆バイアスされていると，チップ上の1つのデバイスを別のデバイスから電気的に絶縁します．ただし，このデバイスの構造は横方向の寄生NPNトランジスタも形成します(図13.A2を参照)．Pサブストレートがベース，Nエピ領域がエミッタ，コレクタは他の全てのNエピ・ポケットです．NPNセルの簡略回路図を図13.A3に示します．

縦方向のNPN出力スイッチ・トランジスタが，通常モード(オンまたはオフ)で動作していると，寄生トラ

図13.A1 ジャンクションで絶縁されたNPN構造

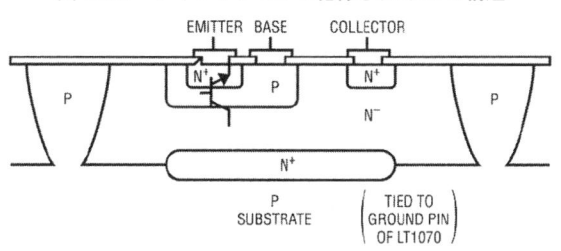

図13.A2　横方向NPNが形成される場所

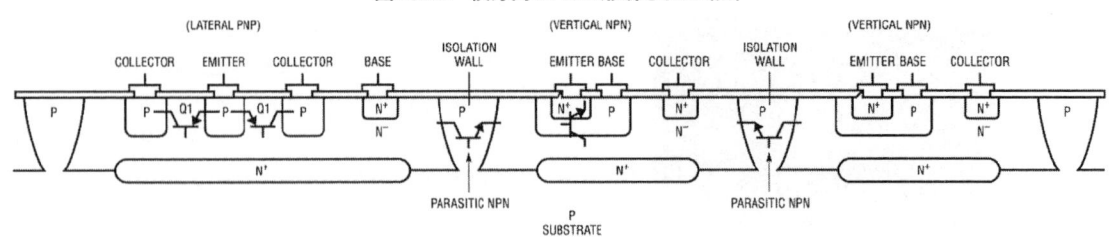

図13.A3　寄生要素を伴うLT1070の出力スイッチの回路図

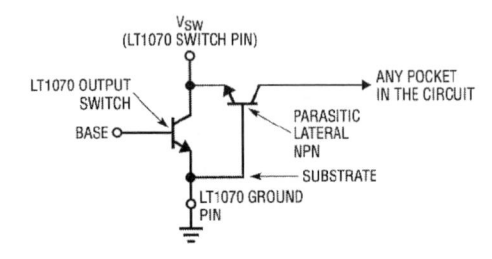

ンジスタはオフになっていて影響はありません．寄生トランジスタは，逆スイッチ電流によって縦方向コレクタがサブストレートの電位より下に引っ張られるとアクティブになります．これによって，コレクタとサブストレートのジャンクションが順方向にバイアスされ，これは一般にサブストレート・ダイオードと呼ばれます．その結果，回路の他の部分から寄生NPNに電流が流れます．この電流が横方向PNPのベース駆動とNPNのコレクタ電流に加わり，不可解で予測不可能なICの振る舞いを引き起こします（**図13.A2**を参照）．

第14章
大電流アプリケーション用の高効率/高密度なPolyPhaseコンバータ

Wei Chen, 訳：堀米 毅

　ロジック・システムが大型化, 複雑化するにつれ, それらに必要な電源電流も増加し続けています. 電源電流に100Aを必要とするシステムも珍しくありません. 大電流を供給する電源は, 一般に複数のパワー・レギュレータを並列に接続することによって, 個々の電源部品に加わる熱ストレスを低減します. 電源回路の設計者は, これらの並列レギュレータをドライブする方法がシングル・フェーズなのか, スマートなPolyPhaseなのかを選択しなければなりません.

　PolyPhaseコンバータは, 並列にする電力段のクロック信号をインターリーブすることにより, スイッチング周波数を上げずに入力と出力のリプル電流を下げることができます. スイッチング周波数が比較的低ければ, 入力コンデンサの直列抵抗成分(ESR)による電力損失を減少させ, MOSFETのスイッチング損失が小さくなるので, 高い電力変換効率を実現できます. 入力リプル電流が相殺され, 入力コンデンサの大きさとコストも大幅に減少します. 出力リプル電流も相殺されるので, 小さい値のインダクタを採用することができます. その結果, 負荷応答性に対するダイナミック応答が改善されます. 電流定格を下げ, インダクタンスを小さくできるので, 小型で低コストの表面実装インダクタを採用できます. 複数出力のアプリケーションの場合, PolyPhaseコンバータにすると小さい入力コンデンサを採用できるという利点があります.

　以前は, 必要なタイミングと電流分担の条件が複雑だったため, マルチフェーズの電源設計は実現するのが困難で高価でした. 新しく開発されたLTC1629は, 大電流/シングル出力の電源設計でこれらの問題を解決し, またLTC1628はデュアル出力のアプリケーション回路に対応しています. どちらのICも, デュアル電流モードのPolyPhaseコントローラであり, 2つの同期整流式降圧回路を同時にドライブすることができます.

　LTC1629の特長は, 真のリモート・センシングのためのユニティゲイン差動アンプ, 低インピーダンスのゲート・ドライブ, 電流分担, 過電圧保護, 過電流ラッチオフ (オプション), およびフォールドバック電流制限をもつことです. さらに, LTC1629の特徴は, 簡易的な位相選択信号 ("H", "L", あるいはオープン) によって, 2, 3, 4, 6, および12相の動作を構築できることで, 相数を最適化することにより, 費用対効果が最もよい小型の電源を設計できます.

　本章ではPolyPhaseコンバータの性能分析を行い, 相数の選択とLTC1629を使ったPolyPhaseコンバータを設計するためのガイドラインを示し, 以下の疑問に答えていきます.

- PolyPhaseアーキテクチャを使うとどのような利点が得られるか？
- アプリケーション回路には何相が必要になるのか？
- PolyPhaseコンバータの設計方法は？

PolyPhaseテクニックは回路性能にどのように影響するか？

　一般に, PolyPhase動作は, リプル電流やリプル電圧を低減してスイッチ・モードのパワー・コンバータの大信号機能の性能を改善します. 本章では, 回路の性能に対するPolyPhaseテクニックの効果を分析するために, 同期整流方式の降圧コンバータの事例を示します.

　大電流出力の場合, 通常はいくつかのレギュレータを並列に使う必要があります. 単一レギュレータにすると, 個々の電源部品には許容できないほどの熱ストレスが加わるため, この方式は採用できません. 入出力端子の両方においてビート周波数ノイズを除去する

ため、並列レギュレータは同期をとって同じスイッチング周波数にします。

並列に接続されているレギュレータ間の位相関係により、これらのコンバータはシングル・フェーズとPolyPhaseの2つの方式に分けられます。各部品の熱ストレスのバランスをとるため、並列レギュレータは負荷電流を分担することも必要です。

本章では、チャネル数は一つの電源内における並列レギュレータの個数を意味します。また、下記に示すように記号を定義します。

- V_O：DC出力電圧
- I_O：DC出力電流
- V_{IN}：DC入力電圧
- T：スイッチング周期
- m_c：並列チャネル数
- m：相数。通常、可能な相数はチャネル数m_cによって決定する。例えば、$m_c = 6$ならば可能な相数は$m = 1, 2, 3, 6$である。
- C_O：出力コンデンサ
- ESR：C_Oの等価直列抵抗
- L_f：出力インダクタ
- D：デューティ・サイクル。降圧回路ではV_O/V_{IN}で近似する

電流分担

電流の分担は、ピーク電流モード制御により簡単に行えます。電流モード制御レギュレータでは、負荷電流は電圧帰還ループの誤差電圧に比例します。並列に接続されたレギュレータが同じ誤差電圧になると、これらの並列レギュレータは等しい電流を供給します。例として、2チャネル回路を使ってこの電流分担のしくみを解説します。

図14.1に示すように、ピーク電流モード制御では、ピーク・インダクタ電流(I_{L1}, I_{L2})が誤差電圧V_{ER}と交わるとき、上側のスイッチがオフして、ピーク・インダクタ電流が同じになります。もし、双方のインダクタが同じであれば、これらのインダクタのピーク・ツー・ピーク・リプル電流は同じになります。2つのインダクタのDC電流、つまり、ピーク電流からピーク・ツー・ピーク・リプル電流の1/2を引いた値は等しくなります。

したがって、2つのレギュレータは負荷電流を等配分します。これと同じ電流分担のしくみを、任意の数の並列チャネルに拡大させることができます。この電流分担方式によって、定常動作状態や入力電圧変動時、負荷変動時においても、個々のレギュレータが過電流ストレスを受けるのを防ぎます。また、配分するメカニズムはオープン・ループになっているので、電流分

図14.1 2チャネル・コンバータ

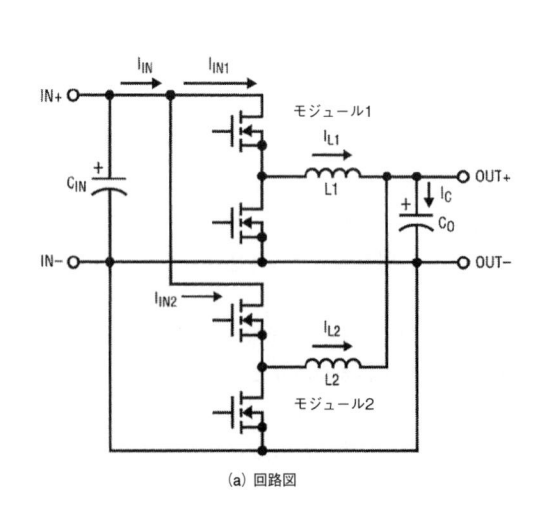

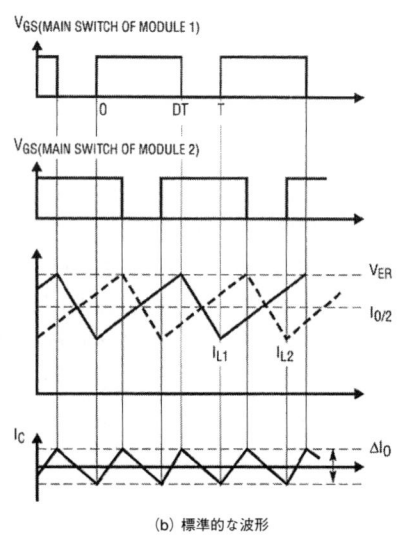

(a) 回路図

(b) 標準的な波形

担により発振することはありません.

● 出力リプル電流のキャンセレーションおよび出力リプル電圧の減少

図14.1 (b) の位相関係は,出力のリプル電流のキャンセレーションがどのようにして生じるかを示します.

2つのコンバータ間には180°の位相差があるので,2相コンバータの2つのインダクタのリプル電流は相殺される傾向があり,その結果,出力コンデンサを流れるリプル電流は減少します.さらに,出力リプル電流の周波数は2倍になります.これらの効果により,同一のリプル電圧条件でも出力コンデンサを小さくすることができます.

図14.2に,2チャネル・コンバータのインダクタ電流と出力リプル電流の測定波形を示します.出力リプルのキャンセレーションにより,出力リプル電流は $14A_{p-p}$(シングル・フェーズ)から $6A_{p-p}$(デュアル・フェーズ)へ減少します.デュアル・フェーズ回路のリプル周波数は,スイッチング周波数の2倍になります.

m 相回路の出力リプル電流の振幅を数値化するために,閉形式が開発されました.式の導出は,図14.1に示されている2相回路から始めます.モジュール1の上側のスイッチがOFFで,モジュール2の上側のスイッチがONの場合の期間 $[DT$ から $T]$,モジュール1のインダクタ電流は減少し,モジュール2のインダクタ電流は増加します.出力コンデンサへ流れ込む実際のリプル電流は少なくなります.2相回路の出力リプル電流は,次の式で得られます.

$$\Delta I_0 = \frac{2V_0(1-D)T}{L_f} \frac{|1-2D|}{|1-2D|+1} \quad (1)$$

式の算出についての詳細は,Appendix Aを参照してください.同じ計算手順を m 相構成まで展開することにより,m 相回路の出力リプル電流が得られます.m 相回路の出力リプル電流のピーク・ツー・ピーク振幅は,

$$\Delta I_O = \begin{cases} \dfrac{V_O T(1-D)}{L_f}, & m = 1 \\ \dfrac{m_c \cdot V_O T}{L_f} \cdot \dfrac{\prod_{i=1}^{m}\left|\dfrac{i}{m}-D\right|}{\prod_{i=1}^{m-1}\left(\left|\dfrac{i}{m}-D\right|+\dfrac{1}{m}\right)}, & m = 2,3\cdots \end{cases} \quad (2)$$

出力リプル電圧は,次のように計算します.

$$\Delta V_{O.PP} < \frac{\Delta I_O T}{8mC_O} + \Delta I_O \cdot ESR \quad (3)$$

式(3)の最初の項は容量性成分 C_O によるリプル電圧を表し,2番目の項は C_O の等価直列抵抗(ESR)に発生するリプル電圧です.相数が増えると,最初の項のリプル成分を減らすのに貢献します.したがって,出力の全リプル電圧振幅を減らすのに役立ちます.もう一つの興味深い現象は,デューティ・サイクルが次の臨界点の一つと等しくなると,出力のリプル電流とリプル電圧がゼロになります.

$$D_{crit} = \frac{i}{m}, \ i = 1, 2, \ldots, m-1 \quad (4)$$

図14.2 2チャネル回路の出力リプル電流波形.I_{L1} と I_{L2} は2チャネルのインダクタ電流で I_C は出力コンデンサに流れ込むリプル電流.(測定条件:$V_{in} = 12V$,$V_o = 2V$,$I_o = 20A$)

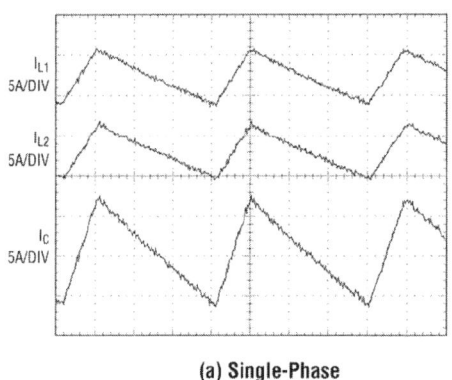

(a) Single-Phase

(b) Dual-Phase

降圧コンバータの場合，デューティ・サイクルは出力電圧と入力電圧の比です．V_{IN}とV_Oを使って式(4)で示すと，ゼロ出力リプルの条件は次のように書くことができます．

$$\frac{V_O}{V_{IN}} = \frac{i}{m}, \quad i = 1, 2, \ldots, m-1 \quad (5)$$

図14.3のプロットは，出力リプル電流に対する相数およびデューティ・サイクルの影響を示しています．このプロットは，出力リプル電流はデューティ・サイクルがゼロ（$Dir = V_O T/L_f$）におけるインダクタ・リプル電流に対して正規化されています．チャネル数は相に等しく，出力電圧は固定で，電力変換効率は100%であると仮定しています．

このプロットを使うと，複雑な計算をせずに出力リプル電流を見積もることができます．デューティ・サイクルが選択された相数に対応する臨界点に近いとき，出力リプル電流はゼロに近づきます．降圧回路の場合，デューティ・サイクルはおよそV_O/V_{IN}の比になります．したがって，入力電圧と出力電圧が比較的一定の場合，出力リプル電圧を最小にできる最適相数が存在します．

可能な最大相数が6で，効率が100%であると仮定した場合，よく使われるいくつかの入力電圧および出力電圧に対する最適相数を表14.1に示します．降圧比が高いアプリケーション回路やデューティ・サイクルが小さいアプリケーションの場合（例えば，$V_{IN} = 12V$，$V_O = 1.2V$，$D = 0.1$），相数を大きくすると最大リプル電流を減少させるのに役立ちます．

デューティ・サイクルが広範囲にわたるようなアプリケーション回路の場合，大きな相数は多くの場合に出力リプル電流を下げる傾向があります．最適な相数は，動作デューティ・サイクルの全範囲にわたって評価する必要があります．4相以上の場合，ほとんどのデューティ・サイクル範囲で相数をさらに増やしても，

表14.1　リプル電流が最小になる最適な相数（最大相数が6であり，100%と仮定した場合）

	V_O=1.2V	V_O=1.5V	V_O=2.0V	V_O=2.5V
V_{IN}=5V	4	6	5	2, 4, 6※
V_{IN}=12V	6	6	6	5

※6は最小入力リプル電流の最適相数

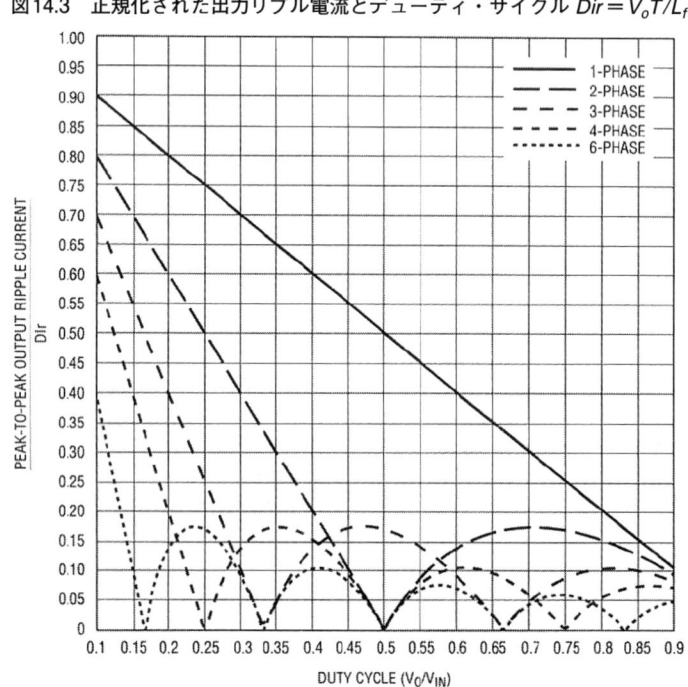

図14.3　正規化された出力リプル電流とデューティ・サイクル $Dir = V_o T/L_f$

リプル電流が大幅に減少することはありません．

臨界デューティ・サイクル・ポイント(2相回路ではD_{crit} = 0.5)の近くで測定された出力リプル電流を，図14.4に示します．測定条件はV_{IN} = 5V，V_O = 2V，I_O = 20A，f_s = 250kHzです．MOSFETスイッチの電圧降下により，動作デューティ・サイクルは50%に非常に接近しています．デュアル・フェーズのノウハウにより，出力リプル電流を10A$_{p-p}$(シングル・フェーズ回路の場合)から2.5A$_{p-p}$へ大幅に減らすことができました．その結果，図14.5に示すように，臨界デューティ・サイクル・ポイント近くの出力リプル電圧は，無視できるほど小さくなります．

● **負荷過渡応答性の改善**

PolyPhaseテクニックは，負荷過渡応答の性能に多くの影響を与えます．第一に，出力リプル電圧が小さくなることにより許容される出力変動幅に対するリプル電圧の割合が小さくなります．これにより，負荷変動時の出力電圧変動幅に余裕ができます．電源の出力端子に同じ数のコンデンサを使った場合，オーバシュートとアンダシュートの量を大幅に減らすことができます．

第二に，リプル電流が減少するので，値の小さなインダクタを採用することができます．これにより，電源の出力電流のスルーレートが速くなります．すなわち，PolyPhaseは電源の負荷過渡応答性能を改善するのに貢献します．

負荷過渡時の出力電圧を図14.6に示します．2つの

図14.4 臨界デューティ・サイクル・ポイント付近の出力リプル電流の実験波形．(測定条件：V_{in} = 5V，V_o = 2V，I_o = 20A)

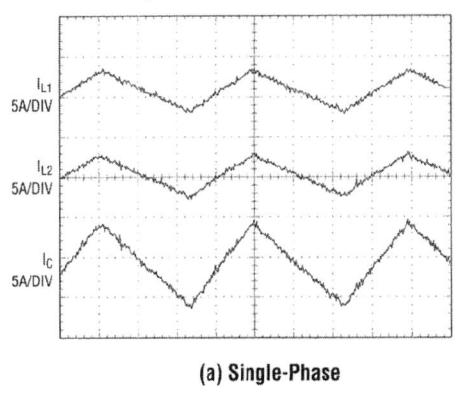

(a) Single-Phase 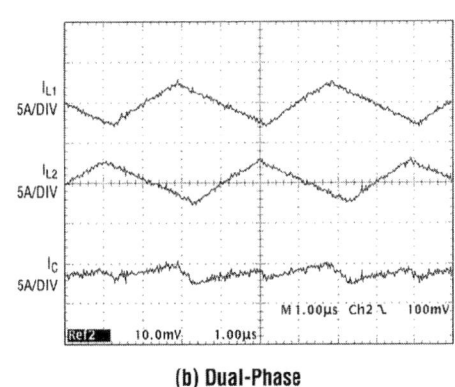   (b) Dual-Phase

上側の波形はインダクタ1の電流，中央の波形はインダクタ2の電流，下側の波形は出力リプル電流

図14.5 臨界デューティ・サイクル・ポイント付近で測定された出力リプル電圧(上の波形)．(測定条件：V_{in} = 5V，V_o = 2V，I_o = 20A)

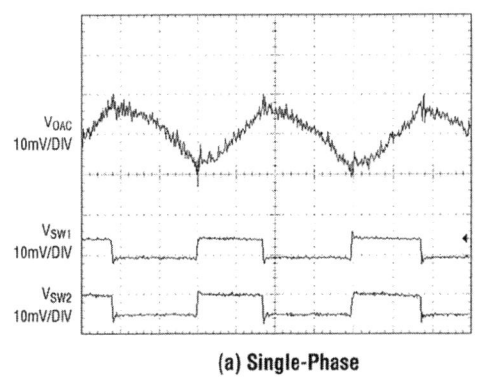

(a) Single-Phase 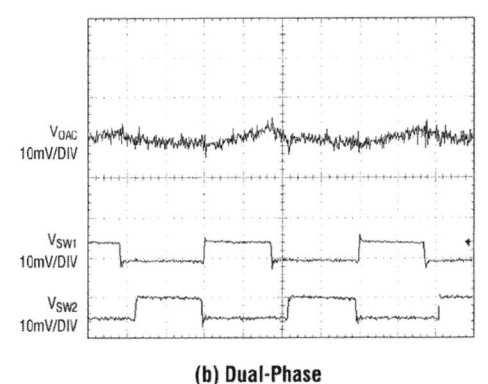   (b) Dual-Phase

V_{sw1}とV_{sw2}は，下のFETの両端のスイッチ・ノード電圧

回路は，電気的に同じ設計です．デュアル・フェーズのテクニックにより電圧変動が69mV$_{p-p}$から58mV$_{p-p}$に減少しますが，これは部品の値を変えずに16%減らしたことになります．シングル・フェーズの設計よりも低い出力リプル電圧になり，インダクタの値も減少させることができ，負荷過渡応答性のピーク・ツー・ピーク電圧の変動を改善することができました．

● 入力リプル電流のキャンセレーション

降圧コンバータの入力電流は不連続です．入力電源は主にDC電流を供給し，入力コンデンサはパルス的な電流を降圧コンバータへ供給します．シングル・フェーズ回路の場合は，並列降圧モジュールの上側のスイッチは同時にONします．したがって，入力コンデンサは，パルス電流の合計を供給する必要があります．PolyPhase回路では，並列降圧段のスイッチは異なった時間にスイッチングを行うので，入力コンデンサを流れるパルス電流はさらに減少します．

2チャネル・コンバータの入力リプル電流の測定波形を**図14.7**に示します．PolyPhaseコンバータでは入力リプル電流のピーク振幅が半分に減り，リプル周波数が倍になります．リプル電流の振幅が減少した結果，入力コンデンサのRMS電流が大幅に減少します．入力コンデンサの等価直列抵抗(*ESR*)による電力損失はRMS電流の平方に比例するので，損失が大幅に減少することがあります．そのため，入力コンデンサのサイズが小さくなり，寿命を伸ばすことができます．リプル周波数が増加し，リプル振幅が減少するのでEMIのフィルタリングが容易になります．

m相回路の入力リプル電流を評価するため，入力リプル電流波形に対して数学的処理を加えることで閉形式が得られます．

図14.6 負荷過渡応答状態で測定した出力電圧（V_{in} = 12V，V_o = 2V，f_s = 250kHz．負荷ステップ：5A～20Aと20A～5A，5μsの立ち上がり時間と立ち下がり時間．時間軸：50μs/div）

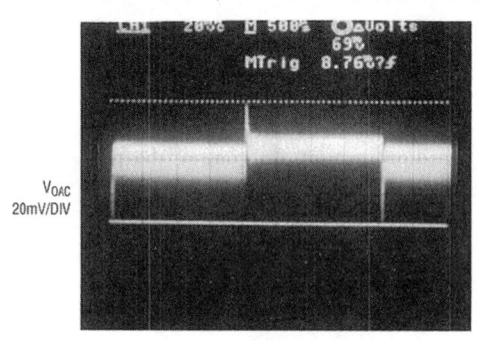

(a) Single-Phase

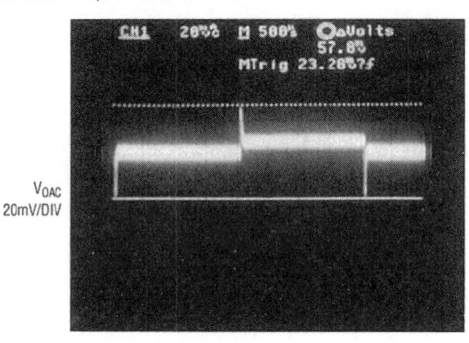

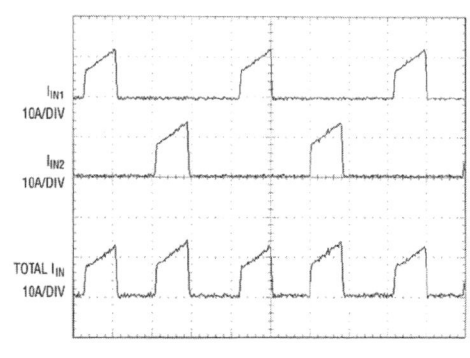

(b) Dual-Phase

図14.7 測定した入力リプル電流：I_{in1}およびI_{in2}は並列モジュールへ流れ込むリプル電流．全I_{in}は入力コンデンサに流れ込むリプル電流．（V_{in} = 12V，V_o = 2V，f_s = 250kHz）

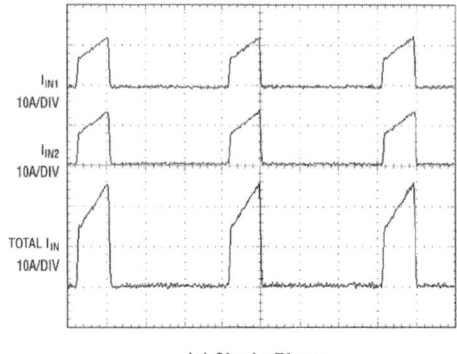

(a) Single-Phase

(b) Dual-Phase

入力リプル電流のRMS値は,

$$I_{irms} = \sqrt{\left(D-\frac{k}{m}\right)\left(\frac{k+1}{m}-D\right)I_O^2 + \frac{m_c^2}{12mD^2}\left(\frac{V_O(1-D)T}{L_f}\right)^2 \cdot \left[(k+1)^2\left(D-\frac{k}{m}\right)^3 + k^2\left(\frac{k+1}{m}-D\right)^3\right]}$$

(6)

ここで, $k =$ FLOOR $(m \cdot D)$, $m = 1, 2, \cdots$

変数kは相数(m)とデューティ・サイクル(D)によって決定されます. 例えば, 5相コンバータでは, 45%のデューティ・サイクルのとき, $k =$ FLOOR$(5 \times 0.45) = 2$となります. 関数 FLOOR (x) は, x以下の最大整数を与えます.

式(6)に示されているように, PolyPhaseコンバータの入力リプル電流はDC負荷電流(第1項)とインダクタ・リプル電流(第2項)の2つの要素から構成されています. インダクタ・リプル電流は, ほとんど負荷条件の影響を受けないため, 最大負荷で最大RMS入力リプル電流に達します.

通常, 入力コンデンサのサイズは, その等価直列抵抗(ESR)による消費電力によって決まります. 最大RMS入力リプル電流は最大負荷条件に依存するので, 入力コンデンサのサイズは最大負荷条件で決定されます.

相構成が異なる場合のデューティ・サイクルに対するRMS入力リプル電流のプロットを図14.8に示します. この図では, RMS入力リプル電流はDC負荷電流に対して正規化されています. 出力電圧は5Vに固定し, 入力電圧を変更したと仮定しており, その結果, デューティ・サイクルは0.1から0.9の範囲になっています. この曲線からいくつかの事実がわかります.

デューティ・サイクルが〔式(4)で決定される〕臨海デューティ・サイクル・ポイントに近いとき, 式(6)の第1項はゼロになります. RMS入力リプル電流は, 部分的に最小値に達します. これらの値は, 出力インダクタのリプル電流のためにゼロにはなりません. したがって, 入力と出力が固定されたアプリケーション回路では, RMS入力リプル電流を最小にする最適相数が存在します.

よく使われるいくつかの入力電圧と出力電圧において, 入力リプル電流を最小にする最適相数を表14.1に示します. これらは, 最小出力リプル電圧のための相数と同じであることに注意しなければなりません. デューティ・サイクルの範囲が広いアプリケーションでは, 相数を大きくすると最大入力リプル電流を減ら

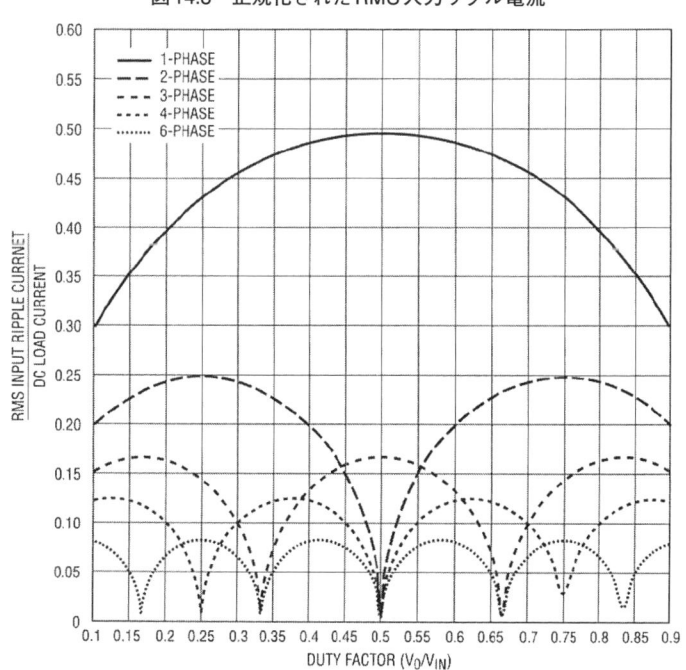

図14.8 正規化されたRMS入力リプル電流

図14.9 2チャネルの臨界デューティ・サイクル付近の入力電流

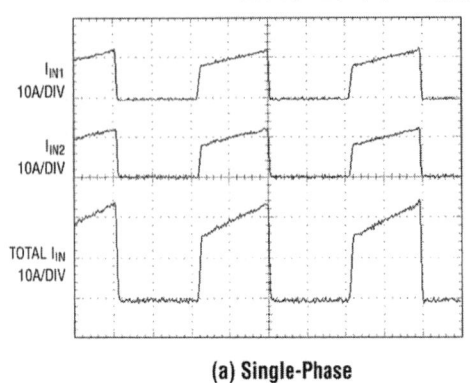

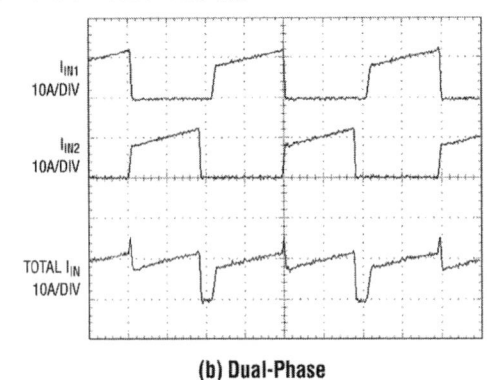

(a) Single-Phase

(b) Dual-Phase

すのに貢献します．ただし，ある範囲のデューティ・サイクルでは，相数が大きいとさらに相数を大きくしても入力リプル電流が減らないことがあります．最適相数は，動作デューティ・サイクルの全範囲にわたって評価する必要があります．

2チャネル回路の入力リプル電流の実験波形を，図14.9に示します．回路は，2相回路の臨界デューティ・サイクル・ポイントである50％に近いデューティ・サイクルで動作させました．シングル・フェーズのテクニックに比べて，PolyPhaseテクニックでは入力コンデンサのリプル電流が劇的に減少します．

設計の検討

従来の並列レギュレータと同様に，PolyPhaseコンバータの設計では並列チャネル数の選択と電源用部品（MOSFET，インダクタ，コンデンサなど）の選択を行います．

通常，相数はチャネル数に等しくなるように設定します．ただし，チャネル数と相数は異なっても問題ありません．チャネル数は通常，最大負荷電流および各チャネルで許容できる電流ストレスによって決定します．例えば，必要な負荷電流が60Aで，チャネルあたりの最大電流ストレスが15Aであれば，4チャネルを並列に配置しなければなりません．相数は，入力と出力のフィルタ・コンデンサを小さくするために選択することができます．各相は同数のチャネルを持たなければならないことに注意する必要があります．4チャネル構成のこの例では，1相，2相，あるいは4相を使うことができます．

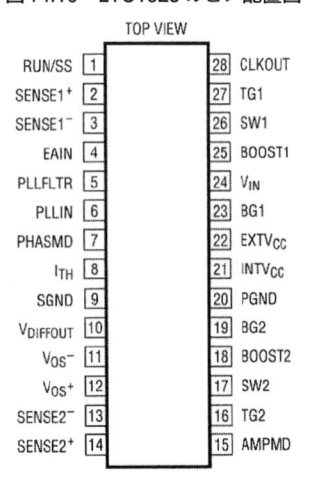

● 相数の選択

前述したように，異なる相数を選択すると入力と出力のリプル電流に大きく影響します．

入力範囲と出力範囲が狭いとデューティ・サイクルの範囲は比較的狭くなるので，式(4)で決まる臨界デューティ・サイクル・ポイントの一つの付近で回路

図14.10 LTC1629のピン配置図

表14.2 LTC1629の位相機能

PHASMD	0V	開放	INTV$_{CC}$
PLLIN	0°	0°	0°
CONTROLLER 1	0°	0°	0°
CONTROLLER 2	180°	180°	240°
CLKOUT	60°	90°	120°

が動作するように最適相数を選ぶ必要があります．

いくつかの実用的な入力電圧と出力電圧について，入力リプル電流と出力リプル電圧を最小にするための最適相数を，**表14.1**に示します．入力電圧範囲あるいは出力電圧範囲が広い場合は，ワースト・ケースのRMS入力リプル電流およびワースト・ケースの出力リプル電圧が，すべての動作デューティ・サイクル範囲で最小になるように相数を選択する必要があります．

● LTC1629を使ったPolyPhaseコンバータ

LTC1629は，フェーズロック・ループをベースにした独自の位相回路を内蔵しています．各ICは，PLLINピンを使って外部信号に同期させることができ，他のICを同期させるためのCLKOUT信号を発生することができます．LTC1629の位相制御ピンの機能を**表14.2**に示します．コマンド信号（INTV$_{CC}$，開放，あるいはSGND）をPHASMDピンに与え，一つのICのCLKOUTピンを隣りのICのPLLINピンに接続することにより，異なった数の位相を実現できます．LTC1629を使った2，3，4，6，および12相の構成方法を**図14.11**に示します．

非常に大きな出力電流のアプリケーション回路，または複数出力のアプリケーション回路の場合，多くの位相が通常は必要になります．例えば，3.3V/90Aおよび5V/60Aの2出力のシステムで，各出力が6相電源により構成された場合，12相にして交互に動作させることができます．

図14.12に示されているように，U$_1$，U$_2$およびU$_3$を使って3.3Vの出力を発生し，U$_4$，U$_5$およびU$_6$を使って5Vの出力を発生します．その結果，入力リプル電流の周波数はスイッチング周波数の12倍となり，リプル電流の振幅は減少します．

LTC1629にはユニティゲイン差動アンプが内蔵されており，出力電圧の真のリモート・センシングが可能

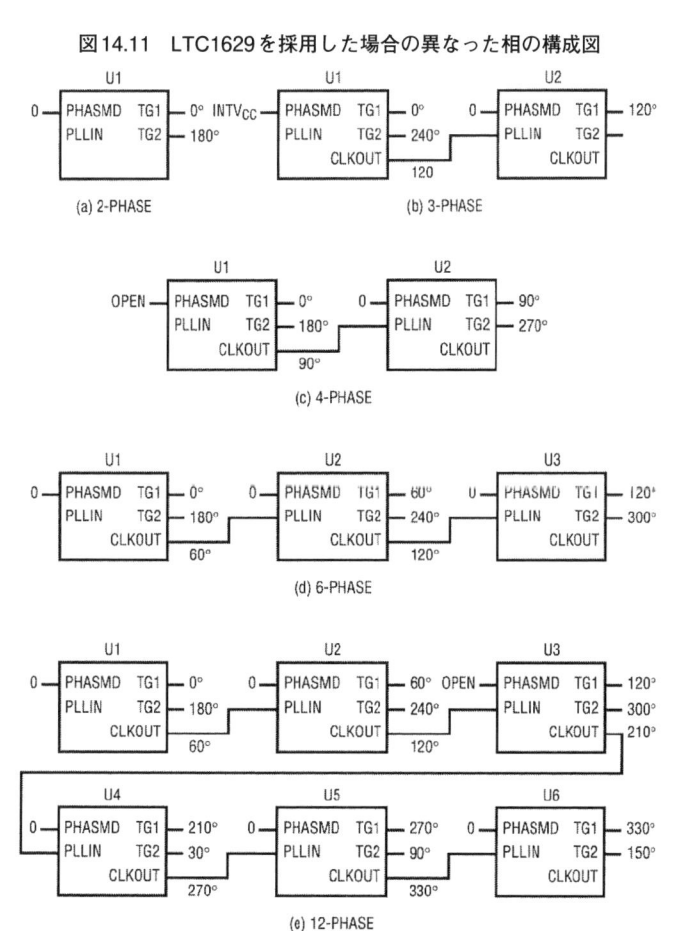

図14.11 LTC1629を採用した場合の異なった相の構成図

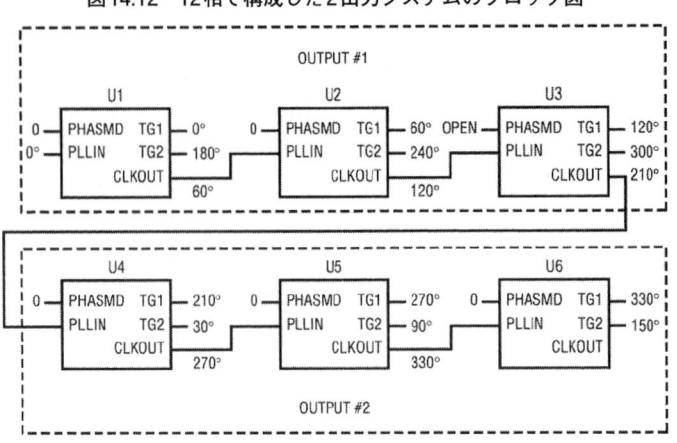

図14.12 12相で構成した2出力システムのブロック図

です．この機能は，大電流アプリケーション回路において厳密な出力電圧の要求を確立させるために特に役立ちます．

LTC1629をベースにした各レギュレータは，2つの同期降圧段で構成されており，2つ以上のパワー・レギュレータを直接並列に接続することができます．固有のピーク電流モード制御により，自動電流分担が可能です．LTC1629をベースにしたいくつかのレギュレータが並列に接続されているとき，主たるレギュレータのLTC1629がそれに内蔵されている差動アンプを通して出力電圧(V_{O+}, V_{O-})を検知し，この電圧($V_{DIFFOUT}$)を抵抗分割器で分割し，内蔵の0.8V基準電圧（参照電圧）を利用して出力電圧を安定化します．この制御電圧は，各LTC1629のEAINピン（誤差増幅器の入力）に与えられます．LTC1629内部の誤差増幅器はg_mトランスコンダクタンス・アンプなので，I_{TH}ピン（誤差増幅器の出力）とEAINピンを直接並列に接続することができます．並列接続されたレギュレータは，これで同じ誤差電圧を共有することになります．電流モード・レギュレータの負荷電流は誤差電圧に比例するので，並列接続されたレギュレータは等しい電流を供給します．

● **レイアウトの検討**

PolyPhaseテクニックのリプル・キャンセレーションの利点を得るためには，入力コンデンサと出力コンデンサは理想的にはすべての入力リプル電流の加算点およびすべての出力リプル電流の加算点にそれぞれ配置します．2相コンバータのレイアウトを，**図14.13**に示します．実際は，フィルタ・コンデンサは個々のモジュールの入力および出力間（A1-B1，A2-B2など）に置きます．モジュール間のトレース（A-A1，A-A2，B-B1，B-B2など）はできるだけ短く，幅を広くして各コンデンサに対する電流負荷の整合をとる必要があります．

図14.13で太くなっている配線のインピーダンスは，できるだけ小さくする必要があります．これらの配線は，できれば大きな銅プレーンにします．下側のMOSFET（B1, B2など）のソースをグラウンド・プレーン（CD）へ接続する前に入力フィルタ・コンデンサへ接続することが重要です．この処理をしないと，配線のインダクタンスを流れる脈流によって生じるグラウンド・ノイズが，スパイクとして出力端子に出現して

図14.13 2相コンバータの電力段のレイアウト

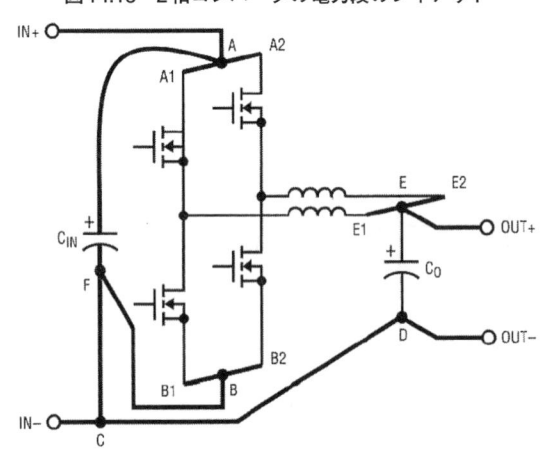

しまいます．

設計事例
——100A PolyPhase電源

大電流PolyPhase電源の仕様は，次のとおりです．
- 入力：12V（±10％）
- 出力：標準90A，最大100Aで3.3V
- ロード・レギュレーション：0Aから全負荷まで＜20mV
- スイッチング・ノイズ：ピーク・ツー・ピーク電圧＜DC電圧の1％
- 効率：V_{IN} = 12V，V_O = 3.3V，I_O = 90Aで＞89％

● 設計の詳細

市販の表面実装型インダクタを利用し，非常に厚いPCB銅配線の使用を避けるには，個々のモジュールの電流を約16Aに制限するのが好ましいです．このアプリケーション回路には，6チャネル必要です．これで設計は，単に15Aのレギュレータの設計になり，これを6回繰り返すだけですみます．

▶ MOSFET

MOSFETを選択するには，必要な電流とスイッチング周波数によって決まります．$R_{DS(ON)}$の小さなMOSFETの導通損失は通常わずかですが，ゲート電荷と寄生容量が大きいため，高いスイッチング周波数ではスイッチングによる損失が発生する傾向があります．必要な電流と選択された周波数において，$R_{DS(ON)}$とゲート電荷（Q_g）の両方を評価して，導通損失，駆動損失およびスイッチング損失の和を最小にすべきです．

事例のアプリケーション回路に対しては，Si4420（Siliconix），FDS6670A（Fairchild），FDS7760A（Fairchild）およびIRF7811あるいはIRF7805（International Rectifier）などのMOSFETを選択するのが最適です．このアプリケーション回路では，上側の各スイッチには2個のMOSFETが必要で，下側の各スイッチには3個のMOSFETが必要です．MOSFETで消費される電力には，導通損失，スイッチング損失，さらに下側のMOSFETのボディ・ダイオードの逆回復損失が含まれます．ゲート駆動損失は，コントローラICに発生します．

この設計にSi4420を使うと，上側の各MOSFETは約0.5W消費し，下側の各MOSFETは約0.9W消費します．データシート上での熱抵抗（30℃/W：接合部-雰囲気間）を基にすると，MOSFETの最大接合部温度は周囲温度よりも約30℃高くなります．MOSFETの電力損失の計算の詳細については，LTC1629のデータシートおよびMOSFETのメーカの参考文献を参照してください．

▶ インダクタ

インダクタは，負荷電流の振幅およびスイッチング周波数によって選択します．LTC1629は，電流センス抵抗によってインダクタ電流を検出します．インダクタ・リプル電流は，大電流アプリケーション回路で必要な小さな値のセンス抵抗でも適切なACセンス電圧を生じさせるのに十分大きくなければなりません．

インダクタのリプル電流の振幅が最大チャネル電流の約40％であるようなインダクタを選びます．200kHzの周波数で3.3Vの出力の場合，1.0μHと1.6μHの間のインダクタ値が適切でしょう．このアプリケーション回路には，市販されているいくつかの表面実装型のインダクタが使えます．これらはP1608（Pulse），PE53691（Pulse），ETQP6F1R3L（Panasonic）およびCEPH149-1R6MC（Sumida）です．同様のインダクタンス値と電流能力をもつインダクタであれば，どれでも正しく動作します．

利用できる最大相数は6であり，可能な相数のオプションは1，2，3，および6です．異なった相構成の場合の入力と出力のリプル電流は，式（1）～（6）を使って表14.3のように計算されます．

6相構成により，入力コンデンサのサイズと出力リプル電圧の両方が最小になります．シングル・フェーズのテクニックに比べて，6相のテクニックでは入力リプル電流が81％以上減少し，出力リプルが96％以上減少するので，この設計には6相構成を採用しました．

表14.3 異なる相の構成の入力リプル電流と出力リプル電流

チャネル数	6	6	6	6
相数	1	2	3	6
入力リプル電流（A_{RMS}）	46.8	25.7	15.2	8.5
出力リプル電流（A_{P-P}）	57.1	19.0	6.3	2.1

効率100％と仮定するとインダクタは1.3μHで，周波数は200kHz．

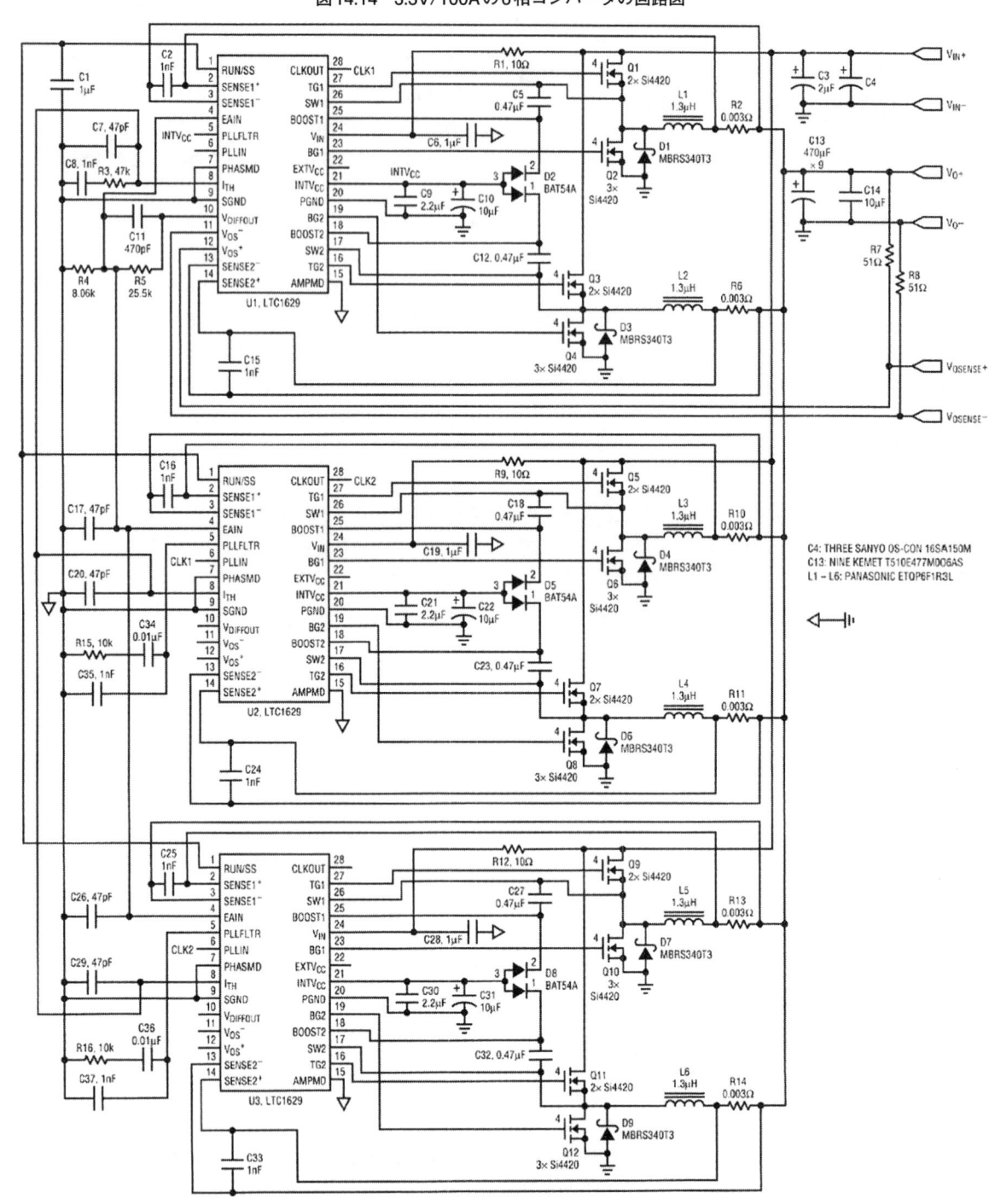

図14.14　3.3V/100Aの6相コンバータの回路図

▶コンデンサ

　入力コンデンサは，入力リプル電流のRMS値により選択します．コンデンサのリプル電流が大きいと，コンデンサの等価直列抵抗（ESR）により電力損失が大きくなります．その結果，内部発熱によりコンデンサの寿命が短くなる傾向があります．

　そのため，等価直列抵抗（ESR）の小さなコンデンサを使う必要があります．この設計では，サンヨー（現在はPanasonic）のOS-CONコンデンサ（16SA150M 15 μF/16V）を採用しており，このコンデンサの最大許容リプル電流は3.26A_{RMS}です．6相構成の入力RMSリプル電流は，約8.5A_{RMS}であると推定されます．したがって，少なくとも3個のOS-CONコンデンサが必要です．もし，従来のシングル・フェーズのテクニックを使ったとすると，入力RMSリプル電流は約46.8A_{RMS}になるでしょう．そのため，少なくとも15個のOS-CONコンデンサが必要になるでしょう．したがって，LTC1629をベースにしたPolyPhaseデザインを使うと，少なくとも12個（15 − 3 = 12）のOS-CONコンデンサを節約できます．

　出力コンデンサは，等価直列抵抗（ESR）がきわめて小さな（30mΩ）表面実装型タンタル・コンデンサであるKEMET（T510X477M006AS，470μF/6.3V）です．ピーク・ツー・ピーク・リプル電流は，2.1A_{p-p}であると推定されます．代わりに，従来のシングル・フェーズの手法を採用していたら，ピーク・ツー・ピーク・リプル電流は57.1A_{p-p}と推定できます．

● テスト結果

　完全な回路図を，図14.14に示します．電源は，3個のLTC1629で6つのチャネルから構成されています．代表的な6相コンバータのゲート電圧とスイッチ・ノード電圧の各測定波形を図14.15に示します．6つの降圧段のゲート電圧とスイッチ・ノード電圧は60°ずつ位相がずれてインターリーブしています．スイッチ・ノード電圧とDC出力電圧の差によってインダクタ電流がドライブされるので，6個のインダクタのリプル電流も60°ずつ位相がずれています．その結果，出力コンデンサへ流れ込む正味リプル電流の振幅は大幅に減少し，リプル周波数はスイッチ周波数の6倍に増加します．出力スイッチング・ノイズと等価直列抵抗（ESR）による電力損失は大幅に減衰します．

　出力コンデンサ（回路図内の記号C_{14}）のところで測定した出力電圧を，図14.16に示します．90Aの出力電流で出力リプル電圧は10mV_{p-p}より低く，リプル周波数はスイッチング周波数の6倍です．

　効率は，異なった負荷条件で測定しました．効率曲線を，図14.17に示します．負荷範囲のほとんどで効率は約90%です．100Aでは，効率の測定値は89.4%でした．

● まとめ

　PolyPhaseコンバータでは，並列に置かれた電力段のクロック信号をインターリーブすることにより入力リプル電流と出力リプル電流を低減します．適当な相数を選ぶことにより，スイッチング周波数を上げることなしに出力リプル電圧と入力コンデンサのサイズを小さくすることができます．出力リプル電圧を下げ，

図14.15　6相コンバータの標準的な波形

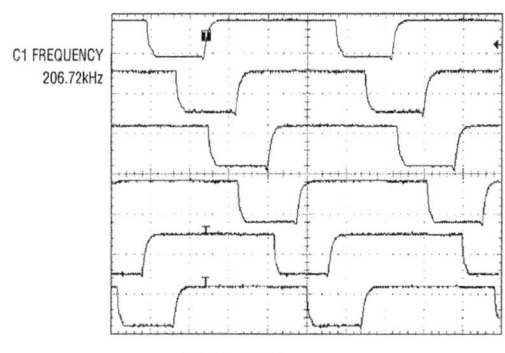

(a) ゲート電圧
(5V/div, 1μs/div)

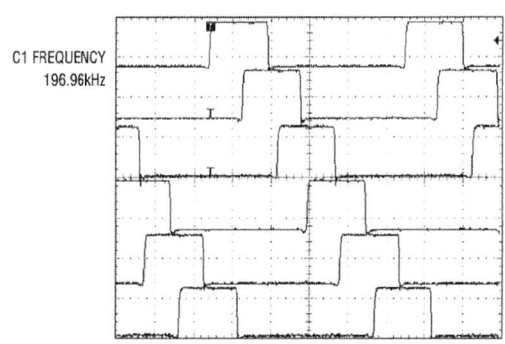

(b) スイッチ・ノード電圧（同相スイッチのドレイン-ソース間電圧）
(10V/div, 1μs/div)

図14.16　出力リプル電圧波形（時間軸：$1\mu s/\text{div}$）
　　　　　（$V_{in} = 12V$, $V_o = 3.3V$, $I_o = 90A$）

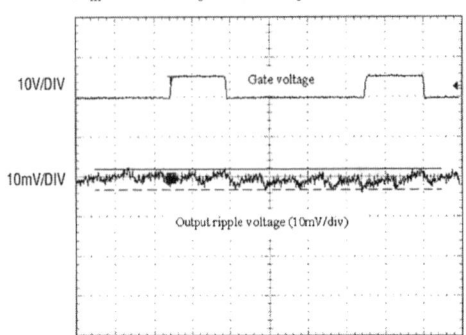

図14.17　異なった負荷で測定した効率

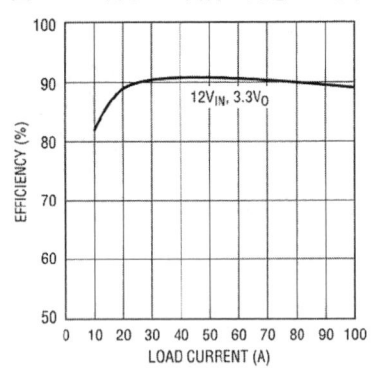

出力インダクタを小さくすると，負荷過渡時の回路のダイナミック性能を改善するのに貢献します．比較的低いスイッチング周波数では，MOSFETのスイッチング損失とドライビング損失は小さく，コンデンサの等価直列抵抗（*ESR*）による電力損失は減少し，効率を上げるのに貢献します．

LTC1629（デュアルのPolyPhase電流モード・コントローラ）を使えば，複雑な制御回路が必要なくなり，PolyPhaseテクニックの利点を実現させることができます．LTC1629は，2個のPWM電流モード・コントローラ，真のリモート・センシング，選択可能な位相制御，電流分担機能，大電流MOSFETドライバ，および保護機能（過電圧保護，オプションの過電流ラッチオフとフォールドバック電流制限）を1個のICに集積することにより，外付け部品の点数を抑え，電源全体の設計を簡単にします．その結果，製造が簡単になり，電源の信頼性向上に役立ちます．大電流MOSFETドライバにより，$R_{DS(ON)}$の小さなMOSFETを採用し，大電流アプリケーションの場合の導通損失を低く抑えることができます．

個々のインダクタやMOSFETの定格電流を小さくできるので，外形形状の小さな表面実装型の部品を使用することも可能になります．したがって，LTC1629をベースにしたPolyPhase 大電流コンバータにより，高効率で小型で高さが低いという特長を同時に実現できます．入力コンデンサ，出力コンデンサ，インダクタおよびヒートシンクのコスト低減により，電源全体の総コストとサイズを最小限にすることができます．

Appendix A　2相回路の出力リプル電流の計算

図14.1に示されているDTからTまでの期間は，モジュール1の上側のスイッチはOFFしており，モジュール2の上側のスイッチはONしています．モジュール1のインダクタ電流は減少し，モジュール2のインダクタ電流は増加します．これらのインダクタの電流変化は，次式で計算されます．

$$\Delta I_{L1} = \frac{-V_O(1-D)T}{L_f} \quad \text{(A1)}$$

$$\Delta I_{L2} = \frac{(V_{IN}-V_O)(1-D)T}{L_f} \quad \text{(A2)}$$

ここで，$D = \dfrac{V_O}{V_{IN}}$　　　　　　　　　　　(A3)

出力リプル電流は，これらのインダクタのリプル電流の和です．

$$\Delta I_O = |\Delta I_{L1} + \Delta I_{L2}| = \frac{V_O(1-D)T}{L_f}\frac{|1-2D|}{D} \quad \text{(A4)}$$

式（A4）は，図14.1に示された波形をもとにして得られます．ただし，Dは0.5より大きいものとします．Dが0.5より小さい場合，出力リプル電流は次式から容易に得ることができます．

$$\Delta I_O = |\Delta I_{L1} + \Delta I_{L2}| = \frac{V_O(1-D)T}{L_f}\frac{|1-2D|}{1-D} \quad \text{(A5)}$$

式（A4）と式（A5）を結合すると，2相構成の場合の出力リプル電流は，次の式になります．

$$\Delta I_O = |\Delta I_{L1} + \Delta I_{L2}| = \frac{2V_O(1-D)T}{L_f}\frac{|1-2D|}{|1-2D|+1} \quad \text{(A6)}$$

第5部

レーザおよび照明デバイスへの電力の供給

第15章　超小型LCDバックライト・インバータ

　ラップトップ・コンピュータの表示画面において大型化が追求された結果，バックライト用のインバータ回路を収めるためのスペースがほとんどなくなってしまいました．そして，高電圧用トランスの小型化にも限界があり，電源が占めるスペースを削減することを難しくしています．新しい電圧昇圧技術である圧電トランスを用いると，小型化の要求に応えることが可能になり，それ以外のメリットも得られます．本章では，実用的な圧電トランスとその周辺回路について説明します．また，圧電トランスに付随するメリットにも触れています．補足するAppendixでは，トランスの動作とフィードバック・ループについて詳しく述べています．

第16章　光ファイバ・レーザ用熱電クーラー温度調節器

　本章では，広い周囲温度の変化に対して，0.01℃の光ファイバ・レーザの温度制御を可能にする回路を紹介しています．また，この回路は高効率な電力供給，小型サイズ，低ノイズという特徴も備えています．温度制御ループの最適化に特に力点を置いて，回路の詳細な説明と結果を示しています．補足するAppendixでは，熱電素子を使った冷却器の温度制御ループについても取り上げています．

第17章　光ファイバ・レーザの電流源

　光ファイバ用のレーザ素子の多くは，直流電流で駆動されます．信号に変調を加えて電流源を使います．原理として電流源は単純なものですが，現実には通常とは異なる設計上の難問を伴います．ファイバ用レーザ素子の電流源には多くの現実的な要求仕様があり，それを考慮しないとレーザ素子や受光素子を破壊しかねません．本章では，さまざまな能力を持つレーザ素子用電流源の回路を10種類取り上げて説明しています．

　具体的には，アノード接地の場合，カソード接地の場合，フローティング動作の場合について，高電流と低電流の回路を示しています．各回路は，レーザ素子の保護機能も備えています．補足するAppendixでは，レーザ素子が負荷となる場合のシミュレーションと電流源のノイズ測定のテクニックについて触れています．

第18章　アバランシェ・フォト・ダイオード用バイアス電圧／電流検出回路

　光ファイバ用のレーザ装置で使われるアバランシェ・フォト・ダイオードには，高いバイアス電圧が必要となり，また広い範囲で正確に電流をモニタすることも求められます．必要なバイアス電圧の範囲は15Vから90Vほどであり，モニタする電流は100nAから1mAまでとして，10000：1の大きなダイナミック・レンジが必要です．本章では，これらの要求仕様を満たす5V動作のさまざまな回路を紹介しています．補足するAppendixでは，ここで特有となる回路手法について詳しく述べ，また実際の測定例も示しています．

第15章
超小型LCDバックライト・インバータ
しなやかな捕獲者が高電圧を適当な値にカットする

Jim Williams／Jim Phillips, Gary Vaughn, CTS Wireless Components, 訳：堀米 毅

　液晶ディスプレイ（LCD）は，あらゆるサイズのパソコンからPOSターミナル，さらには自動車や医療器具まで，いたるところで使用されるようになっています．このLCDディスプレイには，バックライトの光源として冷陰極蛍光ランプ（CCFL）が利用されています．CCFLを動作させるためには高電圧のAC電源を供給する必要があり，一般的に，実効値が1,000Vを超えるには，AC200VからAC800Vを維持した電圧でランプの動作を開始させる必要があります．

　今日現在まで，バックライトの高電圧「インバータ」は，磁気トランスを中心に設計されており，多くの論文でも紹介されてきました[注1]．残念ながら，実装可能な回路基板のスペースが小さくなるにつれ，磁気トランスに基づく回路的なアプローチでは実現するのが難しくなってきています．特に，バックライト・インバータ基板を使用せずに，大画面のラップトップ・コンピュータを製造することは非常に困難です．多くの場合，これまでも現実的でなかったように，LCDパネルの内部にはインバータ機能を構築することに魅力を感じるような利用可能なスペースはほとんどありません．

磁気CCFLトランスの限界と問題

　磁気トランスの構築ならびに高電圧の降伏特性が，省スペースが要求される今後の設計において，それを実現する際の問題を明らかにします．それに加え，磁気技術そのものや，それに関連する他のインバータに関する問題も存在します．その中には，決められた表示方式で最良の性能を出すために，インバータの最適化を行い，必要な測定をすることなどを含んでいます．

　実際には，決められた表示方式で最適な性能を達成するために，製造メーカがハードウェアやソフトウェアによってインバータのパラメータを調節しなければなりません．選択するディスプレイを変えると，インバータの特性に合わせた調整がともないます．別の問題は，トランス自身が破壊してしまい動作しなくなったときのフェイルセーフによる保護の範囲です．

　さらに，従来のトランスによって供給される磁界は，隣接する回路動作に影響を及ぼす可能性があります．サイズは別として，経済性や回路／システムにとって不利益になりますが，これらの全ての問題は解決できます[注2]．実際に必要なことは，次世代のバックライト・インバータとして本質的に適している高電圧の生成能力です．

　奥深いので，解明されていることはわずかな圧電トランス技術ですが，CCFLインバータの用途には活用されています．本章は，リニア・テクノロジーとCTSワイヤレス・コンポーネント（以前は，モトローラのセラミック部門）の間で行われた，広範囲な共同開発の結果をまとめたものです．

圧電トランス

　圧電トランス（PZT）は，磁気トランスと同じように，基本的にはエネルギー変換器です．磁気トランスは，電気入力を磁気エネルギに変換し，磁気エネルギーを再び電気出力に変換することにより動作します．PZTにも，類似した動作メカニズムがあります．

　それは，電気入力を機械エネルギに変換し，この機械エネルギを再び電気出力に変換します．機械的な変位は，水晶振動子の動作に似ていて，音響周波数でPZTを振動させます．この音響動作に関わる共振は非常に高く，一般的にQは1000以上です．このトランス

注1：事例は，参考文献（1）〜（3）を参照．
注2：再度，参考文献（1）〜（3）を参照．

図15.1 ピエゾ・セラミック・トランス(PZT)と10セント硬貨の寸法の比較．1.5W(上)と10W(下)．磁気トランスと比較しても非常に小さい．

の動作は，特定のセラミックの材質と構造の特性を採用することにより実現されています．PZTの電圧利得は，その物理構造および層数によって決まります．(非常に大まかな)磁気的アナログ構成は，巻数比およびコア構造ですが，PZTは磁気トランスとは明らかに異なります．また，非常に異なっているのは，重要な駆動方法の関心事として，磁気トランスの入力インダクタンスとは対照的に，PZTが大きな入力容量を持っているということです[注3]．

図15.1と**図15.2**にPZTを示しますが，非常に小さい形状をしています．省スペースのCCFLビッグライト・インバータを構築するうえで，外形はスペースを確保するのに理想的です．**図15.3**に，実際の実用的なインバータ基板を示します．

圧電トランスの技術は，新しくはありません．以前から，さまざまな種類のものがありました[注4]．圧電素子のもっともよく知られている使用例は，バーベキューグリル・イグナイタ(直接，PZTへ機械的な入力をして放電させる)や海のソナー・トランスデューサ(電気入力で鮮明な音を生成する)です．また，圧電素子は，スピーカ(ツイータ)，超音波治療変換器，機械的アクチュエータおよびファンなどで使用されています．

圧電素子によるバックライト・インバータも試みられましたが，以前のトランスや回路的なアプローチでは，動作，効率，広いダイナミック・レンジを提供することができませんでした．トランスの動作は複雑で，電子制御は制限されていました．さらに，回路に実装するPZTは，PZTのサイズの利点を活かせず，大きなサイズになっていました．

PZT制御回路の開発

実用的な回路にする方法を検討することは非常に有

注3：圧電素子の理論に興味を持っている方は，Appendix AとBが参考になる．PZTの動作が親切に掲載されている．Appendix Aは概要であり，Appendix Bに詳細が解説されている．これらは，CTSワイヤレス・コンポーネントのジム・フィリップスが執筆した．
注4：事例は，参考文献(4)〜(11)を参照．

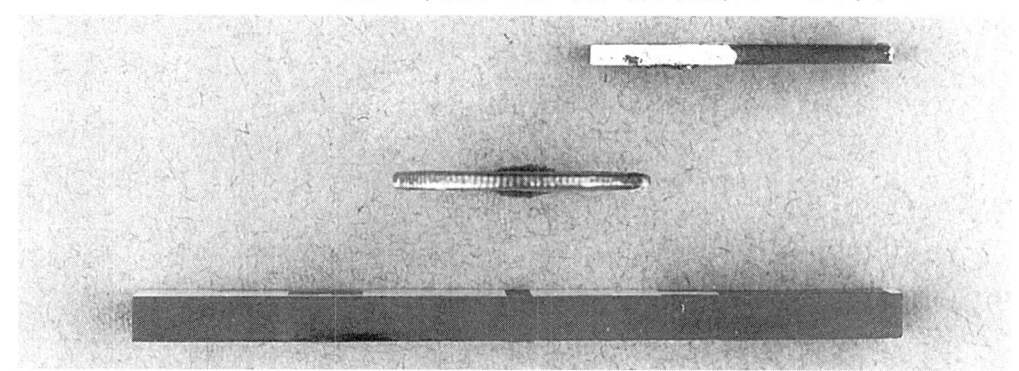

図15.2 図15.1のPZTを回転させ，側面から見た写真．高さも磁気トランスより小さい．

図15.3 LCDバックライト・インバータの基板と10セント硬貨とサイズの比較をした．ピエゾ・トランスは左側で，基板のサイズに入っている．

益です．そこで，**図15.4**にピアース型発振器を活用した，水晶振動子のようなPZTを取り上げます(注5)．この回路は，自己共振を発生させることにより，正弦波のAC高電圧でランプを駆動しますが，多くの不備な点があります．

回路が高出力インピーダンスであるため，得られる電力はとても小さくなります．さらに，PZTは60kHzの基本周波数だけでなく，他のスプリアス・モードもあります．駆動レベルまたは負荷特性の変化は，PZTの共振が高調波または低調波に跳ぶことで生じる「モード・ポップ」を引き起こします．時々，いくつかのモードが同時に発生し，これらのモードにおける動作が低効率で不安定になるという特徴があります．

この回路は調査実験のみが行われ，実際には使用されませんでしたが，PZTの自己共振が，もしかすると実現可能な方法になるだろうということは実証しました．**図15.5**（フィードバック発振器）は，トーテム型ペアで高出力インピーダンスの問題を解決したものです．この手法はその点で成功していますが，同時オンしない効率的なトーテム駆動が必要です．また，今回

注5：参考文献(12)〜(14)を参照．

図15.4 効率よく電力を供給することはできないが，ピアース型回路は共振を持続する．回路の"モード・ホップ"もまたトランスの寄生共振による．

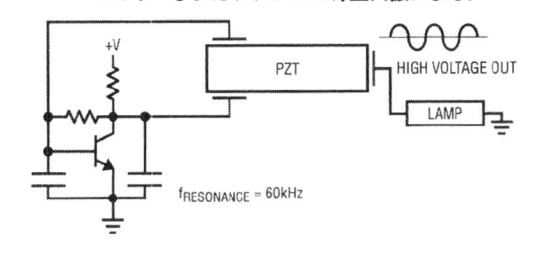

の回路でもモード・ポップの問題は存在し，PZTと広帯域のフィードバック・ループを通る長い可聴移動時間により状況は悪化します．音の移動時間は，巨大なフィードバック位相誤差を生成します．さらに悪いことに，この位相誤差は配線と負荷の条件に応じて変わります．そこで，電圧に対して，電流センスでフィードバックします．

そうすれば，負荷となる電圧分割器を取り除くことができ，不安定な位相とモード・ホッピングを引き起こすことはありません．すべての共振発振器に共通する最後の問題は，スタートアップに関係があります．

PZTを軽く叩くと，軽い回路は動きはじめますが，これではほとんど安心できません[注6]．図15.6も同じですが，駆動方式を単純化して，グラウンドを基準にしたプッシュプルのパワー段を使用しています．これは，位相，モード・ホップ，スタートアップの問題は前と同じですが，よいアプローチです．

図15.7では駆動回路をそのままにして，残りの問題を解決しています．回路の動作の中心は，「Resonance Feadback」と書かれた部分です．このPZT上に正確に取り付けられた端子から，動作状況にかかわらず一定の位相共振を提供します．電力が加えられると，RC発振器は外部の共振周波数でQ_1とQ_2を駆動します．電圧が増幅された共振波形はフィードバックして出力端子に現れますが，PZTは共振のない状態から動作を始めるため，最初は効率よく応答できません．

共振情報は，フィードバック端子のインジェクション・ロック方式RC発振器において，PZTの共振に引っ張られることにより提供されます．今，PZTには駆動中の共振が供給されて，効果的な動作を開始します[注7]．フィードバック端子の一定の位相特性は，あらゆる配線と負荷状況において維持され，ループは共振を続けます．

共振ループを保持している図15.8には，ランプの強さを安定させるために振幅制御ループを加えています．

図15.5 フィードバックによる発振器は効率のよい駆動状態になる．トランスの位相特性をいいかげんに定義すると，配線や負荷変動によるスプリアス・モードの原因になる．

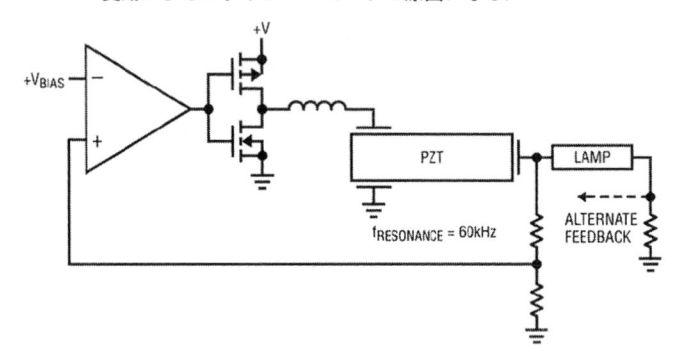

図15.6 図15.5をプッシュプルにすると，単純にすべてのNチャネルをドライブしている間は，効率よく動作し続ける．位相特性を適当にするとまた，安定したループ動作ではなくなる．

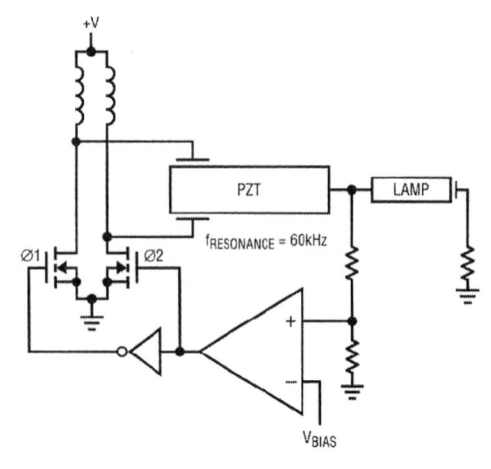

図15.7 PZTのフィードバック・タップは，安定した位相特性を与えるとRC発振器に同期する．ループはすべての状態において基本共振を維持する．

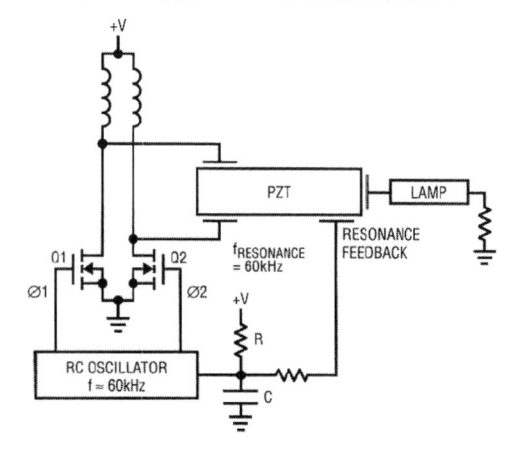

注6：低電圧終端
注7：これは，ブートストラップされたスタートアップである．

ランプに流れる電流は，検出と同時に，PZTを駆動する電力を制御するために電圧レギュレータにフィードバックをかけます．レギュレータのリファレンス・ポイントは，可変でどんな要求レベルにセットされているランプの強度でも可能にします．互いに完全に独立していますが，振幅と共振ループは同時に動作します．この2つのループ動作は，高出力，ワイド・レンジ，信頼できる制御が鍵になります．

図15.9は，**図15.8**の概念を詳細にした回路図です．共振ループは，Q_4およびCMOSインバータによる発振器で構成されます．振幅ループは，LT1375のスイッチング・レギュレータを中心に構成しています．

図15.10に，波形を示します．波形AとBは，それぞれQ_2とQ_1のゲートに印加されるドライブの電圧波形です．波形CとDは，それぞれQ_1とQ_2のドレイン応答の結果です．

整流して平滑化されたランプ電流に対応する降圧スイッチング・レギュレータLT1375は，L_1とL_2接続を駆動することにより振幅ループをクローズします（波形E）．V_Cピンの4.7μFのコンデンサは，ループを安定させます(注8)．フィルタは使わずに，LT1375の500kHz PWM出力で，直接L_1-L_2-PZTネットワークを駆動しています．PZTのQが非常に高いので，それが共振にのみ応答するので，これが可能になります（もう一度，波形Cと波形Dを参照）．

位相に関連する情報を提供するフィードバック・タップ（波形F）は，すべての条件（波形Fの縦軸に記載）の元でQ_4への電流源のように見えます．直列に入れた750kΩの抵抗は，トランスのフィードバック端子で寄生容量を最小化します．閉共振ループにおいて，Q_4のコレクタ（波形G）は，低電圧で，発振器のベースとなるインジェクション・ロック方式のCMOSインバータにこの情報をクランプします．発振器は，開始（**図15.7**に関連した文章を参照）を保証し，狭い帯域の共振フィードバックを効果的にフィルタリングし，さらに，すべての条件で共振ループの忠実性を保証します．波形Hは，ランプにPZTの高電圧を出力したもの

です．

この例では，調光は可変抵抗で設定しましたが，単にLT1375のFBピンに電流加算しても電子制御が可能です(注9)．

さらなる考察と利点

以前に言及したように，PZTには小さいことに加えて他にも利点があります．その一つは安全性です．PZTは，出力がショートやオープンであっても問題が生じることはありません．ショートの場合は，PZTの共振が止まります．また，それはエネルギを吸収せずに，単に止まります．PZTはオープン回路時に磁気トランスのようなアークによる故障を引き起こしません．しかし，常に過電圧状況を検出して阻止しなければなりません．

PZTは，小型にもかかわらず大きな出力を出せます．供給電圧が10Vの場合，制御しなければ容易に実効値3,000V_{RMS}を出力します．これには，作成した回路の中に過電圧保護の機能が必要になります．他の重要な特性は，振幅制御ループの倍率が寄生容量を含む負荷にほとんど依存しないということです．実用的な利点は，広範囲のディスプレイにおいて，どのような種類の校正もせずに使用できるということです．これは，ディスプレイが変更された場合に，（ハードウェアやソフトウェアに基づいた）倍率を校正する方法が必要な磁気的なインバータとは対照的です．そして，なぜそうなるのかを理解する必要があります．

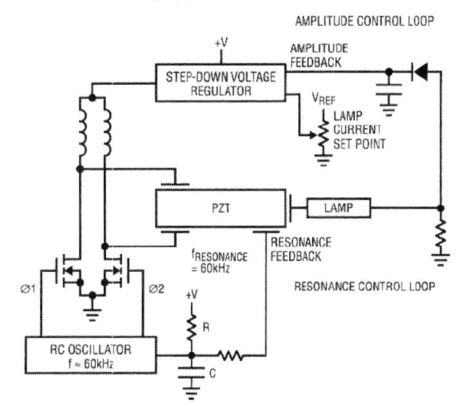

注8：これは一見無意味な文に思える．PZTの音の移動速度は，ループ中にほとんど純粋な遅延を供給するが，面白いテーマを台無しにしている．Appendix Cの"本当に面白いフィードバック・ループ"を参照．
注9：様々な調光制御の方法についての情報は，参考文献(1)を参照．

図15.8 前の回路に振幅制御ループを加えた．新しい回路はランプ電流を検出し，PZTドライブ電力を制御する．共振と振幅制御ループは関係しない．

第15章　超小型LCDバックライト・インバータ

図15.9　PZTによるバックライト・インバータ．PZTの共振フィードバックは，Q_4を経由してRC発振器によるインバータに同期する．振幅制御ループは，LT1375スイッチング・レギュレータによりPZTに電力を供給する．

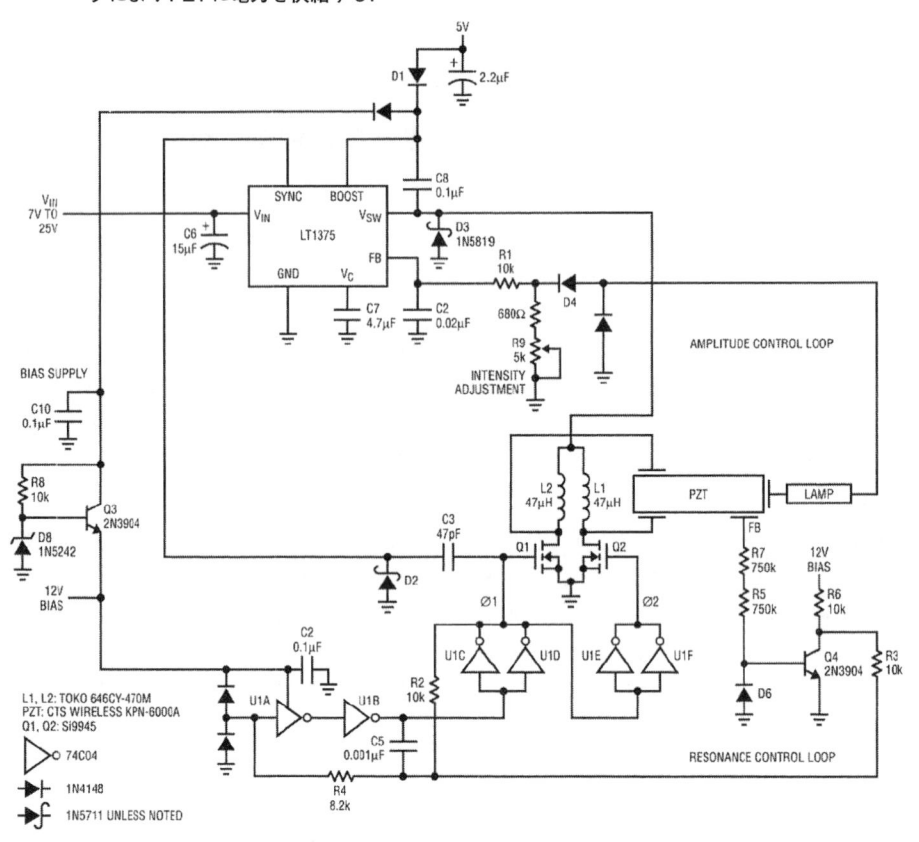

図15.10　図15.9の波形．波形A，BはそれぞれQ_1，Q_2のドライブ波形．波形C，Dは，それぞれQ_1とQ_2のドレイン応答．波形Eは，LT1375のV_{SW}出力．波形Fは，PZT共振タップ．波形Gは，Q_4のコレクタ．波形Hは，PZTの高電圧出力．PZTは，メカニカル・フィルタとして働き，歪みの少ない正弦波を発生させる．

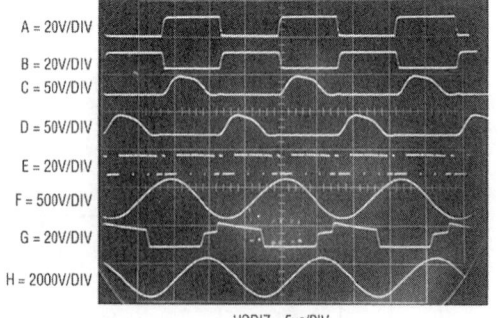

ディスプレイの寄生容量とその効果

　ほとんどすべてのディスプレイには，ランプのリード線とディスプレイ内の導体素子の間に，ある量の寄生容量を持っています．そのような要素は，ディスプレイの筐体やランプ反射器，あるいはその両方に含まれているかもしれません．図15.11は，この状況を示します．グラウンドとの寄生容量には，主に2つの影響があります．一つは，電力の損失の原因となるエネルギの吸収です．インバータは，この寄生容量と意図した負荷経路の両方に供給しなければならないので，これは全面的にインバータの入力電力を引き上げます．いくつかの技術により，寄生容量による損失経路の影響を最小化することができますが，完全に補償することはできません[注10]．

　磁気によるインバータで明らかになった寄生容量の

図 15.11 寄生容量はエネルギを吸収し，磁気方式インバータでは周波数に対する有限のソース・インピーダンスによりドライブ波形がなまる．さまざまなディスプレイの容量は異なっているので，RC 平均化誤差の原因になるため，各ディスプレイの校正が必要になる．PZT の高い共振特性は，校正を必要としなくなる．

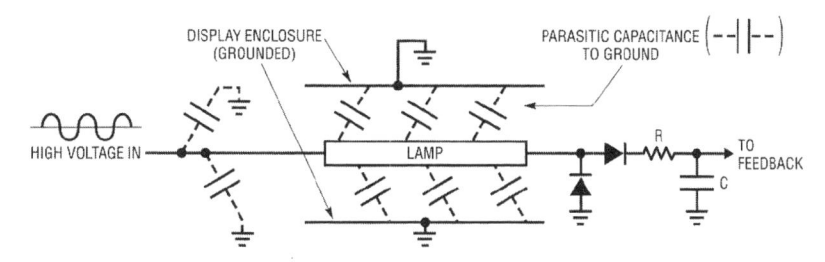

二つ目の影響は，はるかに巧妙です．磁気によるインバータは，生成した正弦波をなまらせて，周波数における有限のソースにインピーダンスを持たせます．寄生容量の大きさは，歪みの量にも影響を及ぼします．異なるディスプレイは寄生容量の大きさがさまざまであり，異なるディスプレイの波形歪みの量も変わってきます．RC の平均時定数は，RMS-DC コンバータではなく，その入力波形の変動における歪み成分として異なる出力を生成します．振幅ループは，RC 平均化の DC 出力として作用し，入力波形歪みを含んだ成分は一定であると仮定します．うまく設計された磁気によるインバータでは，これは本質的に正しく，動作条件が変わっても一定になります．

注 10：この問題を完全に扱おうとすると，本稿の焦点を保つことが犠牲になる．より詳しい調査は，参考文献（1）で明らかにされている．

この平均化された出力誤差は一定であり，倍率調整で補正可能です．しかし，もしディスプレイのタイプが変更されたら，平均化された誤差が異なる歪み波形になってしまい，倍率の調整が必要になります．

これは，それぞれのディスプレイ・タイプごとに校正定数を調整するフォーマットが必要になり，生産と在庫の要件が複雑になります．PZT によるインバータは，標準的に 1000 以上の非常に高い Q ファクタを持つため，この問題に対して大きく影響されません．PZT は，強制的に出力波形が一定の歪み波形になるようにします（名目上はゼロ）．PZT の共振機構フィルタは，広い範囲で変化するような寄生または意図した負荷があったとしても，ほとんど純粋な正弦波出力を生成します．

図 15.12 は，寄生損失が小さいディスプレイにおける PZT の出力電圧（波形 A）と電流（波形 B）を示します．波形は，本質的に理想的な正弦波です．図 15.13 では，非常に寄生損失が多いディスプレイに変更しました．

図 15.12 PZT インバータで，寄生容量の小さいディスプレイを駆動した．波形 A はランプ電圧，波形 B はランプ電流．波形は，理想に近い正弦波になっている．

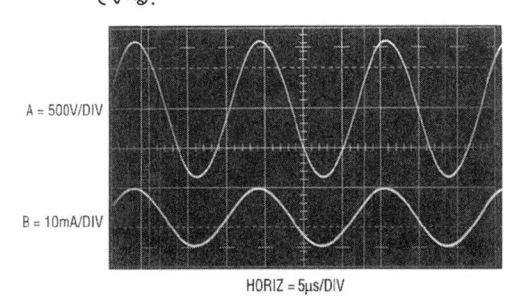

図 15.13 高い容量損失を持つディスプレイは，小さな歪みの原因になる．ランプ RMS 電流は，図 15.12 に比べてわずか 0.5％変化している．

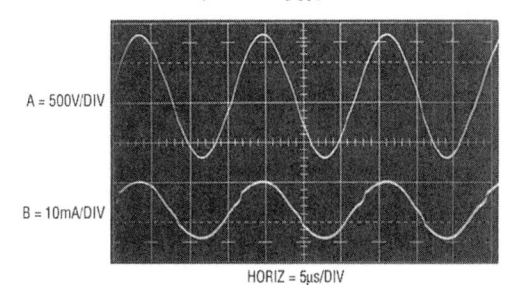

わずかですが，特に電流（波形B）では波形歪みは小さいことがわかります．RC平均化は，図15.12に比べて小さな誤差になっており，2つの例の間には0.5%未満のランプ電流差しかありません．対照的に，磁気によるインバータは，ディスプレイの輝度やランプの寿命に影響を与える，10〜15%のランプ電流差に容易になってしまいます．

◎参考文献◎

(1) Williams J., "A Fourth Generation of LCD Backlight Technology", Linear Technology Corporation, Application Note 65, November 1995.
(2) Williams J., "Techniques for 92% Efficient LCD Illumination", Linear Technology Corporation, Application Note 55, August 1993.
(3) Williams J., "Illumination Circuitry for Liquid Crystal Displays", Linear Technology Corporation, Application Note 49, August 1992.
(4) Rosen C. A, "Ceramic Transformers and Filters", Proc, Electronic Components Symposium, 1956, pp.205-211.
(5) Mason, W. P., "Electromagnetic Transducers and Wave Filters", D. Van Nostrand Company, Inc., 1948.
(6) Ohnishi O., Kishie H., Iwamoto A., Sasaki Y., Zaitsu T., Inoue T., "Piezoelectric Ceramic Transformer Operating in Thickness Extensional Vibration Mode for Power Supply", Ultrasonic Symposium Proc, 1992, pp.483-488.
(7) Zaitsu T., Ohnishi O., Inoue T., Shoyama M., Ninomiya T., Hua G., Lee F. C., "Piezoelectric Transformer Operating in Thickness Extensional Vibration and Its Application to Switching Converter", PESC '94 Record, June 1994, pp.585-589.
(8) Zaitsu T., Shigehisa T., Inoue T., Shoyama M., Ninomiya T., "Piezoelectric Transformer Converter with Frequency Control", INTELEC '95, October 1995.
(9) Williams J., "Piezoceramics Plus Fiber Optics Boost Isolation Voltages", EDN June 24, 1981.
(10) Williams J., Huffman B., "DC-DC Converters, Part Ⅲ. Design DC-DC Converters for Power Conservation and Efficiency", "Ceramic Power Converter", EDN, November 10, 1988, pp.209-224, pp.222-224.
(11) Williams J., Huffman B., "Some Thoughts On DC-DC Converters", "20,000V Breakdown Converter", Linear Technology Corporation, Application Note 29, October 1988, pp.27-28.
(12) Mattheys R. L., "Crystal Oscillator Circuits", Wiley, New York, 1983.
(13) Frerking M. E., "Crystal Oscillator Design and Temperature Compensation", Van Nostrand Reinhold New York, 1978.
(14) Willams J., "Circuit Techniques for Clock Sources", Linear Technology Corporation, Application Note 12, October 1985.

Appendix A　圧電トランス
「良い振動」

James R. Phillips/CTS Wireless Components

　実際に，圧電トランスは変圧器ではありません．巻き線もなければ磁界もありません．よく似ているところといえば，発電機になるということでしょう．圧電「変圧器」は，まさに発電機（ジェネレータ）に接続された機械モータのように働きます．この概念を理解するには，圧電素子の基本を理解しなければなりません．

● ピエゾとは？

　多くの材料は，圧電効果という働きを示します．最も一般的に使用されているのは，水晶，ニオブ酸リチウム，および後で変圧器として使用するPZTやジルコン酸チタン酸鉛です．圧電効果には，直接圧電効果と逆圧電効果の2種類があります．直接圧電効果の場合は，圧電素子に力や振動（圧力）を加えることによって，電荷が発生します（図15.A1）．
　圧電素子の中の極性の方向と比較して，この電荷の極性は圧力の方向に依存します．PZTの極性方向は，ポーリング，または製造工程において素子に45kV/cmという高い直流電界をかけることにより設定できます．
　逆圧電効果は名前が示すとおり，直接効果の反対になります（図15.A2）．圧電素子に電場（電圧）をかけると，寸法の変化（圧力）が起こります．変化する方向は，極性方向にリンクして同じになります．素子と同じ極性の電界を与えることによって，寸法が増加します．その一方で，反対極性のほうは減少します．構造の1方向は増加し，ポアソン結合により他の2方向は減少するということに注目してください．この現象は，変圧器の動作原理において重要な要素です．
　高い電圧上昇比を得るために，圧電トランスは直接，圧電効果と逆圧電効果の両方を使用します（図15.A3）．変圧器の入力部分は正弦波電圧によって駆動し，それによって振動させています（逆圧電効果：モータ）．振動は部材を通って出力につながり，それにより出力電圧を発生させます（直接圧電効果：ジェネレータ）．

図15.A1 直接圧電効果．力や振動によって出力電圧を生成する．

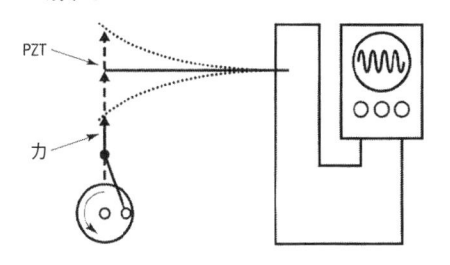

図15.A2 逆圧電効果．印可電圧によって振動または変位を生成する．

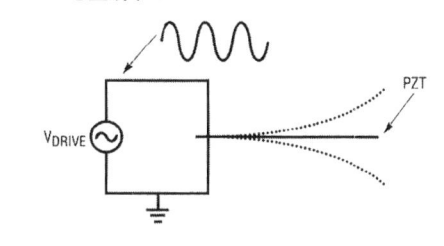

図15.A3 トランス．印可電圧は，出力電圧を発生させる振動を引き起こす．

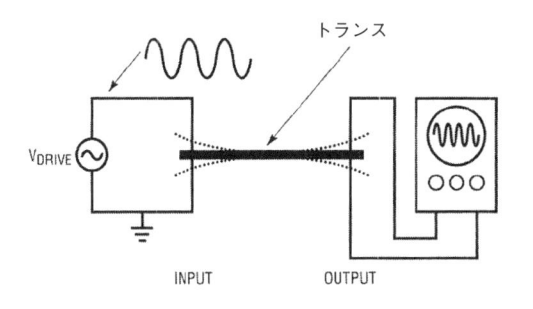

図15.A4 圧電トランスの積層PZT構造

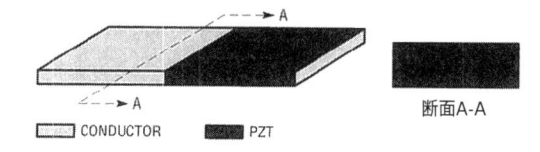

● 錬金術と黒魔術

圧電トランスは，PZTセラミック，正確には多層セラミックで造られています．トランスの製造方法は，セラミックのチップ・コンデンサの製造方法に似ています．柔軟で未焼結のPZTセラミック・テープの層が金属構造に印刷され，次に必要な構造にするために配列され，積み重ねられます．積み重ねられると圧縮され，立方体にされて最終的にセラミック・デバイスになります．

実は，トランスの入力部分は，**図15.A4**のような多層セラミック・コンデンサの構造になっています．金属電極は，指を組んだようなプレート構造にする方法でパターン化されます（断面A-A）．トランスの出力部分には，セラミック層の間に電極プレートがなく，その結果，単一のセラミック構造に焼結します．出力部分の端は，導体材料で覆われます．それがトランスの出力電極になります．

製造の次のステップは，トランスを二等分して極性の方向を確立させることです．トランスの入力部分は，厚さに対して垂直方向に指を組んだように電極を交差させて極性化します．出力部分は，水平または極の方向に合わせた長さになるように極性化します．動作中，入力は厚さモードで駆動します．これは，正負の正弦波電圧を入力に入れることで，厚さが厚くなったり薄くなったりすることを意味します．

入力の厚さの変化は，発生する出力電圧が長かったり短かったりする原因となっている出力部分と一体になっています．結果として，昇圧比は電圧を生成する出力長さや供給された駆動電圧の両端にかけられる入力層の厚さに比例します．

● 楽しい部分

圧電トランスの等価回路は，一見，直列共振磁気トランスの等価回路と同一に見えます（**図15.A5**）．しかし，その違いは，様々な部品が持つ特徴にまで広がります．入力および出力コンデンサは，単に2つの金属板間に誘電体があるだけです．PZTの有効誘電率は，構成によっては400から5,000の間になります．残念ながら，基礎的な電子工学からみてもその通りです．

残りの部品はもう少し複雑です．インダクタンス（L_M）は，実際のトランスの量です．キャパシタンス（C_M）は，材料コンプライアンス（ばね定数の逆数）です．

そのコンプライアンスは，適用可能な一般化されたビーム方程式（モールの定理）およびヤング率から計算

図15.A5 圧電トランスの等価回路

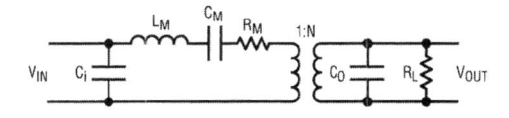

図15.A6 磁気トランスと圧電トランスの帯域幅の比較

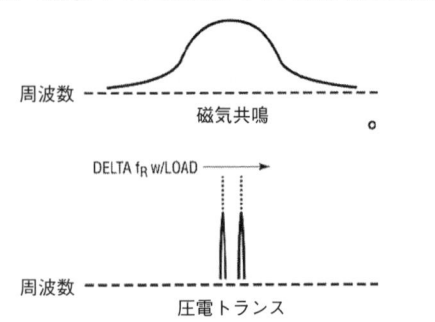

されます．抵抗（R_M）は，誘電損のコンビネーションおよび変圧器の機械的なQを表します．このデバイスを理解するには，エレクトロニクス，力学および材料の背景を理解しなければならないことは明白です．しかし，我々はまだ理解しているわけではありません．

共振周波数は，キャパシタンス（C_M）およびインダクタンス（L_M）に関係します．しかしこれは，電気的ではなく，音響的な共振周波数として働きます．トランスは，共振の長さを操作して設計します．関連する動作としては，振動する弦とまったく同じです．主な違いは，周波数が超音波領域にあり，50kHzと2MHzの間で設計によって変わるということです．弦のように，トランスには変位ノードと逆ノードがあります．機械的にノードを止めると振動を防ぐことができます．これは，最良の場合には効率に還元され，最悪の場合には動作を妨げます．トランスのマウントも重要です．それは，簡単に基板に再実装できません．

モデルにおける最後の要素は，比率Nの「理想」トランスです．このトランスは，実際に3つの別々のトランスに置き換えられます．一つは，電気エネルギから機械振動への変換です．これは，圧力，圧力領域，電界長で電界を割った圧電定数の関数です．二つ目は，入力部から出力部への機械的エネルギの伝達であり，材料のポアソン比の関数です．最後の変換は，機械的エネルギを電気エネルギに戻すことです．これは，入力側に同様の方法で計算されます．

● **共振の特徴**

共振磁気の高電圧トランスには，20から30の電気的なQがあります．等価的に圧電トランスの機械的なQは，1,000に近づきます．これは，メリットとデメリットの両方を持っています．最終的な効率はより高くなりますが，トランスが使用できる帯域幅は磁気トランスもわずか2.5%です．さらに，以前に示したように，共振周波数はヤング率の関数であり，材料のコンプライアンスに依存します．

圧電材料は，ヤング率が電気的負荷で変動するという使いづらい効果があります．すべてでなくてもほとんどの場合，定格負荷上の共振周波数の変化は，使用可能な帯域幅より大きくなります（**図15.A6**）．圧電トランスは，効率と安定性を維持するために，共振点で発振しなければなりません．磁気トランスで使用される共振点に近い発振設計ではうまく動作せず，圧電素子を使った場合，まったく動作しません．追従型の発振器が必要です．

Rosen[注1]は，1956年に最初に圧電トランスの概念を提案しました．43年かかりましたが，その正しさが現在になって明らかにされました．

注1：参考文献(4)を参照．

Appendix B 圧電技術の初歩

James R. Phillips／CTS Wireless Components

● **圧電気**

圧電効果に関しては，多くの論文があります．ピエゾの名前には2つの由来があり，一つは圧力を意味するギリシャの単語で，もう一つは電気的という意味です．したがって，大雑把に翻訳すると，圧力-電気的効果になります．圧電材料のように，力や圧力を利用するということは，材料内で電荷を発生させることです．これは，直接的な圧電効果として知られています．反対に，同じ材料内の電荷を利用することは，機械的厚さや圧力に変えることになります．これは間接的な圧電効果として知られています．

いくつかのセラミック製品は，圧電効果を示します．これらには，鉛ジルコナート・チタナート（PZT），チタン酸鉛（$PbTiO_2$），ジルコン酸鉛（$PbZrO_3$）およびチタン酸バリウム（$BaTiO_3$）などが含まれています．これらのセラミックスは実際には圧電素子ではありませんが，極性化されると電気的な働きをわずかに示します．本当の圧電素子であるためには，単結晶として材料を

形成しなければなりません．セラミックは，多くの任意に生成された結晶粒で構成される多結晶組織体です．粒子をランダムに配列すると，格子状（網的）になります．任意に並ぶ粒子の大多数を整列させるには，セラミックそのものを極性化しなければなりません．圧電気という用語は，ほとんどの文献において極性化された電気歪効果と置き換えることができます．

● **圧電効果**

圧電効果を理解するためには，共通する誘電体について理解を深めることが最も良いでしょう．高い誘電率の誘電体を定義する方程式は，次のとおりです．

$$C = \frac{K\varepsilon_r A}{t} = \frac{\varepsilon_0 \varepsilon_r A}{t} = \frac{\varepsilon A}{t}$$

$$Q = CV \rightarrow Q = \frac{\varepsilon A V}{t}$$

ここで，C：容量
A：コンデンサの表面積
ε_r：相対的な誘電率
ε_0：空気の誘電率
ε：誘電率
V：電圧
T：厚さ，あるいはプレート間隔
Q：電荷

さらに，我々は電荷密度あるいはコンデンサの面積に対する電荷の比率として，電気変位（D）を定義することができます．

$$D = \frac{Q}{A} = \frac{\varepsilon V}{t}$$

そして，さらに電場を次のように定義します．

$$E = \frac{V}{t} \text{ または } D = \varepsilon E$$

これらの方程式は，すべての等方性誘電体で成立します．圧電素子のセラミック製品は，分極されていない状態では等方性です．しかし，それらは極性化された状態では異方性になります．異方性材料において，電場と電気変位の両方を，力学的ベクトルに似た方法で3次元ベクトルとして表さなければなりません．

これは，水晶（あるいは極性化されたセラミック）の軸にコンデンサの電極の向きを合わせた電場Eに，誘電変位Dの比率が依存するためです．これは状態変数方程式として，電気変位の一般的な方程式を書くことができます．

$$D_i = \varepsilon_{ij} E_j$$

電気変位は電場と常に平行なので，電気変位ベクトル（D_i）は，それぞれの要素に対応する誘電率（ε_{ij}）を掛けた，電界（E_j）の合計と等しくなります．

$$D_1 = \varepsilon_{11} E_1 + \varepsilon_{12} E_2 + \varepsilon_{13} E_3$$
$$D_2 = \varepsilon_{21} E_1 + \varepsilon_{22} E_2 + \varepsilon_{23} E_3$$
$$D_3 = \varepsilon_{31} E_1 + \varepsilon_{32} E_2 + \varepsilon_{33} E_3$$

幸い，圧電セラミックス（単結晶の圧電材料ではない）の誘電体の定数は，ほとんどがゼロです．唯一ゼロでない項は，

$$\varepsilon_{11} = \varepsilon_{22}\ \varepsilon_{33}$$

になります．

● **軸の命名法**

圧電効果は，前述したように電気的効果と機械的な働きを関連づけます．これらの働きは，先に示したように，極性化された軸の状態に大きく依存します．したがって，それは不変軸に番号を付ける方法（図15.B1）を維持することが基本になります．

電気機械的な定数は，
d_{ab}, a：電気的方向
b：機械的方向
となります．

● **電気的・機械的な類似**

圧電デバイスは，電気的および機械的部品の両方として働くので，デバイスをモデル化して設計する際に使用するいくつかの電気的，機械的な類似点があります．

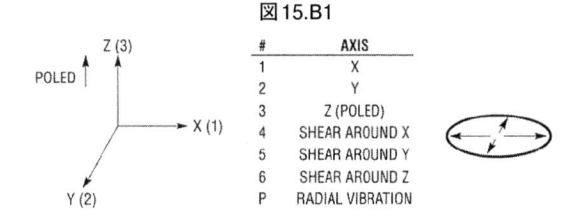

図15.B1

#	AXIS
1	X
2	Y
3	Z (POLED)
4	SHEAR AROUND X
5	SHEAR AROUND Y
6	SHEAR AROUND Z
P	RADIAL VIBRATION

電気的単位		機械的単位	
e	電圧(ボルト)	f	力(ニュートン)
i	電流(アンペア)	v	速度(m/s)
Q	電荷(クーロン)	s	変位(m)
C	容量(ファラッド)	C_M	コンプライアンス
L	インダクタンス(ヘンリー)	M	質量(kg)
Z	インピーダンス	Z_M	機械的インピーダンス

$$i = \frac{dQ}{dt} \qquad v = \frac{ds}{dt}$$

$$e = L\frac{di}{dt} = L\frac{d^2Q}{dt^2} \qquad f = M\frac{dv}{dt} = M\frac{d^2s}{dt^2}$$

● カップリング

カップリングは，電気的・機械的な材料の「質」を評価するための重要な定数です．一定の電気的・機械的なエネルギ転換の効率を表します．

$$K^2 = \frac{電荷に変換した機械エネルギ}{機械エネルギの入力}$$

または，

$$K^2 = \frac{機械的変位に置換した機械エネルギ}{電気エネルギの入力}$$

● 負荷による電気的・機械的な特徴の変化

圧電材料は，誘電率が機械的負荷に応じて変わります．また，多少，独特な効力を示します．また，ヤング率は電気的負荷に応じて変わります．

誘電率

$$\varepsilon_{r\,FREE}(1-k^2) = \varepsilon_{r\,CLAMPED}$$

これは，誘電体「定数」が機械的負荷とともに減少することを意味します．ここで，適応フィールドの方向を変えることができるなら，状態は「自由」です．材料が物理的にクランプされるか，デバイスが電界の変化に応答できずに機械的共振した十分に高い周波数でドライブされるか，どちらかの状態に「クランプ」をまかせます．

図15.B2

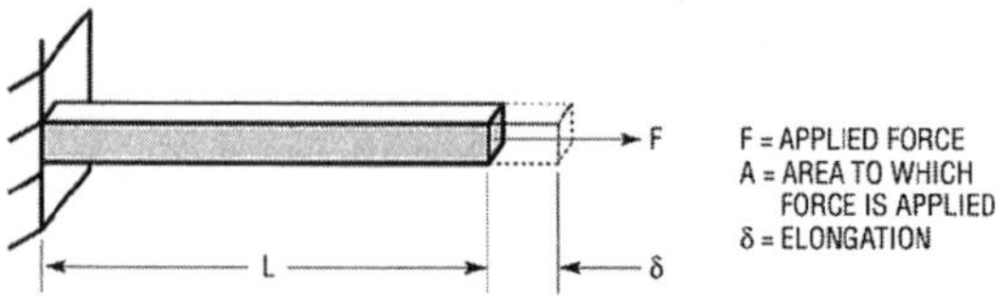

F = APPLIED FORCE
A = AREA TO WHICH FORCE IS APPLIED
δ = ELONGATION

弾性率(ヤング率)

$$Y_{OPEN}(1-k^2) = Y_{SHORT}$$

これは，出力が電気的にショートしたとき，機械的な「強靭さ」が低下することを意味します．これは，機械的なQ_M(弾性損失係数)と共振周波数の両方が，負荷とともに変化するので重要です．これはまた，さまざまな適用範囲を減らすことになる特性です．

● 弾性

すべての材料は，それらの相対的な硬さに関係なく，弾性の基本法則(図15.B2)に基づきます．圧電材料の弾性特性は，それが特定用途でどのくらいうまく動作するかを制御します．定義される必要のある最初の概念は，圧力と応力です．

任意の材質で任意の大きさの棒は，

$$圧力 = \sigma = \frac{F}{A}$$

$$応力 = \lambda = \frac{\delta}{L}$$

圧力と応力の関係は，材料の弾性限界内では，フックの法則により負荷が圧力に比例します．

$$\lambda = S\sigma$$

あるいは，異方性材料のために，

$$\lambda_i = S_{ij}\sigma_j$$

注：定数に関連する圧力および応力は，弾性係数またはヤング率のS, E, Yによって表される．

● 圧電素子の方程式

標準的な誘電体で作られたコンデンサの両端に電圧がかけられたとき，電荷がコンデンサのプレートまたは電極上に生じることを以前に示しました．また，圧力を応用した圧電材料で作られたコンデンサの電極にも電荷が発生します．これは，直接の圧電効果として知られています．反対に，材料にフィールドを適用すると，応力になります．これは，逆の圧電効果として知られています．この関係を定義する方程式は，圧電気の方程式です．

$$D_i = d_{ij}\sigma_j$$

ここで，D_i：電気的な変位(あるいは電荷密度)

d_{ij}：圧電率，適応するフィールドに対する応力比あるいは機械的圧力に適応する電荷密度

違う言い方をすると，d は力を与えることによって引き起こされた電荷，あるいは電圧を与えることによって引き起こされた偏移を測定します．さらに我々は，フィールドと応力の項から圧電気の方程式を定義し，これを使用することもできます．

$$D_i = \frac{\sigma_j \lambda_i}{E_j}$$

以前に，電気変位を定義しました．

$$D_i = \varepsilon_{ij} E_j$$

したがって，

$$\varepsilon_{ij} E_j = d_{ij} \sigma$$

と

$$E_j = \frac{d_{ij} \sigma_j}{E_{ij}}$$

新しい定数として，

$$g_{ij} = \frac{d_{ij}}{E_{ij}}$$

この定数は圧電定数として知られており，圧力を応用する際の単位当たりの開回路のフィールド，あるいは電荷密度や電気変位を応用する際の単位当たりの応力に等しくなります．定数は，次のように書くことができます．

$$g = \frac{フィールド}{圧力} = \frac{V/m}{N/m^2} = \frac{\Delta L/L}{\varepsilon V/t}$$

幸い，上記の式中の定数の多くは，PZT圧電セラミックではゼロになります．

ゼロでない定数は，次のとおりです．

$$S_{11} = S_{22} \; S_{33} \; S_{12} \; S_{13} = S_{23} \; S_{44} \; S_{66} = 2(S_{11} - S_{12})$$
$$d_{31} = d_{32}, \; d_{33}, \; d_{15} = d_{24}$$

● 基礎的な圧電モード

図15.B3を参照してください．

● ポーリング

前述したように，圧電セラミック材料は，ランダムな強誘電性の領域が整列されるまで圧電素子ではありません．この配列は，「ポーリング」というプロセスにより実行されます．

ポーリングは，材料を横切る直流電圧により誘発されます．強誘電性の領域は，圧電効果により引き起こされたフィールドによって整列します．すべての領域の配列は，正確に行われるとは限らないことに注意してください．領域の中のいくつかは部分的に整列するだけであり，いくつかは全く整列しません．

整列する領域の数は，ポーリングの電圧，温度，材料に保持する電圧の時間などに依存します．材料をポーリングしている間，永久的にポーリング電極間の方向では増加し，また電極に平行な方向では減少します．材料は，ポーリング電圧を逆にするか，材料のキュリー点を越えた温度にするか，あるいは大きな機械的圧力を与えることにより，非極化することができます．

● ポスト・ポーリング
▶印加電圧

元のポーリング電圧は，電極間の方向にはさらに増加させ，電極に平行な方向では減少させるように，電極に同じ極性で電圧がかけられます．電極に反対の電圧をかけると，電極間の方向に減少させて，電極と平行な方向に増加させます．

▶加える力

ポーリングの方向（ポーリング電極に垂直）に圧縮する力，あるいはポーリングの方向と平行に張っぱる力を加えると，元のポーリング電圧と同じ極性を持った電極上に電圧が生成されます．電極に垂直に加えた引っ張る力，または電極に並行に加える圧縮する力は，反対の極性の電圧になります．

▶歪み

ポーリングする電極を取り除いたり，新しい電極セットのポーリングをする方向に垂直なフィールドをかけると，機械的な歪みが発生します．物理的にセラミックの歪みは，新しい電極上に電圧を生成します．

● 圧電素子の曲げ機（ベンダ）

大きな変位を持った（図15.B4）アクチュエータを作成するため，しばしば圧電素子の曲げ機が使用されます．このベンダは，バイメタルのバネの動作に非常に

図15.B3

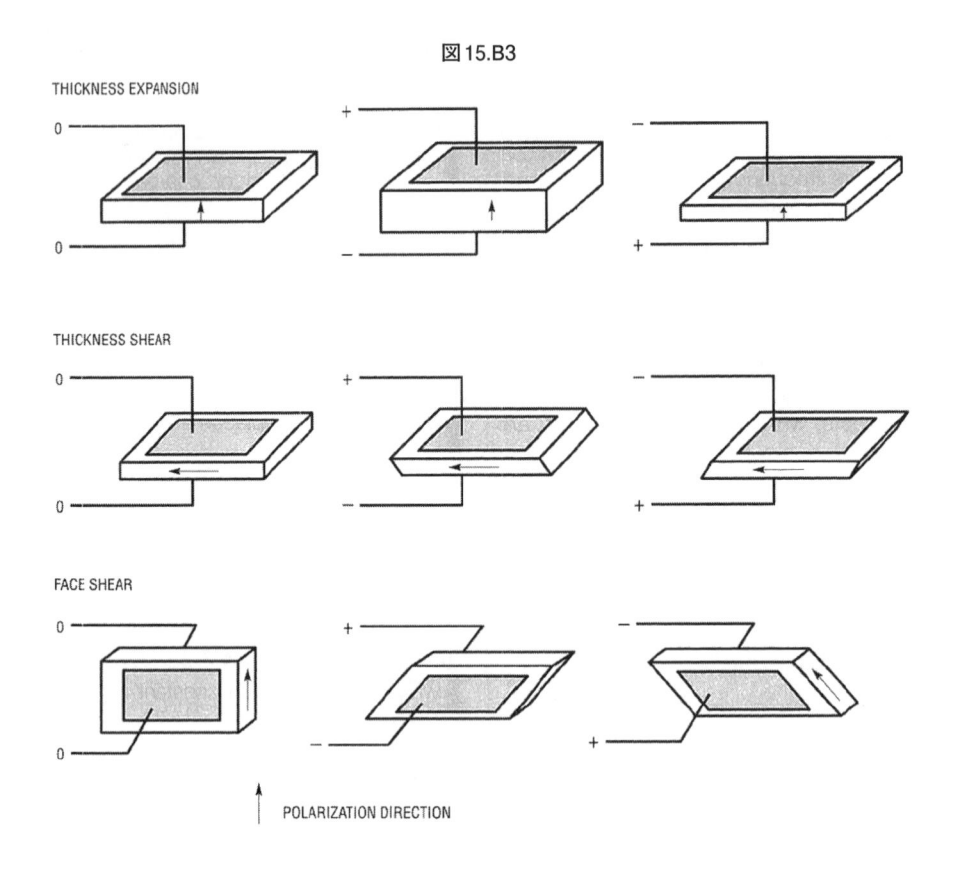

THICKNESS EXPANSION

THICKNESS SHEAR

FACE SHEAR

↑ POLARIZATION DIRECTION

似たモードで働きます．別れた2本の棒あるいは圧電材料のウエハが，厚さを拡げるモードで金属化されポーリングされます．その後，それらは＋ － ＋ －と積み重ねられ，機械的に接合されます．場合によって，薄膜が2つのウエハ間に置かれます．

外部の電極は合わせて接続され，フィールドは内部と外部の電極の間に加えられます．"1つのウエハに対して"もう一方がポーリングする方向と反対の間，フィールドはポーリングする電圧と同じ方向になります．また，一方のウエハは厚さが増加し，長さが減少しますが，もう一方のウエハは曲げモーメントにおいて，厚さが減少し，長さが増加することを意味します．

図15.B4

● 損失

圧電素子のデバイスにおいて，損失の原因は2つあります．1つは機械的な損失であり，もう1つは電気的な損失です．

$$機械的な損失：Q_m = \frac{機械的剛性あるいは大きな抵抗}{機械的抵抗}$$

$$電気的な損失：\tan\delta = \frac{有効な直列抵抗}{有効な直列リアクタンス}$$

● 単純化した圧電素子の等価回路

R_i：電気的抵抗
C_i：入力容量
ε_0：8.85×10^{-12}F/m
A：電極の面積
t：誘電体の厚さ
L_M：重さ（質量）
C_M：コンプライアンス＝1/バネ定数（M/N）
N：電気機械的な線形変換比率
　　（ニュートン/Vまたはクーロン/m）

このモデル（図15.B5）は，単純化したものです．こ

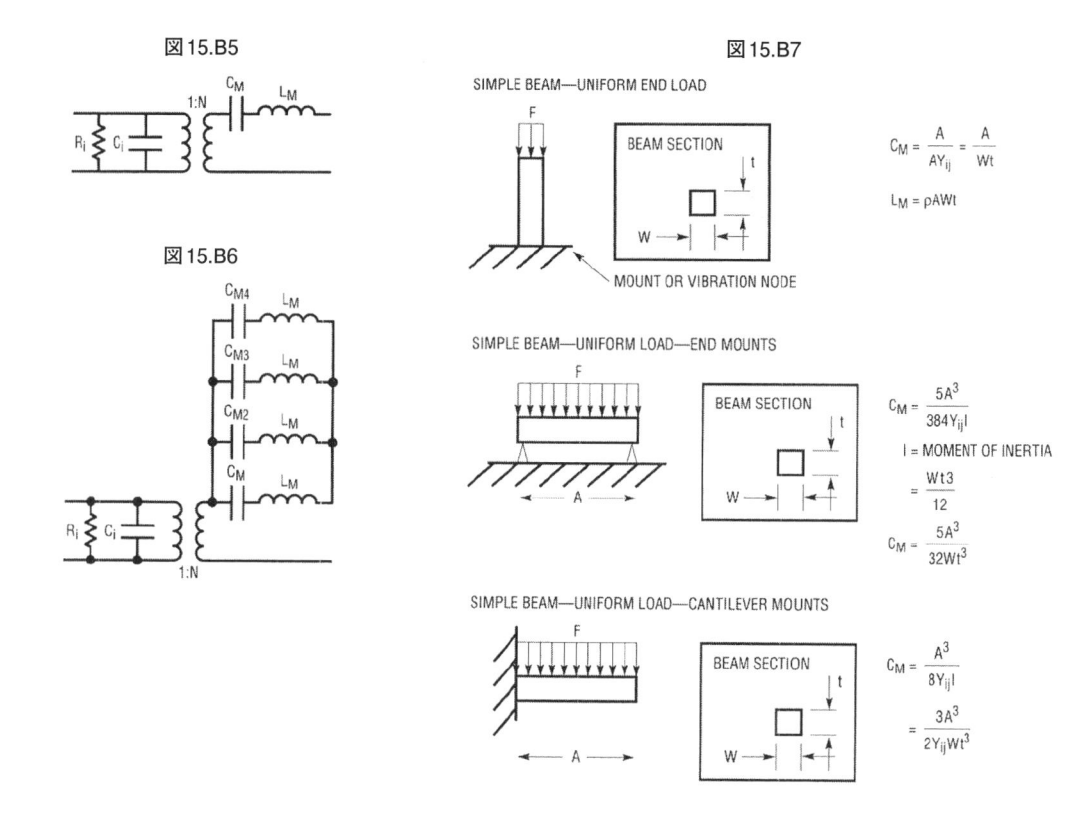

図15.B5

図15.B6

図15.B7

SIMPLE BEAM—UNIFORM END LOAD

$$C_M = \frac{A}{AY_{ij}} = \frac{A}{Wt}$$

$$L_M = \rho A W t$$

SIMPLE BEAM—UNIFORM LOAD—END MOUNTS

$$C_M = \frac{5A^3}{384 Y_{ij} I}$$

I = MOMENT OF INERTIA

$$= \frac{Wt^3}{12}$$

$$C_M = \frac{5A^3}{32 W t^3}$$

SIMPLE BEAM—UNIFORM LOAD—CANTILEVER MOUNTS

$$C_M = \frac{A^3}{8 Y_{ij} I}$$

$$= \frac{3A^3}{2 Y_{ij} W t^3}$$

のモデルにはいくつかの要因が表現されていません．共振に達するか，わずかに越えるまで有効です．モデルに関する最初の大問題は，コンプライアンス（C_M）に関係しています．コンプライアンスは，実装，形，変形モード（厚さ，自由な屈曲など）および弾性係数の関数です．しかし，弾性係数は異方性で，電気的負荷に応じて変化します．

第2の問題は，機械的なQ_Mに依存する抵抗が省略されているということです．最後の問題として，変圧器には多くの共振モードがあります．その各々には，図15.B6の中で示されるようなそれ自身のC_Mがあります．

▶機械的コンプライアンス

ばね定数の逆数である機械的コンプライアンスは，形や実装方法，係数，負荷の関数です．いくつかの単純な例を図15.B7に示します．

これまで説明した様々な要素は，完全な圧電デバイスを設計することにつながっています．単純な圧電素子を積み重ねたトランスは，機能モデルに組み込む方法を実証するために使用されます．

● 単純なスタックの圧電トランス

圧電トランスは，直接および間接の圧電効果の両方を利用する圧電デバイスのモデリングを説明するためには理想的なツールです．最初に変換された電気的なエネルギをトランスの片半分で機械的エネルギに変換することにより，トランスは作動します．このエネルギは，デバイスの音響共振の振動の形をしています．その後，生成された機械的エネルギは，トランスのもう片方に機械的に移されます．そして，トランスのもう片方で，機械的エネルギは電気的なエネルギに再変換されます．

図15.B8は，スタック・トランスの基本的なレイアウトを示しています．トランスは，厚さモード振動の結果として，低い方の片側（次元d_1）を通ってドライブされます．この振動は，上部の片方へ移され，出力電圧はより薄い次元d_2を通して得られます．

▶等価回路

トランスの等価回路モデルは，2つの圧電素子の背面を貼り合わせて作成したものと考えることができます．これらのデバイスは，図15.B9の回路に示すように，上半分と下半分が理想の磁気トランスで構成され

図15.B8

図15.B9

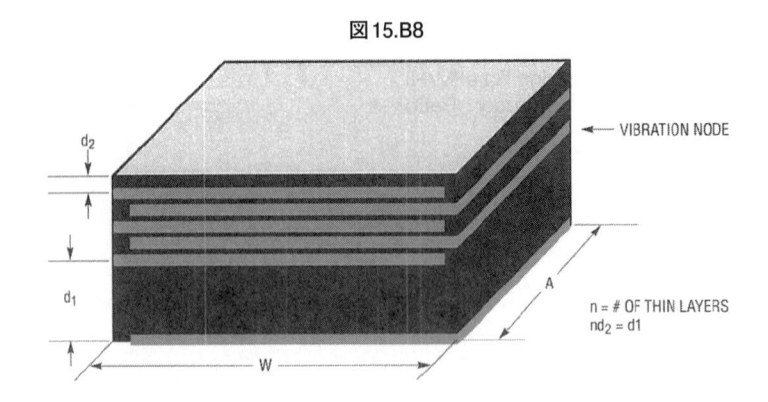

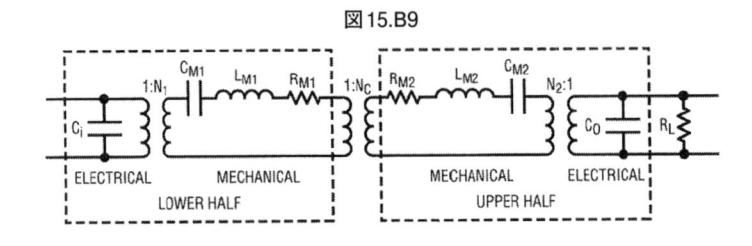

た回路をくっつけたような回路になります．入力抵抗(R_i)および出力抵抗(R_O)は一般に非常に大きな値なので，このモデルでは省略しました．抵抗(R_L)は，負荷を表します．以前に示したように，様々な部品の値を計算することができます．

▶入力／出力容量

$$C_i = \varepsilon_0 \varepsilon_r \times \frac{入力面積}{入力厚} = \varepsilon_0 \varepsilon_r \frac{AW}{d_1}$$

同様に，

$$C_O = \varepsilon_0 \varepsilon_r \times \frac{出力面積}{出力厚} = \varepsilon_0 \varepsilon_r \frac{nAW}{d_2}$$

▶機械的コンプライアンス

機械的コンプライアンス(C_M)は，一定の軸荷重に依存する単純な変位で表すことができます．なぜならこれは，素子の表面に渡って均一なストレスが与えられた変位変化モードになります．この変位長は，振動部で測定されることに注目すべきです．振動部分は，共振条件では動きません．そのため，固定表面部として考えることができます．

$$C_M = \frac{ビームの長さ}{ビームの面積 Y_{33}}$$

$$C_{M1} = \frac{d_L}{AWY_{33}}$$

$$C_{M2} = \frac{d_2}{AWY_{33}}$$

注：たとえ$nd_2 \neq d_1$だとしても，振動ノードはまだトランスの機械的な中心に位置することになる．

▶重さ（質量）

$$L_{M1} = \rho AW d_1$$

$$L_{M2} = \rho AW n d_1 = \rho AW d_1$$

▶抵抗

モデルの中の抵抗は，機械的なQ_Mおよび共振する材料のQの関数であり，後で計算します．

▶理想トランス比

トランス比(N_1)は，結果的に機械的エネルギ出力にする電気的エネルギ入力の比と見なすことができます．その後，この用語は，ニュートン／Vの形になり，圧電定数gに由来します．

前と同様に，

図 15.B10

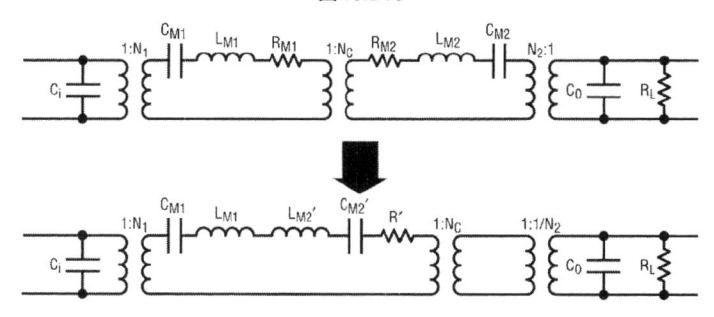

$$g = 電界圧力 = \frac{V/m}{N/m^2}$$

したがって,

$$\frac{1}{g} = \frac{n/m}{V/m}$$

$$N_1 = \frac{1}{g} = \frac{圧力面積}{発生磁界長}$$

あるいは

$$N_1 = \frac{AW}{g_{33}d_1}$$

出力部は,機械的エネルギを電気的なエネルギに変換します.また,比率は,一般に N_1 とは逆の方法で計算されます.しかし,このモデルにおいて,トランス比は $N_2:1$ として示されます.これは,N_2 のために計算したものと N_1 の計算は同じ結果になります.

$$N_2 = \frac{1}{g} = \frac{加圧面積}{発生磁界長}$$

あるいは

$$N_2 = \frac{AW}{g_{33}d_2}$$

トランス $1:N_C$ は,二つに分かれたトランスの機械的結合を表します.スタック・トランスは密な結合で,圧力の方向は両者とも同じです.その結果,N_C は1に近似できます.

▶モデルの単純化

トランスの応答は,このモデルから計算することが

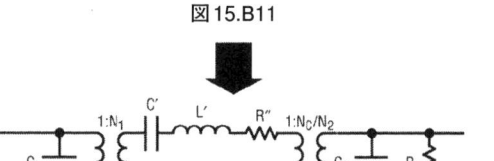

図 15.B11

できます.しかし,一連の単純なネットワーク変換を通してモデルを単純化し,標準的な磁気トランス(図15.B10)と同じ形式の等価回路と考えられます.ここで,トランスを置き換えると,

$$C_{M2}' = N_C^2 C_{M2}, \quad L_{M2}' = \frac{L_{M2}}{N_C^2}$$

ここで,$N_C^2 \cong 1$ とすると,

$$C_{M2}' = C_{M2} = C_{M1}, \quad L_{M2}' = L_{M2} = L_{M1}$$

単純化した次の段階(図15.B11)は,次のようになります.

$$L' = L_{M1} + L_{M2}' = 2L_1 = 2\rho AWd_1$$

$$C' = \frac{C_{M1}C_{M2}'}{C_{M1}+C_{M2}'} = \frac{C_{M1}}{2C_{M1}} = \frac{C_{M1}}{2} = \frac{d^1}{2AWY_{33}}$$

最終的に簡略すると(図15.B12),

$$C = C'N_1^2, \quad L = \frac{L'}{N_1^2}$$

そして,前式より,

$$N_1 = \frac{AW}{g_{33}d_1}$$

図15.B12

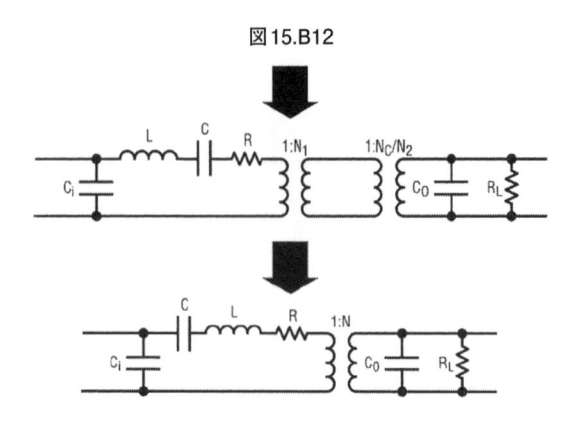

図15.B13

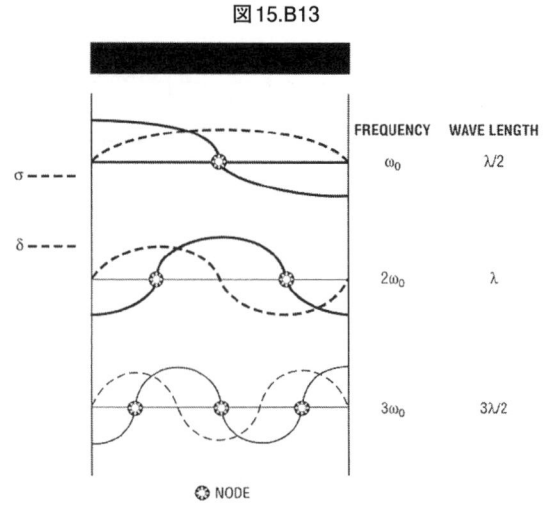

NOTE: STRESS IS 90° OUT OF PHASE FROM DISPLACEMENT

したがって,

$$C = \frac{d}{2WLY_{33}} \frac{A^2 W^2}{g_{33} d_1^2} = \frac{AW}{2Y_{33} g_{33}^2 d_1}$$

$$L = 2\rho AW d_1 \frac{g_{33}^2}{A^2 W^2} = \frac{2\rho g_{33}^2 d_1^2}{AW}$$

$$N = \frac{N_1 N_C}{N_2} = \frac{AW}{g_{33} d_1} \frac{g_{33} d_2}{AW} = \frac{d_2}{d_1}$$

計算するために必要な最後の値は,連動する抵抗値です.この値は,材料の機械的Q_Mと音響共振周波数に基づきます.

共振周波数

$$W_0 = \frac{1}{\sqrt{LC}}$$

$$= \frac{1}{\sqrt{\frac{2\rho d_1 g_{33}^2}{AW} \frac{AW}{2Y_{33} g_{33}^2 d_1}}}$$

$$= \frac{1}{\sqrt{\frac{\rho d_1^2}{Y_{33}}}} = \frac{1}{d_1 \sqrt{\frac{\rho}{Y_{33}}}}$$

$C_{PZT} \equiv PZT$ の音の速度 $= \sqrt{Y/\rho}$

したがって,

$$\omega_0 = C_{PZT}/d_1$$

上記の方程式は,共振周波数をデバイスの波長で割った材質の音速に等しくなります.これは音響共振の定義であり,モデルを検証するのに役立ちます.最後に導出された値は抵抗値です.

$$Q_M \equiv \frac{1}{\omega_0 RC}$$

あるいは

$$R = \frac{1}{\omega_0 Q_M C}$$

$$R = \frac{d_1 \sqrt{\rho Y_{33}}}{Q_M} \frac{2Y_{33} g_{33}^2 d_1}{AW}$$

$$= \frac{2 d_1^2 g_{33}^2 \sqrt{\rho Y_{33}}}{Q_M AW}$$

注:C_MとRは両方ともY_{33}の関数であり,またY_{33}はR_Lの関数である.

モデルは,それらの基本的な共振周波数か,その近くで動作させたトランスに対してのみ意味があることに注意してください.これは,最初の機械的モデルがトランスの基本共振で動作する場合にのみ正しいというスタックの中心にある単振動ノードを仮定したからです.トランスが調和周波数(図15.B13)で動作する場合は,さらに多くのノードがあります.

共振以外に固定された周波数ノードはありません.これは,トランスが共振モードを考慮して設計されなければならないことを,また,位相がキャンセルされて電圧利得が少ないか,ほとんどなくなることを意味します.ノードや位相キャンセルの概念を理解することは,しばしば難しいことです.したがって,単純な類似物理比較が使用されます.この場合,ウォーターベッドの中で形成された波が,効果を説明するために使用されます.

ウォーターベッドの端を押すと，反対端ではね返って後ろに到着するまで，ベッドの長さに沿って移動する置換された「波」を形成します．水圧（圧力）は，残りの水に関しては負になりますが，波のちょうど前のポイントでは最低になり，波のちょうど後ろのポイントで最も高くなります．水槽中の圧力は，ベッドと同じ圧力で安定しています．流れるための抵抗によってそれを鈍らせるまで，その波は前後で反射するでしょう．ベッドの任意のポイントの時間が経過した平均圧力は，ちょうど同じになるでしょう．同様に，共振が止まったトランスの平均圧力はゼロに接近し，出力されることもなくなります．

同じベッドの端を繰り返し押すことは，ちょうど波が長さに沿って移動したあと，終端で反射されて戻り，終端から反射し，「動いている」端から反射した直後に，定常波を生成します．これは，ベッドの半分は薄くなって，ベッドのもう半分はより厚くなり，ベッドの中心は静止していることを意味します．中央はノードであり，一方の端の時間を越えてプロットされた厚さは，正弦波を形成します．中央では実質的な圧力差はありませんが，終端では変位で正弦波の90°から位相がずれた圧縮波になります．トランスは，ノードに電圧がなく，終端にAC電圧があるのと同じ方法で再び動作します．ハーモニクスと他の共鳴波形にこの概念を拡張させることはいたって簡単です．

● まとめ

圧電セラミック，特にPZTセラミックを使った異なるアプリケーションの数は，1本の論文では記載できないほどたくさんあります．しかしながら，圧電素子の構造およびデバイスについて入門書で述べられている事柄は，基本的に両方に対して使用することができます．アプリケーションや外形の違うデバイスを作成する能力は，多層のPZTセラミックスを使用することにより大きく高めることができます．

Appendix C 本当に興味深いフィードバック・ループ

PZTの音響伝送によって現れるほとんど純粋な機械的遅延は，ループ補償において面白い経験を提供します[注1]．フィードバック・ループ補償と格闘しているベテラン技術者は，ループの純粋で長い遅延に直面したとき即座に注意を働かせますが，新人の回路設計者にとっては，容易に忘れられない経験になるでしょう．

図15.C1は，ループ伝送の重要な働きである，ループ制御された図15.9の振幅を表しています．PZTは，約60kHzでランプに位相遅れの情報を伝達します．この情報は，時定数を平均し，LT1375のフィードバック端子に接続されたRCによってなめらかな直流になります．

LT1375は，制御ループが閉じているとき，500kHzのPWM出力により，PZTの電力を制御します．LT1375のV_Cピンのコンデンサは，ループを十分に安定させ，利得をロールオフします．この補償コンデン

図15.C1 図15.9の振幅制御フィードバック経路における遅延項．PZTの200μs機械的遅延とRC時定数はループ伝送に依存し，安定した動作のために補償されなければならない．

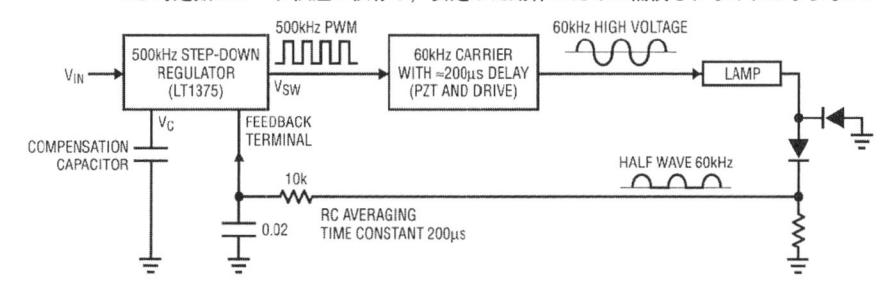

注1：たぶん，この言い回しはドラマを楽しませる．逆に，私のような変わり者には，これは興味をそそられるものとして魅力を感じる．

図15.C2 ループを発振させると補償に対する要求がわかる．2.3kHzの発振周波数は，図15.C1の遅延項から導き出される．波形AはLT1375のV_Cピン，波形Bはそのフィードバック・ターミナル．波形Bの外周の高周波の成分とPZTキャリアの残りは，関係しない．

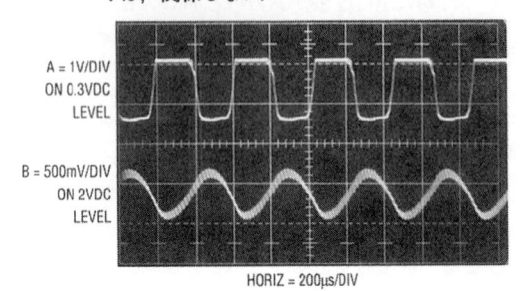

```
A = 1V/DIV
ON 0.3VDC
LEVEL

B = 500mV/DIV
ON 2VDC
LEVEL

HORIZ = 200μs/DIV
```

図15.C3 図15.9のループ補償は，PZTの機械的な遅延にもかかわらず安定している．大きなV_Cピン容量による1次ロールオフは，ループを安定させる．波形AはLT1375のシャットダウン・ピンのステップ入力．波形B，C，Dはそれぞれ，V_C，フィードバック，PZT出力ノード．

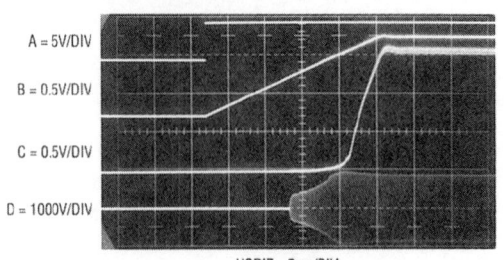

```
A = 5V/DIV
B = 0.5V/DIV
C = 0.5V/DIV
D = 1000V/DIV

HORIZ = 5ms/DIV
```

サは，ループ遅れが発振を引き起こすのを防ぐために十分に低い値で利得帯域幅からロールオフしなければなりません．

　これらの遅れの中で，どれが最も重要でしょうか．安定という見方からすると，LT1375の出力繰り返し数とPZTの発振周波数は，データ・システムからサンプリングされたものです．それらの情報生成率は，PZTの200μsの遅延および平均時定数から離れているので，重要ではありません．PZTの遅延とRC時定数は，ループ遅延の主要な原因です．RC時定数は，半波を直流に変えることができるほど十分大きくなければなりません．

　PZTとR_Cのひとかたまりの遅れは，このようにループ伝送を支配します．LT1375のV_Cピンに入れるコンデンサによって，それを補償しなければなりません．このコンデンサを十分に大きな値にすると，周波数を十分安定させるために低いループ・ゲインでロールオフします．ただしループには，RCとPZTの遅延に釣り合った周波数で発振させるための十分な利得がありません[注2]．

　ループのロールオフに十分な値を確立させるためのよい方法は，ループを発振させることです．これは，最初に補償コンデンサを削除して回路を動作させれば実現できます．V_Cピン（波形A）およびFBノード（波形B）の波形を図15.C2に示します．発振周波数とこれ

らの2つの信号間の位相関係は，達成可能な閉ループ帯域幅に対する価値のある洞察を提供します[注3]．ループ遅延は，約2.3kHzの発振周波数にセットします．この周波数以下の帯域幅で，うまくロールオフさせるV_Cの値を選択することが適切です．

　図15.C3は，図15.9の4.7μFのコンデンサを採用して，良い結果になっていることを示しています．波形Aは，ステップ入力をLT1375のシャットダウン・ピンに適用しています．シャットダウン・ピンが有効になるとき，PZTの出力電圧（波形D）が上昇するとともにフィードバック・ピン（波形C）の電圧も上昇します．V_Cピンのダンピングはスルー時間を引き延ばす原因になりますが，セトリングは最小のオーバシュートで25ms以内に終了するようになります．小さなオーバシュート（過去の中央の図）はランプの負抵抗特性に由来し，ループ理論により簡単に扱うことができます．

　いくつかの状況は，単純な1次補償で提供されるものよりも著しく速いループ応答を要求するかもしれません．事例は，PWM理論による広範囲の調光器です．その方法は，広い範囲の調光を実現するために循環する高速なオン/オフ・ループに依存します．一般的には，その周期を100Hzから200Hzの範囲にします．設定されたループは，この周波数を尊重して非常に高速でなければなりません．さもないと，ライン・レギュ

注2：フィードバックの最高位にあるのは，「支配的ポール補償」であるとよく言われる．我々の休息は，より平凡な表現に格下げされた．そのため，この技術は，「グロップ・コンプ（くだらない補償）」として，時々引用される．

注3：慎重にループ発振を維持することは貴重な調査ツールになるが，いくつかの応用では問題に遭遇するかもしれない．航空機のフラップ制御サーボあるいはループを安定させる発電所のジェネレータを考えて欲しい．

図15.C4　フィードバック・リードによって増幅された非常に明るいV_Cダンピングは，20倍速いループ応答を発生する．この技術は，ライン・レギュレーションを犠牲にすることなくPWMに対して広範囲のランプ調光を可能にする．

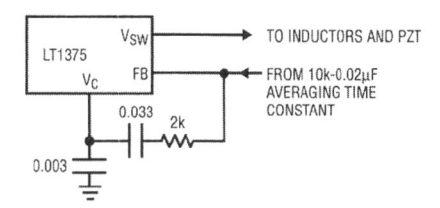

図15.C5　フィードバックによる補償波形．波形Aは，LT1375のシャットダウン・ピンのステップ入力．波形B, C, Dはそれぞれ，V_C, フィードバック，PZT出力ノード．図15.C3よりもスイープ速度が25倍であることに注意．

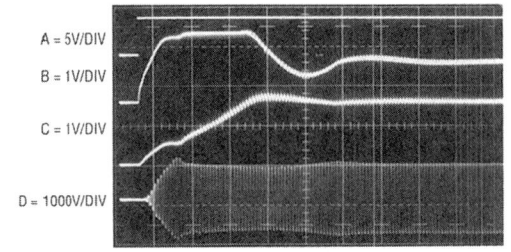

レーションが悪化します．

ループが制御されていない間は，そのような状態になります．スルー時間がオン時間に達している場合，この定義によって制御は不安定になります．**図15.C4**は，スルー時間が早いため，非常に明るいV_C減衰により，フィードバック量を使用しています[注4]．**図15.C5**に結果を示します．シャットダウン・ピン(波形A)が有効のとき，V_C(波形B)は急変し，FBノード(波形C)に反映されます．PZTの高電圧曲線は，波形Dです．**図15.C3**の単純な1次補償より約20倍速い1.2msでループのキャプチャをしています．このパフォーマンスは，**図15.C2**の情報によって示された限界に接近し始めることに注意してください[注5]．

注4：この補償技術にふさわしいBodeseは，「フィードバック・ゼロ」である．
注5：経験主義(lightning empiricism)の一つに数えて欲しい．

第16章

光ファイバ・レーザ用熱電クーラー温度調節器
気難しいレーザの環境を整える

Jim Williams,堀米 毅

帯域幅を拡大させるというあくなき欲求が,光ファイバ・ネットワークを生み出しました.固体レーザで運用される光ファイバ回線は非常に高い情報密度を持っており,DWDM(高密度波長分割多重)のような大容量データ・システムでは,複数のレーザを1本のファイバに通すことで,多重チャネルの大規模なデータ回線を得ています.0.1nm以下の精度で制御されたレーザ波長が,狭いチャネル間隔を可能にしています.レーザはこれが可能ですが,温度変化が動作に影響を及ぼします.

0.1nm/°Cの勾配は,温度がレーザ波長を変化させる要因となりますが,レーザがピークを持った後は変化させてはならないことを意味します.図16.2は,標準的なレーザ波長と温度の関係を示しています.0.1nm/°Cの傾斜で,温度は調整されたレーザ波長を増加させますが,一旦レーザが確立したら,それを変更してはいけません.一般には,0.1nm以下の精度でレーザを動作させるためには,0.1°Cの温度コントロールが要求されます.

温度調節器の必要条件

温度調節器は,特殊な必要条件をいくつか満たす必要があります.最も顕著なことは,周囲温度が変化してもレーザの動作が不確実にならないように,部品を外部から制御できることと,さらに制御を維持するために熱を減らすことができなければならないことです.ペルチェ効果を利用した熱電クーラー(TEC)はこれらに役立ちます.

しかし,制御は双方向にできなければなりませんし,熱量制御は「熱いところから寒いところに」移行しますが,その帯域ではデッドゾーンや不運な機構を持っていてはいけません.さらに,温度調節器は,時間と温度差0.1°Cの内部で制御をよく維持できる精密な装置にする必要があります.

レーザを利用したシステムは,過度の熱放射を回避でき,効率よく動作する小さな形状にしなければなりません.最後に,制御は単一の低電圧で動作しなけれ

図16.1 レーザ強度のピークは,1nmの枠内で40dBにも達する

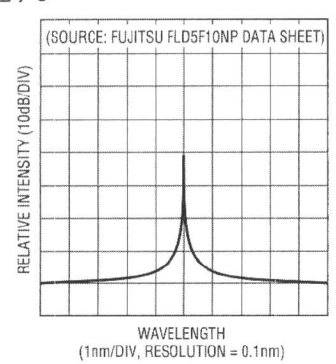

図16.2 レーザの波長は,1℃当たり約0.1nm変化する.温度制御をするには,標準的な用途で0.1nm以内に安定させる必要がある.

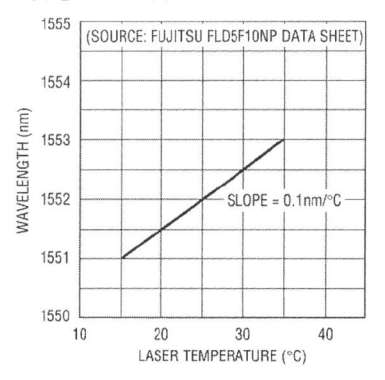

ばなりません．また，その動作（おそらくスイッチ・モード）は，ノイズの影響を受けないようにする必要があります．

温度調節器の詳細

図16.3〔熱電クーラー（TEC）温度調節器の回路図〕は，3つの基本的な部分で構成されます．DACとサーミスタはブリッジを形成し，その出力はA₁によって増幅されます．LTC1923コントローラは，出力段に適切な変調かつ位相制御を供給するパルス幅変調器です．レーザは，電気的な取り扱いが難しく，非常に高価な負荷です．そのため，コントローラは様々なモニタリングやリミッタ，過負荷防止機能を備えています．

それらは，ソフト・スタート機能，過負荷保護，TEC電圧/電流検出，および「加熱・冷却」温度制御を含んでいます．異常な動作が起こると，レーザ・モジュールの損傷を防ぐために回路をシャットダウンさせます．他の2つの仕様は，システム・レベルの互換性を維持するためのものです．PLL発振器は，多重レーザ・システムにおいて，複数のLTC1923を正確に同期することができます．

最後に，TECへ電力を供給するスイッチ・モードは効率的ですが，スイッチング動作によるノイズが主電源へ入りこまない（影響しない）ように検討することが要求されます．LTC1923は，電力出力段の遷移時間を遅くすることにより高調波を最小にする，エッジのスルーレート制限回路を内蔵しています．これは，過度のスイッチング・ノイズが電源やレーザに影響を与えるのを防ぎ，高周波の高調波成分を大幅に削減します[注1]．スイッチ・モードの電力出力段（Hブリッジ型）は，レーザを加熱したり冷却したりするのを可能にし，TECへは効率的な双方向駆動になっています．レーザ・モジュールにパッケージングされているサーミスタ，TEC，レーザは，しっかりと熱的に結合しています．

DACにより，任意の個々のレーザが各レーザの仕様で最適に動作する点に，温度設定点を調節することができます．コントローラの利得と帯域幅調整は，もっともよい温度安定性を得るため，最適な熱ループ応答に調整します．

熱ループの考察

高性能な温度制御を行う鍵は，コントローラの利得

図16.3 TEC温度調節器の詳細な回路図には，A₁サーミスタ・ブリッジ・アンプ，LTX1923スイッチ・モード・コントローラ，電力出力Hブリッジを含んでおり，DACは温度設定点を決定する．利得調整と補償コンデンサは，ループゲイン帯域幅を最適化する．様々なLTC1923の出力は，TECの動作状況をモニタリングしている．

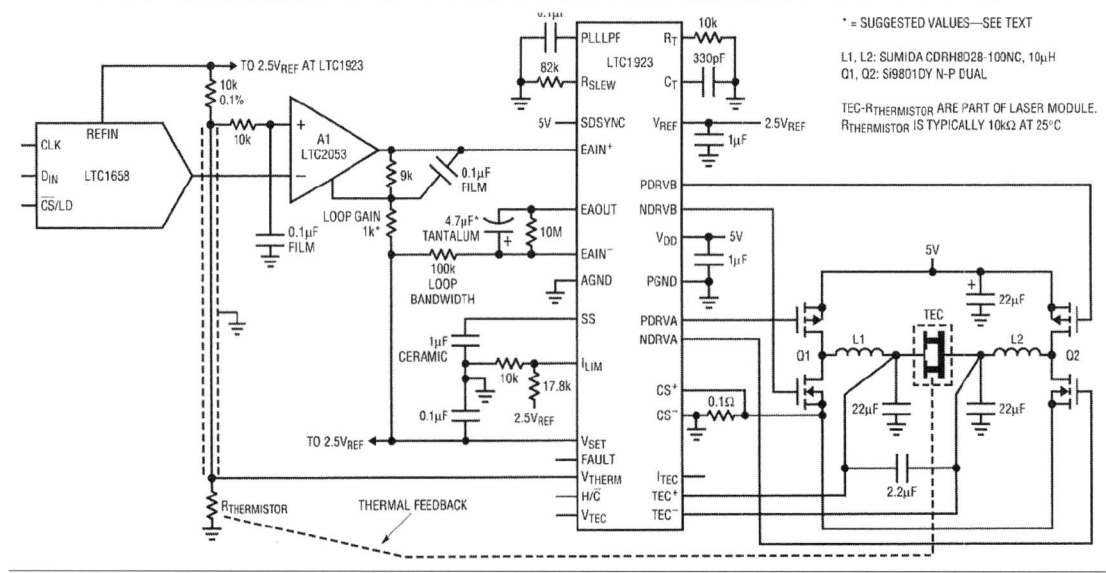

注1：この技術は，初期の頃から努力されてきたものである．詳細な議論と関連するトピックについては，参考文献(1)を参照．

帯域幅を熱フィードバック経路に一致させることです．理論上は，従来のサーボ・フィードバック技術を使用して実現する単純なしくみです．実際には，サーマル・システムに内在する長い時定数や不確定な遅れに対し，協力目標があります．サーボ・システムと発振器の間に望ましくない関係があることは，熱制御システムにおいても非常に明白です．

熱制御ループは，抵抗とコンデンサの組み合わせで非常に簡単にモデル化することができます．抵抗は熱抵抗，コンデンサは熱容量と等価です．

図16.4において，TEC，TECセンサ・インターフェース，センサはすべて，システムの応答能力において，一連の遅れを生じるRC要因をもちます．発振を防ぐために，この遅れに対して利得帯域幅は制限されなければなりません．よい制御には高い利得帯域幅が望ましいので，遅れは最小化すべきです．これはおそらく，製造過程においてレーザ・モジュールの調達者によって取り組まれます．

モデルはまた，制御された部分と制御されていない周辺環境を分ける絶縁部をもちます．絶縁部の機能としては，温度制御装置が損失を追従できるように，損失を低く抑えることです．いかなるシステムにおいても，TECセンサ時定数とその絶縁部の時定数が一致しているほど，より良い制御ループといえます[注2]．

温度制御ループの最適化

温度制御ループの最適化は，レーザ・モジュールの熱特性から始めます．前節では，TECセンサと絶縁時定数の間の比率が重要であることを強調しました．この情報が決定されると，実現可能な制御利得帯域幅が決まります．標準的なレーザ・モジュールが40℃ステップで周囲温度を変化させた場合の結果を図16.5に示します．サーミスタでモニタしたレーザ・モジュールの内部温度が時間軸でプロットされており，TECは電源が入っていません．分単位で測定したセンサの遅れは，古典的な1次応答を示します．

TECセンサの一連の遅れは，図16.3に示すレーザ・モジュールにより特徴づけられます．なお，ゲインは最大にし，位相補償コンデンサは付けていません．図16.6は，ループを支配する熱の遅れによる大振幅の信号の発振を示します．多くの有益な情報がこの図の中に含まれています[注3]．まず第一に，TECセンサの遅れによって決定される周波数は，どれだけのループ帯域幅が達成可能かに対する限界を意味します．レーザ・モジュールの熱時定数（図16.5）に対するこの周波数の比率が高いと，単純なドミナント・ポールのループ補償が効果的であることを意味します．飽和した波形は，冷却時または加熱時にループに過度のゲインが

図16.4 簡略化したTEC制御ループ・モデルで温度条件を示す．抵抗とコンデンサは，それぞれ熱抵抗と熱容量を表す．サーボ・アンプのゲイン帯域幅は，不安定にならないように温度条件で示す遅れを調整しなければならない．

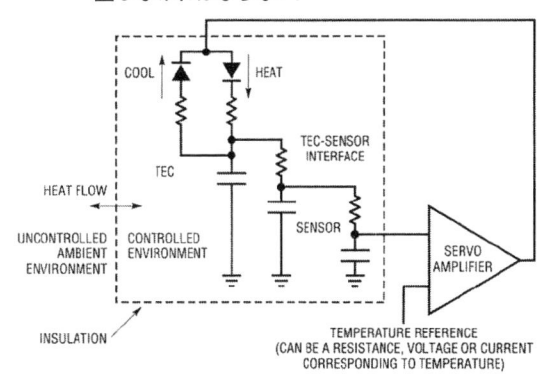

図16.5 標準的なレーザ・モジュールにおける周囲とセンサの遅れ特性は，パッケージの熱抵抗と熱容量により決定される．

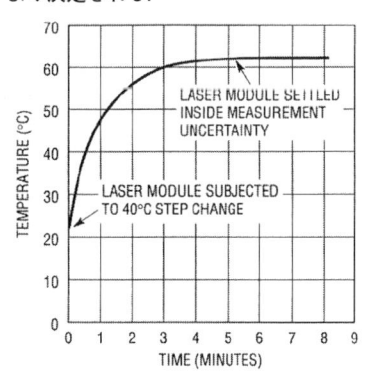

注2：文章の都合もあり，この学術的な議論を簡潔に説明するのに悩んだ．そこで，熱力学に関するゴシップを，Appendix A "熱電クーラーによる制御ループの実際的な考察"に付け加えた．

あることを示しています．最後に，非対称のデューティ・サイクルは，冷却・加熱モードにおけるTECの異なる熱効率を示しています．

図16.6の状態から，コントローラの利得帯域幅を減少させたものが，図16.7です．波形は，温度設定点の小さなステップ(0.1°C)の変化に起因します．利得帯域幅は非常に大きく，2分以上も持続するリンギング応答を起こしてから落ちついています．ループは，ほんのわずかに安定しています．図16.8は，テスト条件は同一ですが，利得帯域幅が著しく縮小しています．

応答はまだ最善ではありませんが，セトリングは4.5秒以内になっていて，前の場合より25倍速くなっています．さらに縮小された利得帯域幅になった図16.9の応答はすぐ減衰し，約2秒できれいにセトリングしています．この方法で最適化されたレーザ・モジュールは，オーバシュートや過度の遅延なしに，いくつもの要因がある外部温度による変動を小さくすることができます．さらに，様々なレーザ・モジュール間でかなりの温度差はありますが，利得帯域幅の値にいくつかの一般化されたガイドラインを示すことは可能です[注4]．

図16.6 ループゲイン帯域幅を意図的に過剰にすると，大きな信号の発振を起こす．発振周波数は，達成可能な閉ループ帯域幅の目安を示す．デューティ・サイクルは非対称の過熱-冷却モードの利得を示す．

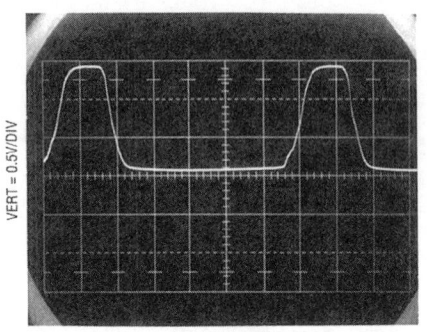

図16.7 温度設定点での小さなステップのループ応答．ゲイン帯域幅は極端に高く，2分以上のリンギングが続き，落ちつく結果となっている．

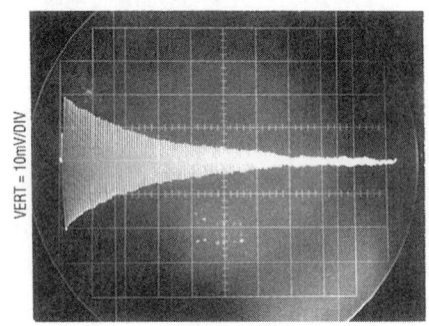

図16.8 図16.7と同じ測定条件だが，ループゲイン帯域幅は小さい．ループ応答はまだ最善ではないが，セトリングは4.5秒以内(前のケースより25倍速い)になっている．

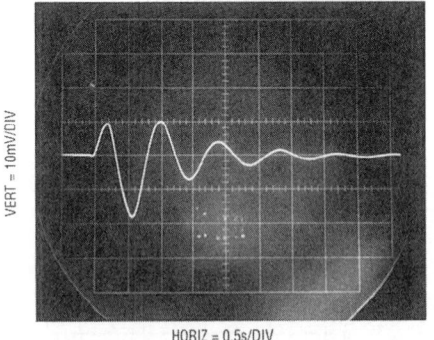

図16.9 ゲイン帯域幅を最適化すると，セトリングが2秒で落ち着く

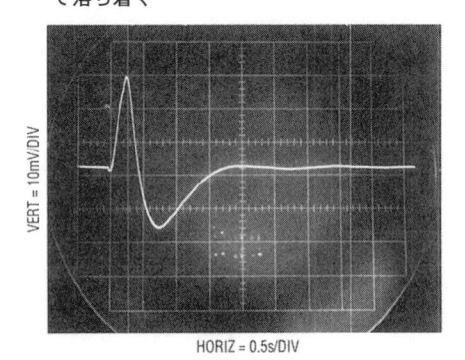

注3：ミリヘルツまたはギガヘルツでも「発振する」ため，その回路が「使えない」場合，4つの緊急的な課題について即座に差し迫った調査をするべきである．発振時の周波数，振幅，デューティ・サイクル，波形は何なのか？解決方法は例外なく，これらの疑問の解答の中に存在する．波形を注意深く観察すれば，事実がわかるであろう．
注4：追加コメントについては，Appendix A "熱電クーラーによる制御ループの実際的な考察"を参照．
注5：この測定は，サーミスタの安定性をモニタしたものである．レーザ温度の安定度は，わずかな熱の非結合やレーザ出力の消失による変化などで多少異なる．Appendix Aを参照．

1Hz以下の帯域幅で，適切なループ安定性を提供するには，要求仕様を満たすうえで1000のDCゲインで十分です．どのような仕様に対しても安定性の試験は必要ですが，これらの結論を反映した利得帯域幅を図16.3に示します．

温度の安定性の実証

ループが最適化されると，温度安定度を測定することができます．安定度は，安定に校正された差動増幅器を用いて，サーミスタ・ブリッジのオフセットを監視することにより検証することができます(注5)．図16.10は，冷却モードで50秒以上の期間，ベースラインが±1m℃で安定していることを示します．より厳格な試験では，周囲温度を厳しく変化させながら，より長期的な安定度を測定します．

図16.11のストリップ・チャートの記録は，9時間以上の実験で1時間ごとに周囲温度を20℃ステップで上昇させたときの冷却モードの安定性を測定したものです(注6)．これらのデータでは，0.008℃変化する結果となり，熱利得が2500になったことを示します(注7)．9時間を越えるプロット長で，ベースラインの0.0025℃の傾斜は，周囲温度が変化していることによります．

コントローラが加熱モードで動作していること以外は，同じ条件で測定した結果を図16.12に示します．より高いTECの加熱モードの効率が，より大きな熱利得を与え，約0.002℃の変動で，4倍の安定性をもちます．検知できるベースラインの傾斜は，図16.11と同じく4倍に改良されていることを示します．

このレベルの性能は，求められる安定したレーザの特性を確実にします．長期的な経年温度安定度は，主にサーミスタの劣化特性によって決定されます(注8)．

反射ノイズの性能

TECへ供給するスイッチング電力は効率的な動作を提供しますが，電源を経由してホスト・システムにノ

図16.10 室内環境で短期間のモニタリングをすると，0.001℃の冷却モードで基本的に安定になる．

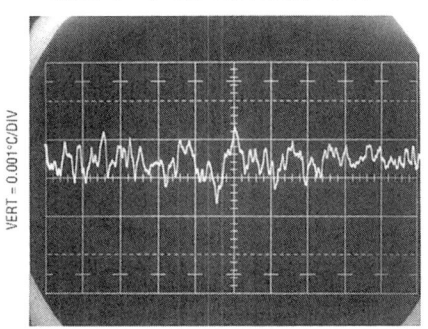

イズを注入する懸念があります．特に，スイッチング・エッジの高周波の高調波成分が電源の品質を低下させ，システム・レベルの問題を引き起こすことがあります．そのような「反射」ノイズは，扱いが非常に面倒になります．LTC1923は，スイッチング・エッジのスルーレートを制御することにより，高周波の高調波成分を最小化することで，これらの問題を回避します(注9)．スイッチング遷移を遅くすると，ノイズ性能を大きく改善する代わりに，一般的に効率を1%から2%減少させます．

図16.13は，使用中にスルーレートを制御して5Vを供給したときのノイズとリプルを示します．振幅が12mVの低周波リプルは，高周波に関係する部品とは違い，たいていの場合問題になることはありません．図16.13の時間と振幅を拡大した図16.14は，高周波成分を解析するためのものです．画面中央の測定された高周波の振幅は，約1mVです．スルーレートを制限する効果は，それを無効にすることにより図16.15で測定しています．高周波成分は，約10mVとなり，10倍ほど悪化しています．ここでは，スルーレートの制限は残しておいてください．

ノイズをこのレベルまで低下させると，ほとんどのアプリケーションは問題なく動作します．いくつかの特殊なケースでは，より低い反射ノイズを要求されるかもしれません．そのような場合，図16.16の単純な

注6：それは右側のストリップ・チャートの記録である．頑固で地域的な変人は，より現代的な選択肢を放棄して，そんな古いデバイスを使用することに固執する．深く固定された知識としてのバイアスが要因かもしれないが，技術的な利点でこの選択を説明することができる．
注7：熱利得とは，周囲と制御された温度変化の比率に対して温度制御マニアが使う用語である．
注8：追加情報については，Appendix Aを参照．
注9：この技術は先行研究されている．参考文献(1)を参照．

図16.11 長期間の冷却モードの安定度を1時間ごとに周囲20℃ステップで測定した．データは，ピークからピークまで0.008℃変化し，2500の熱利得があることを示す．0.0025℃のベースラインの傾斜は，周囲温度の変化による．

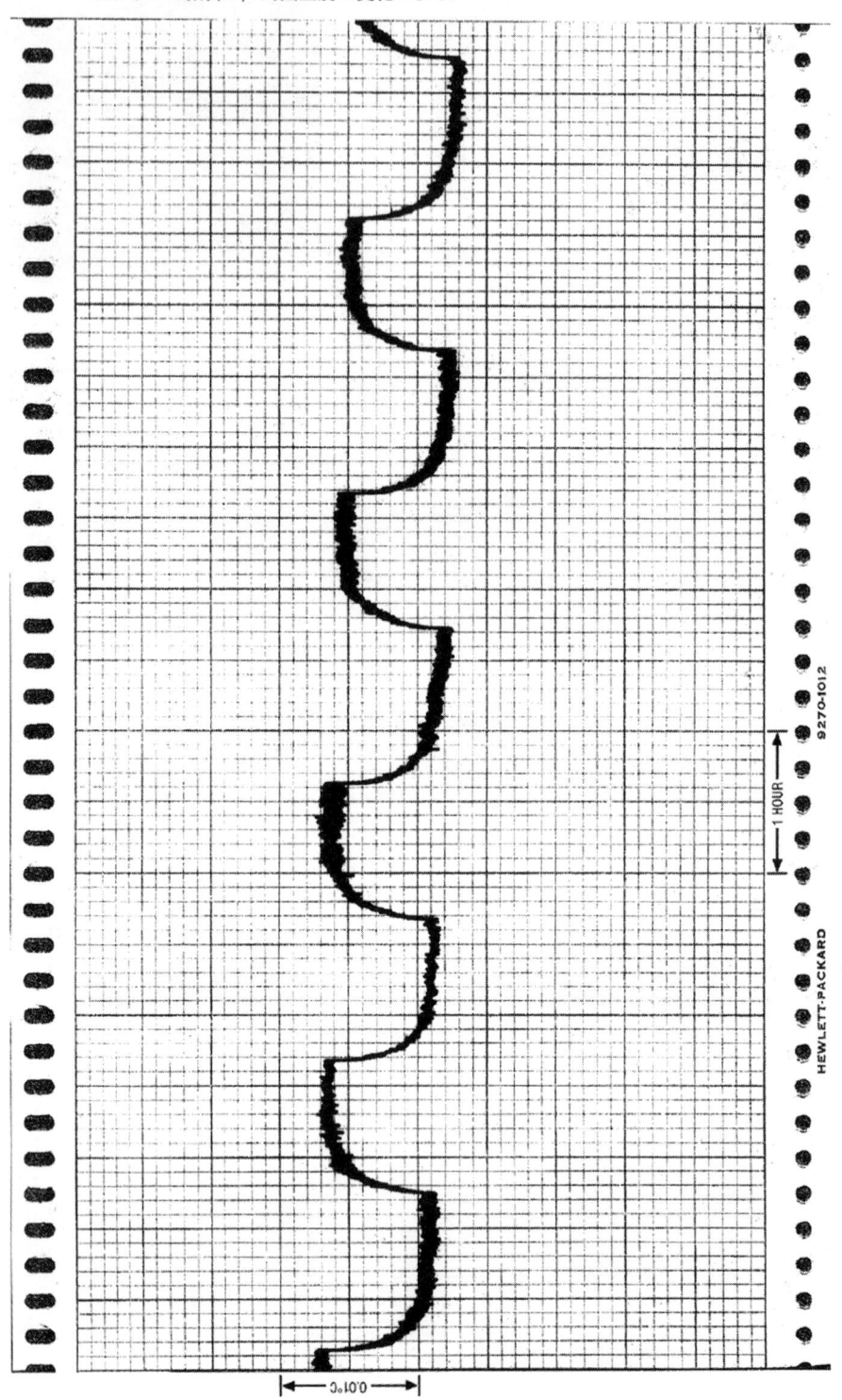

図16.12　図16.11と同じテスト環境で，加熱モードの場合．より高いTECの加熱モードの効率により，熱利得はより高くなる．ピークからピークまでの0.002℃の変化は，安定度が4倍に改善されていることがわかる．ベースラインの傾斜は，図16.11に比べて同じく4倍に改善されている．

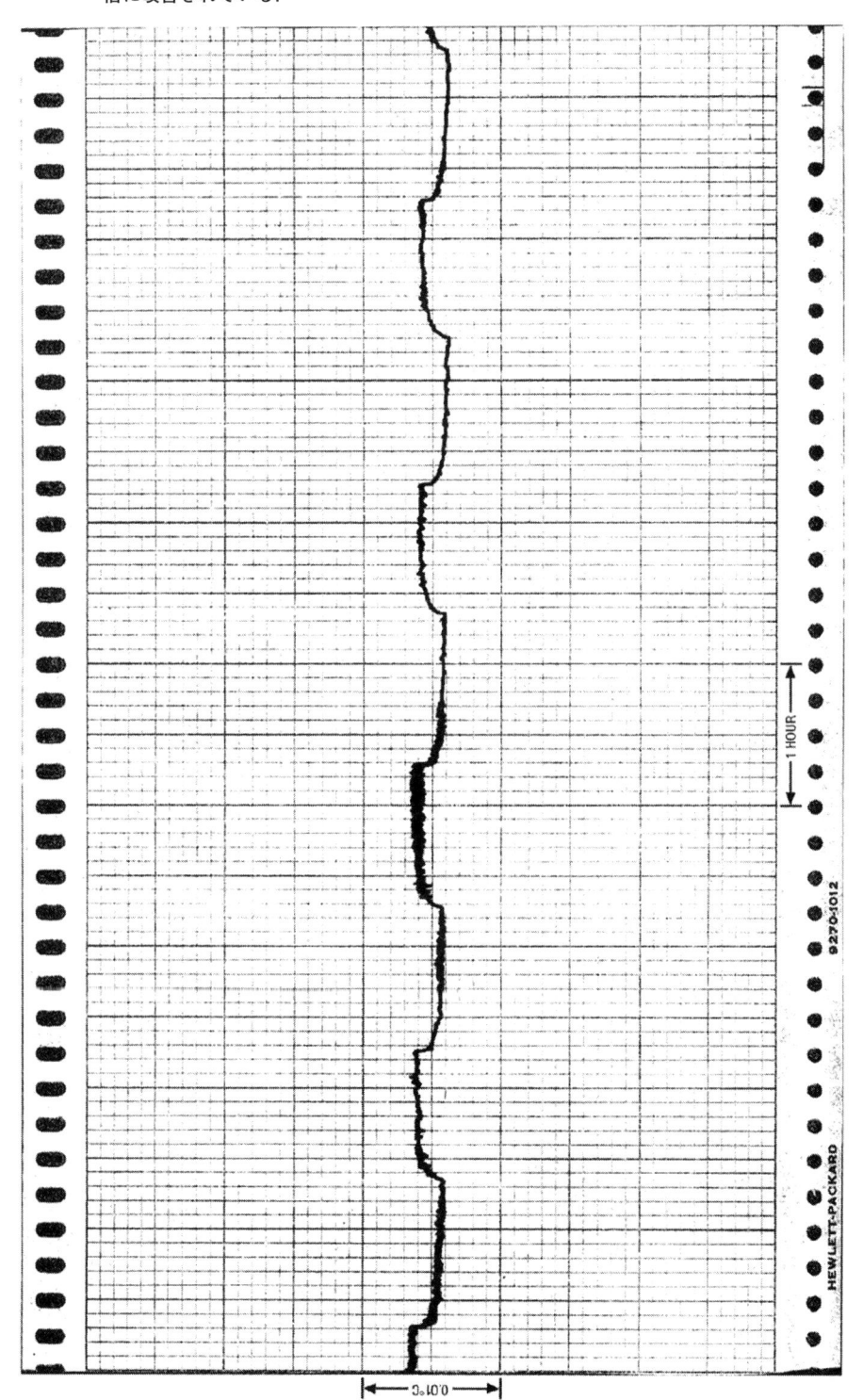

図16.13 スルーレート制限をして使用したエッジを伴ったスイッチング・レギュレータの動作により供給されるDC5V入力での「反射」ノイズ．リプルは12mV$_{p-p}$で，高調波に基づく高周波のエッジはかなり小さい．

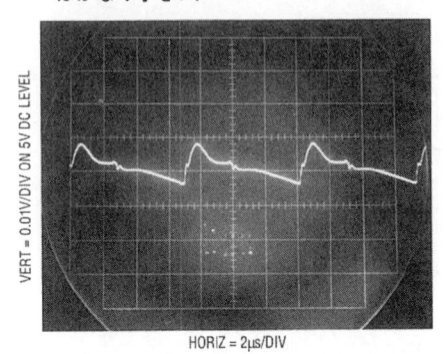

図16.14 図16.13の時間と振幅を拡大した波形．スルーレートを制限しても高周波成分が残っていることがわかる．

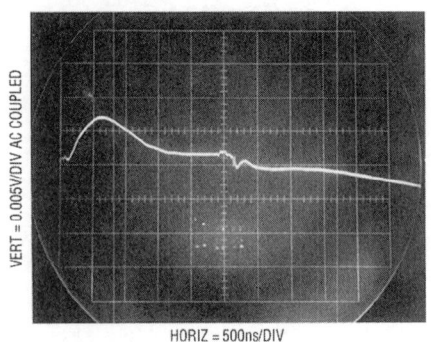

図16.15 前の図と同じテスト条件でスルーレート制限をしない場合．高周波の高調波の量は，10倍近くに上昇する．ここでスルーレート制限は残しておく．

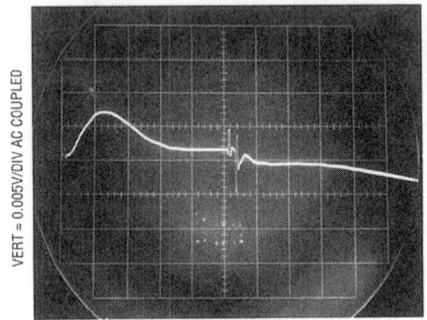

図16.16 *LC*フィルタ．1mVの反射リプルと500μVの高調波ノイズが残る．

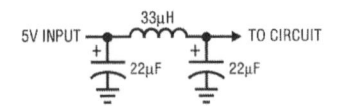

図16.17 5V電源の反射リプルは図16.16の*LC*フィルタを使用して1mVになった．図16.13に比べて10分の1になっている．高調波成分によるスイッチング・エッジはスルーレートを制限すると小さくなる．

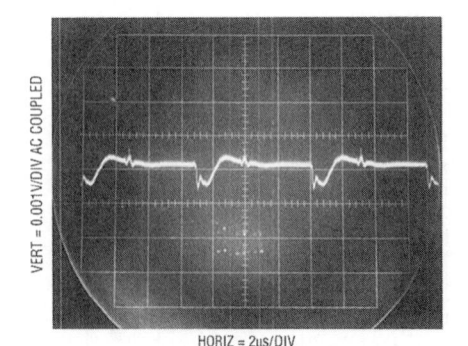

*LC*フィルタが使用できるかもしれません．LTC1923のスルーレートの制限と組み合わせると，小さな反射リプルや高周波の高調波がほとんどないくらいになります．このフィルタを採用して得られた図16.17は，高周波成分がサブ・ミリボルト・レベルで，わずか約1mVのリプルを示します．

図16.18は，高周波成分の残りを調べるために時間スケールを拡張したものです．振幅は，図16.14の読み取り値の約1/3で，500μVです．前回と同じように，スルーレート制限を無効にすることで，その効果を確認できます．その結果が図16.19です．高周波成分は約2.2mVとなり，4.4倍に増加しています．図16.15のように，もし最も低い反射ノイズが要求されるなら，スルーレート制限機能は残したままにします．

◘参考文献◘

(1) Williams J., "A Monolithic Switching Regulator with 100μV Output Noise", Linear Technology Corporation, Application Note 70, October 1997.

(2) Williams J., "Thermal Techniques in Measurement and Control Circuitry", Linear Technology Corporation, Application Note 5, December 1984.

(3) Williams J., "Temperature Controlling to Microdegrees", Massachusetts Institute of Technology Education Reserch Center, October

図16.18 水平軸を拡大すると，スルーレートを制限して動作する高周波の高調波について学習できる．増幅度は500μVで，図16.14の約3分の1である．

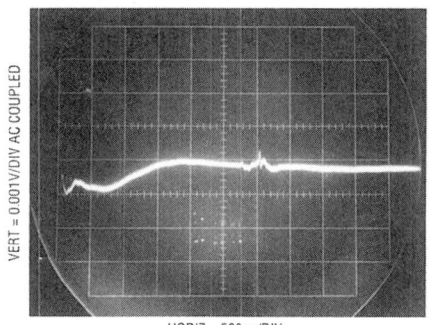

図16.19 前の図と同じ条件で，スルーレートの制限をなくした．高調波成分は2.2mVに増え，4.4倍悪化した．図16.15のように，ここでスルーレート制限機能は残しておく．

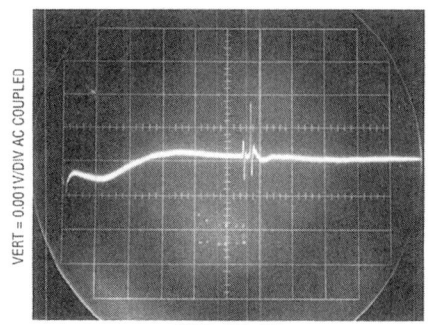

1971.

(4) Fulton S. P., "The Thermal Enzyme Probe", Thesis Massachusetts Institute of Technology, 1975.

(5) Olson J. V., "A High Stability Temperature Controlled Oven", Thesis, Massachusetts Institute of Technology, 1974.

(6) Harvey M. E., "Precision Temperature Controlled Water Bath", Review of Scientific Instruments, p.39-1, 1968.

(7) Williams J., "Designer's Guide to Temperature Control", EDN Magazine, June 20, 1977.

(8) Trolander, Harruff and Case, "Reproducibility, Stability and Linearization of Thermistor Resitance Thermometers", ISA, Fifth International Symposium on Temperature, Washington, D. C, 1971.

Appendix A 熱電クーラーによる制御ループの実際的な考察

熱電クーラー（TEC）による制御ループを実現するには，多くの実際的な問題があります．それらは，おおまかに次の3つの特徴的な分類に分けることができます．温度設定点，ループ補償およびループゲインです．各分類について簡単な解説を以下に記載します．

● 温度設定点

温度に精度と安定性を求めることは，区別しなければなりません．温度が安定している限り，温度設定点が正確であることはそれほど重要なことではありません．それぞれのレーザ出力は，ある温度（図16.1と図16.2を参照）で最大になります．温度設定点は，一般的にこのピークに達するまで値を増加させていきます．この後は，温度設定点の安定だけが要求されます．

このため，レーザ・モジュールのデータシートに記載されているサーミスタの許容差は，比較的緩くなっています（5％）．長期間（数年），温度設定点が安定しているかどうかは，時間が経過してもサーミスタが安定しているかどうかによって決定されます．サーミスタの長期安定度は，動作温度，温度サイクル，湿気およびパッケージングに関係します．レーザ・モジュールの比較的穏やかな動作状況は非常に都合がよく，長期的な安定を促進します．一般的に，モジュール製造時によいグレードのサーミスタが使われた場合，サーミスタの安定性は数年にわたって容易に0.1°C以内に収まることが予想されます．

他に温度設定点に関連することは，サーボ・ループがセンサ温度を制御することです．レーザ温度の安定性は安定したループ制御環境に依存しますが，レーザはいくつかの異なる温度で動作します．レーザの熱放散定数が固定されているという仮定は，ほとんど事実です[注1]．

● ループ補償

図16.3の「支配的ポール」補償方法は，周囲からレーザ・モジュール（図16.5参照）へ到達する長い時定数の利点を使っています．ループゲインは，TECサーミスタの遅れ（図16.6参照）に適応させるために十分に低い周波数でロールオフされます．ただし，外部周囲から来る遷移を滑らかにするためには，十分に高い周波数です．TECサーミスタとモジュールの比較的高い絶縁時定数の比（分に対して<1秒）がこのアプローチを

可能にします．より精巧な補償方法でループ応答を改善する試みは，レーザ・モジュールの熱条件が不確実なために困難に直面します．熱条件はレーザ・モジュールのブランド間で著しく変わり，特別の補償方法を実用的でなくするか，害さえ及ぼすようになります．厳しくはありませんが，「全く同一に」製造されたモジュールでさえ，この制限がまだ適用されることを記しておきます．製造において，熱条件の許容差を厳しく維持することは非常に難しいことです．単純な支配的ポール補償方式は，さまざまなレーザ・モジュールのタイプに関係せずに，優れたループ応答を提供します．そのような方法で進めます．

● ループゲイン

ループゲインは，電気的利得と熱的利得の両方で決定されます．このもっとも特徴的な例は，加熱モードと冷却モードでTEC利得が異なることです．本文（図16.11と図16.12）で記述したとおり，加熱モードの方がより高いゲインが得られ，その結果，より高い安定性が得られます．そのことは，望ましくない結果を避けるため，ループゲイン帯域幅の限界が加熱モードにおいて決定されるべきであることを意味しています．図16.3に示したループゲインと補償値は，これを反映しています．モードによりループゲイン帯域幅を変えることで，より良くすることは確かに可能ですが，恐らく性能の向上にはそれほどの価値はありません[注2]．

TECは，効率を温度に依存しているヒート・ポンプであることを覚えておくことは重要です．利得は効率で変化し，効率が減少すると温度安定性も低下します．レーザ・モジュールは，さまざまな形状のヒートシンクと結合されます[注3]．扱っているわずかな電力量では大きな容量のヒート・シンクを必要としませんが，適切な熱流量は維持されなければなりません．通常，グラウンド・プレーンが熱的にバイアスされていない場合，回路の銅グラウンド・プレーンにモジュールをつなげば十分です．

注1：学術的には，この現象もまたセンサの動作において生じるということに気がつく．厳密に言えば，センサは恒温環境より微かながら温度を上昇させて動作する．その熱放散定数は固定されていると仮定するが，それは本質的である．したがって，その温度は安定している．
注2：LTC1923の「熱冷」ステータス・ピンは魅力的である．
注3：そう．これはできの悪いものでも使う必要があることを意味する．それほど劣悪ではない選択肢として，熱伝導性ガスケットがある．それらはほぼ同程度である．

第17章

光ファイバ・レーザの電流源
おもしろい電流事例の概要

Jim Williams, 訳：堀米 毅

大きな市場になった光ファイバ・レーザでは，DC電流が供給されます．変調を加えた電流源が信号経路に沿ってより遠くまで供給されることにより，レーザは駆動されます．電流源の概念は単純ですが，非常に扱いにくい設計上の問題を提起します．光ファイバの電流源には多くの現実的な要求項目があり，それらを考慮しないとレーザや光学部品の破壊を引き起こすことがあります．

光ファイバ・レーザ用電流源の設計基準

図17.1は，レーザの電流源の考え方を示します．入力には，電流出力プログラム・ポート，出力電流クランプ，イネーブル・コマンド用があります．出力は，レーザへの電流だけです．このブロック図は一見単純ですが，実際にはレーザの電流源は多くの必要条件を満たさなければなりません．設計が成功する鍵は，個々のシステムの必要条件を完全に理解することです．

すべての必要条件はいくつかの基礎的な概念に従わなければなりませんが，様々なアプローチは自由と制約という異なる組み合わせで行われます．レーザの電流源に対して2つの基本的な考え方があります．それは，パフォーマンス（性能）とプロテクション（保護）です．性能については，電流源のすべての条件，出力接続制限，電圧適合性，効率，プログラミング・インターフェースおよび必要な電力の大きさと安定性などがあります．また，保護の機能は，レーザや光学部品の損傷を防ぐために必要です．レーザは高価で壊れやすいデバイスなので，ランプが上下して供給されたり，制御入力コマンドが不適切であったり，負荷との接続がオープンまたは断続したり，"ホット・プラグ"であるといった，すべての条件下で保護されなければなりません．

性能問題の詳細な検討

設計目標を明確にするために上記の議論を展開することは有益ですから，それぞれの課題と問題について，次に詳細に述べていきます．

● 必要な電源

入手可能な電源を明確にしなければなりません．単一の5V電源が，現在のところ最も一般的で望ましいものです．電源の許容差は，標準で±5%に抑える必要があります．システムに分配される電圧降下は，負荷のところでは驚くほど低い電圧になっているかもしれません．非常にまれにですが，分割配線は役に立ちます．しかし，分割配線の動作は，電源を供給中のレーザの保護を複雑にします．その詳細については，下記の追加コメントを参照してください．

● 出力電流容量

低電力レーザは250mA未満で動作しますが，高電力タイプでは2.5Aまで要求されます．

● 出力電圧適合性（最大電圧）

電流源の出力電圧適合性は，レーザの順方向電圧および駆動経路内のすべての電圧降下に適応できるよう

図17.1 レーザ電流源の考え方は，一見やさしそうに見える．実際のシステムの作成では，レーザは壊れやすいので注意深く設計しなければならない．

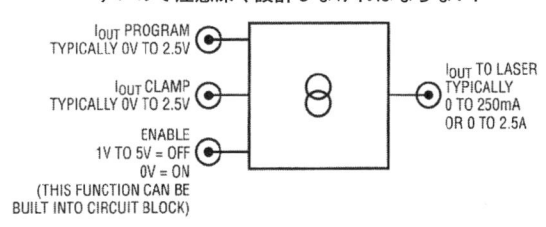

にしなければなりません．標準的には，2.5Vの電圧適合性が適切です．

● 効率

　光ファイバ・システムで発生する熱は，空間の制約によるものです．したがって，電源の効率が問題になります．低い電流の場合，リニア・レギュレータがたいていの場合は適しているのですが，高い電流の場合にはスイッチング・レギュレータが必要になります．

● レーザ接続

　場合によっては，レーザがグラウンドから浮いてしまうことがあります．他のアプリケーションでは，アノードやカソードを接地する必要があります．アノードの接地は負電源になりますが，スイッチング・レギュレータ技術を使用すれば，単一電源動作を維持することができます．

● 出力電流のプログラミング

　出力電流は，プログラム可能なポート電圧によって決められます．電圧は，ポテンショメータ，DAC，あるいはフィルタ付きのPWMにより供給されます．標準的には，0Vから2.5Vの範囲では0～250mAあるいは0～2.5Aに相当します．もっとよい許容差も容易に達成できますが，設定点の精度は通常0.5%以内になります．下記のとおり，出力電流を安定させることはかなり大変です．

● 安定性

　電流源は，配線，負荷，温度変化に対して十分に制御されていなければなりません．配線と負荷の変動は，標準的な温度ドリフトである0.01%において，0.05%以内に保持します．適切な部品を選べば，これらの数値を改善できる場合があります．

● 雑音

　レーザ出力を変調させる電流源ノイズは，最小化しなければなりません．標準的には，100MHzのノイズ帯域幅が重要です．直線的で安定した電流源は本質的に低ノイズであり，通常問題は起こりません．スイッチング・レギュレータによる電流源には，低ノイズを維持するために特殊な技術が要求されます．

● 過渡応答

　電流源には高速な過渡応答は必要ありませんが，どんな環境の元でもプログラムされた電流をオーバシュートさせてはいけません．そのようなオーバシュートは，レーザや関連する光学部品を破損させることがあります．

レーザ保護問題の詳細な議論

● オーバシュート

　上で述べたように，普通にプログラムされた電流出力のオーバシュートは有害です．どのように不適切な制御入力や電源のオン/オフ特性を組み合わせた場合でも，それを考慮しなければなりません．また，いかなる条件の元でも，どのようなレーザ電流のスプリアスも許容できません．回路の電流源の部分は，電源が立ち上がり/立ち下がりする間，不必要で予期しない応答になるかもしれません．したがって，設計は非常に困難になります．

● イネーブル

　イネーブル・ラインは，電流源の出力を止めることができます．すなわち，イネーブル・ラインは電源が立ち上がっている間，不要な出力を防ぐために電流出力を止めておくことができます．イネーブル信号の回路には，レーザを駆動しているのと同じ電源が供給されますが，これは際どい方法です．イネーブル信号は，電源の立ち下がりプロファイルとは無関係に動作しなければなりません．この信号を生成させる必要がある場合を除いて，イネーブル機能は自由に電流源に包含させることができます．

● 出力電流のクランプ

　出力電流のクランプは，出力電流プログラミング・コマンドに関係なく，最大出力電流に設定します．この電圧制御入力は，ポテンショメータ，DAC，フィルタリングされたPWMによって設定することができます．

● オープンなレーザの保護

　負荷が接続されていなければ，保護されていない電流源の出力は最大電圧まで上昇します．この状況は，レーザを潜在的に破壊しかねない現象である「ホット・プラグ」に導きます．断続的にレーザに接続すること

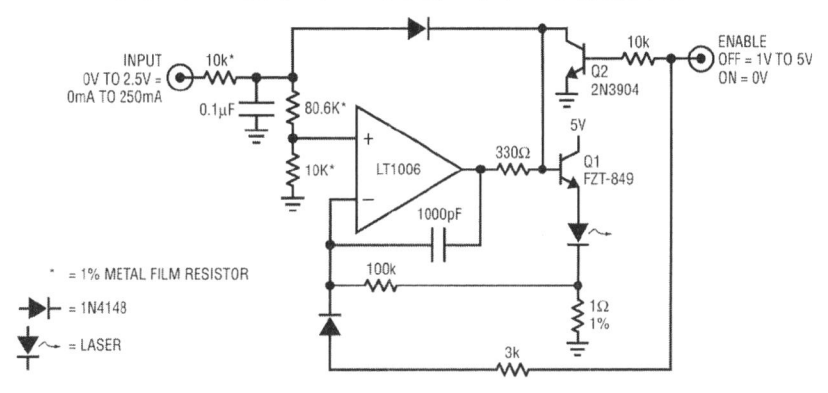

図17.2 電流源は基本的に，レーザ端子をグラウンドから切り離して動作させる．アンプは入力の0.1Ωのシャント抵抗と比較しながら電流を制御する．電源が安定するまでバイアスをイネーブルにすると，スプリアス出力を防げる．

基本的な電流源

図17.2は基本的なレーザ電流源で，Q_1によって250mAを供給します．この回路は，両方のレーザ端子が浮いている必要があります．プログラミング入力によって電位が指示された1Ωのシャント電圧を維持することにより，アンプはレーザ電流を制御します．アンプの部分的な補償はループを安定化し，0.1μFのコンデンサは入力コマンドをフィルタリングします．そして，ループが決してスルーレートに制限をかけないように保証します．これは，プログラム入力の動特性のため，オーバシュートを防ぎます．

イネーブル入力は，Q_1のベースに接地すると同時に，アンプの－入力を"H"にバイアスしながら＋入力を固定しておくことで電流源をオフします．また，この組み合わせは，イネーブルが"L"に切り替わったとき，必要な出力電流までアンプがスムーズに立ち上がることを保証します．イネーブル入力は，電源が動作範囲内にあることを確認した後で切り替わる外部「ウォッチドッグ」により処理されなければなりません．外部の回路が電流源と同じ電源で動作するかもしれないので，イネーブルのしきい値は1Vに設定します．1Vのしきい値は，電源が供給されている間は，イネーブル入力が低い電源電圧で電流源の出力を支配していることを保証します．これは，最小の電源電圧以下で予測できないアンプの振る舞いにより出力にスプリアスが入ることを防ぎます．

高効率で基本的な電流源

前の回路は，フィードバック・ループを構築するためにQ_1の線形制御を使用しています．このアプローチは，効率を犠牲にして簡易性を重視したものです．Q_1の電力損失は，ある条件の元では1W近くになります．多くのアプリケーションではこれを許容しますが，ある状況においては，発熱を最小化することが要求されます．図17.3は，Q_1を降圧スイッチング・レギュレータに置き換えることで発熱を最小化しています．スイッチ・モードで電力を供給すると，トランジスタの発熱のほとんどすべてを除去できます．

図は，LTC1504スイッチング・レギュレータを追加したことを除くと，図17.2の線形的なアプローチと類

注1：「愚か者は天使が踏むことを恐れるところに殺到する」，1771年のA.ポープのエッセイ．

は，同様の良くない結果を生じます．負荷が接続されていなければ，電流源の出力はラッチしておくべきです．電源を再び利用する際にラッチをはずしますが，それは負荷が接続されている場合だけです．

レーザの電源を設計する場合，前述の通り，相当な注意が必要です．不確かさが懸念されるものと組み合わせる繊細で高価な負荷には，十分な注意を払わなければなりません[注1]．以降の回路例は，（おそらく）実用的で使用可能な回路です．様々なアプローチを広範囲のアプリケーションと一緒に示します．設計例は直接利用したり，あるいは特殊なケースの出発点として役に立ちます．

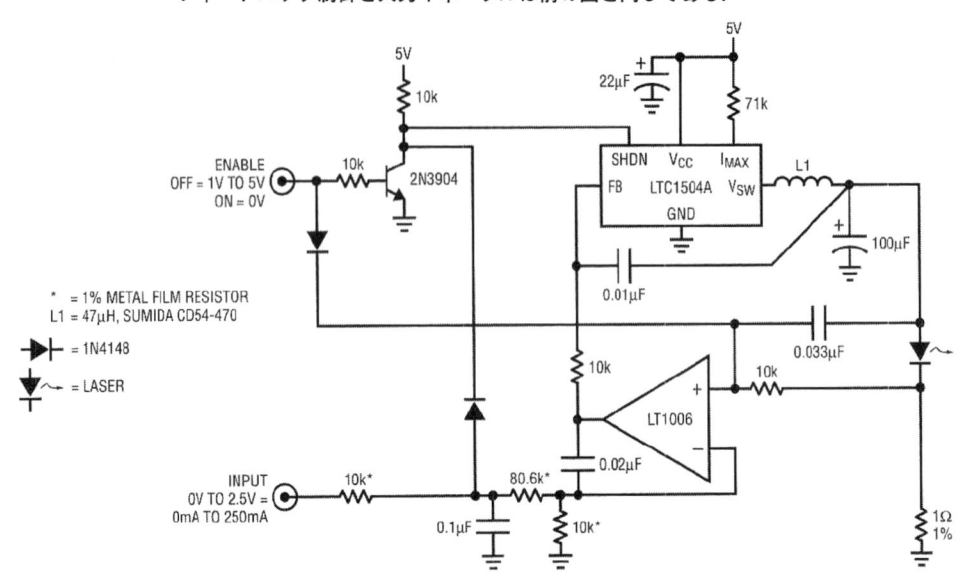

図17.3 より効率を求めて，図17.2のQ$_1$をスイッチング・レギュレータに置き換えた．フィードバック制御と入力イネーブルは前の図と同じである．

似しています．スイッチング・レギュレータの入力（V_{CC}），フィードバック（FB），出力（V_{SW}）をトランジスタのコレクタ，ベース，エミッタに例えるとわかりやすいでしょう．この例えは，スイッチ・モード版では効率が高く，2つの回路が非常に似た動作特性を持っていることを明らかにします．LTC1504の出力のLCフィルタは，ループ補償に注意が必要ですが，位相をシフトします．アンプの局所的なロールオフは，位相に影響するACフィードバックの要素（0.01μFと0.033μFのコンデンサ）に優れたループ・ダンピングを必要としますが，図17.2と似ています．イネーブルとプログラミング入力の考察を含め，他のすべての点で，この回路の動作は図17.2と同一です．

カソードを接地した電流源

ときどき要求されるのですが，図17.4はアノード電流を検出することにより，レーザのカソードを接地することを可能にしています．それにはA$_1$を利用します．これは，500mAの出力容量を持ち，プログラマブルな出力電流制限機能を備えたデバイスです．A$_1$は1Ωのシャント抵抗を流れる出力電流を検出し，回路の電流プログラム入力で制御して制限をかけます．A$_1$は，レーザに関してユニティゲインとなるように設定し，＋入力がレーザ電圧のクランプ入力として制御するよ

うにします．V_{CLAMP}入力より下のレーザ電圧ではA$_1$が電流源になり，プログラミング入力で設定された電流によって制御されます．レーザ電圧と等しいか，V_{CLAMP}入力より上なら，A$_1$はV_{CLAMP}の値によって制御される電圧源になります．これは，V_{CLAMP}入力によりレーザ端子を通る最大電圧を制限することを可能にします．

イネーブル機能は同様に，前述したように動作します．また，1μFのコンデンサは，安全で，よくスピードを遅らせるように出力の動きを制限します．レーザをシャントするダイオードは，電源シーケンスにおいて逆方向にバイアスされるのを防ぎます．負電源が消失したり，あまりに遅いシーケンスであったなら，1N5817は制御されていない＋出力を保護します．この回路の簡易さとレーザ接続の多様さ（うまく修正するとアノードを接地して動作させることを可能にする）は魅力的ですが，A$_1$に負電源が必要になることは不利かもしれません．負電源を供給することは，イネーブル入力に必要な外部「ウォッチドッグ」回路を複雑にします．最悪の場合，ホスト・システムにおいては全く利用できないかもしれません．

図17.4 配線を分離しなければならないが，LT1970パワー・アンプ／電流源はレーザのカソードを接地してもよい．適切に調整すれば，アノードを接地して動作させることができる．電源が検証されるまで，イネーブル入力はバイアスされなければならない．

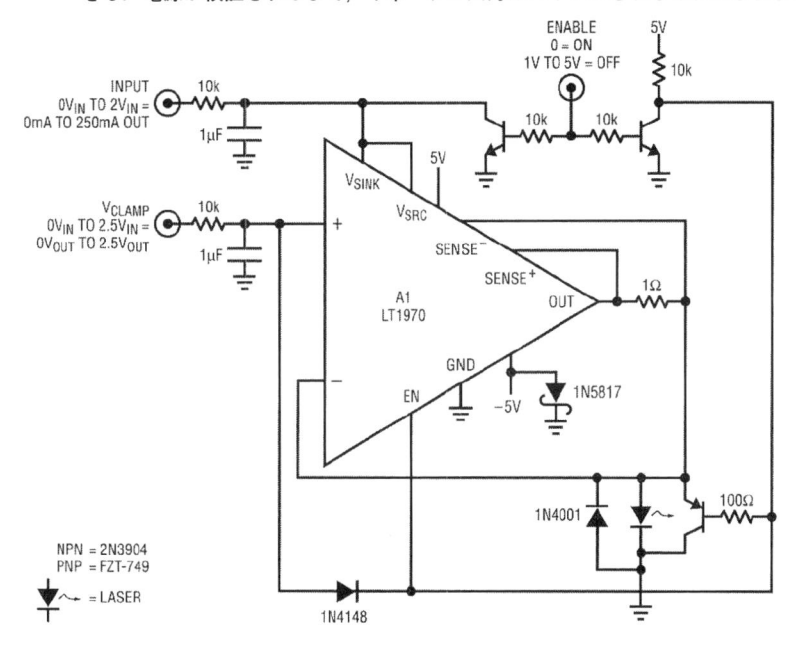

図17.5 シャント電圧を別々に検出することにより，単電源で駆動するレーザのカソードを接地可能にする．ループとイネーブル入力に関する考察は，前の図に従う．

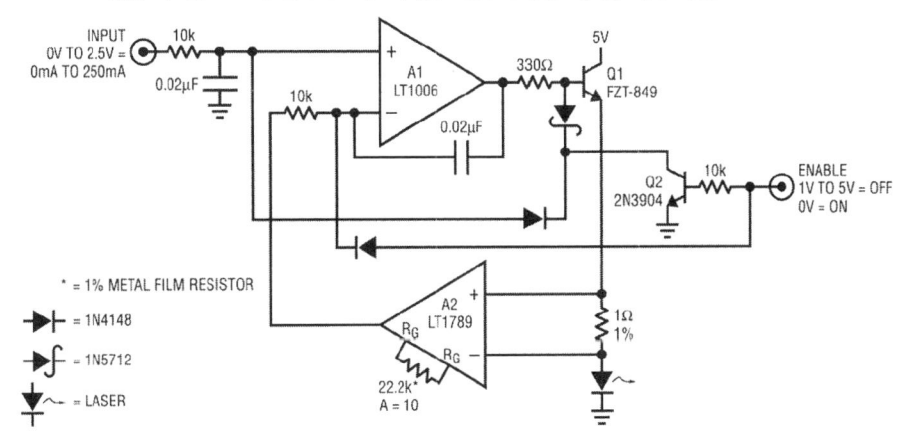

単一電源でカソードを接地した電流源

図17.5は，単一電源で動作するときに，カソードを接地して動作する図17.4を加工したものです．この回路は顕著な例外を除いて，図17.2を思い出させます．ここで差動アンプA_2は，カソードを接地することで，レーザのアノードをシャント電流が流れるのを検出します．A_2の利得スケール出力は，ループが閉じるようにA_1にフィードバックします．ループ補償とイネーブル入力の考察は，前の例に関係しています．前のように，Q_1はスイッチング・レギュレータに置き換えることができます．

完全に保護された自己イネーブルのカソード接地電流源

図17.5の要素はすべて図17.6で再び使用されているので，それらに関する追加コメントは不要です．しかし，この回路が完全に保護されて，自己制御方式で動作することを受け入れるために，3つの新しい仕様が出てきます．回路が自分の電源を監視すること，電源が限界になったときに「自己イネーブル」すること，前もって要求された「イネーブル」ポートと外部「ウォッチドッグ」を取り除くことです．電源が範囲内にある場合，その回路は電源をモニタして設定された電流にクランプし，オープンしたレーザを保護してレーザの損傷を防ぎます．

自己イネーブルは，LT1431のシャント・レギュレータの周辺に設計されます．これは，最小電源電圧以下で動作するとき，予測可能なオープン・コレクタ出力を維持する非常に望ましい特性を持っています．最初のオンで電源電圧が非常に低いと(例えば，1V)，LT1431の出力はスイッチせずに，電流はQ_3のベースに流れます．Q_3がオンすると，Q_1のベースがバイアスを受けないようにします．さらに，回路電流のプログラミング入力はプルダウンされ，A_1の－入力が駆動されます．

この方法は，Q_3がオフするまでレーザに電流が流れないことを保証します．さらに，Q_3がオフになると，A_1の出力は明らかに必要なプログラム電流まで達します．LT1431の「REF」入力の抵抗値は，V_{SUPPLY}が4Vを超えるときにデバイスが"L"になるように指定します．この電位は，適切な回路動作を保証します．図17.7は，電源のスタートアップ時の波形です．波形Aは，普通は5Vですが，5Vに達するまで3msかかります．このインターバルの間，LT1431(波形B)は，Q_3がオンにバイアスされて上昇します．A_1の出力(波形C)はこの期間制御できませんが，Q_1のエミッタ(波形D)は，Q_3が導通し，妨害を避けられないのでカットオフされます．その結果，この間，レーザには電流(波形E)が流れません．電源(波形A)が4Vを超えると(ちょうど写真の4番目の垂直線の前)，LT1431は"L"(波形B)に切り替わり，Q_3はオフになって回路は「自己イネーブル」になります．A_1の出力(波形C)はQ_1のエミッタ(波形D)と共に上昇し，レーザ電流(波形E)はこの動きに追従します．この動作は，低電源電圧における予期しない回路の振る舞いに関係なく，電源がオンして

図17.6 「自己イネーブル」が可能になった図17.5の回路は，電源をモニタして，V_{supply}=4Vのときに動作する．電流とオープンにしたレーザ・クランプは，レーザを保護する．

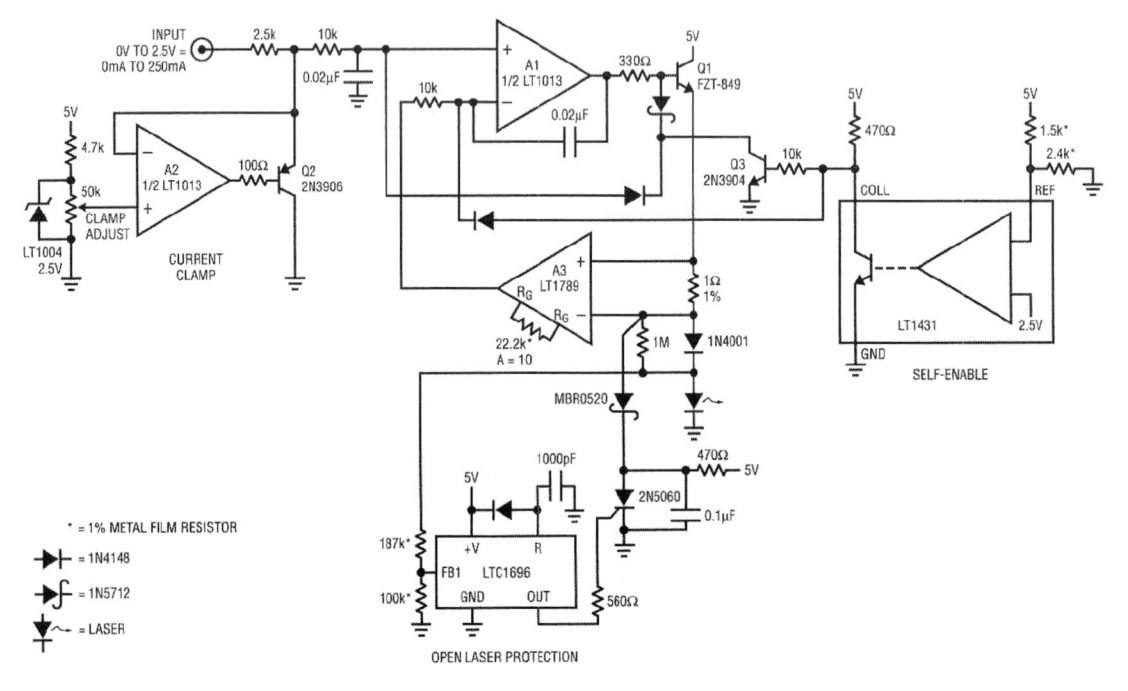

完全に保護された自己イネーブルのカソード接地電流源 | 361

図17.7 図17.6の電源供給アプリケーション中の波形（波形A）．波形Bと波形Cは，それぞれLT1431とA₁の出力．Q₁のエミッタ（波形D）は電力利得を提供する．フィードバックはレーザ電流（波形E）を決める．悪化したレーザ電流（波形E）により電源が暴れている間，自己イネーブル回路はA₁出力のスプリアス（波形C）を防ぐ．

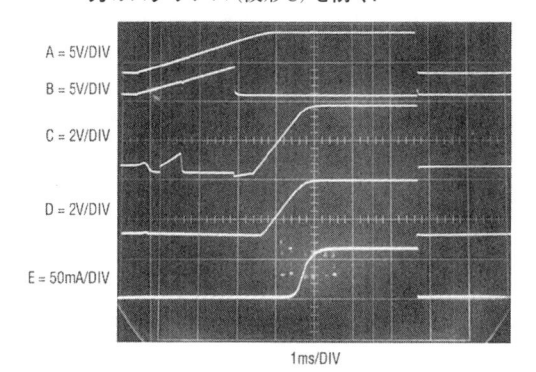

図17.8 波形Aの入力ステップに応答する図17.6の回路の出力（波形B）．波形Bのレーザ電流は，ダンピングを制御し，オーバシュートがない．

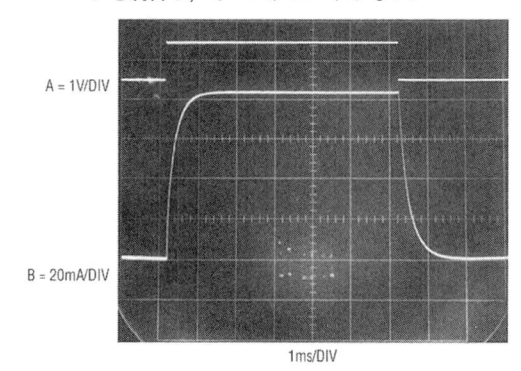

図17.9 図17.6のオープン・レーザ保護は，正常なオンの間は動作しない．波形Aは電源，波形Bはレーザ電圧，波形CはLTC1696の出力，波形Dはレーザ電流．LTC1696の過電圧しきい値は限界を越えておらず，SCRにはバイアスがかかっておらず（波形C），レーザには電流が流れている（波形D）．

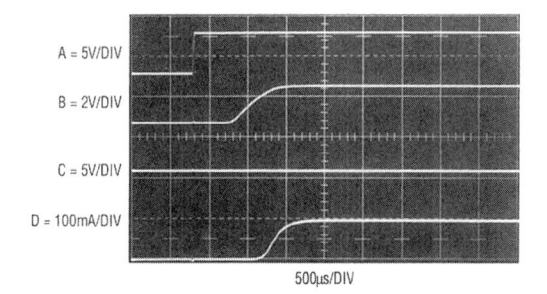

いる間は，レーザへのいかなる不要な電流も防ぎます．

電源のオンは，レーザ電流が制御されている時間だけではありません．プログラミング入力の変更に応じて，同様に振る舞わなければなりません．**図17.8**は，プログラミング入力のステップ（波形A）に対するレーザ電流の応答（波形B）を示します．オーバシュートの兆候もなく，うまくダンピングされています．

さらに回路には，オープン・レーザ保護も含まれています．電流源がオープン負荷（レーザがない状態）で動作すれば，レーザの出力端子は最大電圧になります．この状況は，潜在的に破壊的な故障につながる可能性がある「ホット・プラグ」をレーザに生じます．断続的にレーザに接続されると，同様の好ましくない結果を生むことになります．LTC1696の過電圧保護コントローラは，オープンになる動作からレーザを保護します．そのフィードバック入力（FB）が0.88Vを超えると，このデバイスの出力は"H"にラッチされます．ここで，FBピンはバイアスされ，2.5Vを超えるレーザ出力電圧でLTC1696を"H"にし，レーザから電流をシャントするようにSCRにトリガをかけます．470Ωの抵抗はSCRに保持電流を供給し，ダイオードは出力に電流が流れないように保証します．

図17.9は，電源がオンし，レーザが適切に接続されているときの詳細を示します．波形Aは電源電圧，波形Bはレーザ電圧，波形CはLTC1696の出力，波形Dはレーザ電流を示します．波形は，電源がオン（波形A）

したとき，約2Vまで上昇するレーザ電圧（波形B）を示します．これらの通常の状態では，LTC1696の出力（波形C）は"L"を維持し，レーザ電流（波形D）はプログラムされた値に上昇します．

図17.10は，オープンしたレーザ接続で回路がオンしたとき，何が起こるかを示しています．波形のようすは，以前の写真と同じです．電源のオン（波形A）で，レーザ電圧（波形B）は2.5Vのオープンしたレーザのしきい値を超えて遷移しています．LTC1696の出力（波形C）は"H"になり，SCRはラッチの状態であり，シャントされたレーザの配線（波形D）には電流は流れません．一旦これが生じれば，LTC1696-SCRのラッチをリセットするために電源もリセットしなければなりません．もし，レーザが適切に接続されていなければ，回路は保護動作を繰り返します．オープンしたレーザの

図17.10 オープン・レーザ保護回路は，オープンにしたレーザのオンに応答する．波形の指示は前の図と同じである．レーザ・ライン(波形B)が過電圧しきい値を超えると，LTC1696の出力(波形C)を生じ，オープンのレーザ・ラインをクランプするようにSCRをバイアスする．波形Dのレーザ配線には電流が流れない(図17.9に対し，測定感度は100倍であることに注意する)．

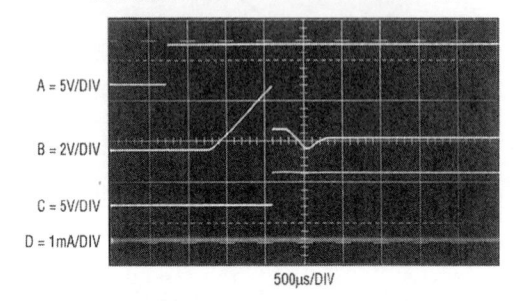

図17.11 プログラミング入力に反応する図17.6の電流クランプは，オーバードライブになる．プログラミング入力(波形A)，Q_2のエミッタ(波形B)，A_2の出力(波形C)，A_1の＋入力(波形D)，レーザ電流(波形E)．プログラミング入力がクランプのしきい値を越えたとき，Q_2のエミッタ(波形B)をクランプするため，A_2はいきなりスイング(波形C)する．安全なレーザ電流が維持されれば(波形E)，A_1と入力(波形D)は，クランプ・レベルになる．

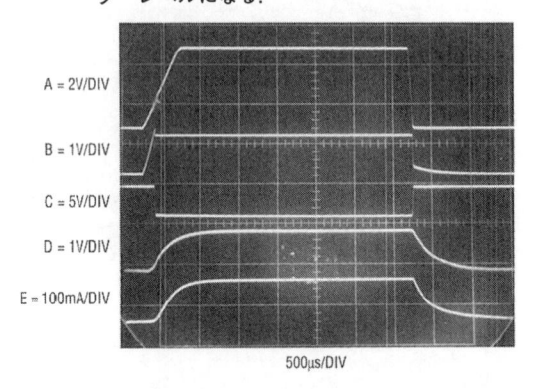

保護は，オン時に限定されるものではありません．さらに，正常な回路動作中にレーザが接続されなければ，それが動作することになります．

図17.6の中の最後の保護機能は，電流クランプです．それは，制御されていないプログラミング入力が，それらを設定できるレベルにクランプすることにより，送信されるのを防ぎます．A_2，Q_2および関連する部品によりクランプを形成します．通常は，A_2の＋入力は，回路のプログラミング入力(Q_2のエミッタ電圧)の上にあり，A_2の出力は"H"，Q_2はオフの状態です．プログラミング入力がA_2の＋入力レベルを越えたなら，A_2は"L"になり，Q_2はオンして，アンプのフィードバックはQ_2のエミッタを「クランプ調整」電位に制御します．これはA_1入力を「クランプ調整」に設定することで，レーザ電流がオーバードライブするのを防ぎます．クランプ動作は，A_1の10kΩと0.02μFの入力フィルタがあるため，有効であるために特に高速である必要はありません．図17.11の波形は，プログラミング入力のオーバードライブに対するクランプの応答を示します．プログラミング入力(波形A)がクランプのプリセット・レベルを超えると，Q_2のエミッタ(波形B)は下へ振れ，同様にA_2の出力(波形C)も下に振れます．A_2のフィードバックはQ_2のエミッタをクランプ・レベルに制御し，10kΩと0.02μFのフィルタに加えた電圧を抑制します．フィルタの帯域は瞬時のクランプ動作を制限し，A_1の＋入力(波形D)をなめらかなコーナにします．A_1のクランプされた入力は，レーザ電流(波形E)を同じ形状のクランプされたものにします．

プログラミング入力が「クランプ調整」にセットしたところより下に落ちるまで，クランプはアクティブです．

カソードを接地した2.5A電流源

図17.3および図17.6から導かれた図17.12は，カソードを接地したレーザに2.5Aまで供給しているようすを示します．A_1は制御アンプであり，出力電流はLT1506スイッチング・レギュレータによって効率的に伝達され，A_2は0.1Wのシャント抵抗によってレーザ電流を検出します．ループ動作は，A_2から来てA_1へDCフィードバックを行う，図17.3および図17.6で示した記述に類似しています．周波数補償は前の図と異なります．安定したループ動作は，L_1に関連する2つのネットワークによって増幅されて，A_1で局所的なロールオフになります．中間帯域は，LT1506のV_{SW}の出力動作のフィルタ(1kΩ-0.47μF)のフィードバックにより規定されます．330Ω-0.05μFのペアによって構成する広帯域は，エッジの応答で最適化します．図17.13の波形は動特性を示します．波形Aの入力ステップは，A_1の＋入力(波形B)でフィルタを形成することになります．ループは，レーザ波形を確実に波形Cにより描いています．

ここで示されているように，図17.6の「自己イネーブル」機能が使用されるかもしれませんが，回路は外

カソードを接地した2.5A電流源　363

図17.12　図17.6のスイッチ・モード版は2.5A出力である．フィードバック・ループ補償は，スイッチング・レギュレータの遅れを調整する．クランプ，保護，自己イネーブル回路は，オプションである．

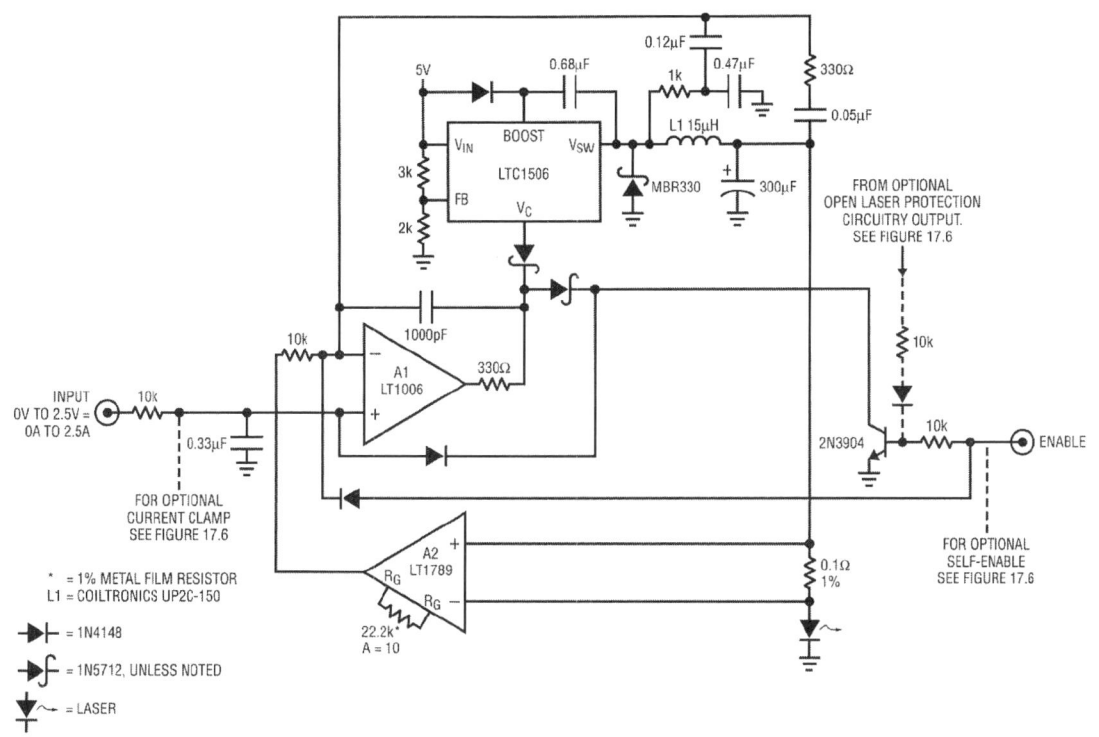

図17.13　入力ステップに対する2.5Aの電流波形（波形A）．A_1の入力フィルタ（波形B）はスムースなステップ応答で，波形Cも似たようなシャープなレーザ電流になっている．

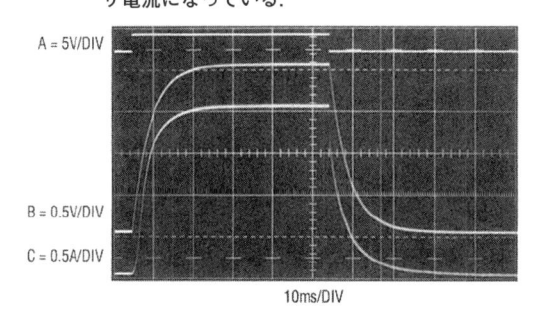

図17.14　非常に高い電流源ノイズはスイッチング・レギュレータの基本的なリプルと高調波成分を含んでいる．$800\mu A_{p-p}$のノイズは，2AのDC出力の約0.05%である．

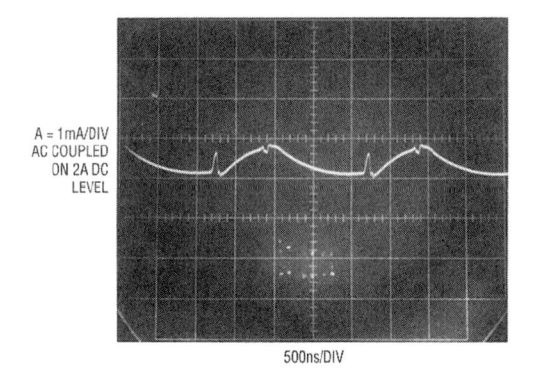

部から制御されるイネーブル機能を持っています．同様に，図17.6の電流クランプおよびオープン・レーザ保護は，この回路でも使用されるかもしれません．

この回路のスイッチ・モードによるエネルギ伝達はハイパワーであり，高効率ですが，出力ノイズは問題になるかもしれません．スイッチング・レギュレータの動作と関連する高調波成分の残りが，レーザ電流に中に現れます．レーザ出力に現れる合成された低レベ

ルの変調は，いくつかのアプリケーションにおいて問題になるかもしれません．図17.14は，2Aのレーザ電流出力の中にスイッチング・レギュレータによる約$800\mu A_{p-p}$のノイズを示しています[注2]．この不要な成分は，基本的なリプルと高調波に関連するスイッチング遷移が原因です．以下の回路は，本質的に低ノイ

ズ仕様ですが，この0.05%のノイズはほとんどの光学システムに要求される値以下です．

0.001%のノイズの カソードを接地した2A電流源

前の回路のノイズ成分が0.05%というのは，多くの光学システムのアプリケーションに適しています．もっと厳しい要求がある場合は，ノイズ成分が非常に低い図17.15が役に立つでしょう．このカソードを接地した2Aの回路には，$20\mu A_{p-p}$のノイズ（約0.001%）しかありません．特別なスイッチング・レギュレータ技術を，この性能を達成するために使います．多くのノイズを減少させるには，レギュレータのパワー段に

図17.15 0.001%のノイズのある2Aのレーザ電流源はカソード出力を接地している．
クランプ，保護，自己イネーブル回路が必要かもしれない．

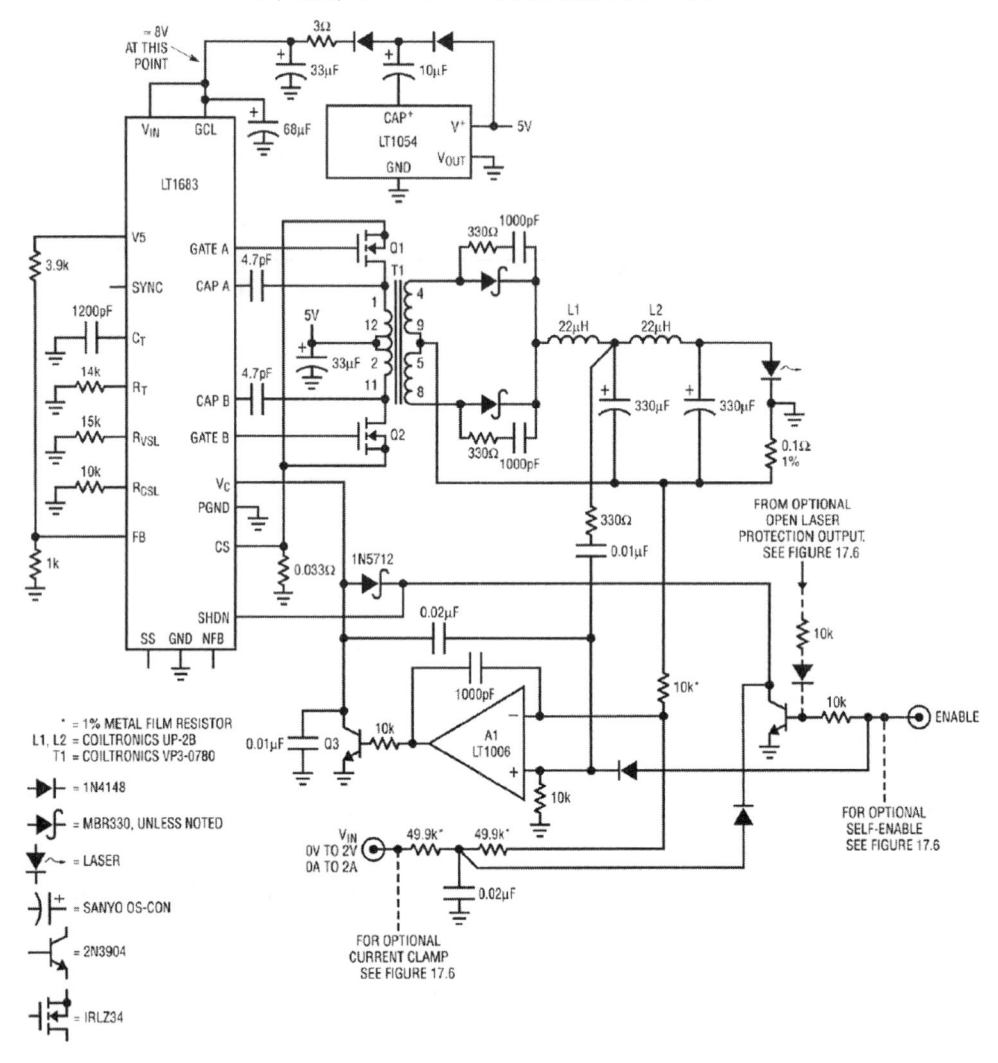

注2：規則的に生じるものや一貫したものは，ノイズには含まない．そのため，スイッチング・レギュレータ出力を「ノイズ」というのは誤りである．残念ながら，制御された出力において望まないものは，常に「ノイズ」と呼ばれる．したがって，技術的には正しくないが，この本では希望しない出力信号をすべて「ノイズ」として扱う．参考文献(7)を参照．

おいてエッジのスイッチング速度を制限することにより達成します(注3)．Q_1とQ_2がスイッチする電圧と電流の立ち上がり時間は，LT1683のパルス幅変調によって制御されます．LT1683の出力段は，エッジ時間を検出して制御するローカル・ループにおいてQ_1とQ_2を操作します．トランジスタの電圧情報は4.7pFのコンデンサによってフィードバックされます．電流の状況は0.033Ωのシャント抵抗によるもので，さらにフィードバックします．この方法は，電源や負荷変動にかかわらずPWMコントロール・チップがトランジスタのスイッチング時間を固定することを可能にします．遷移速度は，LT1683のコントローラに関連した抵抗（R_{VSL}とR_{CSL}）によって設定されます．実際，これらの抵抗の値は，出力ノイズを最小にするように調節することで決定されます．残りの回路は，カソードを接地したレーザの電流源を形成します．

Q_1とQ_2はT_1を駆動し，整流された出力はLC回路によってフィルタされます．T_1の2次側は浮いているので，レーザのカソードと0.1Ωのシャントが，回路グラウンドとして示されるかもしれません．シャント電流は，レーザ電流の経路を形成して，T_1の2次側のセンタータップに戻ります．この方法は，シャントの接地されていない側にレーザ電流に一致する負電圧を生成します．この電位は，正電圧の電流プログラミング入力の情報といっしょにA_1に集められます．A_1の出力フィードバックは，レーザ電流を設定するためにループを生成し，Q_3を経由してQ_1とQ_2を駆動するLT1683のパルス幅を制御します．ループ補償は，L_1-L_2結合部から延びる1本のネットワークの補助のもとで，A_1とQ_3のコレクタの帯域制限によって設定されます．

図17.16 　図17.15の出力ノイズは，20μA_{p-p}となり，約0.001%である．全く同一の部品は，基本リプルの残りとスイッチングにより発生する成分を含んでいる．

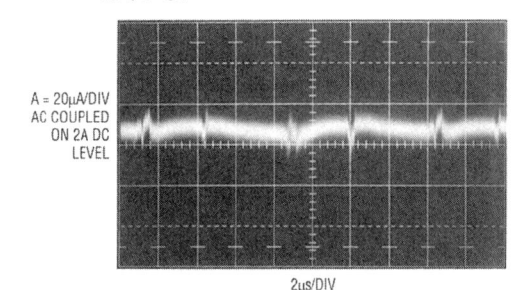

図17.17 　0.0025%のノイズで，アノード接地の図17.15のレーザの電流源を250mAにした．

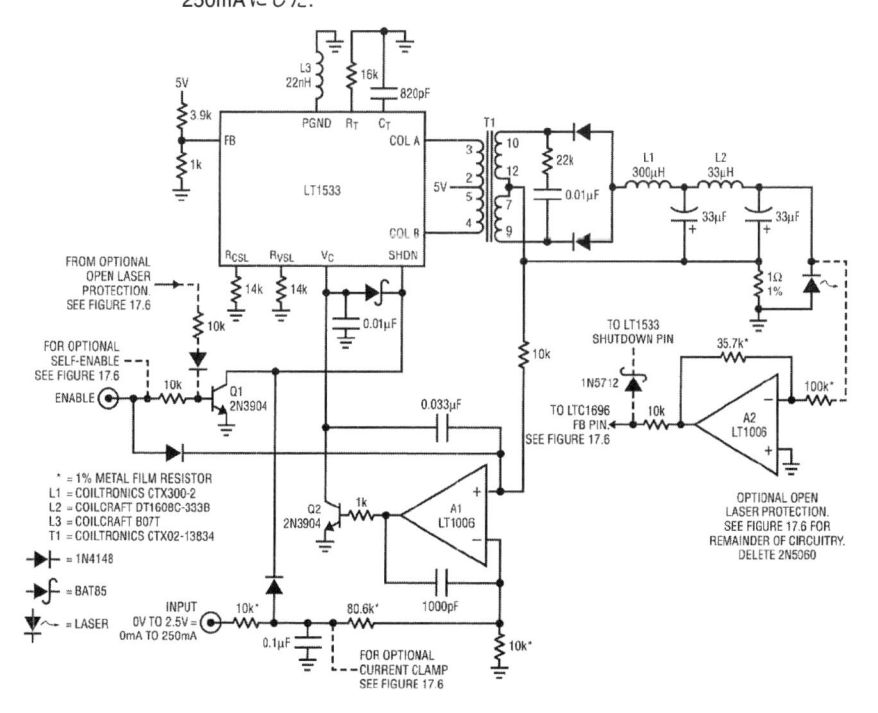

いくつかの回路の詳細は，注目に値します．LT1683の電源入力ピンには，LT1054による電圧乗算器から供給されます．この昇圧された電圧は，Q_1-Q_2の飽和を保証するのに十分なゲート駆動を提供します．T_1の整流器にまたがるダンピング・ネットワークは，出力電流のダイオードの切り替わりに関するノイズを最小化します．さらに，この回路は「自己イネーブル」と互換性を持ち，以前に述べたレーザ保護機能を持ちます．適切な接続点が図の中に現れています．

速度を制御したスイッチング時間は，ノイズを見事に減少させます．図17.16は，ちょうど20μA$_{p-p}$のノイズ（2A DCレーザ電流の約0.001%）を示します．基本的な残りのリプルとスイッチングにより生じるものは，ノイズ・フロアの測定で目で見えるようになります．

0.0025%のノイズでアノード接地の250mA電流源

前のものと類似するこの回路は，比類なき低ノイズ出力を達成するためにエッジ時間の制御を行います．アノードを接地して動作する仕様で低電力レーザを試みました．LT1533（前回路のLT1683の変形）には，内部にパワー・スイッチがあります．これらのスイッチは，T_1を駆動します．整流されて，フィルタリングされたT_1の2次側は，レーザにバイアスをかける負の出力を生成します．レーザのアノードは接地され，T_1の2次側への電流経路は1Ωのシャントによって形成されます．この配置は，T_1のセンタータップ電圧をレーザ電流に対して正で，比例するようにします．この電圧は，A_1によって電流のプログラミング入力と比較されます．A_1はLT1533の周辺のループを閉じて，Q_2にバイアスをかけます．ループ補償は，A_1で制限をかけたローカル帯域幅，Q_2のコレクタ・ダンピング，フィードバック・コンデンサにより提供されます．

この回路の2.5μA$_{p-p}$のノイズは，多くの要求されるアプリケーションに対して適しています．図17.18は，残ったスイッチングによるノイズを，ノイズ・フロアを測定する方法で示します．以前に述べたように，イネーブル機能が動作します．さらに，この回路は図17.6と互換性をもった「自己イネーブル」であり，レーザ保護を付加した回路です．アノードを接地して動作させることで必要になる変更が，回路図に表されています．

低ノイズな完全フローティング出力の電流源

図17.19は，前の例の低ノイズを保持するだけでなく，完全にフローティング出力になっています．レーザ端子が接地されていないと，効果的に回路が動作しません．この仕様は，トランスの1次側電流を制御し，制御を維持するために巻き線のカップリングに依存するフィードバックによって実現されます[注5]．このカップリングはわずかに動作点に応じて変わりますが，出力電流の制御を約1%に制限します．

図は，T_1を駆動するLT1533低ノイズ・スイッチング・レギュレータを示します．LT1533は，制御されたエッジ時間特性を保持している間，その「デューティ」ピンを接地することにより，50%のデューティ・サイクルになります．電流は，Q_1と0.1Ωのシャント抵抗からT_1の1次側へ流れます．LT1533のオープン・コレクタ出力は，交互にグラウンドへの1次電流を切り替えます．1次電流の大きさ，すなわち0.1Ωのシャント電圧は，Q_1のバイアスによって設定されます．そして，Q_1のバイアスはA_1の出力により設定され，それはプログラミング入力による出力電圧とA_2で増幅さ

図17.18 図17.17の2.5μA$_{p-p}$のスイッチングによるノイズは，ノイズ・フロアを測定すれば検出できる．

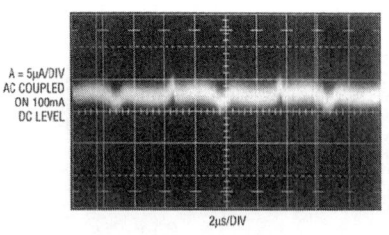

注3：技術の詳細は，参考文献(7)を参照．
注4：これらのレベルで，信頼できる広帯域の電流ノイズを測定するには特殊な技術が必要になる．詳細は，Appendix Bの"ノイズに関するスイッチング・レギュレータの検証"やAppendix Cの"電流プローブとノイズ測定の注意点"を参照．
注5：我々は，様々な目的に役立てるためにこのシャントを以前に組み合わせたことがある．参考文献(2)，(3)，(4)を参照．

低ノイズな完全フローティング出力の電流源

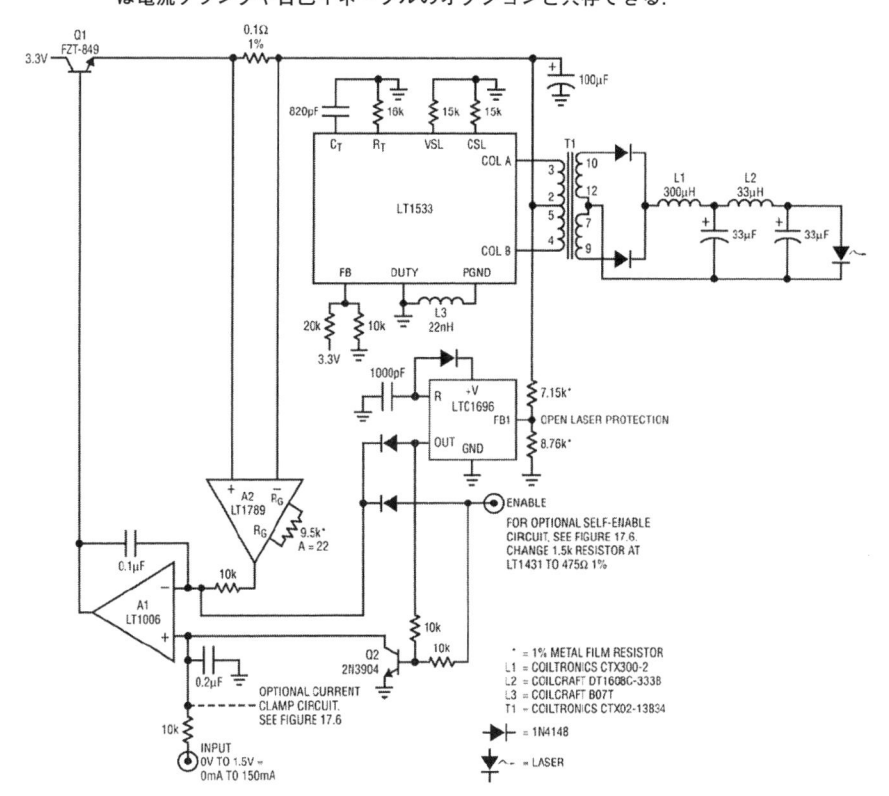

図17.19 スイッチ・モードの低ノイズ電流源は，レーザのアノードやカソードを接地できるようにしたフローティング出力である．オープン・レーザ保護を含んでおり，回路は電流クランプや自己イネーブルのオプションと共存できる．

れたシャント電圧との間の差になります．このループは，シャント電圧がプログラミング入力値の電流に比例するようにします．このように，プログラミング入力の電流でT_1の1次電流を設定し，レーザを通るT_2の1次電流を決定します．プログラミング入力の電流の大きさは，差動増幅器A_2の利得設定抵抗によって調整されます．

全体のフィードバックに対する1次側フィードバックの不足は，電流の制御を適正化するようにします．図17.20のレーザ電流-プログラミング入力電圧のプロットは，ほぼ全範囲にわたり1%に一致しています．理想トランスではないことによる10mA以下の誤差は，標準的なレーザのしきい値電流以下なので，一般には重要ではありません．電源を検出することにより悪化するレギュレーションでも約0.05%/Vを維持しています．同様に，負荷レギュレーションは1V～1.8Vの適合電圧以上であり，標準的な2%です．

この回路のフローティング出力は，図17.6の文章に書かれているレーザの保護と「自己イネーブル」の仕様を加えることを複雑にしますが，それらは何とかなります．図17.20に示したオープン・レーザの保護は，T_1のセンタータップからLTC1696にバイアスをかけることにより実行されます．レーザがオープンになったら，LTC1696の出力を"H"にラッチし，ループはT_1のセンタータップの印のあるところまで上昇します．これは，出力に"L"を送り，Q_1をオフにすることによってA_1の入力を変更します．T_1の動作はすべて止まります．LTC1696の出力をラッチしたので，回路をリセットするために電源も繰り返しリセットしなければなりません．もし，レーザが接続されていなければ，ラッチは，「ホット・プラグ」や断続的な接続からレーザを保護して，再び動作するでしょう．「自己イネーブル」と電流クランプのオプションは，回路図の表記に従って加えてください．

電源にアノードがある電流源

レーザのアノードが電源に接続される場合は、図17.21の電流源は役に立ちます。Q_1のエミッタを監視しているA_1は、レーザに一定の電流を流すことでループを形成し、A_1による部分的な補償と入力帯域制限によりループを安定させます。

この回路にはまた、固有の「自己イネーブル」機能があります。LT1635は、1.2Vまで電源電圧が低下しても動作します。1.2Vを超えて電源電圧が2Vに達するまでLT1635のコンパレータを形成する部分(C_1)は回路出力をオフに保持します。電源が1.2V以下では、Q_1のベースにバイアスをかけ、望ましくない出力が出るのを防ぎます。図17.22は、電源がオンしている間の動作を示しています。電源が立ち上がり(波形A)、出力電流(波形D)は無効の状態です。電源が2Vに達するとC_1(波形B)は"L"になり、A_1の出力(波形C)は上昇し始めます。これはQ_1にバイアスをかけ、レーザに電流を流します(波形D)。LT1635は1.2Vより低い電源電圧で動作します。このレベル以下では、出力のスプリアスはQ_1のベースにおける接合部と帯域制限によって防がれます。電源が急速に上昇した場合、Q_1のベース部分もまた、望ましくない出力になるのを防ぎます。増幅とそのフィードバック・ループが確立される前では、そのような急速な上昇は制御できないA_1出力の原因になります。図17.23は、急速に電源が上昇中の回路動作を示します。波形Aは電源の迅速な上昇を示します。波形BはC_1の出力で、少しの間応答しますが、電源が2Vになった後は下がります。A_1(波形C)は、約100μsの間の制御されていない出力を生成します。Q_1のベースラインにあるRCは、わずかなレベルの応答もフィルタして、レーザに電流(波形D)を流し

図17.20 フローティング電流源によるレーザ電流-入力プログラミング電圧。ほとんど全範囲にわたり1%以内に一致する。理想と異なるトランスの振る舞いによる誤差は10mA以下で、標準的なレーザしきい値電流以下である。

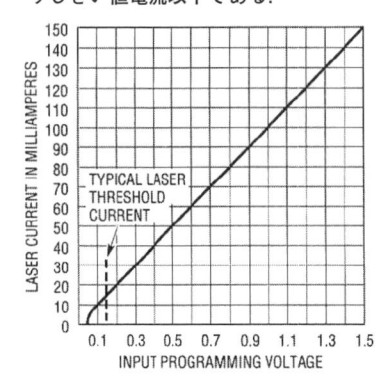

図17.21 回路には電源を供給するレーザ・アノードがある。これは、固有の自己イネーブル動作をする。自己イネーブルの仕様は電源が2Vを超えるまで出力をオフにするが、LT1635は1.2Vで機能する。電流クランプおよびオープン・レーザ保護はオプションである。

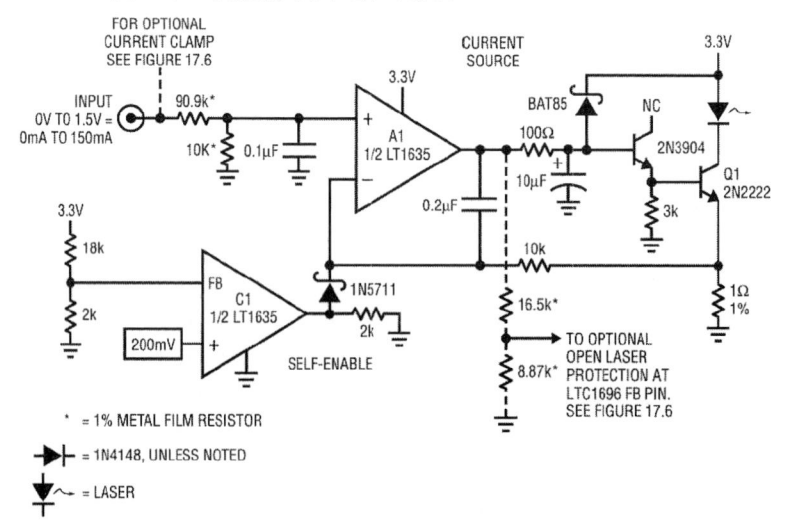

図17.22　電源(波形A)が2Vを越えるまで，出力電流(波形D)はオフである．自己イネーブル・コンパレータ(波形B)は，1.2V以上で動作する．Q₁のベース(波形C)にバイアスをかけているのは，出力が1.2V以下になるのを防ぐ．

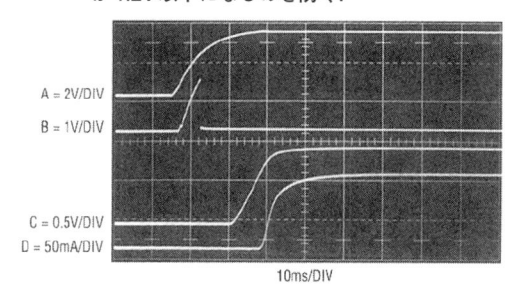

図17.23　急速に上昇する電源(波形A)は，A₁の制御できない遷移出力(波形C)の代わりに電流を出力しない(波形D)．C₁(波形B)は適切に反応するが，A₁のアクティブになっていないループは応答しない．Q₁のベースラインの部品は電流出力のスプリアス(波形D)を妨ぐ．

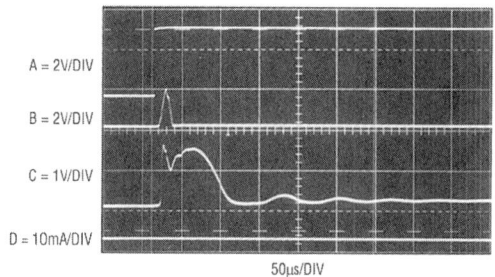

ません．

スルーレートを遅らせた入力とループ補償は，オーバシュートのないきれいな動特性をもたらします．図17.24(波形A)は，ステップ入力です．A₁の入力(波形B)にフィルタをかけたこのステップは，波形Cのレーザの電流出力をうまく制御するように動作します．

電流のクランプとオープン・レーザ保護のオプションは，回路図の中に記載されています．加えて，Q₁の損失限界を考慮しなければなりませんが，より高い出力電流で電源電圧を上げることが可能になります．

図17.24　波形Aのステップ入力のフィルタ(波形B)により，出力電流(波形C)が確実に応答している．

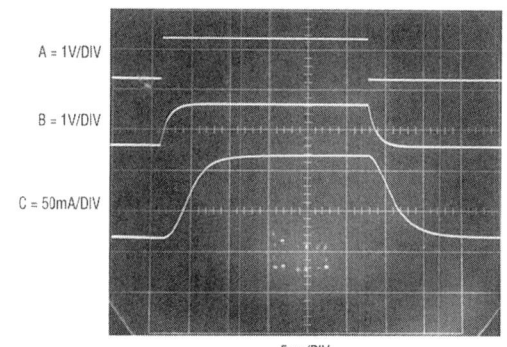

◘参考文献◘

(1) Hewlett-Packard Company,"Model 6181C Current Source Operating and Service Manual,"1975.
(2) William J.,"Designing Linear Circuits for 5V Single Supply Operation","Floating Output Current Loop Transmitter", Linear Technology Corporation, Application Note 11, September 1985, p.10.
(3) William J.,"A Fourth Generation of LCD Backlight Technology","Floating Lamp Circuits", Linear Technology Corporation, Application Note 65, November 1995, pp. 40-42
(4) Linear Technology Corporation,"LT1182/LT1183/LT1184/LT1184F CCFL/LCD Contrast Switching Regulator", Data Sheet, 1995.
(5) Grafham D. R.,"Using Low Current SCRs", General Electric Co, AN-200, 19, January 1967.
(6) General Electric Co,"SCR Manual", 1967.
(7) William J.,"A Monolithic Switching Regulator with 100μV Output Noise", Linear Technology Corporation, Application Note 70, October 1997.
(8) Pope. A.,"An essay on criticism", 1711.

Appendix A　レーザ負荷のシミュレーション

光ファイバ・レーザは繊細であり，大変高価な負荷です．ブレッドボードで作業中に悲惨なことが高い確率で起こったりすると，これは非常に好ましくないことです．もっと賢い方法は，ダイオードや電気的に等価なものを使って，レーザ負荷をシミュレートすることです．レーザは1.2Vから2.5Vの範囲にある平均的な順方向電圧を接合したように見えるので，レーザをシミュレートする最も簡単な方法は，適切な数のダイオードを直列に積み重ねることです．図17.A1は，2つのポピュラーなダイオードについて，様々な電流における

図17.A1 レーザをシミュレートするのに適したダイオードの特性．適当な直列接続でレーザの順方向電圧を近似．

MR750 (25℃)	
標準接合電流	標準接合電圧
0.5A	0.68V
1.0A	0.76V
1.5A	0.84V
2.0A	0.90V
2.5A	0.95V

1N4148 (25℃)	
標準接合電流	標準接合電圧
0.1A	0.83V
0.2A	0.96V
0.3A	1.08V

図17.A2 フローティング・バッテリ駆動レーザ・シミュレータは，出力端子を通る「接合電圧降下」を必要とする．アンプのフィードバックは，ポテンショメータへのQ₂のV_{ce}を制御する．

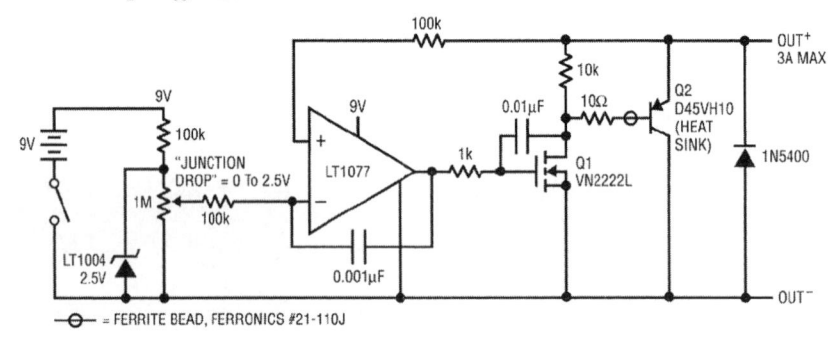

平均的な接合電圧を一覧にしたものです．MR750はアンペア・レンジの電流に適しており，1N4148はもっと低い電流によく適合します．一般的には，2から3個のダイオードを積み重ねると，要求される電流範囲でレーザをシミュレートすることができます．一応，結果には満足できますが，温度と電流の変化によるダイオードの電圧の許容誤差と変化率は，正確さを制限します．

● 電気的なレーザ負荷シミュレータ

図17.A2は，9Vの電池で動かすレーザ負荷シミュレータです．それは，不確かなダイオードの負荷の接合電圧降下を排除します．さらに，いかなる「接合降下」電圧も，ポテンショメータで指示することにより簡単に設定できます．電気的なフィードバックが校正した接合電圧降下を実現し，維持します．

ポテンショメータは，A_1の負入力に電圧を設定します．A_1はバイアスされたQ_1により応答します．Q_1のドレイン電圧はQ_2のベースを制御し，その後，Q_2のエミッタ電位を制御します．Q_2のエミッタは，アンプのまわりのループを形成し，A_1にフィードバックされます．これは，すべての条件下でポテンショメータの出力電圧に等しくなるようにQ_2の電圧を制御します．A_1とQ_1のコンデンサはループを安定させ，Q_2のベース抵抗とびフェライト・ビーズは寄生の発振を抑えます．負荷ターミナルが逆の場合は，1N5400はQ_1-Q_2に逆バイアスがかかることを防ぎます．

Appendix B　ノイズに関するスイッチング・レギュレータの検証

本文中において議論したスイッチング・レギュレータの電流ノイズ・レベルを測定するには，注意が必要です．関心のあるマイクロアンペアの振幅と広帯域幅（100MHz）の測定技術には厳密な注意が要求されます．理論上，シャント抵抗の電圧降下を簡単に測定することが，電流を決定することになります．実際には，合成される小さな電圧と高周波の正確さの要求が，問題を引き起こします．同軸プロービング技術は利用可能ですが，プローブを接地することへの要求は厳しくなります．複数のグラウンド・パス（グラウンド・ルー

図17.B1 抵抗器，閉じたコア電流プローブ，低ノイズ広帯域増幅器，オシロスコープによるノイズ測定器．

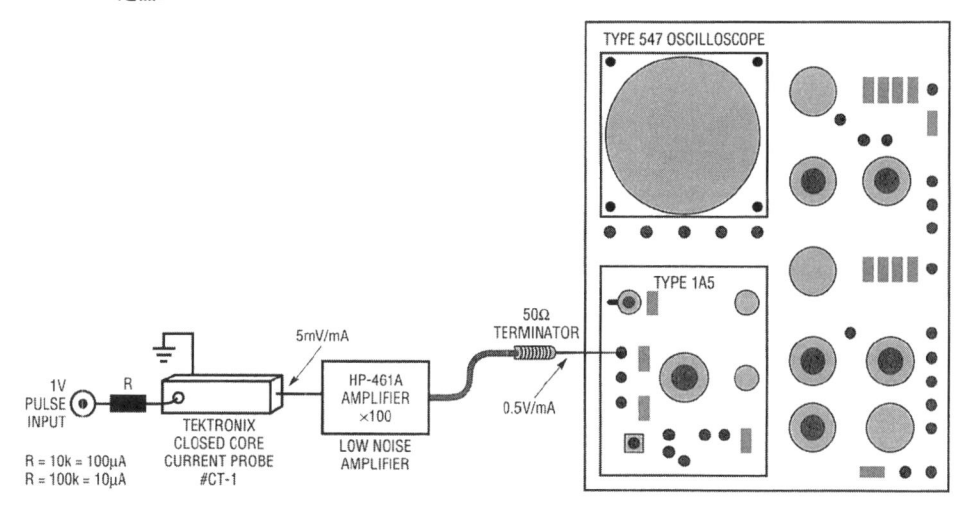

図17.B2 100μAの入力に対する応答はきれいである．表示された振幅は，校正された測定を示して，入力値に一致する．

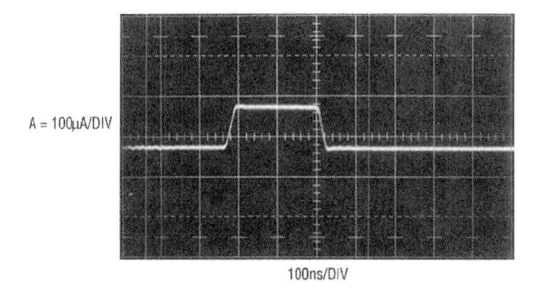

図17.B3 10μAのノイズ・フロアはトランスから電流ループを取り除くことにより決定される．ノイズが残っているのは，倍率100のアンプによる．

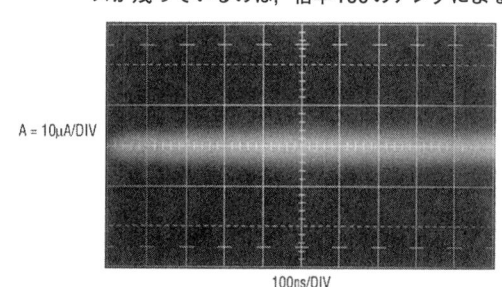

プ）の中でたまにしか発生しないことが測定を台無しにし，「結果」を意味のない測定にしてしまいます．同軸プローブを別々に形成すると，グラウンド・ループに伴う困難さから少しは救われますが，本質的にもっとよい方法があります[注1]．

電流トランスは，プローブから接地に関連することを取り除いて，ノイズを測定する興味深い方法を提供します．スプリット・コアとクローズド・コアの2つのタイプの電流プローブを利用できます．スプリット・コアの「クリップオン」タイプは，使用するのは便利ですが，比較的低い利得であり，クローズド・コアより高いノイズ・フロアが発生します[注2]．クローズド・コア・トランスは利得やノイズ・フロアに有利であり，広帯域や弱電流測定には特に魅力的です．

図17.B1のテスト装置は，クローズド・コア・トランスの性能を調べることができます．指定されたトランスは広い帯域においてフラットな利得があり，十分にシールドされた同軸の50Ω出力となります．その5mV/mAの出力を，低ノイズで100倍の50Ω入力アンプに送ります．アンプの終端出力は，高感度のプラグ・インを備えたオシロスコープでモニタします．既知の抵抗（R）を駆動する1Vのパルスが，トランスに校

注1：これは低レベルの電圧をプローブで測定することを否定するものではない．その方法はよく洗練されていて，適切な状況において適用可能である．チュートリアルは，参考文献（7）のAppendix Cを参照．
注2：詳細に比較するには，Appendix Cの"電流プローブとノイズ測定の注意点"を参照．

正された電流を供給する簡単な方法を提供します．

もし，$R=10\mathrm{k}\Omega$ならば，パルス電流は$100\mu\mathrm{A}$になります．図17.B2のオシロスコープの写真は，テスト設定の応答を示します．波形は明瞭で，本質的にノイズがなく，予測した振幅と一致します．より高感度な測定をするには，テスト設定のノイズ・フロアを定義する必要があります．トランスに電流が流れないようにした図17.B3は，ノイズを約$10\mu\mathrm{A_{p\text{-}p}}$に制限しています．このノイズのほとんどは，100倍のアンプによります．

以前の練習では，テスト設定の利得とノイズ性能を定義しました．この情報は，意味のある低いレベルの電流測定を行う必要性を提供しています．図17.B1の$R=100\mathrm{k}\Omega$にした図17.B4は，トランスにわずか$10\mu\mathrm{A}$を供給します．これは以前に決定したノイズ・フロアに匹敵し，ノイズの限界をはっきりと描いた波形は$10\mu\mathrm{A}$の振幅を示しています．このレベルの一致は，本文中で引用したノイズ・フィギアを満たすこのテスト方法が適していることを示します．

● 絶縁されたトリガ・プローブ

上記で述べた性能限界は，正しく定義されたパルス

図17.B4　ノイズ・フロアの近くに利得を確認できる．$10\mu\mathrm{A}$の入力パルスが測定され，出力を容易に認識できる．

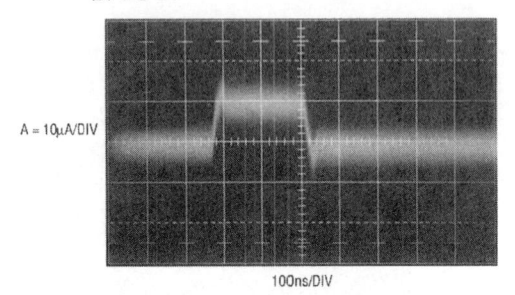

図17.B5　単純なトリガ・プローブでボード・レベルのグラウンド・ループを取り除く．ターミネーション・ボックスは，L_1のリンギング応答を減衰させる．

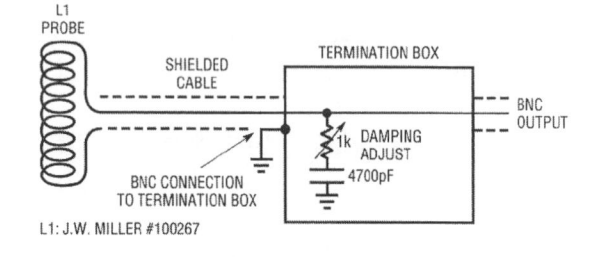

図17.B6　トリガ・プローブとターミネーション・ボックス．クリップ・リードはポジショニング・プローブであり，電気的に中立である．

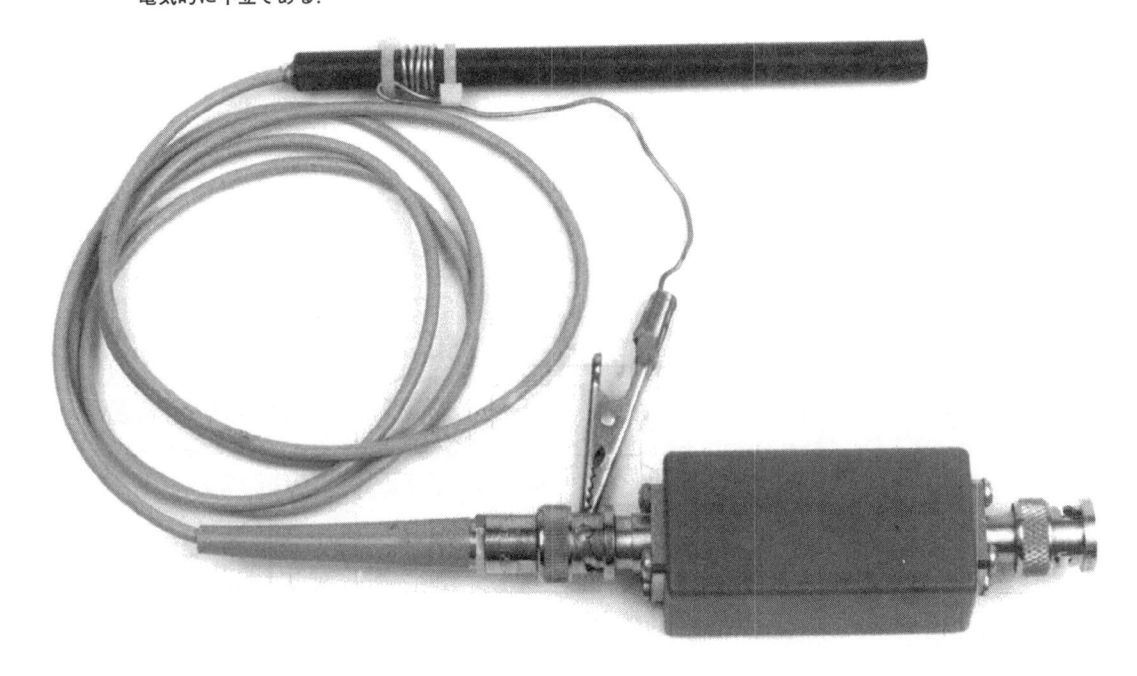

入力テスト信号により決定されました．残ったスイッチング・レギュレータのノイズには，それほど特別な特徴はありません．オシロスコープは，はっきり定義されていないノイズを含んだ波形でトリガされるという問題に遭遇するかもしれません．スイッチング・レギュレータのクロックにより，外部でオシロスコープにトリガをかけるとこの問題を解決しますが，測定を妨害するグラウンド・ループを引き起こします(注3)．しかし，グラウンド・ループに関係するものを取り除き，いかなる電気的な作用も発生させずにオシロスコープに外部からトリガをかけることは可能です．これは，スイッチング・レギュレータで発生した磁気フィールドとカップリングすることにより成し遂げられます．これを行うプローブは，単なるリンギングに反応しないRFチョークです(図17.B5)．適切に配置したチョークは，磁界に関連する残りのスイッチング周波数を取り込み，絶縁されたトリガ信号を生成します(注4)．この方法は，本質的に測定を悪化させずにオシロスコープに

図17.B7 ターミネーションを誤って調整すると，不適切なダンピングを生じる．オシロスコープのトリガが不安定になるかもしれない．

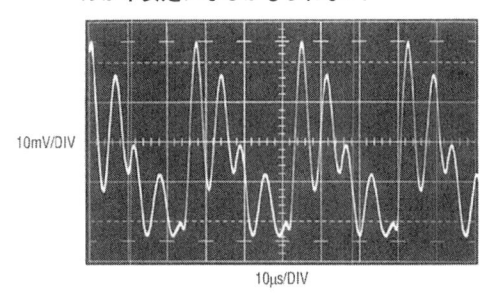

図17.B8 適切に調整されたターミネーションは小さな振幅になり，リンギングを最小にする．

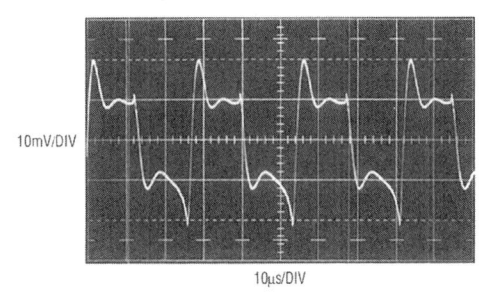

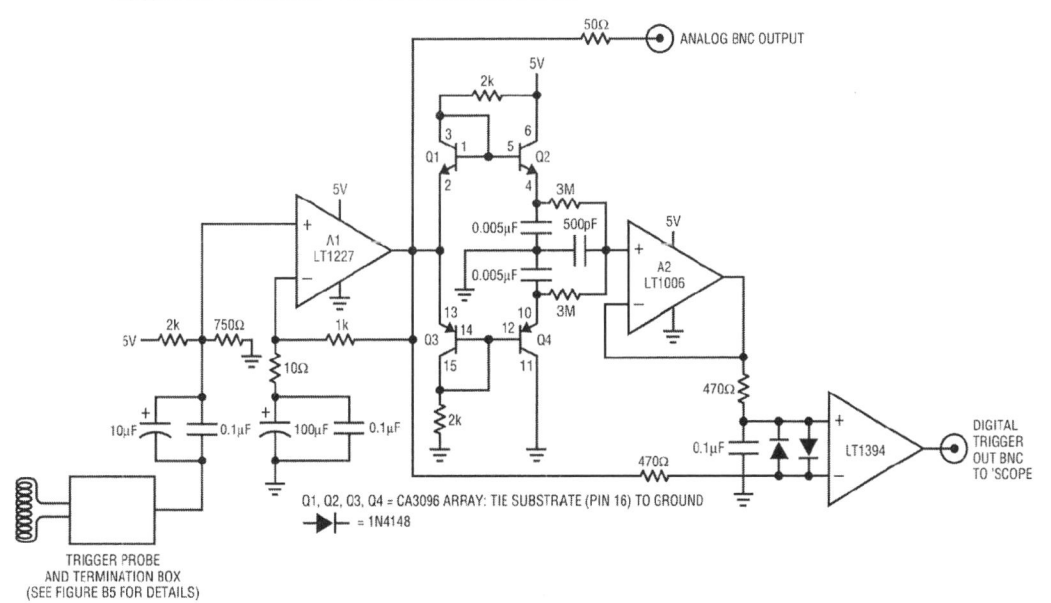

図17.B9 トリガ・プローブ・アンプにはアナログとディジタル出力がある．しきい値が適切なら，プローブの信号変化は50：1以上でディジタル出力を維持できる．

注3：このアペンデックスの初めのコメントを参照．

図17.B10 トリガ・プローブ・アンプのアナログ（波形A）とディジタル（波形B）出力.

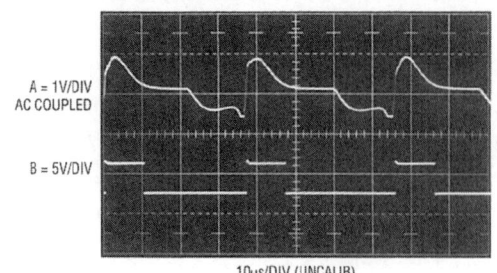

トリガ信号を与えることができます．プローブの物理的形状は，図17.B6の通りです．良い結果をもたらすために，もっとも高い振幅出力を保持している間に，終端ではリンギングは最小に調整されるべきです．軽い補償ダンピングは図17.B7の出力を生成しますが，これは悪いオシロスコープのトリガを引き起こします．適切に調節すると，より良い出力になり（図17.B8），最小のリンギングの非常にくっきりとしたエッジが描けます．

● トリガ・プローブのアンプ

スイッチングの磁気による磁場は小さく，いくつかのオシロスコープでは信頼できるトリガにはならないかもしれません．そのような場合，図17.B9のトリガ・プローブ・アンプが役に立ちます．それは，プローブ出力の振幅の変化を補って，適切なトリガをかけるために使用します．安定した5Vのトリガ出力は，プローブの出力範囲を50：1以上に維持します．100倍の利得で動作するA_1は，広帯域のAC利得を提供します．この出力段は，2種類のピーク検出器（Q_4を通ってQ_1）にバイアスをかけます．最小の振幅がQ_4のエミッタ・コンデンサに保持されている間，最大のピークはQ_2のエミッタ・コンデンサに蓄積されます．A_1の出力信号の中間点のDC値が，500pFのコンデンサと3MΩのユニットの接点に現れます．このポイントは常に，絶対振幅であるかどうかにかかわらず，信号の振幅の中間に位置します．この信号に追従する電圧は，LT1394の＋入力でトリガ電圧を設定するために，A_2によってバッファされます．入力されたLT1394の－入力は，A_1の出力から直接バイアスされます．回路のトリガ出力であるLT1394の出力は，50：1以上の信号振幅の変化には影響されません．100倍のアナログ出力は，A_1で利用可能です．

図17.B10は，A_1（波形A）で増幅されたプローブの信号に応答するディジタル出力（波形B）を示します．

注4：LTCアプリケーション・ノートのベテラン（熟練した人達）は，このプローブの記述はLTCアプリケーション・ノート70〔参考文献（7）〕からのものだということがわかるだろう．それを直接，このトピックに適用し，読者の便利のためにここで再掲した．

Appendix C　電流プローブとノイズ測定の注意点

Appendix Bでは，スイッチング・レギュレータの電流ノイズの測定に関しては電流プローブが有利であ

図17.C1 電流ノイズを測定するために推奨できる計測器．コアを分割した「電流プローブ」は便利である．コアが閉じていると，より高い利得，より低い雑音になる．

電流アンプ	アンプ	ノイズ・フロア (100MHz BW)	注
テクトロニクス P6022 (1mV/mA)	Preamble 1855 (1MΩ)	100μA	分割コアは便利であるが感度が低い．比較的，全体が高いノイズ・フロアになる．
テクトロニクス CT-1 (5mV/mA)	Hewlett-Packard 461A (50MΩ)	15μA	プローブの利得が高いと，ほとんどのノイズ・フロアを減少させることになる．50Ω入力の増幅器にはいくつかの利点がある．クローズド・コア・プローブは，壊れた導体の測定ができる．

注1：まだ高性能なアナログ・オシロスコープを使用している頑固者達は決まって，波形が厚いために存在するノイズを見つけ出す．新しい装置でこれらに夢中になると，決まって厚いノイズの波形をながめるだけになる．

図17.C2 CT-1/HP-461Aの組み合わせは，明らかに100μAのパルス列を表示している．わずかにパルスのトップとボトムが厚く描かれているのは，ノイズ・フロアが原因である．

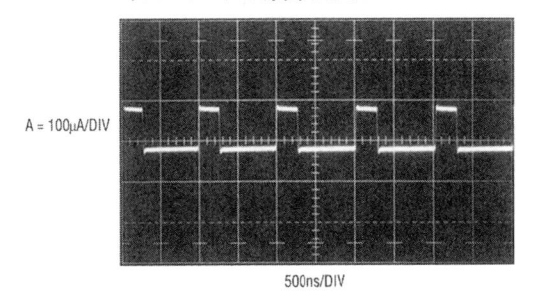

図17.C3 前図の波形のP6022/Preamble 1855の表現は，信号対ノイズ性能を下げている．分割コアの「電流プローブ」の便利さは，忠実にしたがった測定を必要とする．

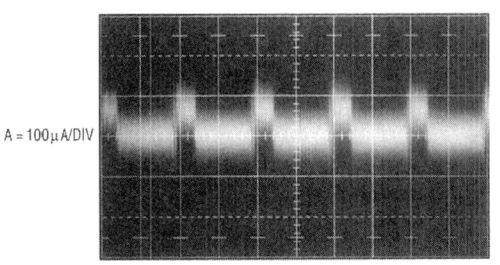

ることを説明しました．その少ししか影響を与えない特性が，接続寄生成分を緩和し，測定の忠実度を上げることができます．電流プローブとアンプを違う組み合わせにすると，性能と便利さの程度を変えてくれます．図17.C1は，2つのプローブと適用可能なアンプの特性を要約したものです．一般に，分割コア・タイプが便利ですが，ノイズ・フロアが不明なので，それらで構築すると危険にさらされます．クローズド・コア・プローブはノイズがほとんどなく，いくつかのタイプは本質的により高い利得を持っているので，明らかに有利です．研究所での比較が参考になります．

図17.C2は，100μAのパルス入力に応答するCT-1（クローズド・コア）とHP461Aの組み合わせを示します．

波形の輪郭はきれいですが，パルスの上と下の波形はノイズ・フロアのために厚くなっています[注1]．同じ入力から得られる図17.C3は，悪くなっています．使用された分割コアのP6022とPreamble1855の組み合わせでは，より大きなノイズがあります．性能の低下は，ほとんどすべて分割コア・プローブで構築したことによります．

最後に，電流プローブを安定させるホール素子（例えば，テクトロニクス製のAM503，P6042）は，低レベルの測定には適していないことを記しておきます．ホール素子は磁束を効果のないループにするので，DCへのプローブの応答は良いですが，300μAほどの雑音を生成します．

第18章
アバランシェ・フォト・ダイオード用バイアス電圧/電流検出回路
APD用バイアスの供給と測定

Jim Williams, 訳：細田 梨恵

アバランシェ・フォトダイオード（Avalanche Photo Diode；APD）は，レーザを使う光ファイバ系システムにおいて，光信号を電気信号に変換するために広く用いられています．一般的に，APDは小型モジュールの中に信号処理アンプと一緒に組み込まれています．

図18.1に，APDを使った受信モジュールと周辺回路を示します．APDモジュール（図の右側部分）は，APDとトランスインピーダンス（電流-電圧変換）アンプで構成されています．光信号ポートでは，APDの光に応答する部分に光ファイバ・ケーブルが結合されます．極めて高速なデータ伝送速度で動作する必要性から，APDとアンプの間が直接，低損失で接続できるようにモジュールは小型化されています．

受信モジュールには，APDに関連した補助回路が必要になります．APDが動作するには，比較的高いバイアス電圧（図の左側）が必要で，それは通常は20V～90Vの範囲になります．この値はバイアス電源の電圧設定ポートに印加する電圧で調節できます．設定電圧には，APDの応答の温度依存性の補正量を含めること

ができます．さらに，APDに流れる平均電流をモニタして（図の中央部分），光信号の強度情報を得ることも望まれます．この情報は，光信号の強度を最適なレベルに維持するようにフィードバック制御に使うこともできるのです．フィードバック・ループの動作により光部品が劣化したことを検出して，対応手段が取れるようにもできます．

多くの場合，APDに流れる電流は100nA～1mAの範囲となり，10000：1のダイナミック・レンジをもちます．この測定には1%以上の精度が必要ですが，一般にAPDのハイ・サイド（訳注：2端子のAPDの電圧がかかっている端子側）で電流を測定する必要があるため，回路の設計が難しくなります．これは，APDのアノードが受信用OPアンプのサミング・ポイントに接続されることによります．

APDモジュールは高価で電気的にデリケートな部品であるため，どのような状況でもダメージを受けないように保護する必要があります．補助回路は，APDモジュールを壊すような異常出力を出してはいけません

図18.1 アバランシェ・フォトダイオード・モジュールは，APD，アンプ，そして光ポートから構成される．電源（図の左側）がAPDのバイアス電圧を供給する．APDの電流モニタ（図の中央部）は高いコモン・モード電圧で動作するため，回路が複雑化する

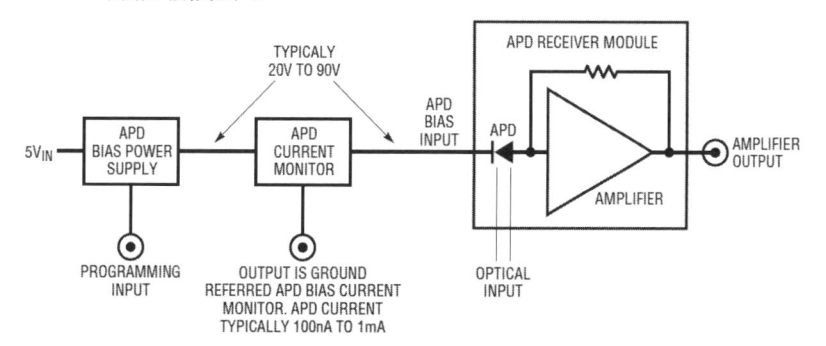

図18.2 計測アンプを使って，中程度のコモン・モード電圧から電流測定値を抽出する回路．(a)では，アンプ用の電源とバイアス電源が別々に必要となる．(b)では，一電源で両方をまかなっている．ツェナー・ダイオードをレベル・シフトに使い，アンプは入力コモン・モード電圧の範囲内で動作する．この回路は低い単一電源では動作できず，0V付近の出力や，高いバイアス電圧には対応できない

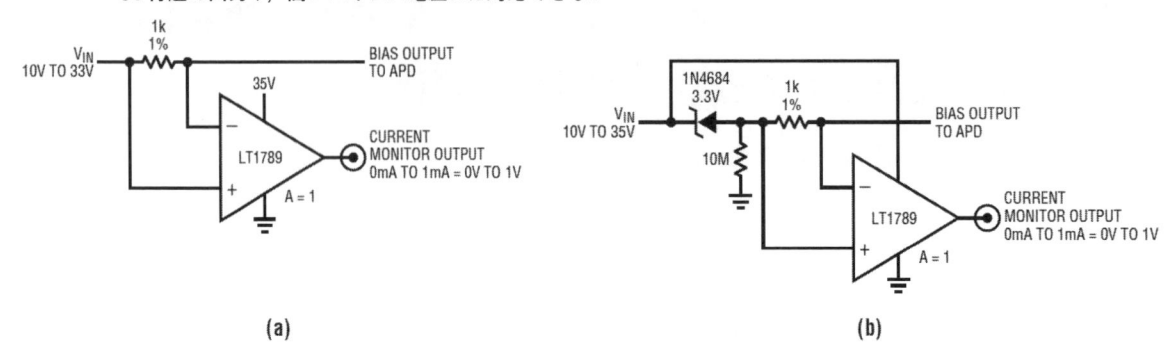

し，電圧設定時や電源のON/OFF時のバイアス電源回路の動的応答には，特に注意を払わなければなりません．最後に付け加えると，補助回路は5V単一電源で動作することが望まれます．

以上のようなバイアス電圧と電流測定への要求が原因となり，回路設計の難易度が高くなります．本稿では，回路の各ポイントについてこれから解説していきます．

電流モニタ回路

● 簡易電流モニタ回路（問題あり）

図18.2に示すのは特に工夫をしていない電流モニタ回路で，その問題点を説明するために取り上げました．図18.2(a)では，1kΩのシャント抵抗の両端の電圧を，

図18.3 高いコモン・モード電圧を分圧しているが，高精度の部品を使っても大きな誤差が発生する回路．0.01%の抵抗を使用しても，100nA～1mAの範囲で必要とされる1%の精度は抵抗のミスマッチぶんに埋没して達成できない．また，単一電源アンプではグラウンドに十分近くまで出力できない．現実的とは言えない手法

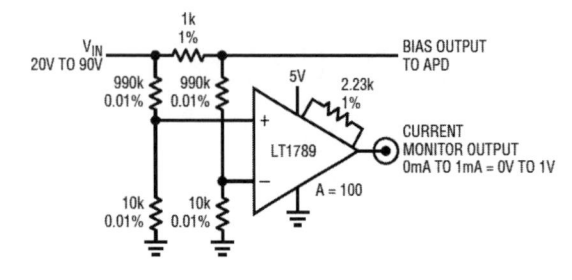

35Vの別電源で動作する計装アンプで測定しています．図18.2(b)も同様の回路ですが，アンプの電源をAPDのバイアス電源からとっています．

どちらの回路も動作しますが，APDの電流検出の場合には，その要求仕様を満たせません．APDではバイアス電圧が90Vにも達する場合があり，アンプの電源電圧とコモン・モード電圧範囲を越えてしまいます．さらに，測定のダイナミック・レンジが大きいので，使用される単電源アンプはグラウンドから100μV以内まで出力しなければならず，現実的とは言えません．そもそも，アンプには単一の低い電源で動作することが望まれるという制約もあります．

図18.3の回路では，高いコモン・モード電位上にある電流シャントの端子電圧を分圧していて，理屈の上では20V～90VといったAPDのバイアス電圧に対して，5V駆動のアンプで電流測定ができます．しかし現実には，この構成では測定電圧自体も分圧されてしまうことが大きな原因となって，許容できない誤差電圧が発生してしまいます．0.01%の精度の抵抗を使ったとしても，電流の測定値は分圧抵抗の誤差に埋もれてしまいます．100nAから1mAの範囲で要求される1%の精度は達成できません．また，このアンプは5V単一電源で動作しますが，0Vまで出力することはできません．ここまでに説明した一般的な回路では，APD用バイアス回路の信号処理の要求を満たすことができないのは明らかで，より工夫された手法が必要になります．

● 変調を利用した電流モニタ回路

図18.4の回路は信号に変調をかけて交流化する手法

図18.4 ロックイン・アンプの手法による，100nA～1mA範囲で1%精度のAPD用電流モニタ回路．Q_1によって交流に変調されたAPD電流による電圧は，A_1でシングルエンドに変換され，S_2とA_2で復調ならびにバッファされて直流信号となる

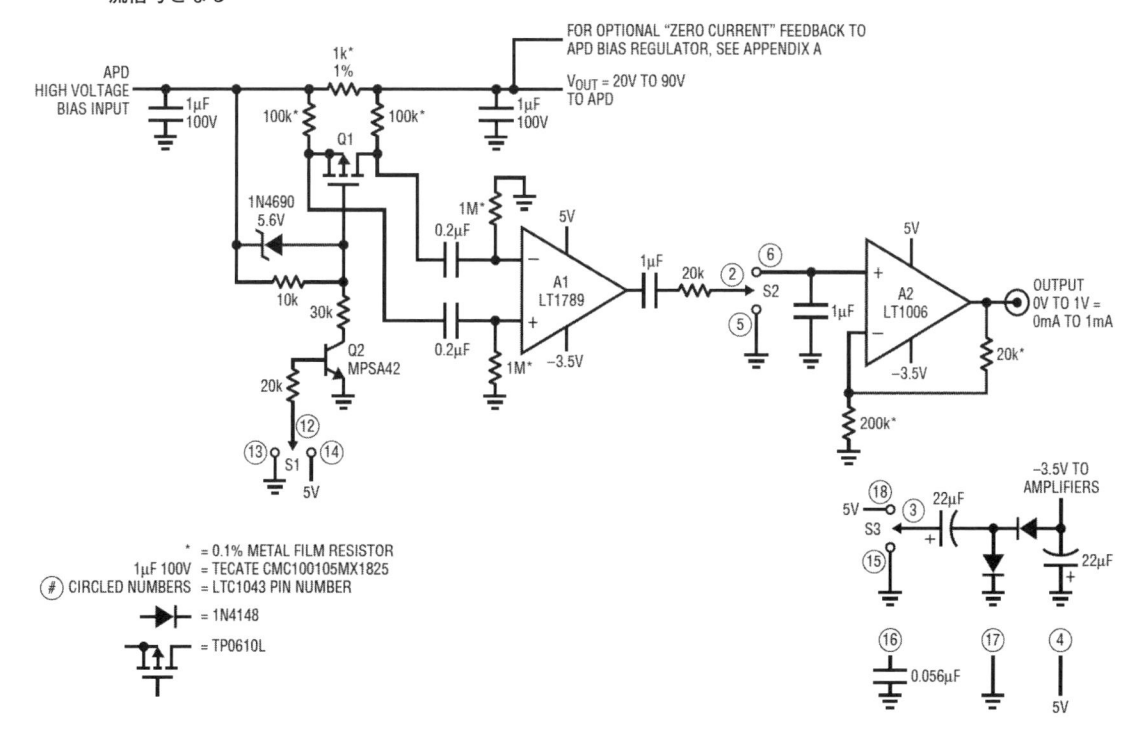

を示すもので，APDの電流モニタへの要求仕様を満たすことができます．検出電流の全範囲で0.4%の精度が得られ，5V単一電源で動作します．また，ロックイン型の測定原理により，ノイズに対する高い除去性能が得られます．

LTC1043スイッチ・アレイは，内蔵する発振器により開閉動作をします．発振周波数はピン16番に接続されたコンデンサで決まり，ここでは約150Hzになっています．S_1がクロック波形を発生し，Q_2のレベル・シフタを経由してQ_1を駆動します．Q_1は変調器で，1kΩの電流シャントの両端に発生する直流電圧をチョッピングし，差動の方形波信号に変換します．その交流信号は0.2μFの結合コンデンサを経由して，計装アンプA_1に加わります．A_1からのシングルエンド出力は復調器として動作するS_2に加わり，A_2でバッファされて出力に直流信号として現れます．A_2の出力がこの電流モニタの出力となります．

スイッチS_3は負電圧発生用のチャージ・ポンプを駆動し，各アンプに負電圧を供給することで，0V（およびそれ以下）まで出力可能にしています．Q_1のところ

の100kΩの抵抗は，オン抵抗による誤差を小さく抑えるとともに，0.2μFのキャパシタがショートした場合に破壊的な電圧がA_1（と5V電源ライン）にかかるのを防いでいます．OPアンプA_2のゲインは1.1で，A_1の入力部分の抵抗による若干の減衰ぶんを補正しています．実際の応用では，1kΩのシャント抵抗での電圧降下が含まれないように，APD用バイアス電源レギュレータへのフィードバック接続を図に指示した位置からとることが望ましいかもしれません[注1]．精度の確認には，APD用バイアス・ラインに100nA～1mAの負荷をつけて，モニタ出力を確認します[注2]．

注1：詳細はAppendix Aの「誤差を小さくしたフィードバック信号抽出の技術」を参照してください．
注2：ちょうど良い高抵抗のダミー負荷が，モニタ用の電流計付きでVictoreenあるいは他のサプライヤから入手可能です．目標値はメータの読み値で決められるので，抵抗の精度は良いに越したことはありませんが，絶対条件ではありません．

図18.5 OPアンプA_1とQ_1は高い電源ラインの電位でフローティング動作をして，1kΩのシャント抵抗によりAPDの電流を測定する．Q_1からグラウンドへ流れるドレイン電流を使って，出力抵抗の高い電圧出力を得る．バッファ回路のオプションとして，アナログ・タイプ（図の左下）とディジタル・タイプ（図の右下）を示す

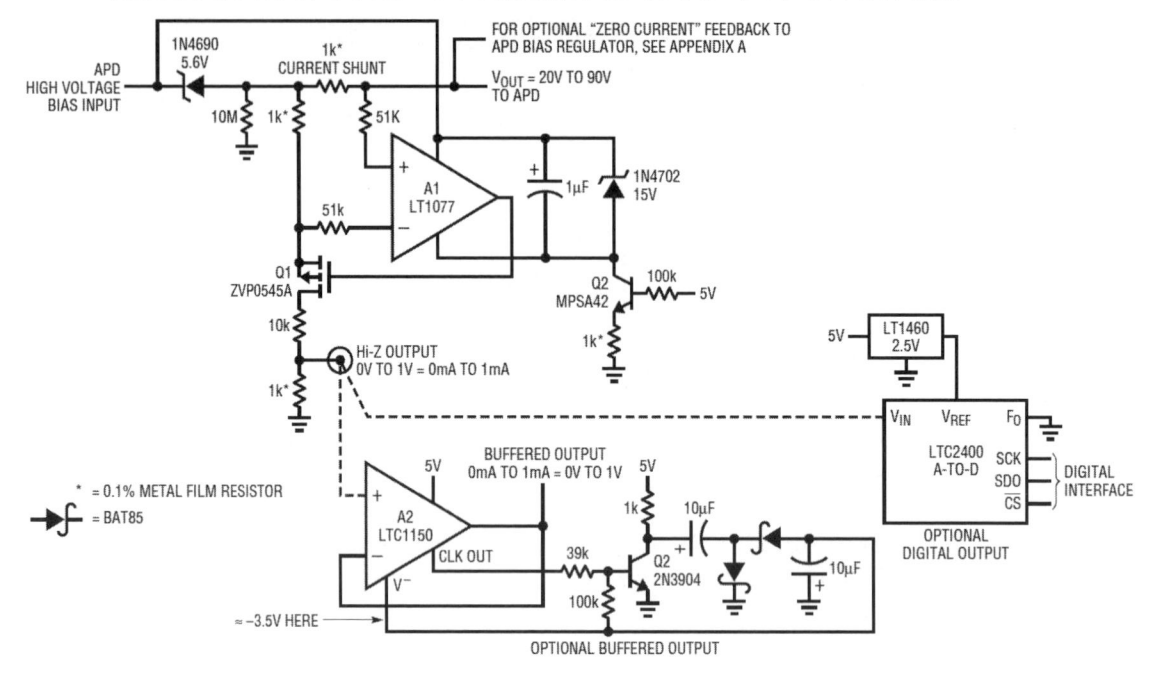

● 直流結合型電圧モニタ回路

 図18.5は直流結合型の電流モニタ回路で，前の回路にあった追加回路が不要になりますが，APD用バイアスから流す電流が大きくなっています．A_1のOPアンプはフローティング動作をしていて，APD用バイアス電源で動作します．15Vのツェナー・ダイオードと電流源Q_2により，A_1に破壊的な電圧がかかることはありません．

 1kΩの電流シャント抵抗の電圧降下が，A_1の非反転入力の電位になります．A_1はQ_1を介して反転入力の電圧をフィードバック制御することで，入力間のバーチャル・ショートを維持します．これによりQ_1のソース電位はA_1の非反転入力の電位と同一になり，そのドレイン電流によってソースの抵抗の端子間の電圧が決まります．Q_1のドレイン電流により，グラウンドへ接続した1kΩに電圧降下が発生し，それは1kΩの電流シャント抵抗に発生した電圧降下の値，つまりはAPDのバイアス電流値と同一になります．この関係は20V～90VにおよぶAPDの全バイアス電圧範囲で成立します．

 5.6Vのツェナー・ダイオードにより，A_1の入力は常にコモン・モード電圧動作範囲内になるよう保障されます．そして，APD電流が非常に小さい場合でも，10MΩ抵抗によりツェナー・ダイオードには適切な電流が流れるようにしてあります．

 出力方法については，二つのオプションを用意しました．まずは，OPアンプA_2でアナログ出力を出すタイプですが，A_2は内部にチョッパを使って直流オフセットをキャンセルして安定化したアンプです．負電圧が供給されているので，その出力は0V（以下）まで可能です．ここでは，A_2の内部クロックでチャージ・ポンプを駆動して自身に供給される負電圧を作ります[注3]．もう一つのタイプはディジタル出力で，A_2の回路をシリアル出力のA-Dコンバータで置き換えます．A-DコンバータLTC2400は，0Vとわずかに負側までの入力を変換できるので，負電源は必要なくなります．

 重要なポイントに配置した抵抗により，APDを破損

注3：このブートストラップ的なバイアス手法に懸念をもつベテラン設計者もいると思います．Appendixd Dの「真の0V出力が可能な単一電源アンプ」が懸念を和らげる一助になればと思います．

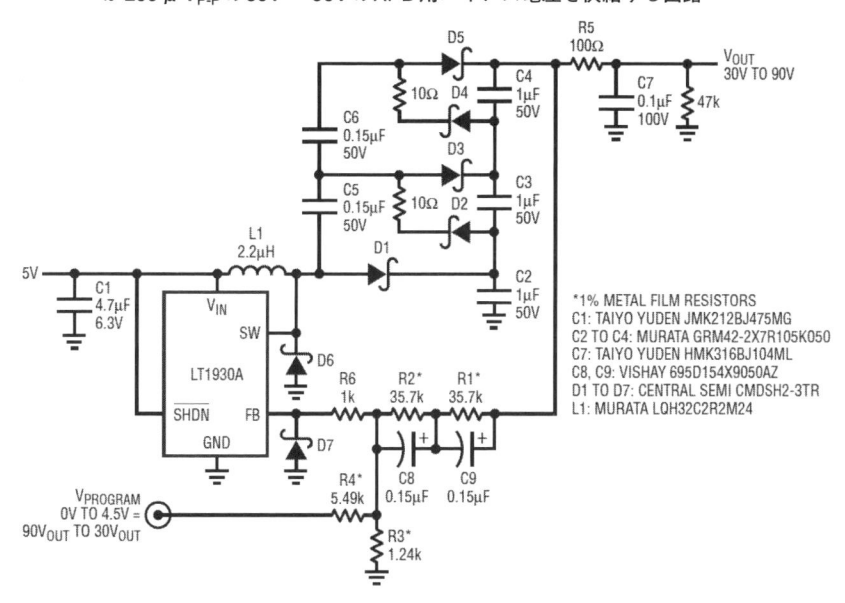

図18.6 ブースト・レギュレータとチャージ・ポンプの組み合わせにより，ノイズがわずか200μV$_{P-P}$の30V～90VのAPD用バイアス電圧を供給する回路

から保護しています．まず，APD用のバイアス・ラインがグラウンドにショートした場合，51kΩの抵抗がA$_1$を保護します．Q$_1$が故障した場合は10kΩの抵抗が，またQ$_2$が故障した場合には100kΩの抵抗が同様に働きます．

前の図の回路と同様に，APD用のバイアス電圧を電流シャントの出力側からフィードバックすることで，最良の安定化ができます[注4]．この回路では無調整で0.5％の精度が得られます．しかしながら，バイアス・ラインから引き込む電流は，Q$_2$へのコレクタ電流を加えるとおおむねAPDに流す電流と同程度が必要になります．APD用のバイアス電源の電流出力容量が小さい場合には，この点は問題になる可能性があります．

APD用バイアス電源回路

ここまで，電流モニタ回路の例を示してきました．図18.6は，Michael Negreteの開発した高電圧APD用バイアス電源です[注5]．スイッチング・レギュレータLT1930とL$_1$により，フライバック型の昇圧回路を構成しています．フライバック出力がダイオードとコンデンサによる3倍圧昇圧回路を駆動して，高い直流電圧を作り出しています．

R$_1$とR$_2$の抵抗を経由して出力からフィードバックを

かけることで，レギュレータの動作点を安定化しています．D$_6$とD$_7$は，寄生要素によりICのSWピンとFBピンが0V以下に振られることを防止します．また10Ωの抵抗は，ダイオードに流れるスイッチング電流を制限します．C$_8$とC$_9$は直列接続にして耐圧をもたせ，これで出力ノイズを抑えています．出力電圧設定入力に0V～4.5Vの範囲で電圧を与えることにより，90V～30Vの出力電圧（誤差3％）が設定できて，約2mAの電流容量をもちます．この回路の出力ノイズは非常に小さくなっています．

図18.7はV$_{out}$ = 50V，500μA負荷の条件で10MHzの帯域でノイズを観察したもので，約200μVのリプルと残留高調波が見えています．これは，ほとんどのAPD受信モジュールにとって十分な性能と言えます[注6]．

● APD用バイアス電源と電流モニタ回路

図18.8は"Martinの回路"で，前述の回路を図18.5の電流モニタと組み合わせて，完全なAPD用バイアス

注4：詳細はAppendix Aの「誤差を小さくしたフィードバック信号抽出の技術」を参照してください．
注5：参考文献(7)を参照してください．
注6：これらの低いレベルでの正確なノイズ測定は非常に注意深く行う必要があります．具体的な詳細についてはApendix BとCを参照してください．

図18.7 図18.6のAPDバイアス電源の200μV_P-Pのリプルと高調波残留分を10MHzの帯域で観察した波形

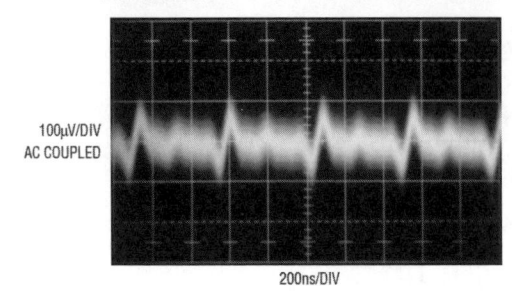

回路にしたものです(注7)．外部から電圧設定可能なAPD用電源部分は，フィードバックがOPアンプA_2経由で戻されている点を除けば，前の回路と変わっていません．A_2は1kΩの電流シャント抵抗の後で電圧をバッファすることで，R_1とR_2の抵抗がバイアスの負荷になりシャント電圧が低下することを防いでいます．またA_2は，電流シャントがバイアス電源ラインに含まれていても，出力が精密に安定化されることに寄与しています(注8)．

電流モニタ回路は図18.5から借りてきたものですが，1kΩの電流シャント抵抗の両端の電圧を測定して，Q_1のドレインに出力します．図で見られるように，もとの出力は約1kΩの内部抵抗をもちますが，図18.5の二つの出力回路のオプションも接続可能です．

回路動作を考えたとき，どちらのアンプもチャージ・ポンプの高電圧出力から電源を得ていることに注意してください．負電圧ピンはV_{out}の2/3の電位につながっています．この電圧により，アンプはそれらの高電圧信号を処理することが可能になりますが，この電圧差が30Vを越すことはありません．

● **トランスを使うAPD用バイアス電源と電流モニタ回路**

図18.9は別のAPD用バイアス電源と電流モニタ回路で，前の例とは異なる手法を使っています．その利点は，0.25%のバイアス電圧と電流モニタ精度，小型化，高電圧部品が少なくなることによる信頼性の向上などです．

スイッチング・レギュレータLT1946とT_1により，フライバック型の昇圧回路を構成しています．T_1の巻き線比で電圧ゲインが決まり，フライバックで発生し

注7：この回路はAlan Martinの開発したものをベースにしています．
注8：詳細はAppendix Aの「誤差を小さくしたフィードバック信号抽出の技術」を参照してください．

図18.8 図18.5の電流モニタ回路を図18.6のバイアス電源と組み合わせた回路．APD用バイアスと電流モニタ機能をもつ．LT1930Aへのフィードバックがバイアス電源出力の負荷にならないようOPアンプA_2がバッファしているので，電流誤差が発生しない．アンプは85Vの信号を処理しているが，電圧差が30Vを越えることはない

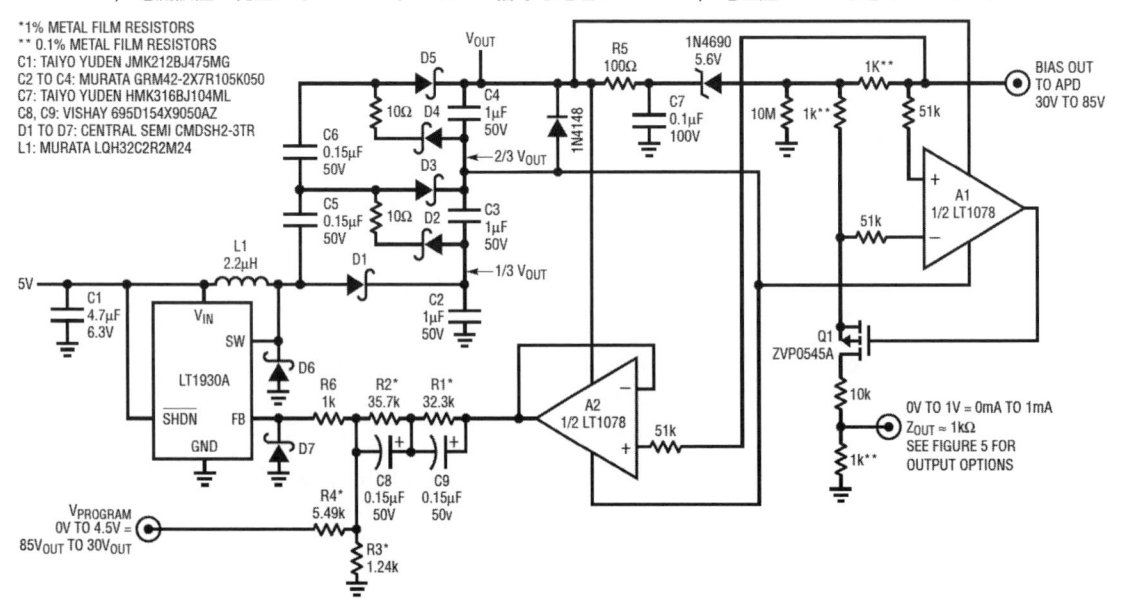

た高電圧はT_1の2次側の整流器とコンデンサによって整流,平滑化されて直流出力になります.この直流電圧が分圧されてA_1にフィードバックされます.A_1が,この信号とAPDのバイアス電圧設定入力を比較して,LT1496の動作点を決めることで制御ループが閉じられます.

ループの補償は,A_1の局所的なロール・オフ特性と10MΩの抵抗に付加した進み要素で行われます.この制御ループにより,バイアス設定入力の電圧に比例してAPDのバイアス電圧が決定され,保たれます.V_{supply} = 1.2Vで動作するコンパレータC_1が,電源投入時に設定電圧入力を0Vにクランプし,同時にA_1の出力を強制的にLowにすることで出力にオーバーシュートが発生することを防止しています.

これによりスイッチング・レギュレータが停止して,高電圧は発生しなくなります.電源の立ち上がり時に電圧が4V以上になると,C_1は反転してクランプがはずれ,A_1の非反転入力はバイアス電圧の設定電圧へと上昇していきます.スイッチング・レギュレータの出力はこのターン・オンの特性に追従して変化し,オーバーシュートは発生しません.LT1004は2.5V以上の電圧に対してクランプ動作をし,過大電圧が発生することを防いでいます[注9].

この回路の電流モニタの部分は,T_1の2次巻き線がフローティングしている利点をフルに活用しています.つまりこの回路では,1kΩの電流シャントはT_1の2次巻き線のリターン(T_1の3ピン)経路に位置していて,これまでの回路例の「ハイ・サイド」で電流検出する場合に,特別な考慮が必要だった高いコモン・モード電圧の問題がありません.

シャント抵抗のOPアンプにつながっていない側の端子は,回路のグラウンド電位になっているので,結果としてT_1のピン3の電位は,APDの電流が増加するにつれてより負になります.OPアンプA_2は,このシャ

注9:オプションの回路により任意の電圧で入力をクランプすることができます.Appendix Eの「APDの保護回路」を参照してください.

図18.9 OPアンプA_1はLT1946ブースト・レギュレータを制御して20V〜90Vのバイアス電圧を供給する.コンパレータC_1は,電源投入時のオーバーシュートの発生を防止する.A_2はT_1の出力リターン経路の1kΩ電流シャントの両端の電圧降下でAPD電流を検出する.バイアスの設定電圧をA_2にフィードフォワードすることで,10MΩと287kΩの抵抗分圧器による電流シャントへの負荷効果の誤差をキャンセルして,電流モニタの精度を保っている

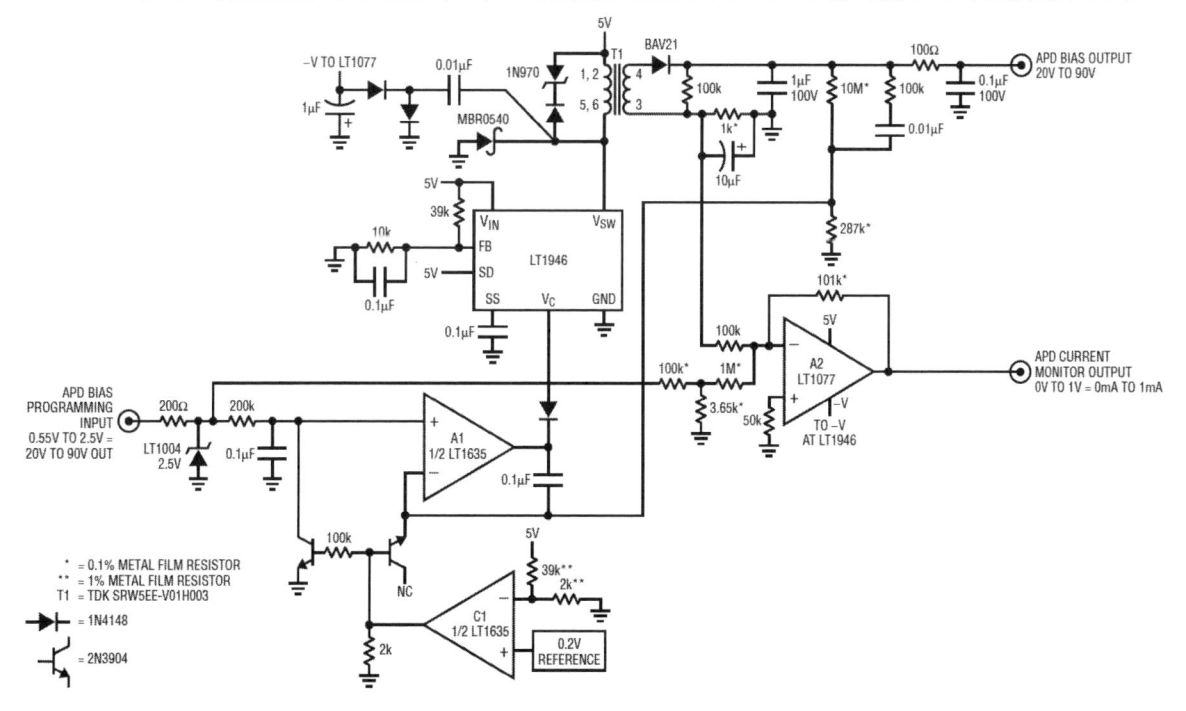

図18.10 図18.9の出力ノイズは10MHz帯域で1mV_P-Pと観測された

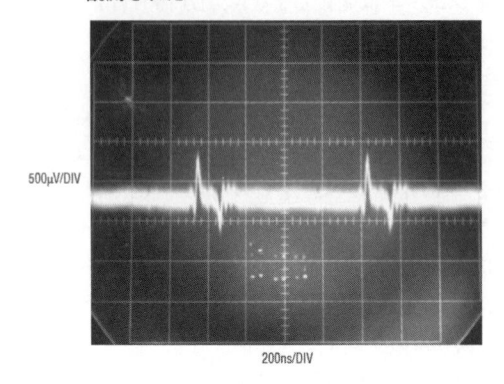

図18.11 カスコード接続されたLT1946がL_1をスイッチングして，20V〜90VのAPD用バイアス出力を得る．Q_1のソースのダイオードは伝導してくるスパイク電圧を安全なレベルにクランプする

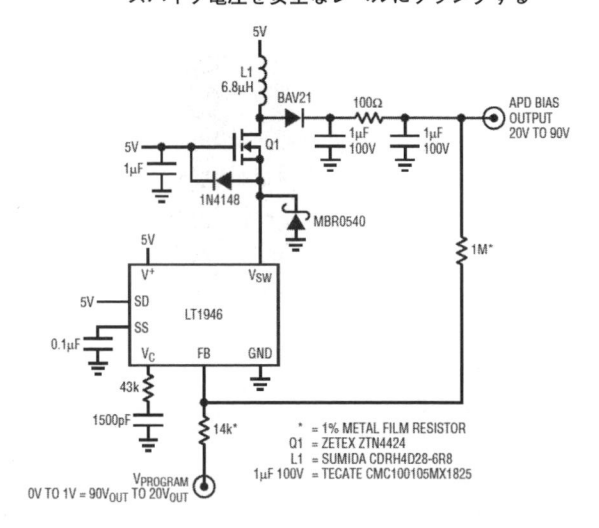

ント抵抗の負電圧を反転バッファして正電圧に変換します．そのゲインは1より1％だけ大きくしてあり，入力抵抗がシャント抵抗の負荷となることで発生する誤差を補正しています．

　0Vまでの出力を可能にするため，A_2の負電源ピンを，LT1946のV_{SW}ピンのスイッチング出力から発生させた若干の負電位につないでいます．10MΩと287kΩの抵抗による分圧器の負荷効果を原因とした誤差は，APDのバイアス電圧設定入力から流す補正電流によってA_2の出力からキャンセルされます．この補正電流は100kΩ，3.65kΩ，1MΩの抵抗ネットワークを経由してA_2の反転入力に合流し，負荷効果の誤差ぶんだけを精密に補正するようにスケーリングされています．この手法の詳細については，Appendix Aを参照してください．

　この回路の出力ノイズを図18.10に示しますが，10MHz帯域で約1mV_P-Pとなっています．これはフライバック・レギュレータの特性で，図18.8のチャージ・ポンプを利用した回路よりはいくぶんノイズが大きくなっています．今のままでもほとんどのAPDで許容できるレベルですが，スイッチング・レギュレータの特殊なテクニック（後述）を使うと，大きく減らすことができます．

● **インダクタを利用したAPD用バイアス電源回路**

　図18.11は図18.9のフライバック回路を借りて，簡単で面積をとらないAPD用バイアス電源を作ったものです．図18.9にあった電流モニタの部分は取り除いてあり，バイアス電源としてだけ機能します．さらに，図18.9のトランスは2端子のインダクタと置き換えてあります．

　この回路は基本的なインダクタを使ったフライバック・ブースト・レギュレータですが，一点だけ重要な違いがあります．Q_1は高電圧デバイスですが，スイッチング・レギュレータLT1946とインダクタの間に挟まった形になっています．これにより，レギュレータは高電圧のストレスを受けることなく，Q_1による高電圧スイッチングを制御できるのです．Q_1はLT1946内蔵のスイッチ素子にカスコード接続されて動作し，L_1による高電圧のフライバック出力に耐えます[注10]．

　Q_1のソースにつながっているダイオードは，L_1で発生してQ_1のジャンクション容量を経由して伝わってくるスパイクをクランプします．発生した高電圧は整流されて，フィルタされて直流になり回路の出力になります．レギュレータへのフィードバックにより出力は安定化され，$V_{program}$への入力で適切なバイアス電圧に可変できます．LT1496のV_Cピンに接続してある部品により，ループの補償をかけます．20V〜90Vの出力範囲では，出力電圧を規定する$V_{program}$の2％以内に収まります．図18.12はスイッチングによる出力ノイズで，10MHz帯域で約1.3mV_P-Pでした．

注10：参考文献(11)を参照してください．

図18.13 トランスを使った20V～90Vを出力するAPD用バイアス電源回路．スイッチングの遷移時間を制御することで極めて低い出力ノイズを達成する

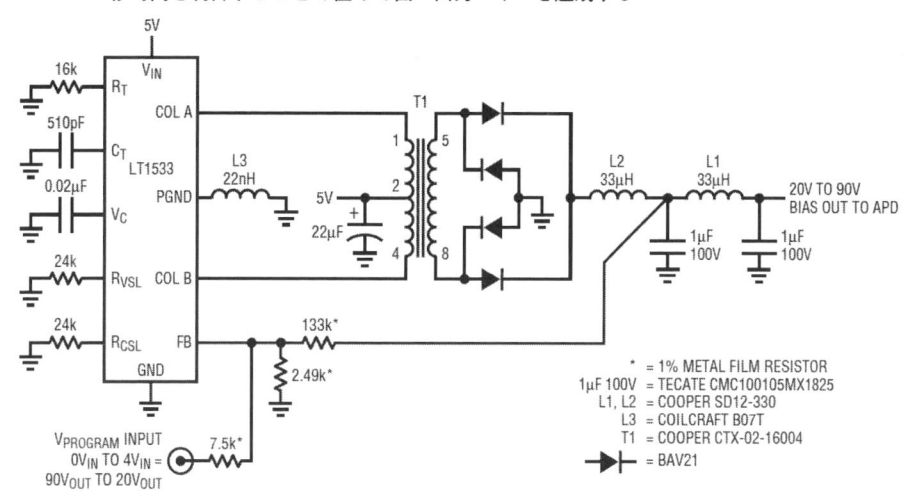

図18.12 カスコード接続によるバイアス電源のノイズは10MHz帯域で約1.3mV$_{P-P}$と観測された

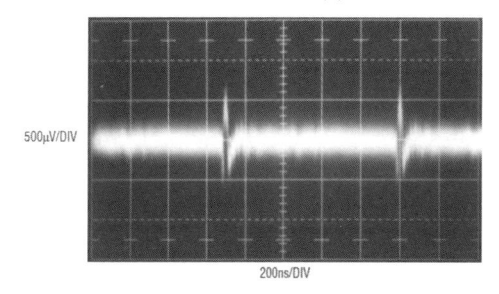

図18.14 LT1533は遷移時間を制御することで，出力の高調波残留ノイズが劇的に低下する．測定帯域100MHzでスイッチングに起因するノイズは100μV以下であり，基本周波数のリプルは約200μVである

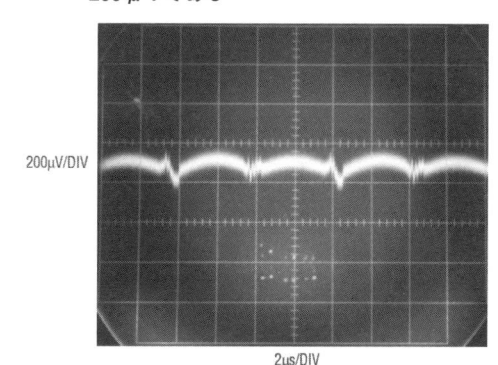

● 出力ノイズ200μVのAPD用バイアス電源回路

APDの受信アプリケーションには，より広帯域で極めて低いノイズ・レベルが必要なものがあります．図18.13のAPD用バイアス電源回路では，100MHz帯域で200μVのノイズを達成するために特別なスイッチング・レギュレータの手法を用いています．

LT1533はスイッチングの遷移時間を制御できる，プッシュプル型のスイッチング・レギュレータです．出力の高調波成分（ノイズ）は，スイッチングの遷移時間を長くすることで激減します[注11]．スイッチング電流と電圧の遷移時間は，R_{CSL}ピンとR_{VSL}ピンで個別に制御できます．それ以外の点では，この回路はトランスを使って昇圧動作をする，典型的なプッシュプル回路として動作します．$V_{program}$入力はフィードバック・ループにバイアスを加えるためのもので，出力電圧を20V～90Vの間で自由に設定できます．

遷移時間を制御することで，出力ノイズが劇的に減

注11：ノイズとは，定期的に発生する成分やコヒーレントな成分を含みません．このように，スイッチング・レギュレータの出力「ノイズ」という呼び方は誤用です．残念ながら，レギュレータ出力の望ましくないスイッチング由来の成分は，ほとんどの場合ノイズと呼ばれています．したがって，技術的には正しくありませんが，この記事でも望ましくない出力成分をひとくくりにしてノイズと扱うことにします．また，参考文献(2)も参考にしてください．

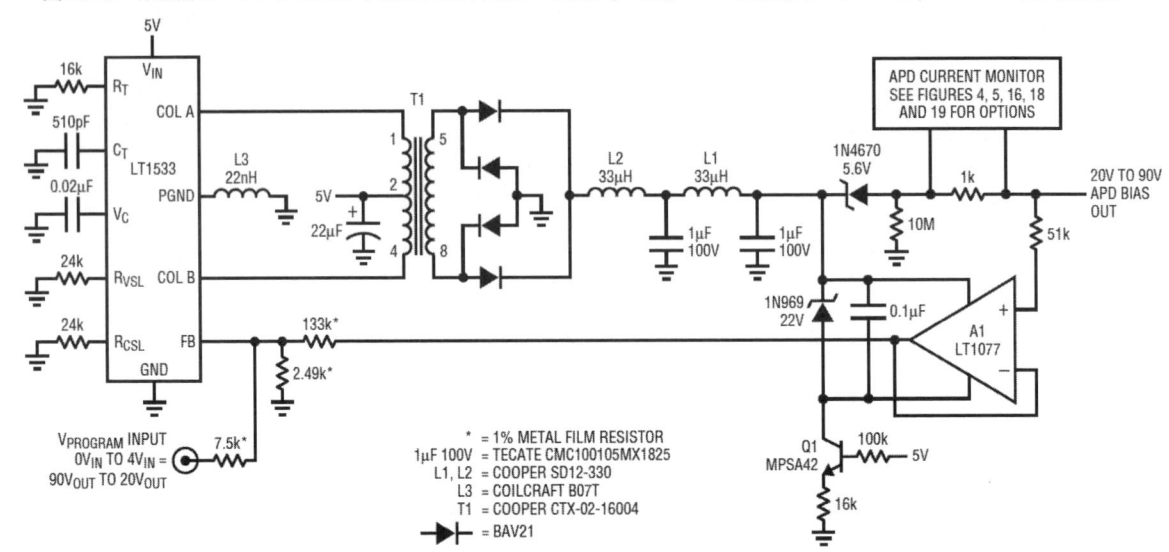

図18.15 分圧器にバッファを入れて改善した図18.13の回路に，電流モニタを加えたノイズ100μVのAPD用周辺回路

少します．図18.14は100MHz帯域で観察した波形で，リプルとスイッチング関連の残留ノイズで200μV程度です．これは一般のレギュレータの水準を遥かに越えていて，もっとも厳しいノイズに対する仕様も満たします．

● 低ノイズAPD用バイアス電源と電流モニタ回路

図18.15は前述の回路の性能をもとに，完備した高性能なAPD用周辺回路を構成しています．バイアス電源は図18.13の低ノイズ型と同一で，OPアンプA_1によるバッファをフィードバック経路に入れてあります．この部分は図18.8の回路と同様に，1kΩの電流シャントからフィードバック経路に電流が流れないようにして，電流モニタの精度を守っています．ツェナー・ダイオードと電流源を使ってA_1の電源を供給することで，低い耐圧のICで高い電圧の信号処理を可能にしています(注12)．枠で囲った電流モニタの部分は，要求仕様に応じてこれまでの回路例から選択することができます．

● 0.02%精度の電流モニタ回路

APDの電流モニタ回路について，高い精度と安定度

が要求される場合があります．図18.16の回路は，一般的ではありませんが，光によるスイッチング素子を使って100nA～1μAの範囲で0.02%の精度を達成しています．この方法ではS_{1A}，S_{1B}により，シャント抵抗につないだコンデンサをスイッチングしてシャント電流の測定を行います（ACQUIREの状態）．コンデンサがシャントの両端の電圧まで充電された後，S_{1A}とS_{1B}は開き，S_{2A}とS_{2B}は閉じます（READの状態）．

これによってコンデンサの片側の電極が接地され，またS_{2B}のところの片側が接地されている1μFのコンデンサへ放電されます．このサイクルは連続的に繰り返され，結果としてフローティングしている1kΩの抵抗の両端の電圧降下と同じ電圧が，グラウンドを参照電位としたOPアンプA_1の非反転入力として得られます．

LEDを駆動するMOSFETスイッチはジャンクション電位をもたないので，光駆動ではチャージ・インジェクションによる誤差がない利点があります．ノン・オーバラップ・クロックにより，S_1とS_2が同時に導通して電荷が減少することを避けて，測定誤差の発生および回路の損傷を防いでいます．5.1Vのツェナー・ダイオードは，バイアスの出力がグラウンドにショートした場合に，スイッチングしているコンデンサが破損することを防ぎます．

A_1はチョッパ安定化OPアンプですが，内部クロックを取り出すことができます．このクロックをQ_3でレベル・シフトして分周器に入力します．最初のフリッ

注12：フィードバック径路に入れたバッファについてはAppendix Aの「誤差を小さくしたフィードバック信号抽出の技術」を参照してください．

図18.16 光スイッチFETとフライング・キャパシタを利用した精度0.02%のAPD電流モニタ回路．ロジック駆動によるQ₁とQ₂が，S₁とS₂のLEDにノン・オーバラップのクロックを供給する．クロックはA₁の内部発振器から得ている

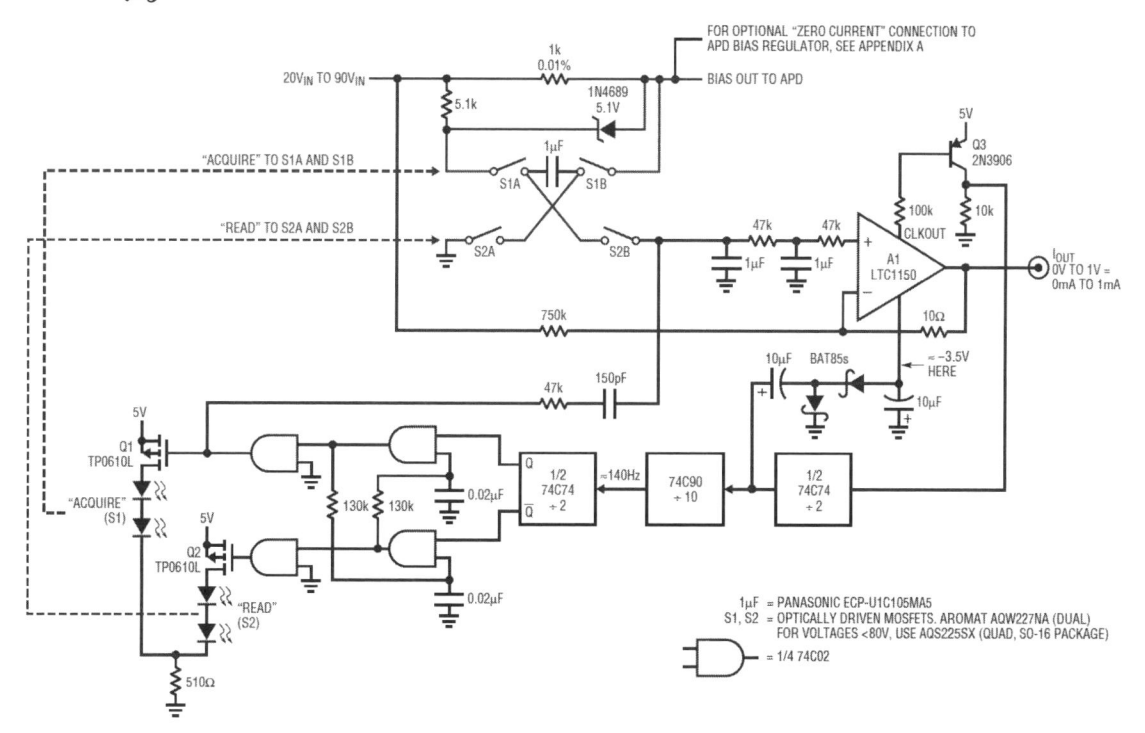

プフロップでチャージ・ポンプを駆動して，A₁の負電源ピンをマイナス側に引っ張ることで，出力が0V（以下）まで振れるようにしています[注13]．分周器の最終出力はロジック回路につながっていて，0.02μFのコンデンサの位相反転した充電放電動作が起きます（**図18.17**の波形AとB）．これらのコンデンサに関係する切り替え動作で，Q₁とQ₂がノン・オーバラップの相補波形で駆動されます．各トランジスタがノン・オーバラップの波形でLEDを光らせて，S₁とS₂をドライブします．

LEDで駆動されるFETスイッチは寄生容量が非常に小さく，ほとんど誤差要素にならないので，理想的に近い回路性能が得られます．しかし，S₁Aが高い電圧でスイッチングしていて，S₂Bの3～4pFのジャンクション容量を充電することで残留誤差（0.1%以下）が生じます．これにより，不要な電荷がS₂Bのところで1μFのコンデンサに注入されてしまいます．この電荷はAPDのバイアス電圧（20V～90V）に依存して変化し，さらに影響は小さいのですが，S₂Bのオフ状態の容量が可変容量ダイオードのようにふるまうことでも変化し

図18.17 クロック駆動されるクロス・カップルしたコンデンサ（波形AとB）をつないだ74C02の回路が，ノン・オーバラップでLEDを光らせてS₁とS₂を駆動する

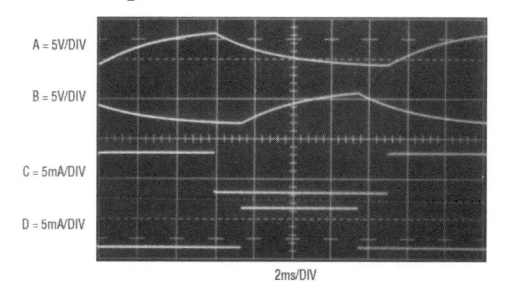

ます．

これらの要素はA₁の反転入力への直流ぶんのフィードフォワードと，Q₁のゲートからS₂Bへの交流ぶんのフィードフォワードである程度キャンセルされます．

注13：この方法は，**図18.5**で説明したものの変形ですが，Appendix Dの「真の0V出力が可能な単一電源アンプ」で詳しく説明しています．

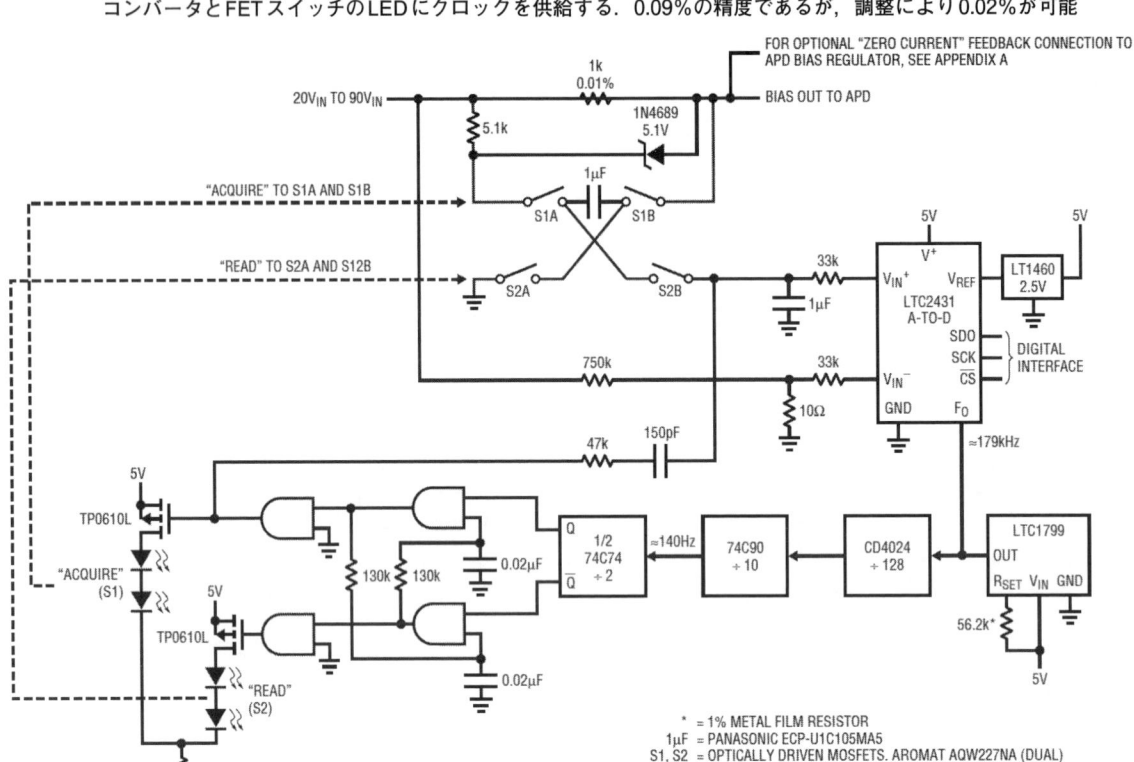

図18.18 図18.16の光駆動のFETスイッチを使った電流モニタ回路をディジタル出力に変更した回路．LTC1799がA-Dコンバータとと FETスイッチのLEDにクロックを供給する．0.09％の精度であるが，調整により0.02％が可能

この補正により誤差は5倍改善して，0.02％の精度が得られます．

光スイッチの故障によりA_1に高電圧が印加されて破壊し，5V電源ラインに破壊的な電圧を生じさせる可能性があります．これは最悪の事態ですが，A_1の非反転入力に入れた47kΩの抵抗で防ぐことができます．

図18.18は，0.09％の精度のディジタル出力電流モニタで，光を使った電流モニタ回路をディジタル出力に変更したものです．この回路は根本的には図18.16と同一ですが，変更が2箇所あります．

まず，A-DコンバータLTC2431によってディジタル出力を得ます．このコンバータは差動入力をもち，前述の回路でのフィードフォワードによる誤差の補正手段がそのまま使えます．

分周器の比率は，より高速なLTC1799からのクロックにあわせて変更してあります．この高い周波数はA-Dコンバータの動作に影響しますが，A-Dコンバータ内蔵のノッチ・フィルタを光スイッチの切り替え周波数に合わせてあり，大きい除去比を得ています[注14]．

この回路の0.09％の精度は，前述のアナログ出力の回路と同等ではありません．それはLT1460のレファレンス電圧に0.075％の誤差があり，調整できないからです．1kΩの電流シャントの値を調整して，出力電流の測定値とA-Dコンバータの出力が一致するように調整すれば，0.02％の精度が達成可能です．

● ディジタル出力電流モニタ回路

前述の電流モニタ回路はどれも，グラウンドを参照電位とするA-Dコンバータがレベル・シフトされた信号を受けて，ディジタル出力に変換しています．図18.19の回路は，APDのバイアス電位においてフロー

注14：LT2431の内部ディジタル・フィルタの第一ヌル・ポイントはFOピンに与えたクロックの1/2560の周波数で発生します．詳細については，LT2431のデータシートを参照してください．

APD用バイアス電源回路   389

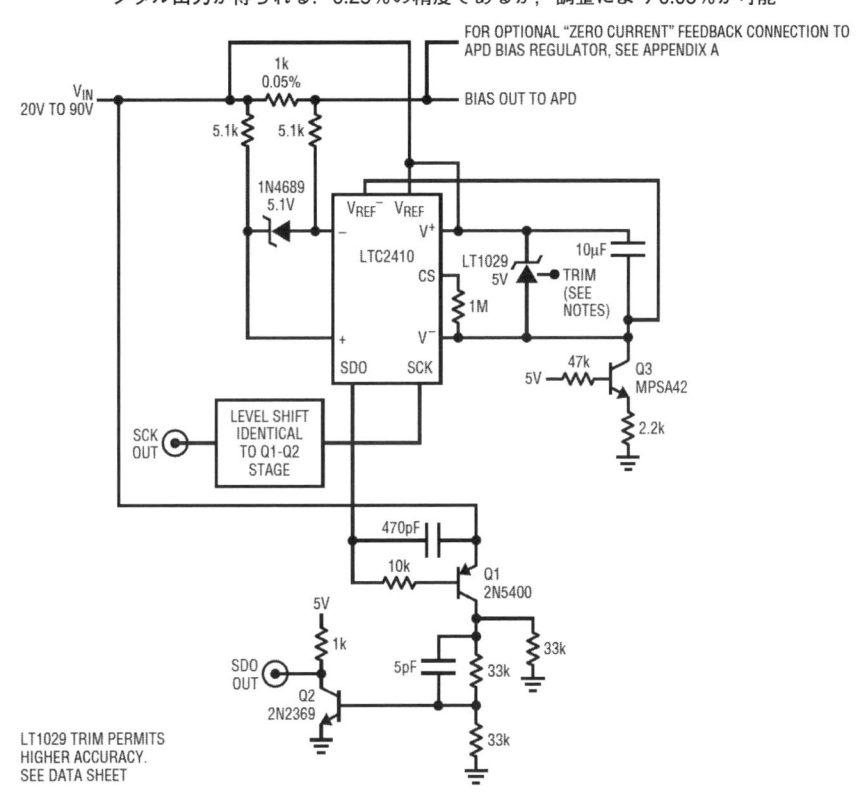

図18.19 高電圧でフローティング動作するA-Dコンバータにより，ディジタル出力を得る電流モニタ回路．Q_1とQ_2のレベル・シフタによりグラウンドを参照電位とするディジタル出力が得られる．0.25％の精度であるが，調整により0.05％が可能

ティング動作をするA-Dコンバータで，シャント電流情報を直接ディジタイズします．A-Dコンバータの出力のロジック信号はレベル・シフトされて，通常のロジック信号となります．この手法では，APD用バイアス電源からA-Dコンバータと周辺回路に約3mAの電流を供給しなくてはなりませんが，シンプルで非常に魅力的な方法です．

LTC2410とLT1029基準電圧源は，高電圧のAPD用バイアスから電源を得ています．電流シンクQ_3とLT1029がLT2410の負電源ピンに電位を与えて，20V～90Vのバイアス電圧の範囲に対して，A-Dコンバータの電源電圧を5Vに保ちます．

A-Dコンバータの差動入力が1kΩの電流シャントの両端の電圧を測定します．APD用バイアス・ラインがグラウンドにショートした場合は，抵抗とツェナー・ダイオードによる電圧クランプがA-Dコンバータに過大な電圧がかかることを防止します．高い電圧でフローティングしているA-Dコンバータ出力は，レベル・シフタをドライブして，グラウンドを参照電位とするデータを出力します．

回路図では，同一構成のレベル・シフタのうちの一つだけを示しています．もう一つは，単なる四角い箱として概念的に描いてあります．この回路は静止時も動作時も低電流で動作しますが，データを正確に出力します．これは，APD用バイアス電源から流れる電流を低く抑えて，過渡的な負荷効果でバイアスが変調されるのを防ぐのに重要なポイントです．高電圧のエミッタ接地で動作するQ_1は，グラウンドを参照電位とするロジック互換出力を発生するQ_2に電流を流し込みます．コンデンサでフィードフォワードをかけることで，定常電流を低く抑えながら，エッジのシャープな信号を保っています．

この回路の無調整での0.25％の精度は，シャント抵抗とLT1029の誤差によるものです．LT1029の電圧を微調整することで0.05％が可能です（回路図中のコメントを参照）．

図18.20 ディジタル出力電流モニタを備えたAPD用バイアス電源回路．T_1の1次巻き線がAPD用の高電圧を供給する．図18.11の回路と同様で，2次巻き線がフローティング構成の回路に電力を供給する．1kΩのシャント抵抗の電圧降下はオプションのフィードバック回路を使うことで補正できる．オプト・カプラによりグラウンドを基準とするディジタル出力を得ている．電流モニタの精度は2%であり，調整により0.1%が可能

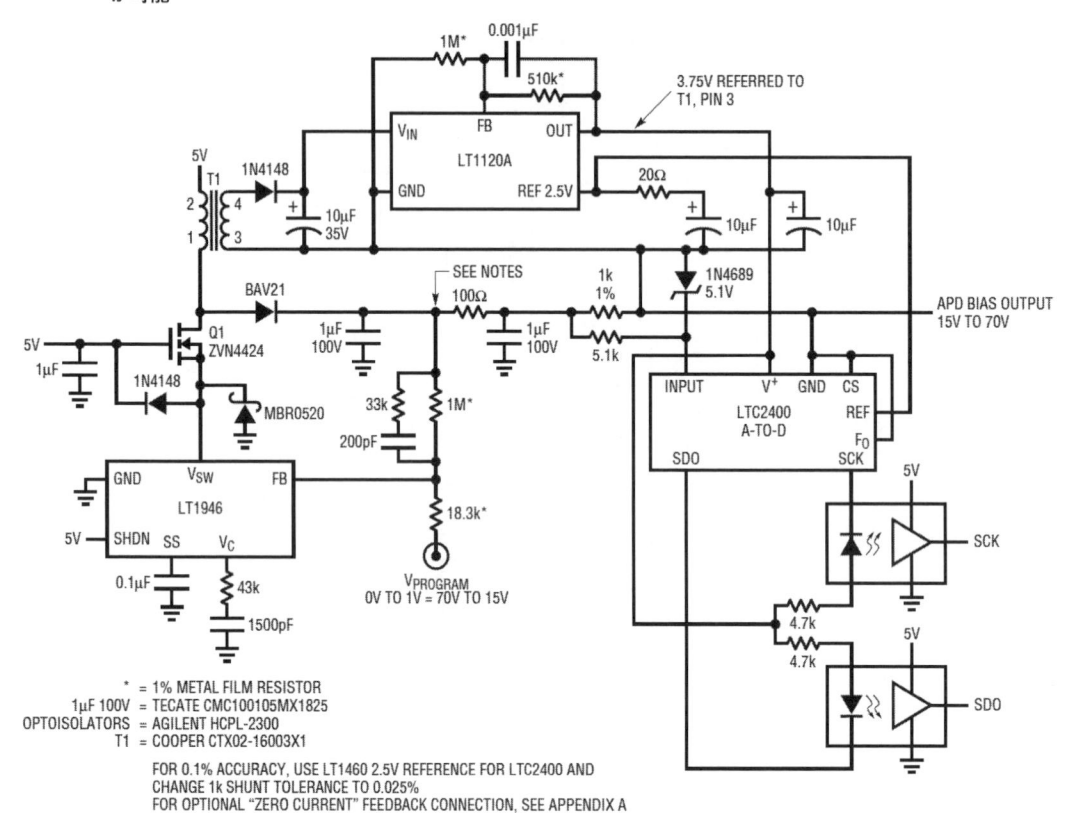

● ディジタル出力の電流モニタとAPD用バイアス電源回路

図18.20も前と同様に，シャント抵抗にA-Dコンバータをフローティング接続した回路ですが，APD用バイアス電源まで含めたものです．バイアス電源はスイッチング・レギュレータLT1946とQ_1により作られますが，これは図18.11の回路とほぼ同一です．おもな違いは，図18.11の回路のインダクタがここではトランスに置き換えられている点です．トランスの1次巻き線は図18.11の回路と同様に昇圧を行います．

フローティングになる2次巻き線は，アイソレートされているLT1120を使った3.75Vレギュレータをドライブします．このフローティング・レギュレータの出力はAPD用バイアス電源の電位に積み重ねられて，A-DコンバータLTC2400の電源となります．アイソレートされた3.75V電源により，A-Dコンバータは

APD用バイアスから電流を引き出すことなく1kΩのシャント抵抗の両端の電圧を測定することができます．APD用バイアス・ラインがグラウンドにショートした場合は，抵抗が電流を制限し，5.1Vツェナー・ダイオードがA-Dコンバータを高電圧から保護します．

低電力オプト・カプラによりグラウンドを参照電位とするディジタル出力が得られます．これにより，クロス・モジュレーションが原因となり，APD用バイアス電源の安定化動作と干渉してフローティング電源が「干上がる」事態を防いでいます．

特に，APD用バイアス出力が非常に低い電力の場合，フライバックでフローティング電源に電流を供給できるほどの磁束を作れない場合がありえます．一般的なフォトカプラには大きな電流を流す必要があり，ここでは低電力タイプを選定する必要があります．前の回路で用いたディスクリート構成のレベル・シフタを使

図18.21 掲載した回路の特性のまとめ．アプリケーションの仕様により適用できる回路が決定される

図番	バイアス供給能力	アナログ出力電流モニタ（100nAから1mA）	ディジタル出力電流モニタ（100nAから1mA）	コメント
4	No	Yes	No	精度0.4%，高ノイズ除去比
5	No	Yes	Yes	精度0.5%，関連回路分に加えて，APDと同程度の電流をAPDバイアス電源から供給する必要あり
6	Yes 30V to 90V	No	No	10MHz帯域で200μVのノイズ，精度3%
8	Yes 30V to 85V	Yes	No	バイアス電圧精度3%，電流モニタ精度0.5% 電流モニタの出力インピーダンスは1kΩ
9	Yes 20V to 90V	Yes	No	バイアス電圧精度2.5%，10MHz帯域で1mVの出力ノイズ．0.25%電流モニタ精度．小型，高耐圧の大容量コンデンサの数が少なく信頼性上有利．APD用電源から供給する電流が少ないため，リプルを抑えるための高耐圧コンデンサが少なくて済む．
11	Yes 20V to 90V	No	No	バイアス電圧精度2%，10MHz帯域でノイズ200μV 小型，シンプル
13	Yes 20V to 90V	No	No	バイアス電圧精度2%，100MHz帯域でノイズ200μV，250KHzの発振周波数のため，比較的回路規模が大きい．
15	Yes 20V to 90V	Yes	Yes	バイアス電圧精度2%，100MHz帯域でノイズ200μV，電流モニタの精度はオプション回路に依存する．250kHzの発振周波数のため，比較的回路規模が大きい．
16	No	Yes	No	精度0.02%．APD用電源から供給する電流が少ないため，リプルを抑えるための高耐圧コンデンサが少なくて済む．
18	No	No	Yes	精度0.09%．シャント抵抗を調整することで0.02%が達成可能．APD用電源から供給する電流が少ないため，リプルを抑えるための高耐圧コンデンサが少なくて済む．
19	No	No	Yes	精度0.25%．基準電圧を調整する事で0.05%に合わせ込める．
20	Yes 15V to 70V	No	Yes	バイアス電圧精度2%，電流モニタ精度2%．オプションのLT1460基準電圧源の使用で精度0.1%が可能．APD用電源から供給する電流が少ないため，リプルを抑えるための高耐圧コンデンサが少なくて済む．

えばより低電力になるでしょうが，フォトカプラは簡単な回路で済むので丁度ぴったりです．

2.5V基準電圧源LT1120と1kΩシャント抵抗の誤差からの制約で，回路の精度は2%になります．回路図のコメントにあるように，より高精度の部品を使用することで0.1%の精度が実現可能です．

まとめ

図18.21の表は，簡略化しすぎのきらいはありますが，これまで提示してきた各回路をまとめたものです．表では，それぞれの回路のおもな特長を挙げていますが，応用にあたっては個々のアプリケーションでの要求仕様を十二分に調査するがあります．

注：このアプリケーション・ノートはEDNマガジン用に執筆した原稿を元に作成したものです．

◆参考文献◆

(1) Meade, M.L., "Lock-In Amplifiers and Applications," London, P. Peregrinus, Ltd.

(2) Williams, J., "A Monolithic Switching Regulator with 100uV Output Noise," Linear Technology Corporation, Application Note 70, October 1997.

(3) Williams, J., "Measurement and Control Circuit Collection," " DVBE Based Thermometer," Linear Technol-ogy Corporation, Application Note 45, June 1991, pp.7-8

(4) Williams, J., "Applications for a Switched Capacitor Instrumentation Building Block," Linear Technology Corporation, Application Note 3, July 1985.

(5) Williams, J., "Monolithic CMOS-Switch IC Suits Diverse Applications," EDN Magazine, October 4, 1984.

(6) Williams, J., "A Fourth Generation of LCD Backlight Technology," "Floating Lamp Circuits," Linear Technology Corporation, Application Note 65, November 1995, pp. 40-43, Figure 48.

(7) Negrete, M., "Fiberoptic Communication Systems Benefit from Tiny, Low Noise Avalanche Photodiode Bias Supply," Linear Technology Corporation,

Design Note 273, December 2001.
(8) Martin, A., "Charge Pump Based APD Circuits," Private Communication, May 2002.
(9) Williams, J., "Applications of New Precision Op Amps," "Instrumentation Amplifier with VCM = 300V and 160dB CMRR," Linear Technology Corporation, ApplicationNote 6, January 1985, pp. 1-2.
(10) Williams, J., "Bridge Circuits," "Optically Coupled Switched Capacitor Instrumentation Amplifier," Linear Technology Corporation, Application Note 43, June 1990, pp. 9-10
(11) Hickman, R. W. and Hunt, F. V., "On Electronic Voltage Stabilizers," "Cascode," Review of Scientific Instru- ments, January 1939, pp. 6-21, p. 16.

Appendix A 誤差を小さくしたフィードバック信号抽出の技術

本文中で説明した各APD用バイアス電源回路に対応して，電源出力につなぐフィードバック用分圧器による負荷効果への対策を補足説明します．もし，分圧器が1kΩの電流シャントの前につないであれば，電流モニタの出力には分流する電流は影響しないので，誤差は発生しません．

ここで問題になりうるのは，バイアス電源出力に1kΩのシャントが直列に入ることで，負荷に対する電圧安定度が悪化することです．最大電流の1mAが流れると1Vの出力電圧降下が起きます．場合によっては，それは許容範囲でありそれ以上の問題は起こりません．もし，より厳しい負荷安定度が求められるなら，補正が必要になります．

● 分圧器電流による誤差の補正---ロー・サイド・シャント抵抗の場合

シャント抵抗(ロー・サイド・シャント)をトランスのリターン径路に配置した場合，分圧器による誤差はAPDの電流モニタ回路に補正をかけることでキャンセルできます．図18.A1に詳細を示します．出力の分圧器に流れる電流による誤差は，フィードフォワードでAPDのバイアス設定電圧から補正電流をOPアンプA_1に流すことで出力に現れないようにします．この補正電流は抵抗R_{LARGE}を経由してA_1に入力しますが，分圧器に流れる電流により生じたシャント抵抗出力の誤差分が，精密にキャンセルされるようにスケーリングされます．

● 分圧器電流による誤差の補正---ハイ・サイド・シャント抵抗の例

図18.A2は，シャント抵抗がハイ・サイドに置かれた場合を説明しています．この構成では高いコモン・モード電圧への対処が必要となり，一見したところでは，分圧器に流れる電流による負荷効果を取り除くた

図18.A1 出力電圧の分圧器に流れる電流による負荷効果の誤差を，電圧設定入力からのフィードフォワードで補正する．OPアンプA_1がフィードフォワードぶんと電流シャント情報の和をとって，補正された出力を出す

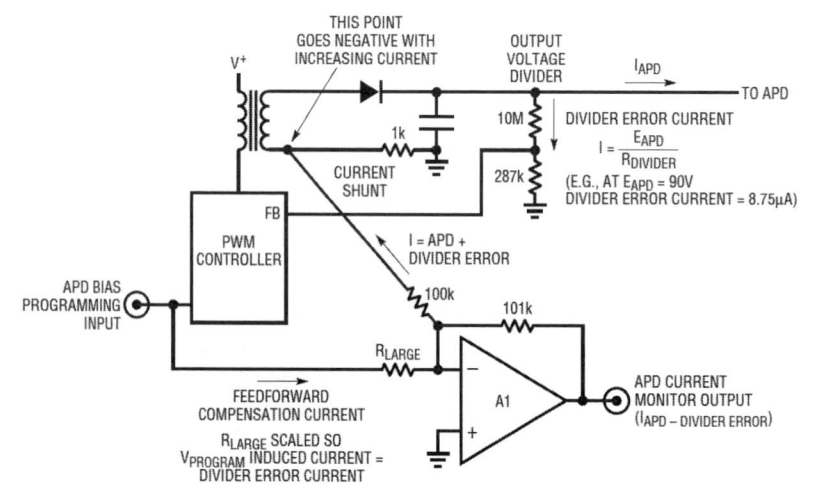

めに高電圧のバッファが必要になりそうです．

図18.A2はこれを回避していて，標準的な低電圧OPアンプを使って高電圧信号を処理します．A_1は1kΩのシャント抵抗の後で電圧を検出して，APD用バイアス電源のレギュレータのフィードバック・ループを維持しながら，分圧器の負荷効果を取り除いています．A_1はバイアス電源の高電圧出力から直接電源を得ていて，V^-ピンはV^+ピンの電位に対してツェナー・ダイオードでクランプされています．電流シンクであるQ_1は，このバイアス電圧をAPD用電源の広い出力範囲で一定に保ちます．

A_1は高電圧信号を扱いますが，実際にかかる電圧は安全なレベルに保たれます．APD用バイアス・ラインの5.6Vツェナー・ダイオードが，A_1の入力電圧が常にコモン・モード動作範囲に収まるようにしています．10MΩの抵抗により，APDの電流がきわめて小さい場合でも，適切なバイアス電流がツェナー・ダイオードに流れます．

51kΩの抵抗は，APDのバイアス出力がグラウンドにショートした場合でも，A_1を破壊的な高電圧から保護します．同様に，100kΩの抵抗はQ_1が故障しても，5V電源に高電圧が現れないようにしています．

図18.A2　高い電源ラインからフロート接続しているA_1の電圧フォロワにより，分圧器に流れる電流の負荷効果による誤差を除いている．電流源Q_1と22Vツェナー・ダイオードが，アンプに高い電源電圧がかからないようにしている．また，5.6Vツェナー・ダイオードがA_1の入力範囲を規定している

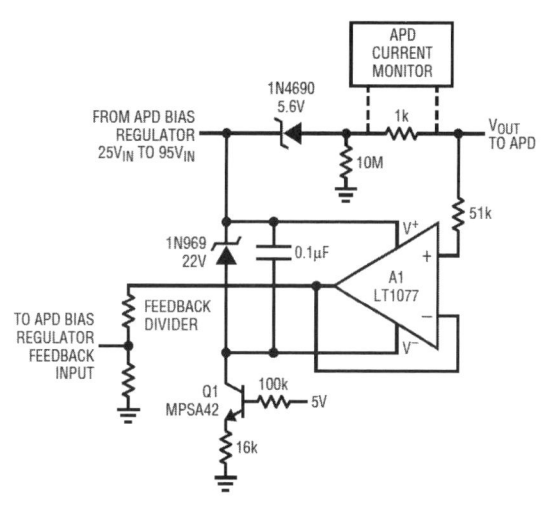

Appendix B　プリアンプとオシロスコープの選択

本文で説明している低レベルの測定には，それなりのプリアンプをオシロスコープに接続することが必要です．かつての製品に比べると，現在，市場にあるほとんどのオシロスコープは，2mV/div以上の感度を備えていません．図18.B1はノイズ測定に適した，代表的なプリアンプとオシロスコープのプラグインを一覧表にしたものです．これらの装置は，広帯域，低ノイズの性能をもっています．

ただし，その多くがすでに生産されていないことに注意してください．これは，アナログ計測の能力追及の対極として，ディジタル処理による信号アクイジションに重きをおく，現状の測定器のトレンドがもたらした結果です．

観測用のオシロスコープは，適切な帯域ときわめて

図18.B1　測定に使用できる高感度，低ノイズ・アンプの例．用途にあわせて，帯域と感度，それに入手性を考慮して選択する

計測器タイプ	メーカ	モデル番号	帯域	最大感度／ゲイン	入手性	コメント
アンプ	ヒューレット・パッカード	461A	150MHz	ゲイン：100	中古品	50Ω入力，単体動作
差動アンプ	テクトロニクス	1A5	50MHz	1mV/div	中古品	500シリーズ・プラグイン
差動アンプ	テクトロニクス	7A13	100MHz	1mV/div	中古品	7000シリーズ・プラグイン
差動アンプ	テクトロニクス	11A33	150MHz	1mV/div	中古品	1100シリーズ・プラグイン
差動アンプ	テクトロニクス	P6046	100MHz	1mV/div	中古品	単体動作
差動アンプ	Preamble	1855	100MHz	ゲイン：10	生産中	単体動作，帯域設定可
差動アンプ	Preamble	1822	10MHz	ゲイン：100	生産中	単体動作，帯域設定可

明瞭な輝線が必要です．二つ目のポイントについては，高品質のアナログ・オシロスコープに匹敵するものはありません．そのきわめて小さいスポット・サイズは，低レベルのノイズ測定に最適です[注1]．

DSOでは，ディジタイズによる曖昧さとラスタ・スキャン型の画面による制約で，画面の分解能が損なわれています．多くのDSOでは，小レベルのスイッチングによるノイズは画面に表示されることもないでしょう．

注1：我々の経験では，テクトロニクス社の453，453A，454，454A，547，それに556がとても良い結果を示しました．それらの画面表示の輝線の質は，ノイズ・フロアの制約のなかで微小な対象信号を明瞭に観測するうえで理想的と言えるものです．

Appendix C　低レベル/広帯域信号を正確に計測するためのプロービングと接続の技術[注1]

もしも信号の接続によって歪みが発生してしまっては，どんなに注意深く製作した試作基板であっても，目的を達成することはできません．信号の正確な情報を引き出すためには，回路への接続は非常に重要なポイントです．低レベルの広帯域測定では，計測器への信号の接続に細心の注意が必要です．

● グラウンド・ループ

図18.C1は，AC電源から電力を得ているテスト用装置の間で，グラウンド・ループができてしまった場合の影響を示しています．わずかな電流が各装置の名目上接地されたシャーシ間に流れ，測定された回路の出力に60Hzの揺らぎを付け加えています．

この問題を避けるには，AC電源から電力を得ているすべての装置のグラウンド接続を一箇所のコンセントにまとめてしまうか，すべてのシャーシを同一のグラウンド電位に固定することになります．同様に，シャーシ間の相互接続を通して回路の電流が流れるような状況を作るのは避けなければなりません．

● ピックアップ

図18.C2もまたノイズ測定において60Hzが混入した状態を示しています．この場合は，4インチ長の電圧計のプローブを，フィードバックの注入点につないだことが失敗でした．テスト目的での回路への接続箇所は最小にして，リード線を短くしましょう．

● 未熟なプロービング技術

図18.C3の写真には，オシロスコープのプローブに取り付けた短いグラウンド・リードが写っています．このプローブは，オシロスコープへのトリガ信号を出すポイントにつながっています．回路の出力ノイズは，写真にあるように同軸ケーブルでオシロスコープにつながれてモニタされます．

図18.C1　テスト装置の間にできたグラウンド・ループで画面が60Hzで揺れている

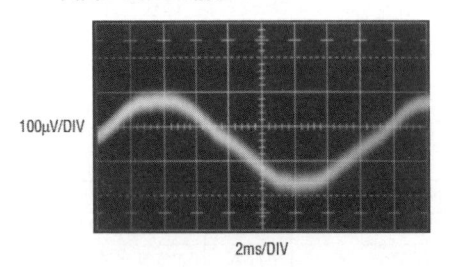

図18.C2　フィードバック・ノードにつないだプローブが長すぎて60Hzを拾ってしまった

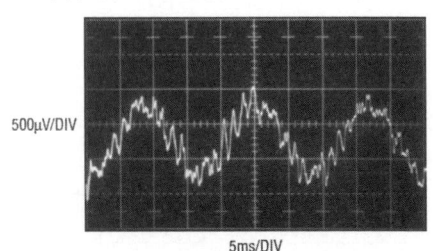

注1：リニア・テクノロジー社のアプリケーション・ノートを熟知する手強い読者のなかには，このAppendixがAN70［参考文献(2)］に載っていたことに気づかれた方がいると思います．そのアプリケーション・ノートは広帯域ノイズの測定について重点を置いたものですが，その内容はここでの議論に直接当てはまるものです．そういうわけで，読者に便利なようにここに再収録しました．

図18.C3 問題があるプロービング．トリガ・プローブのグラウンド・リードがグラウンド・ループによるノイズを拾って，画面に影響が出る可能性がある

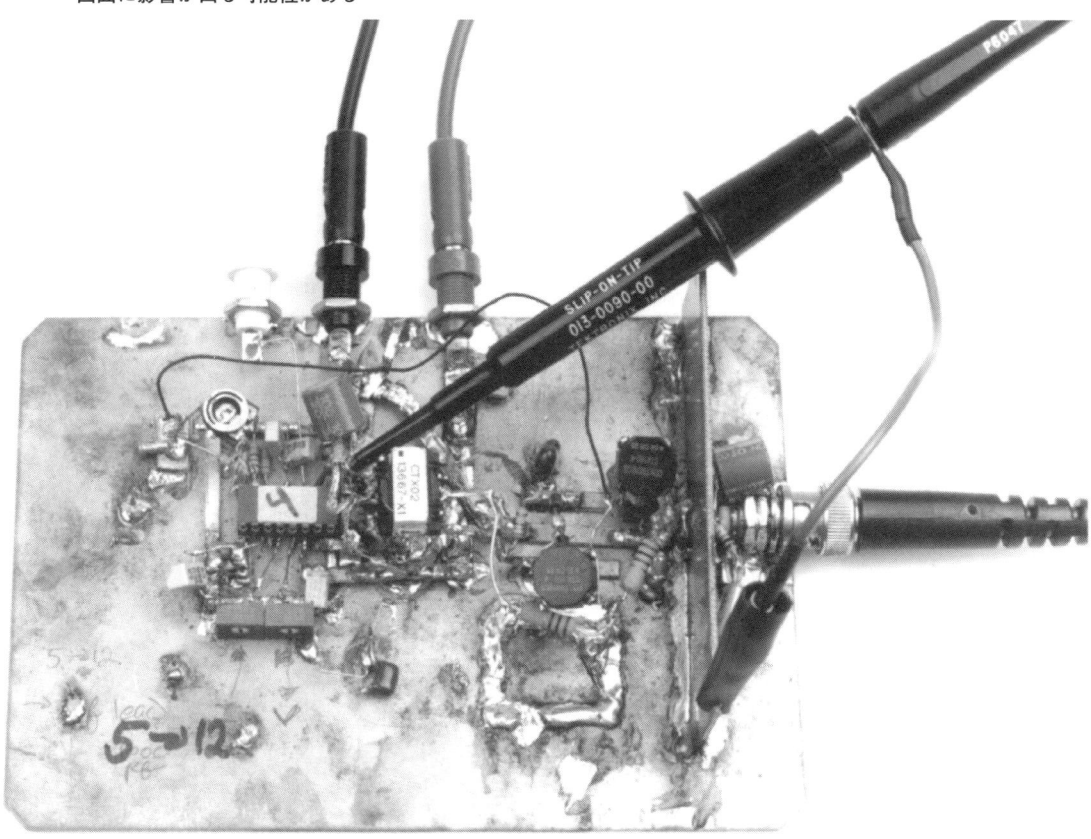

図18.C4は測定結果です．プローブのグラウンド・リードとケーブルのシールドの間にできた基板内でのグラウンド・ループが原因となって，過剰なリプルがはっきり画面に現れています．回路へのテスト目的での接続箇所を最小にして，グラウンド・ループができないようにします．

● 同軸線路の誤った取り扱い --- 「重罪」のケース

図18.C5では，回路出力のノイズをアンプとオシロスコープにつないでいた同軸ケーブルをプローブに取り換えています．短いグラウンド・リードが信号のリターンになります．前回，トリガ用チャネルのプローブに発生していた誤差は取り除かれています．ここで，オシロスコープは非侵襲性の絶縁プローブ(注2)でトリガされています．

図18.C6は，同軸構造による信号伝送がプローブで断ち切られたことにより，過剰なノイズが表示されている様子です．プローブのグラウンド・リードは同軸線路の信号伝送を断ち切り，高周波で信号が乱されて

図18.C4 過剰なリプルが図18.C3の正しくないプロービングにより発生した．基板でのグラウンド・ループにより重大な測定誤差が発生している

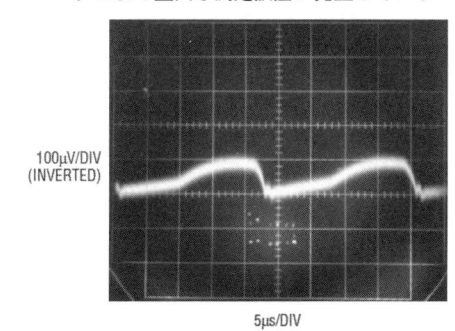

注2：この点は後で説明します．読み進めてください．

図18.C5 フローティング式のトリガ・プローブによりグラウンド・ループをなくした．しかし，出力のプローブのグラウンド・リード（写真の右上）で同軸伝送が乱れる

図18.C6 図18.C5での非同軸プローブ接続により信号が乱れている

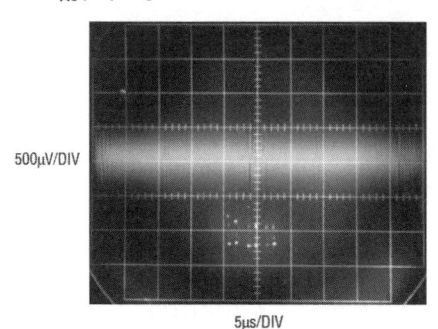

まだ信号が乱れています．ノイズ信号をモニタする経路は，同軸接続になるようにしましょう．

● 正しい同軸接続

図18.C9は，同軸ケーブルを使ってノイズをアンプとオシロスコープのペアに伝達している様子です．理論的には，これで信号がより正確に伝達されるはずで，図18.C10はそれを示しています．前の例にあった妙な現象や過剰なノイズが消えています．

今回は，スイッチングによる残留ぶんがアンプのノイズ・フロア中にかすかに見えています．ノイズ信号をモニタする経路は，同軸接続になるようにしましょう．

います．ノイズ信号をモニタする経路は，同軸接続になるようにしましょう．

● 同軸線路の誤った取り扱い---「もう一歩」のケース

図18.C7でのプローブの接続も，前と同様に同軸線路の信号の流れを乱していますが，やや程度の軽いケースです．プローブのグラウンド・リードは使わず，接地用のアタッチメントに変えてあります．

図18.C8の波形は前の例より改善されていますが，

● 直接接続

ケーブルに関連した誤差が発生していないか確認する良い手段は，ケーブルを取り除いてしまうことです．図18.C11では，基板とアンプ，オシロスコープの間からケーブルをすべてなくしています．

図18.C12は図18.C10と同じように見えますが，これでケーブルによる偽情報が発生していなかったこと

図18.C7 接地用アタッチメントをプローブに取り付けて，同軸接続に近づけている

図18.C9 理論的には，同軸接続によって最良の信号伝送が可能になる

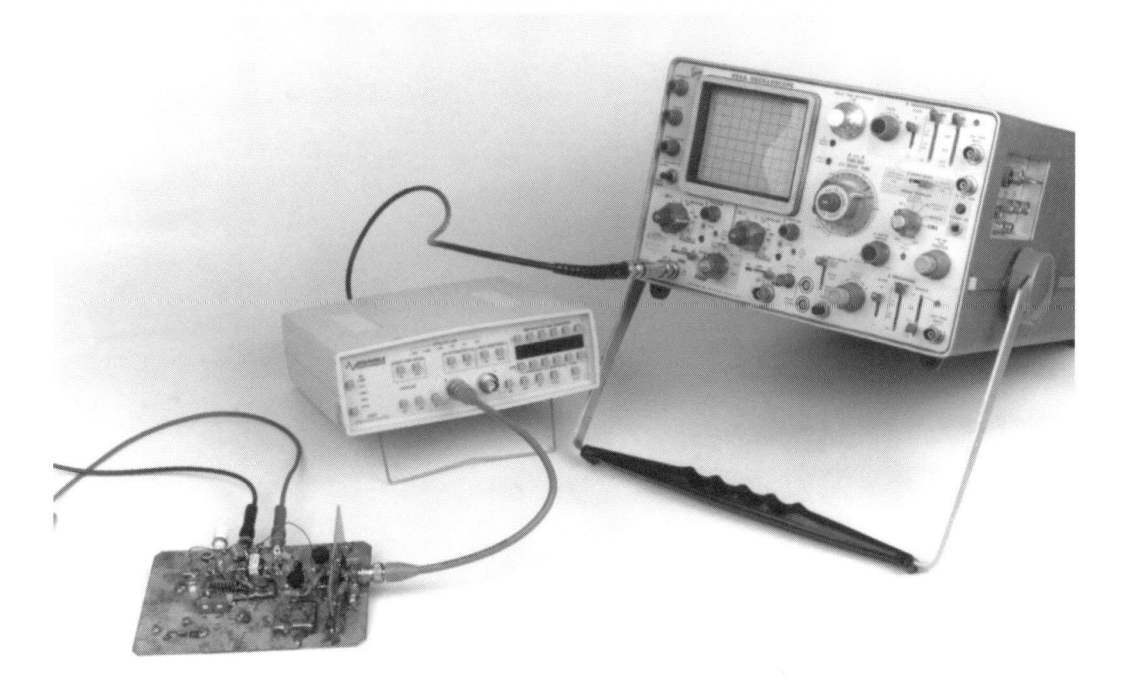

図18.C8 接地用アタッチメントを付けることで結果が改善される．ある程度の乱れはまだ残っている

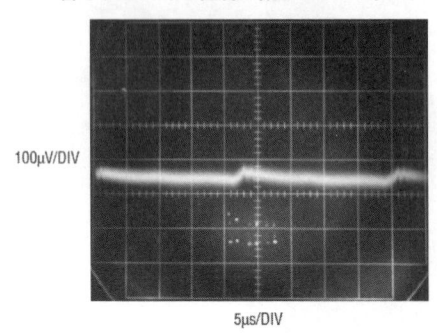

図18.C10 理論と実際が一致した．同軸による信号伝送によって信号が正確に保たれる．スイッチングによる雑音がアンプのノイズの中でかすかに見えている

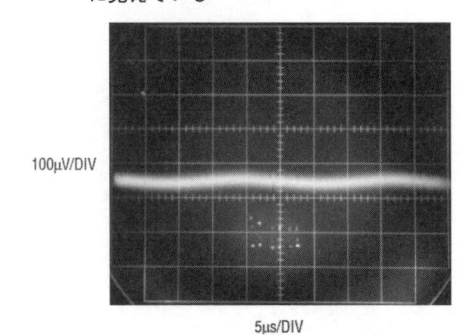

がわかります．結果が良さそうであれば，性能テストのための実験を考えましょう．結果が悪ければ，それをテストをする実験を考えましょう．結果が予想どおりだったら，それをテストする実験を考えましょう．結果が予想外だったら，やはりそれをテストする実験を考えましょう．

● テスト・リードによる接続

理屈では，レギュレータの出力に電圧計のリードを当てたところで，ノイズが発生することはないはずです．図18.C13はそれを否定している結果で，ノイズが増加しています．レギュレータの出力インピーダンス

図18.C11 装置に直接接続することで，最良の信号伝送が実現できて，ケーブル関連の誤差が発生する可能性を取り除ける

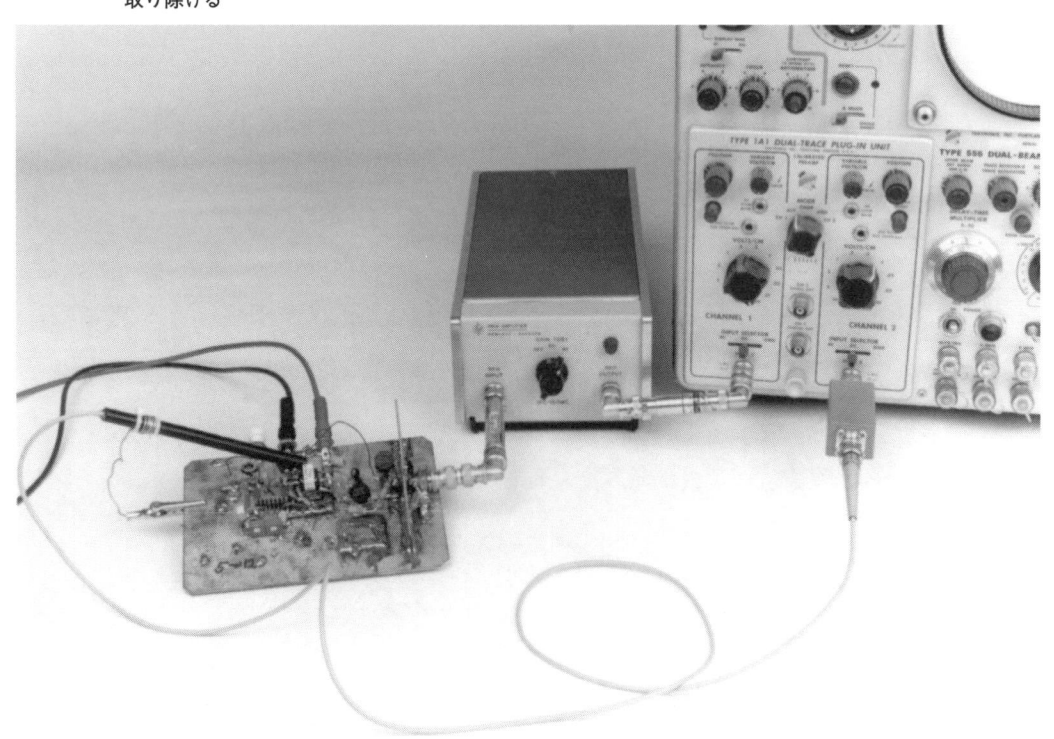

図18.C12 測定器への直接接続は，ケーブルを使った場合と同じ結果になった．これより，ケーブルを使った測定が良好であったことがわかる

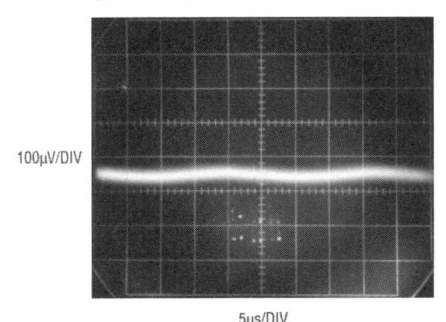

図18.C13 レギュレータの出力に取り付けた電圧計のリードが高周波ノイズを拾って，ノイズ・フロアを高くしている

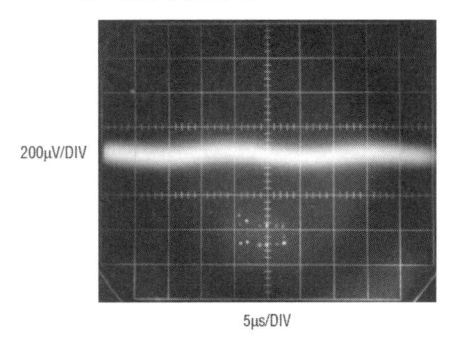

は，低いとは言えゼロではなく，特に周波数が高くなるとそう言えなくなります．テスト・リードによって注入される高周波雑音は，有限の出力インピーダンスにより姿を現し，図のように200μVの雑音として観測されています．

テスト中に電圧計のリードを出力に繋ぐ必要があるのでしたら，その間に10kΩの抵抗と10μFのコンデンサによるフィルタを入れるべきです．そのフィルタがDVMの測定値に与える影響はわずかですが，図18.C13で見たような問題を取り除いてくれます．雑音を調べているときには，回路に接続するテスト・リードの本数は最小にしましょう．テスト・リードから高周波雑音が回路に注入されないようにしましょう．

● 絶縁されたトリガ・プローブ

図18.C5に関連する本文では，やや謎めかして「非侵襲性の絶縁プローブ」と呼んだものの正体です．図18.C14から，これが簡単なリンギングの対策をした高周波チョークであることがわかります．

チョーク・コイルが漏れ磁束を拾って，絶縁されたトリガ用信号を出力します．この工夫で，本質的に測定対象の信号を乱さないオシロスコープ用トリガ信号が得られます．このプローブの構造を図18.C15に示します．良好な結果を得るには，最大出力を保ちながらリンギングが最小になるようにチョークの終端条件を調整します．軽いダンピングをかけた状態で得られる図18.C16の出力では，オシロスコープのトリガがうまくかからないでしょう．適切に調整すると図18.C17のような良好な波形が得られ，最小のリンギングと明確なエッジのある波形になります．

● トリガ・プローブ用のアンプ

スイッチング電源の近傍の磁界は微弱であり，オシロスコープの機種によってはきちんとトリガをかけるのが難しいかもしれません．そのような場合，図18.C18のトリガ・プローブ用アンプが役に立ちます．プローブ出力の振幅変化に対応して，アダプティブにトリガがかかる仕組みを備えています．プローブの50:1の出力範囲に対して，安定な5Vのトリガ出力が得られます．

OPアンプA_1は広帯域でゲイン100で動作します．この段の出力は2組のピーク・デテクタにつながっています（$Q_1 \sim Q_4$）．最大ピークはQ_2のエミッタのコンデンサに保持されます．一方で，最小の変化はQ_4のエミッタのコンデンサに保持されます．A_1の出力信号の中点の直流値は，500pFのコンデンサと3MΩの抵抗の接続点に現れます．この点の電位は絶対的な振幅によらず，常に信号変化の中点になります．この信号に動的に対応する電圧はA_2でバッファされて，LT1116の非反転入力に与えられるトリガ電圧になります．

LT1394の反転入力は，A_1の出力で直接バイアスされています．LT1394の出力は，この回路のトリガ出力ですが，50:1以上の信号振幅の変化にも影響されません．ゲイン100のアナログ出力もA_1から得られます．図18.C19は，A_1で増幅されたトリガ・プローブの信号（波形A）に対して，ディジタル出力（波形B）が発生しているところを示しています．

図18.C20は，一般的な雑音のテスト・セットアップです．基板，トリガ・プローブ，アンプ，オシロスコープ，そして同軸ケーブル類が写っています．

第18章　アバランシェ・フォト・ダイオード用バイアス電圧/電流検出回路

図18.C14　簡単なトリガ・プローブを使って基板レベルのグラウンド・ループを取り除く．ターミネーション・ボックス内の部品によりL_1のリンギングを抑えている

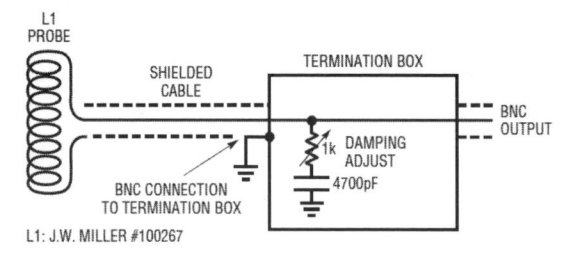

図18.C15　トリガ・プローブと終端ボックス．クリップ付きリードはプローブを機械的に固定するためであり，電気的にはつながっていない

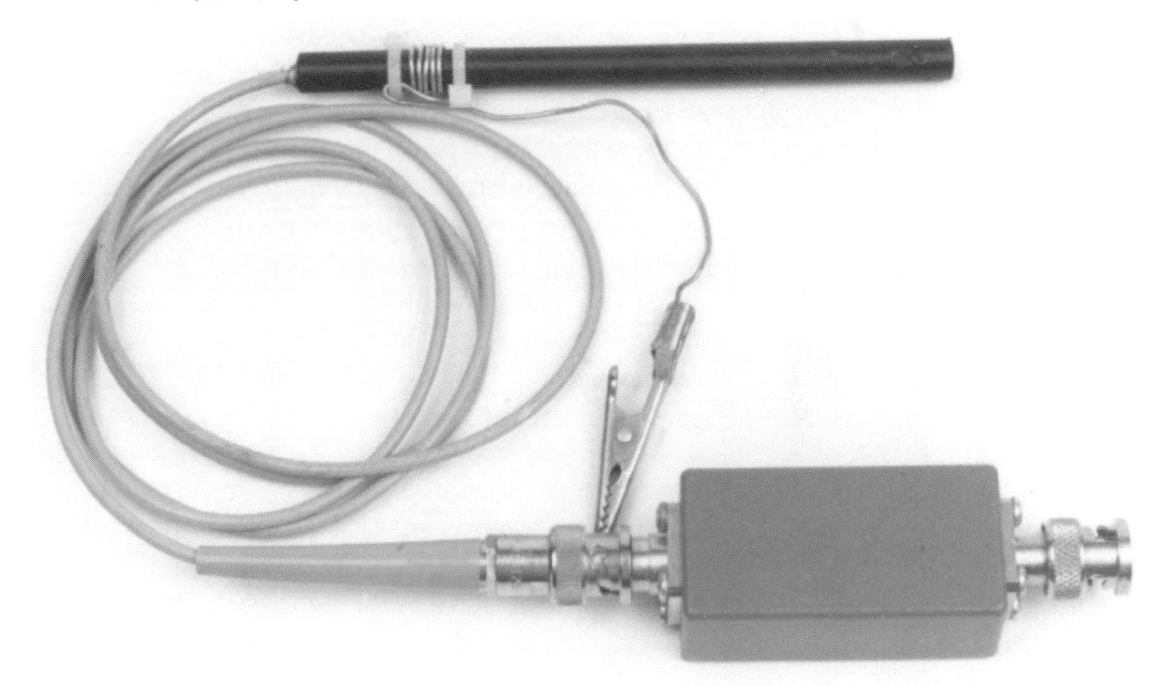

図18.C16　終端の調整が不十分であると適切なダンピングにならない．オシロスコープでトリガが安定にかからない可能性がある

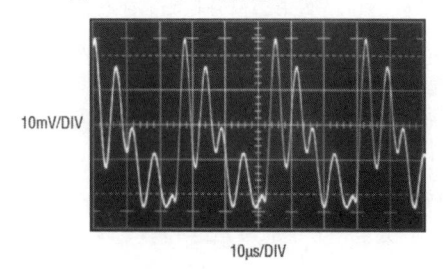

図18.C17　適切に終端条件を調整すると，振幅にあまり影響せずにリンギングを最小にできる

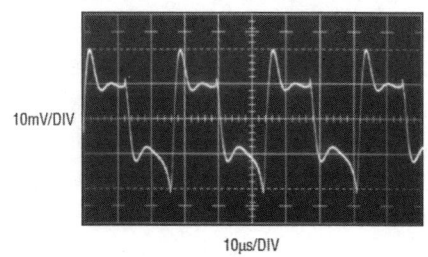

図18.C18 トリガ・プローブ用アンプはアナログとディジタル出力をもつ．適応して変化するスレッショルド電圧により，ディジタル出力は50：1以上のプローブからの信号変化を許容する

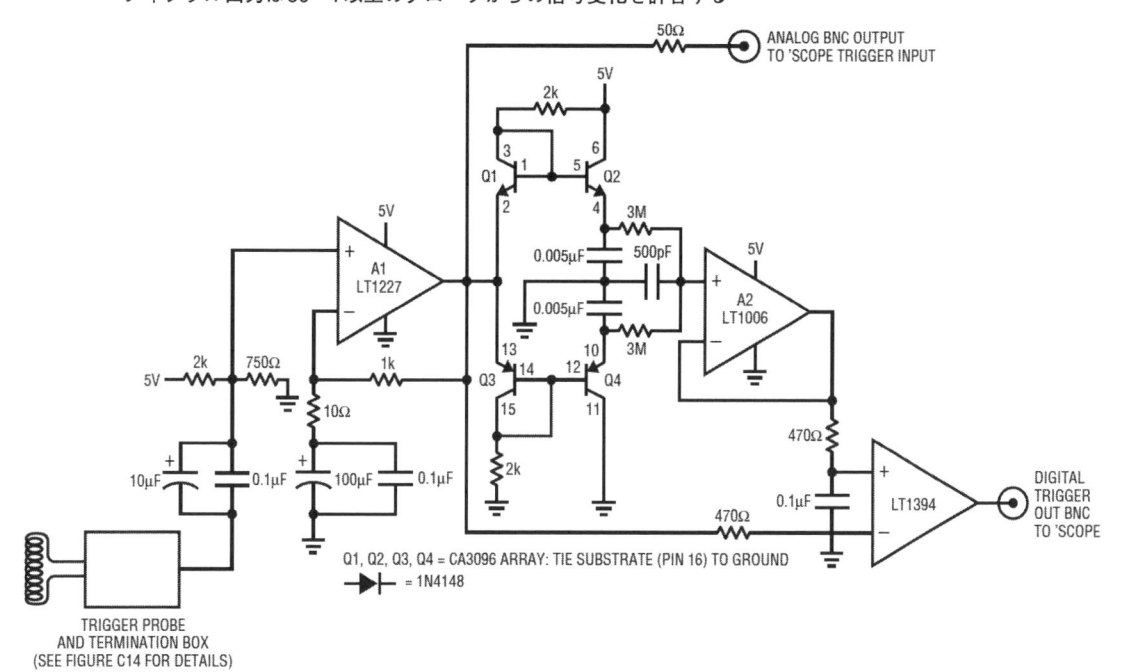

図18.C19 トリガ・プローブ用アンプのアナログ出力（波形A）とディジタル出力（波形B）

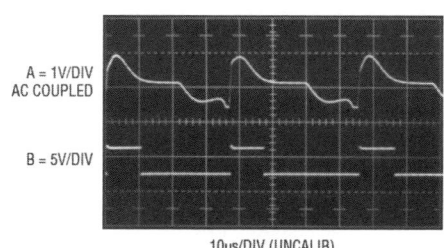

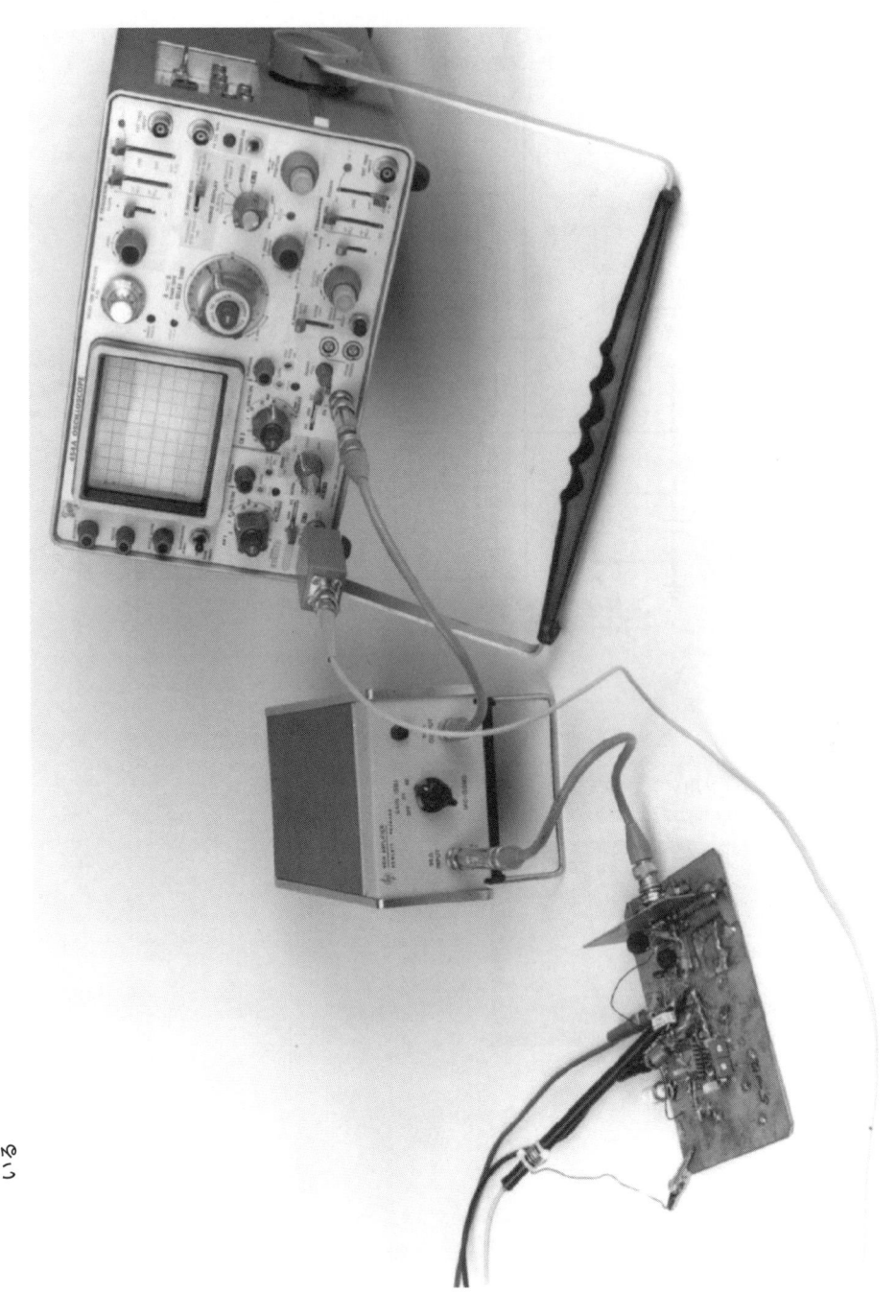

図18.C20 一般的な雑音のテスト・セットアップで、基板、トリガ用プローブ、アンプ、オシロスコープ、そして同軸ケーブル類が写っている

Appendix D　真の0V出力が可能な単一電源アンプ

その性能仕様から，電流モニタのアナログ出力はグラウンド・レベルから100μV以内まで出力できる必要があります．これは，回路が正の単一レールで動作している場合，実現困難な要求になります．高い精度を維持しつつ，これほど0V近くまで出力できる単一電源アンプは存在しません．図18.D1に示す回路では，電源をブートストラップする手法により，最小の部品点数の増加で，この要求を実現しています．

A_1はチョッパ安定化アンプで，クロック出力を備えています．この出力がQ_1をスイッチングさせて，ダイオードとコンデンサからなるチャージ・ポンプを駆動します．チャージ・ポンプの出力はA_1のV^-ピンに負電圧の電力を供給し，0V（と負側）まで出力スイングを可能にしています．もし必要なら，図に示すオプションのクランプ回路を付けて，負電圧が出力されないよう制限をかけることが可能です．

このブートストラップ電源が確実にスタートアップするかどうかは道理にかなった関心事であり，当然に調査が必要です．図18.D2では，電源がONになった時点でアンプのV^-ピン（波形C）の電圧が最初は増加していきます．しかし，画面の中央付近に見えるように（波形B），アンプのクロック出力が始まると，負方向へ向かっていきます．

この回路は，単一電源アンプでも正常動作を維持して，出力を0Vまで振れるようにする簡単な方法です．

図18.D1　真の0V出力を可能にした単一電源アンプ．A_1のクロック出力によりQ_1がスイッチングを行い，ダイオードとコンデンサからなるチャージ・ポンプを駆動する．OPアンプA_1のV^-ピンは負電圧を受け取り，0V（およびそれ以下）の出力が可能

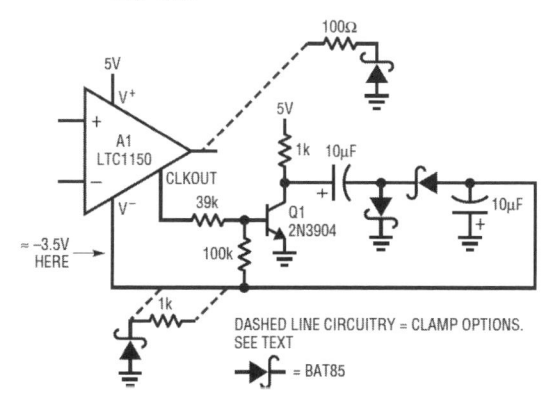

図18.D2　アンプのブートストラップ電源の立ち上がり波形．OPアンプのV^-ピン（波形C）は，5V電源がONになると最初は正方向に増加する．アンプの内部クロックがスタートすると（波形Bの5番目の縦のグリッド付近）チャージ・ポンプが動作をはじめ，V^-ピンを負電圧に引っ張る

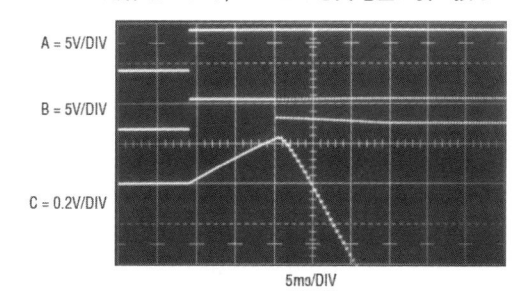

Appendix E　APDの保護回路

APDを使った受信モジュールは電気的にデリケートで高価な装置です．このため，図18.E1に示す保護回路が役に立つかもしれません．それぞれ，APDモジュールに対するバイアス電圧設定での過大電圧保護，過電流保護，そして過電圧保護回路になります．

図18.E1 (a) では，Q_1は通常はOFF状態で，設定電圧はバイアス用レギュレータの電圧設定入力に加わります．可変抵抗の設定で異常に高い設定値が入力されると，A_1の出力を低下し，Q_1がバイアスされるようにフィードバックがかかります．これによって，Q_1のエミッタが可変抵抗の摺動子の電圧でクランプされて，バイアス用レギュレータの電圧設定入力を安全な範囲に制限します．

図18.E1 (b) は，APDの電流制限回路です．この回路は，本文の図18.9のようなロー・サイドに電流シャントを置いた，トランスを使うAPD用電源回路につな

図18.E1 保護回路によりハードウェアやソフトウェアの不具合から，APDが破損することを防止する．オプションとして，バイアス設定電圧のクランプ回路（a），過電流制限回路（b），バイアス電圧用クロウバー回路（c）を示す．

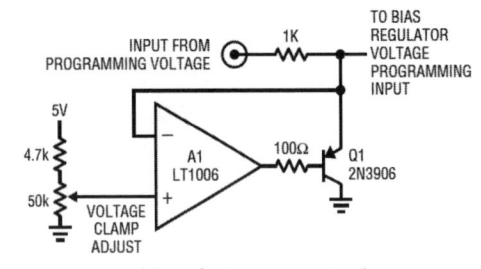

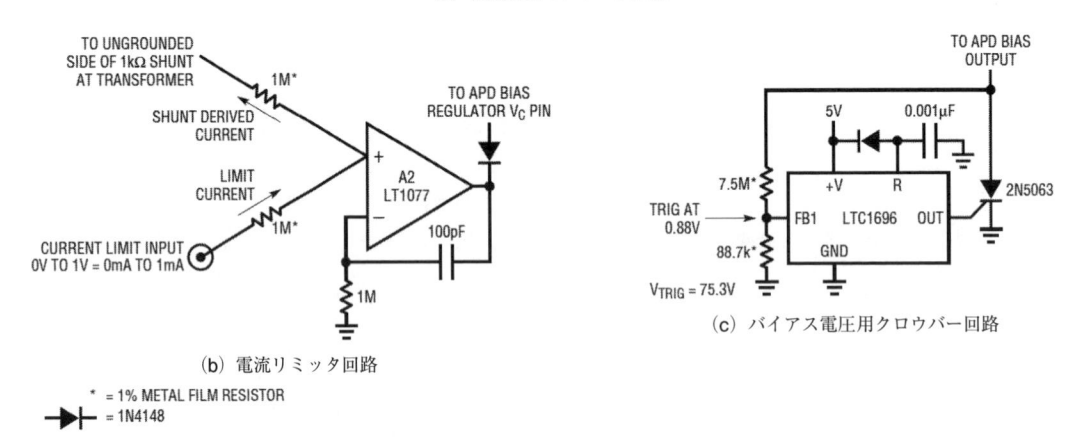

(a) 設定電圧のクランプ回路

(b) 電流リミッタ回路

(c) バイアス電圧用クロウバー回路

＊ = 1% METAL FILM RESISTOR
▶︎┤ = 1N4148

ぐように設計されたものですが，この方法は一般的に応用が可能です．シャント電流の絶対値が，電流の制限値より低い限り OP アンプ A_2 は飽和して出力が High になり，接続された APD 用バイアス・レギュレータは通常の動作をします．シャント抵抗に過電流が流れると，A_2 の出力が低下して，レギュレータのコントロール・ピン V_C の電位を引き下げ，電流が制限されます．100pF のコンデンサと 1MΩ の抵抗の組み合わせにより A_2 は安定化され，バイアス用レギュレータは定電流特性を示します．

図18.E1（c）は，過電圧防止用クロウバー（crowbar；かなてこ）です．APD 用バイアス電源が制御できずに高電圧を出力した場合の，最後の砦を想定しています．通常は，クロウバー IC LTC1696 にかかる信号は 0.88V のトリガ電圧以下で，サイリスタは OFF 状態です．APD 用バイアスが高くなりすぎると，LTC1696 はトリガされてサイリスタが ON します．サイリスタの ON により，APD 用バイアス・ラインにクロウバーが下りて過電圧を阻止したあとも，サイリスタのラッチ特性によってその保護状態が継続します．

APD 用バイアス電源の出力インピーダンスが極めて高い場合は，サイリスタがショート負荷となっても問題はありませんが，そうでないときはバイアス電源にフューズを入れます．

Appendix E APDの保護回路

第6部

自動車および産業機器用電源の設計

第19章 バッテリ・スタックの開発における電圧の測定

　自動車,航空機,船舶,無停電電源,通信装置などは,多数の電池を直列に接続したバッテリ・スタックが利用される代表的な分野です.このスタックは,個別の電池セルを多数接続したもので,その電圧が数百ボルトに達するものもあります.そのようなシステムでは,多くの場合,個々のセルの電圧を正確に求めることが必要になります.高い"コモン・モード"電圧が発生しているバッテリ・スタックで,その情報を得ることは一般に想像されるよりもずっと困難な問題を含んでいます.

第19章
バッテリ・スタックの開発における電圧の測定
それほど単純ではない問題の簡単な解決法

Jim Williams/Mark Thoren
訳：堀米 毅

　自動車や航空機，船舶，無停電電源装置，通信機器は，バッテリを直列に接続して利用しています．個別のセルからなるスタックは，多くのユニットで構成されており，何百ボルトという電位に達します．システムからは，正確に個々のセル電圧を決定することが望まれます．しかし，バッテリ・スタックによって生成された高い「コモン・モード」電圧が存在する状態では，この情報を得ることは困難です．

バッテリ・スタックの問題

　バッテリ・スタックの問題は，長い間の課題でした．それは一見やさしそうに見えますが，非常に難しい厄介な問題が隠れています．これまで様々なアプローチが試みられましたが，成果のほどはさまざまでした[注1]．図19.1の電圧計は，1個のセルのバッテリを測定しています．この方法では，測定されるバッテリ電圧以外には測定経路内には電圧がないため，明らかに問題なく測定が可能です．グラウンドを基準にした電圧計を，単に測定される電圧に接続するだけです．

図19.1　グラウンドを基準にした電圧計による単一セルの測定では，コモン・モード電圧に左右されない．

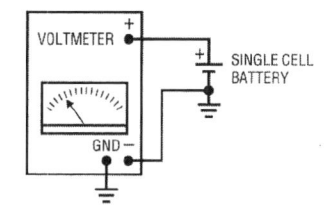

　セルを直列に接続した図19.2に示す「スタック」は，より複雑で問題があります．各個別のセル電圧を決定するためには，セル間で電圧計を切り替えなければなりません．さらに，一般的に比較的低い電圧で壊れる部品からできている電圧計が，そのグラウンド端子を基準とした入力電圧に耐えなければなりません．この「コモン・モード」電圧は，自動車に使用されるような大きな直列接続のバッテリでは数百ボルトに達するこ

図19.2　電圧計によるスタック中のセル電圧の測定は，測定がスタックの上にいくにしたがい，コモン・モード電圧を増加させることになる．スイッチおよびスイッチ制御もまた高い電圧になる．

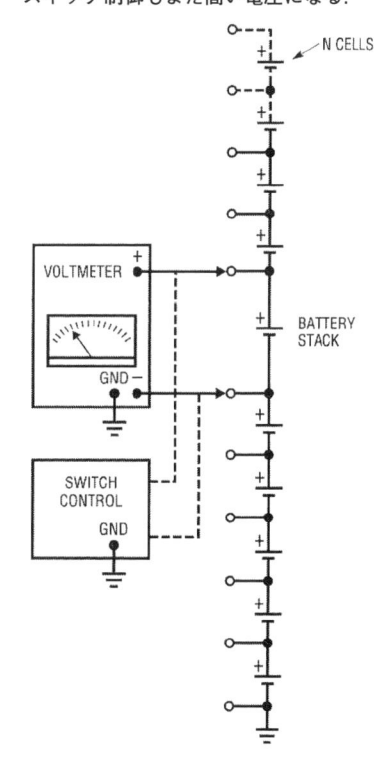

注1：いくつかの一般的なアプローチについての詳細と注釈は，Appendix Aの"ゴッホではないが耳をたくさん切ってみる"を参照．

ともあります．とりわけ，正確な測定が必要な場合，そのような高電圧はほとんどの有用な半導体部品が破壊する限界電圧を超えてしまいます．

スイッチは，同様の問題を示します．半導体によりスイッチさせようとすると，電圧のブレークダウンや漏れ電流の限界といったより困難な問題に遭遇します．本当に必要なのは，コモン・モード電圧を防いでいる間に，正確に個別のセル電圧を取り出す実用的な方法なのです．この方法ではバッテリ電流を流すことができないので，もっと簡単で経済的な方法で実行できなければなりません．

トランスによるサンプリング電圧計

図19.3では，上記の問題を扱っています．バッテリ電圧（$V_{BATTERY}$）は，トランス（T_1）にパルスを与え，1次側に跳ね返ってきたフライバック電圧が安定したときに，その電圧を読むことで決定されます．このクランプ電圧は，ダイオードとバッテリ電圧により決定されます．そして，同様にT_1の2次側がクランプされます．ダイオードと小さなトランスを組み合わせることにより予測できる誤差になり，$V_{BATTERY}$を出力として取り出せます．

回路動作の詳細

図19.4は，トランスによるサンプリング電圧計を詳細にしたものです．この回路は，本章の結論で述べますが，いくつかの小さな相違を持つ図19.3と密接に関連しています．パルス発生器は，1kHzの周期で10μs幅のパルスを生成します（波形A，図19.5））．パルス発生器からの低いインピーダンス出力は10kΩの抵抗器によってT_1を動作させ，さらに遅延パルス発生器をトリガします．T_1の1次側（波形B）は，V_{DIODE}+$V_{BATTERY}$+トランスの特性に依存する小さな誤差で決定される電圧値まで上昇します．T_1の1次側は，この値でクランプしています．遅延パルス発生器によって指示された時間（波形C）が経過した後，パルス（波形D）はS_1を閉じ，T_1のクランプ値までC_1を充電できるようにします．多くのパルスが印加された後，C_1は直流のT_1の1次側のクランプ電圧と同じDCレベルになります．A_1はこのポテンシャルをバッファし，差動アンプのA_2に供給します．ユニティゲインの近くで動作するA_2は，ダイオードとトランスから誤差項を取り除き，$V_{BATTERY}$出力を直接読むことになります．

正確さについては，温度やクランプ電圧範囲においてトランスによるクランプが忠実であるかどうかに決定的に依存します．注意深く設計されたトランスの詳

図19.3 トランスによるサンプリング電圧計は，高いコモン・モード電圧とは無関係に動作する．パルス発生器は周期的にT_1を駆動する．遅延パルスは，T_1のクランプされた値を読み取り，サンプリング電圧計にトリガをかける．残った誤差項は，次のステージで修正される．

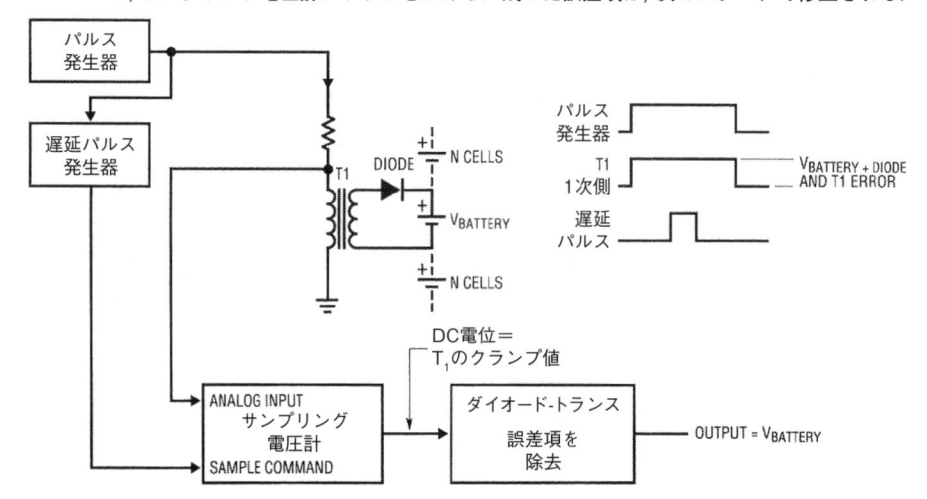

図19.4 サンプリング電圧計の回路図に導入したトランスは，厳密に図19.3の考え方に従う．誤差除去項は，T_1のクランプ動作における誤差のためにQ_1と抵抗/ゲインの修正を補償するQ_3を含む．より一貫してマッチングさせるには，Q_1-Q_3トランジスタをダイオードに置き換える．Q_2は，影響のあるS_1からT_1のネガティブな回復工程から防ぐ．

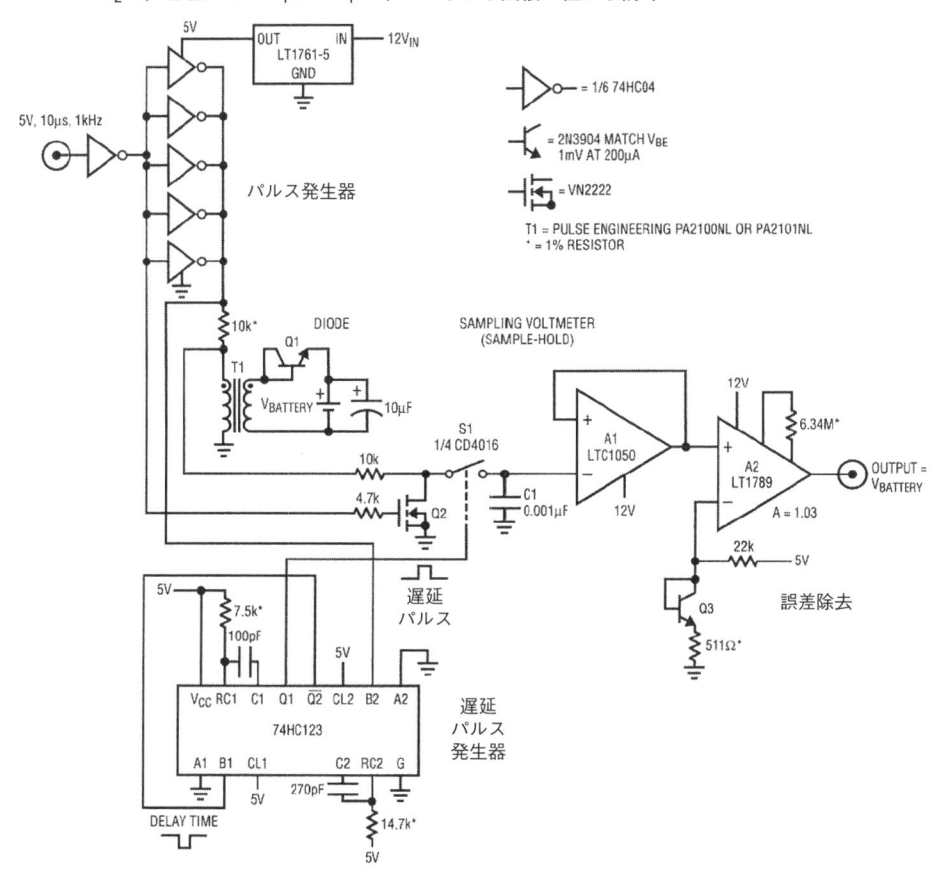

図19.5 図19.4の波形は，パルス発生器の入力（波形A），T_1の1次側（波形B），74HC123の$\overline{Q}_2$の遅延時間出力（波形C），S_1制御入力（波形D）である．タイミングは，T_1がクランプ状態にセトリングしているとき，サンプリングが発生することを保証する．

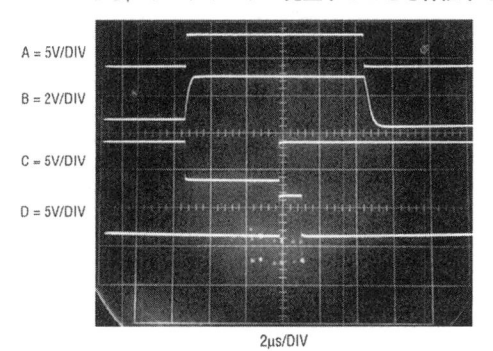

図19.6 T_1の1次側（波形A）と2次側（波形B）のクランプの詳細．高く広がった垂直軸は1次側と2次側のクランプがミリボルト以内の平坦であることを示す．波形の中央の異常は，S_1ゲートが導通したのが原因である．

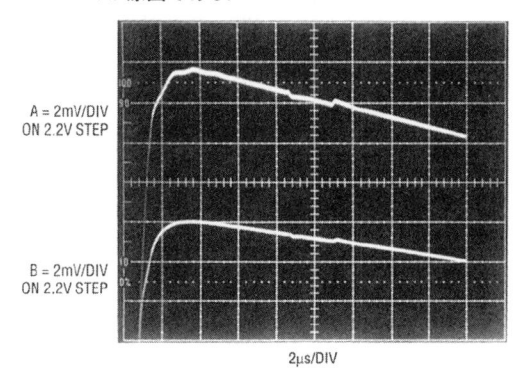

細は，図19.6の波形になります．1次側（波形A）と2次側（波形B）のクランプの詳細は，かなり拡張されている垂直軸に現れています．クランプの平坦さは，ミリボルト以内です．中央の異常な波形は，S_1ゲートのフィードスルーが原因です．トランスのクランプ結合を密接にすると，よい性能をもたらします．25℃における回路精度は，120ppm/℃のドリフトでバッテリ電圧が0～2Vの範囲を越えても0.05%であり，$V_{BATTERY}$=3Vの場合は0.25%です[注2]．

いくつかの項目は，回路動作を手助けします．ダイオードの代わりに用いたトランジスタのV_{BE}は，より安定した初期のマッチングと温度への追従を提供します．Q_1の10μFのコンデンサは，サンプリング周期の間，セル電圧の変動を最小化する周波数で低インピーダンスを維持します．最後に，同期して切り替わるQ_2は，T_1の瞬間的に大きく発生する回復負電圧がS_1の動作に害のある影響を及ぼさないように守ります．

このアプローチの利点は，この回路が高いコモン・モード電圧に遭遇しないということです．T_1は，電気的に$V_{BATTERY}$に関連するコモン・モード電圧から回路を分離しています．したがって，従来の低電圧技術や半導体を採用できるかもしれません．

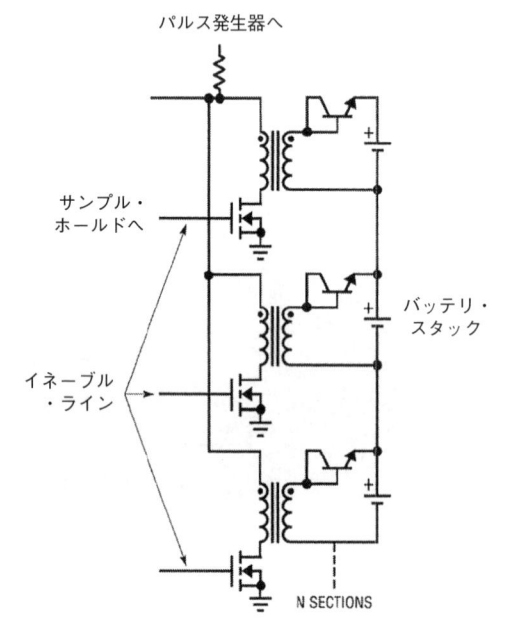

マルチセル・バージョン

トランスによる方法は，以前に述べたマルチセル・バッテリ・スタックの測定問題に本質的に適応できます．図19.7の概念図は，マルチセルをモニタするバージョンを示します．各チャネルは，それぞれ1個のセルをモニタします．個々のチャネルのトランスをイネーブルにするFETスイッチをオンするために，それに適したイネーブル・ラインにバイアスをかけることによって，すべての個々のチャネルが読めるようになります．一般的に，それぞれのチャネルに必要なハードウェアは，トランジスタとFETスイッチに接続されているトランスやダイオードによって制限されます．

自動制御と校正

この回路は，自動的に校正できるディジタルによる技法に適しています．図19.8はPIC16F876Aマイクロコントローラを使用しており，LTC1867のA-Dコンバータから信号を受けてパルス発生器とチャネル・セレクタを制御します．前述したように，セル・スタックが数百ボルトに達する場合でも，トランスは電気的に絶縁されているので，低電圧で動作する信号経路が存在します．

プロセッサで駆動する動作の利点は，図19.4のV_{BE}にマッチングさせるダイオードが不要になることです．実際に，プロセッサを使った基板は，すべての入力端子に印加される電圧がわかっているので室温でテストができます．その後，各チャネルの初期のV_{BE}と利得を決定するためにプロセッサに必要な情報を与えてから，チャネルを読み込みます．そして，誤差になるV_{BE}や利得のミスマッチを取り除くため1回の校正を行って，これらのパラメータは不揮発性メモリに格納されます．

チャネル6と7は，セル電圧の両端を表す0Vと1.25Vの基準電圧を提供します．室温の値は，不揮発性メモリに格納されます．温度に変化が生じると，チャネル6と7から読み取った値は，6つの測定チャネルに適用

図19.7 多重チャネルはイネーブル・ラインとトランジスタのスイッチを加えると簡単になる．

注2：バッテリ・スタック電圧モニタを開発するには，Appendix Bで述べられているフローティング可変ポテンシャル・バッテリ・シミュレータが役に立つ．

図19.8（a） パルス発生器，チャネル校正器，チャネル測定器．ADCによるチャネル校正器は，V_{BE}やミスマッチを取り除き，温度に依存する誤差を補償する．

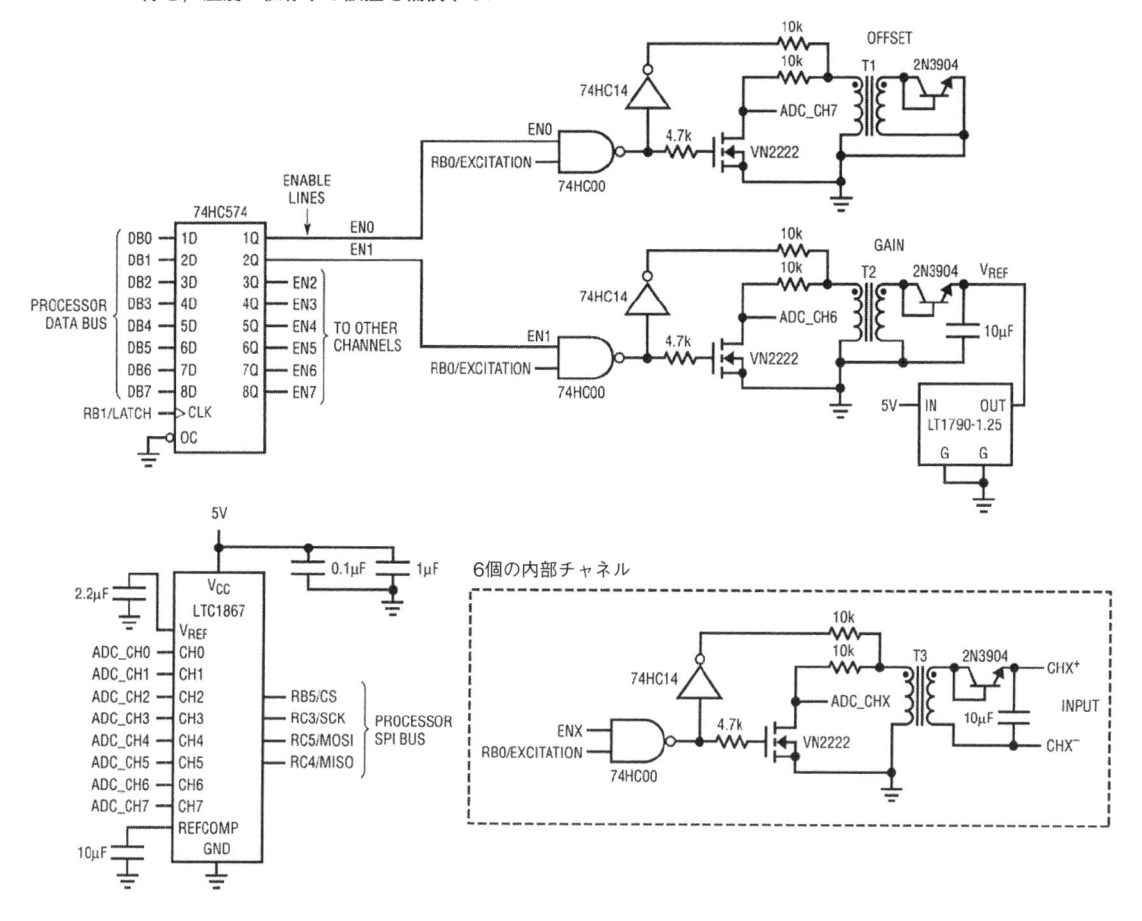

する，オフセットの変化と利得の変化を計算するために使用されます．$-2mV/\degree C$でV_{BE}がドリフトする各チャネルの傾きはほとんど同一なので，校正は温度が変わるように維持します．同様に，チャネルからチャネルへの利得誤差はほとんど同じです．

利得とオフセットが連続的に校正されるので，LTC1867の利得とオフセットは方程式からずれてしまいます．正確にしなければならない唯一のポイントは，0V（ちょうど6チャネルの入力をいっしょにショートすればよいので簡単）とLT1790-1.25によって提供される1.25Vの参照電圧の測定です．LTC1867は，内部において2.5Vの参照電圧をREFCOMPピンでADCのフルスケールに設定（ユニポーラ・モードに設定したときは4.096Vで，バイポーラ・モードのときは±2.048V）する4.096Vに増幅します．したがって，測定可能な絶対最大値のセル電圧は3.396Vです．そして，ADC入力の名目上のオフセット測定値は0.7Vなので，0にクランプされる危険は決してありません（使用したLTC1867が負のオフセットを持っていて，入力電圧がオフセットより小さいか等しい正の電圧なら，読み取った値はゼロになる）．

プロセッサで駆動される回路は，25℃において0V〜2Vの入力範囲を越えても1mVの正確さをもちます．ドリフトは50ppm/℃未満であり，図19.4よりほぼ3倍小さくなります．

ファームウェアの詳細

完成したファームウェアのコード・リストは，Appendix Cに記載してあります．この回路のコードは，ここから現実の製品にとってよい出発点になることを目指しています．データは，FTDI FT242B USB

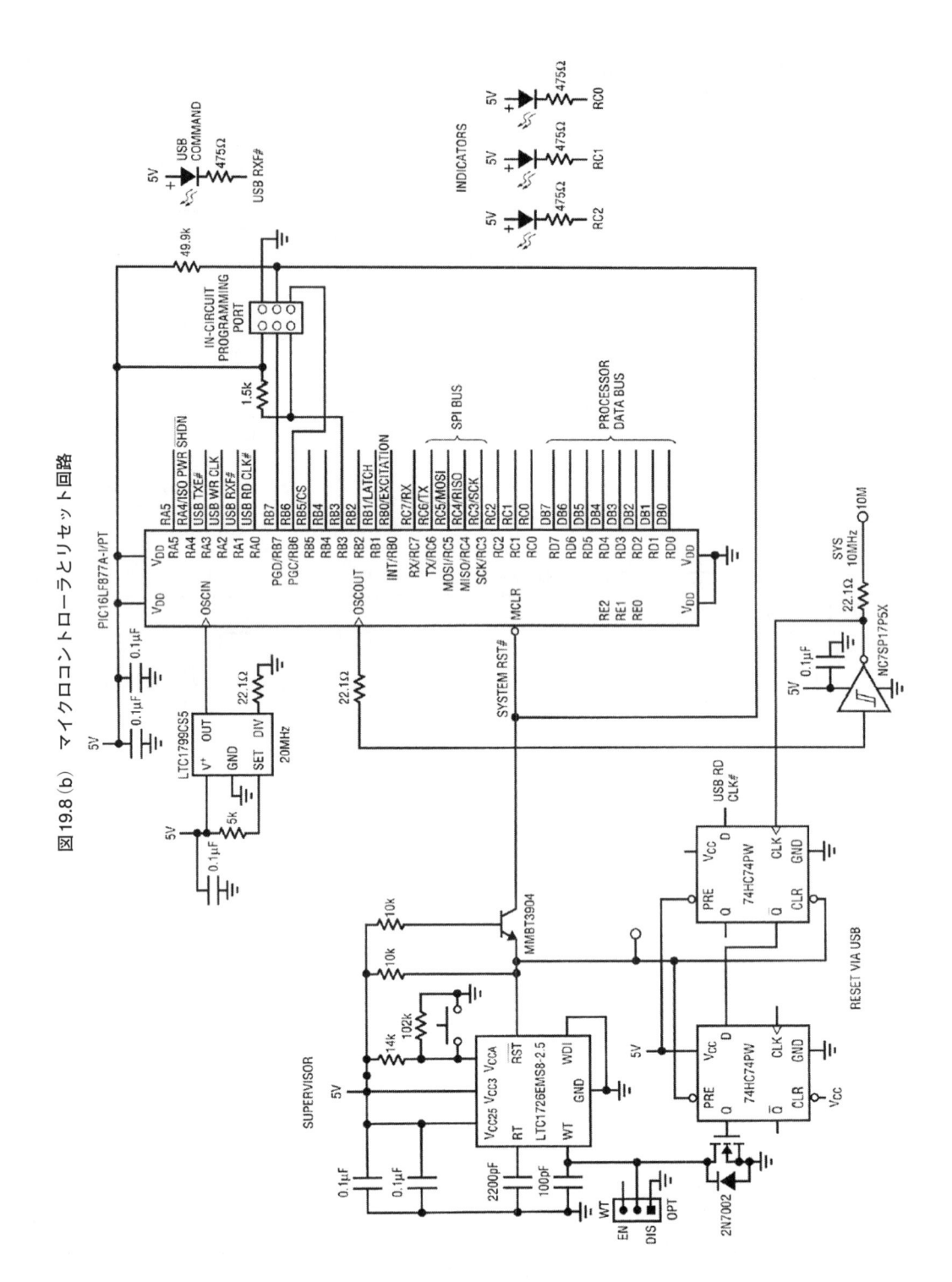

図19.8 (b) マイクロコントローラ／リセット回路

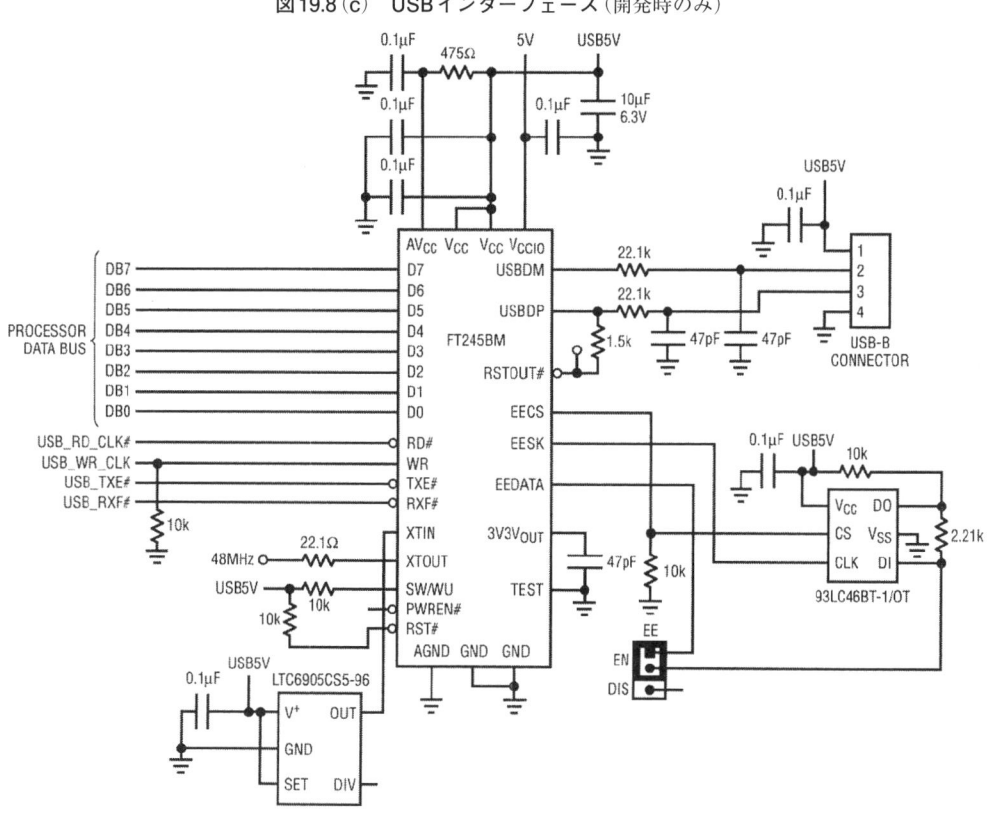

図19.8（c） USBインターフェース（開発時のみ）

インターフェースICを経由してPCに表示されます．PCにFTDIの仮想COMポート・ドライバをインストールすれば，任意のターミナル・プログラムによって制御が可能です．すべてのチャネル用データは，ターミナルに連続的に表示され，単純なテキスト・コマンドでプログラムの動作を制御します．

タイマ割り込みは，1/1000秒間隔で実行されます．それはパルス発生器とADCを制御し，いつでも読み出すことができるように，マイコン内のレジスタに読み取り値を格納しておきます．このように，もしメイン・プログラムがレジスタからデータを読み出すなら，もっとも古いデータは1ms前に読み出されたデータになるでしょう．

自動的に校正するルーチンも含まれています．2つの関数プログラムは，すべてのチャネルに対し0Vとフルスケールの読み取り値を不揮発性メモリに格納します．続いて，これらは温度に依存する誤差と同じように初期利得とオフセット誤差も校正するために利用されます．全体の手順は，すべての入力に0Vを適用して，0

校正を格納するためのコマンドを発行し，その後，すべての入力に1.25Vを適用して，フルスケールの校正を格納するためのコマンドを発行します．いかなる製造工程の一部となる基本機能のテストよりも，これが複雑にはならないことに注意してください．工場での1.25Vの校正用電源は，電圧校正器，あるいは選別して安定した温度に維持された「超高性能」LT1790-1.25から供給されます．

ディジタル・フィルタも，テストの目的のために含まれています．フィルタは，0.1を定数にした単純な指数関数的なIIR（無限インパルス応答）フィルタです．これは，ルート10の因子だけが読み取られ，ノイズを減らします．

測定の詳細

指示されたチャネルから電圧情報を読み取るために，プロセッサはトランスを励磁させ，電圧信号がセトリングするのを待ち，ADCで読み取りを行い，その後，

図19.9 パルス発生器とADCのシーケンス

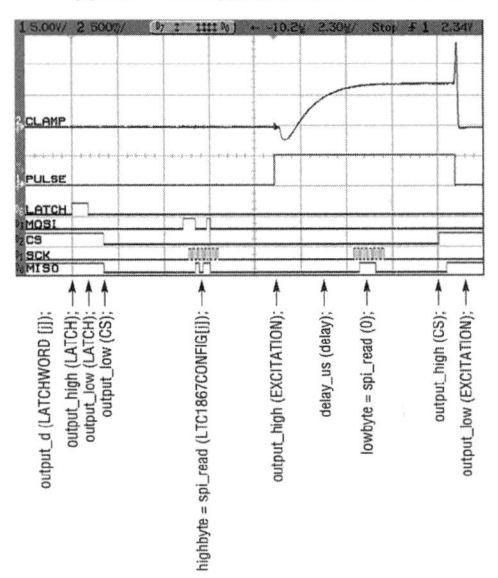

図19.10 8チャネルのISRをスキャンした

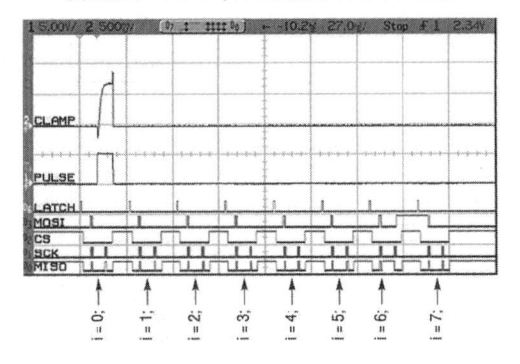

励磁を止めなければなりません．これは，1msごとに呼ばれる割り込みサービス・ルーチンによって駆動されます．コード・リストは，Appendix Cを参照してください．図19.9は，これらの動作を行わせるCコードに従った，ADC入力でのディジタル信号，励起パルス，クランプ電圧を示します[注3]．

個々のチャネルは，74HC574ラッチに"H"をセットした8ビット（バイト）をロードすることにより可能になります．

実行は，LTC1867の8ビット・データが読み取られた後に行われることに注意してください．変換が行われておらず，LTC1867の出力レジスタのすべてのデータが変化しないので，これは完全に受け入れ可能です．使用しているプロセッサのタイミング仕様によって，実行はデータが読み込まれる前やデータを読んでいる最中，読み込まれた後で行われますが，変換を始める前ではありません．シリアル・クロックが非常に遅ければ（例えば，1MHz），データを読み取る前に行われる実行には長すぎる16μsを適用することになるでしょ

う．

たった一つの制約は，ADC入力の電圧に適切にセトリングするための十分な時間を与えなければならず，実行が長すぎるために放っておかないことです．図19.10は，全ての割り込みサービス・ルーチンにわたって信号が同じであることを示します．各トランスと他のLTC1867の入力についても同様なアナログ信号があります．

さらにチャネルを加える

より多くのチャネルをこの回路に加えるには，多くの方法があります．図19.11は64チャネルの概念図を示します．図19.11は74HC138アドレス・デコーダを使用して，64チャネルを8個のチャネルの8つのバンクにデコードします．選択されたバンクは，SPIインターフェースを通してプログラムされた1個のLTC1867入力に相当します．8：1のアナログ・スイッチ74HC4051により，アナログ・マルチプレクサが付加されています．

各LTC1867の入力に入っている1個の74HC4051は，64チャネルの入力を与えます．全体のチャネルおよび容量を最小にするために，いくつかの段階にマルチプレクサ・ツリーを分解することはよい考えで，単一チャネルのADCよりもむしろ，数チャネルを計数するアプ

注3：時々，何でも屋がまさにあなたが必要なものになる．高速ディジタル回路の設計者は，複雑な回路基板の信号品質をテストするために，優れたロジック・アナライザをミクスト・シグナル・アナライザと交換したいとは夢にも思わないだろう．そして，その100MHzのアナログ・チャネルを，優れた4チャネル/500MHzのオシロスコープと比較して青くなる．しかし，マイクロコントローラと数Mspsを越えるデータ・コンバータを備えた回路のテストをするためには，優れたミクスト・シグナル・オシロスコープは性能の頂点である．

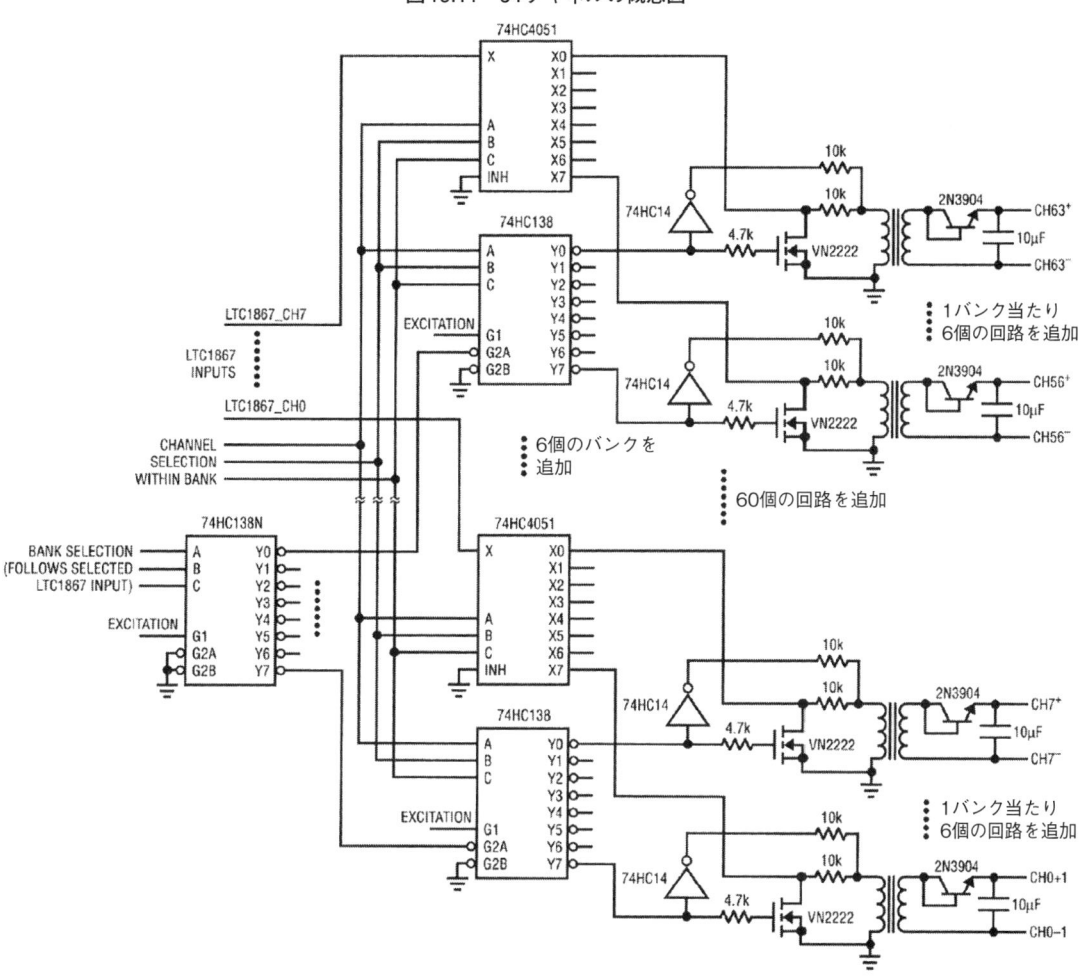

図19.11 64チャネルの概念図

リケーションにおいて，LTC1867はまだ優れた選択になります．LTC1867は，最終段階を担当します．そして，200kspsの最大サンプル・レートにより，検出トランスの限界である最大1kspsで200チャネルまでディジタル化することができます．これは，多くのバッテリをモニタできることを意味します．

◘参考文献◘

(1) Williams Jim, "Transformers and Optocouplers Implement Isolation Techniques", "Isolated Temperature Measurement", pp.116-117, *EDN* Magazine (January 1982).
(2) Williams Jim, "Isolated Temperature Sensor", LT198A Data Sheet, Linear Technology Corporation (1983).
(3) Dobkin R.C., "Isolated Temperature Sensor", LM135 Data Sheet, National Semiconductor Corporation (1978).
(4) Williams Jim, "Isolation Techniques for Signal Conditioning", "Isolated Temperature Measurement", pp.1-2 National Semiconductor Corporation, Application Note 298 (May 1982)
(5) Sheingold D.H., "Transducer Interfacing Handbook,", "Isolation Amplifiers", pp.81-85, Analog Devices Inc. (1980).
(6) Williams Jim, "Signal Sources, Conditioners and Power Circuitry", "0.02% Accurate Instrumentation Amplifier with 125 V_{CM} and 120dB CMRR", pp.11-13. Linear Technology Corporation, Application Note 98 (November 2004).

Appendix A　ゴッホではないが耳をたくさん切ってみる

● 動作しないもの

　長い間,「バッテリ・スタックの問題」がありました.成果のほどはいろいろでしたが,様々なアプローチが試みられました.この問題は一見やさしそうに見えますが,技術的や経済的に満足させる解決策は,明らかにはなっていません.ここでは,一般的なそれらの候補とその困難さについて示します.

　図19.A1は,高いコモン・モード電圧を除去し,セル電位を電流に変換することにより,なんとかその問題を解決しています.OPアンプは,マルチプレクサを通してA-Dコンバータへの入力を供給します.デコードされたA-D出力は,個々のセル電圧になります.このアプローチにはひどい欠陥があります.必要な抵抗の精度と値が現実的ではなく,スタックのセルの数が増加すると,それにつれてより非現実的になっていきます.さらに,抵抗はセルから電流を奪うので,明らかに多くの場合許し難い損失になります.

　アイソレーション・アンプによるアプローチを,図19.A2に示します.アイソレーション・アンプは,入力が出力端子と完全に分離されており,電気的にフローティングしているという特徴があります.一般的に,デバイスは変調-復調回路と信号入力セクションに供給するフローティング電源を含んでいます[注4].アンプ入力はセルをモニタします.その絶縁バリアは,測定結果がバッテリ・スタックのコモン・モード電圧を悪化した出力になることを防ぎます.このアプローチはたいへん良いのですが,セルごとにアイソレーション・アンプが必要になるので,複雑で非常に高価です.いくつかの単純化は可能です.例えば,単一電源にすると多くのアンプを駆動できますが,この方法は高価なままです.

　図19.A3は,コモン・モード電圧を取り除いている

図19.A1　動作しない回路は,セル電位を電流に変換することにより高いコモン・モード電圧を抑制している.回路は,個々のセル電圧から得られるアンプの出力をデコードしている.要求される抵抗の精度と値は現実的ではない.抵抗は,セルから電流を奪う.

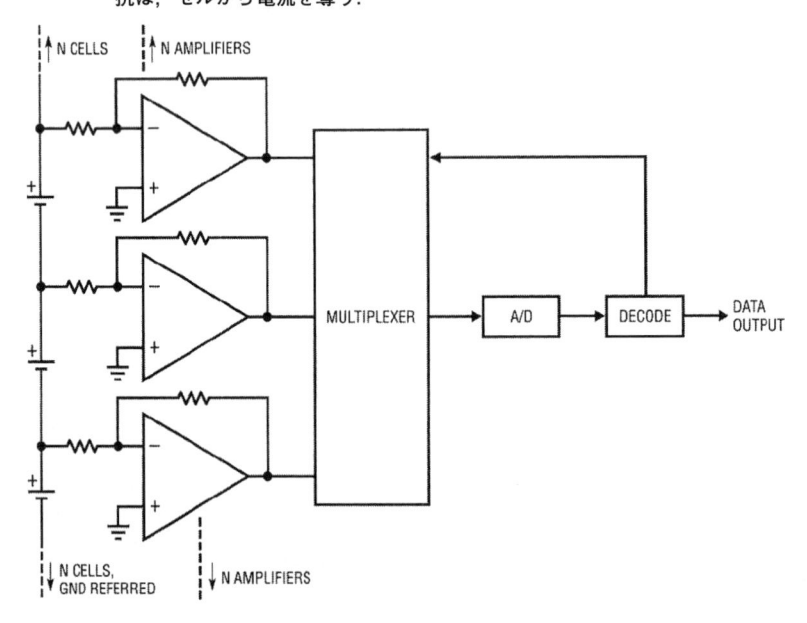

注4：アイソレーション・アンプの詳細は,参考文献(5)を参照.

間，個々のセル電圧を測定するためにスイッチト・キャパシタ技術を使用します．クロックによるスイッチは，交互にその関連するセルを通ってコンデンサに接続し，コモン出力となるコンデンサに放出します[注5]．多くのそのような周期の後，出力コンデンサはセル電圧を取り込みます．バッファ・アンプは出力を供給します．この方法はコモン・モード電圧を除去しますが，多くの高価な高電圧スイッチや高電圧レベル・シフト，オー

図19.A2 電気的に浮いているアイソレーション・アンプ入力は，コモン・モード電圧の影響を受けない．仕事には取りかかれるが，1セルごとにアイソレーション・アンプを付けると複雑で高価になる．

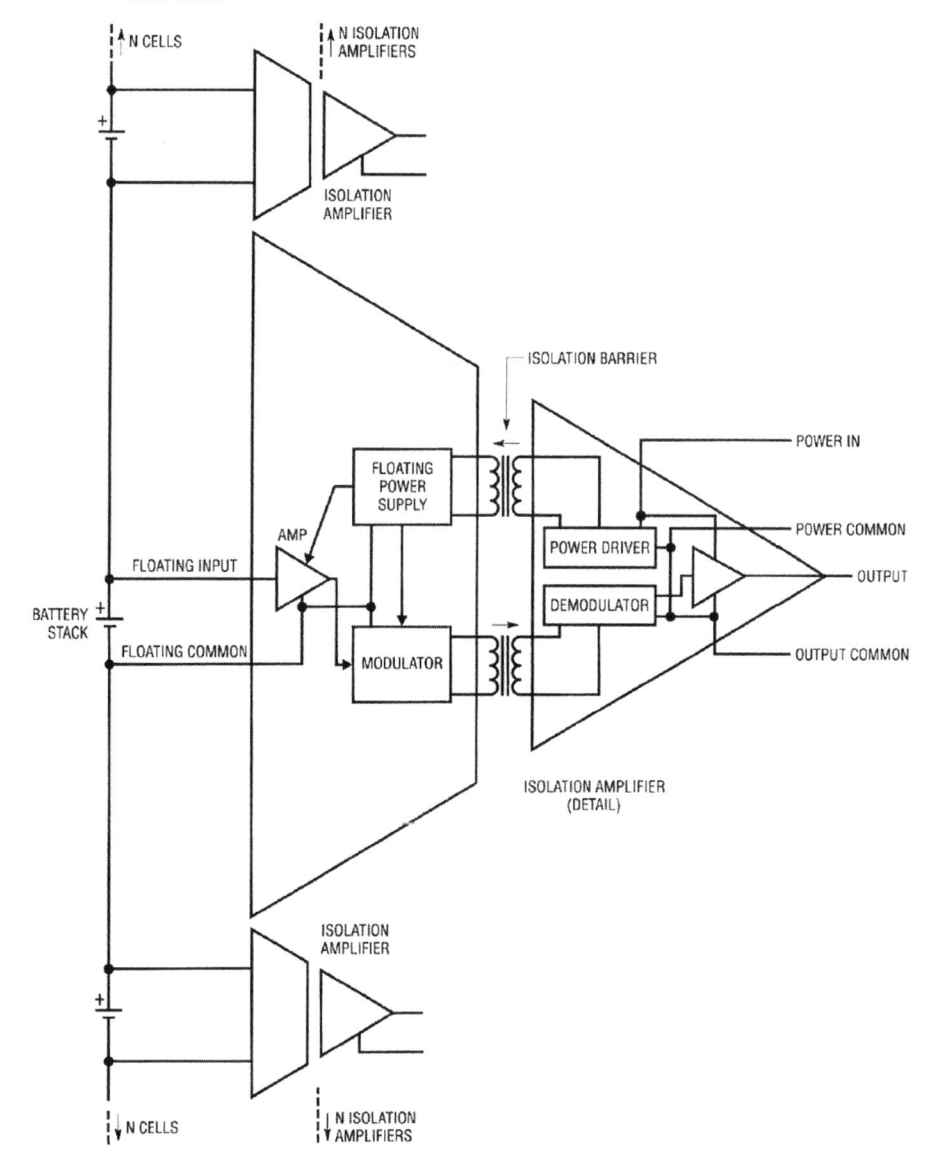

注5：読者の中でもベテランは，昔からあるリードを切り替える「フライング・キャパシタ」マルチプレクサから派生したこの構成を理解できるだろう．

図19.A3　スイッチト・キャパシタ回路もコモン・モード電圧を取り除くが，高い電圧のスイッチや重複しない駆動，レベル・シフトが必要になる．スイッチによる漏れ電流は精度を低下させる．光学的に駆動するスイッチはレベル・シフトが簡単になるが，ブレークダウンと漏れ電流が残る．

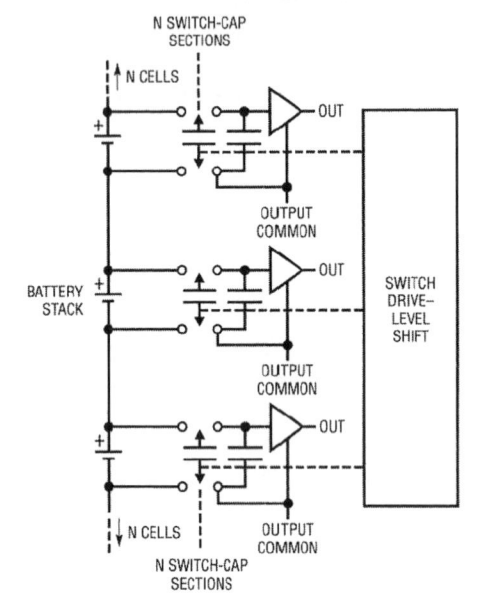

バーラップしないスイッチ駆動が必要になります．さらに，スイッチの漏れ電流は，温度が上昇したときに敏感に精度を下げます．便利にパッケージにされたLED駆動のMOSFETとして入手可能な光学的に駆動するスイッチは，レベル・シフトが簡単にできますが，電圧ブレークダウンとリーク電流に関係するものは残ります[注6]．

スイッチに関連する損失は，図19.A4のアプローチによって除去できます．各セルの電位は，専用A-Dコンバータによってディジタル化されます．A-D出力は，データの分離（光学的，またはトランス）を経由し，絶縁バリアを通って送信されます．このほとんど初歩的な方法で，各A-Dは分離され絶縁された電源によって電源供給されます．この絶縁電源の数を減らすことはできますが，除去することはできません．制約には，セル電圧，A-Dの最大許容電源，入力コモン・モード電圧を含みます．これらの制限内であれば，いくつかのA-Dチャネルは1個の絶縁電源で十分です．さらに改善するには，マルチプレクスされたA-D入力を利用

図19.A4　セルごとにA-Dコンバータは絶縁電源とデータ・アイソレータを必要とする．マルチプレクスされたA-D入力は，A-D変換処理を減らすことができる．絶縁電源の数は減らせるが，取り除くことはできない．

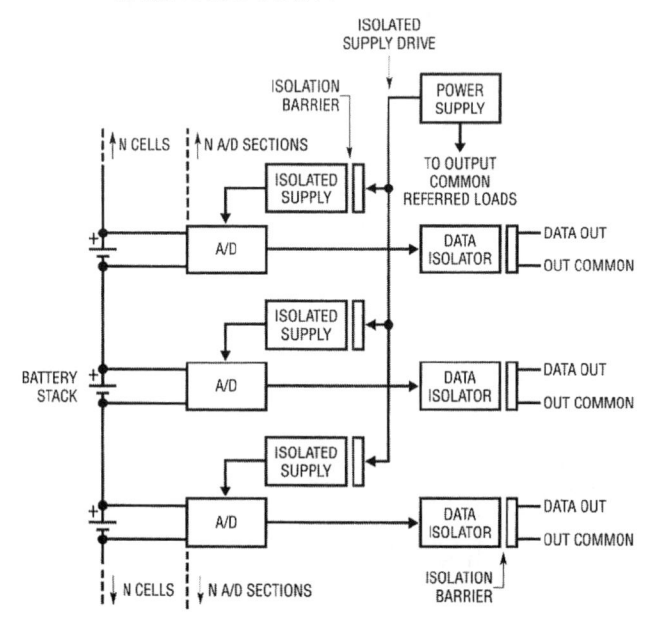

注6：このアプローチの光学的に結合する方法は，参考文献(6)を参照．

すると可能になります．これらの改良を行っても，多数の絶縁電源がまだ，大きなバッテリ・スタックには必要です．この回路は技術的には健全ですが，複雑で高価です．

Appendix B　フローティング出力，可変バッテリ・シミュレータ

バッテリ・スタック電圧モニタの開発には，フローティング可変バッテリ・シミュレータが役に立ちます．この能力は，広範囲にわたってバッテリ電圧の精度を検証できるというものです．フローティング・バッテリ・シミュレータは，スタック中のセルの代わりに用いられ，希望するどんな電圧にも直接合わせられます．

図19.B1の回路は，簡単な電流ブースト(A_2)出力を備えたバッテリ・パワー・フォロア(A_1)です．リファレンスと高精度電圧分割器という仕様を持つLT1021は，1mV以内にセトリングする正確な出力をもちます．混合アンプは分割器の負荷を軽くし，バッテリに近づけるために680μFのコンデンサを駆動します．ダイオー

図19.B1　150kΩ-1μFの位相補償ネットワークは，680μFの出力コンデンサがあるにも関わらず，きれいな応答をもたらす．

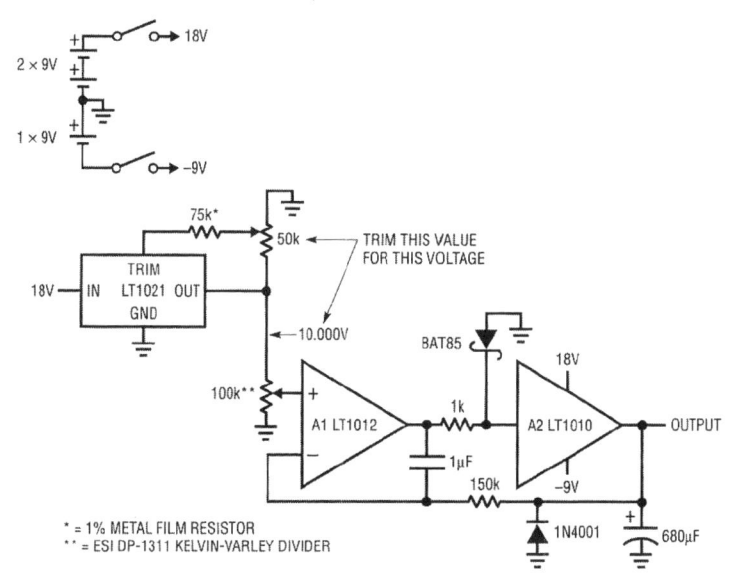

図19.B2　バッテリ・シミュレータ出力(波形B)は，波形Aのトランス・クランプ・パルスに応答する．閉ループ制御と680μFのコンデンサは，シミュレータ出力を30μV以内に維持する．応答を観測するためにはノイズ平均化と50μV/divの感度が必要．

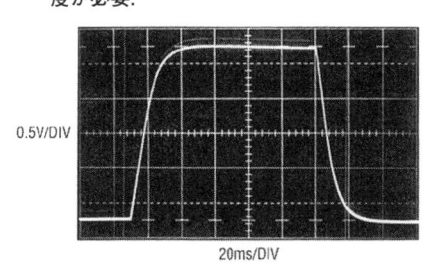

図19.B3　バッテリ・シミュレータは1mV以内に設定できるフローティング出力を持つ．A_1はケルビン-バーレー可変抵抗を緩衝し，A_2は容量負荷のバッファである．

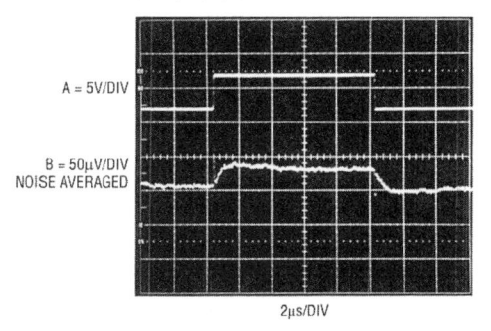

ドは，供給が続いている間，出力コンデンサに逆バイアスがかかるのを防ぎ，1μF-150kΩの組み合わせは安定したループ補償を提供します．図19.B2は，入力ステップに対するループ応答を描いています．A_2の巨大な容量負荷にもかかわらず，オーバシュートや不都合な動特性は生じません．図19.B3は，バッテリ・シミュレータが波形Aのトランス・クランプ・パルスに応答しているところを示します（波形B）．クローズド・ループ制御と680μFのコンデンサは，30μV以内にシミュレータ出力の変動を制限します．この誤差は非常に小さいので，それを測定するにはノイズを平均化する技術と高利得オシロスコープのプリアンプが必要です．

Appendix C　マイクロコントローラのコード・リスト

　マイクロコントローラのコードは，3つのファイルからなります．Battery_monitor.cには，校正と温度補正を含むメイン・プログラム・ループとサポート関数が含まれます．Interrupts.cは，トランスを駆動させ，LTC1867のADCを制御するtimer2割り込みのためのコードです．

　Battery_monitor.hには，様々に定義されたグローバル変数宣言および関数プロトタイプが含まれます．

```
/*******************************************************************
battery_monitor.c

Six Channel Battery Monitor with continuous gain and offset
correction. Includes a "factory calibration" feature. On first power up,
apply zero volts to all inputs, allow data to settle, and type 'o'.

Next apply 1.25V to all inputs, allow data to settle, and type 'p'.

This calibrates the circuit, and it is ready to run.

Offset correction technique:
Present offset correction = init_offset[7] - voltage[7]
Hotter = less counts on voltage[7] so correction goes POSITIVE,
so ADD this to voltage[i]

voltage[i] = voltage[i] - init_offset[i] + present_offset

Slope correction Technique:
Initial slope = init_fs[6] - init_offset[7] counts per 1.25V
Present slope = voltage[6] - voltage[7] counts per 1.25V

Keyboard command summary:
'a': increment conversion period (default is 1ms)
'z': decrement conversion period
's': increment by 10
'x': decrement by 10
'd': increment pulse-convert delay (default is 2us)
'c': decrement pulse-convert delay
'f': increment pulse-convert delay by 10
'v': decrement pulse-convert delay by 10
'n': Calculate voltages for display
'm': Display raw ADC values
't': Echo text to terminal so you can insert comments into
     data that is being captured. Terminate with '!'
'k': Disable digital filter
'l': Enable digital filter
'o': Store offsets to nonvolatile memory
'p': Store full-scale readings to nonvolatile memory

Written for CCS Compiler Version 3.242
Mark Thoren
Linear Technology Corporation
January 15, 2007
*******************************************************************/

#include "battery_monitor.h"
#include "interrupts.c"

void main(void)
    {
    int8 i;
    unsigned int16 adccode;
    float temp=0.0, offset_correction, slope, slope_correction;

    initialize();                  // Initialize hardware
    rx_usb();                      // Wait until any character is received
    print_cal_constants();         // display calibration constants before starting.

    while(1)
       {
       if(usb_hit()) parse();      // get keyboard command if necessary
       for(i=0; i<=7; ++i)         // Read raw data first
          {
          readflag[i] = 1;         // Tell interrupt that we're reading!!
```

```c
            adccode = data[i];
            readflag[i] = 0;
            temp = (float) adccode; // convert to floating point
            if(filter)              // Simple exponential IIR filter
               {
               voltage[i] = 0.9 * voltage[i];
               voltage[i] += 0.1* temp;
               }
            else
               {
               voltage[i] = temp;
               }
         }

      if(calculate) // Display temperature corrected voltages
         {
         // Calculate Corrections.
         // offset correction is stored CH7 reading minus the present reading
         offset_correction = read_offset_cal(7) - voltage[7];
         // Slope correction is the stored slope based on initial CH6 and CH7
         // readings divided by the present slope. Units are (dimensionless)
         slope_correction = (float) read_fs_cal(6) -
                            (float) read_offset_cal(7); // Initial counts/1.25V
         slope_correction = slope_correction / (voltage[6] - voltage[7]);

         for(i=0; i<=5; ++i)      // Print Measurement Channels
            {
            // Units on slope are "volts per ADC count"
            slope = 1.25000 / ((float) read_fs_cal(i) -    // Inefficient but
                              (float) read_offset_cal(i)); // we are RAM limited
            // Correct for initial offset and temperature dependent offset.
            // units on temp are "ADC counts"
            temp = voltage[i] - (float) read_offset_cal(i) + offset_correction;
            // Correct for initial slope
            temp = temp * slope;
            // Units on temp is now "volts"
            // Correct for temperature dependent slope
            temp = temp * slope_correction;
            busbusy = 1;
            printf(tx_usb, "%1.5f, ", temp);
            busbusy = 0;
            }
         busbusy = 1;        // Print to terminal
         printf(tx_usb, "%1.6f, %1.1f, ", slope_correction, offset_correction);
         busbusy = 0;
         }
      else // Display raw ADC counts
         {
         for(i=0; i<=7; ++i)
            {
            busbusy = 1;     // Print to terminal
            printf(tx_usb, "%1.0f, ", voltage[i]);
            busbusy = 0;
            }
         }

      busbusy = 1;
      printf(tx_usb, "D:%d, P:%d\r\n", delay, period); // print period and delay
      busbusy = 0;
      // Delay and blink light
      delay_ms(100); output_high(PIN_C0); delay_ms(100); output_low(PIN_C0);
      } //end of loop
} //end of main
```

```c
/*************************************************************************
Parse keyboard commands
arguments: none
returns: void
*************************************************************************/

void parse(void)
    {
    char ch;
    switch(rx_usb())
        {
        case 'a': period += 1; break;      // increment period
        case 'z': period -= 1; break;      // decrement period
        case 's': period += 10; break;     // increment by 10
        case 'x': period -= 10; break;     // decrement by 10
        case 'd': delay += 1; break;       // increment pulse-convert delay
        case 'c': delay -= 1; break;       // decrement pulse-convert delay
        case 'f': delay += 10; break;      //      "      by 10
        case 'v': delay -= 10; break;      //      "      by 10
        case 'n': calculate = 1; break;    // Calculate voltages
        case 'm': calculate = 0; break;    // Display raw values
        case 't':        // Echoes text to terminal so you can insert comments into
            {            // data that is being captured. Terminate with '!'
            busbusy = 1;
            printf(tx_usb, "enter comment\r\n");
            while((ch=rx_usb())!='!') tx_usb(ch);
            tx_usb('\r');
            tx_usb('\n');
            busbusy = 0;
            } break;
        case 'k': filter = 0; break;       // Disable filter
        case 'l': filter = 1; break;       // Enable Filter
        case 'o': write_offset_cal(); break;  // Store offset to nonvolatile mem.
        case 'p': write_fs_cal(); break;      // Store FS to nonvolatile mem.
        }
    setup_timer_2(T2_DIV_BY_16,period,8);     // Update period if necessary
    }

/*************************************************************************
write offset and full-scale calibration constants to non-volatile memory
arguments: none
returns: void
*************************************************************************/
void write_offset_cal(void)
    {
    int i;
    unsigned int16 intvoltage;
    for(i=0; i<=7; ++i)
        {
        intvoltage = (unsigned int16) voltage[i];    // Cast as unsigned int16
        write_eeprom (init_offset_base+(2*i), intvoltage >> 8); // Write high byte
        delay_ms(20);
        write_eeprom (init_offset_base+(2*i)+1, intvoltage);  // Write low byte
        delay_ms(20);
        }
    }

void write_fs_cal(void)
    {
    int i;
    unsigned int16 intvoltage;
    for(i=0; i<=7; ++i)
        {
```

```
        intvoltage = (unsigned int16) voltage[i];    // Cast as unsigned int16
        write_eeprom (init_fs_base+(2*i), intvoltage >> 8);  // Write high byte
        delay_ms(20);
        write_eeprom (init_fs_base+(2*i)+1, intvoltage);  // Write low byte
        delay_ms(20);
        }
    }

/************************************************************************
read offset and full-scale calibration constants from non-volatile memory
arguments: none
returns: void
************************************************************************/
unsigned int16 read_offset_cal(int channel)
    {
    return make16(read_eeprom(init_offset_base+(2*channel)),
                  read_eeprom(init_offset_base+(2*channel)+1));
    }

unsigned int16 read_fs_cal(int channel)
    {
    return make16(read_eeprom(init_fs_base+(2*channel)),
                  read_eeprom(init_fs_base+(2*channel)+1));
    }


/************************************************************************
Print calibration constants (raw ADC counts)
arguments: none
returns: void
************************************************************************/
void print_cal_constants(void)
    {
    int i;
    for(i=0; i<=7; ++i)
        {
        printf(tx_usb, "ch%d offset: %05Lu, fs: %05Lu\r\n"
        , i, read_offset_cal(i),read_fs_cal(i));
        }
    }

/************************************************************************
Interface to the FT24BM USB controller

usb_hit()   arguments: none  returns: 1 if data is ready to read, zero otherwise
rx_usb() arguments: none returns: character from USB controller
tx_usb() argments: data to send to PC, returns: void
************************************************************************/
char usb_hit(void)
    {
    return !input(RXF_);
    }

char rx_usb(void)
    {
    char buf;
    while(input(RXF_)) {} // Low when data is available, wait around
    output_low(RD_);
    delay_cycles(1);
    buf=input_d();
    output_high(RD_);
    return(buf);
    }
```

```c
void tx_usb(int8 value)
   {
   while(input(TXE_))    //Low when FULL, wait around
      {
      }
   output_d(value);
   output_high(WR);
   delay_cycles(1);
   output_low(WR);
   input_d();
   }
/**************************************************************************
Hardware initialization
arguments: none
returns: void
**************************************************************************/
void initialize(void)
   {
   output_high(ISO_PWR_SD_);   //turn on power
   setup_adc_ports(NO_ANALOGS);
   setup_adc(ADC_OFF);
   setup_psp(PSP_DISABLED);
   setup_spi(SPI_CONFIG);
   CKP = 0; // Set up clock edges - clock idles low, data changes on
   CKE = 1; // falling edges, valid on rising edges.
   output_low(I2C_SPI_);
   output_low(AUX_MAIN_); // SPI is only MAIN
   setup_counters(RTCC_INTERNAL,RTCC_DIV_1);
   setup_timer_0(RTCC_INTERNAL|RTCC_DIV_1);
   setup_timer_1(T1_DISABLED);
   setup_timer_2(T2_DIV_BY_16,period,8);
   setup_comparator(NC_NC_NC_NC);
   setup_vref(FALSE);

   output_low(PIN_C0);
   delay_ms(100);
   output_high(PIN_C0); // Turn off LEDs
   output_high(PIN_C1);
   output_high(PIN_C2);

// I/O Initialization
   input(RXF_);
   input(TXE_);
   output_high(RD_);
   output_low(WR);
   delay_ms(100);
   output_low(CS);
   delay_us(5);
   output_high(CS);
// Turn on interrupts (only one)
   enable_interrupts(INT_TIMER2);
   enable_interrupts(GLOBAL);
   }
```

```
/*****************************************************
Timer 2 Interrupt
This interrupt service routine does all of the work of controlling transformer
excitation and controlling the LTC1867.
******************************************************/
#int_TIMER2              // Tell compiler that this is the Timer 2 ISR
TIMER2_isr()
{
    static int8 ledstatus;
    int8 j, highbyte, lowbyte;
    if(++ledstatus == 0x80) output_low(LED);      // Blink light every 256 calls
    if(ledstatus == 0x00) output_high(LED);

    if(!busbusy) // If main() is using the bus, do nothing.
    {
    for(j=0; j<=7; ++j)
      {
       output_d(LATCHWORD[j]);                      // Place excitation data on the bus
       output_high(LATCH);                          // Latch in data
       output_low(LATCH);
       output_low(CS);                              // Enable LTC1867 serial interface
       highbyte = spi_read(LTC1867CONFIG[j]);       // Read out high byte.
                                                    // Acquisition begins on 6th falling clock edge
       output_high(EXCITATION);                     // Apply transformer excitation
       delay_us(delay);                             // Wait for analog signal to settle
       lowbyte = spi_read(0);                       // Finish reading data. Input is also settling
                                                    // During this time.
                                                    // Start conversion!!!
       output_high(CS);                             // Remove excitation. One instruction cycle is plenty
       output_low(EXCITATION);                      // of "analog hold time"

       if(!readflag[j]) data[j] = make16(highbyte, lowbyte); // Don't write if main() is reading!!
                                                    // This is a simple anti-collision technique. The worst
                                                    // case latency is a single reading, or 1ms.

      }//end of for loop
    }//end of if(!busbusy)
}// end of ISR
```

```c
/****************************************************************************
battery_monitor.h
defines, global variables, function prototypes
****************************************************************************/

#include <16F877A.h>       // Standard header
#device adc=8
#use delay(clock=20000000) // Clock frequency is 20MHz
#use rs232(baud=9600,parity=N,xmit=PIN_C6,rcv=PIN_C7,bits=9)
#define SPI_CONFIG SPI_MASTER|SPI_L_TO_H|SPI_CLK_DIV_4   // 5MHz SPI clk when
                                                         // master clk - 20MHz

//#fuses NOWDT,RC, NOPUT, NOPROTECT, NODEBUG, BROWNOUT, LVP, NOCPD, NOWRT
// This is less confusing - set up configuration word with #rom statement
//   Bit       13 12   11   10    9   8   7   6  5 4  3     2     1     0
// Function    CP --  DEBUG WRT1 WRT0 CPD LVP BOREN - - PWRTEN# WDTEN FOSC1 FOSC0
//
#rom 0x2007 = {0x3F3A}

/////////////////////////////////////////
// Battery Monitor Project Defines //
/////////////////////////////////////////

// Global variables
int16 data[8];              // Raw data from the LTC1867
int8 readflag[8];           // Tells ISR that main is reading data, do not write
int1 busbusy = 0;           // Tells ISR that main is talking on the bus
int1 calculate = 1;         // Send calculated voltages to terminal when asserted
int1 filter = 1;            // Enables digital filter when asserted
unsigned int8 period = 40;  // Period between reads
unsigned int8 delay = 2;    // Additional settling time after applying excitation
float voltage[8];           // Holds floating point calculated voltages

// Non-volatile memory base addresses for calibration constants
#define init_offset_base 0
#define init_fs_base 16

// First, define the SDI words to be sent to the LTC1867
// All are Single ended, unipolar, 4.096V range.
#define LTC1867CH0   0x84
#define LTC1867CH1   0xC4
#define LTC1867CH2   0x94
#define LTC1867CH3   0xD4
#define LTC1867CH4   0xA4
#define LTC1867CH5   0xE4
#define LTC1867CH6   0xB4
#define LTC1867CH7   0xF4

// Excitation enable lines. Write this to the '574 register
// before enabling excitation pulse.
#define EXC0   0x01
#define EXC1   0x02
#define EXC2   0x04
#define EXC3   0x08
#define EXC4   0x10
#define EXC5   0x20
#define EXC6   0x40
#define EXC7   0x80
```

```c
// Now define two lookup tables such that the excitation signal lines up with
// the selected LTC1867 input.
byte CONST LTC1867CONFIG [8] = {LTC1867CH1, LTC1867CH2, LTC1867CH3, LTC1867CH4,
                                LTC1867CH5, LTC1867CH6, LTC1867CH7, LTC1867CH0};
byte CONST LATCHWORD [8] = {EXC6, EXC5, EXC4, EXC3, EXC2, EXC1, EXC0, EXC7};

//Pin Definitions
#define EXCITATION    PIN_B0    // Enables excitation to the selected channel
#define LATCH         PIN_B1    // 74HC573 latch pin
#define LED           PIN_C1    // Spare blinky light

#define RD_           PIN_A0
#define RXF_          PIN_A1
#define WR_           PIN_A2
#define TXE_          PIN_A3
#define ISO_PWR_SD_   PIN_A4
#define LCD_EN        PIN_A5
#define CS            PIN_B5

#define AUX_MAIN_     PIN_E1
#define I2C_SPI_      PIN_E2

#byte SSPCON   = 0x14
#byte SSPSTAT  = 0x94
#bit  CKP              = SSPCON.4
#bit  CKE              = SSPSTAT.6

// Function Prototypes
void parse(void);
void write_offset_cal(void);
void write_fs_cal(void);
unsigned int16 read_offset_cal(int channel);
unsigned int16 read_fs_cal(int channel);
void print_cal_constants(void);
char usb_hit(void);
void initialize(void);
void tx_usb(int8 value);
char rx_usb(void);
```

- **本書に関するご質問について** ── 文章,数式などの記述上の不明点についてのご質問は,必ず往復はがきか返信用封筒を同封した封書でお願いいたします.勝手ながら,電話でのお問い合わせには応じかねます.ご質問は著者に回送し直接回答していただきますので,多少時間がかかります.また,本書の記載範囲を越えるご質問には応じられませんので,ご了承ください.
- **本書掲載記事の利用についてのご注意** ── 本書掲載記事は著作権法により保護され,また産業財産権が確立されている場合があります.したがって,記事として掲載された技術情報をもとに製品化をするには,著作権者および産業財産権者の許可が必要です.また,掲載された技術情報を利用することにより発生した損害などに関して,CQ出版社および著作権者ならびに産業財産権者は責任を負いかねますのでご了承ください.
- **本書記載の社名,製品名について** ── 本書に記載されている社名および製品名は,一般に開発メーカーの登録商標または商標です.なお,本文中では ™,®,© の各表示を明記していません.
- **本書の複製等について** ── 本書のコピー,スキャン,デジタル化等の無断複製は著作権法上での例外を除き禁じられています.本書を代行業者等の第三者に依頼してスキャンやデジタル化することは,たとえ個人や家庭内の利用でも認められておりません.

R〈日本複製権センター委託出版物〉
本書の全部または一部を無断で複写複製(コピー)することは,著作権法上での例外を除き,禁じられています.本書からの複製を希望される場合は,日本複製権センター(TEL:03-3401-2382)にご連絡ください.

電源回路設計実例集

2013年11月1日 初版発行
2014年1月1日 第2版発行

© Bob Dobkin/Jim Williams 2013
© リニアテクノロジー株式会社 2013
© 高橋 徹/細田 梨恵/大塚 康二/堀米 毅 2013

編著者 Bob Dobkin/Jim Williams
監 訳 リニアテクノロジー
訳 者 高橋 徹/細田 梨恵/大塚 康二/堀米 毅
発行人 寺前 裕司
発行所 CQ出版株式会社
〒170-8461 東京都豊島区巣鴨1-14-2
電話 編集 03-5395-2123
   販売 03-5395-2141
振替 00100-7-10665

ISBN978-4-7898-4288-4

定価はカバーに表示してあります
無断転載を禁じます
乱丁,落丁本はお取り替えします
Printed in Japan

編集担当 山岸 誠仁/清水 当
印刷・製本 三晃印刷株式会社
表紙デザイン・DTP クニメディア株式会社